Engines That Move Markets

Technology Investing from Railroads
to the Internet and Beyond

泡沫逃生

技术进步与科技投资简史

| Second Edition |
原书第2版

[美] 阿拉斯戴尔·奈恩 (Alasdair Nairn) 著
刘寅龙 译

《泡沫逃生：技术进步与科技投资简史》研究了过去 200 年中部分伟大科技发明的历史进程，及其给金融市场和投资者财富带来的影响，并深刻剖析了这背后的基本规律。本书探讨了不同的技术创新，并针对如何利用这些经验与教训评估未来的"新技术"企业提供了宝贵洞见。作者完整且深入地研究了行业和投资的历史，书中充满了迷人的和有益的细节，包括托马斯·爱迪生如何对他的公司失去控制，标准石油公司解体的影响，早期的无线产业，计算机和互联网革命的进程。

当下一轮技术创新彻底改造市场时，不要成为落伍者。通过《泡沫逃生：技术进步与科技投资简史》一书，我们将认识到如何在当下的经济发展中发现曾经出现的规律，并学会从这些影响市场的事件中发掘财富。

Engines That Move Markets: Technology Investing from Railroads to the Internet and Beyond
By Alasdair Nairn
ISBN 9780857195999
Copyright © Alasdair Nairn. All rights reserved.
Originally published in the UK by Harriman House Ltd in 2018, www.harriman-house.com.
Simplified Chinese language edition published in agreement with Harriman House Ltd., through The Artemis Agency.
Simplified Chinese Translation Copyright © 2023 by China Machine Press. This edition is authorized for sale in the Chinese mainland (excluding Hong Kong SAR, Macao SAR and Taiwan).

此版本仅限在中国大陆地区（不包括香港、澳门特别行政区及台湾地区）销售。未经出版者书面许可，不得以任何方式抄袭、复制或节录本书中的任何部分。

北京市版权局著作权合同登记　图字：01-2021-3875 号。

图书在版编目（CIP）数据

泡沫逃生：技术进步与科技投资简史：原书第 2 版 /（美）阿拉斯戴尔·奈恩（Alasdair Nairn）著；刘寅龙译. —北京：机械工业出版社，2023.6

书名原文：Engines That Move Markets: Technology Investing from Railroads to the Internet and Beyond, second edition

ISBN 978-7-111-73287-7

Ⅰ.①泡… Ⅱ.①阿… ②刘… Ⅲ.①科学技术－技术投资－研究 Ⅳ.①G301

中国国家版本馆 CIP 数据核字（2023）第 165732 号

机械工业出版社（北京市百万庄大街 22 号　邮政编码 100037）
策划编辑：李新妞　　　　　　责任编辑：李新妞
责任校对：丁梦卓　王　延　　责任印制：张　博
中教科（保定）印刷股份有限公司印刷
2023 年 10 月第 1 版第 1 次印刷
170mm×240mm · 32 印张 · 1 插页 · 585 千字
标准书号：ISBN 978-7-111-73287-7
定价：158.00 元

电话服务　　　　　　　　　网络服务
客服电话：010-88361066　　机　工　官　网：www.cmpbook.com
　　　　　010-88379833　　机　工　官　博：weibo.com/cmp1952
　　　　　010-68326294　　金　书　网：www.golden-book.com
封底无防伪标均为盗版　　机工教育服务网：www.cmpedu.com

谨以此书献给 Siobhan、Hannah、Alexandra 和 Lochlann。

中文版推荐序

2021年初，寇图资本创始人菲利普·拉方特（Philippe Laffont）在一次交流中提到，《泡沫逃生：技术进步与科技投资简史》是他个人最喜欢的一本投资类书籍。我读过很多投资书，这本却是第一次听说，于是便买来英文版阅读。刚好得知我的朋友孙萌曾向机械工业出版社推荐并协助出版了《资本的秩序》一书，就把这本书推荐给了他。一年多后的今天，我突然收到了机械工业出版社寄来的译作初稿，非常惊喜，翻阅之余，应邀写下了这篇推荐序。

本书记录了19世纪以来所有重要的产业变迁，相伴随的金融市场活动、投资者体验等。最重要的是，本书总结了珍贵的关于新兴产业投资的经验与教训。

当下我们正处在重要的宏观周期和产业周期的拐点上，本书有很强的借鉴意义，其中有几点对我启发很大。

第一，科技和产业的变迁充满偶然性。

无论是从业者，还是投资者，都面临着高度的不确定性。成功与失败，先驱与先烈的差距不像大家想象的那么大，而是只在一线间，且事前无法预测。成功不仅需要敢为天下先的勇气，更需要敢为天下后的淡定。历史上，1900年就出现了电动车，1999年就出现了云计算的鼻祖LoudCloud，任天堂在1985年就发布了第一款VR眼镜，但他们都因没有出现在正确的时间而失败。历史上，很多被寄予厚望的技术路线却没有成为最后的赢家，而很多事先不被看好的技术路线却走了出来。最典型的例子就是Western Union和Bell。

即便是出现在了正确的时间，一家公司要想持续成功也是非常难的，需要面对无数关卡。比如能否在被怀疑和嘲笑时坚持自己，能否在资本市场的非理性乐观情绪和投机泡沫出现时保持初心，能否在泡沫破灭、融资窗口关闭前攒够过冬的资金储备，能否在专利层面形成有效的保护，能否抵御来自新进入竞争对手的挑战，能否在做大后巧妙应对反垄断政策的干扰，等等。

第二，相比判断赢家，判断输家是更容易的。

当新技术可以用更低的成本去更好地满足需求时，降维打击就发生了。大部分行业都面临着被颠覆的风险，颠覆总在不知不觉中发生，所以要时刻保持敏锐和警惕。当我们第一次拿起 iPhone 的时候，是否联想到了即将来临的移动互联网的超级浪潮？当我们在短视频上花费的时间越来越多的时候，是否想到这不仅仅只是一种内容形式上的创新？当我们第一次感受到电车的加速度的时候，是否想到油车终将成为过去式？

只要稍微敏锐些，就可以发现输家不难辨别。避免投资输家，是首先应该做的：当铁路公司和数码相机出现的时候，我们要避免成为运河公司和柯达的投资者。

第三，我们要想办法搭上时代的班车。

通常来说，随着年龄的增长，普通人的学习能力会退化，对新鲜产业的学习意愿也会降低，这本质上是一种心理逃避，来自对过去赖以生存的经验与习惯可能会被颠覆的恐惧。我们要时刻提醒自己摆脱路径依赖，思考如何积极谨慎地拥抱新时代。

相对于其他行业，投资的优势是可以灵活地选择布局方向。想要充分发挥这种优势，搭上时代的班车，除了要规避掉输家，还要尽可能挖掘赢家，这需要我们敢于拥抱未知，接纳自己的认知不足，果断试错，快速进化，努力获取产业链内靠谱的一手信息。

通过加强对新事物的学习，虽然不能保证选对赢家，但至少可以让我们在非理性的投机浪潮中保持冷静，不那么容易掉入类似于"Theranos 一滴血"的商业骗局陷阱，同时也能增加我们捕捉到赢家的概率。

以上，只是我简短的记录，并不能囊括本书所有的精华。书中还有很多值得回味的案例和思考，推荐大家仔细阅读，相信一定会大有收获。

孔令明

浙江德合熙尔投资管理有限公司创始人

第1版序

我们确实经历过比今天更美好的时代,而且也应该为拥有这样的幸福而感恩。尽管我始终对未来保持乐观、充满期待,但这并不意味着,人们在进行投资时无须小心翼翼。幸运之潮或许正在朝着我们的方向奔涌而来,但我们依旧要谨小慎微,以防湍流掀翻我们的小船。

我们务必要保持耐心,以灵活积极的心态看待未来,并始终坚守所有证券和资产都需依据未来收益而定价的法则。情绪的预期最终成就了股市趋势。那些证明当前牛市抑或每一轮牛市都与众不同的人,或许应该更清楚这一点。在这方面,历史的教训清澈可鉴。所有牛市都会适可而止,而且往往是在我们对未来最乐观的时候;熊市随之而来,而后又会悄然离去,而且同样是在市场情绪达到最低谷的时候。

正如哲学家乔治·桑塔亚(George Santayana,1863—1952)所言,那些忘却过去的人注定会重蹈覆辙。在这本意义重大的新书中,我的挚友、也是我之前的同事奈恩回顾了传统技术的成长历程,解读了它们在当时如何被社会所接受,以及我们的时代是如何随着技术的发展而不断演进的。他创作本书的目标,就是在早期技术创新背景下尝试并设定当下正在发生的事情。本书的独特之处在于,它汇集了全球各行各业研究人员的信息和成果,回顾了当时媒体的观点以及股票市场的反应。不可否认,很多新技术彻底改变了我们的生活方式。铁路开拓了美国大平原,也彻底改变了人和货物的运输方式,并最终让这个新兴国家在 72 年后成为全球最大的经济强国。当然,难道不是电话永远改变了人类的通信方式吗?难道不是计算机创造了全新的巨型产业吗?而奈恩的目标,恰恰是挖掘这些技术革命的共同特征,并在时代背景下去探视和解读这些技术进步。

和我一样,奈恩也是一位投资者。他认为,投资股市是一项需要极大耐心和毅力的事业。要获得更高的回报,投资者就必须准备好逆水行舟,在情绪极度低落时进入市场,当然,我更喜欢把这个时刻称为"市场处于极端悲观的时点"。

同样，在市场情绪过度乐观时，投资者就必须准备好清盘而出。在最近一段时期，这一点似乎已显而易见：伴随二战后历史中最长时期牛市的到来，人们的乐观情绪急剧爆棚，带动了诸多股票价格的顺势上涨，导致它们的市场价格已在一定程度上远超过其内在价值。因此，希望读者通过阅读本书提及的示例，更好地认识到这些市场规律。

三年前，奈恩开始研究全球牛市和熊市的持续性及强度。他不无吃惊地发现，尽管投资文献多如牛毛，但此类研究却难得一见。于是，一向不服输的奈恩着手开展这项研究，而他的研究成果也验证了很多价值投资者貌似心知肚明的事情。首先，入市的感觉永远好于出局——从长期看，全球股市将会继续上涨。其次，虽然牛市的平均涨幅为熊市平均跌幅的四倍，但确实不存在可以简单预测牛市终点何时到来的模型。

本书的起源，也是奈恩以回顾历史而汲取教训的初衷——当然，在追溯历史的过程中，我们看到的不只有统计数据，还有当时的社会思维与风潮。他对海量信息进行了筛选，捕捉每一轮股市繁荣周期的信号。在19世纪早期的英国或是19世纪晚期的美国，人们的共同理想是什么呢？是哪些投资机会点燃了人们的激情呢？

因此，必须把这些历史上的市场趋势置于特定的背景中。有必要记住的是，市场指数不过是全部成分股价格的总体变化而已。要理解一种有价证券的内在价值，价值投资者就必须关注未来收益的估计以及被投资企业的运营环境。

因此，本书是一部在时代背景下考察技术变革的宝典。在书中，奈恩聚焦于若干具有历史里程碑意义的重大经济事件——电灯、铁路、石油、汽车、电话、收音机以及半导体等，所有这些重大发明都改变了我们的世界。凭借流畅而轻松的语言，奈恩回顾了多位近代史中杰出企业家的聪明才智，回顾他们如何克服困难，把新技术转化为自己的产品和市场。

不过，本书每一章都体现出一个非常鲜明的特点：虽然每个案例的模式不尽相同，但它们又似曾相识。首先，任何一项新发明的出现，都会受到现有技术和潜在新投资者的挑战和质疑。

随着企业家逐渐认识到新技术的市场潜力，这种怀疑逐渐被热情所取代。很快，新的参与者不断涌入市场，风险投资随处可见，新的公司不断出现，几乎所有人都在人声鼎沸的市场浪潮中斩获颇丰（至少从股价看是这样的）。只要热潮还在，市场就会一片大好；但随着技术趋于成熟，现实主义开始抬头。对某些企业来说，不可避免地会耗尽手头的现金。于是，公司陆续开始倒闭，只有强者才能生存；而所谓的理性化市场，也让天真的投资者成为输家。悲观情绪开始弥漫，股价全线下跌。最终,昔日热闹非凡的市场再次恢复平静。

在铁路、电灯、石油、电话、汽车、无线电以及半导体的发展历程中,无不体现出这种趋势。然而,在读完阿拉斯戴尔·奈恩的这本殿堂级作品之后,我们或许可以在当下经济中再次一窥这种熟悉的模式。这其实并不是什么令人恐惧的事情。科技或许已经改变了世界——但它不会改变人性。即便是在今天,生存和繁荣同样需要我们拥有200年前那样的毅力和常识。

约翰·邓普顿爵士

邓普顿投资共同基金(Templeton Investment Mutual Funds)和

邓普顿慈善基金会(Templeton Charity Foundation)的创始人

肯塔基州

2000年8月

前 言

认识技术泡沫

研究目的

我创作本书的初衷,就是回顾过去 200 年出现的重大技术发明——从最初的铁路到当下的互联网,深入研究它们对金融市场和投资者财富的影响。这项研究最早始于 1999 年,1999~2000 年股市泡沫的序幕刚刚拉开,在那个时刻,似乎所有与互联网有关的公司都不会让投资者失望。

这项研究的初衷是为了满足我特有的好奇心。作为一名专业投资者,我很想知道,新技术如何以及为什么会引发如此显而易见的非理性股市泡沫。回头来看,我们现在可以清晰地发现,从 1999 年到 2000 年,所谓的 TMT(Technology, Media, Telecom,即科技、媒体、通信)泡沫如何衍生出股市历史上最大规模的狂潮,但这也是当初很多人所期待的事情。回眸那段时光,当我们身临其境的时候,却对与专业性乃至知识性相关的所有概念熟视无睹。

在邓普顿投资管理公司担任全球股票研究总监时,我的任务是负责这家全球顶级基金管理机构的股票分析。在那段时期,我根本就记不清,到底多少位拿着顶级薪水的华尔街分析师找到我们,向我们推介这家或是那家互联网公司——尽管我们还看不到这些公司在可预见的未来拥有任何收入或盈利前景,但他们还是绞尽脑汁地试图影响我们的员工,并最终成功地把这些股票塞进我们的投资组合。按那时的潮流和逻辑,有一点几乎已成为定式:不管我们是否喜欢这些股票,都应该把它们添加到自己的股票购买清单中。从本书第 1 版面世,时间已过去 20 多年,但我依然认为,在邓普顿投资基金的那段工作经历与这本书相得益彰。因为投资的基本原理并未发生变化,就如同投资的原则性和严谨性在今天依旧不可或缺一样。

回想 1999 年的时候，我几乎总能听到相同的声音："笨蛋，这是新经济。你难道不晓得，新经济就应该不一样吗？"但是，每当我挠着头、突然茅塞顿开时，总会怒气冲冲地回答他们："你根本就没有说明白，不是吗？"换句话说："这次会不一样。"我觉得自己确实大彻大悟。直觉告诉我，泡沫永远都是泡沫，它的本质就是集体精神错乱大规模爆发的产物，但泡沫总有一天会破裂。很多迫不及待把股票卖给投资者的公司，或许永远都不想盈利，更不用说用业绩去证明当时市场估值的合理性。

不过，我在这一点上的看法并不孤立。其实，很多投资者也持类似观点。但是在面对投资或维持短期业绩的压力时，很少会遇到一家能始终遵守投资准则的组织。在这方面，我确实非常幸运——在我就职的这家公司，股东本身就是长期投资者，因此，只要符合逻辑，他们就会义无反顾地支持我。而很多专业投资者却没有这份运气，也得不到这样的支持，于是，他们不得不退出投资行业，但具有讽刺意味的是，他们离场的时点恰值市场泡沫即将破灭之时。

之所以会出现这种情况，一个重要原因是：加入这股新兴技术浪潮的动力实在过于强大。尽管正值执业环境最严峻的时期，但面对势不可挡的市场潮流，任何对牛市可持续性的怀疑都会被追逐热潮、赚取短期收益的紧迫感所淹没。投资业务完全被公司及其合伙人所操纵，于是，它们的内部流程也验证了圣·奥古斯丁那句惊世骇俗的祷告："主啊，请赐予我贞洁吧——但不是现在。"

在那个时候，尽管随波逐流的压力令人难以抗拒，但不得不承认的是，我确实对新技术一无所知，这让我们对潮流心有余悸。不过，面对喧嚣火爆的市场，我心中仍有一丝难以摆脱的疑虑，似乎错过了什么东西。我不由地开始反思：在出现这种具有变革性新技术的那一刻，以往曾经发生过什么？当时的投资者和媒体做何反应？谁最终成为这些故事的赢家和输家？显而易见，剖析人们曾经历过的那些事情，或许可以从中汲取到某些经验和教训。

本书提出的问题

我想探究的问题包括：

- 是否能够而且应该预见到 1999~2000 年的泡沫狂热及其所经历的过程？
- 对当今投资者而言，可以从铁路的发展历史、无线电和电灯的发展路径及其他具有划时代意义的技术变革中汲取到哪些教训？
- 在那个时候，美国无线电公司（RCA）之类的伟大企业是否就应该天经地义地赚这么多钱,而最初更成功的母公司马可尼仪器(Marconi)却收益甚微?
- 在历史上,通过哪些指标,可以帮助我们确定互联网时代的开创性公司(如 AOL、亚马逊和雅虎)是否最有能力实现生存和发展?
- 从总体上看,投资者是否能从技术变革中获利呢?如果能获利的话,最成功的公司应具有哪些特征?投资者能否以足够的自信去预言最终的赢家呢?

从实践角度看,当股市泡沫开始以令人瞠目结舌的速度破裂时,我最想知道的是,对这轮最新技术浪潮的投资者而言,他们的中长期业绩到底如何,历史会给我们带来哪些启示?

- 我们是否应该为迎接不可避免的反弹而始终买入科技股,还是应继续像躲避瘟疫那样去对待它们?
- 如果选择后者,这个版块要等多久才能恢复投资价值呢?
- 在最新的技术革命中,赢家和输家会给他们的股东带来怎样的影响?

研究范围

我的研究详细回顾了历史中的十个重大事件:
- 19 世纪 40 年代之后的英国铁路大潮。
- 美国早期的铁路行业。
- 电报业务的出现。
- 电灯的发明及其商业开发的故事。
- 原油的发现及早期开发。
- 汽车行业的发展。
- 无线电、广播以及电视的早期发展历史。
- IBM 和计算机行业的发展。
- 20 世纪 80 年代的 PC 大战。
- 互联网和 20 世纪 90 年代及以后的网络泡沫。

这些重大历史事件大多只和一两家成功的公司有关——比如说,电报行业的西联汇款(Western Union)、照明行业的通用电气(GE)、汽车行业的福特和通用汽车、计算机行业的国际商业机器公司(IBM)以及软件行业的微软等。但这些公司的成功远非定论。在每一家公司取得持久市场地位的背后,都有数百家公司去做同样的尝试——但他们无不以失败而告终。

在很多情况下，要回顾和解构这些顶级公司的经济业绩及股价表现，本身就是一项全方位研究。仅仅是查找和收集信息就需要耗费大量的时间和精力。因此，我希望读者可以借助本书重新认识这些伟大的科技先驱，通过描绘其盈利增长、资本收益率和股价等各项指标的图表，学会从历史中找到新的启发。当然，我会尽可能采取简洁易懂的分析方式，进行不同时点的纵向比较以及不同行业之间的横向比较。我之所以没有把大部分精力花费到企业估值方面，当然有时间和精力方面的考虑，但更主要的原因在于，简洁清晰的图表足以让我们听懂这些故事。

不断更新的文献资料

在本书的第二次修订版中，我们有机会以回顾和反思的视角去重温1999~2000年那段时期。我确实可以高兴地告诉各位，我当时关于互联网泡沫发展态势的大部分（但并非全部）观点都得到了验证。事实表明，和以往一样，"这次不一样"再次被证明为谬论。任何了解这段技术发展历史的人，都应该能理性对待并成功地把控市场热潮，但遗憾的是，还有很多投资者和企业家似乎无法做到这一点。

此外，我还希望利用这个新版本的机会，进一步剖析互联网实践在本书第1版面世后15年中的变迁。和铁路及电力行业一样，那些预测互联网将改变社会和经济格局的远见卓识者，最终均被事实所验证。今天，我们无疑生活在一个互联互通的世界中，信息在全球世界范围内实现了无缝传播。正是凭借在线世界提供的网络及通信工具，形形色色、各类企业的日常运营开始变得更加高效畅通。

但是在20世纪90年代后期的股票市场上，当科技、媒体和电信公司掀起一轮疯狂不羁的热潮时，我们却看到另一番景象。在这轮火爆时期，只有少数获得天价市值的公司才能证明其估值的合理性。回眸看去，我们才发现，当时划破天际、照亮天空的绝大多数市场明星，其实只不过是昙花一现的流星，最终，它们还是要回归尘埃，化为尘埃，而后变得分文不值。直到十多年之后，当时被奉为奇迹的科技板块才恢复昔日的高峰。纳斯达克指数也展现出同样的轨迹。

但是在过去的5年中，我们目睹了一轮强劲的复兴，在一批新兴全球企业的强力引领下，美国股市再创新高，在进入2000年令人振奋的这股强势反弹中，这些公司一举成为变革性技术投资中的最大赢家。但具有讽刺意味的是，作为当今世界最大的两家高科技公司，脸书和谷歌在泡沫时期几乎还不存在，而且也很少会有投资者预见到，搜索引擎和社交媒体业务会打造出两家主导当今数字广告领域的自然垄断者。在这方面,互联网泡沫与早期的技术泡沫几乎如出一辙。

我们将在第十章和第十一章深入探讨这两家公司和其他行业。与本书第 1 版相比,我们对这两章进行了大量修订,以充分考虑最近时期的发展。有意思的是,我们再次从投资者的嘴里听到"泡沫"的声音,实际上,他们所说的"泡沫"是指高新技术公司的强大业绩和超高估值——不仅包括与互联网相关的业务,还包括生物技术、自动化和运输等其他行业的公司。在这些新板块中,对很多仍未上市且资金不足的企业而言,我们是否需要采取新的思维方式和分析策略呢?

经历了 TMT 泡沫以及市场周期的一系列后续转换,也促使我转向更多领域去探究这个引人入胜的话题。而最让我感兴趣的一个话题莫过于:作为一名专业投资者,如果不去识别和追逐每一次技术革命的赢家,而是寻找那些必然失败的公司,并避免押注在它们身上,是否依然能创造出可观的投资价值呢?历史表明,识别成功者的难度几乎是不可想象的。

而支持本书观点的诸多研究则以强有力的证据表明,这很可能是一条利润可期而且风险较小的投资之路。因此,很多经济门类都有可能受到颠覆性创新技术的影响,最典型的就是零售、金融服务、汽车和制药业。即将到来的创新与突破是否足够明显,以至于我们可以提前预见谁会成为失败者?这显然是一个涉及诸多行业门类研究的话题,当然,在条件成熟的情况下,我希望能就这一主题创作另一本新书。

二战时期的英国首相温斯顿·丘吉尔曾说过,永远不要浪费一场好的危机。虽然那是一段极其艰难的经历,但事实证明,促使我创作本书第 1 版的这场股市大戏,最终让我为此投入的大量时间和精力得到了回报。

但我们的世界还在继续前进;一旦人们从上一轮市场停滞中汲取教训,就会把注意力转向下一次危机——值得欣慰的是,人们正在学习把近期的经验积累起来,并随着市场周期的运行,把这些经验转化为利润。

永恒的教训

在本书的最后一章中,笔者概括了对技术变革的本质及其对金融市场的影响以及投机热根源的总体认识。为此,我们将通过一个简单的模型,归纳出新技术与市场之间的互动规律,并根据这个基本框架对互联网泡沫及其后续影响做出评估。最后,我们将对近期市场发展带来的短期、中期及长期影响进行深入思考。我个人认为,最幸运的一件事,就是在早期从事投资管理职业的生涯中,有机会亲身感悟约翰·邓普顿爵士的教诲，他无疑是20世纪最伟大的专业投资者之一。约翰爵士始终坚持的一个投资主题，就是对金融历史进行研究，他认为，这会给投资者带来取之不尽的灵感和指南。作为一名投资者，历史视角始终是他不断成功的重要根基。

他最经典的一句名言就是，"在英语中，最值钱的一句话就是：'这次会有所不同。'"顾名思义，这意味着我们需要了解过去发生的事情。正如马克·吐温所言，历史不会重演，但总会有惊人的相似。本书试图归集诸多投资者长期以来反复重申的某些观点。在投机狂热时期，专业投资者同样会像私人投资者那样为自己的错误埋单。重温历史，汲取教训，永远都不晚。

阿拉斯戴尔·奈恩博士
邓普顿全球股权投资集团董事长
爱丁堡基金管理公司投资合伙人、首席执行官
2018年4月

致 谢

在全职工作状态下，要进行研究并撰写这样一本书，无疑是一次冒险，自然也不是我轻而易举就能完成的事情。在 1999～2000 年的互联网泡沫高峰时期，我就曾下过写书的决心。当时，促使我做这件事的动力，是对当时全球股市发展态势以及由此可能给投资者带来的危险感到极度沮丧。不过，在我消失于众人视线之中去"攻克"本书时，股市波动带来的挫败感很快就被与家人的分离感所取代。在近 10 个月的时间里，我成为"失踪人口"。毋庸置疑，我要感谢妻子在这段时间里给予的关心与忍耐。在近 20 年的婚姻生活中，这次经历加之其他诸多原因，我对她的感恩之情有增无减。

如果没有那些具有超常信息发掘力的人帮助我，就不可能有本书的面世。莫雷·斯科特（Murray Scott）就是这样的人，他牺牲了大量休息时间协助收集历史财务信息，并对这些信息进行了有效整理，使之成为能为我所用的素材。尽管我不知道到底需要收集多少信息，但我可以骄傲地说，把这些资料摞起来，足足可以触达资料储藏室的天花板。莫雷的资料收集能力令人难以置信，也证明他在这方面有股不达目的不罢休的韧劲。当然，他也得到了其他图书馆及档案馆专业人士的支持，在寻找遗失的历史资料时，他们总能提供最及时、最得力的支持。他们无疑是一群非常优秀的出版人——真的非常感谢你们。

我还要感谢那些以其他方式参与本书创作的人，包括高登·迈恩（Gordon Milne），尤其是乔纳森·戴维斯（Jonathan Davis），他对本书的诸多版本进行了编辑、更正和改进，自然也包括本书最新的第 2 版。此后，我们还合作出版了第二本书——《约翰·邓普顿的投资之道》（*Templeton's Way With Money*），我们的第三本书也正在紧锣密鼓地筹备当中。经过以上种种，我们依旧在并肩合作，这不仅是一件了不起的事情，也是我们快乐合作的证明。

最后，我还要衷心地感谢哈里曼出版集团（Harriman House）的迈尔斯·亨特（Myles Hunt）及克里斯托弗·帕克（Christopher Parker），他们、当然还有其他很多默默无闻的同事，以无比的耐心和高超的技巧让本书的最新版本得以面世。

目录 Contents

中文版推荐序
第 1 版序
前言
致谢

第一章　成就快捷运输的铁路时代
　　"工业革命"、运河与铁路　/ 001
　"工业革命"的资金来源　/ 002
　运河工业的鼎盛时期　/ 004
　不断注入运输业的新技术　/ 005
　应对威胁　/ 007
　没有绝对的成功者　/ 008
　乐观情绪与杠杆趋势　/ 009
　英雄和恶棍　/ 010
　繁荣如何终结　/ 012
　本章小结　/ 017

第二章　异军突起
　　美国铁路的故事　/ 022
　开端：驳船与马匹　/ 023
　范德比尔特与美国的航运战　/ 027
　转战铁路产业　/ 031
　垄断游戏：为伊利铁路而战　/ 033
　法治、抑或腐败　/ 037

竞争与联合　/043

　　西方铁路公司的控制权之争　/044

　　愈演愈烈的铁路商战　/047

　　横贯大陆航线的争夺　/048

　　本章小结　/057

第三章　追赶声音的投资脚步
　　　　　电话如何改变我们的世界　/059

　　电报的起源　/060

　　不甘寂寞的英国人　/062

　　西联汇款和美国电报市场　/064

　　竞争乍现　/066

　　电话的问世　/071

　　从技术模型到商业开发　/073

　　西联汇款改变策略　/076

　　专利的重要性　/079

　　竞争悄然而至　/080

　　走向成熟的市场　/083

　　半路杀出的西奥多·韦尔　/085

　　本章小结　/090

第四章　光明照亮人间
　　　　　爱迪生与电灯　/094

　　探索光明之路　/095

　　燃气：令人惬意的垄断　/096

　　电灯的历史　/099

　　布拉什带来的股市泡沫　/101

　　弧光灯技术失败的罪魁祸首　/104

　　新技术的果实：白炽灯　/105

　　横空出世的发明天才——托马斯·爱迪生　/106

　　投资两大阵营：分散风险之举　/109

　　宣传攻势与投资信心　/110

火爆异常的市场 / 113

爱迪生的创业历程 / 116

威斯汀豪斯和交流电/直流电之争 / 120

行业整合 / 123

本章小结 / 130

第五章　挖掘地下黑金

石油探索史 / 133

埃德温·德雷克的重大发现 / 134

闸门开启 / 136

横空出世的洛克菲勒 / 138

从参与者到统治者 / 140

宾夕法尼亚州以外的市场 / 145

新行业组合 / 150

备受公共舆论诟病的大公司 / 153

托拉斯时代的终结：分崩离析的标准石油公司 / 156

本章小结 / 162

第六章　驶向未来

汽车的历史 / 165

寻找"无马马车"之旅 / 166

欧洲的先驱者 / 167

博取眼球之争 / 170

美国的汽车业革命 / 173

杜里埃兄弟登堂入室 / 176

技术领导者地位之争 / 181

里德出租车信托 / 186

市场初现 / 189

后发制人的亨利·福特 / 190

早期的行业整合 / 193

杜兰特卷土重来 / 200

斯蒂庞克的故事 / 205

美国汽车工业的演进之路 /211

欧洲的汽车产业 /218

本章小结 /219

第七章　掀起波澜
　　　　无线时代的故事——从马可尼到贝尔德 / 222

马可尼与无线电的起源 /223

从有线到无线的技术演变 /225

马可尼向媒体频送秋波 /226

科学界的质疑 /227

从演示到实用 /229

市场开始蹒跚起步 /230

德弗雷斯特式的股票融资 /236

马可尼的公司 /241

政府的介入 /252

无线电技术的商业衍生品 /255

RCA——美国无线电行业的代言人 /258

广播的诞生 /260

广播业的发展 /262

电视：超越时代的创意 /267

本章小结 /269

第八章　追求更准确的计算
　　　　从加法器到大型主机的演变 / 273

数据计算业务 /274

巴贝奇和他的差分机 /275

收银机响起来 /277

查人头背后隐藏的大生意 /278

寻找其他用途之争 /280

第二轮创新浪潮 /286

布莱切利公园的遗产 /288

改写历史的真空管 /290

ENIAC 与 EDVAC　/293

碰壁资金瓶颈　/295

大功告成的 UNIVAC　/298

晶体管时代的到来　/300

电脑大战　/302

分时操作：超前时代的思维　/307

从大型机到小型机　/310

本章小结　/312

第九章　大众化处理能力
PC 机的兴起　/315

PC 的起源　/316

英特尔的诞生　/319

计算器——意外而来的大众商品　/320

经济动机　/322

从计算器到 PC　/329

缔造一个产业　/331

从神话到现实——两款新产品的面世　/333

苹果及其探索用户友好型计算机的道路　/337

IBM 悄然而至　/342

山寨风潮　/348

微软的未来　/351

PC 业务的未来　/358

第十章　互联网
分时计算如何成为一种全球现象　/363

第一部分：计算机网络的诱惑　/364

引发学术界轰动的新发现　/364

分时计算：终极手段　/366

成长于军用需要　/367

推销梦想　/369

从象牙塔到市场　/374

进入思科系统　/375

　　走向电子邮局　/378

　　解决访问难题　/379

　第二部分：互联网的商业化　/382

　　私有化首当其冲　/382

　　网景的兴衰　/384

　　取得访问权：美国在线　/390

　　浏览器大战　/393

　　一种新的商业模式　/395

　　雅虎缔造的传奇　/400

　　谷歌——取之不尽的先发优势　/405

　　发展路径的差异化　/408

　　史无前例的IPO　/409

　　亚马逊：购物天堂　/413

　　公开上市　/415

　　脸书：社交媒体的兴起　/420

　第三部分：近在眼前的互联网泡沫　/426

　　一场新的"工业革命"　/426

　　猛兽般的股市泡沫　/427

　　不断膨胀的泡沫　/429

　　估值问题　/432

　　网络1.0时代（1997—2003）：解读互联网热潮　/434

　　走出废墟　/437

　　网络2.0时代（2008年以后）：抑或是又一轮新的泡沫吗　/442

　第四部分：展望未来　/446

　　勇敢迈向新世界　/446

第十一章　解读技术投资的历史　/456

　　永恒的变革主题　/457

　　事后诸葛比比皆是，事前诸葛寥寥无几　/457

　　技术周期　/459

　　经验与教训　/465

经济影响　/ 466

互联网和技术周期　/ 467

互联网泡沫对市场的影响　/ 469

电信行业投资的错配　/ 470

当下的处境　/ 471

总体影响与未来趋势　/ 474

关于技术投资的永恒教训　/ 477

第一章
成就快捷运输的铁路时代
"工业革命"、运河与铁路

> 火车的行驶速度有望比马车快两倍!还有什么比这更荒诞不经的预言?
> ——《评论季刊》(*The Quarterly Review*),1825 年 3 月

> 任何运行时速达到或超过 10 英里的公共旅客运输系统都是完全不可能的。
> ——托马斯·特尔福德(Thomas Tredgold),英国铁路设计师,
> 《铁路和运输实用指南》(*Practical Treatise on Railroads and Carriages*),1835 年

> 高速运行的轨道运输是不可能的,因为乘客会因缺氧而窒息死亡。⊖
> ——狄奥尼修斯·兰德纳(Dionysius Lardner,1793—1859)博士,
> 伦敦大学学院(University College)自然哲学与天文学教授

⊖ C. Cerf and N. S. Navasky, *The Experts Speak: The Definitive Compendium of Authoritative Misinformation*. New York: Villard, 1998, p.251.

19世纪中叶，欧洲和美国铁路系统的扩张创造了巨大的财富和机遇。此外，与工业化浪潮兴起相互叠加，这轮大发展也极大改变了社会内部力量的均衡。新的金融王朝就此诞生。财富开始从农业贵族向新的工业家转移，社会习俗也相应转变。尽管"新经济"一词在最近几年已经因过度使用而贬值，但在当时而言，铁路的诞生无疑是新技术深刻变革社会的一个现实范例。因此，对任何研究技术投资的人而言，它都是一个显而易见的起步点。

"工业革命"的资金来源

"工业革命"不仅是19世纪欧洲经济快速发展的推动力，也是美国崛起的原动力。曾经需要由熟练工匠缓慢吃力创造出来的商品，现在可以实现大批量生产。在短短几年时间里，昔日只能为超级富翁所拥有的物品，现在可以为普通人所拥有。

第一阶段是在蒸汽机驱动下出现的新机器，使得人们能以越来越低的价格生产越来越多的商品。第二阶段体现为交通运输的快速转型——首先从英国开始，然后推广至欧洲，并最终在美国大规模普及。如果没有运输业的发展，这些大规模生产的商品又怎么能以低成本的运输方式迅速进入市场呢？

铁路的发展当然需要巨大的资本投入，这一点已经被上一代英国人开发苏伊士运河的历史所验证。那么，这笔钱会从哪里来呢？幸运的是，"工业革命"与金融市场的发展不期而遇，而且在一定程度上刺激了后者的发展。在此之前，投资者的选择几乎只有购买支付利息的政府债券。在以农业为主导的经济中，几乎不存在"成长性"投资机会。此类高风险/高收益的风险投资几乎仅限于对外贸易。

"工业革命"造就了一系列需要巨额资本投入的新兴产业，但也勾勒出生产力大幅提高的美好前景。当个人为这些新公司提供资金时，为补偿他们所承担的风险，自然会要求分得公司的一部分利润。于是，他们开始越来越不愿意接受只能带来固定的半年或年度利息的债券。不难理解，随着利润成倍增长，股权融资开始越来越受欢迎。新公司迅速占据市场优势，并建立了自己的金融机构——而且通过与政府的关系以及买卖政府债券的能力，这些金融机构取得了飞速发展，最终，他们迅速站稳脚跟。与此同时，他们也开始大力参与对其他工业公司的投资。著名的罗斯柴尔德家族和伦敦巴林兄弟银行（Baring Brothers）以及摩根大通等金融机构成为他们当中的佼佼者，通过与"新"企业和"新"行业的合作，他们脱颖而出。

也正是在这一时期,出现了一种我们现在所说的"企业掠夺者"(corporate raider),也就是说,一种被已实现利润所吸引的企业收购者。从法律意义上说,股份公司的发展成为这个阶段的关键一步:在此之前,组建新公司需要得到议会的批准。实际上,纯股权融资直到 19 世纪后期才开始流行。即便是在 200 年前,投资者还只能在英国境外进行这样的投资。当时,财经媒体还在连篇累牍地宣传国际债券。此外,拿破仑战争还留下一笔尚未偿还的战争债务。

在 19 世纪 20 年代中期,运输企业成为最重要的可投资证券类别。1825 年,运河、码头、桥梁和公路企业在公开股票市场上占据了超过一半的份额。在剩余的其他企业中,最主要的就是燃气、自来水以及矿业公司。而后者表明,市场上已存在强烈的投机性需求。相对强势的经济状况为原本被视为高度投机性的风险投资企业筹集资金提供了理想环境。这些矿山主要位于南美洲。

支持者认为,通过引进英国的技术与管理专业知识,或许会重新给他们带来运气和财富。按照他们的观点,以前的失败完全是由当地的政治问题造成的,而非商业或技术问题。

但在现实中,采矿业的形势远未达到预期。资金消耗速度过快,导致企业不断向股东提出资金要求。而推动矿业企业股价上涨的热潮只是昙花一现,瞬间逝去。如图 1-1 所示,在不到 12 个月的时间里,矿业股指数上涨近 600%,但回落速度同样令人大跌眼镜。当市场估值摆脱利润、股息和其他基本面考虑因素、更多地受制于题材和概念时,股价泡沫快速破裂的走势在所难免。自此之后,这就成为不断重复的市场范例。

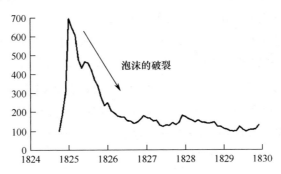

矿业股相对于大盘的业绩表现,1824~1829 年

图 1-1　一成不变的规律:20 世纪 20 年代的矿业股泡沫

资料来源:D. G. Gayer, W. W. Rostow and A. J. Schwartz, *The Growth and Fluctuation of the British Economy 1790–1850,* (2 vols.), Oxford: Oxford University Press, 1953.

运河工业的鼎盛时期

"工业革命"让很多大宗商品及纺织品实现了生产机械化,也创造出让商品生产从中心区向市场靠近的需求。而工程与建造技术的进步则为开挖运河提供了前提,创造了货物运输的水路通道。与高架公路、桥梁和隧道相结合,运河迅速抢占了货物运输的大部分陆路市场。运河运输的成本仅相当于主要替代方式(马拉集装箱和沿海船舶)的1/3。客运和邮寄运输仍以马和马车为主。

从18世纪后期到1824年,先后有60多家运河公司成立,它们总计筹集到超过1 200万英镑的新资本,这笔钱相当于今天的120亿美元左右。投资者对运河企业股份的追逐,也让这些企业通过公众认购筹集的资金达到前所未有的规模。很多公司甚至出现大幅超额认购的情况。

起初,人们还觉得这股热潮合情合理。但有些历史学家已经指出,很多英国运河公司并没有给投资者带来应有的回报。而且这种情况可能存在于运河产业的整个生命周期。在铁路企业异军突起、开始抢占运输市场之前,运河公司的绝对表现和相对表现确实令人刮目相看。与很多基础设施项目一样,运河企业投资者面临的问题同样是需要不断投入大量资金。但是要收回如此庞大的前期投资,就需要企业拥有更长的盈利运行期。铁路时代的到来,让运河投资者不必忍受如此漫长的资本回收期,也为备受技术诱惑的投资者上了一堂值得永久牢记的课。

任何需要大量资本支出而且要在经历很长时间后才能取得收益的技术投资,都注定会成为一项高风险投资——除非存在某种形式的反竞争保护。这种保护既可以是专利权、版权或法律上的禁止条款,也可以是单纯的基础竞争优势(如拥有占有优势的成本曲线)等形式。运河产业的经历与本书2001年第1版时对第三代(3D)电信许可证前景的讨论有明显的可比性。在这两种情况下,新技术的实施都需要大量的资本支出,但它们均未创造出足够长的优势经营期,从而为投资者收回成本,更不用说带来投资收益了。

19世纪20年代中期进入投资者对英国运河企业最后的疯狂时期,投资新发行股份已成为整个市场的热潮。仅在1824~1929年,就有超过3.7亿英镑的资金投入到600家新公司中,这笔钱相当于今天的3 000亿美元。按当下的标准考量,大约相当于包括无线、光缆和宽带在内的全球电信资本支出总额的峰值(2000年)!运河和铁路投资占这个总额的比例高达15%,也是除集合投资计划之外的最大单一投资类别。这也是运河产业的巅峰时期——但如图1-2所示，直到19世纪30年代，随着铁路行业逐渐削弱并取代航运，运河行业的股价才开始受到严重影响。新铁路的货物运输成本至少比运河运输低1/3，为维持竞争力，后者不得不大幅降低价格。

不断注入运输业的新技术

"工业革命"早期，机械化生产水平的提高也带来了一系列障碍，因此，要兑现机械化所能带来的全部潜能，就必须克服这些障碍。新的"大规模"生产需要大量劳动力，而劳动力需求的增加则催生了城市中心的快速扩张。此外，它还需要提高把货物从生产地点转移到最终消费市场的能力。尽管运河系统也是为顺应这种需求而开发的，但它的运输能力不得不受限于自身的相对固化的运送方式——马匹。因此，在"工业革命"时期，一种合乎逻辑且又显而易见的步骤，就是选择用于货物生产的技术，并通过对其合理调整而用于运输。

同样，还需要通过降低成本和提高产品运输速度来扩大和深化市场。在这方面，铁路的出现和发展还要归功于蒸汽机的改进——1769年，詹姆斯·瓦特（James Watt）通过增加单独冷凝器，大大提高了蒸汽机的功率。这项发明显著提高了蒸汽机运行的可靠性、效能和功率，让蒸汽机技术提升到一个全新水平。

瓦特与合作伙伴马修·博尔顿（Matthew Boulton）共同设计的机器被应用于诸多行业，比如在煤炭企业被用于排出废水，在工厂成为推动纺织工业发展的新动力。最终，它们开始为更先进的新型电能驱动运输奠定了基础。

随着时间的推移，这些新的运输形式必将取代运河企业对英国货运市场的主导地位。但更重要的是，它们将以更低的运输成本和更短的运输时间，为经济发展开辟一个全新的领地。

运输时间的缩短至少会带来一种意想不到的附带效应——国际标准时间的出现。在英国，由于国土面积相对较小，东西两侧国境的时间差只有几分钟。尽管这种影响显然不及几小时那么严重，但依旧不可忽视。对铁路运输而言，时间差给调度操作造成的困难，导致这种差异可能至关重要。以前几乎没有影响的时差开始变得愈加重要。1845年，利物浦和曼彻斯特的铁路公司请求议会使用伦敦时间（即格林尼治天文台的时间）作为英国标准时间。尽管调整遇到多方阻力，但标准时间带来的好处最终促使它被广泛采纳。当然，少数极端顽固派之外——比如在威尔士北部，当地一家铁路公司坚持采用自己的时间，以至于他们的时钟整整与格林尼治时间相差 16.5 分钟。

詹姆斯·瓦特和他的总工程师威廉·默多克（William Murdoch）对制造固定式蒸汽机尤为感兴趣。实际上，他们在尝试制造蒸汽机车时，只是把这件事作为一项副业。来自康沃尔的理查德·特拉维希克（Richard Trevithick）为运输领域开辟了一片新天地，1801 年圣诞节前夕，他成功完成了蒸汽机车的初始测试。但随后发生的事情却很少被人们提及：就在三天之后，机车就发生了失控，而且需要进行维修。同样被忘记的是，负责维修的机车操作员到附近一家商店去购买食物（还有啤酒），把机车扔在一边无人看管。结果怎么样呢？机车锅炉发生爆炸，几乎把附近的建筑物夷为平地。

事实上，瓦特也曾考虑过设计高压蒸汽机的可能性，但出于对安全的担忧，他选择了放弃。而特拉维希克并没有被困难吓倒，他开始探索设计结构更紧凑、功率更大的发动机，并为此申请了专利。但灾难却因此接踵而至。1803 年，他制造的一台高压锅炉再次发生爆炸，这次事故夺走了三个人的生命。当时，操作员偷偷溜到附近的池塘里钓鳗鱼，留下发动机继续从玉米加工厂中抽水，而锅炉则无人看管。尽管这次爆炸是因操作员的疏忽而致，但这场悲剧还是被他的竞争对手博尔顿和瓦特当作理由，对高压发动机的安全性提出质疑。

特拉维希克依旧没有退缩，这一次，他的对策是安装一系列安全装置，在锅炉压力超过安全水平时自动释放蒸汽。最初，高压锅炉被用于各种各样的任务——抽水、碎石、钻孔以及驱动研磨机等。

但这一切似乎都与运输无关。直到后来，人们才认识到小型大功率发动机在运输方面的潜力。而具有里程碑意义的突破竟然是一次小小的赌注。特拉维希克与邻近的一位铁匠打赌，他可以使用有轨电车将数十吨铁拖动 10 英里，赌注是 500 畿尼（英国的旧金币，相当于今天的 5 万美元）。1804 年 2 月，特拉维希克最终赢得赌注——人类历史上第一辆在轨道上运行的机车就此诞生。实际上，"斯蒂芬森的火箭"（后来成为机车工业史上的里程碑）等著名的蒸汽机不过是特拉维希克早期方案的衍生品，它们都借用了特拉维希克的基本设计思想。

其实，无论怎样强调蒸汽机的重要性都不为过。它的出现，一方面大大提高了以农业为主的欧洲国家体的生产能力，工厂规模持续扩大，城市和乡镇也随之取得发展；另一方面，蒸汽机也让铁和煤等大宗商品以更低的价格进入市场。

它们在开辟新增长领地方面的作用同样至关重要，尤其是在北美。在欧洲，尤其是英国，新的铁路系统基本将现有的城市中心全部连接起来。这意味着，可以对这些企业的资金和营利性做出相当准确的估计。但对美国这个新兴市场而言，情况就完全不同了。铁路既是促进发展的工具，又是现有社区或行业之间的纽带。这个差异很有意义，因为它至少在一定程度上解释了出现在美国的所谓"强盗大亨"。

应对威胁

运河公司的应对措施基本上等同于昔日被他们取代的竞争对手。这些公司一方面开始游说议会反对和减缓铁路建设；另一方面，寻求政府提供补贴并取消对运河运营的限制，试图以此来提高自身竞争力。但是进入19世纪30年代，盈利能力的下降已导致运河企业无力筹措新的资金。此时，铁路已成为投资者的首选，凭借超出一筹的经济特性，它们实际上已敲响了运河行业的丧钟。到19世纪50年代，运河作为投资载体的价值已微乎其微。

在铁路出现之前，运河公司在运输市场上始终表现稳健，从1811年到达最顶峰的约15年之后，其股票市场价格和收益率几乎整整翻了一番。有些运河公司甚至每年向股东支付10%的股息，这意味着，投资者取得了丰厚的回报，已经赚得盆满钵满。但是在19世纪20年代中期到达最高峰之后，其竞争力的丧失开始转化为股价的下跌。如图1-2所示，从这时起，运河公司股票的市场表现始终落后于大盘。这同样揭示了另一个永恒的真理：**投资者必须了解新技术**。要判断新技术浪潮

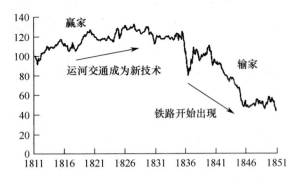

英国运河公司股票价格指数与英国股票市场指数（不包括矿业）的对比，1811~1850年

图1-2　技术浪潮中的输家：英国运河企业的股票价格

资料来源：D. G. Gayer, W. W. Rostow and A. J. Schwartz, *The Growth and Fluctuation of the British Economy 1790–1850*, (2 vols.), Oxford: Oxford University Press, 1953.

的赢家往往很困难,而且是有风险的,但是要确定谁将成为"输家"却容易得多,这也是贯穿本书的一个主题。毫无疑问,运河交通在能力和效率上都无法与铁路相提并论。到19世纪30年代,任何一个有基本判断力的投资者都应该很清楚,它们终将灭亡。

没有绝对的成功者

最初,铁路的成功来源于它的工业线路,尤其是将煤炭产区与现有铁路轨道或直接最终用户连接起来的路线。早年间,乘客运输还只是整个交通运输中的一小部分。列车碰撞、锅炉爆炸和燃气照明引起的火灾等意外危险,是造成人们还不看好铁路的重要原因。(但不得不承认的是,这些危险往往被人为夸大——尤其是和当时的其他交通工具相比,铁路根本就没有那样危险。)但某些公共关系危机确实让铁路臭名远扬;最轰动的例子,莫过于在利物浦和曼彻斯特铁路开通仪式上发生的那场事故:当时,因机车出现故障,导致一名出席仪式的前内阁部长死亡。

尽管早期铁路确实存在这样那样的安全隐患,但事实最终还是证明,铁路的发展是不可阻挡的。它们不仅能以远超过马车的速度输送大量乘客和货物,而且成本也远远低于运河,这个最基本的经济逻辑显然为铁路的进一步扩张提供了保证。虽然沿海轮船在客运方面与铁路不相上下,但它在速度和效率上却不及后者。

尽管铁路的经济实力显而易见,而且这项技术也很快得到验证,但铁路在英国的出现并非一蹴而就,这个过程既不简单,也不平稳。正如之前运河企业曾经历的那样,要在现有城市中心之间铺设轨道,铁路企业同样需要购置土地,清理现有建筑物。强制征地从来就不是受欢迎的事情,而且早期的机车噪声巨大,安全性能不高。对此,作为既得利益者,运河企业当然不会善罢甘休,拱手让出原本属于自己的市场。

颇具讽刺意义的是,第一条铁路居然是为运河运输系统修建的支线。虽然斯托克顿和达灵顿铁路是第一条使用蒸汽机车的铁路,但它不是作为现有运河企业的直接竞争对手而出现的。而第一条真正与运河系统展开直接竞争的铁路,则是1826年建成的利物浦到曼彻斯特的线路。在1824~1825年的南美洲矿业投机泡沫时期,投资矿业的那些风险投资者也变相为新铁路企业提供了资金。仅在1825~1826年,新开通铁路的数量几乎达到此前20年里建成的铁路总数量。经过了新铁路企业在19世纪20年代中期如雨后春笋般的早期爆发式增长后,新的问题在接下来的十年中开始不断出现。在资本充足的情况下，问题已不再是资金来源，而是像互联网泡沫一样，需要为投资者寻找更多的新投资载体。1836～1837年，随着整体股市的走强，铁路公司的股价也翻了一番，于是，国会又批准了44家新公司。而这44家公司在这一时期筹集的资金竟超过整个行业在此之前的融资总额。

在这种情况下，市场热情显然有物极必反的趋势；在随后几年中，铁路股价指数开始回落。直到19世纪40年代初，股值才开始反弹并接近之前的峰值。1843～1845年，铁路股价指数增长了一倍。在1843年之前，对新铁路公司的年均投资（体现为法定资本的增加额）约为100万英镑（相当于今天的30亿美元）。1844年的这个数字为2000万英镑，1845年接近6000万英镑，而1846年则高达1.32亿英镑（相当于今天的950亿美元）。1846年，新建铁路总长度也达到了创纪录的4538英里。

乐观情绪与杠杆趋势

铁路股的表现与20世纪末的矿业股有一些不祥的相似之处。很多项目的启动不只是基于市场的乐观情绪。和矿业股一样，铁路股也成为杠杆工具。投资者在公司创建时只需以现金形式投入5%的初始资金，而他们还要在后续投入更多的资金。如果公司未来前景被市场看好，那么就会像我们通常看到的那样，股票的交易价格将超过发行价。因此，股票中隐含的杠杆率其实已达到目前很多期权交易的水平——按支付率为5%计算，股票的杠杆率为20倍。如此高的杠杆显然会增加投资的风险，在毫无情面的供求规律面前，投资的基本面显然已受到威胁。由图1-3可以看到，铁路股价指数的走势与新股供应的增加量密切相关。

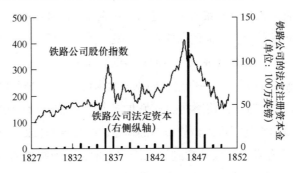

图1-3 诱人的泡沫：英国铁路公司的股票价格及投资者的出资（1826～1850年）

资料来源：D. G. Gayer, W. W. Rostow and A. J. Schwartz, *The Growth and Fluctuation of the British Economy 1790–1850*, (2 vols.), Oxford: Oxford University Press, 1953.

尽管早期的铁路确实是成功的商业项目，但由于投资者的乐观情绪，股价很快就被推高到难以为继的水平。事实已经证明，这种乐观情绪完全是不可持续的。和1999~2000年的纳斯达克市场一样，股价不断暴涨，以至于远远超过股票在理性估值情况下所能提供的收益水平。第一批建成的铁路确实享有我们所说的"先发优势"，但是在企业发展和投资历史中，我们所得到的最显而易见的一个教训就是：如果没有进入壁垒，先发优势或将迅速丧失。此外，当资金不再成为发展的瓶颈时，即使没有明显可持续的盈利前景，竞争也会自然出现，这就形成了一个全行业或整体板块收益率持续递减的环境。

铁路行业当然也不能例外。图1-3表明，大量资金进入英国的铁路企业，并最终导致整个行业在19世纪40年代达到狂热的顶点。由图1-3可见，铁路股价在1845年之前持续快速上涨，并由此吸引新的资本大举入市。当然，这并不是说新技术并未取得明显的成功。投资者完全可以见证新技术带来的现实收益，譬如新的产品和更多的出行机会。它不仅成为新时代的一个特征，而且似乎也有利可图。铁路公司以支付股息形式带来的收益率往往是英国政府债券Consol的三倍。10%的股息和持续上涨的股价相互叠加，共同营造出一种可以暂时放弃所有疑虑的环境，至少在当时是这样的。

英雄和恶棍

和所有繁荣时期一样，在这个时候，时势英雄的出现完全是意料之中的事情。在他们当中，就有至今仍被人们津津乐道的乔治·哈德森（George Hudson）。通过婚姻，哈德森进入当时一家相对富足的窗帘企业，而且他的一个远房亲戚也给他留下一笔相当可观的财产。他住在约克郡，其一生中先后缔造了两家企业。首先是一家股份制银行，也就是成立于1833年的约克联合银行公司（York Union Banking Company）；而后又牵头创建了约克—北米德兰铁路公司（York and North Midland Railway）。当时，铁路路网的竞争非常激烈。这条铁路为约克市的煤矿和北方的通用工业基地打通了进入伦敦市场的通道。哈德森的长处在于，他不仅不遗余力地四处游说投资者，还成功争取到这家新成立的银行所提供的资金。在技术领域，这位创业大师则有机会与乔治·斯蒂芬森（George Stephenson）联手，作为当时铁路技术的领军人物，斯蒂芬森不仅修建了斯托克顿—达灵顿铁路，还一手打造出这一时期最成功的利物浦—曼彻斯特铁路。

当时，成立股份公司需要取得国会的批准。哈德森帮助一名支持者成功当选了约克市国会议员。随后，下议院委员会以贿赂指控为名对他进行了质询。但哈德森最终还是成功游说下议院和上议院先后通过他提出的法案（当然，前提是对铁路线占用的贵族庄园土地予以"补偿"）。哈德森的成功接踵而来，通过精心设计，他本人也成功当选约克市市长，凭借这个职位，他可以将自己的财富致力于打造这座城市。尽管哈德森受到对手的尖锐指责，但只要股价还在继续上涨，他的人气就不会受到丝毫影响。毫无疑问，这得益于他在部分报业公司持有的部分股权，而这恰恰也是他收购这些报业公司的目的所在。

为维持投资者的信心，哈德森的铁路公司支付了大量股息。1840年，他宣布，公司按利润的6%向股东派发股息，至于部分股东针对公司账目提出的问题，他丝毫不予理会。实际上，哈德森的做法就是把部分收入项目记入资本账户，从而以牺牲资产负债表为代价增加利润（从而增加股息能力）。

铁路公司取得的巨大成功，使得当时市场很少关注这些问题，尽管在没有审计师及其他控制会计操纵的手段时，这些问题足以引发人们对公开披露的数字产生怀疑。此外，哈德森对盈利的渴望促使他开始削减成本，这就有可能损害铁路运营的安全。

尽管存在各种各样的问题和舆情，但哈德森很清楚铁路行业的基本经济特征。他的目标始终是创造接近垄断的行业格局。此外，他也意识到控制国内主要铁路干线的必要性，于是，他开始收购其他经营不佳的铁路公司，一步步逼近实现垄断这个目标。19世纪40年代初期，哈德森先后收购了一些规模较大的竞争对手。这些公司的投资者也随之而来，希望哈德森能再次给他们带来盈利和分红。对很多公司来说，哈德森确实做到了这一点。哈德森追求的目标似乎也日渐清晰，最终，他成功控制了英国国内近1/4的铁路路线。他逐渐成为英国的"铁路之王"，当选为下议院议员，经常与威灵顿公爵、维多利亚女王以及阿尔伯特王子等英国上层人物商讨事务。

铁路事业取得的巨大成功，为他游说更多兴建新线路的提案创造了条件。为维持各方面利益的均衡，贸易委员会把新议案的最终提交日期定为1845年11月30日。于是，为按时到达伦敦，800多家发起人开始争抢赶往伦敦的交通工具，并因此而爆发骚乱。长途汽车相互堵截，道路被严重堵塞，而铁路部门则拒绝搭载这些潜在的竞争对手。和150年之后的无数互联网企业一样，这些兴建新铁路线的提案大多缺乏对创收能力的严格评估。在这轮热潮中，很少有投资者会计算收入是否会超过成本，从而为他们带来足够的投资收益。在这样的环境下，公司股票的价格在发行后便会立即大涨，给投资者带来账面收益。这一点与 1999~2000 年的 IPO 热潮如出一辙。对新线路的无序争夺或多或少标志着铁路泡沫已接近顶峰，正如 3G 手机拍卖成为"TMT 泡沫"的极点。

快速、轻松赚钱的诱惑力是不可抗拒的，不仅对普通投资大众如此，对新股份的发起人而言更是如此，对于那些有意愿、有能力而且能迅速获得国会批准成立新股份公司的人，这种诱惑力更是无比巨大。现有铁路公司很清楚新线路大量增加和竞争加剧带来的危险。于是，他们极力游说国会否决创建新的公司，但收效甚微。此外，导致铁路股在 19 世纪 40 年代中期疯狂上涨的另一个原因，是国家经济状况的整体改善。经济形势转暖为利率下调提供了空间。

因此，当时的一篇报道指出：

"自 1839 年开始，利率呈现持续下降趋势。当年 8 月的利率为 6%，到 1840 年 1 月降至 5%，然后又从 5% 降至 4%，接着，又从 4% 继续下跌到 1844 年 9 月的 2.5%。同样需要关注的是，到这时，尽管铁路企业仍维持盈利状态，但市场利率为 4%。就在英格兰银行于当月公布 2.5% 的基本利率之后，各种阴谋论和投机活动开始不绝于耳。"⊖

"在接下来的几年里，铁路投机热潮随之而来。牛市带来的火爆让财经媒体和此前还没有听说过证券交易所的中产阶级趋之若鹜，他们迫不及待地把自己积攒的心血钱换成铁路公司的股票。这让原本被投机者追捧的政府基金和外国政府债券黯然失色，他们的经纪人和员工也因铁路股票专业人士的出现而失宠。"⊖

繁荣如何终结

铁路股票的繁荣一直延续到 19 世纪 40 年代后期，最终，疯狂伴随热情逐渐淡去。这场热潮的终结可以归结为四个方面的共同作用。首先，由于大量股份在购买时仅支付了部分对价，导致很多投资者负债过多，因此，如果不能顺利出售部分股份，他们就无法支付剩余部分的对价，这无疑会给股票价格造成进一步下行的压力。其次，很多公司在筹集资金时采用的财务预测过于乐观，这已经被事实所证

⊖ J. Francis, *A History of the English Railway: Its Social Relations and Relations 1820–1845* (originally published 1851), New York: Augustus M. Kelley, Reprints of Economic Classics, 1968, p.135.

⊖ D. G Gayer, W. W. Rostow and A. J. Schwartz, *The Growth and Fluctuation of the British Economy 1790–1850*, (2 vols.), Oxford: Oxford University Press, 1953, p.436.

明，最关键的问题在于，他们忽略了整个行业日趋激烈的竞争。再次，投机旺盛的环境助长了欺诈以及其他经不起推敲的商业行为。

最后，经济和利率环境也开始发生变化。1845年10月，英格兰银行将利率从2.5%提高到3%，此后，利率继续攀升。1846年，爱尔兰的马铃薯产量大减，食品进口猛增。为支付这些进口食品的黄金流出迫使利率进一步上升，从而造成国内流动性严重不足。屋漏偏逢连夜雨，就在经济形势不断恶化的1848年，席卷欧洲的革命运动也此起彼伏，政治动荡的阴霾笼罩整个欧洲大陆。从图1-4中，我们可以清晰地看到利率上涨带来的影响。在金融市场的所有投机过度时期，几乎无一例外有宽松货币的推波助澜，并在利率再次反弹时戛然而止。

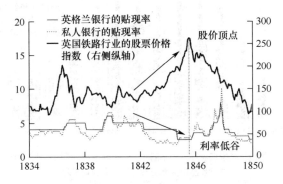

19世纪40年代铁路狂热时期的利率及铁路公司股价

图1-4　廉价货币和泡沫、铁路筹集的高成本以及行业的没落

资料来源：D. G. Gayer, W. W. Rostow and A. J. Schwartz, *The Growth and Fluctuation of the British Economy 1790–1850*, (2 vols.), Oxford: Oxford University Press, 1953. Mitchell, British Historical Statistics, London: Cambridge. Sydney Homer, *A History of Interest Rates*, Princeton: Princeton University Press, 1967. (NBER) Parliamentary papers, pt. I, Report from the Select Committee on Bank Activity, 1857, p.x.

对铁路投资者而言，繁荣即将结束的第一个迹象，就是新发行股票巨额溢价的消失。大多数铁路公司的股价开始下跌，只有被视为质量较高的公司才能维持股价。由于在建线路一再超预算，这些公司希望投资者拿出更多的现金。这应该不难理解。即便是经营最好的铁路公司也低估了建造成本。以建于19世纪30年代的伯明翰至伦敦线路为例，实际发生的成本达到招股说明书最初估值的两倍多。

尽管如此，很多公司仍继续维持相当可观的股息水平。即便是在19世纪40年代，在铁路兴建已达到顶峰而且竞争程度持续加剧的情况下，大公司仍设法将股息维持在当时市场利率的2~4倍之间。但随后的利率继续上调最终让事实浮出水面：很多公司实际上是在以资本金支付股息，而这种方法注定是不可持续的。

但恰如哈德森所说的那样，以红利为基础的投资者信心才是持续融资的关键。忽视盈利能力下降和会计欺诈证据的投资者迟早会发现，当利率不断上升时，即便是盈利足以支付股息的公司，最终也无法维持原有的股息。图 1-5 表明，在利率大幅上涨的情况下，大型铁路公司的股息会急剧下降。于是，铁路股的光芒在突然之间消失殆尽。此时，投资者终于发现，尽管他们希望凭借手中的股票取得股息，但公司根本就没有可用于支付股息的现金。

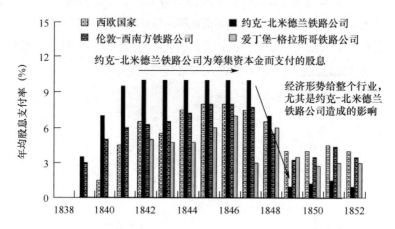

图 1-5　尽管股息是投资者预期的基础，但它永远不可能无限地改变商业现实：
19 世纪 40 年代狂热期的铁路公司股息

资料来源：*Railway Intelligence. Railway Chronicle. Railway Times.*

于是，坊间先前对哈德森的无限赞美也很快变成指责。哈德森成为人们眼中的骗子，他通过人为设置的欺诈性账户粉饰公司的盈利能力，并允许公司以资本金支付股息。其他以牺牲公司利益而通过私人交易获利的违法行为也浮出水面。哈德森跌落神坛的速度之快令人咋舌，但事后看来，他既是这场闹剧中的恶棍，又何尝不是替罪羊呢？虽然他的所作所为无疑是有罪的，但相对而言并非不可原谅。他最大的过错或许就是让轻松赚钱的神话永久化，投资大众无不渴望听到而且宁愿坚信这样的神话。面对这令人尴尬的局面，英国政府被迫通过另一项国会法案，允许铁路行业进行整合，废弃近 20% 已批准建设的铁路线路。随着幸存企业恢复盈利能力，带动整个行业进入一轮并购大潮。

铁路行业股票行情的急剧逆转，在当时的媒体报道中体现得淋漓尽致。似乎在一夜之间，哈德森便从令人膜拜的偶像变成人们嘲讽讥笑的对象。在这股铁路热潮中，新闻界扮演的角色恰恰就是他们在互联网泡沫时期扮演的角色。一方面，当时的顶级媒体对市场过热行为及其可能后果进行了冷静的评估。比如说，1845 年 4 月，《经济学人》(*Economist*) 就曾正确预见到繁荣结束的方式（见图 1-6）；另一方面，投机热潮催生了一批新的专业期刊，实际上，他们不仅致力于报道新的铁路技术，也在很大程度上推广了这些新技术。归根到底，他们大多对该行业的股票市场前景持高度乐观态度。

图1-6　顶级媒体对市场投机的徒劳警告

资料来源：*Economist*，1845年4月5日。

这个早期科技发展史的例子至今仍在重复。新技术总会催生出大量的新期刊，迎合那些对新事物如痴如醉的追随者。而新期刊的数量及其寿命往往会反映股票市场的走势，另外，它们也提供了一个有效的市场晴雨表。当然，此时的主流媒体已不像以前那样忘乎所以。在英国铁路的繁荣时期，他们经常会以更多怀疑的语气提出警告：当前股票估值必然会折减公司未来的增长潜力。此外，这种怀疑也反映在讽刺漫画《泼客》（*Punch*）等出版物在股市泡沫前后的态度上（见图1-7）。

But there were three lights in which he was anxious to place Mr. Hudson's character and career before the meeting which he had then the honour to address, as, when viewed in any of those lights Mr. Hudson would be found to have won proud and honourable distinction. The three lights in which he wished to place Mr. Hudson before them were, as a man of business, a politician, and a private gentleman. The reputation of Mr. Hudson as a man of business stood unrivalled at the present day. (Cheers.) As an accomplisher of railway undertakings, untiring zeal and indomitable energy had marked all his operations. The astonishing rapidity and success with which he had accomplished great and important works were matters of national records, and themes of wonder to the crowd. (Cheers.)

London Times, October 24, 1845

图 1-7 "找一个英雄，该赞美谁？找一个替罪羊，该责怪谁？"

图 1-7 "找一个英雄,该赞美谁?找一个替罪羊,该责怪谁?"(续)

资料来源:*Times* (London), 24 October 1845, 10 April 1849, 1 March 1849; *Punch*, vol. 9, 1845; *Punch*, vol. 16, 1849.

本章小结

取代运河企业后,铁路行业的股价迎来了连续若干年的强劲增长。但在市场预期过热和不断变化的经济形势的重压下,19 世纪 40 年代的股市泡沫最终破灭。

在此后的50年中，铁路投资在绝对收益能力和相对收益能力上都是亏本的。尽管偶尔也会出现零星值得兴奋的消息，导致铁路股的价格再次灵光一现，但这种反弹显然缺乏基本盈利能力的支持。归根结底，这些反弹是短暂的，而且丝毫不能改变长期下行的基本趋势。但铁路的基本经济状况依然稳健。直到20世纪末汽车的问世，才最终让铁路行业的竞争力遭受毁灭性打击。

考虑到铁路企业在此时期的大部分时间均支付股息，因此，任何在高峰期投资的人，都可能在这个世纪末收回投资。毫无疑问，尽管经济形势带来了种种影响，但无论从真实水平、相对水平还是绝对水平上考虑，铁路行业在较长时期内的收益率都是负数。这也说明了一个普遍性规律：在经历投机过剩时期之后，由于公司之前始终基于短期收益预期进行融资，因此，大量资金盲目投入到不经济的项目上。经过这个非理性投资阶段之后，很多公司以清算而告终。发起人往往会实现正收益，而且技术本身也能成功地兑现预期结果，但留给普通投资者的收益往往捉襟见肘，以至于他们很难取得理想的收益（见图1-8）。

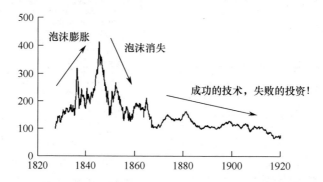

图1-8 技术的成功与投资者的失败：1826～1920年期间的英国铁路股票价格指数

资料来源：D. G. Gayer, W. W. Rostow and A. J. Schwartz, *The Growth and Fluctuation of the British Economy 1790–1850*, (2 vols.), Oxford: Oxford University Press, 1953. K. C. Smith and G. F. Horne, *An Index Number of Securities, 1867–1929*, London and Cambridge Economic Service Special Memorandum, No. 37. *Banker's Magazine* and *Railway Times*（见1849～1868年期间各期杂志）。

和这场铁路投资潮一样，在很多情况下，泡沫高峰期的估值都会与现实严重脱节，以至于投资者实际上就是寅吃卯粮，透支未来收益。考虑到新技术本就易于变化，而且在大多数情况下不可避免地要面临激烈竞争，因此，很难提前识别哪些技术最有发展前景。这当然不会像判断谁会成为输家那么容易。运河产业在相对较早阶段就已明显丧失经济可行性。运河企业既无法改变自己在成本曲线上的位置，也无法改变曲线本身来对抗铁路行业。因此，最简单的投资对策，应该是退出这个处于长期衰退的行业，以寻求其他机会。

约克—北米德兰铁路

投资者是否应该早早看穿哈德森呢？实际上，作为哈德森拥有的铁路企业，约克—北米德兰铁路公司的全部资产均来自股东的出资，公司的留存利润几乎贡献不出任何资金。尽管这对我们现代人来说似乎极不寻常，但在当时的背景下却司空见惯。所有新技术的发起者都很清楚，筹集资金主要依赖于他们能否勾勒出成功的理念。而对铁路产业而言，这种成功哲学则依赖于稳定的股息支付水平。任何股息水平减少的迹象，都会被解读为经营利润低于投资者对企业的收益预期。由于铁路网建设属于资本密集型业务，因此，即便是在今天，如何正确计提折旧依然是一个需要合理判断的问题。

那个时候，折旧在公司的财务报告中还没有任何作用。财务报告只是公司披露详情和相关议会法案的要求，却不是法律规定的强制性要求。公司无须接受外部独立审计。因此，财务报告完全是公司心血来潮的产物。资本和收入之间的区别可以由公司自由决定，而且在现实中也曾经如此。只要资产负债表支持，以伪装成利润的资本金支付股息几乎就不存在任何障碍。

对外部投资者来说，验证公司的财务成果完全是不可能的。尽管公开信息相对有限，但还是有许多警示信号，让投资者感到一丝疑虑。比如说，某家公司声称完全可以使用收入支付相当于净利润 10%以上的股息。但公司财务会计却显示，股权基础持续增加，而资产收益率还不到 5%，这样的组合只能短期维持。而以新的股权投资为铁路扩建提供资金，这的确令人费解，毕竟股权融资的成本要高于债务融资（见图 1-9）。

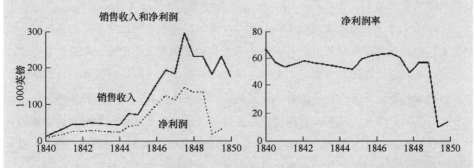

图 1-9　哈德森铁路公司：约克—北米德兰铁路线

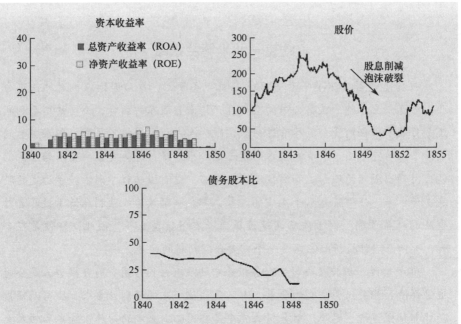

图1-9 哈德森铁路公司：约克—北米德兰铁路线（续）

资料来源：*Railway Chronicle. Railway Times.*

  扩张本应以留存利润创造的资金为主，以债务融资为辅，而且在这一时期的最初阶段，债务成本还远低于10%。对投资者来说，完全以发行新股的方式来为增长筹集资金的决策，显然需要公司给他们一个合理解释。另一个同样需要解释的异常情况，就是这些披露的利润水平。公司的利润率高得有点让人难以置信，在正常情况下，如此高的利润要么来自垄断定价，要么依赖于提高效率或压缩成本，从而维持极低水平的经营成本。但垄断条件的缺失或许应该让投资者清楚地看到，如此低的成本和如此高的固定资产注定难以为继。

  在今天看来，哈德森通过粉饰利润维持支付股息能力的做法是显而易见的，其实，即便是在那个时候，公司在财务报表和融资要求上的矛盾，也应该会让投资者心生疑惑。通过人为缩减开支而高估盈利的做法应该引发投资者的质疑。在当时的情况下，下一个合乎逻辑的疑问就是，公司为什么会采取这种伎俩？一个显而易见的答案是，他们必须维持股息支付水平，这也是他们维系融资扩张能力所依赖的基础。进入20世纪70年代和80年代，大型企业集团的膨胀式繁荣与当时的情形有异曲同工之处。这些公司同样建立在持续收购的基础上，但实际上，他们的增长只停留在账面上，而经济价值并没有实质性增加。

  只要他们还能以明显偏低的估值继续收购其他公司，那么在短期内收益就会延续增长态势（如果公司还能表现出现金牛姿态，这种以扩张增加利润的方式会更令人可信）。但如果收购方不能与被收购企业进行有效的改进与整合，那么这个增长过程充其量只是"纸牌屋"而已。而约克—北米德兰铁路在此时期的增长过程就是这种情况，只不过这个过程的持续时间更短，毕竟当时投资者最看好的指标是股息收益率，而不是市盈率。于是，公司不得不为支付股东股息而面对现金持续流出的尴尬境地。毫无疑问，他们急需发行新股票带来现金流入。

这种以支付股息吸引股权融资的游戏持续了近十年，在此期间，公司通过收购不断扩张，直到现金流入不敷出。随着股权资本的持续增长，股息需求也随之增长。直到盈利能力下降，股息无从获取，游戏自然无法维系。当利率上调和经济放缓最终到来时，整座大厦轰然倒塌。约克—北米德兰铁路公司的案例，再次强调了一种永恒的分析原则：**只要有疑问，就要审查公司的现金流状况**。尽管利润可以被篡改，但除故意欺诈之外，分析现金余额和现金流往往可以更好地反映企业的真实状况。

铁路热对整个社会的渗透程度及其对金融的影响，随后也成为诸多当代文献探讨的一个热门话题，并成为未来市场泡沫的一个特征（见图1-10）。

> "超常的狂热以无法摆脱的巨大势力让贸易商和制造商难以喘息。国会对此做出谴责，因为2/3的国会议员是贸易商；也遭到新闻界的口诛笔伐，很多编辑担任临时国会议员；宗教机构也对此严厉谴责。虽然主教有义务谴责他的神职人员，但据说这位主教和哈德森先生进行过会面。那位曾在公园里嘲笑这件事的庄园主，有人在第二天就看到他出现在哈德森铁路公司门前的罗格莫顿大街上。至于在家里对此冷嘲热讽的那位女士，一个小时之后就出现在经纪人的办公室，准备买入哈德森铁路公司的股票。"（第158页）
>
> "贪婪就像是一种莫名奇怪的毒药，开始在每个阶层中蔓延扩散。这种风气不仅玷污了各级议会的庄严和特殊地位，即便是朴实无华的平民百姓也不能幸免于难。公爵夫人不惜被股票凭证弄脏了自己的手指，老人们也用颤抖的声音急切打探股票价格。年轻的女士似乎毫不顾及颜面与矜持，牛市或是熊市的问题让她们的爱人感到惊诧不已。"（第174页）
>
> "1845年10月19日，星期四，英格兰银行上调利率；效果立竿见影。当天，人们面色阴沉，满眼狐疑；星期五，交易大幅削减，星期六，市场开始发出警报。消息从首都传到英国的各大城市，股市陷入恐慌。从伦敦到利物浦，从利物浦到爱丁堡，悲观的消息四处传来。投资者开始抽逃资金；股票和债券的价格纷纷下降；市场信心被打破，所有人的脸上都挂满了恐惧，世界末日似乎即将到来。报纸上也突然开始撤下发行新股的广告。"（第191页）
>
> "这就是上一次大规模金融热潮及其带来的市场恐慌。有些人为重建信心进行了很多徒劳的努力，还有些人大胆尝试去夺回损失的金钱。物极必反，过度萧条是过度亢奋的必然结果，而股票价格下跌只是这种因果效应的自然反应。"（第253页）

图1-10　让所有人如痴如醉的市场泡沫：当代作家对这场铁路狂热的描述

资料来源：Francis (1968)。

第二章

异军突起
美国铁路的故事

纽约铁路的运行始终没有合理的、众所周知的目标……它们（美国铁路）只是被当作一个整体系统中的链接，而这个系统已经延伸到伊利诺伊州的尽头，跨越密西西比河，几乎抵达密苏里州人迹罕至的地区，有朝一日，它们或许会延伸到太平洋，垄断从中国运来的茶叶。但这恰恰也是美国铁路的拦路虎……运输距离越远，运输的价值就越小，鼓励和维护它所付出的代价就越大……这和英国的铁路系统太不一样了，它们带给股票和债券持有者的满足太少了！

——《货币市场评论》（*The Money Market Review*），伦敦，1860年6月30日（从1860年到1865年，美国铁路股指数上涨150%）

开端：驳船与马匹

对美国来说，19世纪的第一个10年也是国际贸易增长、接收欧洲移民以及从发达经济体向新大陆转移技术的时期。有些技术转让采取了由移民人口携带技能的形式。但美国企业家也会来到欧洲，看看进口哪些新发明和技术会给他们带来利润。就铁路而言，美国人起初只是简单地进口钢材和机车。

后来，修建铁路所需要的技能和制造技术也开始跨越大西洋，从欧洲来到美国，最终为美国带来一个独立的铁路产业。尽管美国是一个新的国家，但它结合了类似"旧国家"的传统经济体系与新大陆的强大发展潜力。这些要素共同造就了一套全新的运用环境。

18世纪初期，美国的货物运输还是一个既费力又费钱的过程。尽管已存在庞大的乡村道路网络，但基本只是由当地社区维护的清整道路，能否畅通无堵只能依赖老天爷的眼色。改善交通状况的需求极大地刺激了私人与公共收费公路及收费站的建设。在1812年战争（美国第二次独立战争）期间，英国封锁了美国的港口，为货物运输提供新运输渠道的需求反而刺激了新公路的建设。但真正的动力还是出现在战争结束后，当时的经济形势已经出现了较大改善。收费公路的建设开始加速。到1821年，政府已批准修建的新道路里程超过6 000英里。

然而，收费公路在财务收益方面并不成功。这些公司大多是专为此设立的，而公司的资金则来自公众认购及政府机构。按照这种经营模式，很多公司赚到的收入只能勉强支付维护成本，至于合理的资本收益根本就无从谈起。最关键的问题在于，对大规模的低成本货物运输而言，即便是合理的收费水平，运输企业也无法承担。同样重要的问题是收费难度。为逃避收费，运输商宁愿等到夜幕降临后通过收费站，甚至干脆绕开收费站。

收费公路在财务上的失败是现实可见的：即使在最成功的情况下，在每230条收费公路中，也只有不到6条公路能给投资者带来满意的收益率。[1]就运河系统而言，美国内陆水道系统的发展更是远远落后于英国。最主要的原因就是缺乏建设资金以及建设运河所需要的工程技术。但同样值得关注的是，在已经建成的为数不

---

[1] G.R.Taylor, *The Transportation Revolution: 1815-1860*, New York: Harper & Row, Torchbooks, 1851, p.27.

多的运河中,也没有足够证据表明它们在财务上是可行的。伊利运河(Erie Canal)就是在这样的背景下建成的。在伊利运河出现之前,美国最长运河的总长仅有28英里。伊利运河于1817年由纽约州议会批准建设,全长350英里,从哈德逊河上游的奥尔巴尼开始,穿过荒野,一直到达伊利湖东岸的布法罗。在国家的资助下,伊利运河取得了巨大成功。整条运河的建造成本约为750万美元(相当于今天的13亿美元),而且很快便取得每年50万~75万美元(现今超过1亿美元)的通行费收入,水道拥堵问题也随即被提上议事日程。

伊利运河的成功极大地刺激了整个美国的运河建设规模。投资者或政府机构也不再担心财务后果。1816~1860年,超过2亿美元(相当于今天的320亿美元)的资金投入运河建设。各州和联邦政府的积极态度大大提振了私人投资者的信心,他们自愿认购新企业发行的股份,在某些公司甚至成为投资资金的主要贡献者。但遗憾的是,对所有这些投资者而言,最终带来利润的运河却寥寥无几。市场繁荣推高了建筑成本,让某些缺乏生存能力的公司上市,最重要的是,让人们忽略了很多航道的基本经济属性。只有少数实现盈利的运河可以让煤炭及其他大宗货物在供应地和客户之间实现快速运输。通过较少的船闸,并在两端进行高效的收集和配送,它们能以更低成本运载更大吨位的货物。但运河末端的铁路支线往往无法应付货物量的大幅增加,从而造成堵塞和延误。

无敌的铁路运输

所有这些问题都是针对运河而言,但最终运河的消亡还是由于缺乏与铁路竞争的实力。在美国建成伊利运河的那一年,英国开通了斯托克顿—达灵顿铁路。尽管英国在19世纪30年代之后很少开挖新运河,但美国的运河却主要是在这十年当中建成的,而且这股热潮一直延续到19世纪40年代。在那个时代,铁路的经济优势应该是显而易见的。或许这就是当时的社会风气,以至于铁路带来的威胁被视而不见——尽管这种忽略或许并不是因为无知。但美国还是接受了铁路,到1840年,美国投入建设的铁路轨道已超过欧洲。

在1850年之前的这段时间,美国投资于铁路的资金总额大约为3.72亿美元(相当于今天的500亿美元),仅在1850~1857年间,投资总额就达到6亿美元(现今超过800亿美元)——这个数字相当于运河投资总额的三倍。在这轮美国铁路产业投资的高速增长中,不仅来自美国以外的资金达到空前规模,同时也缔造出一个新的超级行业,它吸引了几位19世纪美国最著名(也可以说是臭名昭著!)的企业家。

尽管美国铁路的发展也遵循了与英国相似的模式，但两者之间也存在显著差异。当时英国在很多方面依旧是世界经济超级大国，而美国则是一个新兴市场。在英国，已经形成了一整套成形的法律制度和政府管理体制；而在美国，各个州与中央政府的管辖范围在很多方面依旧模糊不清。在美国，企业很容易就可以取得铺设铁路轨道所需占用的土地；而在英国，这注定要面对诸多根深蒂固的反对。最后同时也是最明显的区别在于，作为当时全球最重要的金融中心，英国是资本输出国——而正处于高速发展阶段的美国还是资本输入国。

早期的美国铁路只是连接现有城市中心的运输线路，长度相对较短。因此，为这些铁路融资的难度不大，而且资金通常来自于线路的所在地区。但随着铁路长度的增加，资金需求也随之上涨。在这种情况下，铁路公司往往是在当地筹集少量象征性的种子资金，借以到欧洲尤其是英国去筹集更多的资金，然后才能开工建设。

最初，英国投资者并不愿意直接接受美国铁路公司的股票，他们更愿意持有政府债券。因此，为筹集到必要的资金，美国铁路企业只能把公司股票置换为政府债券，然后再把政府债券出售给英国投资者。这种债券交易最初由当时已有的金融机构操作，其中最著名的当属位于伦敦的巴林兄弟银行（Baring Brothers）和罗斯柴尔德父子公司（N. M. Rothschild&Sons）。但就在不久之后，乔治·皮博迪（George Peabody）等美国进口商开始涉足商业银行和投资业务，他的公司最终被卖给朱尼厄斯·摩根（Junius Morgan）。另一种主要融资形式，就是以易货贸易支付出口到美国的铁轨。在19世纪40年代之前，美国进口的铁轨几乎完全来自英国，随后，由于英国铁路建设进入繁荣期，铁轨全部用于满足国内市场的巨大需求，但这也变相刺激了美国的国内生产。曾几何时，英国人拥有美国铁路多达一半的股权，而这恰恰是他们为出口自身铁路产品提供资金的结果。

对摩根家族的后裔来说，在美国扩张的初期阶段，筹集资金是一件非常艰难的事情。尽管皮博迪的业务蒸蒸日上，但依旧是一段充满未知数的冒险。一方面，出售美国铁路股票带来了丰厚的收益；另一方面，在克里米亚战争（1853～1856年，是俄罗斯帝国与奥斯曼土耳其帝国、法兰西帝国因争夺巴尔干半岛控制权而在欧洲爆发的一场战争）造成粮食短缺之后，市场对这类股票的需求猛增。但是在战争结束、粮食价格下跌时，摩根家族发现自己的产业已扩张过度。幸运的是，他们通过巴林兄弟银行取得了英格兰银行的资助，否则，摩根家族就会资不抵债。后来，摩根家族也曾在普法战争期间为法国政府提供贷款，其目的无外乎是为自己的企业提供助推力。此时，摩根、库克和布朗兄弟等美国公司开始合力进军伦敦市场，在这之前，英国市场始终是欧洲金融家的地盘。这一点很重要，当英国投资者在美国铁路领域陷入越来越艰难的处境时，很多人不得不求助于这些美国财团。

在英国铁路产业中尽显锋芒的效率和能力问题在美国同样显而易见。随着铁路对交通运输的垄断地位不断增强，伴随运河体系经济扩张而增长的运河货运量突然逆转。从"南北战争"时期开始，运河的交通量呈现出持续下降的趋势（见图2-1）。

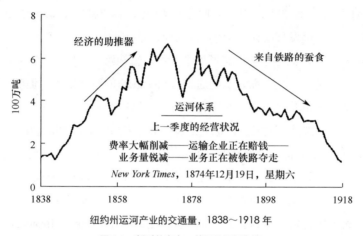

图 2-1　暂时的赢家：美国的运河交通

资料来源：美国国家经济研究局（NBER）：Macro History Database。

"南北战争"之后，随着投资者开始热衷于参与铁路的大发展，筹资和投资过程也发生了变化。投资者的偏好开始从支付固定利息的债券转向普通股或可转换为普通股的债券。在19世纪40年代，美国各州暂停支付政府债券的利息，这曾让很多投资者刻骨难忘。再加上某些铁路公司刚刚遭遇的亏损，让投资者极为谨慎，因此，取得某种形式的利息是非常必要的，尤其是在建设阶段。这样，可转换债券就成为最受欢迎的投资工具。

同样，尽管英国投资者确实愿意投资铁路和美国股票，但他们依旧倾向于选择"风险较低"的企业。而所谓的低风险铁路，往往拥有土地抵押物，而且连接的是具有重要战略意义的中心城市。⊖ 尽管可转换债券似乎可以带来额外的安全性（支付股息），但也会带来意想不到的副作用。从理论上说，理想的选择应该是以发行可转换债券为建设铁路融资，一旦铁路建成，整体风险就会相应降低，然后，投资者即可把债券转换为股权，以充分享受随后的业务增长。但随后的态势发展却不

⊖ D. R. Adler, *British Investment in American Railways 1834–1898*, Charlottesville, Va.,: University Press of Virginia, 1971, p.59.

尽如人意，因为很多不法经营者发现，这为他们发行新股提供了一种近乎完美的旁门左道。在争夺伊利铁路的丑闻中，杰伊·古尔德（Jay Gould）及其同行恰恰就是采取这种方式大获全胜。

范德比尔特与美国的航运战

美国经济的发展历程伴随着很多金融帝国的出现（见图 2-2）。其中最有影响力的当属范德比尔特家族。凭借在美国运输事业发展历程中的地位及其随后在投资领域的影响力，科尼利尔斯·范德比尔特（Cornelius Vanderbilt）也成为 19 世纪的名人之一。范德比尔特走上名利之路的起点，不过是史坦顿岛上一个平平淡淡的摆渡人。当时，全新的蒸汽动力运输技术刚刚出现。1807 年，在获得纽约州政府批准后，罗伯特·富尔顿（Robert Fulton）在纽约哈德逊河上开办了一家轮船运输企业。富尔顿从纽约州政府取得对这项业务的独家经营权，在为期 30 年时间里，他将垄断来往纽约的全部航道的货物运输。不难想象，凭借这种垄断地位，这家企业不仅让富尔顿赚得盆满钵满，也让很多人对这笔买卖垂涎欲滴。在潜在的巨大收益的诱惑下，一个叫托马斯·柯林斯（Thomas Collins）的人跃跃欲试，他试图打破这个垄断格局，于是，他找到科尼利尔斯·范德比尔特加入这场阻击战。

这场战争惨烈无比而又旷日持久，范德比尔特不仅要防备竞争对手的袭击，还要规避法律的打击，而富尔顿则高举政府赐予的法律武器，凭借与纽约州签订的垄断协议捍卫自己的利润。而且这场战争已不再局限于哈德逊河的航道。在很多方面，双方为争取公众舆论和拉拢立法者站台（甚至掏腰包）的竞争更为重要。在这个问题上，各州与联邦政府的态度和法律规定相去甚远，这也变相增加了这场竞争的深度和广度。经过你来我往的缠斗之后，美国最高法院最终于 1824 年做出裁定：各州之间商业及贸易活动的监管权不再属于各州政府的管辖范围，并取消富尔顿与当地政府签订的垄断协议。随着政治和法律保护屏障的消失，竞争最终聚焦于纯粹的经济层面。竞争开始不断升级，柯林斯与范德比尔特联手改善技术，大幅削减了运输成本，让富尔顿无力与他们抗争。

美国最高法院这项裁定带来的直接后果，就是奥尔巴尼到纽约市之间的客运成本被削减一半以上。在整个 19 世纪 20 年代，柯林斯和范德比尔特由于基本独占哈德逊河的运输市场，每年都可以赚到超过 4 万美元（相当于今天的 700 万美元）的利润。但没过多久，范德比尔特就开始发挥自己在资本和经验上的优势，与柯林斯分道扬镳，独自开展业务。他最初采取的策略基本类似于与柯林斯合作时的策略：寻找垄断市场，以低价挤出竞争对手；要么以价格竞争取代垄断（而后再重新提高价格），要么让对手接受"绿票讹诈"（greenmail，也被称为讹诈赎金，即以收购公司为要挟而迫使某公司溢价回购股票），然后把市场交给对手。

> 19 世纪 90 年代初期的一天，苏格兰美国投资信托基金（SAINTS）主席威廉·孟席斯（William Menzies）在苏格兰特许会计师学生联合会发表了一场演讲。这场演讲的题目就是《投资美国》，随后于 1895 年出版同名著作。他的讲座也让这本书颇受瞩目，实际上，他的观点在很多方面与目前针对全球新兴市场的讨论几乎如出一辙。为加深理解，我们对演讲中的部分要点摘录如下：
>
> **一手研究的必要性**
>
> "肯定有人会告诉你，这条铁路拥有优于美国其他任何铁路的优势，虽然可能尚未建成，但它绝对拥有美好的未来。曾有人向我推荐一家在建铁路公司发行的债券，对方的理由很简单，这条铁路不知道什么时候启动，也不知道什么时候建成，因此，只要不赚钱，就不会通车。"
>
> **基本财务分析的必要性**
>
> "在这个国家，除非有切实可见的成果，我们还是应该对投资新企业谨慎些，但即便能看到结果，也应该通过调查确保这些结果的真实性。在新开通的第一年或第二年，新线路的收入中往往包括运输建筑材料带来的大量运费，当然，这些费用在铁路建成那一刻便不复存在。"
>
> **透视感和理解偿付义务顺序的必要性**
>
> "另一个始终值得关注的问题是，美国债券有时确实会发生违约，但只要它们代表的是真实价值，那么从长远看，它们注定会恢复价值……因此，在选择证券时，应尽可能购买拥有第一抵押权的贷款，也就是说，要取得美国人所说的'前排座位'……因此，即使美国债券发生违约，也不要惊慌失措、不加思考地扔掉它们，只要有人告诉你这些债券确有价值，就不要放手，它们肯定会触底反弹，给你带来收益。"
>
> **道德的必要性**
>
> "时不时总会有一股流行热潮紧紧抓住公众的心，让他们无法克制。因此，在战后时期，曾掀起一场鼓动公众以美元偿还战后债务的热潮，而美元随即便遭遇贬值：但这并未造成后果，美国保住了自己的信用……一时的狂热不管怎样盛行，迟早都会烟消云散，从长远看，常识将占据至高无上的地位。"

图 2-2 关于新兴市场的早期文章

资料来源：William Menzies, chairman of the Scottish American Investment Trust (SAINTS), lecture to the Scottish Chartered Accountants Students Society. The lecture was entitled 'America As Field of Investment.'

以范德比尔特对美国最大汽船企业、哈德逊河蒸汽船协会（Hudson River Steamboat Association）的挑战为例，为了让范德比尔特的船只放弃哈德逊河航线，蒸汽船协会向他支付了 10 万美元（相当于今天的 1 700 万美元）的一次性补偿，而且协会还要在随后 10 年内每年向其支付 5 000 美元（相当于今天的 85 万美元）。对哈德逊河集团来说，厄运并未结束，为赶走范德比尔特支付的补偿，自然让其他人虎视眈眈。于是，这家公司不得不继续向其他几家"地头蛇"支付补偿费，包括丹尼尔·德鲁（Daniel Drew）和其他至少五家竞争对手。而范德比尔特的目标很明确，那就是尽可能地积累财富；至于到底是通过"绿色邮件"还是经营盈利来赚钱，对他来说无关要紧。范德比尔特之所以在商业上取得巨大成功，关键就在于他能利用新技术维持自己的低成本竞争优势（当然，仅凭这一点可能还不够）。此外，他很早就已经认识到，要在生意上有所成就，就必须拉拢结交能帮助自己的政坛实权人物。

到19世纪40年代，蒸汽船的大小已达到轮船的尺寸。从东海岸到横跨大西洋的航线，纷纷启用这种蒸汽船。同样，蒸汽船运输业务也是由政府出资并控制。第一个蒸汽船运输业务的经营者是塞缪尔·库纳德（Samuel Cunard），以推动国际贸易和国家安全为由，英国政府每年给他拨款27.5万美元（相当于今天的4 600万美元）。在横跨大西洋的航线上，库纳德向每位乘客收取200美元（相当于今天的32 000美元）的船票费，对每封邮件收取51美分（相当于今天的40美元）的邮寄费用。

没过多久，这种模式便开始被美国人采纳。爱德华·柯林斯（Edward Collins）请求政府为他预付300万美元（相当于今天的4.72亿美元），并在每年提供38.5万美元（相当于今天的6 000万美元）的补贴。他声称这笔钱会让他在跨大西洋的航线上取代库纳德，为美国创造更大的利益。国会批准了这笔补贴，于是，柯林斯制造了一批内饰华丽精美的超大豪华型轮船。尽管这些轮船的航速和航行频率基本与库纳德相同，但其成本更高。政府补贴消除了改进轮船性能和节约成本的必要性，因为只要在竞争中处于劣势，国会就会不失时机地增加补贴。以1852年为例，由于成本持续上涨，于是，柯林斯再次设法取得国会的批准，将每年的补贴金额提高到85.8万美元（现今超过1亿美元）。在柯林斯开通从大西洋到太平洋的邮政航线时，政府也提供了补贴。

在大西洋东西两岸，这些接受政府补贴的航运公司让其他竞争者对手无可奈何。在英国，因曼航运公司（Inman Line）让库纳德的公司陷入困境。在美国，范德比尔特对柯林斯发起全面进攻。由于未能说服国会取消对蒸汽船的补贴，于是，范德比尔特推出了自己的跨大西洋航运服务。他的蒸汽船不仅在技术性能上更先进，而且建造标准也更高，这就大大降低了后期的船只维护成本。把赌注压在轮船上，而不以支付保险费用来防范风险，这显然有助于降低成本。为增加收入，范德比尔特开设了不同级别的旅行服务，引入二等舱和三等舱，并加大力度推广这些新服务。和英格兰的威廉·因曼（William Inman）一样，范德比尔特也意识到，必须尽一切可能赚回高昂的固定成本。虽然竞争无疑会让库纳德和柯林斯两败俱伤，但只要补贴依旧存在，对市场的新进入者来说，他们的投资就没有那么诱人。

但范德比尔特是幸运的，主要竞争对手的自杀式毁灭，间接提高了他的竞争地位。1856年，在柯林斯运营的全部四艘蒸汽轮船中，两艘先后沉没，共造成500名乘客死亡。为补充运输力量，政府出资100万美元为他建造了一艘新船。但这艘船的建造质量非常糟糕，以至于在进行两次航行后便不得不出售，几乎让建造这艘船的全部资金损失殆尽。然后，在1858年，国会改变了对跨大西洋航线提高补贴的立场，并在当年取消了对航运公司的财政支持。柯林斯的生意也就此破产，一夜之间，范德比尔特成为美国最大的轮船运营商，这和因曼航运公司在英国的经历有异曲同工之处。

但范德比尔特的视野并没有局限于大西洋航线上。事实上，他早已在第二条航线上发起进攻，这场商业战的战场是加利福尼亚的航线。在淘金热的推动下，范德比尔特通过投标，修建了一条直接穿越尼加拉瓜地区的运河，与原有的巴拿马运河航线展开竞争。毫无疑问，他的新航线路程短，行程自然也更快，这样他就能按仅相当于加州补贴线路票价1/4的费用搭载乘客，这自然让他获利颇丰。而他的竞争对手当然也不会善罢甘休，他们成功说服政府提高补贴水平，补贴金额最终达到每年90万美元（现今超过1.1亿美元）。尽管在尼加拉瓜航线遭遇挫折，但范德比尔特给他们带来的竞争威胁是实实在在的，最终，加利福尼亚航运公司不得不向他支付近75%的补贴，让他放弃这条航线。换句话说，范德比尔特获得了67.2万美元（相当于今天的8 500万美元）的补偿，给加利福尼亚航运公司的生意留了一口饭。但补贴措施在政治上显然不能长久，补贴最终被取消。尽管范德比尔特失去了靠敲诈对手赚取财富的手段，但他毕竟还有可依赖的固有竞争优势。

尽管在航运领域大获成功，但范德比尔特的关注点并不只有航运，他根本没有想把这项生意当作自己的主营业务。英国航运公司在大西洋航线上的竞争异常激烈，而且英国人更有条件利用当时的最新技术以及兑现这些技术所需要的原材料。在北美地区，虽然范德比尔特的市场地位已相当稳固，但时常有新的竞争对手觊觎这个市场。退出航运业，转向更有利可图的行业，也是战争带来的必要结果。任何战争总会给那些做好准备的人带来丰厚的经济回报。1861年4月，美国内战爆发。

当时，范德比尔特被任命为美国陆军部的航运代理商，并获得政府授权，购买和租赁船舶开展海外航运业务。于是，他的公司同时承担了买家和卖家的角色。范德比尔特把业务交给一名代理人负责运营，当时的财务账目表明，这项业务采取了当时很常见的"拆分佣金"模式，范德比尔特的身份只是合作一方。因此，我们很难评估，政府的授权以及作为美国最大的航运巨头，到底给范德比尔特带来了多少财富。但不管事实是怎样，国会还是因范德比尔特在内战时期的贡献向他颁发了一枚勋章。

在很多方面，范德比尔特到底算不算奸商这个问题已无关紧要。最重要的一点是，战争让他可以出售航运公司的股份，让他得以关注另一个新的增长领域——铁路。到 1862 年，范德比尔特拥有的财富总额已达到 1 100 万美元（相当于今天的 13 亿美元），其投资也涉足诸多领域。不过，当时最有吸引力的成长领域只属于两大行业，这两个新兴的行业就是燃气照明和铁路，而这两者也将成为范德比尔特投资中最重要的组成部分。

转战铁路产业

范德比尔特涉足铁路运输行业的起点，是对纽约哈莱姆（Harlem）铁路公司股份的收购。在那个一切皆有可能的时代，投资的盈亏在很大程度上取决于即将发生的事件。最初，范德比尔特按每股 9 美元的价格买入这家公司的股票，但是在取得公司控制权后，他继续按每股超过 50 美元的价格进行收购（至于这背后的原因，我们随后便会一目了然）。在取得控制权之后，他以大笔资金买通纽约公共委员会的委员，获得巴特里公园到百老汇之间有轨电车的特许经营权。㊀在获得特许经营权的消息传出后，哈莱姆铁路公司的股价开始疯狂飙升，很快便超过范德比尔特买入价的 10 倍。

如此火爆的市场不可能不被人关注。范德比尔特的竞争对手乔治·劳（George Law）说服了纽约州立法机构的政客们，最终，纽约州议会宣称收回该业务的特许经营权的审批，并准备撤销哈莱姆铁路公司对百老汇区有轨电车享有独家经营权的计划。与此同时，当时最有名的敌意收购者丹尼尔·德鲁也开始做空哈莱姆铁路公司。他按每股 100 美元的价格卖空股票，试图随后再以较低价格回购平仓。但卖空者显然打错了算盘，范德比尔特已动用自有资金，最大限度在市场上买回公司股票。随后，他完成了一轮近乎完美的逼空操作，推动股价急速上升，迫使之前的做空投资者被迫平仓。但是，市场上可买入的股票此时已寥寥无几，以至于根本就没有足够的股票轧平卖空仓位，于是，德鲁等做空者不得不按每股 179 美元的股价买入范德比尔特手中持有的股票。仅仅这番操作，就为范德比尔特带来超过 100 万美元（相当于今天的 8 000 万美元）的收益，当然，这笔收益就是对手们的亏损。

㊀ 更全面的介绍见：M. Josephson, *The Robber Barons*, New York: Harcourt Brace, 1934, pp.68–70.

在范德比尔特扩大铁路运营网络的过程中,这种模式屡试不爽。他的下一个收购目标就是哈德逊河(Hudson River)铁路,这条铁路与他在哈德逊河对岸的巴特里公园—百老汇线路平行。同样,要获得这条线路的经营权,范德比尔特不得不收买当地政客。随着成功预期的增加,哈德逊河铁路公司的股价开始暴涨;不甘寂寞的丹尼尔·德鲁再次出手,策划了一轮大规模卖空交易,而且坊间也流出传言,称纽约州政府准备一改初衷。于是,当哈德逊河铁路公司的股票从每股 57 美元飙升到 172 美元之后,转而开始暴跌。为保住公司,范德比尔特不得不联合多方力量,共同筹集到 700 万美元(相当于今天的近 7 亿美元),买回哈德逊河铁路公司对外发行的所有股票。如果没有这个资金池的支持,德鲁的突袭极有可能大获全胜。但事实是,范德比尔特再次以迅雷不及掩耳之势的逼空,彻底摧毁了对手。

在接下来的几年里,范德比尔特开始了稳步打造铁路帝国的征程。那些不愿意把公司交给范德比尔特的人,最终被他挤出市场;他的策略就是故意破坏对手的正常经营,不择手段地让这些公司股东顺应他的意愿。比如说,纽约中央铁路公司的所有权人就曾拒绝范德比尔特的召唤,于是,范德比尔特切断了与该公司的全部货运及客运通道,这就迫使前往奥尔巴尼的乘客不得不穿过结冰的哈德逊河。[1]最终,纽约中央铁路的所有权人不得不俯首称臣,通过收购,一家业务范围从东海岸延伸到五大湖的大型铁路公司就此诞生。面对范德比尔特的这种手段,被震慑到的人不只有赤手空拳的小股东,还有约翰·阿斯特(John Astor)和爱德华·库纳德(Edward Kunad)这样的商场大亨。

1869 年 5 月,范德比尔特以各种手段把自己的全部铁路业务合并到纽约中央铁路公司,随后对公司进行了重组。重组的部分内容就是发行新股票。"注水股"(watered stock)是当时最常见但也是最让人困扰的方式,实际上,就是通过发行新股来稀释现有股东持股比例。通过这次资本重组吸收的资金,范德比尔特和他的女婿从公司拿走了 600 万美元(现今超过 4.5 亿美元)的巨额资金。[2]范德比尔特对纽约中央铁路公司进行"稀释"的总额高达 5 000 万美元(相当于今天的 38 亿美元)。对外部投资者而言,投资铁路的风险在当时是众所周知的,但考虑到市场对预期收益率的极度乐观情绪,根本不足以阻止美国国内外资本为行业扩张提供资金的热潮。

和英国一样,美国的时钟设置也因铁路系统的扩张而改变。美国东西国境的距离相当于英国的若干倍,使得时差问题严重得多。仅伊利诺伊州就存在近

---

[1] Josephson (1934), pp.71–3.

[2] 同上。

40分钟的时差,而威斯康星州的东西时差也有近40分钟。1883年,美国铁路协会为美国创建了四个时区,于是,美国时间从"上帝的时间"变成"范德比尔特的时间"。⊖

垄断游戏:为伊利铁路而战

作为一个通过推翻政府授权垄断和补贴而发家致富的人,范德比尔特非常清楚消除竞争给垄断者带来的好处。而且人们早已把铁路定义为一种天然具有垄断属性的行业。"火箭"蒸汽机车的设计者、英国工程师乔治·斯蒂芬森指出,追逐利润的资本本身就青睐于垄断结构。随着范德比尔特经营的铁路网络不断扩大,他开始控制中小型铁路公司。此外,在这个过程中,他再次体会到曾在蒸汽船业务中遭遇的境况,一次次地采取破财免灾的策略:以钱财让竞争对手俯首称臣。而他用来支付高昂收购成本的唯一方法,就是通过纽约中央铁路公司发行更多的股票。

随着运营网络的扩大,范德比尔特也在寻求更大的市场定价权。在这方面,伊利铁路公司一直被他视为最大的眼中钉、肉中刺。在获得纽约中央铁路公司的控制权后,他的铁路线网从位于哈莱姆区的纽约总站开始,通过横跨哈德逊河的铁路,延伸到奥尔巴尼,再经纽约中央铁路到布法罗。再通过其他被收购的铁路公司,他控制的路线几乎一直抵达芝加哥。为最终完成这段线路,他还需要买下密歇根南方铁路公司,这样,他的火车就可以直接开进芝加哥火车站。凭借这种近似于蚕食的方法,他几乎建成一条从纽约到芝加哥的完整线路。对于这种资本密集型业务,范德比尔特当然非常清楚价格竞争的危险。在这方面,最大的威胁就是伊利铁路公司。而范德比尔特为化解这一威胁所做的尝试,促使他采取了金融战中最不择手段的伎俩,并最终导致他与当时另一位赫赫有名的大投机者杰伊·古尔德(Jay Gould)爆发冲突。

范德比尔特很清楚纽约至芝加哥铁路线的重要性,当然,他的所有竞争对手也深知这一点。而对他控制密歇根南方铁路公司构成最大威胁的对手,就是伊利铁路公司。为扫清障碍,范德比尔特与他的老对手丹尼尔·德鲁进行谈判。双方很快达成协议,从而使范德比尔特获得对伊利铁路公司的控制权。于是,"为伊利铁路而战"的传奇历史故事就此拉开大幕,而这种战争在很多方面恰恰映射出当时股

⊖ J. Strouse, *Morgan: American Financier*, New York: Perennial, 2000, p.256.

票市场和投资的各种误区和弊端。在这场商战中，暴利、操纵股价和打击竞争的卑鄙手段比比皆是（见图 2-3）。

图 2-3　财富至上：《经济学人》揭露伊利铁路丑闻

资料来源：*Economist*，1870 年 12 月 3 日。

当时，美国公司法或证券法尚未形成清晰、统一的法律体系。不同国家之间相互竞争，甚至在一国内部也可能存在种种分歧与冲突。纽约市政府的司法体系由 33 名最高法院大法官包办，他们每个人都拥有平等的权利。这是政治老板特威德及其领导的政治机器"坦慕尼大厅"（Tammany）的时代，当时美国的政治贿赂非常普遍，权利几乎已成为公开交易的商品。而威廉·特威德（William Tweed）及其同伙对纽约市的控制力已臭名昭著，以至于"坦慕尼大厅"也成为纽约市政府腐败势力的代名词。通过贿赂特威德获取从事运输业务的特许经营权以及对行业的影响力，对范德比尔特和德鲁而言早已是轻车熟路。能否获取法律的保护或支持，往往只依赖于愿意支付的价钱。

海外投资者持有铁路公司的大部分股份，这也起到了帮助作用。这些股东很少主动参与公司事务，也很少对手中的股份进行投票，以至于公司的大部分股权由当地的股票经纪人代持。这就让代理持有人拥有了巨大的权力，因此，他们实际享有的权益远远超越受益股东的利益。另外，1850年颁布的《通用铁路法案》（General Railroad Act）限制公司发行新股，该法案原本应该禁止以发行新股"稀释"持股。但该法案也留下了一个巨大的灰色地带：公司在为铁路建设筹集资金时，可以发行可转换债券。这就让某些居心不良的人以筹集建设资金为名而发行可转债，而后再把可转债转换为股份。

在那个时代，保护股东的法律条款寥寥无几，而且鲜有的保护措施也容易受到经济诱因的影响。最终，在这些美国公司中持有大量股份的外国股东往往最有可能受到伤害，但他们几乎没有任何手段来维护自己的利益；而且因为他们自己的疏忽，又让那些最有可能滥用权利的人拥有了更多的权力。在这样的背景下，再叠加潜在收益的诱惑，冷血动物的出现自然不足为奇，这些毫无人性的商人被称为"强盗男爵"。

伊利铁路公司不太可能成为美国历史上最臭名昭著的金融事件的主角。这条铁路最初设计于1832年，旨在连接五大湖与纽约市之间的海上交通。它于1851年最终完工，但由于施工不善、连接质量太差以及路线不畅等原因，伊利铁路公司的股价从发行时的每股33美元一直跌至1859年的9美元，公司进入破产管理程序。在进行重组之后，新公司改善了与港口的接轨，将线路延伸到宾夕法尼亚州的煤田，加上与大西洋及大西部铁路公司（Atlantic and Great Western Railroad）合作带来了更赚钱的石油运输业务，公司呈现出强劲的复苏趋势。内战爆发再次刺激了货运业务，让这条铁路线进入繁荣期。

对于这轮复苏以及随之而来的债务大幅降低，最大的功臣当属纳撒尼尔·马什（Nathaniel Marsh），他在伊利铁路公司被接管后成为新的总裁。但在1864年，马什突然辞世，于是，两位新股东登上公司的权力宝座。丹尼尔·德鲁从1854年开始投资这家公司，当时，他以贷款形式借给公司150万美元，并在随后成为公司的财务主管。凭借这个地位，德鲁可以随时挪用公司资金，因此，只要有机会，他就会通过卖空公司股票而获利。因此，在范德比尔特插足之前，这家公司的历史就充斥了低质量线路、骇人听闻的事故记录以及内部人员操纵股价的丑闻。

尽管伊利铁路公司口碑不佳，但它给纽约中央铁路公司盈利能力带来的威胁依旧不容忽视，这也是范德比尔特最担心的对手，于是，他与丹尼尔·德鲁达成协议，取得对伊利铁路公司的控制权。1866年，他开始买入伊利铁路公司的股票，并很快就信心满满地对外宣称，他打算把伊利铁路纳入到自己的铁路网中。尽管哈莱姆和哈德逊河铁路的运营大获成功,但范德比尔特很快就发现,他的对手已在之前的股票市场对峙中汲取了教训。在这场角逐中,除范德比尔特之外,最主要的参与者还有德鲁以及他的帮手杰伊·古尔德和吉姆·菲斯克(Jim Fisk),以及由约翰·埃尔德里奇(John Eldridge)牵头的一个波士顿财团。凭借手中持有的股份以及与丹尼尔·德鲁的君子协定,范德比尔特或许觉得胸有成竹。但让他始料不及的是,德鲁突然撕毁协议。原因不得而知:可能是为了报复之前卖空范德比尔特但却反遭算计的耻辱,抑或只是因为他觉得这是一个千载难逢的良机。但不管出于何种原因,德鲁的股票似乎已充斥市场。

利用新发行股票筹集的资金,古尔德和菲斯克收购了一家小型铁路公司,并将公司资产以高价出租给伊利铁路公司。收购资金来自伊利铁路公司发行的可转换债券,这些债券在转换为股票后出售给范德比尔特。埃尔德里奇领导的财团通过竞标买入伊利铁路公司的股票,他们试图通过入股来说服公司出资在波士顿到哈德逊河之间修建一条公路。随后,范德比尔特与埃尔德里奇集团达成了一项秘密协议,只要后者同意和他共同投票罢免德鲁,便可为他们的 400 万美元债务提供担保。丹尼尔·德鲁计谋败露,只好投降,寻求与范德比尔特重修旧好。尽管他当时暂时辞职,但在 1867 年,他的两个同龄人古尔德和菲斯克被任命为董事会成员。

和平是短暂的。在取得控股权之后,范德比尔特召集了由纽约中央铁路公司和伊利铁路公司董事参加的会议,试图掌控路线和定价权,但令他始料不及的是,在德鲁的控制下,伊利铁路公司的两位董事古尔德和菲斯克对他的议案投出反对票。更糟糕的是,伊利铁路公司已经开始与密歇根南方公司谈判,与此同时,公司还发行了 1 000 万美元的可转换债券,这就增加了伊利铁路公司股票的市场流通量。这意味着,尽管范德比尔特直接持有伊利铁路公司相当数量的股份,还成功地从当地经纪人手中接管外国股东的代理权,但他依旧无法控制伊利铁路公司。随着伊利铁路公司的股价不断下跌,范德比尔特持有的股份也在一天天地被稀释。在已无力阻止德鲁及其同伙的情况下,范德比尔特不得不寻求司法机构的援助。当时的纽约最高法院法官乔治·巴纳德(George Barnard)也是"特威德帮"⊖的成员。为保护范德比尔特,巴纳德颁布了一系列禁令,包括要求伊利铁路公司收回 25%的新近发行股票以及 300 万美元的可转换债券,而且不得发行新股票或通过发行可转债增加股票。此举令伊利铁路公司的股价从每股 50 美元上涨到 84 美元,对当时已拥有 20 万股股票的范德比尔特来说,这无疑是一个令人振奋的消息(见图 2-4)。

⊖ Josephson (1934), p.125.

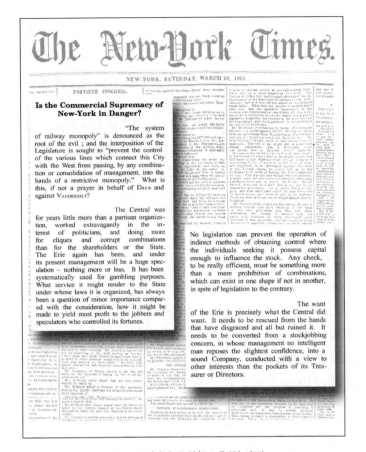

图 2-4　两害相权取其轻：垄断与腐败

资料来源：*New York Times*，1868 年 3 月 28 日。

法治、抑或腐败

也正是在这个时刻，纽约司法体系的怪异才真正显露无遗。面对范德比尔特的打压，德鲁等人的对策就是以其人之道还治其人之身，他们买通纽约州另一名最高法院的法官，后者宣布暂停范德比尔特采取的所有措施，并将他任命的董事弗兰克·沃克（Frank Work）逐出伊利铁路公司董事会。就在双方为禁令纠缠的时候，德鲁开始继续发行新股票，迫不得已的范德比尔特只能按更高价格买入。此外，德鲁还为"司法目的"专门设立了一笔 50 万美元的基金，并发表了铁路主管机构关于筹集资金升级铁路必要性的报告。这些报告不过是支持发行债券的宣传工具而已（其真正目的在于压低股价，让范德比尔特消耗更多的资金）。形势开始急转直下，在德鲁转走出售股票得到的 700 万美元现金之后，范德比尔特的财务状况已岌岌可危，资金流动性也接近枯竭。1868 年 3 月 11 日，范德比尔特让巴纳德法官对德鲁发出"藐视法庭罪"的逮捕令。但由于提前获得消息，德鲁、菲斯克和古尔德携带 700 万美元现金和尽可能多的公司文件逃到不受纽约州法官管辖的新泽西州。

这场禁令战持续到 1868 年，在这段时间，德鲁的财团继续为他提供法律和人身保护，不仅在公司总部附近的码头上安装大炮，还由新泽西州的一支警察卫队为他们保驾护航（相当于增加了德鲁的武装力量）。有一次，公司遭到一群反对分子的攻击，但面对明显占据人数优势的保护人员，这种暴乱被迅速压制。⊖而范德比尔特方面则发出威胁，如果拿不到更多资金，他就会摧毁纽约的整个金融体系，这也让他幸免于难。

作为这部传奇大戏第一幕的尾声，古尔德最终得到纽约州政府所在地奥尔巴尼市司法机构的庇护。凭借用于"司法目的"的基金，古尔德大肆贿赂政府，为伊利铁路公司争取债券发行的合法权，而他的游说也最终得到了政府的支持。尽管古尔德貌似大获全胜，但纽约州参议员的谈判能力也得到了充分验证：为达目的，古尔德向他们支付的资金超过 100 万美元。古尔德的出价最终还是战胜了范德比尔特对政客们的引诱，于是，特威德的同伙才愿意跟在他的身后招摇过市。在批准债券发行合法化的法案中还有一项特殊条款：禁止同一集团同时控制纽约中央铁路公司和伊利铁路公司。

这一关键条款意味着，无论从哪个角度看，范德比尔特对伊利铁路公司持有的股票都是一种负担。直到口是心非的丹尼尔·德鲁与古尔德反目成仇的时候，范德比尔特才有机会摆脱这个烫手山芋。于是，德鲁与范德比尔特再次联手，通过足够董事的支持对伊利铁路公司董事会实施控制，而随后通过的一系列交易，也弥补了范德比尔特因失去公司控制权而遭受的损失。这些交易给伊利铁路公司留下 900 万美元的债务，而最终给古尔德留下的几乎只有一个空壳。

在已发行 2 000 万美元债券和股票却没有任何资本支出或改进的情况下，这家空壳公司当然也不再是有价值的实体。此时，古尔德已充分体会到政治庇护的重要性，于是，他任命"坦慕尼大厅"的领袖威廉·特威德担任董事会成员。这一任命为公司带来在以往商战中发挥关键作用的法律与政治支持。随之而来的事情就是故技重施：内部人卖空公司股东，然后进行逼空操作，最后垄断市场。随后，伊利铁路公司又发行了 2 000 万美元新股票，并在完成之前对外宣称准备进行债券筹资

⊖ Josephson (1934), p.129.

的消息。1869年8月，古尔德对德鲁展开了报复行动，引诱德鲁买空伊利铁路公司，然后采取了传统的收缩资金方式，推动股价上涨，让德鲁落入逼空陷阱。

与范德比尔特不同的是，古尔德完全不给德鲁任何逃脱的机会。德鲁试图通过法律诉讼进行威胁和反击，但这反倒提醒了古尔德，他采取以毒攻毒的策略，把诉讼机会（诉讼的发起人是外国投资者，他们试图阻止公司进一步发行新股票、把公司控制权交给接管人）一举变成自己的优势。通过他"最看好"的巴纳德法官的努力，古尔德成为公司的财产接管人。随后，巴纳德法官马上又启动了法律措施，试图追回范德比尔特在最初和解中收取的资金。但更老道的范德比尔特却声称，他从未在伊利铁路公司拿走一分钱，甚至还让古尔德的昔日盟友吉姆·菲斯克向媒体展示了原始支票存根。⊖

拉拢特威德对古尔德的经营至关重要。特威德不仅能给他提供政治和法律保护，还能引荐他接触纽约市的基金，这样，在特威德的纵容下，古尔德就可以控制纽约市场上的货币流动量。"众所周知，史密斯-古尔德-马丁证券公司的亨利·H.史密斯（Henry H. Smith）经常会陪着特威德乘坐出租车一起前往第十国民银行——就是后来爆发'黑色星期五'事件的那家机构，拿走他们分得的赃款，而且史密斯一个人就会带走400万美元，然后让这笔巨资在自家保险柜中待上几天。"⊖这样，市场流动性马上收紧，借款成本上涨，从而压低了股票和大宗商品的价格。而事先已完成空头建仓的古尔德便可坐享其成。

在之后的时间里，古尔德开始不断收购铁路及其他公司的股权，毕竟，对铁路网络的依赖导致很多公司根本就无法拒绝他的提议。但古尔德的收购之路也并非畅通无阻。在准备收购新建成的奥尔巴尼—萨斯奎哈纳（Albany and Susguehanna）铁路公司时，古尔德遭到公司总裁约瑟夫·拉姆齐（Joseph Ramsay）的阻挠，在约翰·皮尔波特·摩根（John Pierpoint Morgan）的眼里，勇敢好斗的拉姆齐是纽约金融市场上一位冉冉升起的新星。在老摩根的帮助下，拉姆齐不仅在股票市场上狙击古尔德的收购，还动用自己的武装力量，与"暴徒和警察"组成的伊利黑帮爆发流血冲突。此外，J.P.摩根还为奥尔巴尼—萨斯奎哈纳铁路公司另寻地址，为拉姆齐提供庇护，并因此在这家公司的董事会中获得一席之地。

腐败引发的不满导致特威德和"坦慕尼大厅"饱受诟病，随着保护伞的消失，古尔德最终丧失了对伊利铁路公司的控制。随后，菲斯克被情敌谋杀，被剥夺实权的英国股东也东山再起，J.P.摩根等人对伊利铁路公司进行了重组，作为重组

⊖ M. Klein, *The Life and Legend of Jay Gould*, Baltimore: Johns Hopkins University Press, 1997, p.91.

⊖ Josephson (1934), p.142.

的一项内容，四面受敌的古尔德不得不面对现实，最终按照可以接受的条件离开伊利铁路公司。尽管这种新型控制的过程尚处于起步阶段，但注定会飞速发展。此前，金融家始终通过资金运营能力发挥对经济实体的重要影响力，但随着时间的推移，他们的影响力不断放大，并开始主动参与公司管理，更重要的是，他们开始影响行业结构。

纽约中央铁路公司

范德比尔特的纽约中央铁路公司明显有别于伊利铁路公司。昔日出现在纽约市的股票注水，几乎贯穿于公司在19世纪60年代后期进行的每一次资本重组中。此时，投资者关注的问题已不再是公司被大股东操纵，而是公司收入增速开始急剧下降。从19世纪70年代初开始，公司收入的年均增长率仅为4%。在竞争日益激烈的条件下，公司的利润率也开始萎缩，净利润增长率减少到只有3%。但股东依旧指望将全部收益用于支付股息。不过，这是否能给股东带来合理的总收益，在很大程度上还依赖于他们买入股票的时间；在公司和利润完全被操纵的情况下，股东当然没有希望得到任何回报。而作为内部人士，范德比尔特家族从这家总资产约1.3亿美元的公司拿走了5 000万美元现金。

对投资者来说，随着来自其他铁路公司的竞争不断加剧，初期的收入增长能力很快便消失殆尽。范德比尔特很清楚这一点，而且也公开指出，过多的铁路公司在争夺相同的客户群。这也是他一再试图控制伊利铁路公司的原因。尽管财务分析表明，控制伊利铁路公司或许会给他带来财富，但他的野心注定会以失败而告终。竞争不仅会夺走收入，而且在价格战中，会直接殃及利润。虽然铁路依旧是运输货物和乘客的主要方式，但行业的盈利能力远不够突出，最多只能算得上勉强凑合。随后，纽约市出现了像美孚石油公司（Standard Oil）这样能决定运输条款的大客户，在与多家相互竞争的管道公司进行合作的过程中，他们掌握了讨价还价的筹码。尽管铁路在连通美国各大商业中心方面已占据明显主导地位，但还未形成足够坚实的进入壁垒以保护这种地位。

纽约中央铁路公司至少拥有稳健的资产负债表，公司的负债权益比率从未超过50%。即便如此，扣除税款和利息后的公司净利润依旧难以支撑历史股息水平，最终，股息彻底消失。但即便是在价格战期间，这家公司也从未面临过任何真正的破产威胁。毛利率和净利润增长率的下降，带来的结果自然是投资收益率持续减少（见图2-5）。竞争加剧与部分客户议价能力的相互结合，导致公司股票收益率持续走低。投资的总收益率在很大程度上取决于不可持续的股息。但对范德比尔特家族来说，修建铁路依旧是一次有利可图的冒险。他们不仅通过资本重组完成的大规模股票稀释收回投资，还通过这段时期的股息现金流收获真金白银。当然，对铁路的控制还给他们带来了更多的商机，据说他们借此机会取得了美孚石油等公司的股权。遗憾的是，对外部的散户投资者来说，收益就没那么诱人了，拿到的股息勉强抵消股价的下跌。在1860年以后的整整80年里，只有在20世纪20年代的牛市期间，纽约的股票才重回19世纪70年代初的水平。但这只是昙花一现，面对1929年的股市大崩盘及其后续影响，所有乐观情绪荡然无存。

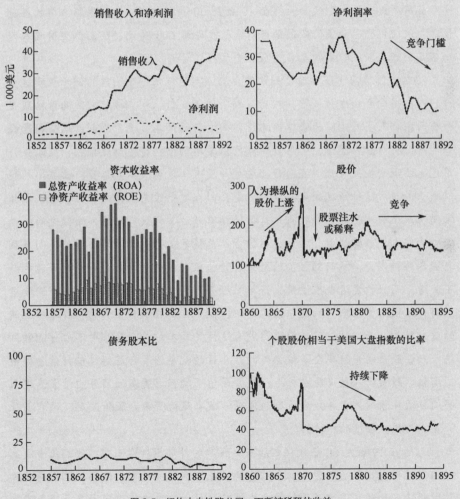

图 2-5 纽约中央铁路公司：不断被稀释的收益

资料来源：*Commercial and Financial Chronicle*. New York Central Railroad annual reports.

纽约、伊利湖和西部铁路——伊利铁路公司

伊利铁路公司的丑闻也造就了"强盗男爵"的传奇。在这次股票稀释和掠夺普通投资者的缠斗中,德鲁、菲斯克和古尔德联手与范德比尔特及外部投资者展开厮杀。从图2-5中,我们即可一窥当时事态演进的基本过程,图中清晰显示出发行新股票与投资收益稀释的趋势。股票发行既没有增加收益,也没有减少公司的债务。他们的唯一企图,就是用发行收入填满德鲁—菲斯克—古尔德这个阴谋集团的腰包。对外部投资者来说,在19世纪60年代那个时期投资这家公司毫无道理。即便如此,在19世纪60年代初期,伊利铁路公司的控制权之战依旧把公司的股价从每股50美元推高到600美元,随后,股价陷入万劫不复的颓势,一路暴跌至每股100美元。

那么,股票注水或稀释是如何实现的呢?可以用一个简单的例子说明这个过程:公司向公众发行股票,然后,利用这笔发行收入,按非常高的价格从某个公司内部人士处购买为修建铁路设施而发行的债券。至于伊利铁路公司的经营情况,公司账目显示,资产负债表已被董事的劫掠行为彻底摧毁,因此,公司已无法承受任何亏损。流通股的增加并没有体现为股本或总资产收益率的明显减少。造成这种情况的主要原因,是公司在发行股票之前的收益状态就已非常恶劣。报告所称的"净收益"是按持续有效运营假设得到的,而且是尚未扣除融资成本之前的收益。由于公司的资产负债表上存在大量潜在负债,而且利息成本维持高位,从而牺牲了很大一部分收益,因此,真正的净利润可能已微不足道。而且投资者也很清楚,铁路对经济形势非常敏感。在整体经济快速增长时,给铁路带来的影响是积极的,但即便是在这种形势下,仍需要维持稳健的资本结构。而伊利铁路公司显然没有这样的资本结构,而且也不太可能做到这一点。股票的发行完全是被操纵的,其目的就是为了与范德比尔特争夺公司所有权。销售收入被大股东抽走,给公司留下的只有更多的债务。结果,这家公司屡次申请破产,导致股价剧烈波动。破产风险带来的股价波动,很容易让公司成为操纵股价的牺牲品。

对于在19世纪60年代初之后买入股票的外部投资者而言,他们几乎没有任何实现投资收益的希望。但令人费解的是,在这段时期,伊利铁路公司的收入增长情况和利润率均高于纽约中央铁路公司,这再次体现出资产负债表保持稳健的重要性——服务于企业经营的需求,而不是外部投资者对企业的认识或

是内部人的利益。但是从长远看，公司最终还是要受制于现金和债务的约束。如果把铁路当作股票市场的工具，而且只为操纵股价而关注这些关键运营指标，那么，公司不断玩弄完全清算的把戏自然不足为奇，尤其是在整个国家面对经济压力的时期（见图2-6）。

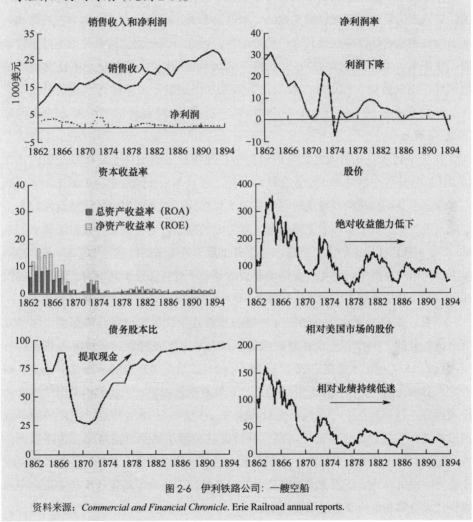

图2-6　伊利铁路公司：一艘空船

资料来源：*Commercial and Financial Chronicle*. Erie Railroad annual reports.

竞争与联合

无论是作为铁路运营商、金融家还是股票市场操纵者，古尔德的故事都刚刚开始。在很短时间内，他便利用手中的巨额财富控制了联合太平洋铁路公司

（Union Pacific）。这个过程与伊利铁路的控制权之争有异曲同工之处。铁路给铁路控制者带来了巨大盈利，而主要原因就在于当时的税收法律环境较为宽松。乐观的行业增长前景为公司创造了发行股票和操纵市场的机会，也让少数人一夜暴富。对铁路本身而言，企业盈利在很大程度上依赖于连接生产者与消费者的能力，也就是说，它需要的是一条直接连接工业品、农产品和加工品装运点与城市中心的路线。高昂的固定成本让铁路建设具有自然垄断性。因此，最初的铁路企业家不择手段地成为垄断者，并享受由此而来的溢价。尽管伊利铁路公司控制权之争已淋漓尽致地展现了这些特征，但这场战役只是为后期的演进奠定了基础而已。如果没有企业之间的合并，现有经营者必然会串通一气，形成具有价格垄断能力的卡特尔（企业联盟）。

在尝试把铁路线引入芝加哥的过程中，范德比尔特始终不是孤军奋战的。在19世纪70年代中期之前，除伊利铁路之外，在西部太平洋沿岸到东部芝加哥之间还有四家主要运输线路。每条线路均采用类似模式：将一连串较短线路连接起来，形成一条贯穿美国东西部的完整路线。对当时的情景，范德比尔特做出了简单的总结："有5条通往纽约的主要线路，但现有生意只需两条线路就足够了。"在这种情况下，价格战自然不可避免，而这场恶战的第一个受害者是伊利运河，同样，英国的运河系统随后也陷入一蹶不振的颓势。

当然，铁路本身也不可能在价格战中独善其身。尽管很多公司都在尝试建立价格垄断联盟，但在每一个联盟建成后，参与者之间很快就会再次陷入新的价格战。直到1877年，才最终形成了一种相对稳定的价格垄断机制。而这个定价机制的真正驱动力则是来自美国以外的地区，尤其是欧洲投资者，他们为美国铁路产业投入巨资，但却经历了一系列重大财务损失——比如在1876年底，巴尔的摩—俄亥俄铁路公司与巴林兄弟银行闹翻，导致费城—雷丁铁路以及新泽西铁路陷入瘫痪，随后，这家铁路公司被J. P. 摩根接手，后者开始在英国筹集资金。但融资失败导致英国投资者开始怀疑美国铁路公司的财务状况。这次经历也是推动铁路公司形成经营联合体和定价联盟的重要因素。

西方铁路公司的控制权之争

为连接英国、欧洲和美国东部现有中心而修建的铁路与西部拓荒的伟业并无关系。在美国内战期间，国会提出了一系列鼓励措施，旨在推动兴建横贯美洲大陆东西的铁路。这个目标充分体现于《太平洋铁路法案》（Pacific Railroad Act）。联合太平洋铁路公司就是根据该法案特许创建的。这条新铁路从东部的内布拉斯加州奥马哈市开始向西延伸，对接中央太平洋铁路公司从加利福尼亚州萨克拉门托向西修建的线路。面对艾姆斯兄弟公司（Ames brothers，是美国最大的铁铲制造商之一）等投资方以及某些希望通过新铁路发财者的游说，国会最终对铁路建设提供巨额补贴，其中，对每英里平坦地形的线路提供补贴 16 000 美元，坡地线路每英里的补贴金额为 32 000 美元，以体现政府对开发美国西部的支持。此外，在两段线路上，两家公司每铺设完成 1 英里铁路即可获得 20 块备用土地。因此，双方的铺设无意间变成一场追逐数量而不考虑质量的相向赛跑，两家公司都希望在线路对接前铺设更长的线路。这样，在铺设速度高于一切的目标下，在遇到艰难地形时，双方自然会迂回避开，而不是采取对后期运营最有利的直线。

联合太平洋铁路和中央太平洋铁路公司这场横穿北美大陆的冲刺式赛跑，也成为当时令整个美国为之振奋的事情，当然也是报纸连篇累牍的关注焦点。随着"西部"门户的打开，地形的险恶以及因新线路而流离失所的印度安人，进一步激发了公众的想象力。对这两家公司而言，显而易见的是，只有以尽可能低的成本和尽可能快的速度铺设铁路，才能最大程度享受政府的慷慨解囊，从而实现短期利润的最大化。在这种环境下，铁路经营者发现，积累财富似乎易如反掌。在这条横贯美国的太平洋铁路建成之后，联合太平洋铁路公司合计获得 1 200 万英亩的土地和价值 2 700 万美元（相当于今天的 33 亿美元）的政府抵押债券，中央太平洋铁路公司取得 900 万英亩土地和价值 2 400 万美元（相当于今天的近 30 亿美元）的政府债券。受此鼓舞，其他发起人也不甘寂寞。凭借靠近美加边界的北太平洋铁路，德州太平洋铁路公司从政府获得 1 800 万英亩土地的奖励，北太平洋铁路公司则获得 4 400 万英亩的土地。但这只是最初的融资活动；在随后的很长时期内，横贯美国大陆的各大铁路公司陆续在美洲及欧洲筹集到更多资金。

尽管有政府提供的补贴和贷款，但当这条横贯美国的太平洋铁路在 1869 年最终接轨时，联合太平洋铁路和中央太平洋铁路两家公司均已接近破产。造成这个结果的原因是多方面的。首先，政府的补贴和激励措施虽提高了铺设速度，却降低了效率。其次是当时极其腐败的法律及政治环境。为保住补贴，两家铁路公司对政客慷慨解囊，从免费铁路通行证到子公司的股票，他们以形形色色的贿赂让这些人中饱私囊。有据可查的最大丑闻就是信贷动产银行（Credit Mobilier），这家公司是专为处理联合太平洋铁路建造合同而成立的。其实，中央太平洋铁路也成立了太平洋金融合同公司（Pacific Contract and Finance Company）来处理本公司建设合同。只不过信贷动产银行的财务账簿被意外曝光，而且公之于众。信贷动产银行的手法其实非常简单——人为抬高建设成本。公司股票由联合太平洋铁路公司负责人持有，但也会分配给有影响力的政界人士，确保公司特权得到他们的庇佑。根据某个接受者的估计，这家公司核算的建筑成本约为实际成本的两到三倍。铁路的建筑总成本约为9 400万美元，而估算的真实成本仅为4 400万美元，其余的5 000万美元（相当于今天的48亿美元）不知去向。或者说，大部分建设成本是送给政府官员的贿金。

比如说，在联合太平洋铁路公司需要煤炭时，公司董事便创建了一家名为怀俄明州煤炭矿业的公司，这家公司按三倍于生产成本的价格向联合太平洋铁路公司供应煤炭。因此，那些有幸成为信贷动产银行股东的人，自然会财源滚滚，而持有联合太平洋或中央太平洋铁路公司股票的股东们，却只能眼巴巴地等待公司分红。1872年，铁路公司的一位负责人奥克斯·艾姆斯（Oakes Ames）被传唤到国会作证，他向国会提交了一份参与该事件并收取贿赂的政客名单，丑闻就此被公开曝光。这份名单几乎覆盖了国会、参议院及白宫的全部高层官员。这份名单在股票和大宗商品市场上引发了一场冲击波（见图2-7）。

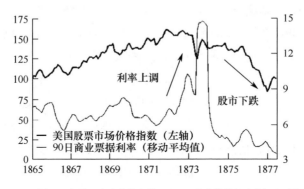

图2-7　19世纪70年代股市崩盘的大背景——股灾的始作俑者依旧是利率上调

资料来源：Global Financial Data.

信贷动产银行事件还不足以终结金融市场的动荡与铁路公司的操纵，因为丑闻既未禁止投机者使用的工具，也未破坏铁路行业本身的成长基本面。只要行业还在成长，或者至少在人们心目中还在成长，投资者就会心甘情愿地继续投入新资金。同样，伊利铁路传奇既不是孤立的插曲，也不是铁路行业内部争夺定价权之战的结尾。在信贷动产银行事件爆发后不久，负债累累的联合太平洋铁路公司便成为杰伊·古尔德的猎物——随着收购的成功，人们熟悉的场景再次出现。

愈演愈烈的铁路商战

　　信贷动产银行事件造成的恶劣影响，既严重损害了联合太平洋铁路公司的名誉，也让公司的财务状况遭受重大打击。但是在 1873 年的时候，联合太平洋—中央太平洋铁路还是唯一正常运营的横贯美国东西向路线，而在某些人手中，联合太平洋铁路公司将成为强大的商业武器。因此，对于像杰伊·古尔德这样的经营者来说，联合太平洋铁路公司的诱惑力几乎不可抗拒。古尔德很清楚横跨大西洋海上航线的商业价值。于是，在 1872 年，他已经取得太平洋邮船公司（Pacific Mail）的实际控制权，这家邮轮公司经营西海岸的定期邮轮以及旧金山连接远东的航线。

　　夺取控制权的手段无非是古尔德屡试不爽的双重交易和股价操纵。但这次收购战却在古尔德与此前同谋亨利·史密斯之间引发裂痕，并最终导致两人反目成仇，变成势不两立的对手。史密斯觉得古尔德不仅抛弃了自己，甚至勾结对手打击自己：在史密斯对西北铁路公司实施卖空操作时，古尔德却协助范德比尔特的女婿霍勒斯·克拉克（Horace Clark）对这家公司进行逼空操作。但史密斯并未束手就擒，而是采取了报复性措施：公开揭发古尔德之前对伊利铁路公司的财务操纵。这次反制最终导致古尔德为赔偿伊利铁路公司而损失约 900 万美元（现今近 7 亿美元）。古尔德当然赔得起这笔钱，但史密斯遭受的损失却严重得多。这场对抗引发了一场传世交锋：史密斯气得脸色发青，对着古尔德的脸摇着手指，怒不可遏地说："先生，我要活到看着你拿着手风琴、带着猴子在这条街上杂耍卖唱的那一天。"而古尔德慢条斯理地回答，"也许会的，亨利。没准儿真有那一天。如果我真想找一只猴子时，亨利，我会派人去找你的。"⊖

　　收购西北铁路公司的这段插曲也把古尔德与联合太平洋铁路公司联系到一起，而通过范德比尔特对这家公司的持股，已让陷入困境的铁路行业走进范德比尔特的商业帝国。早在 1872 年，克拉克即已成为公司总裁，与联合太平洋铁路的整合似乎已不可避免。尽管古尔德已持有联合太平洋铁路的相当一部分股份，但直到克拉克在 1873 年意外辞世以及其家人随即清空持股之时，才让古尔德在一夜之间成为这家公司的控制者。

　　1874 年，杰伊·古尔德接任联合太平洋铁路公司总裁一职，和伊利铁路一

⊖ Klein (1997), p.132.

样，这个行当也很快成为他的敛财工具。联合太平洋铁路的形势或许难以为继。公司背负巨额债务，在与其他运输公司进行价格战的同时，东部市场也正在经历最艰难的煎熬。为解决这些问题，古尔德的第一个对策就是不再支付利息，而是通过资本化的手法，把利息费用计入建设成本。从会计意义说，这就相当于把利息转化为资产负债表上的资产，从而减少了利润表中的费用，最终达到增加利润的目的。在价格战方面，古尔德的优势就是拥有竞争对手太平洋邮船的股份，这样，他就可以根据自己的选择"谈判"休战。尽管在经济层面尚未实现控制，但古尔德在其他方面并不处于劣势，欧洲农业的歉收和美国西部的丰收都成为他的利好消息。此外，联合太平洋铁路还有很多经营不善、成本高昂的业务，而这恰好让古尔德在削减成本方面大展身手。

这些因素相互叠加，使得联合太平洋铁路公司的股票价格持续上涨，古尔德当然不会放过这个机会，他向公众出售手中的 20 万股股票，这笔交易一举让他赚到超过 1 000 万美元（相当于今天的 8 亿多美元）。即使失去如此之多的股份，他依旧可以通过自己提名的管理人和董事会中的朋友，继续对公司保持重大影响力。但这绝不是古尔德在联合太平洋铁路公司期间获得的唯一利润。在这段时期，他本人还获得了一系列铁路的控股权，其中最著名的当属堪萨斯太平洋—丹佛太平洋以及瓦巴什—密苏里线路。经过与北太平洋的威廉·范德比尔特和亨利·维拉德（Henry Villard）进行的一系列复杂操作，以及和几家小型铁路公司的交易，古尔德最终迫使联合太平洋铁路公司收购了其拥有的铁路线，这些操作又让他拿到 1 000 万美元（现今超过 8 亿美元）的利润。

横贯大陆航线的争夺

横贯大陆路线永远不会彻底垄断穿越北美大陆的交通。毕竟，两个海岸线之间人货运输的潜在回报实在太大，因此，它注定会不断吸引新的进入者蜂拥而至。两个潜在的竞争者试图在北部地区建立另一条替代路线。第一个人是詹姆斯·希尔（James Hill），之前，他已经在北部各州和加拿大的航运代理业务中积累起巨额资金。希尔很清楚这些地区的巨大商机，并把圣保罗—太平洋铁路公司作为他的致富工具。根据在 1862 年签署的最初租约，这条铁路就已在明尼苏达州取得 500 万英亩的土地，但是，在尚未解决纠纷和开发这块土地之前，公司便宣告倒闭。圣保罗—太平洋铁路公司的资本金为 2 800 万美元，其中的一半来自一群荷兰投资者。

但大手大脚的促销支出以及与关联建筑企业进行的资金腾挪，使得这笔资金很快便被消耗殆尽。但他们并未满足于此，发起人依旧沉浸在以股票稀释讨取资金的快乐中。在1873年大恐慌——即动产信贷银行和北太平洋铁路投资者杰伊·库克（Jay Cooke）破产的当年——爆发之后，这条铁路线最终落入接管人之手。但他们的前景显然无比黯淡，毕竟，面对强大的北太平洋铁路，它只是一家近乎微不足道的潜在对手；他们唯一能预见的，就是惨烈的竞争。对一家试图依赖摊销已发生费用创造盈利的企业而言，成功的机会几乎注定是微乎其微。

至少在希尔的财团按大幅折价买入全部流通股之后，沮丧的荷兰债券持有人不得不面对这样的境遇。希尔看中的是现有线路的价值以及出售土地可能带来的现金流——当然，前提是土地交易在租约到期前完成。对希尔有利的还有他与接管人的关系，他很清楚如何通过将改善作为经营费用来处理而人为减少公司利润，而且很可能采取了这些做法。这个策略确实奏效，荷兰投资者向希尔出售股份的价格，仅相当于初始成本和铁路真实价值的一小部分。

希尔通过出售土地迅速筹集到资金，然后使用这笔钱完成了与加拿大太平洋铁路的对接，并最终建成一条连接温尼伯和密西西比的线路。到1879年，这家合资公司的盈利已增加两倍，资产总额达到3 200万美元（相当于今天的27亿美元），在全部资金来源中，股票和债券基本各占一半。随后，希尔继续扩建与北太平洋平行的铁路，只不过他采取了完全不同的方式。希尔在坚实的路基上修建这条铁路，他精心采用现代工程技术，使得重新命名后的明尼阿波利斯—曼尼托巴路线成为一条高效可靠的线路。可以想象，对那些因信息欠缺而廉价卖出股票的荷兰投资者而言，这不仅不会带来安慰，只会让他们悔恨交加，在他们当中，至少有一部分是因为受到欺骗而做出误判。而对北太平洋铁路公司来说，这当然也不值得庆幸：新的竞争对手从前一个对手的灰烬中浴火重生，而且循着前人的足迹，几乎无须承担任何沉没成本，显然，新的对手更强大，当然也更难对付。

北太平洋铁路公司的目标是试图成为联合太平洋铁路公司在北方的竞争对手。但事实证明，它最大的敌人并不是联合太平洋，而是一位叫亨利·维拉德的绅士。在1853年从巴伐利亚来到美国的时候，维拉德马上便迎来自己的20岁生日。踏上美国土地之后，他改名为海恩里奇·希尔加德（Heinrich Hilgard），并开始在一家德国报纸做记者。他后来还做过战地记者，但更值得关注的是，他是杰伊·库克的同事。1871年，他回到德国；对心烦意乱的美国铁路债券的德国投资者来说，对美国铁路的认知绝对是一笔宝贵财富。当他再次返回美国时，他摇身一变，成为这些德国投资者的代理人，这份职业使他能在相当长的时间内从欧洲获得源源不断的资本。维拉德看到了美国铁路行业扩张带来的商机，于是，他设法取得俄勒冈蒸汽航运公司（Oregon Steam Navigation Company）的控制权，并随后在公司名称中加入"铁路"一词。维拉德将公司的部分股票赠送给华尔街的大人物；再借助公司前景大张旗鼓地吹捧，公司股价被大幅推高。

随着股价的不断上涨，他得以发行更多的股票，而且马上即可支付更高的股息；反过来，股息的提高推动股价继续上涨。他由此在华尔街取得的声誉也为其日后行动提供了重要的资金支持。随后，维拉德开始阻挠北太平洋铁路与西海岸的对接，他的手段很简单：要么设置障碍并修建轨道（从而阻止其他公司做这件事），要么买下修建铁路的土地。在达到目的之后，他便着手与北太平洋铁路公司就分享客流量进行谈判。

尽管北太平洋铁路公司在1880年与对手签署了这项协议，但其实只是权宜之计。北太平洋铁路公司的最终目的是利用协议拖延时间，筹集资金并通过完成线路，从而彻底消除维拉德造成的威胁。北太平洋铁路公司向德雷克塞尔·摩根（Drexel Morgan）出售了4 000万美元抵押债券，这笔款项足以让他们完成主线的修建，从而彻底对维拉德形成围攻之势。但维拉德也不甘示弱，他的回应就是利用自己在华尔街和外国投资者中间的声誉，迅速筹集到一笔800万美元（相当于今天的6.5亿美元）的盲注资金，然后利用这笔钱再次筹集1 200万美元（相当于今天的10亿美元），从而为实施夺取北太平洋铁路公司控制权的计划提供了担保。最终，他在1881年如愿以偿，并随即向股东支付了超过11%的股息。在控制权在握的情况下，他开始大力推动北太平洋线路的建设进度。线路最终于1883年贯通，当时举办了一场规模浩大的开通典礼，参加这场仪式的嘉宾包括亚瑟总统、格兰特将军以及被俘的苏族印第安酋长"坐牛"等。

遗憾的是，在北太平洋线路各路段的建设中，维拉德考虑的只有建设速度，而不是线路质量或成本效益。这场竞争在表面上是抢得先机，占据先发优势——然后，其他收益也随之而来。但公司很快就发现，高负债和低质量轨道的双重压力让他们举步维艰。1884年初，维拉德的控股公司、俄勒冈横贯大陆公司（Oregon and Transcontinental）宣告破产，北太平洋铁路公司也随之倒下。对那些一味追求过度扩张、基础设施质量低劣、管理层只关心投机而忽略基本业务的企业来说，这个为获得先发优势而不惜一切代价的早期示例，或许就是他们引以为戒的标准。北太平洋铁路公司原本可以在这段艰难时期坚持下去，但它的财务状况始终岌岌可危，再加上希尔铁路公司（当时称为"大北方"）带来的竞争和困扰，它最终也落入接管方之手。

联合太平洋铁路公司

在古尔德时代,分析联合太平洋铁路公司的基本背景无疑要提到信贷动产银行的丑闻,丑闻不仅殃及这家公司,也让参与铁路建设阶段的大多数政府高层人物深陷危机。据估计,公司通过分包商侵吞了多达 2/3 的建筑成本。尽管丑闻已家喻户晓,但事实依旧证明,这些丑闻根本就不足以终结铁路系统的腐败现象。比如说,在提交给众议院的报告中,就对1869年暂停公司在铁路建设过程中出售土地的做法进行了调查。

在这份报告中,政府派驻公司的董事提出了一系列问题。首先,他们对怀俄明煤炭公司提出质疑。该公司对煤炭开采并通过这条铁路为联合太平洋铁路公司供应享有独家垄断权。尽管无从确定具体的所有权结构,但可以肯定的是,联合太平洋铁路公司或其董事是这家公司的大股东。联合太平洋铁路公司为这家煤炭公司免费修建直线铁路,而且向他们收取的煤炭供货价格也远高于市场价格及其他供应商的报价。如果这还不能说明问题,那么,与煤炭公司签署的合同绝对是为后者提供了最有力的盈利保证。其实,这些购煤合同的唯一用意和目的就是把铁路的利润转移给另一个实体。对政府而言,这不仅仅是企业责任的问题,因为偿还政府贷款的资金需要来源于公司的净利润;因此,如果煤炭的采购成本被人为夸大,利润自然会被低估。这表明,尽管公司前景广阔,但公司治理依旧存在很大问题。

对投资者而言,问题显然不只有腐败,真实利润的构成同样存在争议。该公司辩称,净利润是扣除全部利息和债务费用后的净额。但政府则认为,他们的资金偿还应优先于其他所有债务,因此,不应从收益总额中扣除对其他债务支付的利息。报告涉及的最后一个重要问题,则是对线路竣工时间的定义,进而确定何时应开始偿还政府借款。报告最终认定,整条线路已经竣工。

对潜在投资者而言,这些问题肯定至关重要。如果公司可以继续进行这种转移支付,明目张胆地操纵利润,那么,信贷动产银行的教训显然没有唤起任何警惕。这种做法无疑是对外部股东的侵占和歧视,首先,他们几乎没有取得公平回报的机会。其次,对公司债权进行排名的做法同样值得商榷。对外部股东来说,他们唯一可以确定的是,他们的债权偿还顺序必定排名最后。不仅如此,在考虑最终披露的净利润数据时,还要考虑公众对排名的看法以及公司与政府在"净利润"定义上存在的分歧。

但不管争论的焦点是什么,关键在于,公司对利润的定义只对应于最理想的结果。1874年,联合太平洋铁路公司的总收入为1060万美元,成本费用为

470万美元，由此得到利润为590万美元。需要提醒的是，这个数字还没有扣除任何利息费用。尽管年报中未提供资产负债表，但文本中提到，铁路建设的账面成本数字为1.15亿美元。考虑到债务支付已被资本化而且始终未被冲销，因此，这显然是公司可以得到的资产最低金额。实际上，真实的资产价值远远高于这个数字。按这个最低的资产价值，可以得到最大的资产收益率为5%。债务的账面价值似乎只有1.2亿美元的一半。如果假设合理的利息费用为300万美元，那么，真实的资产收益率只有2.5%。

不出所料，年度报告描绘了一番完全不同的景象。它不仅对未来的收入增长做出高度乐观的陈述，还提到与太平洋邮政公司的合作，尽管古尔德对此丝毫不感兴趣。协议声称，政府拨给他们的土地价值足以抵消大部分负债。此外，协议提到这里地域内的矿产储量，并若有其事地暗示其巨大的潜在价值。最后还提到公司对政府承担的纳税义务，这家公司辩称，"净利润"的定义会有利于自己，因为在任何情况下，公司可能都无需向政府纳税，而且政府对出售土地收入征税的要求很可能不会维持下去。基于这些论点，可以认为，年报中给出的"净利润"数字是公允的，因此，公司建议向股东派发6%的股息。

到19世纪70年代末，铁路产业已发生重大变化。⊖古尔德仍然留在董事会，并说服公司收购他为此创建的竞争对手的全部股权，这也是他当初创建这些公司的目的。报告中提到收购古尔德对堪萨斯和丹佛太平洋铁路持有的股权，并指出，"这个决定是经过深思熟虑后做出的，它完全符合联合太平洋与堪萨斯太平洋铁路公司利益最大化的原则，它不仅有希望不断削减经营支出，而且有利于消除公司间无谓的纷争和相互破坏的敌对关系。"⊖在利润方面，公司的毛利润已增加到1 320万美元，由此得到的年增长率为4.5%。"净"收益则提高到770万美元，年增长率为5.5%。值得注意的是，实现这些增长的背景是19世纪70年代初的萧条时期。报告中还提供了部分预测性信息，以770万美元的"净"收益扣除480万美元的利息支付，可以得到290万美元的净利润。按1.85亿美元的资产数字计算，得到的资产收益率略高于1.5%，这一数字仍旧没有考虑对政府债务的潜在利息费用。尽管如此，从超级乐观的预测出发，这家公司依旧决定支付6%的股息。同样，尽管资产负债表上的信息寥寥无几，但由于收到的利息总额只有40万美元，而利息却高达350万美元左右；因此，公司的现金或现金等价物很可能低于500万美元，应付利息几乎只有公开披露的"净"利润数字的一半。

⊖ 1874年联合太平洋铁路公司年度报告。
⊖ 1879年联合太平洋铁路公司年度报告。

联合太平洋铁路公司的情况则相对明朗。这是一家资本高度密集型公司，其现金创造能力并不突出。因为迟迟不能与政府就豁免债务问题进行谈判，公司已举步维艰。成长能力充其量只能说是勉强过得去，肆无忌惮的内部交易和明显缺乏谨慎性的支出彰显着内部人的操纵欲望。从基本面上看，外部投资者完全没有理由去承担持有这家公司股票的风险。但缺乏持有股票的基本面要素，并未阻止这只股票的价格在随后五年里上涨五倍。

不管古尔德以往在商界的成就如何，但他在经营股票市场上的业绩和声誉，足以让其他投资者俯首称臣，追随者的蜂拥而至自然会不断推高股价。随着市场回归基本面，股价开始下跌。19世纪80年代初，惨淡的经济形势最终迫使这家公司进入破产管理程序，到19世纪90年代，公司股价几乎已跌至为零。导致出现这种状况的表面原因，或许是超过15%的收入下降幅度，但公司衰败的原因显然不止于此。造成公司不得不面对破产窘境的真正原因还是资产负债表的结构。在很长一段时期，公司债台高筑，而且只有部分应计债务，大多数是实实在在需要到期偿还的。但公司却人为漏记部分债务，这样，他们就可以为发放股息制造人为不存在的理由。但最终，随着偿还债务日期的逼近，这种掩耳盗铃的做法自然难以为继。铁路是一个高度资本密集型行业，如果再加上高额利息，那么，在经济衰退期间，它必然会随时面临破产的威胁。考虑到成本膨胀和缺乏长远考虑早已成为这家公司的陋习，因此，破产只是出现在哪个时间点的问题。尽管破产威胁在当时似乎已不可避免，但是对贪得无厌的投资者而言，风险似乎不足以阻止他们幻想着在这场阴谋中与古尔德站在一起。

对铁路产业的伤害完全是长期滥用资金和管理不善带来的应有下场。在爱德华·哈里曼（Edward Harriman）牵头并得到标准石油银行和国民城市银行等一大批金融机构的支持下，一大批金融家接手联合太平洋铁路公司的控制权并开始向公司注资，在这种情况下，一切结果都是有可能的。此外，摩根大通也在谋求控制同样面临破产境遇的北太平洋铁路公司，并试图将该公司与詹姆斯·希尔的大北方铁路公司进行合并。对投资者来说，最凄凉的时刻或许出现在19世纪90年代中期，当时的整体经济形势相当惨淡，公司刚刚从破产中走出来。粗略匡算即会发现，如果总收入在3 300万~5 500万美元之间，毛利率为25%~35%，那么，即使在最悲观的情景下，也至少可以获得1 000万美元的现金流。遗憾的是，公司需要为债务支付超过1 200万美元的利息，而且由于累积利润寥寥无几，因此，资不抵债最终导致这家公司破产。⊖⊜但1 000万

⊖ 1889年联合太平洋铁路公司的年度报告。
⊜ 1893年联合太平洋铁路公司的年度报告。

美元这个数字非常重要,因为它是确定铁路公司在重组后价值的基准。无论是哈里曼还是 J.P.摩根,这些投资者当然也会算计这些,再考虑到减少竞争和提高价格的目的,他们最终还是联手开始为这些公司提供再融资。在图 2-8 所示的股价图中,我们可以看到股票在再融资之前的价值,而且随着经济形势在此后 5 年及进入 20 世纪后的持续回升,股价也随之持续上涨。此外,该图表还表明,随着哈里曼和 J.P.摩根等诸多投资大亨采取的投机行为,股价被一而再再而三地持续推高。

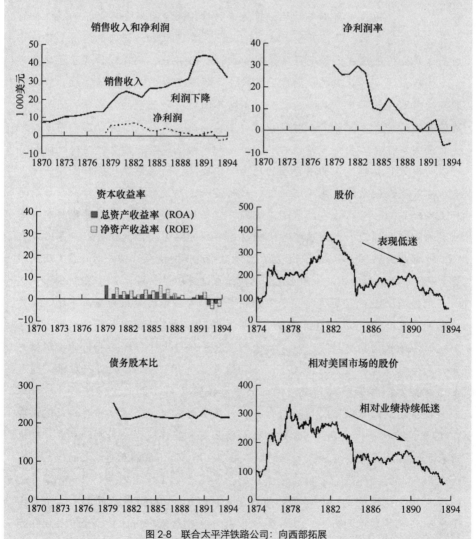

图 2-8　联合太平洋铁路公司:向西部拓展

资料来源:Commercial and Financial Chronicle. Union Pacifific Railroad annual reports.

横贯大陆铁路的控制权最终落入某些人之手——这些人清醒地意识到，短期投机性的运营方式已难以为继。最根本的原因在于，投资者的损失实在过于巨大，因此，只有看到摩根大通这样的强势人物或是詹姆斯·希尔之类的成功经营者入驻公司，他们才愿意拿出更多的资金。从19世纪80年代初拯救北太平洋铁路公司，到接下来的十年，J.P.摩根始终致力于创建有利于抑制竞争并提高盈利能力的行业架构。最早减少价格战频发的措施集中于业内两大巨头：纽约中央铁路公司和宾夕法尼亚铁路公司。

尽管所谓的"海盗契约"（1885年，业内几家主要公司在范德比尔特"海盗船"号游艇上同意接受固定的价格安排）确实取得了一些成果，但行业整体态势仍动荡不安。造成这种状况的原因，不仅是线路的过度建设与企业过度投机的运营方式。在本质上，铁路行业本身就是一项高资本成本业务。也就是说，公司需要不断创造现金去摊销现有的固定成本及由此招致的债务（见图2-9）。

图2-9　可能出现的错误必定会出现

资料来源：*New York Times*，1873年9月20日。

不仅如此，美国经济也在此时期见证了一大批工业巨人的崛起，有些恰恰是利用了铁路系统的缺陷，并最终成为可以把控局面的大企业。在他们当中，最具代表性的两个人当属标准石油公司的洛克菲勒和钢铁行业的卡内基。洛克菲勒可以轻而易举地与铁路企业展开竞争，而且凭借更大的业务规模掌握了话语权，因而在定价结构中占据主导地位。

对美国农业而言，形势恰恰相反。农业系统极度分散，在与铁路的谈判中几乎没有任何话语权。在19世纪的大部分时期，农民只能接受对方开出的任意运费价格。而对铁路来说，"海盗契约"同样没有解决恶性竞争问题，1888年，J.P.摩根再度试图打破僵局。而这次尝试的结果就是创建了州际商业铁路协会（Interstate Commerce Railway Association），其目的是制定运输价格并充当行业秩序的维护者。但这种状况并未持续很久，因为它根本就无力在相互角力的铁路体系内维持秩序。事实证明，未来唯一可行的方式就是整合。

这就要求不能再以投机性目的修建新的铁路，并对现有铁路线网进行合理调整。在这些重大变革过程中，摩根财团无疑是核心的代理人，毕竟，J.P.摩根不仅在铁路企业中拥有大量股权，他还是英国股东在众多铁路公司中的代言人——不应忘记，在那个时代，铁路还是具有"蓝筹股"特征的成长性股票。而在此之前，英国股东对铁路丑闻中的主角基本持排斥态度。这些海外投资者的无助和沮丧，最终把他们推向了对自己张开双臂的J.P.摩根。

铁路行业从不趋附于财富或个人。1877年，科尼利尔斯·范德比尔特去世后，他的儿子威廉接过了纽约中央铁路公司的经营。当时的经营环境变化不大，操纵股票价格、政治赞助、绿邮等行为仍然是那时的主旋律。尽管纽约中央铁路公司实力强大，但它同样不能超然物外，与竞争隔绝。到19世纪70年代后期，纽约中央铁路公司不得不收购镍板铁路公司（Nickel Plate），因为它发现，与现有轨道平行的新铁路线路已经威挟到自己，因此，公司必须面对价格战，但更严重的威胁或许是其他纽约铁路公司的线路与中央车站接轨。为此，威廉·范德比尔特在收购后来的西岸铁路公司（West Shore Railway）时，不得不买下1 000多英里基本上毫无价值的轨道。镍板铁路实际上是一群华尔街金融家的创意结果，而西岸铁路的支持者则包括约翰·雅各布·阿斯特（John Jacob Astor）这样的大人物，他们的理想在某种程度上或许是为以前的损失寻找一点经济报复。在投入成本方面，西岸铁路的直接建设成本约为2 900万美元（相当于今天的24亿美元），最终的投入总额高达7 600万美元（相当于今天的62亿美元）。这是一场高风险的赌注，而且任何能筹集到资金的玩家都可以参加！

本章小结

尽管英国与美国的铁路略有不同,但相似之处极多。对两者而言,经济上的绝对优势导致各自的运河运输体系逐渐被废弃。尽管航道运输企业也曾试图提高自身的运营效率,阻止铁路的发展,但失败已在所难免。遗憾的是,对于这些公司的股票持有者来说,所有追加投入的资本都是徒劳。最终,他们只能眼巴巴地看着自己的股票继续贬值。无论是美国还是英国,早期的铁路都以令人叹服的事实证明了自身的盈利能力,以至于最初持怀疑态度的投资者也很快倒戈。因此,面对新技术挑战的"失败者"几乎毫无还手之力,因为马车和运河已彻底被更具成本效益优势的竞争对手所取代。但要确认谁是真正的"赢家",似乎没那么容易。

在这两个国家,第一批铁路公司都曾试图占据最赚钱的路线,这完全是意料当中的事情。这些路线通常是连接产品生产者与消费者或是现有城市区域的运输大动脉,而且通常连接的是采用其他运输方式的地区。这样的机会屈指可数。随着新公司不断浮出水面,新兴铁路公司和内陆航运、远洋船舶或马车运输等传统运输企业之间爆发了第一轮竞争。在这些占据市场的先发优势耗尽时,他们要么寻求开发新的市场,要么只能与现有铁路展开你死我活的竞争。届时,投资者大体上已不再质疑市场前景,而且资金渠道也相对敞开。要扭转这种时局并提出相反论点几乎已不可能:当投资者身处普遍繁荣造就的乐观时期时,就会有更多的风险投资脱颖而出,但很多企业显然不像早期企业那样有令人信服的经济逻辑。

在资金相对充裕且容易获取的情况下,金融市场中的新公司如雨后春笋涌现,这些公司乐此不疲地吸收几乎毫无差异的过剩流动性。于是,有些公司的所有者和发起人自然会在财富面前丧失道德底线,开始对经营活动放弃监管,或是大肆钻法律之空,让这些公司很快演化为个人投机和发财致富的工具。在英国,一个最显而易见的例子就是乔治·哈德森(George Hudson),尽管他在使用欺诈性优惠账户和超额支付股息方面可谓罪大恶极,但他的做法显然激发了市场对铁路企业的普遍乐观情绪。这些行为完全不受法律约束,但不合法的致富之路最终还是让他跌下神坛。

在法律和金融结构尚不成熟的美国,这种过度行为更为严重。外国投资者已完全无法控制局面,为了免遭普遍性市场投机活动的侵害,他们最终不得不转向美国的金融新贵求得庇护。J.P.摩根等金融大亨顺势而入,竭力让陷入混乱的市场恢复秩序。这显然不是一件轻而易举的事情，一次次结束价格战的尝试均以失败而告终。铁路公司的最大客户可以决定游戏规则，通过补贴将竞争对手压制得喘不过气。而长期被压迫的农民还要继续忍受铁路公司的摆布。对这种行为的强烈抵制最终促成一系列反托拉斯法律的出台，开始不断敲打真实和想象中的垄断。

铁路产业的投机及其曼妙前景带来的疯狂，其结果可以想象：到19世纪80年代，对轨道里程的需求量几乎翻了一番。到19世纪70年代中期，已经有近40%的美国铁路公司债券违约，到1879年，约有2.34亿美元（相当于今天的790亿美元）的债券被取消赎回权。据估计，在截至1879年的6年中，仅欧洲投资者因破产和欺诈而遭受的损失就高达6亿美元（相当于今天的500亿美元）左右。回到现代，最典型的类比可能就是人们对新兴市场投资的狂热。在很多国家，针对企业活动的法律监管仍远远落后于强盗大亨时代的美国。对很多国家来说，产权法尚未被纳入独立于政府和派系势力之外的健全法律框架。这与19世纪美国的主流环境非常相似。尽管存在产权，但是在腐败的法官和心血来潮的当地政客手中，这种权利完全有可能被扭曲。

美国无疑是当时全世界最大的新兴市场，却鲜有股票投资者能在这个市场上发财。英国的铁路投资者投资美国铁路时，采取了与欧洲大陆同行略有不同的方式。英国人的投资主要集中于连接现有经济中心的路线。金融机构在市场上推销这些公司的股票，而美国的代理机构负责监控和披露股票行情。此外，在美国还有很多组合投资工具，帮助小规模私人投资者分散风险。其中的很多投资公司和投资信托今天依旧存在；在某种程度上，它们也是美国现代共同基金行业的起源之一。尽管美国投资机会的大量萌生推动着这个行业的发展，但需要指出的是，当时成立的大量信托基金为投资美国这个新兴国家提供一种组合式方法，在充分利用这种市场需求的基础上，与这些企业的创始人、同时也是受托人共同分享远超普通投资者的超额收益。

第三章

追赶声音的投资脚步
电话如何改变我们的世界

> 稍有常识的人都知道，通过电线传输语音是不可能的；即使有可能这样做，也没有任何实用价值。[1]
>
> ——《波士顿邮报》(*Boston Post*) 社论，1865 年

> 这家公司制作的电动玩具有什么用？[2]
>
> ——西联汇款的威廉·奥顿（William Orton）拒绝贝尔以 10 万美元出售电话专利权的提议

---

[1] C. Cerf and N. S. Navasky, *The Experts Speak: The Definitive Compendium of Authoritative Misinformation*. New York: Villard, 1998, p.227.

[2] H. N. Casson, *The History of the Telephone*, New York: Books for Libraries Press, 1910, p.59.

电报的起源

很多战争的胜利取决于能否获得情报以及能否把情报及时传递给中央指挥部。在历史上，人类传递信号的方式是多种多样的——从烽火台到信号旗，从骑手传递信件到使用信鸽，五花八门，形形色色。提前获得信息对金融行业同样很重要，在战争时期，商人的成败往往取决于对战争结局的预判。因此，军队和商界这两个群体始终是引领通信行业发展的先行军。

在英国，随着18世纪和19世纪乘客及货物运输方式的发展，运输体系迅速扩大，并把信件和信息互换纳入其中。在"工业革命"之前的几个世纪里，旅客运输基本依靠马匹和轮船。在17世纪后期到19世纪30年代的英国，邮政服务的基础同样是依赖主要公路经营的马拉车方式。多年来，这项服务也随着道路状况和马车设计的改善而不断升级，但最终只能达到平均每小时12英里的最高运输速度。

到1839年，全世界邮局每年处理的邮件数量约为7 200万封，每封邮件的实际成本约为8.5便士（相当于今天的8.22美元）。但由于不存在价格战方式的恶性竞争机制，因此，公众最终支付的费用高达这个数额的4倍。归根结底，这种通信系统的上限还要受制于马匹的体能。随着铁路的出现，运输速度和效率的潜在提升空间不可想象，而马车和马匹被赶超并最终被替代注定是不可避免的结局。速度的提高必然会让铁路公司迅速抢走邮局的大部分邮件业务。在1837~1838年，铁路企业从邮局手中拿走的业务还只有1 313英镑（相当于今天的100万美元），但在随后的十年中，这个数字便超过8万英镑（相当于今天的5 800万美元），再过五年，数字已接近20万英镑（相当于今天的1.35亿美元）。

铁路不仅拥有显而易见的速度优势，规模和运能优势同样无与伦比。此外，铁路的优势还体现在车厢等方面，比如说，通过对车厢进行适当设计，可在列车运行过程中进行邮件分拣。在总体收入快速增长的过程中，邮件服务为铁路公司带来的不只是收入，更有价值的是丰厚的利润。对大多数英国铁路公司来说，邮政服务为净利润的贡献比例不足3%~4%。但对马车邮政企业而言，这个新竞争对手造成的打击却是致命的。

新信息系统的使用让铁路更安全，也更高效，因而注定会扮演更重要的角色。在早期的铁路信号系统中，实际上是由人在白天使用信号旗，在夜里使用信号灯。随后，这种模式逐渐演变成一套固定安装的人工操作信号，这套系统采用被称为"信号箱"的抛物线光技术，通过小灯塔对信号进行放大。信号箱最终将迎来一种具有划时代意义的新技术——电报。

电报起源于欧洲。18世纪90年代后期，法国军方开发出一种基于信号灯的"光电报"系统；而英国海军部则对这种信号系统进行改造，用于从伦敦向朴次茅斯发送情报。随着电传输技术的发展，信号灯系统逐渐被最基础的电报系统所取代。但这个替代过程并非一蹴而就。1816年，海军部拒绝使用电报，理由是战争已经结束，因而没有必要为改进一种已足够满意的系统而承担额外费用。这个早期版本的电报系统包括一个带有25个磁力指针的表盘，电脉冲推动指针转动，指向字母表中的某个字母。

和英国一样，美国的传统陆地邮件投递方式同样以马拉工具为主。英国的传统邮政工具是马车，而美国则是驿站马车和驿马快递。随着轮船和铁路等蒸汽动力运输方式的迅速发展，马拉工具在信息沟通领域的使用趋于消失。在铁路不断发展的同时，电报分送网络也在持续演进。但美国的情况完全有别于英国：在美国，整个系统始终掌握在私人手中——尽管最初政府（虽然有些犹豫）提供过支持。

电报因铁路的需求而涅槃重生，又因美国年轻发明家塞缪尔·莫尔斯（Samuel Morse）的发明而异军突起。1837年，塞缪尔·莫尔斯发明了第一台实用电报机，并在1838年与阿尔弗雷德·维尔（Alfred Vail）合作后共同申请专利。最终，电报的监测和控制交通的巨大潜力在铁路中得到了充分展现。此外，莫尔斯还设计了一种由点和划组成的电报代码——通过延续时间不同的电脉冲形成短促的点信号"·"和长信号"-"。"莫尔斯电码"系统的重要性，不仅因为它代表的是一种简化信号识别系统，还因为电报的普及必须以单一信号系统为前提。

在耶鲁大学学习期间，莫尔斯遇到了著名的理论化学家和《美国科学杂志》创始人本杰明·西利曼（Benjamin Silliman）。西利曼教授后来在莫尔斯对电报发明的主张受到争议时代表莫尔斯作证。莫尔斯的经历与大多数拥有发明专利的人非常相似，这些专利随后变得很有价值。他遭到了一些"抢专利者"的攻击，这些人要么真诚地相信他们的工作早于拥有专利的发明者，要么愿意伪造证据来支持他们之前的权利要求。金钱是一种强大的动力，而科学家验证这种贪婪的方式，就是试图把别人的成果归功于自己。

1835年，莫尔斯创建了自己的基础电报模型。在接下来的两年里，他试图借此激发人们对这项发明的兴趣。最初，美国政府确实也曾对这种潜在的新沟通方式表示出些许的关心，但他们的热情很快就消失殆尽，把莫尔斯描述为"让每一届国会感到讨厌的家伙"。[1]莫尔斯在英国及其他欧洲国家同样没有争取到支持。在英国，很多科学家都在尝试各种形式的电报信息传输，因此，他更没有机会获得专利。

不过，莫尔斯的坚持最终还是得到了回报。1842~1843年，美国国会通过一项新的法案，同意提供3万美元（相当于今天的175万美元）资金继续开发和测试莫尔斯的发明。但反对的声音当然不可避免，有些言辞甚至近乎人身攻击；在辩论中，来自田纳西州的议员凯夫·约翰逊（Cave Johnson）居然声称，假如国会打算推广电磁学，就有理由鼓励催眠术，并提议从这笔拨款中拿出部分资金交给一位催眠术讲师。而另一项修正案则提议把一半拨款捐给米勒派信徒——该宗教团体预言耶稣将在1844年再生。

尽管反对和鄙夷声不绝于耳，但这项议案还是得到足够议员的支持并获得通过。与此同时，莫尔斯的发明最终取得专利。莫尔斯和维尔在华盛顿和巴尔的摩之间创建了一个实验模型，该模型反复展示出在无明显延迟情况下实现远距离传输信息的能力。1844年，他从巴尔的摩向美国国会大厦发出的第一条信息是："看，上帝创造了何等奇迹！"

即便如此，依旧有很多人对他们持怀疑态度，而政府也对这个模型的实用价值和盈利潜能心存疑虑，于是，他们拒绝了莫尔斯为电报系统开出的10万美元（相当于今天的1 500万美元）的卖价。

不甘寂寞的英国人

与此同时，在英国，一批发明家，尤其是查尔斯·惠斯通（Charles Wheatstone）和威廉·福瑟吉尔·库克（William Fothergill Cooke）将他们的电报模型安装到铁路上。1837年7月，惠斯通和库克沿尤斯顿到伦敦卡姆登镇的铁路轨道铺设了一条电报线，并成功地沿着这条线路传输和接收一条消息。通过莫尔斯的新电码系统实现了信号的标准化，大大增强了这些早期双针电报的实用价值。莫尔斯电码的一大优点就是简单易用，这是电报得到广泛应用的前提。英国政府在英国电报系统的发展过程中扮演了重要角色。与美国国会不同的是，英国政府很快便意识到电报的战略价值及其取代现有信号旗式传输机制的能力。

尽管惠斯通和库克最初确实取得了成功，但铁路在发掘电报潜力这方面始终

---

[1] H.N.Casson, *The History of the Telephone*, New York: Books for Libraries Press, 1910, p.48.

进展缓慢。此外，成本也是他们担心的事情。政府的推动成为让电报得到大规模普及的关键性要素。虽然电报的商业潜力已趋于明朗，但铁路行业仍把它视为外围的辅助业务。对交通信号的需求让电报成为所有铁路公司不可或缺的一部分，但是在电报刚刚出现的时候，它显然还不可能成为一项重要的收入来源。

但还是有人认识到信息快速传输的威力。例如，一位英国铁路历史学家曾在1851年指出：

"无论是最底层的平民百姓，还是高高在上的达官贵人，都会受益于这种简单的力量。它刺激了购买，也推动了销售；它让价格趋于平均化，打破垄断；它让最潦倒的商人与最富有的投机者可以平起平坐；它让商业更健康；它拥有大多数现代发现的所谓与众不同之处，无论是底层的农民还是至上的君主，都有权自由地使用它；无论是碌碌无为之辈还是力大无比的强者，都可以不受约束地获得它；它接受所有人的控制，而且可以被每个人所控制。"⊖

这是多么有远见卓识的思想啊！但可惜的是，在当时，只有少数人会这么想。

欧洲与英国的状况略有不同。在英国，按《监管法》（Regulation Act）规定，私人电报运营商必须接受政府管理；而在普鲁士、法国和奥地利等其他欧洲国家，电报从一开始就被国家垄断。很快，电报也被视为维护国家安全的重要工具。以英国为例，为防范宪章派革命造成的社会恐慌，政府使用电报协助快速部署军队。与此同时，电报也逐渐成为一种重要的商业工具。从1846年开始，电报开始推高伦敦金融市场的价格。电报的所有权和控制权配置与铁路基本重叠；比如说，英国电报公司（Electric Telegraph Company）的董事长也是北斯塔福德郡铁路公司（North Staffordshire Railway）的董事长。尽管公众均有权使用电报，但政府不得不严格监管电报的使用，以避免其遭受滥用的可能。最初，该法案采取类似铁路管理的方式。1863年通过的《电报法案》（The Telegraph Act）把对电报公司的部分监管权授予贸易委员会。但是到1868年，政府开始采取措施，让英国邮政局独享电报业务的垄断权。在公众对电报公司涨价意图怨声载道的情况下，这可能是政府不得已而为之的手段。当然，这也是公司行使垄断权带来的必要结果。电报已威胁到报纸（及其他行业），在当时，报纸依赖电报实现快速信息传输，这也为发行全国性报纸提供了条件。

政府授权邮政局收购现有电报公司。英国邮政局的开价非常慷慨，以至于铁路公司对这一国有化措施拍手称赞。在英国邮局接管电报业务时，火车站仍保留了

⊖ J. Francis, *A History of the English Railway: Its Social Relations and Revelations 1820–1845*（第1版于1851年出版），New York: Augustus M. Kelley, Reprints of Economic Classics, 1968, p.280.

1/3 的电报业务。控制权的更迭推动了这项服务的快速增长，而且这种涨势一直延续到电报被电话所取代。图 3-1 描绘了英国电报业务的发展历程。在 1870～1880 年的 10 年间，电报发送数量增加了 3 倍，而在截至 1890 年的下一个十年时间中，这个数字再翻一番。在 19 世纪的最后 10 年中，人类社会开始体会到电话的影响，通信量增长开始放缓，并于 20 世纪初步入下行通道（见图 3-1）。

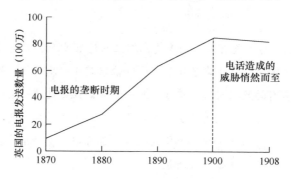

图 3-1　1870～1908 年的英国电报发送数量

资料来源：J. Simmons, *The Victorian Railway*, London: Thames and Hudson, 1991, p.228.

西联汇款和美国电报市场

在美国，推动电报网络发展的资金主要来自私人。电报的普及是铁路行业发展带来的直接结果，而不是因为人们对这项新兴技术的内在价值抱有多大信心。和英国一样，电报也是政府控制和管理不断扩大的铁路网络的重要工具。很快，跨越更长距离进行通信的可能性引发了新的市场激情。对市场份额的争夺为电报网络快速增长提供了动力。到 19 世纪 50 年代，基础性电报网格已覆盖美国的东北和中西部各州。早年电报行业的发展特征表现为大量的资本支出、获取专利权的竞争和价格战。由此招致的财务压力最终促成六家最大的电报公司达成一项"联合"约定，旨在排斥新的竞争对手，并最终形成以统一定价和产量配给为核心的联盟。这项协议俗称"六国条约"（Treaty of the Six Nations），其覆盖范围涉及美国大部分地区，对六家公司各自的势力范围、互助条款及消除新竞争对手等方面做出了约定。

事实证明，这个联盟在本质上就是不稳定的，也无法进行有效管理。价格战很快便再次爆发。直到以纽约电报公司和密西西比河谷印刷电报公司为首的三大公司合并成为西联汇款（Western Union），这场战争才宣告结束。南北战争让西联汇款迅速成为电报行业的龙头老大。在内战之前，电报还只是一项处于起步阶段的技术。在 19 世纪 50 年代，通过电报远程传输信息不仅成本高昂，而且非常消耗人力。电报信号在沿电报线传输过程中会随着传输距离的增加而衰减，这就需要设立一系列中继站，操作员在中继站记录被传输的信息，然后再重新输入后进行中继传输。从最初发出电报到邮递员最终把电报交到收报人手中，一封电报穿越美国大陆可能需要一整天的时间。因此，电报的主要使用者通常是政府、公司和富人。但是在南北战争时期，通信速度的重要性已远远超越其成本。在欧洲爆发拿破仑战争期间，罗斯柴尔德家族曾凭借高效的信息网络和使用信鸽积累起海量财富，而在美国内战期间，摩根大通等金融家之所以可以通过交易政府债券敛取大量资金，则归功于通过电报及时传递战争进展的消息。

此外，内战还直接刺激了电报业务本身的发展。考虑到信息的传送速度对军队能否在战场上取得主动权至关重要，因此，军队开始直接控制电报网络的铺设和维护。战争结束后，西联汇款没有花一分钱就从政府手中接管了超过 14 000 英里的新电报线路，其修建成本全部由政府支付。按照官方说法，这只是把私有财产归还给真正的所有者，但几乎全部电线和电线杆都归属西联汇款及其所收购公司，这可能绝非巧合。在亚伯拉罕·林肯的政府中，托马斯·埃克特将军（Thomas Eckert）被任命为美国军用电报主管，后来成为战争部副部长，最后成为西联汇款的高管。

到内战爆发时，电报公司取得大量政府补贴。根据 1860 年《太平洋电报法案》（The Pacific Telegraph Act）的规定，政府每年为电报公司提供高达 4 万美元（相当于今天的 500 万美元）的补贴，作为公司为联邦政府提供信息传输服务的回报。和铁路一样，这些补贴也大多落入老板的腰包。

公司合并、政府补贴和内战等诸多影响相互叠加，成就了西联汇款的行业霸主地位，让它几乎成为整个行业的垄断者。信息传递的重要性及其与铁路的相辅相成，至少已被一位铁路大亨看在眼里、记在心上；随着范德比尔特的兴趣转向铁路，他已经定下取得公司控制权的目标。与铁路共生对电报的成功至关重要。而对铁路来说，与电报公司联姻可以让他们无限制地免费使用沿自有轨道铺设的电报线路，也顺势压低了沿其他铁路线提供的电报服务价格。此外，作为使用电报服务的回报，铁路公司通常会为电报公司提供运输服务和建设及后续维护材料，并在火车站及仓库等地为后者提供办公场所和人员。

铁路需要快捷便利、值得信赖的通信服务；而捆绑了大部分铁路公司的西联汇款显然可以满足这些要求，反过来，这也帮助他们顺利吞并了美国的大部分电报基础设施。西联汇款的霸主地位让其他竞争对手难以撼动，对手的退缩让西联汇款在行业内一枝独秀,凭借庞大的规模,它成为铁路公司唯一可行的合作伙伴。进入19世纪70年代后期,尽管美国仍有100多家电报公司,但绝大多数只是隶属于铁路公司的小型企业。相比之下,到1878年,西联汇款已在全美设立7 500多家办事处,拥有12 000名员工和近20万英里的电报线路。

竞争乍现

唯一值得提及的竞争对手就是大西洋—太平洋电报公司(Atlantic and Pacific Telegraph Company),1869年,该公司以互换股票形式与联合太平洋铁路公司(以及后来的中太平洋铁路公司)达成协议。即便拥有这些合作,大西洋—太平洋电报公司的规模依旧不到西联汇款的1/20——显而易见,这对行业霸主的地位几乎构不成任何威胁。然而,对杰伊·古尔德这种极度狂热的投机者而言,事情当然没那么简单。古尔德已深刻体会到电报的战略重要性,并在加入大西洋—太平洋电报公司后对其表现出越来越浓厚的兴趣。

在范德比尔特任命威廉·奥顿(William Orton)为西联汇款总裁之后,托马斯·埃克特将军的职业理想深受打击,于是,他转而跟随古尔德。在埃克特的帮助下,古尔德试图以支持托马斯·爱迪生(Thomas Edison)而控制新技术的未来。作为一名冉冉升起的科学新星和未来的发明巨匠,爱迪生当时还是西联汇款的一名员工。在一连串错综复杂的事件中,可以看到双重交易、阴谋、违约和诉讼等现在司空见惯的情节。而所有这些变卦的根源,就是古尔德试图控制实现信息快速传输所依赖的新技术。但具有讽刺意味的是,就在这场战斗刚刚爆发不久,亚历山大·格雷厄姆·贝尔(Alexander Graham Bell)便发明出最终使整个电报系统黯然失色的革命性技术。即便是当时最伟大的投机者也完全没有意识到电话的重要性,反而为一项很快便被证明为多余的技术展开一场商业肉搏战。

这一系列始于爱迪生在1869年离开西联汇款,走上其传奇的发明之路。1870年8月,爱迪生对自动发报技术进行了重大改进。新的发报系统以穿孔机记录信息的方式取代了莫尔斯方法;把它们输入发射器,沿电报线路传送出去,最后在接收端对信息进行自动接收和打印。

爱迪生的研究资金来自一家名为自动电报公司(Automatic Telegraph Company)的企业,1870年11月,美国财政部前秘书乔治·哈灵顿(George Harrington)创建了这家公司。为开发这套发报系统,爱迪生的开支很快便超过3万美元(相当于今天的 250 万美元），足足相当于最初预算的五倍，这让出资者难以忍受。由于双方对研究进度出现了严重分歧，于是，爱迪生愤然出走。直到两年后，爱迪生才强势回归，在此期间，他为西联汇款旗下一家公司完成了股票自动收报机的升级。随后，爱迪生一边在西联汇款工作，一边为之前这家公司继续进行"自动化"升级。

改进后的新自动发报机大获成功，这让西联汇款感受到了威胁。由于电报电缆与铁路平行铺设，这就让信息传输逐渐成为铁路商业价值的重要组成部分。因此，在西联汇款的商业成功中，电报业务的贡献功不可没。1873 年，在任职西联汇款期间，爱迪生开发出四路多工电报机。这套设备不仅可以让信息沿电报电缆进行双向传输，而且大大降低了电报线路的铺设成本。爱迪生估计，凭借这项发明，西联汇款可以节省大约 45 万美元的成本，于是，他向公司总裁威廉·奥顿提出加薪的要求。但奥顿认为，爱迪生已经离不开西联汇款，除了西联汇款，他别无选择。因此，他给出了远远低于爱迪生要求的薪资。

而爱迪生的回应就是改换门厅，投入杰伊·古尔德的怀抱。这次倒戈由托马斯·埃克特将军一手操办，他当时担任西联汇款东部分公司的总负责人。埃克特曾试图成为西联汇款的总裁，但范德比尔特对奥顿的任命彻底挫伤了他的野心。在西联汇款的升迁之路被阻断后，埃克特转投古尔德，成为大西洋—太平洋电报公司的头号人物。这次背叛迫使西联汇款当机立断采取行动，他们试图重新与爱迪生媾和，但这显然已无济于事。1874 年 12 月，大西洋—太平洋电报公司收购自动电报公司，并带来了自动发报机的专利权。由于爱迪生从未与西联汇款就四路多工电报机达成过任何正式协议，因此，从表面上看，古尔德此时已拥有了自动发报机和四路多工电报机构成的超级组合。再加上他的电报网络，古尔德似乎可以轻而易举地对西联汇款在信息传输业务中的霸主地位发起挑战。

1875 年，古尔德着手把大西洋—太平洋电报公司打造为威胁西联汇款统治地位的武器。同作为雇佣兵，爱迪生与埃克特闹翻，并脱离大西洋—太平洋电报公司的阵营，但是，他与西联汇款及其所有者范德比尔特的战斗依旧在继续。在此后的三年中，古尔德对西联汇款发起价格战，包括扩大大西洋—太平洋电报公司的网络，进一步蚕食西联汇款的地盘。而破坏范德比尔特的其他业务，也是古尔德在这轮攻击中采取的重要手段。

1877 年，科尼利尔斯·范德比尔特的辞世，再加上铁路公司正在遭受的打击，迫使威廉·范德比尔特放弃对抗。1870 年，西联汇款买下大西洋—太平洋电报公司。但这次偷袭的成功却让古尔德胃口大开。一年之内，他故技重施，以同样的策略再次发动价格战，此轮他用于攻击的武器是一家名为美国联盟（American

Union）的公司，而结果也让古尔德大喜过望：他不仅斩获 9 万股西联汇款的股票，还在公司董事会中赢得一席之地。此外，在1881 年的合并中，他还通过明显的股票掺水和一轮 8 000 万美元的资本重组，赚得盆满钵满。

通过对西联汇款的攻击，最终让古尔德在公司内赢得一个有足够影响力的职位。因此，一个意料之中的结果，就是西联汇款很快发现，他们开始遭遇其他对手的围攻。先锋就是巴尔的摩—俄亥俄电报公司（Baltimore and Ohio Telegraph Company），他们直接挑起价格战，并把战火一直延续到 1887 年被西联汇款收购为止。1880 年，西联汇款占据了全美电报业务量的 80%，但是在收购巴尔的摩—俄亥俄电报公司之后，西联汇款这个庞大的联合体实际上已成为美国电报业的代名词。董事会是公司权力与影响力的集中显示，而古尔德和范德比尔特的代言人是他们各自提名的董事——代表联合太平洋的是托马斯·埃克特，而中央太平洋公司的代表则是需要浓墨重彩般推出的金融家 J. P. 摩根。西联汇款以铁路行业无法做到、甚至无法想到的方式主宰了整个行业（见图 3-2）。可以说，在某种程度上，电话是为了对抗美国最强大的公司寡头而出现的。

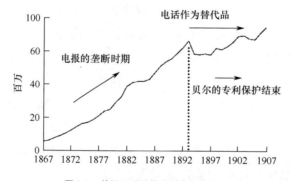

图 3-2　美国西联汇款发送电报的数量

资料来源：NBER Macro History Database. US Department of Commerce, *Historical Statistics of the United States, Colonial Times to 1970*, Bureau of the Census, 1975.

归根结底，西联汇款的成功源自两个方面：一系列针对电报发明改进专利权的诉讼，和与实体传输网络所有权的主导权争夺相互叠加。这两个方面相辅相成，因为西联汇款对电报技术享有的专利权，即便他人拥有电报电缆也没有什么价值。当然也有运气的成分。凭借唯我独尊的行业霸主地位，西联汇款丝毫不用去担心保卫专利权的问题，相反，真正让他们稳住大局保住地位的关键，是爱迪生与古尔德公司管理层关系的恶化乃至最终分崩离析。最终，古尔德的小气促使奥顿与爱迪生走到一起，并导致针对电报技术的所有官司诉讼不攻自破，而爱迪生也拿到了属于自己的回报。

四路多工电报机带来的教训是显而易见的。首先，为发明创造所有权提供明确的法律保护至关重要。其次，这种法律所有权必须受到法律的严格保护，而不应被当作为其他实验或商业活动捞取资金的抵押品。但事实也证明，接受这些教训需要付出高昂的代价。对西联汇款来说，一个致命的结果是，他们并未等来会导致专利权过时的技术革命。在当时，对一家已凭借新型信息传输模式取得行业主导地位的公司而言，电话的潜在挑战似乎遥不可及。此时的西联汇款不仅是本行业的绝对霸主，而且拥有当时最优秀、最成功的科学家。据西联汇款内部的记载显示，当时，他们认为电话只是一种暂时性的外部威胁。此外，他们还假设，即使出现这样的威胁，公司的科研资源和财务实力足以提供强大的抵抗力。由于公司当时正处于鼎盛时期，收入和利润强势增长，因此，产生这样的想法并非没有道理。但历史最终证明，这完全是一种错误的定位。

西联汇款

西联汇款在电报市场上的统治地位在其财务报表上表现得淋漓尽致。在19世纪60年代初期，公司的营业利润率保持在35%~40%范围内，销售收入的年均复合增长率为10%。尽管需求相对缺乏弹性，但销售收入对基础经济形势非常敏感。在经济颓势时期，收入增长会相对放缓，但不会大幅下降。在19世纪60年代后期的经济衰退和股市崩盘期间，杰伊·库克银行等诸多金融公司以及包括北太平洋铁路公司在内的很多铁路公司纷纷倒闭。而西联汇款始终维持营业利润和净利润为正数，净利润的降幅约为10%。

随着时间进入19世纪70年代初，美国经济走出困境，启动复苏步伐，电报数量开始大幅飙升，坊间认为，此时的西联汇款正在步入盈利增长最为迅猛的阶段。但具有讽刺意味的是，电报数量的增长与竞争对手的出现相互碰撞，而这些对手迟早会超过西联汇款，让其相形见绌。实际上，即使在电话出现之前，西联汇款的利润率就已经开始下滑。一方面，销售的增长往往需要以降低价格为代价；另一方面，成本压力则难以控制。此外，公司的销售量增长也趋于放缓，于是，公司的净利润也告别了快速成长的时代（见图3-3）。行业震荡的影响同样不可忽视。在盈利能力下降的情况下，面对不断升级的加薪要求，管理层的强烈抵制自然不足为奇。

杰伊·古尔德的阴谋直接损害了公司的资产负债表。1881年，受新股发行以及后续资本重组的影响，导致同期的股权收益率和资产收益率大幅下降。

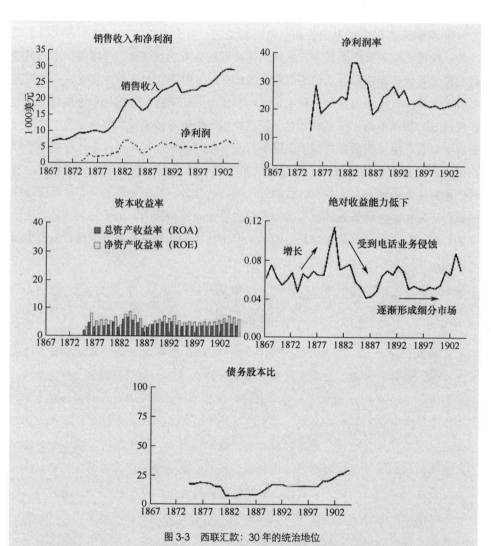

图 3-3 西联汇款：30 年的统治地位

资料来源：Western Union annual reports. *Commercial and Financial Chronicle*. CRSP, Center for Research in Security Prices, Graduate School of Business, University of Chicago, 2000. (Used with permission. All rights reserved. www.crsp.uchicago.edu.)

资本重组前公司资产负债表上的债务微乎其微，而且业务上不存在发行新股本的需求。假如以每股收益作为当年的衡量标准，那么，股票发行带来的影响或许会更加明显。粗略估计表明，在截至 19 世纪 60 年代中期的 50 年中，这家公司的每股收益几乎没有任何增长。话虽如此，但大多数投资者最看重的标准是公司支付的股息——除 1873 年大萧条期间有所减少之外，投资者收获的现金股息直线增加。这种情况一直维持到 19 世纪 80 年代中期，彼时，电话在高速通信领域对电报业务主宰地位的挑战已初见端倪，并最终让电报成为一个名副其实的细分市场参与者，而不再是主流运营商。但这并不等于说，这项业务在一夜之间便丧失了盈利性。即便是在电话市场快速增长的时期，西联汇款仍能实现不错的资产收益率。但问题是，增加产能带来的附加成本并没有合理的增量收益。业务的盈利能力不断萎缩，而实现绝地反击的潜力微乎其微。从19世纪80年代中期开始，唯一能吸引投资者的就是未来股息流，但股息又不得不受制于收益的收缩。

尽管股价表现反映了这个结果，但需要指出的是，对贝尔公司而言，西联汇款的资产拥有相当可观的潜在价值——它完全有能力通过合并两家公司来充分利用西联汇款的固定资产。1910年，贝尔已实际控制了西联汇款，但由于对手和政府对潜在垄断威胁做出的敌对反应，他不得不脱身而出。因此，在随后的20年中，曾拥有无与伦比的科研科学和财务资源的西联汇款，逐渐从行业霸主沦落为资产收购者嘴边的美食。这显然不是一朝一夕的事情，从贝尔公司在专利权案败诉的那一刻起，这种颓势就已成为不可避免的结局。技术革命的大潮汹涌而猛烈，以至于西联汇款的唯一选择是接受现实。这个故事无疑是诠释技术冗余概念的绝佳示例。对投资者而言，电话问世引发的股价下跌，只是开启了一个希望泯灭的长期历程。

电话的问世

亚历山大·格雷厄姆·贝尔（Alexander Graham Bell）于1847年出生在苏格兰。早年时候，贝尔曾痴迷于研究声音、语音学和语音生理学。贝尔的父亲曾是名声在外的顶级演说家之一，而母亲则存在严重的听觉障碍。父亲曾试图创建制作一套权威的"可见语音"文本，按他的设想，这应该是一种通用性单一语音系统，因此，贝尔后来对电子语音传输的迷恋并非凭空而来，而是建立在对语音传输原理的深刻理解的基础上。尽管父亲对于美国的工作兴趣浓厚，但在两个儿子因肺结核不幸夭折后，全家最终选择移居加拿大。只用了12个月的时间，贝尔就凭借自己的才华在美国的波士顿聋人学校谋得一份教学职位。他的教学能力很快便引起学校出资人的关注。1872年，贝尔承担了乔治·桑德斯（George Sanders）的学费，乔治·桑德斯是一个天生聋哑的孩子，他的父亲托马斯·桑德斯是马萨诸塞州的一位成功商人，他也成为贝尔在以后事业中重要的金主之一。贝尔用他的智慧和语言知识帮助这个孩子在沟通能力方面取得了巨大改善。

贝尔对电传输声音的前景同样如痴如醉——因为这个领域隐藏着创造"新"技术的基本要素。首先，他深谙这个领域的每个细节。其次，他不缺少实战经验和追求成功的欲望。最后，通过聋人学校这个纽带，他有机会接触到资本圈和产业界，并得到他们的建议和支持。最初，贝尔的关注点自然是如何改进电报技术。这不难理解，因为电报仍是当时通信领域的主要载体，因此，对传输能力或传输速度进行渐进式改进，显然可以让技术拥有者获得造币机一般的专利权。

当时有一大批知识渊博的科学家致力于改进双工及随后的四工发报机，贝尔只是他们当中的一员。而贝尔的研究目标是他所说的"谐波电报"。在出现双工和四工发报机之前，每次只能实现一条消息的传输。贝尔在多重信息发送与音乐和弦中多音符之间发现了异曲同工之处——因而有了谐波电报的概念。在这方面，他与西部电气（Western Electric）公司的科学家伊利沙·格雷（Elisha Gray）展开了一场智力大比拼。贝尔面对很多限制，尤其是他还要兼顾科学研究与教学工作。作为外国人，他无法在工作中提出任何要求，唯有用成型的专利来证明自己。1874年，贝尔向英国王室申请专利，但是，他不仅被告知不会在缺席情况下取得专利权，而且任何报酬都需要皇家邮政局局长酌情决定。因此，在请求被驳回而且工作成果有可能彻底丧失法律保护的情况下，贝尔的研究工作也从电报信号放大转向与教学更直接相关的主题，譬如人类语言的再现等。

1874年夏天，贝尔把自己的所有研究领域汇集到一项实验中：在这项实验中，他使用一套复杂系统将死人的耳朵与稻草笔连接起来，并通过这些连接演示把声音转化为物理运动的过程。这次实验让贝尔认识到，声音可以转换为由不同幅度和频率表示的波动电流。借助这些知识以及他认为必定存在一种更完善的新发报方法的信念，贝尔向一个学生的父亲寻求帮助。1874年10月，贝尔造访加蒂纳·格里恩·哈巴德（Gardiner Greene Hubbard），他的父亲既是马萨诸塞州最高法院的法官，还是一名专利权律师。哈巴德马上迷上了这项技术，贝尔的工作让他对电报的前景无比兴奋。哈巴德随即向美国专利局咨询，并发现当时美国尚没有与此类似的专利。在这次会面之后，贝尔、哈巴德和托马斯·桑德斯创建了一家股权平分的合伙公司，为贝尔的研究提供资金。当时的竞争已非常激烈，在这场创建实用性模型和专利的竞赛中，赢家注定只有一个。

贝尔关于电报的研究进展一点也不顺利。在1875年3月向西联汇款公司的威廉·奥顿进行的演示中，贝尔的新电报技术显示出优越的性能，但有人怀疑这个演示过程只是为了将贝尔的工作信息传递给格雷。在演示中，奥顿明确表示，他认为只有一种系统会成功,而伊利沙·格雷在西部电气的工作对他非常有利。奥顿和哈巴德之间的私人恩怨也在这次会面中浮出水面,显然,说服西联汇款接受他们的发明绝非易事。

从西联汇款位于百老汇的总部回到家中,贝尔下定决心继续改进自己的发明,并尽可能地增加有效信道。在这轮改进性研究中,贝尔愈加坚信,电流完全可以携带和传导人的声音,并写信给合作人哈巴德,向他讲述使用可变电阻传输无失真信号的可能性。1875 年 6 月,贝尔与同事托马斯·沃森(Thomas Watson)合作,成功利用感应电流进行了声音传导。两位合作伙伴哈巴德与桑德斯对这次纯粹意义上的技术改进不以为然,尽管屡次试图说服贝尔,但他们最终发现,他们根本就无法扑灭贝尔对电报技术的激情。

1875 年 9 月,贝尔开始为他的研究成果申请专利,其中就包括对发报技术的改进以及在声音传输方面取得的成果,这项技术缔造出我们今天所熟知的电话。1875 年 11 月,贝尔组建了自己的家庭,对金钱需求的增加也进一步刺激了他为获得专利而投入更多精力。最初,贝尔曾试图将自己的成果在英国申请专利。但只有在美国申请专利的文件上,他才添加了关于可变电阻的条款。正是这个条款,在后来与竞争对手、发明家伊利沙·格雷的对簿公堂中发挥了决定性作用。

对贝尔而言,最大的遗憾就是未能在英国申请这项专利,尽管英国的通信市场由政府部门控制,没有机会在当时这个全球最富裕的国家获得法律保护无疑是一种损失。但贝尔也是幸运的。尽管贝尔对申请迟迟没有回应感到郁郁不快,但这也促使更有商业头脑意识的哈巴德想到申请专利保护。于是,哈巴德指示华盛顿的律师代表贝尔向美国专利局提交专利申请。1876 年 2 月 12 日,贝尔的发明在美国取得专利保护。

从技术模型到商业开发

贝尔的发明在费城百年纪念展会上首次公开亮相,这是一次展示当时最新发明的盛大科学大会。1876 年 5 月 10 日,美国总统尤利西斯·格兰特(Ulysses S. Grant)和巴西皇帝多姆·佩德罗二世(Dom Pedro II)为这次百年庆典揭幕。面对世界上第一个活页夹、伊利沙·格雷的音乐电报和西联汇款的印刷电报等诸多惊艳的科学发明,如果没有巴西皇帝的参与,贝尔的发明或许不会得到任何关注。

在波士顿大学参观聋哑班的时候,多姆·佩德罗二世认识了贝尔,而且对他的研究产生了兴趣。他的关注也激发了其他人的好奇,其中就包括威廉·汤姆森爵士(William Thomson,后来的开尔文勋爵),和贝尔一样,威廉同样来自苏格兰,也是电力领域最优秀的科学家和权威人士。贝尔向佩德罗二世解释了这项研究的基本理论,并首先向他展示了自己对发报设备的改进(见图3-4)。

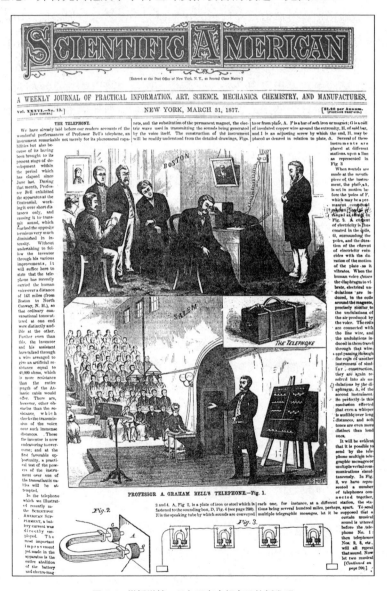

图 3-4 撒播激情:贝尔正在介绍自己的新发明

资料来源:*Scientific American*,1877 年 3 月 31 日。

然后,他又向巴西皇帝解释了"波动理论",并主动提出进行基础性测试。当时，贝尔来到另一个房间，并与汤姆森和佩德罗二世进行了交谈。根据记载，贝尔现场传输的声音是哈姆雷特的一段独白，传输的距离为100码。这让参会观众欢呼雀跃，展览会评审团为贝尔的成果提交了一份热情洋溢的报告，当然，贝尔的电话还赢得了展会颁发的奖牌。格雷向展会评委提出抗议，认为贝尔的发明不可能是用电流传导声音传输，声音的传输只能依赖于声学，与电学无关，但贝尔最终还是收获了这枚奖章。尽管贝尔在这次较量中取得了成功，但公众对此反应不一，很多人对此不以为然，甚至不屑一顾。例如，伦敦《泰晤士报》声称，贝尔的发明不过是"美国最新骗术的一个写照"而已。当时，很多科学家和格雷一样对电传声原理持怀疑态度，把这项发明视为骗局。对贝尔和他的支持者来说，下一阶段就是把这项发明从一个基础研究模型转化为现实的商业模式。但是要实现这一目标，他们需要更多的支持者为这项事业提供资金，并鼓励更多使用者接受和使用电话。

在为开发业务筹集资金的过程中，贝尔的同事们屡屡碰壁，这也从一个侧面反映出人们最初对电话的怀疑态度。于是，贝尔不得不花费大量时间去推销自己的新发明，让潜在支持者接受新技术的可行性和实用性。为此，贝尔在知名科学家在场的情况下进行了公开演示，其中包括建成波士顿和纽约电报线的威廉·汤姆森爵士，此外，贝尔还与沃森进行了单独对话。1876年10月，他们在波士顿和马萨诸塞州剑桥之间进行了实验。

贝尔甚至在推广活动方面频施绝技——不再只使用电线，而是找到16位耶鲁大学的教授，让携带对话的电流穿过他们的身体。尽管他们煞费苦心，但直到1877年5月，他们才向顾客租出了第一部电话。客户支付的费用为20美元（相当于今天的1 500美元）。到1877年8月，使用电话的数量便已增至778部，这就需要采用更正规的商业模式。这就促成贝尔电话协会（Bell Telephone Association）的成立，贝尔、哈巴德和桑德斯各占30%的股份，剩余10%的股份属于托马斯·沃森。当时，合伙企业没有认缴资本；实际上，公司由桑德斯全力资助，他为此签发了总额超过11万美元（相当于今天的1 000万美元）的支票，而他本人也因此濒临破产。

当时的投资环境并不利于融资。新技术的突飞猛进催生了早期的市场泡沫。泡沫的破裂导致大量投资者损失惨重，也让公众对未来发展前景心有余悸。尽管贝尔的展示引发媒体叫好声一片，但是要拿到资金却并非易事。投资者对铁路融资引发的灾难、破产和丑闻仍记忆犹新。因此，吸引资金不仅需要诱人的概念，无论宣传效果有多好，都不会让投资者轻易掏腰包。围绕着铁路的狂热，以及导致过度建设和缺乏财务或管理控制的狂热，已曲终人散。

整个投资界开始对新项目犹豫不决，对贝尔的这项特殊发明更是心存疑虑。似乎鲜有人接受贝尔的观点——电话有朝一日会取代电报。作为当时最能清楚快速、准确传导信息这一技术商业价值的企业，西联汇款认为电话毫无意义，这个事实或许最能反映当时的主流观点。1876 年，贝尔财团因无法筹集资金而走投无路，只要求助于西联汇款，并提出按 10 万美元（现今略高于 800 万美元）的价格出售贝尔的电话专利。西联汇款的总裁威廉·奥顿拒绝了这一提议，理由很简单，他完全看不到电话有可以接受的商业用途。他甚至幸灾乐祸地问贝尔，"有东西什么用呢？这家公司能做个电动玩具吗？"⊖

从公司讨论贝尔出售提议的会议纪要中，西联汇款对电话的漠视态度一览无遗：

"电话这个名称出自它的发明者亚历山大·格雷厄姆·贝尔。他始终相信，有朝一日，电话会出现在每个家庭和每一间办公室。贝尔的职业是声乐老师。他声称发明了一种对沟通有重大实用价值但却被无数人视而不见的工具。贝尔希望把这个新发明乐器放在每个家庭和每家公司的提议确实非常美妙，但有点荒唐。仅中央交易所这样的巨大建筑物就足矣，更不用说其他电气设备了。总之，委员会认为，绝不应该对贝尔提出的计划进行任何投资。尽管我们不怀疑，它在特殊情况下也会找到用户，但绝对不可能达到贝尔所想象的发展水平和普及规模。"⊖

西联汇款改变策略

从某种意义上说，这家公司的判断是正确的，因为贝尔所追求的愿景确实需要大量投资。西联汇款始终固执己见地认为：电话不会给自己构成竞争威胁，直到一年之后，一家子公司发现，自己的电报业务正在被电话取代。这一刻，他们不得不采取行动。1877 年 12 月，西联汇款创建美国语音电话公司（American Speaking Telephone Company）。这家公司的资本金为 10 万美元（相当于今天的 3 500 万美元），发起人是当时最优秀的三位电气发明家：托马斯·爱迪生、伊利沙·格雷和阿莫斯·多贝尔（Amos Dolbear）。这个强大的三人组合完全有能力创造出优于贝尔的设备。凭借雄厚的资金、强有力的后台支持再加上西联汇款现有的线网，这家新公司迅速着手实施打垮贝尔的计划。

⊖ Casson (1910), p.59.

⊖ L. Coe, *The Telephone and Its Several Inventors*, Jefferson, NC: McFarland & Company, 1995, p.76.

西联汇款对贝尔实施了多方位打击。凭借对有线传输网络的统治地位,公司对新市场的渗透自然得心应手。语音电话公司可以把自己的电话立即连接到现有的空置线路上,而贝尔的公司在安设电话前首先需要连接新线路。第二个攻击点就是纯技术层面。爱迪生开发了一种炭精送话器,让西联汇款在设备方面明显优越于贝尔。即便贝尔向发明家埃米尔·贝林纳(Emile Berliner)和弗朗西斯·布雷克(Francis Blake)购买的改进版送话器迅速弥补了这个问题,但其他方面的差距仍然太远且不可忽视。更让贝尔焦头烂额的是,除了来自对手的攻击之外,媒体也没有袖手旁观,他们也围绕电话的真正发明者发起了一场毫不留情的打击:在他们看来,格雷才是发明电话的真正鼻祖,而贝尔只是偷走成果的欺世盗名者。虽然贝尔和格雷曾就这件事在1877年3月有过一次信件往来,但《芝加哥论坛报》的报道还是引发了一场风波,报道指出格雷是真正的发明者。但格雷在一封信中明确表示,他根本"配不上电话发明者这项荣誉"。这次通信在随后引发的一系列事件中扮演了重要角色。

电话的发明催生了一家巨无霸公司,在此后若干年里,一些迥然不同的思想流派应运而生。贝尔公司随后取得的行业霸主地位以及他们实施的垄断行为,或许左右了某些学者的思维导向,并促使他们认为,伊利沙·格雷才是名副其实的电话之父。他们声称,贝尔按照格雷的方案调整了自己的专利申请,这实际上"窃取"了格雷的部分申请内容。这些争议影响重大,因为这恰恰成为投机者和竞争对手可以攻击贝尔公司的潜在突破口。

贝尔的专利被称为"所有国家有史以来批准的最有价值的专利"。但它或许也是所有国家或地区招致诉讼最多的一项专利。在贝尔首次提交专利申请的同一天,伊利沙·格雷提交了一份申请通知[⊖]——它实际上只是一份未来提交专利申请的意向说明。据文件记载,贝尔在当天的申请顺序中排在第5位,而格雷则是当天的第39个申请人。有些历史学家认为,在贝尔提交的申请书中,有些内容写在页边的空白处,这就为他们证明贝尔抄袭格雷申请通知中的部分内容提供了证据。此外,还有人指出,专利审核官承认曾让贝尔看过格雷的申请通知书。但也有人辩称,格雷最初曾嘲笑贝尔的发明,而后又恭贺他的成果,并明确表示自己无意占据这项发明的所有权。他们争辩说,直到电话的实用价值和商业价值在1886年得到市场证明后,格雷才提出应享有电话发明者的身份,这分明是一种见钱眼开的行为,这种受金钱驱使的诉求几乎没有可信度。

⊖ caveat,申请人作为发明人向专利管理部门提出的法定通知。其目的在于防止未经通知申请即将专利授予他人。——译者注

由于两项类似申请出现在同一天，因此，美国专利局审查员泽纳斯·F.威尔伯（Zenas F. Wilber）按程序规定暂停两项申请，以便进行调查。哈巴德的律师成功上诉，据理力争贝尔专利申请的优先权，理由是贝尔提交申请的时间在前，并且是一份完整的专利申请书，而格雷的只是一份申请通知书。在2月底抵达华盛顿时，贝尔就曾造访专利局，并与专利审查员进行了交谈。贝尔有证据证明自己在12个月前即已提交了其他申请，而且成果与格雷后来的专利申请相似。审查员允许贝尔参考之前的申请修改自己的专利成果说明书，并在1876年2月12日最终接受贝尔的专利申请。1876年3月7日，美国专利局向亚历山大·格雷厄姆·贝尔颁发了一项名为"电报改进"技术的专利。

专利申请之争原本会引发真正的问题，但法院一再驳回针对贝尔发起的主张，并始终维护贝尔作为电话原始发明人的权利。尽管西联汇款是当时最强大的电话公司，但是在支持贝尔的大量证据面前，他们不得不放弃。这场胜利的部分原因就是贝尔喜欢凡事做笔记，加蒂纳·哈巴德这个合伙人的存在同样不可小觑，从事专利权代理人的职业经历，促使他非常关注以记录研究工作过程为未来权利提供依据，正是这种高度的职业敏感，让他们最终获得法官的支持。任何取得成功的发明，都会不可避免地像强力磁铁那样，吸引每一个有欲望的人去分享它所创造的财富。最终，为维护自己的权利，贝尔不得不面对西联汇款及其他公司发起的700多起诉讼。

而其中具有里程碑意义的案例无疑是来自西联汇款。这个案子不仅让所有人认识到电话的重要性，实际上，它也成为奠定未来电话行业及贝尔公司统治地位的基石。也就是说，从第一部简单电话的诞生到被人们接受它的重要性，经历了相当长一段时间，同样，贝尔创建自己的商业企业也不是在一夜之间完成的。在这个过程中，贝尔采取的第一步，就是招募美国铁路邮政局前局长西奥多·韦尔（Theodore Vail）帮助自己站稳脚跟。韦尔曾管理一个包括3 500多名员工的团队，并建成了覆盖全美国的邮件投递系统。贝尔的第二步，则是以西联汇款代理专利侵权为由提起诉讼。

不过，实际上由桑德斯父子出资的贝尔公司在资金方面依旧疲软。凭借当时的实力，他们根本不足以维持业务增长，更不用说抵御来自西联汇款的攻击。于是，贝尔创建了一家新公司，以吸引更多投资者的加入，新公司总裁的职位交给威廉·福布斯（William Forbes）上校。在上任后两个月内，他便筹集到创建贝尔电话公司（Bell Telephone Company）所需要的资金，新公司的资本金达到45万美元（相当于今天的3 700万美元）。

专利的重要性

随后,这家新公司展开了一场艰苦卓绝的持久战,以对抗庞大的西联汇款公司。代理商被告知需要遵守贝尔拥有的专利权,按照规定,专利权的限制使用期为五年,在此期间,代理商的特许经营权代理仅限于同城范围,城市之间的电话完全归贝尔所有。这也是联邦电话系统的雏形。有些人可能会认为,以这种霸权来对抗西联汇款完全是徒劳之举。曾有一段时间,贝尔电话公司在市场拓展和设备制造方面确实落后于西联汇款。市场对贝尔电话公司未来的轻视在公司股价上表现得淋漓尽致,贝尔电话的股价为每股50美元,仅仅略高于发行价格。

1879年4月,贝尔对西联汇款的专利侵权诉讼进行了庭前举证。案件审理一直延续到当年的11月。证词当然来自于贝尔,事实也证明,贝尔不仅是一名杰出的发明家,也是一流的证人;此外,格雷寄给贝尔的贺信让他的证据变得软弱无力。西联汇款曾希望凭借公司的自身实力在这场官司上占据上风,但即使是它的首席电气专家在经过详尽研究后也不得不接受,任何可行的电话技术都需要体现贝尔在专利中所运用的基本原理。与此同时,西联汇款再次受到杰伊·古尔德的协同攻击,而这次的进攻武器是美国联盟(American Union)。古尔德的挑衅以及不容乐观的诉讼前景,双重牵制严重导致西联汇款难以和贝尔的谈判达成和解。最后,即便是西联汇款的首席律师也不得不承认,贝尔的胜诉几乎是板上钉钉的事情。西联汇款与贝尔电话公司通过谈判达成的协议,不仅再次确认了贝尔的专利权,与此同时,双方签署竞业禁止条款,要求贝尔不得从事电报业务,而西联汇款则不再染指电话业务。此外,双方还同意,贝尔将购买西联汇款的电话业务,并以租赁电话方式向西联汇款支付20美分的使用费。通过这笔交易,贝尔电话公司一举从初出茅庐的小字辈跃升为一家在全美50多个城市拥有超过5万名用户的大公司。股市随即做出反应,公司股价也随之起飞,在几周内便从每股50美元飙升至300美元,更是在1879年底上涨到每股500美元。

与西联汇款达成的这项协议,最终把电话业务推上一个全新的发展水平,也让贝尔电话公司得以接入美国覆盖面最大的有线网络。但在贝尔的商业成长版图中,这还只是第一步。在与西联汇款达成协议后不久,贝尔电话公司就进行了一轮600万美元(相当于今天的5亿美元)的增资,并正式更名为美国贝尔电话公司(American Bell Telephone Company)。这轮变迁让贝尔公司得以收购西部电气,并与原有的设备生产子公司进行了合并。

由于西部电气公司后来成为美国电报电话公司（AT&T）的制造部门，因此，由竞争对手伊利沙·格雷和伊诺思·巴顿（E. M. Barton）创立的这家公司最终也沦为西联汇款的电话设备制造部门，这确实颇具讽刺色彩。在法庭和解后，西部电气生产的设备被判定为侵犯了贝尔的专利权，这就为美国贝尔电话公司在 1881 年底控股西部地区铺平了道路。顺便提一下，格雷的合伙人巴顿曾指出："在所有没有成为电话发明者的人当中，格雷最接近于这个称呼。"

竞争悄然而至

电话业务的增长及其给贝尔公司带来的巨大回报，给投资者带来的诱惑无异于嗜血的鲨鱼嗅到水中的血腥。在不到三年的时间内，美国便新出现了 125 家电话公司，而在贝尔的发明本应受专利权保护的 17 年间，又陆续诞生了 1 700 多家电话公司。有些公司对贝尔发起针锋相对的挑战，但大多数公司只是在悄无声息地盗用其专利。很多公司试图利用电话业务掀起的热潮趁火打劫，从投资大众的手里大捞一笔。尽管这些公司筹集到的资金总额达到 2.25 亿美元（相当于今天的 180 亿美元），却鲜有几家公司成功地开展电话业务。有些甚至就是赤裸裸的骗局。比如说，一家公司在没有筹集到任何资金、也没有任何专利权的情况下，便筹集到 1 500 万美元（现今超过 10 亿美元）。⊖这些新浮出水面的公司大致可以分为两类：一类公司声称对贝尔的专利享有优先权，另一类则干脆无视专利保护权的存在。对后者而言，他们要么希望不会因专利侵权而受到追究，要么希望司法程序无限期拖延，直至熬过专利有效期后自动豁免责任。

在第一类公司中，有的侵权者或许只是无意而为之，无足轻重，有的甚至已经严重侵权。很多参与者自称是电话的"真正"发明者。比如阿莫斯·多贝尔教授的主张听起来就非常合理：他本身是一位严谨的科学家，而且一直在与贝尔同步进行类似研究。多贝尔称，他采用德国发明家菲利普·雷斯（Philipp Reiss）的研究对电话进行了改进。遗憾的是，经过多次尝试，他采用的设备始终未能在法庭演示中取得预想效果。因此，在 1883 年初，美国贝尔电话公司对多贝尔电气电话公司（Dolbear Electric Telephone Company）的诉讼得到法庭支持，这次裁决最终迫

⊖ Casson (1910), p.89.

使后者停业。如果说多贝尔从自己的科学思维和研究出发提出这样的主张还情有可原，那么更多人的主张实际上毫无依据，完全是信口开河。

比如说，一位名叫丹尼尔·德洛堡（Daniel Drawbaugh）的业余发明家声称，他在贝尔之前就已经制造出一部实用电话，但是在法庭上，面对贝尔公司的指控，他根本就无法解释这项发明从何而来、因何而成。即便如此，反垄断的情绪还是导致案件拖延了相当长的时间，在经过漫长的调查后，最高法院最终做出有利于贝尔的裁定。实际上，在德洛堡的身后，有一大批曾代表他申请电话专利的投资者，他们借此筹集到500万美元（现今超过4亿美元）的资金，并开设一家名为人民电话公司的企业。德洛堡或许曾经是穷苦的乡下人，但他和自己的支持者一样，希望在这个旷日持久的案子中成为受益者。（后来，德洛堡甚至还声称，他先于马可尼发明了收音机。）在纽约史坦顿岛，一位名叫安东尼奥·梅乌奇（Antonio Meucci）的蜡烛制造商也声称自己比贝尔更早一步发明了电话。在对其主张调查之后，法庭最终仅认定，梅乌奇在非电动声音传输设备方面确实有所建树——在试验中，他通过两个锡罐之间拉紧的金属丝实现了声音传导。㊀尽管梅乌奇的主张在本质上缺乏有力依据，但是按照他的试验原理，还是创建了一家名为环球公司（The Globe Company）的企业。不管多么微不足道，但通过诉讼维护专利权的斗争，终究还是给贝尔公司造成资金的流失，也占用了大量的时间和精力。股东们需要安抚。很多官司甚至打到美国最高法院，尽管贝尔的专利权最终均得到了法庭的认定，但这个过程耗时漫长，可能是五年，有时会更长。

用文雅一点的话说，在多数情况下，向贝尔索赔的人就是在刻意采用完全站不住脚的科学证据。最臭名昭著的索赔来自一家名为潘恩电气公司（Pan-Electric Company）。这家公司成立于19世纪80年代中期，资本金500万美元（现今超过4亿美元）。公司业务的基础就是声称发明电话的某个布朗先生，他的主张后来被描述为源自于"1%的灵感与99%的描图"。㊁公司的唯一资产就是电话机的图纸，后来被证明，这完全是照抄贝尔的专利外形图！公司创始者将10%的流通股赠送给当时的著名政客、后来在格罗弗·克利夫兰总统政府中担任司法部长的奥古斯都·加兰德（Augustus Garland）。财迷心窍的加兰德居然申请取消贝尔的专利权，理由更是荒唐至极，他声称这些专利是通过欺诈和贿赂取得的。而专利局官员泽纳斯·威尔伯居然听信了他的一面之词，撤回之前的宣誓证词，声称他在颁布最初的专利证书时因酗酒而失去理智。

㊀ J. Brooks, *Telephone: The First Hundred Years*, New York: Harper & Row, 1975, p.77.

㊁ 同上，p.88.

然而，潘恩电气公司所依赖的业务基础并非真正的优先权。相反，它只是想利用政治影响力不加节制地实施专利侵权行为。他们的计策就是拉拢加兰德及大批有影响力的南方政客为自己出头露面。从本质上说，他们就是想利用这些人在南部各州以及随后联邦政府中的势力，规避贝尔专利权带来的制约。这就涉及两个方面：公司既要努力营造优先发明的假象，还要想方设法取消贝尔的专利资格。整个方案都是精心策划的。他们的目的就是利用贝尔专利的价值去购置潘恩电气的股份。虽然这场阴谋最终以失败而告终，但依旧让贝尔公司付出了惨重代价，**也让美国政府的腐败昭然若揭**。后来，《纽约时报》对潘恩电气的险恶阴谋发表了一篇近乎诅咒的报道（见图3-5）。

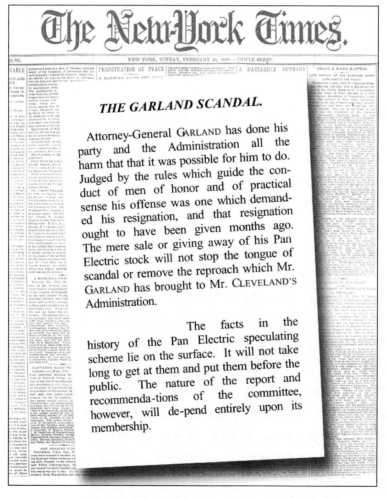

图3-5 垄断利润招来新的投机者：潘恩电气的阴谋

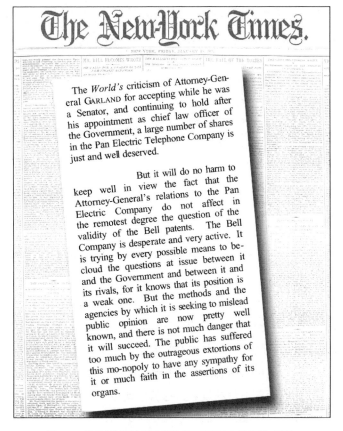

图 3-5　垄断利润招来新的投机者：潘恩电气的阴谋（续）

资料来源：*New York Times*，1886 年 2 月 28 日及 1886 年 1 月 29 日。

走向成熟的市场

在贝尔公司成立后的十年间，很多如雨后春笋般冒出的电话公司恰如昙花一现，来如闪电去如风。专利权保护的价值得到了充分体现，尽管维护这个权利让贝尔公司不得不接受漫长而艰辛的诉讼。事实证明，为获得司法保护而付出的代价是值得的，公司的繁荣就是最好的证据。随着电话普及率的稳步提高，美国贝尔电话公司及其各子公司的利润也在持续增长。扩张带来了投资收益率的增长，进入壁垒强化了各细分市场的定价权。但这种情况不可能无限期延续，美国贝尔电话公司很清楚，这种成功是短暂的。贝尔也很清楚，在 1893～1894 年专利权到期之前的这 17 年里，他必须充分利用专利权的垄断优势，最大限度地创造利润，建立稳定的市场地位。1885年，贝尔创建美国电话电报公司（AT&T），在为持续扩张筹集更多资金的同时，进一步巩固了自己的市场地位（参见图3-6）。

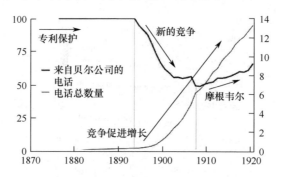

图3-6　垄断的终结：美国电话市场的总体增长以及贝尔公司的市场份额

资料来源：US Department of Commerce, *Historical Statistics of the United States*, Series R-12, Bureau of the Census.

为维护市场扩张的稳步推进，贝尔采取了诸多不同的策略。首先，在贝尔公司的线路上禁止采用非西部电气公司的设备。其次，西部电气公司不得向贝尔的竞争对手出售设备。最后，通过贝尔公司专线的独立电话公司不得进行长途互联。面对行业利润和增长潜力的巨大诱惑力，这些独立公司的反应显然可以预见。因为他们不能自由购买和使用西部电气的设备，这就给新设备生产商进入市场提供了可乘之机。到19世纪90年代中期，人们开始对贝尔公司产生抵触情绪。总之，这些专利对新进入者几乎构不成障碍，而且在法庭上也没有得到切实维护。事实证明，新设备的市场容量确实非常巨大，因此，即使没有贝尔公司，这些新生产商依旧可以过得优哉游哉。

贝尔公司拒绝将其他公司的网络连接到公司本地及全国系统的做法，在某种程度上发挥了保护作用，因为它有效地把非贝尔公司的用户隔离到系统之外。于是，很多地区出现两套不同电话系统并存的情况。至于选择哪个系统，往往取决于用户的朋友在使用哪个系统。在大城市地区，这就导致用户出现阶层划分：因为大多数早期用户已经在使用贝尔系统，这些人基本属于富裕阶层，而相对不够富裕的新用户大多会选择其他独立公司。

随着竞争的加剧和专利到期日的临近，贝尔的策略是纳入新鲜武器。到此为止，公司已能在一定程度上对不同细分市场进行区别定价。于是，公司开始逐步下调收费价格，进入此前由独立公司占据的中低端市场。此外，贝尔还加快了电话系统的普及，以实现美国市场的全覆盖。在整个20世纪初期，其主要的竞争手段是在独立公司似乎正在取得进展的任何地区提供更具竞争力的价格。在某些地区，新用户的价格会在 12 个月内再次减半。这种策略很快因提高业务增长率以减少新进入者的机会而得到强化，并通过公开或秘密的行为来控制竞争对手。到 19 世纪 90 年代后期，美国贝尔电话公司已变成 AT&T，注册地址和总部也迁至法律限制略宽松于马萨诸塞州的纽约。在以收购打击对手这方面，公司深受金融家 J. P. 摩根的影响。J. P. 摩根一直在增持 AT&T 的股份，并不断推动公司提高市场地位。

对 AT&T 和他的许可经营者来说，竞争威胁确实异常巨大，这就迫使他们不得不想方设法挫败这些独立公司的野心。其中的一项计划就是针对他们的竞争对手、另一家电话设备制造商凯洛格电话交换机公司（Kellog Switchboard）。通过这个计划，AT&T 悄无声息地控制了凯洛格公司，并对后者提起专利诉讼。被 AT&T 控制的凯洛格会故意输掉官司，这样，AT&T 就可以把凯洛格踢出市场。到 1903 年中旬，形势已经明朗，经过 18 个月的努力，AT&T 成功地控制了凯洛格。AT&T 的其他手段包括建立所谓的独立供应商，而这些公司背后的实际控制者就是 AT&T 自己。因此，进入 20 世纪的前几年，也是 AT&T 持续快速增长的时期之一，而且这种增长是在市场竞争不断加剧的背景下取得的；然而，由于公司投入大量资金用于推动增长、削弱或收购竞争对手，公司的财务状况趋于恶化。

半路杀出的西奥多·韦尔

对外部资金的需求不断增加，让公司不可避免地成为北美头号金融家 J. P. 摩根的猎物。到 1907 年，J. P. 摩根的金融资源已成为 AT&T 对抗独立企业所不可或缺的前提，而这就让公司落入其手中成为不可避免的归宿。1907 年，J. P. 摩根再次向 AT&T 投入 1.3 亿美元（相当于今天的 80 亿美元），并一举拿下公司控制权。在全面操持新公司之后，J. P. 摩根迅速任命西奥多·韦尔担任公司的新掌门人，他的目标很明确：降低成本，夺取市场主导地位，最好能实现完全垄断。在争夺母公司总裁职位告败之后，韦尔于 1887 年辞职离开了贝尔公司。在随后一段时间里，AT&T 以摧枯拉朽之势建立了自己的电话网络，并彻底肃清竞争对手。J. P. 摩根对公司的控制、在资金供给方面的影响力、长途网络的接入以及 AT&T 的定价优势等诸多利好要素相互叠加，最终让很多竞争对手主动或被动投入 AT&T 的怀抱。

在韦尔执政期间，AT&T 的战略基本维持不变，但对策略进行了重大调整。其市场策略相当简单：一方面，通过内部增长和外部收购，最大程度追求垄断地位；另一方面，大力降低价格，在提高生产线使用效率的同时，排挤新竞争对手的进入。按照这些策略，AT&T 将变得更高效，而韦尔则以精减人员和提高效率来降低成本。这些举措带来的额外成果，就是将公司的研究活动整合为后来创建的贝尔实验室（Bell Laboratories）。此外，公司还放弃了一些收益预期不确定的项目。

但贝尔公司至少有一个决策是错误的——放弃与无线电相关的研究。即便如此，韦尔的举动确实巩固了 AT&T 在电话领域的绝对领导地位。上任伊始，韦尔的头号任务是尽可能地让公司成为市场的垄断者。他的野心不仅限于电话业务；1909 年，AT&T 收购西联汇款 30% 的股份，其中大部分为杰伊·古尔德继承人持有的股份，凭借压倒性的持股比例，让 AT&T 真正成为这家公司的控制者。这样的策略对日后产生了深远影响，至少在拒绝竞争对手使用其长途线路时，AT&T 显示出十足的底气。韦尔主张将电报与电话相结合的依据是，这两种服务本身即具有互补性，而不是相互排斥、互为竞争对手，因此，如果一家公司同时运营这两种服务，效率必然会大为提高。此外，对于把 AT&T 视为行业独裁者的社会舆论，韦尔坚决反对，相反，他认为电话服务在本质上即具有自然垄断性。但是在为电话交换机的"自然"地位辩护时，韦尔也明确接受某种程度监管的可能性或必要性。尽管坊间在这些问题上争论不休，但是在独立企业的推动下，公众的舆论导向还是发生了巨大转变，显而易见，一场血腥的鏖战已迫在眉睫。

韦尔很清楚与政府对抗的巨大危险。于是，他迅速调整战略，应对新的现实。AT&T 同意放弃对西联汇款的控制权。根据《金斯伯里协议》（Kingsbury Agreement），公司还同意，在未事先取得州际商务委员会许可的情况下，不再收购其他任何独立运营商。最后，AT&T 还同意向第三方提供与本公司长途线路的接入。因此，AT&T 不再致力于实现对市场进行完全垄断——不仅政治势力不能接受这种可能性，绝对的市场优势也让公司没有必要去追求这一目标。

贝尔电话公司和 AT&T

起步时期

美国贝尔电话公司和 AT&T 的财务报表足以反映公司的本质，它在很多方面类似于标准石油公司。从根本上看，它只是一家不从事运营的控股公司，收入来自旗下经营子公司贡献的股息。事实上，正是因为马萨诸塞州本地公司法的限制，导致美国贝尔电话公司无法延续这种经营方式，才促使他们在 1900 年把业务转入之前在纽约设立的子公司。因此，母公司的财务数据并不能说明其盈利能力，毕竟，公司的收益在很大程度上体现为股息。最初，公司的大部分收入来自电话设备的租赁,但从世纪之交开始,这一格局开始发生变化,此时,收入增长基本来自贝尔公司旗下的运营主体。更有趣的是,资产负债表的变化与公司正在经历的环境休戚相关,而这些变化又直接促成公司控制权和管理层的变动。

从公司成立到原始专利到期,公司的资产负债表结构基本维持不变。高利润率和持续增加的收入足以在不增加债务或发行新股的情况下为内部扩张提供资金。在 19 世纪 80 年代到 90 年代初,流通中的股票数量增加了一倍多,但同期的收入增长超过 6 倍,净利润增长也超过 4 倍。对投资者来说,股息收益总额超过实际投入资本显然是绝对令人满意的结局。在 1881~1883 年,美国贝尔电话公司支付的股息超过 2 500 万美元,这个数字已远远超过资产负债表中的实收资本 2 000 万美元。此外,公司资产负债表上还保留了超过 2 000 万美元的准备金。对那些"有幸"因投资而承受资金风险的投资者来说,仅仅是股息形式的收益足以让他们心满意足,至于股价上涨带来的回报,只会让他们欣喜若狂。需要提醒的是,这是西联汇款原本只需拿出 10 万美元即可到手的业务。在持续增长的市场中,垄断地位带来的收益显露无遗,不过,在如下的图 3-7 中,显然可以为每股收益的快速增长提供更直观的佐证。

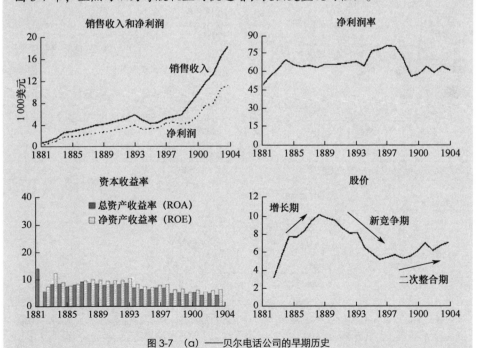

图 3-7 (a)——贝尔电话公司的早期历史

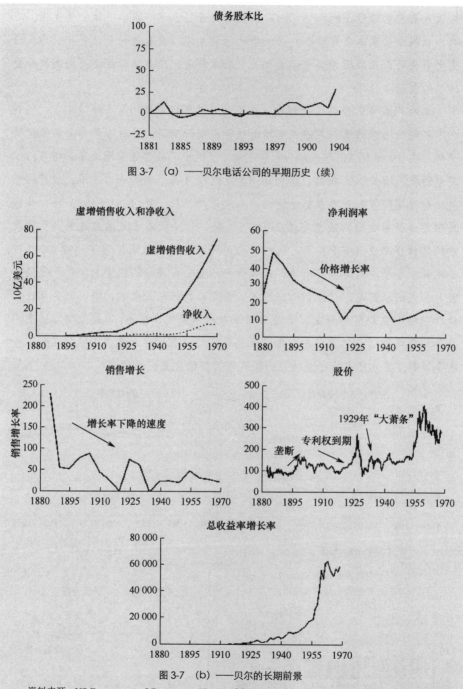

图3-7 (a)——贝尔电话公司的早期历史（续）

图3-7 (b)——贝尔的长期前景

资料来源：US Department of Commerce, *Historical Statistics of the United States, Colonial Times to 1970*, Bureau of the Census, 1975. *Commercial and Financial Chronicle*. AT&T annual reports. AT&T historical stock prices. CRSP, Center for Research in Security Prices, Graduate School of Business, University of Chicago, 2000. (Used with permission. All rights reserved. www.crsp.uchicago.edu.)

由此带来的竞争升级，不仅对净利润增长带来影响，更多地是造成外部资金需求的增加。1893 年，美国贝尔电话公司还维持净债务为零的状态，而且在竞争升级初期还能延续这种状态。到 1900 年，债务净额与股权的比率已升至 30% 左右，随着公司在转换为 AT&T 期间进行的资本重组，这一比率有所下降。但是从 1900 年开始，为扼杀外部竞争威胁，AT&T 通过扩建和收购开启了一轮野心勃勃的扩张，于是，净债务规模随之逐年上升，到 1907 年，债务净额与股权之比已达到 75%。与资产负债表维持债务增长的能力相比，稀释和利息成本增加导致股东收益持续恶化带来的压力更为紧迫。

尽管整个行业仍处于增长阶段，但公司的每股收益已开始急剧下降。每股收益的下降和对外部资本的巨大需求最终导致公司的控制和管理结构发生变化。1907 年，AT&T 不得不举债超过 1.3 亿美元（相当于今天的 75 亿美元）。这导致资产负债表上的债务总额达到 1.78 亿美元（相当于今天的 100 亿美元）。尽管 AT&T 的净利润还在增加，而且依旧维系行业的统治地位，但这个事实显然不足以安抚投资者当时的心境：每股收益拦腰斩半，股价更是一蹶不振。

从 1907 年开始，AT&T 不得不为减少竞争影响投入双倍资源。他们的基本策略就是在经营和财务上挤压对手，并最终达到收购的目的。对垄断地位的追求促使他们以收购取得西联汇款的控制权，在扩大 AT&T 服务范围的同时，提高现有线路的利用率。尽管为追求收入增长而不得不牺牲利润率，但 AT&T 最终还是和管理当局在行业控制度问题上发生冲突。结果，西联汇款在不到五年后被亏本处置。此外，AT&T 还放弃了对独立公司的联网限制。这些调整给投资者带来了深刻变化。市场处于整合阶段这一事实或许可以解释盈利能力的下降。但随着进入壁垒的彻底消除，AT&T 只能把实力寄托于更有优势的服务及定价能力。虽然它依旧可以享受行业霸主的定位，但创造利润的能力已大不如前。不过，公司也成功逃过彻底解体的厄运；实际上，如果它继续寻求之前的战略目标，这样的结局或将不可避免。从标准石油信托公司解散带来的影响看，投资者是否会因此而受益尚不得而知。

漫漫长路

以长期视角进行分析，美国贝尔电话公司（后来的 AT&T）的经历可以划分为三个不同阶段。在第一阶段，美国贝尔电话公司对贝尔及其他人的专利享有保护权。第二阶段，随着新的独立公司与贝尔电话公司及其特许经营商展开竞争，整个行业进入持续动荡状态。进入第三阶段，市场最终进入相对稳定时期。表 3-1 清楚地揭示出各个阶段的变化。经历早期的快速增长之后，收入增长速度开始放缓，在1880～1895年的15年间，收入的年均增长率约为16%。在第二阶段，收入增长仍维持14%左右的高速度，但利润率则从超过40%下降到30%。与此同时，资产收益率持续下降。由于最初为扩张而进行的债务融资以及后期联邦税收在净利润中的比重不断加大，营业利润率和净利润率之间的差距也逐渐被拉开。第一阶段实现的高收益率让新的竞争者垂涎欲滴，也刺激他们不断挑战和侵蚀贝尔的专利权。对美国贝尔电话公司的早期投资者而言，其收益无疑是无与伦比的，他们不仅享受着股价上涨带来的裨益，更有慷慨的股息支付，股息每年占净利润的部分平均达到2/3。在进入竞争不断加剧的新环境后，随着掠夺性扩张的减少以及公司与政府当局的合作，利润率趋于平稳，资产负债表压力也有所缓解。长期投资者再次开始享受股价上涨与股息流的回报——在公司创建的前20年中，投资的总收益率增长了五倍，并在随后的20年再次翻番。

表3-1 美国贝尔电话公司的三个阶段

时间段	第一阶段：专利保护期，1900年之前	第二阶段：新的竞争期，1890～1907	第三阶段：长期稳定期，1908～1970
平均值			
年销售收入的名义增长率	15%	14%	8%
年销售收入的真实增长率	15%	12%	6%
营业利润率	41%	22%	27%
净利润率	38%	26%	16%
资产收益率	10%	7%	5%

真实数据为名义数据除以消费者物价指数的结果。

资料来源：*Historical Statistics of the United States*, US Department of Commerce, 1975.

本章小结

在很大程度上，电话的发明归功于亚历山大·格雷厄姆·贝尔在声学领域进行的研究。贝尔的研究更多地发自于个人喜好，而且在很长一段时间内，研究电话只是他在改进电报技术过程中的一项副业。按照当时的主流观点，只要能提高电报的传输速度，必将带来丰厚的回报。作为业内头牌，西联汇款招募当时最优秀的科学家来保护其地位免受攻击。毕竟，竞争对手通过掌握先进技术专利带来的威胁，就发生在他们的身边。在托马斯·爱迪生、伊利沙·格雷和阿莫斯·多贝尔等科学家的帮助下，西联汇款成功发明了四路多工电话技术，并实现了其他诸多技术的进步。

对贝尔来说，与拥有强大人才与资金组合的对手为敌，无疑是一场艰苦卓绝的对抗。在电报技术方面，他们几乎毫无胜算。西联汇款似乎已成为无二的胜利者。它不仅控制了技术，还控制着有线电视网络，而且资金实力雄厚。在1873年的市场崩盘已让投资者信心破碎的大背景下，后一点尤为重要。

事实上，西联汇款的资金实力完全能够而且也应该帮助其保住领先优势，在厄境中实现自我救赎。在资金供给极其恶劣而且投资者信心破损的环境下，贝尔及其支持者已经捉襟见肘，为此，他们只好向资金雄厚的巨头西联汇款俯手称臣——主动献出自己的电话专利。但西联汇款始终未能认识到电话的潜力，仍固执己见地笃信电报即未来。于是，他们拒绝了贝尔的提议。事实很快就让他们意识到这个决定的错误。但为时已晚，尽管他们也曾极力挽回，但已完全没有希望超越贝尔及其享有的专利权。

对贝尔来说，西联汇款拒绝购买其专利权促使他们创建自己的运营实体——美国贝尔电话公司，并最终催生了AT&T。在这个过程中，一个重要的里程碑事件就是贝尔对西联汇款和伊利沙·格雷采取的对策，这也验证了贝尔的重要地位及其专利权的强大地位。从此之后，两家公司的命运注定分道扬镳。股票市场当然不会对这样的消息置若罔闻。电话的市场潜力一旦显现，那些依赖电报发财的人只能感叹时运不济。西联汇款原本还有一线希望——当机立断、迅速接纳电话技术，然而，法院的判决以及随后给予贝尔公司专利保护权的约定，彻底剥夺了他们采取这一自救行动的机会。由此开始，西联汇款走上股市输家的命运已笃定不移（见图3-8）。

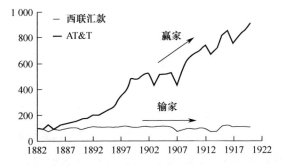

图3-8　无二的赢家——三家公司的股东收益率：美国贝尔电话公司、AT&T和西联汇款

资料来源：*Commercial and Financial Chronicle* – annual financial review. AT&T historical stock prices.

电话早期历史的唯一主题就是进入壁垒。在1893年之前，贝尔的所有公司均得益于专利权保护。这项业务超乎寻常的盈利属性吸引了很多新进入者，也迫使贝尔的公司不得不四面出击，以诉讼捍卫自己的市场地位。好在他们在这方面的努力基本得到了回报。尽管贝尔为专利到期带来的挑战确实绞尽脑汁，但初期的绝对优势也的确让他们在竞争对手和客户面前显露出过度的傲慢与自负。在专利权到期后，贝尔公司最初只能依赖从其他公司收购的专利。但这样的防护显然没那么牢固。与此同时，公众和司法的立场也开始走向公司的对立面——此时的贝尔公司被视为"托拉斯"。这些独立企业迅速站稳脚跟，并最终建立起可观的市场份额，即便如此，他们始终受制于AT&T对长途线路的控制。

但对AT&T来说，业务成本则大幅上涨。在提高价格和服务竞争力的同时，公司的利润率开始下降。虽然公司依旧在合理地增长，但单纯依赖内部资金已无力推动持续成长。可以想象，股东回报也出现了相应下降。这些变化最终带来真实所有权的变更和管理结构的调整。当时的首要任务就是缓解竞争压力，然后是削减成本。公司在这两个方面主动出击并卓有成效，但打击竞争对手的做法很快就导致AT&T与政府机构发生冲突，在公众对这家新兴企业联合体已怨声载道的情况下，政府也逐渐成为越来越活跃的干预者。对AT&T来说，关键就是决定是否继续采取必定与政府发生冲突的行动。此时，这家公司已开始倾向于绥靖路线，这至少可以保住他们在业内的主导地位。最终，他们如愿以偿地找到出路。而这个决策也为公司未来82年的发展奠定了基础。从这个意义上说，公司管理层确有高瞻远瞩的风范。

但这是否能带来股东利益最大化或是否有利于整体经济，则是另一个问题。在随后的发展中，唯一的使命就是维护公司的核心业务，力保公司不会因反竞争行为而受到指控。但是面对与电话网络发展和扩张并行的科技进步带来的技术和商机，这无疑会催生风险规避思维。尽管AT&T的理想定位是成为收音机和广播领域的主要参与者，但是对潜在垄断诉讼的顾虑还是让他们缩手缩脚。

这当然并不是说，无论在诞生初期还是后期，电话的唯一用途就是简单对话。实际上，在诞生后不久，电话便被用于直销，这显然是最唾手可得的用途：而且最早拥有电话的家庭基本为富裕家庭。此外，电话还是一种广播媒体：按收听次数付费方式播放音乐，即可形成稳定的用户群（见图3-9）。

电话：直销和点播付费

直销

电话很快便显示出在其他商业领域的媒介价值。最初，只有公司和富裕家庭才有能力负担安装电话的费用。于是，在零售商的眼里，这些拥有电话的家庭也成为他们最显而易见的营销目标。下面这段文字便出自零售商之手，他在文中解释了如何使用电话吸引社区成员购买自己的商品：

> 不久前，我们邀请了一位高级套装和裙子厂家的代表，对我们的商店进行了短暂参观。我们请他带了一批头等货，这些火爆热销的商品几乎无懈可击。当这位代表来到商店时，我们拨打了当地部分女性的电话，长期以来，我们一直在想方设法，试图以最优质的服装打动她们，但我们的努力始终无法奏效。以前，她们也会貌似耐心地听取我们推荐商品的理由，而且几乎每次都会在电话里承诺，她们会到店里试穿我们的样品……女性喜欢欣赏美妙的事物，因此，在接到我们的通知后，她们似乎很愿意光顾我们的商店……这一次，我们终于没有枉费心机，尽管这些主顾确实挑剔而难缠，但却给我们带来了创纪录的销售收入……上门推销或是送货上门显然不会带来如此强大的效果。
>
> ——西部电气公司，1903 年 9 月 12 日

回应

零售商感兴趣的或许是电话的成本优势及其精确定位能力，但家庭未必对这种做法有同样的热情。

> 管家昨天对我说，"电话对我来说不只是不便，而是一种实实在在的麻烦。我觉得，有人已经把电话当做广告手段，在上周，剧院售票代理的电话就曾把我从睡梦中叫醒。如果以后再出现这种情况，我肯定会拆除这东西。昨天早上，我正忙着做面包，电话铃突然响起，我急忙抓起电话。打来电话的是刚刚来到百货商场做生意的一位女士。她告诉我，她正在出售一款新窗帘……不一会儿，我又接到另一家公司打来的电话，以同样方式向我推荐他们的产品……上周，我和朋友们都接到剧院票务员的电话，称一位演莎士比亚的男演员准备在他的剧院长期包座，因此，他希望我们抓紧买票，因为后期肯定会出现一票难求的情况。电话给我们带来各种各样的烦恼和骚扰，这样的例子不胜枚举。"
>
> ——《电话》杂志，1909 年 2 月 20 日

遗憾的是，对上述这些家庭来说，不被这些不请自来的广告所侵扰已成为奢望，但他们的诉求非但没有得到任何响应，反而在进入下个世纪后愈演愈烈。

电话里的音乐

在以电话提供音乐服务方面，鼻祖是一家名为电话音乐公司（Tel-musici Company）的企业，这家公司于 1909 年成立于特拉华州。他们的业务模式很简单：在接到用户的电话点播后，接线员把唱片放在留声机上，用户打开连接到电话上的扬声器设备，即可收听音乐。服务的标准是每首歌曲 3 美分，大型歌剧 7 美分！在音乐再现技术和收音机广泛普及之前，这种模式最初确实让有些人如痴如醉。

> 这套体系的成功在很大程度上归功于性能优越的扬声器发射装置……当然，它的初设成本也非常低，而且连接装置的专用接收器和喇叭可以安装在距离电话本身较远的任何房间，这样，用户就可以把他们放置在最不显眼、最不碍事的地方。而对潜在订阅者具有强大诱惑力的另一个事实是，他们无须支付任何初始费用，想听到自己最喜欢的音乐，他们唯一需要做的事情，就是拿起电话告诉对方自己的要求，而不是冒着严寒或是顶着风雨赶往剧院。
>
> ——《电话》杂志，1909 年 12 月 18 日

图 3-9 新传播时代的开启：电话的广告和娱乐价值

资料来源：*Western Electrician*, 12 September 1903. *Telephony*, 20 February 1909 and 18 December 1909. These quotes were found on an excellent website detailing the early history of the radio: earlyradiohistory.us

第四章
光明照亮人间
爱迪生与电灯

在巴黎博览会结束后,电灯也将随之关闭,然后便销声匿迹。[1]

——伊拉斯谟·威尔逊(Erasmus Wilson),牛津大学教授,1878年

对大西洋对岸的朋友来说,(爱迪生的想法)确实非常不错……但它显然配不上实业界或科学界的关注。[2]

——英国议会设立专门委员会,对爱迪生在白炽灯方面的研究展开调查,这段话摘自该委员会撰写的调查报告,1878年

---

[1] C. Cerf and N. S. Navasky, *The Experts Speak: The Definitive Compendium of Authoritative Misinformation*, New York: Villard, 1998, p.225.

[2] 同上。

探索光明之路

在19世纪的诸多科学探索历程中,寻找廉价高效的照明形式成为一项重要任务。"工业革命"带来经济增长、人口增长和财富创造的大跃进,使得人们对工作和生活条件的要求也随之提高。其中,最迫切的需求就是改善传统照明方式——以动物脂肪做成的灯芯。几个世纪以来,蜡烛始终是人类最重要的光源,尽管使用的脂肪种类不断翻新——比如说,只有高收入人群才能享用的抹香鲸脂肪,但长久以来,人们在寻找替代光源方面的努力没有取得任何进展。

需求肯定是存在的;而且这种需求之大,致使曾在大西洋漫游嬉戏的鲸群被大量猎杀,或是被迫离开自己的传统觅食地。但捕鲸者不会善罢甘休,他们远征太平洋,继续大开杀戒。结果,鲸油供给紧俏,成本开始大幅飙升。鲸油价格上涨到每加仑2.50美元(以今天的价格计算几乎相当于每加仑400美元),任何可行的潜在替代品都将带来可观的回报。无论怎样,这些蜡烛发出的光不仅亮度不够,而且会释放出有毒气体,更重要的是,它们随时都会带来火灾危险。因此,伴随"工业革命"给生产、运输和通信方面带来的巨大进步,人们有理由取得一种亮度更高、成本更低的照明装置。

当时貌似存在不同的细分市场。首先是家用照明,在那个时候还只能依赖蜡烛来满足;其次是公共区域照明,包括工作场所、街道和建筑物。

在家庭照明方面,最早取代动物脂肪灯的材料是莰烯,这是一种高度易燃的松节油,也是一种优质光源,但莰烯的易燃性使之成为诸多火灾事故的源头。这些事故带来的灾难,导致莰烯成为家庭照明主要来源的前景大打折扣。相比之下,另一种更有前途的照明来源是煤气,被称为"民用燃气",从煤中蒸馏提取得到,并通过城区管道进行输送,提供街道照明和家庭照明(当然,仅限于有能力负担的家庭)。尽管煤气有更优越的照明效率,但其成本之高还是让普通家庭望而却步,显然,在那个时候,它只能为富人所享用。实际上,煤气的可燃性和照明性自古以来就为人类所知晓,但是在成为广泛采用的可行光源之前,还需要在化学科学方面实现突破。长期以来,碳氢化合物的研究让很多科学家魂牵梦绕,在很多人眼里,它或许更有可能成为高质量稳定光源的潜在沃土。尽管成本高昂,但民用燃气无疑是一种有可能带来暴利的垄断产品。反过来,它也为以其他碳氢化合物替代莰烯和民用燃气的研究提供了动力。

最有前途的碳氢化合物当然是石油。在那个时候，人们对石油的研究还仅限于对照明的需求，而不是动力燃料的未来。1854 年，亚伯拉罕·格斯纳（Abraham Gesner）博士针对提取和制造"新型液态烃"的工艺流程在美国申请专利，他把这个流程的产物冠名为"煤油"（kerosene），这个词源自希腊语中的"keros"（意为"曾经的"）和"elaion"（意为"油"）。与此同时，在苏格兰，詹姆斯·杨（James Young）也开发出一种从低燃点残烛煤（一种腐殖腐泥煤，燃烧时的火焰与蜡烛火焰相似）提炼"石蜡"的工艺流程。当时，人们对石油产品的提炼工艺已不再陌生。很多世纪以来，人们一直在使用各种各样的石油衍生产品，它们的历史最早可以追溯到巴比伦时代。在欧洲，煤油类燃料已非常普及，尤其是在东欧和罗马尼亚——通过人工挖掘竖井采集的原油被用于提炼照明燃料。在 19 世纪中叶的维也纳，煤油已成为司空见惯的商品。在进入 19 世纪后的第一个 10 年里，东欧地区的原油年产量约为 36 000 桶，尽管按今天的标准似乎微不足道，但在当时已是天文数字。

但"发现"煤油的真正意义在于，它极大地刺激了人们对岩油（也就是我们今天所说的原油）的探索。在当时，岩油被很多人视为提炼和生产煤油的低成本替代品。这背后的商业逻辑显而易见——煤油完全有能力取代菸烯和"民用燃气"成为公共及家用照明的主要来源。这种预见显然是正确的。不日之后，煤油即将成为市场的宠儿，它不仅担当起家庭照明市场的引领者，而且将在相当长时间内为投资者带来可观的资本收益。直至宾夕法尼亚油田开发的 40 多年后，电力成本才下降到普通人可以接受的水平，并最终取代煤油成为住宅照明市场的主要供给来源。

燃气：令人惬意的垄断

19 世纪初，英国成为工业创新中心，也是当时世界上最大的工业强国，更是（相对而言）全球最稳定的国家。因此，英国照明行业的发展自然也最为迅猛。1847 年颁布的《燃气法案》（Gas Act）为燃气照明及后来电灯行业的发展铺平了道路。按照法案，英国人可以为修建燃气管道而对街道进行开挖。因此，该法案表明，英国政府已正式承认，在过去 50 年中，私营公司已成为由集中来源向城市地区供应民用燃气的主导力量。

德裔英国人阿尔伯特·温泽尔（Albert Winzer）首次对燃气的照明潜力进行了开创性的展示，他以燃气照明点亮伦敦的兰心大戏院，让人们真正感受它带来的光明。为避免有可能带来的种族偏见,温泽尔把自己的名字改为温莎,并在 1812 年获得议会批准,创建了伦敦—威斯敏斯特煤气灯与焦炭公司(London and Westminster Gas Light and Coke Company),这是一家采取股份制形式的有限责任公司。但由于缺乏工程和财务方面的敏锐度,温莎最终不得不让位于萨缪尔·克莱格(Samuel Clegg)。克莱格的专业能力得益于博尔顿·瓦特公司(Boulton and Watt)总工程师威廉·默多克(William Murdoch)的教诲,这家公司的创始人就是蒸汽机的发明者——詹姆斯·瓦特(James Watt)。到 1816 年初,英国已铺设了超过 25 英里的燃气管道。伦敦—威斯敏斯特公司雇员弗雷德里克·阿昆(Friedrich Accum)撰写的《煤气灯的实用研究》(*A Practical Treatise on Gas-Light*)一书也成为行业圣经。本书推动了燃气生产、供应和照明等基础知识的传播,成为美国燃气行业初期发展的助推器。

一般情况下,燃气公司根据合同享有在固定期限内独家供应煤气灯的专营权。合同通常会锁定投资收益率,而股东收益率自然带来固定的价格。这种固定价格的垄断模式带来的结果不难想象。由于公司在自己的属地内彻底免于竞争压力,因此,他们没有任何动力去改善经营效率。这让很多公司立即陷入自满的陷阱。随着燃气公司的盈利能力不断增加,消费者的愤懑在所难免。这种情绪在当时的媒体上显露无遗(见图 4-1)。但固有供给网络带来的天然庇护,让这些公司把公众舆论当作耳旁风。当时的法律制度或许也会让很多人笃信:这些企业对市政和商业照明市场的统治还将持续下去。或许这些公司根本不会相信,任何形式的电灯都会让他们的产品一无是处。但不管出于何等原因,他们都需要调整这种唯我独尊、高高在上的姿态。燃气公司大肆赚取垄断利润的做法,无形中激发了市场对新型照明来源的渴望。

1816 年,巴尔的摩成为第一个使用煤气灯的美国大城市,而后是 1825 年的纽约。美国照明技术的早期发展在很大程度上源自英国的知识和技术。和英国一样,在美国,燃气照明的商业价值仅适用于一小部分人口。1823 年,纽约煤气灯公司(NYGLC)筹集到 20 万美元(相当于今天的 3 500 万美元)巨款,开始建造自己的煤气厂。到 1825 年,这家公司开始生产燃气,并在 8 个月内为住宅、企业和公共建筑安装了 1 700 多台燃烧器。

最引人注目的无疑是百老汇的照明,百老汇也因此获得"白色大道"之称。但取得这个声誉的代价非常巨大。纽约市不仅要按每根 14 美元(相当于今天的 4 000 美元)的价格购买灯柱,还要为每个燃气灯每年支付 8 美元(相当于今天的 1 300 美元)的燃料费。尽管成本高昂,但燃气灯的照明效果无疑让之前的鲸油灯相形见绌。虽然需求受限于成本，但足以吸引一批新的燃气公司涌入市场。曼哈顿煤气灯公司试图取得纽约该地区的特许经营权，并在美国其他主要城市中心迅速跟进。尽管如此，燃气照明的费用和垄断定价的政策表明，燃气服务仅限于照明市场中的一小部分。这就为后来出现的煤油提供了机会——后者不仅夺走鲸油在公共照明市场中的份额，也成为富裕阶层及大批中产阶级家庭在新兴家用照明市场的首选。

图 4-1　没人喜欢垄断

资料来源：*New York Times*，1878 年 10 月 25 日。

在燃气行业内，竞争基本只限于不存在排他性条款的领域。这些领域的竞争极为惨烈，而且基本无利可图。但这些竞争领域的损失往往会给那些试图突破垄断边界的公司造成威胁。在垄断领域，定价由公司章程规定，否则，每个公司就可以随意选择有利于自己的方式。技术进步（如新兴的燃气生产和管道运输）有助于降低成本，因此，对那些拥有垄断特权地位的人来说，收益是非常可观的。尽管大多数垄断企业也试图通过适度降价缓和舆论气氛，但人们对垄断势力的不满已达到极致，以至于在电灯横空出世的那一刻，便立即让人们欢呼雀跃。人们已经不再隐瞒对燃气定价的愤怒之情：在纽约和费城，一些有胆量的居民开始饲养和训练狗，用于专门撕咬气表检查员，阻止他们抄表。甚至还有人出售或出租这种狗，满足其他人在抄表期的需求（见图4-2）！

图4-2　规避垄断定价：小狗成为拒缴煤气费的保护伞

资料来源：*New York Times*，1885年1月22日。

电灯的历史

正如历史记载中很早就有使用碳氢化合物进行照明的故事，同样历史记载中也不缺少与电力有关的知识。比如说，电的发现最早可以追溯到公元前600年，"古希腊七贤之一"的泰勒斯就注意到小琥珀体吸引其他物体的现象。时间推进到1269年，法国十字军"朝圣者彼得"对磁石（一种天然氧化铁）的磁性进行了描述。到17世纪，世界上的第一本英文物理书就已使用"电"一词描述这种吸引力，这个词取自希腊语中的"elektron"（意思是琥珀）。但是，直到200年之后，这项技术才出现了真正的飞跃。⊖1831 年，循着本杰明·富兰克林、亚历山德罗·沃尔特（Alessandro Volta）、查尔斯·德库仑（Charles de Coulomb）和安德烈-玛丽·安培（André-Marie Ampere）等科学家的足迹，迈克尔·法拉第（Michael Faraday）发现了电磁及磁电感应。从根本上说，这就是发电机的基础原理，因而也是电动机的基础原理。也正是这个理论飞跃，才真正地把电磁研究从观察学科转变为生产和应用学科。法拉第的发现为现代电子学奠定了基础，也阐明了发电的理论基础。

面对新的潜在电源，人们早期的关注点自然是创建新的照明系统。电灯的早期发明者选择了两条截然不同的道路：弧光灯和白炽灯。前者在早期发展历史中占据了主导地位。1848 年，科学家们在伦敦国家美术馆首次进行了碳弧灯的演示。严格来说，这个实验显然算不上成功，因为燃料电池根本就无法以合理成本提供充足的电力。

但是从更广泛的意义上看，这些尝试是有价值的。因为他们吸引了公众的关注，并让人们看到照明革命的美好前景。在 1856～1870 年，英国为很多灯塔安装了碳弧灯；而且在不久之后，人们便迎来了电灯的进一步创新。1878 年，在位于伦敦滑铁卢桥和威斯敏斯特桥之间的谢菲尔德布拉莫巷大球场，一场足球比赛在灯火通明中拉开战幕。

从经济角度看，这个全新的电灯行业正在与现有的燃气照明系统展开竞争。后者已积淀了大量的沉没成本，因而势必难以摆脱。对任何寻求取代燃气照明技术的新公司来说，要筹集到资金，首先需要他们的产品展示出难以企及的优势。

弧光灯是第一类被普遍接受并被视为煤气灯有效替代品的电灯。早在 1808 年，汉弗莱·戴维（Humphry Davy）便已验证了弧光灯的原理，当时，他把两根炭棒接在大功率电池的两头，炭棒在短时间接触后分隔约 3 英寸，此时，两根炭棒之间发出极为耀眼的亮光，由于其形状呈拱形，戴维将其称为"电弧"。通过进一步研究，他又使用这些弧光灯在其他场合进行了演示，譬如 1844 年巴黎歌剧院的一场演出。但电池的高昂成本和燃烧煤气带来的刺激性烟雾，限制了这项照明技术的普及。

19 世纪 60 年代，俄国人亚历山大·德罗迪金（Alexander de Lodyguine）用电灯点亮了圣彼得堡的造船厂，为延缓消耗，他把灯安装在充满惰性气体的密闭容器中。但真正让这种电灯吸引全世界目光的，则是他的俄罗斯同胞、在巴黎从事电报

⊖ 有关电气行业发展进程的描述，请参见：The Electricity Council, *Electrical Supply in the United Kingdom: A chronology – from the beginnings of the industry to 31 December 1985*, London: The Council, 1987.

工作的军事工程师保罗·雅布罗科夫（Paul Jablochkoff）。这种"雅布罗科夫蜡烛"由很多组电灯构成，每个电灯均使用一组炭棒作为发光原件。这样，它就可以提供比现有煤气灯更明亮、更持续的光源。1877年，人们使用首次这种电灯照亮了巴黎的罗浮宫百货公司。1878年，研究人员在英国的滨海韦斯顿对这种电灯进行了商业性试验。当时，六盏"雅布罗科夫蜡烛"持续照明96小时，花费40英镑9先令5便士（相当于今天的4 500美元）。这个成本已超过同等质量煤气灯的两倍半。这表明，新型照明的成本远高于燃气，而对大多数人来说，燃气原本就已经高得令人望而却步。随后，美国的查尔斯·布拉什（Charles Brush）开发出完全不同于雅布罗科夫的等效照明系统，并将这个系统安装在费城的约翰·沃纳梅克百货公司（John Wanamaker）。新型电灯一经面世便引发广泛关注，安装订单接踵而至。而且订单不只来自美国；比如，英国海军也向布拉什公司订购了这套系统。当时的英国政府对经济还怀有高度的民族主义情怀，因此，这一举动足以说明布拉什这项技术受到的关注。

布拉什带来的股市泡沫

面对这股市场热潮，投资者当然不甘寂寞，他们不失时机地开始探索取代燃气照明垄断地位的可能性，并借此开拓新的盈利空间。为最大程度挖掘潜在的英国市场，1880年，查尔斯·布拉什创建了英美布拉什电灯公司（Anglo-American Brush Electric Light Corporation）。到1882年初，布拉什已通过子公司及其他公司在英国筹集到超过900万英镑的资金，为英国客户提供电力照明服务。这些公司中最著名的当属哈蒙德公司（Hammond Company）。这笔筹款足足相当于今天的35亿美元！

这轮融资额也成为所谓"布拉什泡沫"的序幕。仅仅在12个月后的1883年，这场闹剧便宣告破产，因为在当时的条件下，这种新型照明的商业价值显然还无法与燃气照明相提并论（见图4-3）。这轮泡沫源自市场对新技术的热捧以及对燃气垄断地位行将消亡的预期，而结果就是迅速推高公司股价。当时的财经媒体对新技术给燃气照明带来的威胁更是津津乐道。在短短的时间内，英美布拉什电灯公司的股价上涨了7倍，哈蒙德的股价也翻了两番多。投资者之所以对这两家企业联合体情有独钟，源自他们为当地企业提供新照明技术的许可权。在整个市场对电力尤其是电灯技术如痴如醉的大背景下，这些区域性企业如雨后春笋般大量出现。这些获得布拉什照明技术使用权的公司通常以所在地命名。于是，约克郡布拉什公司或沃里克郡布拉什公司之类的企业层出不穷，他们非常类似布拉什在美国开办的特许经营企业，如加利福尼亚电力公司。

图 4-3　一项被科学界广为赞誉的失败新技术：布拉什的照明技术

资料来源：*Scientific American*，1881 年 1 月 15 日。

早在 19 世纪初，为新产品打造最终需求就已经成为一种商业战略。在使用弧光灯系统之前，需要投入大量初始资金去构建必要的基础设施。如果说联合融资可以为布拉什拓宽潜在市场，那么，他对制造技术的投入也必将得到回报。布拉什协助筹建运营公司的决策显然有自己的打算，而且绝对不乏事实支撑：市场的极度亢奋强力带动公司股价上扬，仅仅凭借市场对未来盈利的利好预期，就已经让股价呈现井喷的态势。布拉什公司的投资不仅是为了帮助企业推销产品；更重要的是，股票上涨给他带来了立竿见影且颇为可观的回报——或许这就是当时的情景。

一个关键的问题是，这项新技术能否展现出优越于现有燃气照明系统的成本效益特征。时代的亢奋与相伴而至的利润相互叠加，足以让人们坚信，电力照明最终会占得上风。而任何对新技术心存疑虑的人，都会被视为陈旧落伍、想象力匮乏以及对技术变革缺乏认知能力。事实上，在100多年后，人们对互联网泡沫也抱持同样的认识。

在每一轮市场狂潮中，金融领域都会有某些人真正做到冷眼相待。在他们看来，"发起人的贪婪"、投机者或其他视图借助发行新股票寻求一夜暴富的人以及"追涨"者的存在，都会推高股价。实际上，这一点是很清楚的：新发行的股票迟早会让市场饱和。即便如此，当时横亘市场的一个永恒主题是：即便股票已经过剩，但电灯的前景确实过于劲爆，以至于不赚钱完全是不可能的事情。

出于人的本性，投资者很容易将这些警告解读为股价还将继续上涨，只不过可能不会如最初那么迅猛。强化这一信息的警示性说明，可能会产生完全相反的效果。例如："本周收到来自纽约交易所的电报称，美国'布拉什'公司股票的价格已由最初的 200 美元上涨到目前的 7 000 美元。换句话说，12 英镑实际上已变成 1 400 英镑！（见图 4-4）"

图 4-4　另一个错误的开始：投资者对新照明技术的吹捧

资料来源：*Money Market Review*，1881 年 11 月 12 日。

弧光灯技术失败的罪魁祸首

面对电灯带来的威胁，燃气照明行业并未善罢甘休。1886 年，卡尔·奥尔·冯威尔斯巴赫（Carl Auer von Welsbach）发明了煤气灯罩并取得专利。他的技术大幅改善了煤气灯的照明质量，也让燃气照明行业的竞争力延续到 20 世纪。于是，大多数此前尝试过弧光灯的场所均恢复了燃气照明。原因很简单，弧光灯根本就无法以合理成本提供持续可靠的光线。于是，美国布拉什公司及其孪生兄弟英美布拉什电气公司等企业逐渐淡出人们的视线。有些公司破产清算，有些公司则被后来的白炽灯厂家所收购。

也有少数的早期弧光灯探索者幸存了下来，主要是因为他们在改进过程中为弧光灯找到了其他用途。就这样，煤气灯轻而易举击溃了弧光灯造成的竞争威胁，也诠释了行业现有参与者应如何面对外部威胁的经典范例。面对威胁，公司往往会选择对现有产品升级换代，或是降低产品价格。在某些情况下，这些对策足以守住市场。但是在其他情况下，由于技术差距太大，因此，现有公司要么接受新技术，要么只能退出市场。但无论结果如何，对新技术盈利能力的预测往往会夸大其真实经济潜力，因为这些预测忽略了一个永恒的真理：在市场上，竞争才是最终而且也是最重要的力量。对任何新的市场进入者而言，资金都是有限的，因此，在面对挑战时，任何在位者都会不可避免地做出响应，让挑战者只能接受比预想更糟糕的现金流。因此，即便公司的技术拥有公认的优越性，但是被接管和破产清算仍是司空见惯的结果。

历史记载显示，投资弧光灯公司确实让投资者损失惨重。显然，这些损失并不是把电灯误读为提供未来科技突破带来的结果。因为突破终归不可避免。相反，问题的关键在于，技术沿这条道路的延伸既未带来适合普及的光源，更未形成真正有竞争力的商业价值，甚至在专业细分市场中也难有立足之地。

弧光灯最终能否取代煤气灯，或许永远都不得而知，因为弧光灯本身即已被性能更优越的电气照明技术所取代。弧光灯公司显然也意识到这些威胁。他们很清楚，更想替代燃气照明，必将经历一番恶战。他们同样意识到避开白炽灯威胁的必要性。但当时的主流思维还是让他们备受鼓舞——所有的灯都是一样的，没必要再做细分。如果真是这样，那么，白炽灯注定会失败。（在这里，细分主要指光的强度差异。）

凭借早期的成功部署，弧光灯已建立了坚实的滩头阵地，弧光灯公司不断在公开场合宣传该技术取得的进展，并不断渲染开发替代品的科学障碍。事实证明，这是一种非常危险的策略，因为它只会激励竞争对手把精力和资源全部投入于细分产品的开发。他们的努力最终得到回报，也预示着那些放弃这条道路或三心二意者的失败命运。布拉什公司的最终结局是被汤姆逊—休斯敦公司（Thomson-Houston）收购，作为这个新兴领域的主要参与者之一，该公司为抢占白炽灯市场而不遗余力（见图 4-5）。

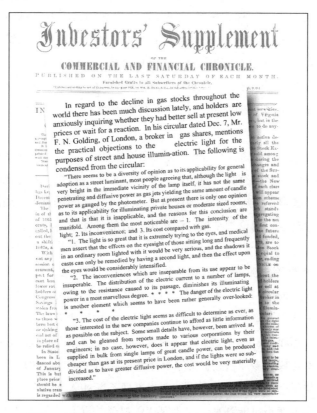

图 4-5　新技术的实用性饱受争议：老技术的适用性再占上风

资料来源：*Commercial and Financial Chronile, Investor's Supplement*，1878 年 12 月 28 日。

新技术的果实：白炽灯

1848 年，英国人约瑟夫·斯旺（Joseph Swan）成功演绎了碳丝白炽电灯的工作原理。在给白炽灯的灯丝通电后，灯丝被加热到"白炽"状态并产生可见光。遗憾的是，由于没有合适的电源以及灯内无法长时间维持必要的真空状态，因此，他的试验还只能停留于演示阶段。直到在30年后出现的两项新发明——水银泵（1865）和发电机（1871），约瑟夫·斯旺有才机会演绎多年前提出的白炽灯原理，在纽卡斯尔泰恩河畔化学学会，他成功展示了自己的发明成果。与普通电灯相比，白炽灯具有明显优势，它发出的光更柔和，而且更适于家庭使用。

1879年，斯旺以25先令单价卖出了第一批白炽灯，这个价格相当于今天的500美元。一年后，斯旺申请取得了自己的第一项专利。在大洋彼岸的美国，托马斯·爱迪生也延续了类似探索路径。他分别在美国和英国对自己的白炽碳丝灯申请专利。两位发明家之间在1881年爆发了一场专利权纠纷。这场纷争最终以他们在英国的两家公司联手得到解决。爱迪生电灯公司与斯旺电气公司进行合并，组建了新的爱迪生—斯旺电气公司（Edison and Swan United Electric Company）。到1881年，尽管技术改进让斯旺电灯的价格有所下降，但依旧高达5先令（相当于今天的80美元）。

尽管白炽灯的价格已有所下降，而且也确实成为煤气灯的重要对手，但就总体而言，它尚未成为一股有竞争力的统一势力。毕竟，白炽灯本身在耐用性和成本上还存在缺陷。在最适宜电灯的电源问题上，支持者之间爆发了一场内战。普通人几乎完全无法预测这场辩论的结果；在辩论双方的阵营中，不乏物理学历史中大名鼎鼎的显赫人物。

在支持现有直流电源的主流阵营中，就有托马斯·爱迪生、鲁克斯·克朗普顿（Rookes Crompton）和开尔文勋爵（Lord Kelvin）等人。而他们的对手阵营中同样不乏乔治·威斯汀豪斯（George Westinghouse）和塞巴斯蒂安·齐亚尼·德费兰蒂（Sebastian Ziani de Ferranti）这样的权威人物。辩论不只发生在某一个层面。双方不仅向学术及权威专业机构提交了高水平的学术文章，在争取公众舆论方面同样展开厮杀。与所有科技战一样，对峙双方需要不断注入新资金。如果不能给公众带来成功感，资本就不可能到来，因此保持乐观至关重要。幸运的是，爱迪生非常清楚这一点。

横空出世的发明天才——托马斯·爱迪生

尽管电灯的发展并非始于托马斯·爱迪生，也并非终于爱迪生，但他无疑是这个故事中的核心人物，有一点是毋庸置疑的，爱迪生绝对是19世纪最伟大的科技发明家之一。而且他还是一位多产发明家,其一生中拥有1 000多项专利。当时,包括古尔德、J. P.摩根和罗斯柴尔德在内的大多数顶级金融家都和爱迪生有过某种形式的合作。在这些合作中,固然很多创业以失败而告终,但绝对不乏造就巅峰伟业的案例。比如,爱迪生名下的照明公司最终演变为通用电气(GE),此外,很多美国电力公司均源自对其技术的特许经营,这些公司至今甚至还在沿用他的名字。

对电弧照明及与之相关的电动机领域的狂热吹捧,或许让爱迪生感受到强烈震撼,也激励他把更多精力投入对实用性电光源的研究中。他给自己设定的目标是,研究出一种能克服照明强度和成本问题的白炽灯。爱迪生既知道约瑟夫·斯旺公开发布的研究成果,也非常了解白炽灯照明技术领域的进展态势。尽管对电学的迷恋程度还不足以让爱迪生对电弧照明技术的商业可行性笃信不疑,但他很清楚这种新技术的巨大诱惑力。在康涅狄格州安索尼亚镇的一家铜器制造中心,爱迪生第一次亲眼看到当时美国最先进的电气照明系统。当时,他直言不讳地告诉这家企业的主人:"我认为你们的路走偏了。"⊖

庆幸的是,爱迪生感兴趣的是发明创造,而不是对别人吹毛求疵。回到自己在新泽西州门洛帕克的实验室之后,爱迪生着手开始验证自己的想法。五天后,在发给安索尼亚这家工厂的老板威廉·华莱士(William Wallace)的一封电报中,爱迪生提到了发动机:"它可以让你的机器转得更快。我要发财了。"⊖随后,爱迪生以"电灯细分技术"为名申请了专利,并随后提交了其他申请,旨在解决电灯的真空技术及其他实用问题。爱迪生以独特的方式公布了这些发现,并夸大其词地称,大众媒体因过度兴奋以至于忘记转载。

爱迪生对媒体传递的信息极具新闻价值。在接受《纽约太阳报》(*New York Sun*)记者的采访中,他准确预测了燃气照明时代的终结及其被电力照明替代的大趋势,并提出如何在曼哈顿下城提供电力照明的规划。在这次采访中,他不仅暗示,电力照明的理论问题已全部得到解决,而且用于实际演示和介绍的实物新发明也准备就绪。实际上,爱迪生很清楚,大量研发工作仍有待进行。其实,这可能只是他在为前期理论创新向商业现实转化做宣传;当然,报喜不报忧或许是一种策略,毕竟,新发明筹措资金的困难促使他相信,只有更激动人心的宣传才有可能解决这个问题。不管爱迪生的动机如何,他的宣传攻势确实收到了预期效果——资本流动得到了保障。

⊖ R. Conot, *Thomas A. Edison: A Streak of Luck*, New York: Da Capo Press, 1979, p.123.

⊖ 同上。

但坊间对爱迪生宣布的消息反应不一。回想之前爱迪生对照明行业的主张以及燃气照明技术随后的反弹，毫无疑问，很多人可能会把他看作另一个迟早被淘汰的挑战者。当时的主要问题仍是尚待攻克的技术障碍。但同样重要的或许是与燃气照明行业竞争的难度——考虑到此前在技术方面投入的大量资金已形成沉没成本，因此，燃气照明行业唯有以改善服务和降低成本为对策。毕竟，正是凭借这样的策略，他们击退了电弧照明造成的威胁，而且也没有任何迹象表明，白炽灯有什么别出心裁之处。在当时，燃气照明技术的美好未来似乎已让整个行业为之倾倒。财经媒体更是大张旗鼓地宣称，"聪明的金钱"当然不会放过股价疲软的机会积累投资（见图4-6）。

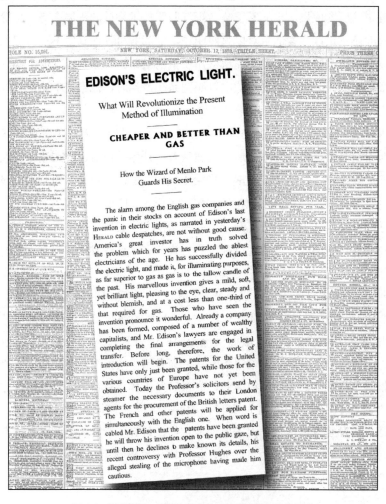

图 4-6　新兴能源：爱迪生的宣传攻势引发燃气股价暴跌

资料来源：*New York Herald*，1878 年 10 月 12 日。

投资两大阵营：分散风险之举

在燃气行业，很多战略投资者显然没有这么乐观。比如说，范德比尔特家族大量持有西联汇款的股份，这让他们有机会亲身体验技术创新带来的威胁和机遇。除拥有铁路和电报公司的股份以外，他们还是燃气公司的重要投资者。在听到爱迪生取得新发明的消息后，他们迅速做出反应。1878年9月25日，他们派出业务经理拜会爱迪生，并取得这项新技术的股份。一个月之后，一家声称出资30万美元（相当于今天的5 050万美元）的新公司便浮出水面。随后，爱迪生将分阶段获得15万美元（相当于今天的2 525万美元），同时出让50%的股份。为避免公开损害他们当时对燃气公司持有的股份，范德比尔特家族通过西联汇款完成了这笔投资。1878年10月12日，爱迪生收到第一笔款项3万美元（相当于今天的505万美元）。毫无疑问，杰伊·古尔德先于范德比尔特家族买下爱迪生的四路多工电报专利权，是促使后者当机立断采取措施的重要因素。当时正值燃气公司股价下跌，因此，在听到爱迪生取得新发明的消息后，范德比尔特家族意识到，必须迅速采取行动。

面对白炽灯这种新型照明方式带来的机遇和挑战，爱迪生电灯公司的迅速成立足以代表金融界的反应。人们的情绪既会因每一个科学发现而欢欣鼓舞，也会因每一次探索失败而唉声叹气，这已成为当时社会的典型写照。虽然爱迪生取得了无与伦比的景仰，他的名字也被载入史册，但很多与爱迪生观点相悖的杰出科学家同样值得尊重。直至今日，爱迪生的声誉已不再是纯粹的科学家，而是更多地被视为"机械大师"，或是"把其他人的发明付诸实践"的二传手。⊖

而对爱迪生而言，艰苦而令人煎熬的开发工作才刚刚开始。两个巨大的障碍已摆在他的面前。首先，他需要找到比铂金成本更低的灯丝材料，而且新的灯丝材料还要拥有与铂金不相上下的耐燃性。其次，他需要设计为电灯提供能量的电动机。除此之外，他还要让投资者和公众对自己始终信心满满。他必须让投资者相信，自己投资的是一套完整且完美的产品。例如，威廉·范德比尔特曾这样告诫自己的女婿、西联汇款总裁汉密尔顿·托姆布雷（Hamilton Twombly），"我知道，所有重大问题均已解决。他确实发明了一种成本超低、适合于各种情况的电灯技术。"⊖爱迪生或许深信，自己有能力解决这些悬而未决的问题，但他显然无法保

⊖ P. G. Hubert, *Men of Achievement – Inventors*, New York: Charles Scribner's Sons, 1893, p.223.

⊖ R. Conot, *Thomas A. Edison: A Streak of Luck*, New York: Da Capo Press, 1979, p.125.

证支持者在找到这些方案之前因为担心而撤资。要避免出现这样的问题,最简单的方法就是假装不存在问题。

宣传攻势与投资信心

爱迪生继续对自己的新电灯技术及其市场潜力维持强大的新闻攻势。与此同时,他也没有坐享其成,而是在疯狂工作,试图克服面临的技术障碍。沉重的工作压力、自己的健康问题以及妻子的难产相互叠加,使得这段时期对爱迪生而言极为艰难。但挑战还不止于此,爱迪生的竞争对手、一位名叫威廉·索耶(William Sawyer)的绅士造访西联汇款,并声称他在灯丝技术方面的改进已领先爱迪生。董事会非常重视,并建议买断索耶的专利,这一建议让爱迪生怒不可遏。

尽管爱迪生对索耶的成果不屑一顾,但他也承认,他确实没有研究过其他人的工作。为消除董事会的顾虑,公司聘请了一家名为托马斯·阿普顿(Thomas Upton)的研究机构,对现有电灯及白炽灯专利的潜在威胁展开调查。阿普顿发布的报告称,尽管很多部件采用的是现有知识,但爱迪生的成果绝对是最先进的,而且只有爱迪生本人才清楚高电阻对提高灯丝照明效率的关键作用。尽管得到认可,但爱迪生的研究开销大幅攀升,还是让公司董事觉得不踏实。于是,在爱迪生再次提出资金需求时,他们也要求爱迪生拿出相应的研究成果。

爱迪生当然清楚令人震撼且信服的演示对维持市场信心有多重要,而他也不失时机地把技术演示变成戏剧般的表演。这次成功的演出不仅给他带来新订单,更是让新资金滚滚而来。爱迪生在这次展示中使用了两盏灯;第一盏灯是"雅布洛赫柯夫弧烛"的改良版,第二盏灯则以不可熔金属的螺旋作为灯丝。其实完全可以换个角度理解这次展示——与其说成功靠的是对技术进步的积极宣传,还不如说是依赖于爱迪生的演说技巧。事实上,他的听众主要是对这项技术知之有限的金融家,这显然有助于爱迪生发挥自己的演讲才华。这就让爱迪生有机会继续通过媒体吹高市场热度。

但科学界对爱迪生的宣传不以为然。在很多人看来,爱迪生的主要观点似乎有悖于现有理论。例如,威廉·西门子(William Siemens)等专家认为:"如此令人瞠目结舌的发布方式完全不应该是科学研究的样子,而且对最终目的而言也无异于恶作剧。"⊖其他同时代人也对爱迪生的主张做出了严厉反驳。其中有一位科学

⊖ R.Conot, *Thomas A.Edison: A Streak of Luck*, New York: Da Capo Press, 1979, p.129.

家就说过,"带来光的那根电线也会带来能量和热量,这种说法纯粹是胡说八道",并表明爱迪生"对电学和动力学的基本原理几乎一窍不通"。[1]当然,科学界对爱迪生不买账的原因既有愤怒的成分,也源于爱迪生的个人爱好——他习惯于通过媒体发布未经证实的重大消息,但从来不采用正规的科学途径。在争当新发明第一个宣布者的赛跑中,竞争的惨烈性无疑会加剧同行之间的矛盾,并最终酿成猛烈的相互攻击(见图 4-7)。不过,对爱迪生的批评至少在某些方面是有道理的:从纯科学的角度看,爱迪生或许确实尚未理解某些在当时已被普遍接受的基本原理。正是这种无知促使爱迪生拒绝接受这样一个事实:他的经验告诉自己可以实现的某些事情,实际上完全是不可能的。爱迪生本人也多次说过,正是出于这个原因,他才拒不接受这种"不可能性"的控制。这种无所不能、凡事皆可解决的信心支撑着爱迪生,最终也让他能挺住同行的攻击,始终能找到投资者。

图 4-7 蔓延在试验原型与可行产品之间的质疑

资料来源:*New York Times*,1879 年 11 月 13 日。

---

[1] R.Conot, *Thomas A.Edison: A Streak of Luck*, New York: Da Capo Press, 1979, p.130.

史料记载，爱迪生最终还是成功地让批评者无从下手，并继续开发自己的电灯泡。相关资料还表明，爱迪生电灯公司最终与爱迪生参与的其他公司合并，创建了新的爱迪生通用电气公司（Edison General Electric Company），随后，新公司再次与汤姆逊—豪斯顿公司（Thomson Houston Company）合并，成为通用电气公司（General Electric）。

白炽灯的成功需要爱迪生解决两个问题。首先，他必须解决灯丝的自燃问题。也就是说，必须保证灯丝材料的熔点或燃烧点高于光的温度。通过对玻璃吹制和真空成型工艺进行改良，爱迪生成功解决了这个问题。其次，必须拥有适合为电灯系统提供电能的发电机或发动机。而在后一个领域，爱迪生被他人超越。但这不代表爱迪生自己的发明遭遇失败——毕竟，他成功研制了一台为这套照明系统供电的直流发电机。真正的失败源自乔治·威斯汀豪斯（George Westinghouse），后者采用的是传输距离更长、泄漏更少因而效率也更高的交流电系统。不管是出于对安全性的切实担心，还是不愿接受交流电的效率优势，爱迪生拒绝采用交流系统，直到最后，他才不得不屈服于现实。有趣的是，尽管爱迪生始终坚信勤奋可以解决所有实际问题——这一点在其名言中体现得淋漓尽致："天才等于百分之一的灵感加百分之九十九的汗水"，但他不愿意接受的是，这句话也适合其他人。

爱迪生开始自己寻找合适的发电机——对威廉·华莱士使用的发电机进行改造，而后者的照明系统曾被爱迪生所不齿。最初，爱迪生曾向媒体发表声明称，"华莱士先生最近将发动机的效率提高了15%或20%，有了他的机器，我可以照亮纽约市的整个下城。"⊖遗憾的是，爱迪生在这次公开声明中犯了一个错误。三个月后，他通知同一家报社，除了尚未找到可行的电源之外，电灯的其他所有技术问题均已攻克——华莱士的发电机已被证明并不适用。最终，爱迪生的实验室制造或者更准确地说——复制了两位费城科学家莱修·汤姆森（Elihu Thomson）和乔治·威斯汀豪斯的成果，解决了主发电机问题，于是，唯一的障碍似乎也迎刃而解。为解决这些实用性问题并在1881年进行商业合同执行阶段，爱迪生的花费已超过13万美元（按当前价格计算约为1 000万美元）。但这仅限于研发过程。商业开发阶段才刚刚开始，而随后的事实将证明，与最初阶段一样，这个过程同样曲折而艰辛。

⊖ R. Conot, *Thomas A. Edison: A Streak of Luck*, New York: Da Capo Press, 1979, p.138.

火爆异常的市场

声明与反声明在媒体上你来我往，所有人各执一词，又难分伯仲。由于成功的概率不得而知，投资者的情绪被彻底激活。最初，白炽灯照明的实用价值还难以预料，至于其在与电弧或煤气灯的竞争中能否占得先机更是无从谈起，这显然无法为投资者提供安全保障。市场情绪也悄然发生着变化，以至于在 1879 年，爱迪生照明公司的董事们祭出黑色幽默式的玩笑：他们自己都不清楚，能否找到这么盲目草率的人，可以把公司的股票推销给他们。⊖爱迪生电灯公司的股价变动情况显然缺乏可信度——股份本身的交易量不大，而且可以得到的信息也只有私人交易记录。从图 4-8 中可以看到，围绕爱迪生取得的成果，公司股价曾一度陷入疯狂——从不到 200 美元的低点被迅速推高到超过 3 000 美元，但这个水平并未维持很久。随着开发进程的推进，市场前景趋于明朗，股价开始大幅跌落。

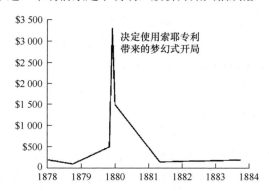

图 4-8 认知与现实永远不是一回事：爱迪生电气公司的股价走势

资料来源：Thomas A. Edison Papers, Rutgers, The State University of New Jersey. Thomas A. Edison Papers Microfilm Database, part I (1850–1878), University Publications of America. *New York Times*, 16 January 1880. R. Conot, *Thomas A.Edison: A Streak of Luck*, New York: De Capo Press, 1979, p.217.

与此形成鲜明对比的是燃气公司的股价。股价的最初反应是暴跌。主要报刊纷纷预测燃气行业行将消亡的厄运，股价呈现出断崖式下跌。曼哈顿煤气灯公司的股价在几天内的跌幅便超过 20%，大都会公司的股价更是缩水 25%，而哈莱姆煤气灯公司则蒸发了 45% 的市值。

这轮熊市源于爱迪生宣布的消息，但是在整个大趋势中，它只是其中的一段

⊖ R. Conot, *Thomas A. Edison: A Streak of Luck*, New York: Da Capo Press, 1979, p.138.

故事而已。从曼哈顿燃气公司的股价图中可以看到，1873 年的市场崩盘是如何带来一场股灾以及随之而来的强劲反弹（见图 4-9）。在股灾爆发之后，人们对这家燃气公司长期垄断地位的怨气，也导致股价下跌成为"投资安全转移"的诱因之一。不久之后，市场对照明行业的积极情绪开始持续发酵，而曼哈顿燃气公司的股价则遭遇绝对值和相对值的双重下挫。

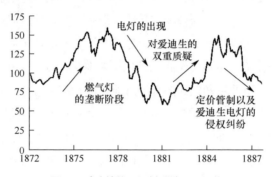

图 4-9　走出地狱：曼哈顿燃气公司股价

资料来源：*Commercial and Financial Chronicle.*

最终，曼哈顿燃气公司不得不通过合并来迎合电灯的到来。1884 年，纽约、曼哈顿、大都会、尼克伯克与哈莱姆燃气公司宣告合并，组建了纽约联合燃气公司（Consolidated Gas Company of New York）。随后，燃气和电力输送公司也纷纷合并，试图以此规避更惨烈的竞争。位于旧金山的太平洋燃气和电力公司（Pacific Gas and Electric Company）就是一个例子，从辛辛那提到芝加哥，也诞生了其他很多公司。这轮大整合确实引发市场掀起一股热潮，但终究没能拯救行业的命运，股价在短暂上涨后便再次回落。尽管随后也曾出现小幅反弹（相对于整个大盘走势），但在电灯出现之前，再未创下新高。在对白炽灯未来前景的预期跌宕起伏且缺乏公正判断的情况下，有如此市场走势在所难免。燃气照明公司的王者地位必将让位于电灯。但它们完全可以改头换面，从技术处于劣势的照明行业转向地位相对稳定的加热和烹饪领域。未来维持燃气管线等基础设施需要大量的未来现金流，这些公司不仅有可能生存下去，甚至会在某些情况下再度繁荣。毕竟，技术失败不等于企业的失败。

爱迪生放出的每个消息都会推动股价上涨，尽管较长时期的表现并不支持他畅想的美好未来，但至少验证了他的一个小目标："爱迪生不是个骗子。他只是这个国家最常见的一类人——精明、坚韧、乐观、无知、爱炫耀的美国人。他可以做很多事情，而且认为自己无所不能。"⊖他喜欢在媒体面前夸夸其谈，也正因为如

⊖ R. Conot, *Thomas A. Edison: A Streak of Luck*, New York: Da Capo Press, 1979, p.138.

此，人们才对爱迪生高调自诩的做法颇有微词，也让他在科学和商业领域取得的成果受到质疑。

下面这篇报告（见图 4-10）尤其值得关注：它不仅表明当时对爱迪生的怀疑足可理解，而且作为一种同时把灯泡和电话视为实用技术创新的科学批判，它也理应在历史上占有一席之地！

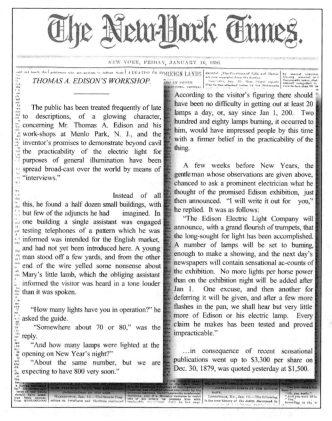

图 4-10　双重拦阻：驳斥电话和灯泡创新地位的文章

资料来源：*New York Times*，1880 年 1 月 16 日。

即便爱迪生在门罗帕克研究中心成功展示自己的照明系统之后，绝大多数媒体仍然坚信，这只是他的又一个宣传噱头。爱迪生的敌人当然不会放弃这个机会。考虑到自己在解决实用技术障碍方面遭遇的失败，威廉·索耶认为，爱迪生同样不可能达成他自己所说的成果。1880 年 1 月，就在爱迪生的新年前夜发布会后不久，《星期六评论》（*Saturday Review*）便发表了一篇极富诅咒性的文章："在短短18 个月内，他就以成功者的姿态三次宣布彻底解决全世界关心的问题。每次都是同一个问题，（但）如果在未来 20 年里总是在应对电灯的同一个问题，那么，我们

没有理由不相信这项技术的兴趣点或新颖性会大打折扣。"⊖

但最终占据上风的还是爱迪生,新年前夜的表演及随后的演示把争论的主题从技术是否成功转移到这项发明是否属于他自己。对爱迪生和他的公司来说,下一步就是尝试体现这项技术的商业价值。同样,这需要再次发挥他强大的演讲技巧。爱迪生的商业重点始终是为人口稠密的城区提供电力。这就减少了从中央发电机到用电位置的输电距离,以追求功率损耗的最小化。尽管直流发电机确实可以为电灯提供充足的电力,但却无法克服纯直流电源特有的泄漏问题。

爱迪生的创业历程

爱迪生电气照明公司(Edison Electric Illuminating Company)成立于1880年12月,主要业务就是为爱迪生开发照明系统提供资金。在研究工作结束后,爱迪生的下一步就是进行商业演示。他在美国选择的地点是曼哈顿下城,这里不仅有全球最大的金融工作区和纽约证券交易所,更是众多金融和银行巨头云集的地方。人们在这里目睹了爱迪生早期取得的一项重要胜利——证券行情自动记录收报机的发明。也许正是因为这个,他的计划才受到媒体及其出资者的热烈追捧。

爱迪生打算建造一个中央发电厂,为自己的照明系统提供集中电力,但是为完成这项任务,他还有很多障碍需要克服。为铺设必要的输电电缆,他必须获得纽约市议员的批准。他必须说服这些议员们:电力照明优于燃气照明,因而会给他们带来舒适感,而且还要批准他为这个未经尝试的新项目在街道上挖掘坑道、铺设电缆。爱迪生以一如既往的沉着解决了这个问题。在门罗帕克实验室,爱迪生向这些议员讲解了这个系统的技术方案。在演说过程进入最无聊的片段时,爱迪生拍了拍手,整个房间被白炽灯照亮,桌子上摆满的纽约德尔莫尼科餐厅的美味突然呈现在大家面前。

爱迪生电气照明公司于1881年4月被授予特许经营权。该公司从爱迪生电灯公司获得技术许可,在克服很多实际问题、无数次错过最后期限并花费48万美元(达到原始预算的3倍,相当于今天约3 800万美元)之后,珍珠街车站及其配电电缆才最终竣工。公司于1882年9月4日开始运营,到当年底,这家公司已为周边1平方英里范围的地区安装了超过1 000盏电灯。12个月后,公司的客户已超过

⊖ R. Conot, *Thomas A. Edison: A Streak of Luck*, New York: Da Capo Press, 1979, p.138.

500 家，安装电灯数量达到 1 万多盏。爱迪生试图以"公告"形式的新闻剪报反击针对自己的负面新闻，这些"公告"中充斥了对电灯的赞扬之声以及对燃气照明的负面评论（见图 4-11）。

> SECOND BULLETIN.
>
> The Edison Electric Light Company
>
> 65 FIFTH AVENUE
>
> New York, February 7th, 1882.
>
> **PROF. PREECE ON THE EDISON LIGHT**. The following is a quotation from an article on Electric Lighting at the Paris Exhibition, by William Henry Preece, F.R.S., of London, published in the *Journal of the Society of Arts*, London, December 16th, 1881.
>
> "The completeness of Mr. Edison's exhibit was certainly the most noteworthy object in the exhibition. Nothing seems to have been forgotten, no details missed. There we saw not only the boilers, engine, and dynamo-machine, but the pipes to contain the conductors; the conductors themselves, heavy and massive, ..."Mr. Edison's system has been worked out in detail, with a thoroughness and mastery of the subject that can extract nothing but eulogy from his bitterest opponents. Many unkind things have been said of Mr. Edison and his promises; perhaps no one has been serverer in this direction than myself. It is some gratification for me to be able to announce my belief that he has at last solved the problem that he set himself to solve, and to be able to describe to the Society the way in which he has solved it."
>
> SIXTH BULLETIN.
>
> The Edison Electric Light Company
>
> 65 FIFTH AVENUE
>
> New York, March 27th, 1882.
>
> **DANGER FROM GAS.** The gas house of the Westchester Gas Company, Yonkers, exploded recently. The *American Gas Light Journal* says: "The building was a mass of ruins, the front and north walls were entirely blown out, the other walls were in an unsafe condition, and the iron roof was twisted in all sorts of shapes." The cause of the explosion was owning to an escape of gas through a pipe in which there was a cock which was supposed to be shut...
>
> Two young girls were recently found dead in their bed at 599 Third Avenue, New York. There were two gas jets in the room and probably both jets had been turned on in the darkness and only one had been lighted...
>
> The records of the New York Coroner's office show that gas suffocation has caused eleven deaths in New York City within the last two years...

图 4-11　加紧宣传攻势：爱迪生电灯公司以维持投资者信心为目的而发表的"新闻"公告

资料来源：爱迪生电灯公司"公告 2"（1882 年 2 月 7 日）和"公告 6"（1882 年 3 月 27 日）。

这些公告发给爱迪生电灯公司的代理人和新闻记者。早期阶段，一盏电灯的制造成本为 1.4 美元，而售价只有 0.4 美元。原因很简单，它们必须维持足够有竞争力的价格水平，直到行业形成并创建足以带来规模经济的基础设施。这个亏损价格维持了很长一段时间，直到几年之后，电灯的生产成本最终下降到 0.22 美元，公司才正式迎来正的现金流和利润。但在此之前，公司的资本支出已超过 5 000 万美元（现今近 40 亿美元）。珍珠街车站长期按低于成本的价格出售电灯，导致公司持续亏本，就在 1890 年首次实现扭亏为盈的时候，却被一场大火烧毁。

但从更宽泛的行业背景看，这绝对是一次不朽的成功。尽管盈利能力的缺乏让爱迪生公司对未来投资持谨慎态度，而且极端沉重的资本成本负担以及缺乏合理回报支持的投资，也让 J. P. 摩根等银行家缩手缩脚，但还是有人愿意为赚取未来超额利润的预期而埋单。或许这就是公众看法与参与者内部财务认知的差异吧。但不管出于何种原因，到 1882 年 6 月，爱迪生的工厂已经延伸至底特律、新奥尔良、波士顿和芝加哥等，公司以特许经营和公用事业形式陆续建造了 67 座发电厂。在接下来的四年内，仅在美国就建成了 700 多个电站，为 18 万多盏电灯供电。

爱迪生的企业

爱迪生电灯公司（Edison Electric Light Company）

爱迪生电灯公司的年度财务报表似乎并不能说明问题，尤其是在 1885 年到 1886 年之间，报表结构的重大变化基本掩盖了公司的真实财务状况。1885 年，公司将利润表中常见的费用项目通过资本化转入资产负债表。据推测，由于启动阶段始终未能取得看过得去的利润，才迫使公司决定进行这些调整。

到 1886 年，其中的部分费用已恢复为利润表中的单独项目予以列示。在资产负债表中，资产方面的维系主要依赖爱迪生铁路公司和爱迪生电灯公司的股票和债券，当时，两家公司的股票和债券均已达到较高市值。爱迪生电灯公司实际上是一家持有专利权的控股公司，在某种程度上，公司股份数量可以换取特许使用权，因此，公司资产越大，这些特许使用权的价值就越大，他们当然有动力增加资产负债表上的资产。但这并不能解释公司在不同年份对会计处理方法的调整。在继续对实验费用进行资本化的情况下，也表明资产负债表上的资产和利润在很大程度上可由公司自主操纵。最后，由于专利权本身的寿命有限，需要在寿命期内计提折旧——而且如报告所述，由于在短期内需要防止侵权，因而还要计提诉讼准备金。

公司确认的利润流主要包括两个组成部分。首先是发放新许可执照以及取得的收入净额，通常以被许可公司股票的形式获得。其次是被许可公司代理人支付的许可费。因此，公司的长期利润取决于这些被许可经营公司的基础盈利能力。而基础盈利能力则取决于为构建基础设施投入的初始成本与客户带来的持续经营收入之差。尽管取得许可的新公司数量不断增加成为年报中的亮点，但也提到持有部分股份的纽约爱迪生电灯公司因珍珠街车站成本过高引发的诉讼。换句话说，通过对财务报表进行详细分析，投资者会发现这家控股公司只拥有两项主要资产，即电灯专利权以及对多家发电公司持有的股份；但几乎找不到任何能体现现金流或利润的证据。要证明股价的合理性，就必须参考新公司未来的盈利能力，但遗憾的是，其中的大部分公司还处于初创期，尚未给高水平的资本支出创造实质性的收益（见图4-12）。

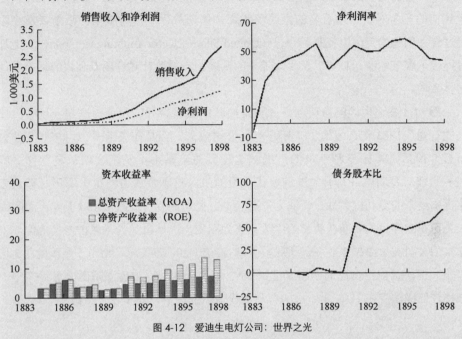

图4-12 爱迪生电灯公司：世界之光

资料来源：Edison Electric Light Company annual reports. Edison Electric Illuminating Company of New York annual reports. Thomas A. Edison Papers, Rutgers, the State University of New Jersey. Thomas A. Edison Papers Microfilm Database, part I (1850–1878), University Publications of America.

虽然这些数据略显粗糙，但它们揭示的信息足以表明，无论经营最终是否能取得成功，这家公司都极易受到现金流问题的影响。最终的结果也的确如此。进入经济衰退期间，现有投资者发现公司的资金已捉襟见肘，由此带来新的资金需求。于是，在尝试了各种合并方案之后，公司最终决定与竞争对手汤姆森—休斯敦电力公司合并，成立了通用电气（GE）。促成此次合并的主要动力则是J.P.摩根，而创建通用电气也是他最早涉足行业整合的一大杰作。

纽约爱迪生电气照明公司（Edison Electric Illuminating Company of New York）
从运营角度看，业务发展的方向是创建一家高度资本密集型企业——也就是说，销售收入和净利润逐渐扩大，提高资产收益率，并在收入不断增加、对成本按期摊销的基础上实现利润率的持续增长。但在收入流稳定的情况下，业务扩张的资金源于债务扩张，而不是股权融资。最初几年，成本超支导致项目进展缓慢，但最终，公司还是逐步走入稳定期。

德雷克塞尔—摩根公司（Drexel，Morgan and Company）成为爱迪生在欧洲开拓市场的桥头堡，很快，大多数欧洲国家开始效仿伦敦——这也是爱迪生在欧洲的第一站，他为伦敦的霍尔邦高架桥安装了电灯照明系统。但爱迪生的成功必然会刺激到他的竞争对手，最著名的当属汤姆森—休斯敦、乔治·威斯汀豪斯以及刚刚通过合并创建的美国电气照明公司（United States Electric Lighting Company）。电灯可能优于燃气的潜在趋势以及由此带来的利润，也导致针对这项专利权的诉讼案件大量激增。

最初，爱迪生因同意英国子公司与斯旺的公司合并，在英国掀起一场旷日持久的官司。1883年，爱迪生—斯旺电气公司成立。但是在英国子公司与斯旺的公司合并前后，美国专利专员的一纸裁定让爱迪生措手不及，这项裁定宣称，威廉·索耶对发明电灯享有的专利权优于爱迪生。这项裁决引发了一场历时近八年才宣称结束的专利权大战。爱迪生—斯旺电灯公司的股价暴跌至130美元，而欧洲子公司在欧洲也失去潜在买家的青睐。作为回应，当然也是为了保护自身地位，爱迪生的公司被迫提起200多起诉讼，并拿出超过200万美元（相当于今天的1.5亿美元）诉讼费捍卫自己的专利。直到1892年，联邦巡回上诉法院做出最终裁定，维持较低级法院在1891年做出的有利于爱迪生的裁决，此事才告终结。

威斯汀豪斯和交流电/直流电之争

但是，这一系列艰苦卓绝的法律对峙只是一场更大范围冲突的一个侧面。爱迪生最早提出直流电系统，并坚定支持采用直流电，但他的很多竞争对手选择了交流电源。随着爱迪生的灯泡已日趋成型，供电方法也开始变得越来越重要。直流电源确实比交流电源更适合弧光照明，但对白炽灯却恰恰相反。原因在于，直流电源仅适用于人口稠密地区。电流泄漏特性的存在表明，直流电的传输距离非常有限。因此，如采用直流电为白炽灯提供电源，就必须在附近安装发电机。但是在使用交流电源的时候，只需采用电源电缆，就可以利用大型中央发电机为相当远的区域提供电源。爱迪生对交流电的强烈反对主要是出于安全方面的考虑。爱迪生对安全的担忧到底在多大程度上反映了他的真正意图，显然不得而知。需要提醒的是，尽管爱迪生公开反对采用交流电，但他私下里也在自己的实验室尝试过交流电。当然，我们很难相信，他这么做只是为了证明交流电缺乏安全性。

爱迪生也曾认识到交流电的潜力，为抑制对方的优势进一步扩大，爱迪生甚至支付 5 000 美元（现今近 40 万美元）买下交流电在欧洲的专利权。而使用欧洲交流变压器（ZBD）也让爱迪生米兰工厂的业绩实现了飞跃式进步。但是当年轻的发明家威廉·斯坦利（William Stanley）向爱迪生提供变压器的专利权时，爱迪生还是拒绝了。于是，斯坦利转而找到当时心境更佳的乔治·威斯汀豪斯，而后者最终也成为爱迪生最持久的竞争对手。威斯汀豪斯对照明业务并不陌生。他之前同样成果显赫，曾在匹兹堡开发了燃气照明系统。此外，他在那里创立了费城公司，该公司在宾夕法尼亚州西部租用天然气田，到 1887 年，公司已拥有 5 000 名家庭用户和近 500 家企业客户。1884~1885 年，威斯汀豪斯申请了 28 项与燃气相关的专利权，其中大部分旨在提高燃气使用的安全性。他采用的技术之一，就是通过长距离主干管线输送高压燃气，然后再对气体"降压"后输送到最终用户。这和他在电力业务中使用的交流电源方法非常相似。

到 19 世纪 80 年代中期，威斯汀豪斯已基本控制了美国电气公司，而且已成为爱迪生最重要的竞争对手。此外，威斯汀豪斯还一直倡导使用交流电进行电力输送。实际上，威斯汀豪斯在交流电领域的最终领导地位完全源自一个被爱迪生拒绝提供工作职位的人，因为在爱迪生的眼中，这个人过于理论化和不切实际。克罗地亚人尼古拉·特斯拉（Nikola Tesla）来自爱迪生在布达佩斯开设的工厂，后来进入纽约公司。和爱迪生本人曾被很多金融家和雇主拒绝提供资金的经历一样，特斯拉的加薪要求被爱迪生断然回绝。于是，特斯拉转而加入西屋电气公司，并在这里实现了电力历史上具有里程碑意义的一项重大发明——旋转磁场。作为制造交流电机、变压器和发电机的基础，它代表了电力发展的一个全新时代。但这一发明几乎导致西屋电气公司破产。尽管特斯拉的感应电机对西屋电气公司随后的商业成功至关重要，但漫长而成本高昂的开发周期大幅提高了公司原本就已扶摇直上的资本成本，以至于公司在 1893 年几乎濒临财务崩溃。

随后，西屋电气成功买下由威廉·索耶和阿尔本·曼恩（Albon Man）开发的碳灯丝白炽灯的专利权；为避免可能遭遇的诉讼纠纷，公司还与汤姆森—休斯敦电力公司就交流变压器专利签署了交叉许可协议。随着变压器的引入，威斯汀豪斯成为爱迪生最强有力的竞争对手。以至于到 1886 年末，爱迪生的销售代表竟然写信给威斯汀豪斯，抱怨西屋电气公司从爱迪生公司手中抢走的市场。

爱迪生当然不会善罢甘休，在发起一场保卫战的同时，也以自己的传统方式做出了回应。他在公开场合全盘否定交流电源，尤其对西屋电气公司更是不吝诋毁之词。但是在私下里，他也开始逐渐加大对直流电和交流电的研究力度。尽管直流技术已取得突破，但爱迪生的公司依旧无法与西屋电气公司匹敌，于是，爱迪生的销售代理也开始转换门庭。有些人甚至把爱迪生称作落后于时代的"化石"。随后，公开辩论也开始变得更尖锐。一位名叫哈罗德·布朗（Harold Brown）的纽约工程师写信给爱迪生，针对交流电的威胁提出了耸人听闻的对策。

在随后一系列旨在讨伐交流电的科学试验中，爱迪生联手布朗使用高压电流电死了大量小动物。这些试验无疑是为了验证交流电的危险性，随后，布朗写信给美国各大城市的社会名流，阐述交流电的危险及由此招致的意外死亡人数。威斯汀豪斯反唇相讥，使用者能接触到的交流电电压只有50伏，这完全在安全范围内。但布朗的反驳变本加厉：1889年，按照爱迪生的建议，纽约立法当局决定使用电刑对罪犯执行死刑。为此，布朗开始使用体型更大的试验对象，包括一匹1 200磅重的马，以此证明高压交流电完全能杀死比毛茸茸的小宠物更庞大的动物。最终，纽约州以8 000美元（按今天的美元计算超过50万美元）的价格从布朗手里买下三台由西屋电气生产的交流发电机，外加两个由布朗设计的电帽子和电鞋。随后，人们开始以病态心理展开一场畸形的竞赛——为这种新型的死刑执行方式命名，于是便出现了"dynamort"和"electricide"；爱迪生甚至建议直接以"西屋"来命名（见图4-13）！

图4-13　电的多种用途：惩罚！

资料来源：*New York Times*，1878年12月27日。

显然，交流电成为公认的供电方式还需假以时日。开尔文勋爵等科学家也开始倒戈，并公开宣称，如果没有西屋电气开发的交流电源，就不会有电力的快速发展。

行业整合

尽管有公开论战以及爱迪生的坚决抵制，但交流电模式的优势是显而易见的，以至于电力公司对交流电表现出的兴趣已逐渐超过直流电。西屋电气并不是唯一认识到交流电源优势的竞争对手。汤姆森—休斯敦公司也对交流电系统进行了大量的研究开发工作。事实上，莱修·汤姆森很早就已经在关注安全问题，并始终坚持把安全作为一个重要的开发要素。但汤姆森—休斯敦公司并未参与爱迪生与威斯汀豪斯的公开辩论。部分原因在于，尽管他们在设计交流电系统时就已经考虑到安全性，但考虑到降低成本的要求，他们的很多用户并未购买这些安全配套设施。此外，很多购买爱迪生技术许可的公司也要面对西屋电气及其他使用交流电公司带来的竞争，因此，为缓解竞争压力，他们也要求爱迪生改变对交流电的立场。

电源类型带来的压力不断升级，与此同时，爱迪生的业务结构也开始面对越来越大的压力。此外，对投资盈利能力缺乏控制，再加上爱迪生对旗下各企业明显缺乏集中指导，使得爱迪生的投资者也愈发感到不安。这些企业包括控制爱迪生全部专利权的电灯公司、生产白炽灯的灯具公司以及为铁路和照明公司提供电动机的爱迪生机器公司。这种结构不仅导致他们无法进行集中谈判，且财务和管理效率低下也成为显而易见的事实。于是，这些公司进行了一系列旷日持久的谈判，并最终进行了合并，创建了爱迪生通用电气公司。

这轮合并的大背景，就是针对索耶的专利权展开的一系列诉讼。爱迪生坚信自己会赢得官司，这促使他加快了合并步伐。考虑到专利权诉讼的成功会推高电灯公司（爱迪生是这家公司的小股东）相对制造公司（爱迪生持有多数股权）的股价，因此，加快合并速度，对于最大程度提高爱迪生对合并公司所持股权的数量至关重要。1889年4月，合并公司宣告成立，爱迪生最终持有这家公司17%的已发行股份，而范德比尔特家族则通过西联汇款持有10%的股份。需要提醒的是，这家公司未来的主人是J.P.摩根。

法庭最终做出有利于爱迪生的裁定。购买索耶专利权的西屋电气公司设法将裁定地点选在自己的大本营——宾夕法尼亚州，而爱迪生则找到威廉·索耶的兄弟出庭做证，当时的索耶年迈病重，医疗费用全部由爱迪生支付。该诉讼案的相关资料表明，由于案情复杂，双方各执一词，因此，最终结果难以预料。虽然两家公司的产品都是独立开发的，但它们均可视为是在索耶研究成果基础上得到的衍生品。此外，人们也发现，索耶本人也无法澄清部分研究成果的真实起源。根据1889年10月的法庭判决以及当时的专家证据显示，爱迪生在这场法律战中略胜一筹。虽然这一判决正式确认了爱迪生作为白炽灯发明者的地位，但几乎丝毫无助于他和威斯汀豪斯之间的商战。压力几乎让爱迪生感到窒息，而且最大的压力来源似乎是爱迪生照明公司协会（Association of Edison Illuminating Companies），他们不得不重新考虑并切实着手交流系统的设计。在1890年和1891年期间，形势愈加恶化。爱迪生的资金问题已日趋严峻。公司合并带来的资本完全以丧失收入为代价，这无疑加剧了流动性问题。为此，爱迪生不得不悄悄卖掉手中的部分股票，以期缓解眼前的危机。

爱迪生通用电气公司的增长大幅提高了营运资金的需求，且资金缺口显然已非公司现有业务所能维持。而巴林兄弟银行在1890年夏天（第一次）的倒闭，最终在金融界掀起了一轮巨大冲击波，并让所有资金使用者感受到资本成本的增加。所有这些因素相互叠加，促成一轮新的行业大整合——1892年，爱迪生通用电气与汤姆森—休斯敦电气公司合并成立通用电气公司（GE）。

这次合并不仅解答了对交流电的质疑，也解决了公司的资金问题。但针对这次合并的讨论完全是在爱迪生不知情的背景下进行的，有些客户甚至建议爱迪生，应该在新公司的股东名单上删除他的名字。新公司的注册资金为5 000万美元（按目前价值计算接近40亿美元），汤姆森—休斯敦电气公司的管理层因合并前盈利能力较高而获得较多发言权。

就这样，美国电气行业的两大巨头应运而生：西屋电气和通用电气。此前，英国已经成立了通用电气公司（GEC），在德国，西门子公司的前任西门子—哈尔斯克电气公司（Siemens&Halske）也已经登堂入室。这种行业结构持续了相当长一段时间，但市场的不断增长以及电力应用范围的持续扩张，也为新进入公司逐渐提高盈利能力创造了机会。对这些公司而言，重要的不仅是它们拥有的技术优势，还有获得资金的渠道，只有这样，它们才有可能通过必要的基础设施为产品提供支持。此外，在19世纪90年代，由于整个经济形势趋于紧张，拥有资金的公司处于绝对有利地位，毕竟，无论竞争对手拥有多么强大的技术优势，离开资金支持都无法立足市场，更不用说发展业务。在那个时代，对一家需要消耗大量资金而存在现金短缺的企业来说，能否取得一家大型银行的支持至关重要，而J.P.摩根无疑是这些银行中的翘楚。

通用电气公司

发迹时代

在 J.P.摩根公司的财力支持下,爱迪生通用电气和汤姆森—休斯敦公司通过合并创建了通用电气公司(GE)。最初的财务报告在一定程度上反映了两家公司的合并特征。从爱迪生通用电气公司的财务报告中可以看出:资产负债表中的资产包括大量历史成本,这些成本被资本化,而不是被视为持续成本,体现为利润表中的支出。从某种意义上说,这种处理方式也是合理的,因为有些费用确实是创造资产所需要的支出,但如果这些累计成本的账面价值低于对应资产的最终可实现价值,那么,这种处理方法就会带来危险。

新成立的通用电气公司很快便发现,只有对新公司的资产进行大规模减记,才能合理反映公司资产的真实潜在价值。因此,在1894年的财务报告中,通用电气对合并后公司资产计提减值导致利润表出现1 400万美元的亏损。虽然基础业务还能贡献一点点净营业利润,但显然难以累计足够的留存利润。这表明,在利润从利润表转移到资产负债表负债方并最终填平这个亏损之前,公司把这1 400万美元处理为资产,并作为股东出资的一部分。以这种方式处理资产减值,即便公司尚未积累起足够的留存利润,也可以保证股东资金免受损失。

直到1899年,通用电气把净利润转移到资产负债表的负债方,在减少股东出资的同时,公司终于等来了等额的正利润。从另一个角度看,公司之前反映的利润实际上只是账面利润。按新的财务处理方式,通用电气需要数年时间才能彻底扭亏为盈;因此,直到世纪之交,其资产负债表才显示出足够强大的财务状况,为持续支付股息提供了基础。对早期投资者来说,投资信心在很大程度上取决于他们是否相信,管理层能在强化公司财务状况的同时维持基础业务的盈利状态。到1900年,投资者的信心得到了验证,通用电气终于开始绝地反击,资产和股权收益率均开始上升。但上升趋势仅仅存在于初期阶段;随着竞争的加剧,利润和资产收益率转而下降(见图 4-14 和图 4-15)。最初,为避免恶性竞争,通用电气与西屋电气针对发电和输电业务签署了专利共同使用协议。威斯汀豪斯和爱迪生也逐渐认识到,竞争只会让双方在财务上两败俱伤,于是,他们最初在白炽灯以及交流与直流电源领域展开的较量,也开始让位于更趋务实的方法。此外,在这项专利联合协议中,另一个重要特征就是通过新创建的美国无线电公司（RCA）联合通用电气及西屋电气，吸收了美国发明家马可尼的成果。对投资者而言，通用电气与头号竞争对手的携手，无疑有助于增加公司盈利和投资回报，因为这些协议不仅有助于限制双方之间的无序竞争，也成为新竞争对手的进入壁垒。

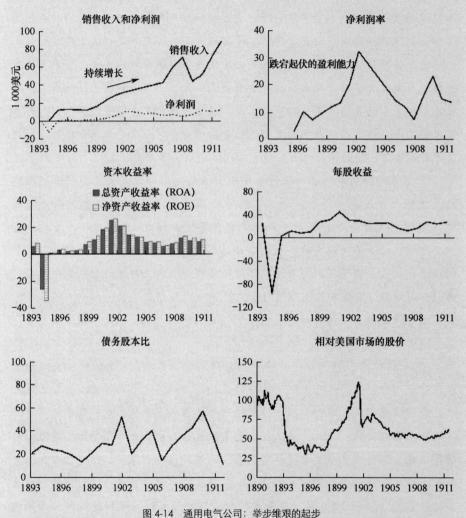

图 4-14 通用电气公司：举步维艰的起步

资料来源：General Electric annual reports. CRSP, Center for Research in Security Prices, Graduate School of Business, University of Chicago, 2000. (Used with permission. All rights reserved. www.crsp.uchicago.edu.) *Commercial and Financial Chronicle. New York Times.*

成长历程

从白炽灯起步，通用电气的业务开始逐步扩展到发电及其他相关领域，到第一次世界大战结束时，他们已在 RCA 持有相当多的股份。到第二次世界大战结束时，按通货膨胀和总体经济增长率调整后，公司的收益年均增长率约为10%~15%，而资产收益率和股权则维持在10%左右，如此强劲的业绩表现，绝对配得上电力时代的全球领导者称号。此外，这种增长的背景也值得关注——公司既没有在资产负债表方面承受过度的资金压力，也没有遭遇过股东的大规模回购诉求。

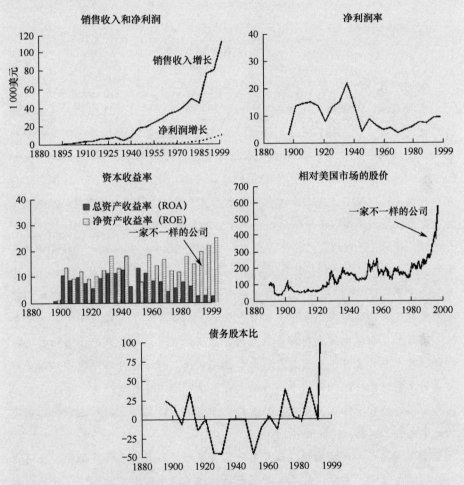

图4-15 通用电气公司：永不停息的创新

资料来源：General Electric annual reports. CRSP, Center for Research in Security Prices, Graduate School of Business, University of Chicago, 2000. (Used with permission. All rights reserved. www.crsp.uchicago.edu.) *Commercial and Financial Chronicle. New York Times.*

但仅仅依赖简单的收入和收益趋势图，很难对公司在战后时期的状况做出合理分析。尽管销售收入继续维持强势增长，但这种增长是在资产收益率和股权收益率下降的背景下取得的。股权收益率和资产收益率的差距再度拉大，表明公司为增加收入而采用了越来越多的债务融资。因此，在公司把融资活动置于资产负债表中的情况下，意味着需要对制造及融资领域进行单独分析。而年度财务报表显然无法提供这方面的详细信息。但2007年的全球金融危机深刻揭示，这种金融工程不仅会给公司资产负债表带来不可估量的风险，而且会人为掩饰公司的真实盈利能力。

西屋电气

发迹时代

长期以来，西屋电气（Westinghouse Electric）始终是爱迪生公司（后来的通用电气公司）最主要的竞争对手之一。在爱迪生公司与汤姆森·休斯敦公司合并组建通用电气之前，西屋电气也曾经是爱迪生通用电气（Edison General Electric）的潜在合作伙伴。两家公司的商战惊心动魄，跌宕起伏，这在白炽灯专利的拥有权以及直流电与交流电供电方式孰优孰劣的问题上显现得淋漓尽致。随着电力供应和照明市场开始形成，两家公司签署了专利权共同使用协议，这大大缓解了双方在专利权上的分歧。在业务的发展过程中，需要以大量投资建造基础电力供应设施；考虑到如此巨大的资本需求，让竞争维持在可控范围内对双方都至关重要。J.P.摩根银行对通用电气的支持，无疑让西屋电气感受到威胁。在西屋电气早期的财务报表中，曾反复提到不向竞争对手透露任何信息的必要性。实际上，西屋电气发布财务数据的年数屈指可数，即便是已公布的数据在详细程度上也非常有限，这个目标似乎已经实现。但这也让外界很难详细分析公司的真实财务状况。我们唯一确认的是，这家公司曾遭遇严重的财务危机，因而亟须外部资金注入，正是这些危机，让乔治·威斯汀豪斯对这家自己创建的公司失去了控制权（见图4-16）。

为维持自己的市场地位，西屋电气需要兼顾股权融资和债务融资。公司的财务报表也显示，尽管销售收入增长强劲，但利润率却在持续萎缩；营业利润率开始下降，偿债成本开始增加。此外，西屋电气始终遵循当时的传统经营理念，向股东派发高股息；现在回想起来，其实公司完全可以通过减少股息避免债务的过度累积，不过，当时的投资者是否会支持这种做法就另当别论了。另一种观点认为，西屋电气只是想通过高额股息取悦投资者，但最终还是因财务危机而不得不进行资本重组，威斯汀豪斯持有的股份被稀释，并最终丧失了控股权地位。

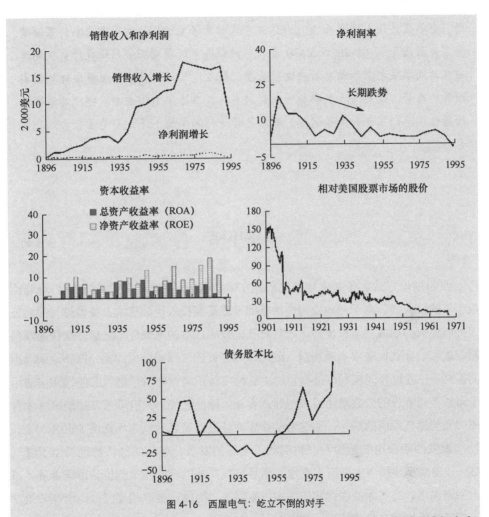

图 4-16 西屋电气：屹立不倒的对手

资料来源：Westinghouse annual reports. CRSP, Center for Research in Security Prices, Graduate School of Business, University of Chicago, 2000. (Used with permission. All rights reserved. www.crsp.uchicago.edu.) *Commercial and Financial Chronicle. New York Times.*

成长历程

尽管基础设施融资和全球扩张导致公司曾一度面临短期危机，但西屋电气并未因此而过度抑制长期发展。电力供应及其他相关业务呈现长期增长态势，这也为公司的长期繁荣奠定了基础。此外，出于对电子业务的兴趣，公司还涉足销售收音机业务，创建了全球第一家广播电台，这也让他们成为全球无线电热潮的重要参与者之一。

一战结束后的那段时期对任何公司而言都是极难的，为应对市场的极度萧条，西屋电气不得不对库存进行减值处理。但事实证明，这只是一个短期问题。全球经济马上便迎来20世纪20年代的大繁荣时期,这段嘉年华一直延续到"大萧条"。尽管20世纪30年代初的经济衰退确实给公司造成严重破坏,但在二战爆发之前和结束后的这段时期,西屋电气的收益依旧呈现出持续稳定增长的态势,销售额增长率和营业利润率双双维持在10%左右。即便是后期让西屋电气感到困扰的主要问题,也不是营业利润率的下降,而是资金紧张和债台高筑。

本章小结

　　照明供电方式之争并未如预期那样在数年间分出伯仲,而是演变成一场延续数十年的持久战。由于创建电力传输基础设施需要投入巨额资本,使得燃气照明公司拥有先天的地域垄断权优势。一旦对基础设施成本的摊销完毕之后,这种地域垄断权就可以让他们赚取高额利润。因此,大多数燃气照明公司均无一例外地采取相同策略——通过合同权利维持高售价。这种定价策略意味着,燃气照明通常仅适用于市政当局开设的公共场所或大型商业设施。除此之外,只有非常富裕的家庭才有能力负担燃气照明的成本,而这恰恰给煤油灯进入家庭大众市场提供了机会。

　　燃气照明公司的超级利润也刺激了电灯的发展。电灯的经济特征类似于煤气灯——前期需要投入大量资本支出,而且只有在基础设施完全到位且市场容量足够大的情况下,公司才能取得实质性的资本回报。因此,要取代煤气灯,电灯必须以足够低的价格建立技术优势。

　　弧光照明未能形成技术优势,因而也未能取代已有的供应商。但这并不是说,金融界和公司本身没有认真对待它带来的威胁。相反,金融界做出了迅速的应对——抛出弧光灯公司的股票,在压低其股价的同时,为新进入者筹集资金。在实施这两种应对措施的过程中,投资者对所有企业一视同仁——统一打压煤气灯公司,转而支持弧光灯企业。但是对煤气灯公司的投资者而言,股价还是有可能反弹的;而且从中期视角即可得到验证,此时,弧光灯公司显然无法继续对煤气灯公司构成威胁。

　　但是对弧光灯公司的投资者来说,结果就没那么惬意了。随着经济复苏并进入增长轨道,在可获取流动性水平不断增长的刺激下,投资者将大量资金注入新成立的公司中。大多数在"布拉什泡沫"中催生的公司已被基础设施建设耗尽了资金，但却发现自己的产品并不为消费者所认可，也就是说，它们的商业价值已不复存在。结果，这些公司最终大多落入清算人手中。只有少数公司，尤其是涉足制造发电机的公司有幸生存下来，因为后期电灯发展的经历表明，所有类型的电灯技术都需要它们生产的设备，这就维系了这类公司的生命力。但最关键的一点在于，追逐"热点"领域原本就是资本的天性，任何技术，只有在拿到资本之后，最终才有可能被市场所认可。在这个循序渐进的过程中，财经新闻的支持和新公司发起人的宣传不可或缺。

实际上，布拉什公司的行为也代表了最基本的商业战略——对所有增加最终用户数量依赖于创建基础设施这一先决条件的行业来说，这种战略都是可行的，甚至是它们的必经之路。例如，无线电行业需要率先创建广播电台，然后以电台带动收音机的销售。而当下示例就是微处理器制造商，他们绞尽脑汁地推行新应用程序，通过这些应用程序的使用，引发对更赚钱、配置更高的计算机芯片产生大量需求。虽然这些行为的商业逻辑合情合理，但金融市场的潜移默化不容忽视。在市场进入乐观期的时候，筹资机会往往会随之而来，公司当然不会放过这样的机会。这种策略不仅适用于"布拉什"式公司，新公司也不例外。只要投资者愿意追逐概念或是未经证实的商业逻辑，那么，当然有人愿意去满足这些不加选择的投资欲望。

但具有讽刺意味的是，当爱迪生开始在白炽灯上取得突破时，得到科学界支持的新闻界反而变本加厉地发出质疑。爱迪生很清楚高调宣传的重要性，即便在实际进展落后于外界预期的情况下，他依旧不遗余力地维持超级自信的公众形象。这一点在当时至关重要，因为在投资者还在因弧光灯跌落神坛而懊悔不已的情况下，如果不能让他们对成功笃信不疑，他们就不太可能再次冒险，为爱迪生实现技术到商业的转换而投入足够资金。尽管爱迪生以往的业绩确实令人信服，但他也经常要面对资金捉襟见肘的时候。

最终，白炽灯的技术难题得到解决，电灯照明也由此开始进入下一阶段——为最终使用者提供服务，这显然不是爱迪生擅长的领域。在科学方面的过分自负，让爱迪生并没有马上认识到，在他的系统中，相当一部分设备已经落后。在某种程度上，这也促使爱迪生通用电气公司转化为通用电气，而爱迪生最终也丧失了对公司的控制权和影响力。

但造成这些变化的根本原因，还是整个行业缺乏盈利能力，因此，只有通过充分的整合才能为投资者带来稳定的收益。19世纪90年代初期，在总体经济趋紧且可动用资金水平下降的情况下，整合就此展开。在此后的连续数年中，电力照明行业的盈利能力趋于改善，但是要通过利润为投入白炽灯的资金带来可观收益，显然还需假以时日；至于之前的投资要得到回报，似乎就更加遥遥无期了。

　　这与当下境况颇有相似之处。在本书第 1 版出版时，人们关注的一个热门话题是对移动电话的投资，尤其是用于购买政府许可证的资金。对任何一项技术进步，如果在前期需要巨额的资本投入，那么，即使最终取得成功，也要在最初几年面对令人失望的收益风险。如果公司依赖外部融资大举扩张，那么，一旦遭遇总体经济衰退，公司就极有可能成为资本市场的奴隶。市场永远不会怜悯业绩不佳的公司，在资本市场上，一切操作都依赖于反映各方力量格局的估值，而非公司的未来前景。在现金流遭遇问题时，即便是规模最大、最成功的照明公司都难免控制权变更的命运。有些投资者成功地避开弧光灯泡沫，而后卖出煤气灯公司的股票，并最终成为白炽灯的股东，尽管他们已避开重重陷阱，每一步都做出了正确选择，但他们仍需格外当心买入股票的价格，以及被投资公司融资结构的稳定性，一步不慎，就有可能前功尽弃。换句话说，选择技术只是整个决策过程中的一个要素而已。识别谁是输家或者说技术落伍者似乎并不困难，但是要找到最终赢家显然需要足够的耐心——直到行业已足够成熟并形成合理的运营结构。实际上，这就意味着需要等待经济衰退来临的时候，看看到底谁能熬过寒冬，走出暴风雨，成为终极胜利者。

── 第五章 ──

挖掘地下黑金
石油探索史

挖地找石油？你的意思是钻到地下，想办法去寻找石油？你真是疯了。[1]

——埃德温·德雷克（Edwin L. Drake），
1859年为开采石油而被招募的一位钻探工人

---

[1] web.archive.org/web/20020202062122/www.umr.edu/~eepe/jon.html.

埃德温·德雷克的重大发现

在寻找替代蜡烛和煤气等照明方法的过程中,涉及诸多学科的发展。首先是以白炽灯和电力供应为标志的颠覆性飞跃;其次是为拓展现有照明方法而展开的渐进式改良。虽然电灯最终会统治照明市场,但它毕竟还需要以高端市场的大规模照明为出发点,而后逐渐扩展普及,并最终服务于大众家庭市场。在这个过程中,很多人在不懈探索,持续改进现有技术的潜力,最终让电气照明成为影响人类社会进程的发明。而其中的一个主要环节就是碳氢化合物的化学原理,尤其是一种被称为煤油的产品。

19世纪50年代,煤油取代莰烯和鲸鱼油,成为最新的发光材料。最初阶段,由于灯具本身的质量较低,生产煤油的原材料严重稀缺,使得煤油灯的推广受到限制。来自维也纳的灯具让第一个障碍迎刃而解,这种灯采用玻璃烟囱减少了烟雾排放量。而第二个障碍最终归结为成本。获取煤油并提炼煤油的成本相对较高。到19世纪50年代,市场已经认识到,更便宜的煤油替代品将会带来巨大利润。煤油灯的广泛使用消耗了大量的煤油,而来自照明的需求量更是不言而喻——症结归根到底在于原材料的供应。岩石油的可燃性已众所周知,那么,能否从岩石油中提炼出煤油呢?如果存在这种可能性,那么,是否能找到充足的岩石油,并以可行的方法提取出足够的煤油呢?一场大搜索旋即开始。

纽约律师乔治·比塞尔(George Bissell)最早发现了岩石油的潜在商业价值。1854年,他和以康涅狄格银行总裁詹姆斯·汤森(James Townsend)为首的投资者试图通过专业机构对岩石油在润滑和照明等方面的潜在用途开展研究。于是,他们找到当时最有名的耶鲁大学化学家本杰明·西利曼(Benjamin Silliman)教授。后者接受委托,对岩石油在这方面的特性进行了试验。初步结果令人鼓舞。但是当西利曼教授向这批投资者出示了586美元(现今近80 000美元)的试验费用账单时,显然让他们始料不及,比塞尔等人当然不愿承担这笔巨资。不过,西利曼也有自己的打算,他拒绝交出已完成的报告,并以长途旅行躲避比塞尔的追问,最终,他还是迫使这些投资者乖乖埋单。这份报告物有所值。西利曼证实,岩石油是一种可以加热并通过蒸馏提纯的碳氢化合物,由此得到的馏分就包括一种高质量的光源。这份报告让比塞尔看到了希望,并促使他以赠送股份的方式邀请西利曼加入,最终帮助这些投资者筹集资金,并创建了美国乃至全世界的第一家石油公司——宾夕法尼亚岩石油公司(Pennsylvania Rock Oil Co)。创建这家公司的唯一目标，就是寻找大量岩石油生产煤油，在原本由苤烯和原煤提炼煤油统治的照明市场上占据一席之地。

岩石油的化学知识是决定这家企业未来成功的唯一要素。很长时间以来，宾夕法尼亚州的地下存在大量岩石油储备早已成为共识。但储量是否具有商业开采价值，以及能否以成本可接受的方式开采这些石油？这显然不得而知。比塞尔等人希望对海盐提取技术进行改进用于开发岩石油。北美的其他很多组织也意识到这种可能性，并试图使用采盐技术开采岩石油。但大多数商业人士对此仍持高度怀疑的态度，很多人认为该计划构思不周，缺乏科学基础或商业逻辑。当然，让怀疑论者诟病最多的，还是被推选为领导宾夕法尼亚实地考察负责人的埃德温·德雷克（Edwin Drake），这位正在失业的铁路售票员，当时他恰好与公司总裁詹姆斯·汤森住在同一家酒店——位于纽黑文的通天酒店（Tontine Hotel）。毫无疑问，在谈及自己的经历时，德雷克的热血沸腾让汤森感到一种无形的力量——没准德雷克还提到自己拥有免费铁路通行证的事情！这次邂逅让汤森把寻找石油的任务交给了德雷克。

于是，德雷克动身前往宾夕法尼亚州，在出发之前，汤森还专门给德雷克即将入住的旅馆寄出一封介绍"E.L.德雷克上校"的信件——试图用这个虚构职位抬高德雷克的身份。1857年12月，德雷克抵达宾夕法尼亚州西北部山区的木材小镇泰特斯维尔（Titusville）。抵达目的地当天的首要任务，就是买下一块可能产油地段的土地所有权，德雷克几乎不费吹灰之力便完成了任务。第二阶段最为关键：使用海水钻探技术钻探石油。

1858年春天，德雷克再次从纽黑文返回泰特斯维尔，但这一次他的身份又有多个变化：为垄断当地石油经营，汤森和纽黑文的投资者已另起炉灶，成立了塞内卡石油公司（Seneca Oil Company），而德雷克担任公司在泰特斯维尔的总代理。最初，他带领工人对现有的油井进行手工挖掘，在迅速筹集到资金之后，便开始采用盐钻技术。在收到1000美元（相当于今天的125 000美元）的启动资金后，德雷克正式开工。遗憾的是，由于钻井工人不可靠，再加上他们并不相信这些业务的可行性，导致工作进展缓慢。1858年冬天，德雷克把主要精力转移到蒸汽机，试图进行动力开采。到1859年初，在比利·史密斯（Billy Smith）"叔叔"及其两个儿子的新钻井队的帮助下，德雷克建起了井架和辅助设备。但进展依旧缓慢，纽黑文财团投入的资金被全部耗尽，在所有发起人中，只有汤森还对这项业务抱有一线希望，并成为唯一的出资人。

最终，到1859年8月，无可奈何的汤森也决定放弃，在给德雷克寄出最后一笔钱的同时，指示德雷克停工撤场。但令人意外的是，就在汤森寄出这封信的时刻，走向成功的转机竟然不可思议地悄然出现。1859 年 8 月 20 日，星期日，就在停工的前一天，比利"叔叔"突然发现钻井水面上漂浮着一种黑色液体。星期一，当德雷克再次返回钻井现场时，等待他的是各种装满这种黑色液体的容器。德雷克在油井中安装了一台手动泵，这样，他便做到了被所有批评者视为不可能的事情：使用油泵直接把石油从地下抽到地上。正是这个故事，让这个地点最终被人们称为油溪（Oil Creek）。

德雷克成功的消息迅速发酵，一夜暴富的美好前景让这里成为不可抗拒的磁铁。随着大批石油勘探者蜂拥而至，泰特斯维尔的房地产价格也开始飙升，人口大幅增加。乔治·比塞尔立即前往泰特斯维尔，毫不犹豫地买下他可以掌控的所有土地和租约。到 19 世纪 60 年末，该地区开采石油的油井已超过 70 口。石油产量的增加自然而然地催生了炼油厂。在同一时期，该地区已建成 15 家炼油厂，还有 5 家建在匹兹堡。尽管石油产量的增长速度相对适中，到 1860 年约为 50 万桶，但这足以敲响终结煤炭提炼煤油时代的丧钟。

到当年年底，大多数煤炭炼油企业要么倒闭，要么改用岩石油。当钻井工人开始触及流动层、原油年产量飙升至 300 万桶时，成功已成定局。随着岩石油供给的激增，价格在短期内不可避免地大幅下降。这导致很多石油生产公司破产，但所有能生存下来的公司，成为笑到最后的成功者。低廉的价格给生产商造成了困难，但也让以岩石油提炼的煤油成为更有竞争力的产品，更是让煤炭煤油、鲸油及其他光源被彻底淘汰出局。除此之外，"南北战争"带来的影响不可忽略：一方面，南方以松节油为基础提炼的莰烯供给受到严重制约；另一方面，也刺激了北方的石油出口，取代了以前通过棉花贸易从欧洲取得的海外收入。随后，在利润丰厚的照明市场上，煤油也很快成为主宰者，直到爱迪生发明的白炽灯正式登堂入室。但煤油的成功并没有拯救塞内卡石油公司的投资者。成功带来的低油价让他们倍感沮丧，最终，他们卖掉油田，解散公司。⊖

闸门开启

"南北战争"的结束为石油工业带来了新动力，无数的人涌向油田，寻求一夜暴富的机会。投机热也席卷了整个行业，大量资金蜂拥而至。数百家新公司似乎在

⊖ P. G. Hubert, *Men of Achievement – Inventors*, New York: Charles Scribner's Sons, 1893, p.275.

一瞬间便浮出水面,试图在令人振奋的新行业中发掘致富的机缘。来自照明市场的需求已成事实,化学和技术领域同样引人注目;他们唯一需要做的事情,就是找到、提炼并运输产品。投机活动已不仅限于创建新公司;资本很快便渗透到油田交易层面,当时,石油价格尚未因未来前景而出现大幅飙升。最初,当时的法律制度加剧了市场动荡。主要原因就是"捕获定律"在钻井行业务大行其道——也就是说,在进入公共油田进行开采时,每一家钻井公司都会尽可能多地采油,避免被相邻公司先行抽走。这就会形成一种破坏性的钻井方式并最终导致油田过早枯竭。由于采油活动已近乎疯狂,导致产量极不稳定,并最终造成油价的剧烈波动。为最大限度地提高开采速度,钻井公司也在挖空心思地想办法,他们先是越来越多地使用火药,而后又转为硝化甘油。

狂热的开采活动不可避免地带来了市场崩盘——1866 年,每桶原油价格跌至 2.45 美元的史上最低点。面对生产过剩带来的毁灭性跌价,油溪的生产商采用了历史上最传统、但也是最有效的方法——寻求共同减少产量。而实现这一目标的机制就是共同签署卡特尔协议,即在全体参与者之间分配产量限额,以提升产量的稳定性并提高价格。原油厂商不得不面对的现实是,捕获定律和相对较低的进入壁垒导致市场结构高度分散,使得产能合作难以长久维持。"南北战争"时期创建的油溪联盟(Oil Creek Association)最终也无疾而终,几乎没有取得任何成果。而 1869 年成立的石油企业协会(Petroleum Producers' Association)也以同样的命运自生自灭。在没有任何一个实体能规定条款、执行配额和定价的情况下,整个行业注定会陷入飘忽不定的动荡之中。但具有讽刺意味的是,在这些石油公司自己无法稳定局面的情况下,却会催生出另一支力量成为行业的主宰者,譬如标准石油托拉斯(Standard Oil Trust,多家企业被合并到一家信托公司之下,由后者进行集中管理)。

石油行业的不稳定性也为一家公司控制整个行业提供了可乘之机。1859 年,约翰·D.洛克菲勒(John D. Rockefeller)与来自俄亥俄州克利夫兰的莫里斯·克拉克(Maurice Clark)建立合伙企业。这家克拉克—洛克菲勒合伙公司(Clark & Rockefeller)交易的产品从猪肉到盐,几乎无所不包。随着通往克利夫兰的铁路开通,他们的产品也开始转向宾夕法尼亚州的石油。自学成才的化学家萨姆·安德鲁斯(Sam Andrews)那时在克利夫兰的一家猪油精炼厂工作,正是按照他的建议,洛克菲勒的合伙公司进军宾夕法尼亚的油田。当时,这家工厂收到了一批石油,安德鲁斯立即意识到生产煤油可能是一笔一本万利的生意。合伙公司让洛克菲勒负责利用这批原油提炼煤油。当时,他们只是把炼油业务当作一项副业,并投入 4 000 美元(相当于今天的 50 万美元)。洛克菲勒在流入凯霍加河的一条水道岸边找到一块地,建起了一座炼油厂,这里毗邻正在建造中的铁路轨道。"南北战争"以及西部拓荒带来的巨大需求,造就了美国商业的大繁荣。但他们的业务依旧极不稳定。首先需要使用马车队将桶装原油穿越颠簸崎岖的山路,才能把原油运送到这家炼油厂。每桶原油的容量为42加仑,直到今天,这仍然是全世界的原油标准计量单位。面对原油价格的波动,洛克菲勒很快将目光对准价格波动相对较小的炼油业务。

到1865年,克拉克—洛克菲勒合伙公司已拥有了全克利夫兰最赚钱的炼油厂之一。但克拉克和洛克菲勒在公司扩张速度上的分歧,最终导致公司不得不解散这家炼油厂,双方同意以竞拍方式接管现有业务。洛克菲勒的出价高于克拉克,最终以72 500美元(相当于今天的650万美元)的价格接管炼油厂,公司正式更名为洛克菲勒—安德鲁斯公司(Rockefeller & Andrews)。正是这笔交易,为最终创建标准石油公司奠定了基础。在取得这家炼油厂独家控制权的12个月之后,洛克菲勒创建了自己的第二家炼油厂,此时,他的累计销售收入已超过200万美元(相当于今天的1.65亿美元)。不过,尽管炼油业务利润丰厚,却始终看不到稳定的迹象,原油供应始终如过山车一般剧烈震荡。

横空出世的洛克菲勒

此时,洛克菲勒认识到扩大煤油供应市场的必要性,为此,他在1866年将自己的弟弟威廉·洛克菲勒(William Rockefeller)派往纽约。此时,在美国的全部原油产量中,已有近2/3最终流入欧洲市场,而纽约则成为美国与欧洲开展原油贸易的中心。这意味着,全球原油的价格基本由纽约交易市场确定。比如说,如果位于纽约的欧洲买家得到宾夕法尼亚油田发现新油田的消息,那么,基于供给增加会导致价格下跌的预期,他们会暂时搁置购买。因此,威廉·洛克菲勒的一项主要任务,就是帮助哥哥的纽约客户评估价格走势,使他们免受价格波动的影响。此外,他的另一个重要职能,就是在华尔街获得融资,对一个大起大落的行业来说,融资对每家公司都至关重要。

对洛克菲勒来说,他最关心的就是如何避免企业财务危机或经营压力加剧行业固有的不稳定性。为此,他始终强调增加公司的现金持有量,并在克利夫兰和纽约维持稳定的融资渠道,最大程度减少对外部资金来源的依赖性。现金流储备也让他尝到了甜头,每当市场陷入低迷状态时,他就可以利用手头现金收购新的炼油厂。1867年，从前任合伙人莫里斯·克拉克那里挖到亨利·弗拉格勒（Henry Flagler）成为洛克菲勒的关键一步——凭借亨利与克利夫兰首富斯蒂芬·哈克尼斯（Stephen Harkness）家族的婚姻关系，也让洛克菲勒建立起商圈中最密切的合作关系。"南北战争"期间，哈克尼斯凭借预先得知税收政策调整的内幕消息赚得盆满钵满。如今，他愿意为洛克菲勒提供10万美元（现今近800万美元）的巨资，但条件是让弗拉格勒成为公司合伙人。这段故事成就了商业史上最成功的组合。弗拉格勒很快与铁路公司达成了运费折扣协议，这项协议也为合资企业的未来奠定了坚实的基础。

原油及其提炼产品煤油具有相似的物理特性——密度较大，且具有均质性。对这种商品，运输成本在最终价格中占据很大比例，因而也是决定最终盈利的重要因素。作为生产煤油的原材料，原油首先需要运到炼油厂，而后在炼油厂加工提炼，最终把得到的煤油产品运往数英里之外、甚至是横跨大洋的最终用户市场。这意味着，炼油厂不仅需要关注原材料的供需，还要关注把产品从工厂运往用户所在地的运输成本。最初阶段的运输方式以卡车为主，但由于这种方式可靠性低，而且定价缺乏稳定性，迫使生产商不得不考虑其他方式。

随后，生产商纷纷开始建造输油管道，也让管线输油逐渐成为主流；但是在此前相当长的时间内，铁路依旧占据主导地位。因此，成功的炼油厂不得不与铁路公司讨价还价，忍受他们的卑劣手段。洛克菲勒在炼油厂的选址上可谓煞费苦心，他的工厂可在三条主要铁路线路和伊利运河之间进行选择。这样，在协商运费时，他就可以利用各家运输公司之间的竞争坐收渔翁之利。更重要的是，也让洛克菲勒和弗拉格勒有机会接触到当时的其他商界巨头——包括杰伊·古尔德和范德比尔特准将。尽管在谈判中针锋相对、互不相让，但各方的愿望是一致的：利用克利夫兰到东海岸之间的主干线，抵御来自匹兹堡的对手的挑战。

在这一点上，他们在不经意间得到宾夕法尼亚铁路公司的帮助，因为这家铁路公司更愿意把原油直接运到纽约或费城，而不是克利夫兰，而且已经试图通过垄断优势达成这个目的。但宾夕法尼亚铁路公司的目标还不止于此，他们宣称，准备取消克利夫兰的全部炼油业务，以确保对石油工业的供应链实施有效控制。这无疑让克利夫兰的大多数炼油厂感到惊恐不安。很多炼油厂马上开始筹划搬到宾夕法尼亚州的油溪。但对洛克菲勒和弗拉格勒而言，这却为他们主宰石油行业提供了一个千载难逢的机遇。而最终成功的关键在于他们最先厘清了一个道理：作为炼油厂以及被运送货物的供应商，最终的胜败取决于运输——或者说，是否拥有比对手更有竞争力的输油方式。有了这样的认识，他们就可以让形势为我所用，把挑战转化为优势。最终，通过与杰伊·古尔德的讨价还价，他们获得阿勒格尼运输公司（Allegheny Transportation Company）的多数股权，这家公司拥有从油溪流出的第一条输油管道。正是凭借这条输油管线，伊利铁路系统向他们收取的运费仅相当于对其竞争对手收取价格的 75%。随后，他们再以此为筹码，与其他铁路进行讨价还价，比如说，范德比尔特的纽约中央系统铁路公司为他们提供了 30% 的折扣。

所有这些筹码的核心，就是洛克菲勒拥有确保大宗供应的能力，大宗运输不仅可以提高铁路运营公司的车辆利用率，而且有利于实施综合运输。要确保大宗供应，就需要洛克菲勒的炼油厂满负荷运转，当然，这又需要他面对煤油价格大幅波动带来的风险，不过，与运价折扣带来的压倒性成本优势相比，这样的代价完全是可接受的。洛克菲勒独自享有的折扣优势最终也为大多数炼油厂敲响了丧钟。考虑到煤油产品是一个正在不断扩大的新兴市场，虽然缺乏稳定性，但事实证明，洛克菲勒所承担的风险完全是可控的。除商业风险之外，厂商还要面对实物损失的危险，最典型的就是加工过程中产生的废品会频繁引发火灾，它们被排放到附近河流中，经常因过往船只出现的打火而被点燃。这种废品后来被称为汽油，我们现在都知道，汽油的经济价值已远远超过煤油。

从参与者到统治者

尽管煤油市场增长迅速，但已无力满足供应的扩张。原油生产过剩，据估计，炼油能力已达到市场需求的三倍。⊖最终的结果显而易见，煤油价格拦腰斩半。相对较低的进入成本、高收益和快速收回投资的诱惑，导致整个行业高度生产，供给明显高于需求。到 1870 年，洛克菲勒估计，90% 的炼油厂都在亏损。尽管洛克菲勒早已经和铁路公司达成合作，但他仍要面对不利于维持稳定的行业结构。于是，他采取了一个曾被钻井公司尝试但未取得成功的方法：限制产量并提高价格。不过，为确保这个在钻井领域失败的策略取得成功，洛克菲勒必须有能力控制整个行业。也就是说，他必须拥有可以决定行业价格和产量的地位。尽管洛克菲勒已控制了美国 10% 的炼油能力，但是要控制整个市场，这个份额显然是不够的。要实现这个计划，洛克菲勒的第一步就是拥有行业扩张所需要的资金。1870 年 1 月，标准石油公司（Standard Oil Company）在俄亥俄州宣告成立，公司的注

⊖ D. Yergin, *The Prize: The Epic Quest for Oil, Money, and Power*, New York: Simon & Schuster, 1991, p.40.

册资本为 100 万美元（相当于今天的 7 500 万美元）。在杰伊·古尔德和吉姆·菲斯克（Jim Fisk）试图垄断黄金市场并导致整个金融环境人人自危的背景下，能筹集到这笔资金，足见洛克菲勒在当时的声誉。洛克菲勒选择这个时机也纯属偶然——恰值 1873 年股市崩盘之后，随后几年，全球经济便再度陷入危机。煤油市场继续恶化，价格进一步缩水 25%，导致部分竞争对手不战自灭。标准石油公司设法保住了盈利，并继续宣布发放股息，与此同时，公司在深思熟虑的基础上，通过收购炼油厂及相关业务扩大和加强了固有的市场地位。1872 年 1 月，标准石油公司再次通过竞选基金筹集到 250 万美元（现今近 2 亿美元）。对这次竞选筹资而言，既可以把它视为丑闻，也可以看作一次成功；但不管如何评价，它的确奠定了标准石油公司的行业主导地位。铁路在这场胜利中再次扮演核心角色，而胜利的关键却是标准石油公司的一位投资者，这个人就是范德比尔特准将。

在随后拉开的一场传奇大戏中，主角变成宾夕法尼亚铁路公司的大独裁者汤姆·斯科特（Tom Scott）。1871 年 11 月，斯科特提议各家炼油公司成立南方改良公司（Southern Improvement Company，SIC）。根据斯科特的建议，加入 SIC 联盟的炼油公司将获得优惠运价。此外，他们还可以享受"退费"待遇，而非会员则需要支付这部分费用。例如，对标准石油公司而言，按照发送到克利夫兰的每桶原油可获得 40 美分的回扣，但对其竞争对手则每桶原油加收 40 美分。换句话说，SIC 公司向部分炼油厂收取高运价，然后使用加收部分补贴其他炼油公司。在 SIC，洛克菲勒将获得近一半的股份，剩余股份由位于匹兹堡和费城的炼油公司持有。

对铁路公司而言，其优势在于让洛克菲勒充当"独立"的货运分配者。这样，通过标准石油公司，即可保证范德比尔特、古尔德及其他公司的竞争性线路按预定比例分配石油运量。这就解决了卡特尔机制的固有缺陷——也就是说，如何确保相互竞争的厂商执行商定的供给配额。因此，洛克菲勒的真正角色是充当"公正的调解者"，让卡特尔机制在铁路运输中切实发挥作用。另外，标准石油公司的经济效益是显而易见的，因为它在为会员创造竞争优势的同时，必将让非会员陷入破产境地。因此，SIC 的阴谋不可能得逞——在消息逐渐传出后，坊间一片哗然，抗议声从宾夕法尼亚州的油田开始，发展到被排除在联盟之外的纽约炼油厂，最后再蔓延到宾夕法尼亚州的立法机构、甚至美国国会。1872 年 3 月，铁路公司不得不屈服于公众压力，取消 SIC 协议，并同意向所有炼油公司收取标准运费。

虽然这次失败对洛克菲勒来说无疑是一次打击，但他没有坐以待毙。相反，从斯科特第一次联系自己到最终被迫放弃协议，洛克菲勒已采取了一系列有备无患的措施，也让这次挫折并未带来致命后果。1872 年 1 月，洛克菲勒再次筹集到一笔资金，此时，创建 SIC 的消息还在整个炼油行业四处流传。利用这笔钱，洛克菲勒在克利夫兰再次买下 26 家竞争对手中的 4 家。当时，炼油公司股权的定价正处于低位，并且有传言称他们会得到 SIC 的支持（可以设想，传言应该来自标准石油公司一方），在这种大背景下，目标公司显然无法对洛克菲勒的收购提议熟视无睹。如果从整个石油业务的角度看，这些收购交易意义重大，因为只有通过收购，才能在如此短的时间内造就一家行业巨头。很快，标准石油公司便开始进军其他领域，以期继续扩大自身的影响力。

运输公司对所有托运人执行单一收费结构的做法，让标准石油公司感到不悦。在克利夫兰，那些临近采油点的炼油厂会处于劣势。这些炼油厂首先要支付每桶 50 美分的运费，把原油运到炼油厂；然后，还要再次支付运费把产品运往纽约和最终市场。匹兹堡的炼油厂同样要面对这种成本劣势。当地炼油厂的成本要低得多。为消除成本劣势，洛克菲勒首先采取的对策，就是公开组织由炼油公司参与的卡特尔联盟。与匹兹堡的主要炼油商合作，洛克菲勒和弗拉格勒来到泰特斯维尔，试图与当地炼油商达成合作，并与生产方卡特尔联盟石油生产商协会（Petroleum Producers' Association）展开谈判。为获得生产商的支持，他们在双方达成的计划中约定，在生产商同意限制产量的情况下，他们可以为每桶原油支付 5 美元的购买价格，足足相当于现行价格的两倍。但这两个联盟的合作同样未能摆脱以往的宿命。对生产者而言，只能以强制手段执行这个计划，有时甚至是残酷的，这样的计划最终必然无法执行。高售价只会给采油公司带来巨大的"搭便车"动机，因此，他们只会不加节制地采油，然后以高价格卖出，导致产量配额形同虚设。1872 年 12 月在纽约签署的这项"泰特斯维尔条约"（Treaty of Titusville），仅维持到 1873 年 1 月便寿终正寝。这也是洛克菲勒最后一次尝试"自愿"限产政策。

洛克菲勒的第二个目标是控制整个石油工业，要达成这个目标，他需要克服两大障碍。首先，他需要对精炼产品的生产和运输实现控制，而且必须在现行法律框架内做到这一点——当时的各州法律至少在形式上禁止位于其他州的母公司对设立在本州的公司实施控制。

在洛克菲勒而言，一个不可回避的现实是，经济形势正在持续恶化。铁路的过度扩张及由此带来的铁路股泡沫以及随之而来的财务困境，引发全局性经济动荡，进而造成北太平洋铁路公司破产倒闭，甚至此前声名显赫的杰伊·库克银行（Jay Cooke&Company）也未能幸免。杰伊·库克银行于 1873 年 9 月倒闭，并成为引发金融危机的导火索，由此开始，大批企业破产，铁路债券出现违约，多家银行遭遇清算，甚至证券交易所也不得不暂时关闭。在接下来的六年中，美国经济始终在低谷中徘徊，失业率高企，工资水平降低近25%。

经济困难时期的永恒定律就是现金为王；而在大萧条时期，现金绝对是至高无上的上帝。那些手中握有现金或是拥有现金来源的公司，将处于非常有利的地位。在炼油行业，随着原油价格降至每桶48美分（在某些地区甚至已经接近水的价格），洛克菲勒拥有的现金源泉让他势不可挡。此时，在这些举步维艰的炼油公司眼中，洛克菲勒提出的收购条件本身就不乏吸引力，而最终也是他们无法抗拒的。另外，如果选择不接受与标准石油公司的合作，那么，他们的唯一结局就是在错误的道路上越走越远——而且这种错误很容易转化为现实的危机，譬如，突然没有油桶或是铁路罐车可用。1874年后期，匹兹堡和费城的大型炼油厂基本默认了洛克菲勒的并购要求，加入标准石油公司。随着洛克菲勒的收购势头不断加速，阻力也逐渐瓦解。很快，他便控制了整个炼油行业，当然也包括以前在泰特斯维尔的对手。

这张完整的石油产业版图最终于1875年宣告完成，这一年，洛克菲勒最终买下位于西弗吉尼亚的炼油厂——卡姆登公司（J. N. Camden & Company）。这次特别收购的重要性在于该公司与巴尔的摩—俄亥俄铁路公司的关系，正是这条铁路线，为标准石油公司的竞争对手提供了喘息的机会。与标准石油公司的很多收购一样，此次收购也是秘密完成的，也就是说，标准石油公司通过谈判与对手达成"减产"协议，并对通过巴尔的摩—俄亥俄铁路运输的石油向他们支付费用。这意味着，所有仅为维持对手提供运输的铁路都在向标准石油公司缴费。

实际上，该地区的所有竞争对手都被卷入这场并购大潮。此时，除了控制大部分炼油业务之外，洛克菲勒还控制了大部分铁路运输业务，这意味着，他只需按自己的意愿确定收购条款即可，根本无须与对手谈判。这也让他达成了长久以来的夙愿——对所有供应给标准石油公司旗下炼油厂的原油提供补贴，消除了泰特斯维尔地区炼油公司享有的毗邻优势。

在19世纪70年代的大部分时间里，尽管洛克菲勒继续依靠铁路作为主要运输方式，但铁路的局限性以及被管道替代的宿命已经显露无遗。标准石油公司很清楚，对输送环节的控制与对炼油业务的控制相互叠加，将成为实现主宰石油行业的重要因素。为此，洛克菲勒果断出手，控制或是控股所有可能危及其统治地位的输油管道公司。

如果不能控制输油业务，那么就容易出现新的炼油厂，再度造成竞争反弹与价格波动。为此，标准石油公司不惜动用一切手段来维持控制。一方面，他们不计成本地建造新管道；另一方面，抓住适当时机收购其他管道公司，并在必要时对其实施打压。当时，他们最大的威胁来自潮水管道公司（Tidewater Pipe Line Company）旗下一家独立运营商铺设的管道。这条管道始建于1878年，屡次逃过标准石油公司的挑战以及借助法律规定设置的障碍艰难地幸存下来。这条管道的技术难度非常高，总长度超过100英里，是迄今为止全部已完工管道总长的三倍，穿过海拔2 500英尺的山脉。在完工前夕，洛克菲勒就曾试图购买该业务的股份，但未获成功。1879年5月，管道投入使用，第一批原油输送成功。但是在1882年，最初的投资者遭遇资金危机，于是，标准石油公司乘虚而入成功入股，并最终取得这条管道业务的控制权。

洛克菲勒也因此而取得对全球照明煤气供应市场的控制权。那么，这一策略是否给他带来了新的财富呢？据估计，在19世纪70年代后期，洛克菲勒在标准石油公司持有的股份价值约为1 800万美元（相当于今天的15亿美元）。当时，作为美国首富的范德比尔特所持有股权的价值约为1亿美元（今天超过80亿美元），和他相比，洛克菲勒似乎有点小巫见大巫。但在如此短的时间内达到这个数字，其积累财富的速度之快绝对令人咂舌。

标准石油公司的统治性地位持续了很长时间。在此后相当长的历史中，它始终是一股在全球市场上呼风唤雨的力量。在19世纪80年代初，全球原油产量的85%以上来自宾夕法尼亚州，其中，70%以上的产量出口到美国以外。标准石油公司的煤油不仅出现在欧洲发达国家，甚至远渡重洋出口到中国和日本。就像它在美国国内市场行使的霸权一样，标准石油公司也是这些市场的统治者。⊖通过强化供应链控制、控制经销渠道和禁止旗下零售商向竞争对手供货等方式，标准石油公司不断升级对美国国内市场的控制。后期，以控股公司形式诞生的标准石油信托公司（Standard Oil Trust）成为全美石油产业的中心，也成为洛克菲勒控制石油业务的直接工具。

在19世纪80年代初期，标准石油公司的唯一威胁就是来自煤油及其他照明光源的潜在竞争。对于替代性光源，洛克菲勒似乎不为所动；他认为，燃气照明是照明市场的重点，并因此而控制了燃气行业的大部分公司。当时，爱迪生的白炽灯仍处于萌芽状态，其真正威胁近十年后才逐渐显露。因此，在尚存有其他煤油提炼厂威胁的情况下，洛克菲勒通过对宾夕法尼亚州的铁路及管道业务的有效控制，维系了足够稳固的统治地位。只要宾夕法尼亚州依旧是原油主要产地，标准

⊖ R. Chernow, *Titan: The Life of John D. Rockefeller, Sr.*, New York: Random House, 1998, p.243.

石油公司的统治地位便坚不可摧，而宾夕法尼亚州的原油主产区地位足足持续了近 1/4 个世纪。

宾夕法尼亚州以外的市场

实际上，早在几个世纪之前，从地下渗出石油的传闻便已层出不穷。但是，在没有取得数量可观的最终产品之前，冒险家们绝不会轻易用金钱去验证这些消息。早在 19 世纪 70 年代，瑞典的诺贝尔兄弟就已经开始在俄国开设炼油厂，利用在里海周边开采的石油加工煤油。到 1879 年，他们已开始把提炼后的产品从巴库运送到西欧。和油溪的故事一样，当油井开始汩汩地冒出石油时，输油网络便应运而生，把新鲜出炉的煤油运送到嗷嗷待哺的消费市场。

罗斯柴尔德家族很快便加入了诺贝尔兄弟的行列。巴库地区的原油不仅产量充裕，而且价格低廉，不久，俄国的石油产量便超过美国。新的炼油厂也如雨后春笋般出现。1891 年，马库斯·塞缪尔（Mareus Samuel）与罗斯柴尔德家族达成包销协议，通过苏伊士运河向亚洲市场独家销售俄国产的煤油。他们的优势在于，把俄国煤油送到亚洲的时间仅为美国到远东的 1/4。塞缪尔的祖上曾从事贩卖远东地区的贝壳首饰盒业务，于是，塞缪尔把自己的公司命名为壳牌运输贸易公司（Shell Transport and Trading）。当时，塞缪尔在亚洲市场的最大竞争对手，是一家因在苏门答腊发现油田并随后在荷属东印度群岛开始寻找新油田的公司，也就是后来的皇家荷兰石油公司（Royal Dutch.）。

标准石油公司当然不会不为所动，它一如既往地对这些威胁做出反应。首先，它对这家竞争对手的煤油质量发出质疑，并成功阻止了俄国产煤油打入美国市场。此外，标准石油公司还曾打算阻止俄国煤油进入欧洲市场，甚至企图利用反犹太情绪破坏罗斯柴尔德和塞缪尔的业务。㊀但事实不可撼动：在美国本土以外，标准石油公司不可能以同样的手法控制那里的炼油或运输业务。新的竞争对手显然不容小觑，绝不允许自身轻易被外部力量所控制。标准石油公司也曾试图收购这个对手，但终究以失败而告终。在出现新的、同样势力强大的国际竞争对手之后，这个行业再也不可能被一枝独大的唯一垄断企业所控制。

但是对标准石油公司的新竞争对手而言，胜利同样来之不易。对马库斯·塞

㊀ R. Chernow, *Titan: The Life of John D. Rockefeller, Sr.*, New York: Random House, 1998, p.249.

缪尔来说，这显然是一场需要谨小慎微、精心策划的探险运动。此前，通过与亚洲地区的苏格兰公司开展贸易，塞缪尔已经积累起大量财富；凭借成功的合作，塞缪尔再次说服对方，为他把俄国煤油送到亚洲市场的新业务提供资金。从标准石油公司的成功经验中，塞缪尔认识到控制运输链并以此创造成本优势的必要性。此外，塞缪尔也很清楚标准石油公司打击新对手的策略：在采取掠夺性定价的同时，用垄断市场中赚取的超额利润补贴新市场业务。对此，塞缪尔采取的对策就是全面出击，在所有市场建立有效运输渠道，使得标准石油公司的掠夺性定价难以持久。与此同时，几乎在完全不为外界所知的情况下，塞缪尔悄然建造了一支现代化油轮船队，并于 1891 年与罗斯柴尔德家族通过谈判达成供应协议，向苏伊士运河以东地区出售煤油。

对此，代表标准石油公司的伦敦律师向英国政府发难，称以此目的使用苏伊士运河可能违反英国国家利益。但是，凭借与罗斯柴尔德家族的结盟，塞缪尔早已在伦敦积攒了足够的政治人脉。作为一家银行集团，罗斯柴尔德家族的英国分行已在 1875 年协助迪斯雷利（Disraeli）首相买下运河通航权。因此，英国政府对标准石油公司以阻止塞缪尔为目的的请求置之不理，并批准塞缪尔有权使用苏伊士运河。而塞缪尔则不失时机地迅速采取行动，把俄国产煤油运往亚洲，以至于标准石油公司甚至没有机会以正常价格和发货量做出反应。尽管标准石油公司的触角几乎已无处不在，但显然还不足以破坏英国人对壳牌石油的政治和财政支持。

尽管标准石油依旧在对不断扩大的美国市场实施有效控制，但也要考虑俄克拉荷马州、加利福尼亚州和得克萨斯州新发现油田带来的威胁。和难以控制的欧洲及亚洲市场一样，在标准石油输送网络范围之外新油田的出现，让他们心有余而力不足。19 世纪 90 年代，随着圣华金河谷地区更多油田的发现，之前一些经营不善的加州石油公司开始重整旗鼓。在随后的 10 年时间里，整个加州的原油总产量已超过进入衰减期的宾夕法尼亚州，在全球总产量占据的比例接近 1/4。尽管标准石油公司也在设法进入加州产油区，但在这个新的太平洋海岸市场上，其他参与者显然更有竞争力。19 世纪 90 年末，几家加州的小公司通过合并，创建了加利福尼亚联合石油公司（Unocal，简称优尼科），起步资金仅有 500 万美元（相当于今天的 3.6 亿美元）。在成立后的第一个十年中，这家公司增长较为平稳；但是在进入 20 世纪后，联合石油公司便开启了大规模扩张的脚步。

此时的加利福尼亚州已成为美国国内最具竞争力的石油市场之一。但这并不是说，当地企业丝毫没有感受到标准石油公司的觊觎。优尼科就始终生存在标准石油的阴影下，从公司当时的财务报表即可看出这一点。公司曾多次提及自己独立于标准石油公司，同时也在暗示对披露财务信息进行保密的必要性。可见，这家公司似乎已经敏锐意识到标准石油公司的虎视眈眈，因而刻意减少财务数据的公开性。

加利福尼亚联合石油公司（优尼科）

优尼科几乎很少发布财务信息，即使对公司股东也不例外。公司在财务报告中表示，"我们认为，发布完整的财务报告是不明智的"。因此，他们公开披露的数据寥寥无几——股东出资，对全资子公司债务担保形式的固定债务指标等。对浮动债务，公司的处理方式非常含混。在某些年报中，公司会轻描淡写地告诉股东——不用担心，少安毋躁；而另一些年报则会简单地指出，现金、存货与应收账款的总额足以清偿全部债务。由于这个指标未考虑应付款项，而且库存的金额或许不会很大，因此，这个说法并不能让人放心。考虑到标准石油公司随时有可能发起恶性收购，因此，公司财务状况确实是个敏感问题。为此，公司在1906年的年度报告中明确撇清与标准石油公司存在任何关系，并罕见地在文中发表感恩之词："我们有无数感恩的理由，但我们要感谢上帝的一个特殊理由，就是您始终在庇佑您的企业免遭商业纠葛与非法联盟的侵扰。"优尼科的自我保护不只体现为限制财务信息。多年来，优尼科通过调整股权结构创造了额外的保护伞——以双重股权结构防止遭到标准石油公司的掠夺性收购。

1890年10月，三家公司合并后创建了优尼科，他们把全部资产注入新公司，并以各自资产取得新公司的等价股权。在没有具体财务报表的情况下，投资者只能独自汇总分析数据。但是从总体上可以看到，公司的资金状况始终不够乐观，而在公司致股东的信中，隐约可以感觉到，公司的债务股本比很可能已超过100%。优尼科公司位于全球石油产量增长最快的地区之一，这种优势也充分体现在公司盈利的高速增长。因此，财务状况的压力在很大程度上源自公司的快速扩张。毕竟，公司的盈利能力始终维持较快的增长速度，其中，营业收入的年复合增长率约为35%，净利润增长率达到25%。造成两者出现差异的原因是债务增速过快，导致利息费用的增长超过营业收入的增长。此外，尽管债务利息成本和新股发行拉低了每股收益，但该指标的增长同样令人咋舌，复合年增长率约为20%。不过，由于公司提出不会披露具体的利息费用，因此，投资者通常需要顾及这些数字。此外需要关注的是，该公司每年的资产折旧计提比率为2%，这个数字为标准石油公司的1/3。尽管公司主动提供了包含储量估计值（而不是账面价值或勘探成本）在内的资产价值估计值（约1500万美元），但并未考虑储量损耗，当然，在当时的背景下，不考虑损耗情况并非完全没有道理。但关键在于，这家公司用来计算净利润的数据基础完全不同于标准石油公司。后者希望减少可用于公共消费的利润，前者则希望反其道而行之。尽管无法得到公司确切的利润率数字，但在营业利润层面，极有可能徘徊在30%~40%范围内，而净利润率约为20%。换句话说，公司的盈利能力与目前拥有优质陆上油井的勘探采油公司差异不大。最主要的区别在于，在当时需求高速增长和新储量不断出现的推动下，优尼科的收入呈现出相对较快的增长速度。

收入增长趋势表明，需求不可能不受经济或行业状况的影响。在进入1907年开始的经济下滑时期后，市场对石油产品的需求曾出现短暂下降。另外，随着加州在1911年后有越来越多的油井投入生产，原油价格开始大幅下降，公司收入相应减少；但第一次世界大战的爆发大大增加了对石油产品的需求，石油公司再次迎来增长。除经济周期和新探明储量之外，公司面临的最大威胁就是来自标准石油公司的挤压式拉拢，而且公司管理层已经真切地感受到这种威胁。1911年之后，威胁的方式开始倾向于竞争，而不再是收购。竞争环境的变化给公司造成严重影响，为解决资金问题，也导致发放股息的事情被一拖再拖。在投资者的眼里，优尼科本应属于高成长地区的成长型行业。这些无疑都是有吸引力的特征，但加州也是一个竞争异常激烈的地区，而且资金来源相对匮乏也让这家公司举步维艰。即便如此，它依旧应该是一个有吸引力的投资对象，但必须指出的是，股票评级的主要依据是派息能力，而不是净资产。因此，和那些拥有稳定派息的公司相比，优尼科的股价无疑会更不稳定（见图5-1）。

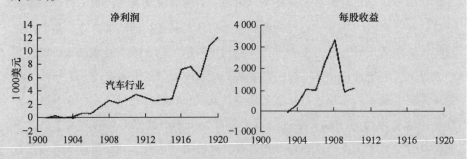

图5-1 优尼科：顺应汽车行业大潮

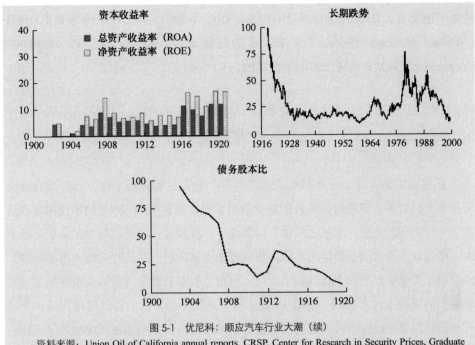

图 5-1 优尼科:顺应汽车行业大潮(续)

资料来源:Union Oil of California annual reports. CRSP, Center for Research in Security Prices, Graduate School of Business, University of Chicago, 2000. (Used with permission. All rights reserved. www.crsp.uchicago.edu.) *New York Times. Commercial and Financial Chronicle.*

加州石油的主要目的地是亚洲的新兴市场,因为这里的产品可以直接装船,穿越太平洋抵达目的地。但考虑到满足美国东海岸的市场及港口出口需要,现有产量显然还远远不够,这就需要找到更多的油田。而得克萨斯州填补了这个空缺,成为下一个最重要的石油供给来源。1901 年,在博蒙特市附近一个叫"纺锤顶"(Spindletop)的地方,人们发现了一口每天能够喷出 75 000 桶的超级大油井。和当初的宾夕法尼亚州一样,一夜暴富的前景就像吸力巨大的磁铁,当时,据估计有 16 000 人来到纺锤顶安营扎寨,寻找石油。由此带来的兴奋马上推动了正常开采。不仅钻井采油的新公司在出售股票,有些完全想趁火打劫的骗子公司也在卖股票。比如说,当时就有一家新公司声称可以培养年轻人掌握"透射定位"的能力,透过地面可以看到地下的石油。⊖

欺诈事件层出不穷,以至于某些人把纺锤顶这个地方戏称为"骗子顶"。但这个新发现的油田还是刺激壳牌公司一举买下该地区近半的储量。就在得克萨斯州发现油田后不久,路易斯安那州和俄克拉荷马州也陆续发现了新油田。这些发现不仅

⊖ Yergin (1991), p.86.

催生了德士古（Texaco）和太阳石油（Sun Oil）等新的石油公司，也为威廉·梅隆（William Mellon）等金融家带来了新的财富来源，海湾石油公司（Gulf Oil Corporation）就是在梅隆的协助下创建的。

新行业组合

在很多方面，这个行业仍处于起步阶段，缺乏足够的稳定性。当标准石油公司在本土面对各方威胁时，海外的新竞争对手也在苦苦煎熬——他们不仅需要和这家北美巨头展开竞争，相互之间也在明争暗斗。壳牌石油公司已经与罗斯柴尔德家族达成协议，从俄国获得原油供应，然后再把提炼后的产品运往亚洲。最初阶段，他们的主要竞争对手只有标准石油公司，但荷兰皇家石油公司的加入也开始逐渐蚕食他们的亚洲市场和利润。随着1900年与罗斯柴尔德家族的协议即将到期，壳牌石油迫切需要在巴库以外的地区找到新的石油来源，为下一轮谈判增加筹码。他们在婆罗洲（加里曼丹岛）的石油勘探中有所斩获，但由于当地原油提炼煤油的产量很低，因此，其商业价值不被看好。但石油未来的价值不再是提炼煤油，而是为燃油发动机提供动力的燃料——汽油。

荷兰皇家石油公司的日子也不好过，因为公司在苏门答腊的油田似乎已近枯竭。他们在苏门答腊地区进行的钻探中，居然连续钻出110口干井，这似乎表明皇家石油的形势已岌岌可危。好在他们最后还是找到储量丰富的油井，给未来提供了充足的保障。对荷兰皇家石油公司而言，最直接的威胁就是来自壳牌石油与标准石油的竞争。此时，三家公司都意识到竞争对盈利能力的影响。为此，标准石油和荷兰皇家石油公司就可能达成的合作进行了一系列讨论。壳牌石油的老大马库斯·塞缪尔甚至亲自前往纽约，与标准石油公司面谈结盟事宜。最终，在1901年底，标准石油公司提议按4 000万美元（相当于今天的27亿美元）的价格收购壳牌石油公司。但傲慢和民族主义情怀促使马库斯无法接受这项提议。一旦被收购，不仅会终结对公司的控制权，还会把公司拱手交给自己的美国对手。于是，他转而开始与荷兰皇家石油的亨利·迪特丁（Henri Deterding）展开谈判，双方最终达成的结果是组建一个由迪特丁负责的实体，在新公司中，双方形成完全平等的合伙关系，合伙人中也包括罗斯柴尔德家族。这家新公司随后被命名为英荷石油公司（British Dutch）。

但就在与荷兰皇家石油公司达成协议后不久，壳牌石油公司的经营便开始迅速恶化。得克萨斯州纺锤顶的产量持续萎缩。此外，壳牌石油曾对吸引英国皇家海军成为客户寄予厚望，因为当时的船舶似乎正越来越多地采用燃油动力发动机。但英国海军最终还是选择继续以煤炭作为动力燃料，希望彻底破灭。但悲剧似乎还不止于此，荷兰皇家石油在婆罗洲发现的新油田彻底摧毁了壳牌石油在亚洲的优势地位。力量均衡的变化使得原有的联合营销协议已不再可行，并最终在1907年促使双方共同创建了荷兰皇家壳牌公司（Royal Dutch/Shell），在新公司，荷兰皇家石油以60%的股份成为多数合伙人。尽管塞缪尔并不情愿，但无论对他本人还是对罗斯柴尔德家族来说，这仍然是退而求其次的结果。

尽管巴库已发展为占全球原油总产量1/3的产油地，但也是俄国政治斗争的中心。1901年和1902年，当地多次爆发罢工，其中的重要组织者之一就是一位名叫约瑟夫·朱加什维利（Joseph Djugashvili）的格鲁吉亚人，后来改名为斯大林（Stalin）。在1904年日俄战争中落败后，俄国国内政治矛盾加剧，巴库当地不断爆发冲突，鞑靼人和亚美尼亚人之间的种族冲突也日渐升级。面对政治风云的动荡不安，罗斯柴尔德家族在一番谈判之后，将他们拥有的俄国煤油及石油资产全部出售给荷兰皇家壳牌公司，对价则是这家公司的股票。这笔交易在1911年完成交割。通过这次转股交易，罗斯柴尔德家族不仅分散了风险，也借此成为荷兰皇家壳牌公司的最大股东。而站在荷兰皇家壳牌的角度看，这笔交易并不令人满意。巴库油田的冲突不断升级蔓延，一直延续到1917年俄国十月革命。

但荷兰皇家壳牌很快便迎来另一家非美国对手。这个竞争对手的起源是欧洲大国之间的军备竞赛。当时的德国政府认识到，要从不列颠帝国手中夺取海上霸权，就必须建立一支能与主要对手抗衡的海军舰队。随后的军备竞赛也加快了技术创新的速度，出现了潜艇和鱼雷等新型水上武器。而英国政府最终的对策是对舰队进行现代化改造。燃煤发动机即将淘汰，取而代之的是速度更快、效率更高的燃油发动机。从战略角度看，英国需要拥有高度安全的石油供给，并有能力独立控制和保卫这个来源。由海外控制的荷兰皇家壳牌石油公司当然不符合英国政府的要求，在这种情况下，英国政府唯一可选择的对象就是英国波斯石油公司（Anglo-Persian）。在英国国内，这家石油公司与苏格兰人拥有的缅甸石油公司（Burmah Oil Company）始终矛盾重重，英国波斯石油公司的资金曾一度捉襟见肘，直到温斯顿·丘吉尔（Winston Churchill）成为海军大臣期间，提议政府向该公司投资200万英镑，并成为这家公司最大的股东。这个提议让议会颇为震动，这不仅是因为丘吉尔关于维护安全石油供应的言论，更重要的是，如果不当机立断，就有可能让荷兰皇家壳牌公司处于近乎垄断的地位，进而复制标准石油公司的定价策略。

对垄断或当时已众所周知的托拉斯的担心，随后引发了一系列重大历史事件。1914 年 5 月，英国政府取得对英国波斯石油公司的控股权。在第一次世界大战期间，英国政府还接管了英国石油公司（British Petroleum），这是一家在德国与英国间从事贸易业务的罗马尼亚石油公司。1916 年，该公司与英国波斯石油公司合并，新公司沿用英国石油公司这个名称。战争极大地推动了石油工业的发展，作为首选燃料，石油不仅被用于海上运输，也被广泛用于陆路和空中运输。但地域因素对石油行业的影响不容忽视。由于战争破坏了参战国的传统供应关系，尤其是巴尔干地区的石油产业链，因此，身处战场之外的美国公司反而有更多机会开发海外市场。借助法律体系的变革和一系列反垄断措施的实施，美国注定会建成一个拥有全新结构的石油行业（见图 5-2）。

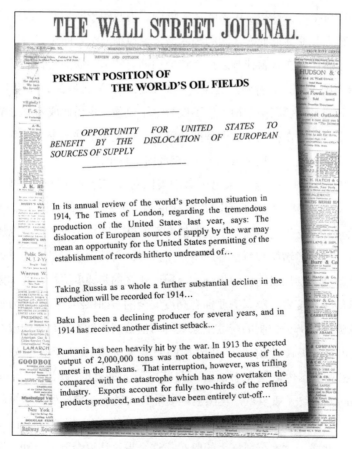

图 5-2　冲突带来机遇：全球石油行业的现状

资料来源：*Wall Street Journal*，1915 年 2 月 27 日。

备受公共舆论诟病的大公司

在第一次世界大战之前,美国国内的石油市场结构已发生显著变化。进入 20 世纪之交,标准石油公司已失去对全球石油行业的实际垄断地位。在亚洲和欧洲,他们要面对来自壳牌石油和荷兰皇家石油的竞争;在国内,宾夕法尼亚州以外新油田的发现,让新的竞争对手如雨后春笋般涌现。尽管标准石油公司一直在不遗余力地收购新对手,但毕竟不可能像在宾夕法尼亚州那样去控制全球石油的运输。这意味着,此时美国的主要生产商和炼油厂已不止有标准石油公司。即便如此,标准石油公司仍控制了美国近 2/3 的炼油产品——这个比例曾一度高达 90%;虽然市场份额不足以进行单方面定价,但标准石油的市场主导地位依旧难以撼动。但普通公众并不看好标准石油公司,部分原因在于公司批评者不知疲倦地公开指责,更主要的原因则是公司向美国政治中心的靠拢。

标准石油公司是第一批真正意义上的大型企业集团。几个世纪以来,巴林兄弟银行和罗斯柴尔德等金融公司的业务已遍布全球。现在,权力重心开始向美国倾斜,以摩根家族为代表的新金融王朝开始与欧洲老牌对手相匹敌。但直到此时才开始出现可以与欧洲相提并论的大型企业。在这一波高速成长中,标准石油公司不仅是最早的先行者,也是其中最有代表性的公司之一。他们采取了以控股公司控制全部经营性实体的托拉斯结构,这种结构随后也被多数大公司所效仿。但在当时的美国,这种结构并不符合以州为基础的法律体系,因而备受舆论诟病。此外,这些大公司说服竞争对手加入托拉斯的做法也存在严重问题。同样受到质疑的,还有他们滥用垄断地位、破坏正常市场秩序的问题。通过下面对标准石油公司的分析,即可对他们凭借规模豪取垄断利润的做法略见一斑。

《麦克卢尔杂志》(*McClure's Magazine*)是当时美国最畅销的期刊之一,该杂志的创始人塞缪尔·麦克卢尔(Samuel McClure)决定以分析信托特征去挖掘当时的市场情绪。而他的总编辑艾达·塔贝尔(Ida Tarbell)认为,干脆让报告聚焦于标准石油公司,毕竟,标准石油是当时最早、也是最有实力的托拉斯机构。但塔贝尔的决定显然别有用心;她的家族曾在油溪从事油轮制造业务。但这次舆论造势的与众不同之处体现在几个方面:塔贝尔对标准石油公司的个人感受、她有幸接触到公司一位坦诚直率的高管以及《麦克卢尔杂志》的巨大发行量。1902 年,塔贝尔开始每月在《麦克卢尔杂志》上发表调查报告,并连续发表了 24 期;最终,她在

1904年出版了一本名为《标准石油公司的历史》(*The History of Standard Oil*)的书。塔贝尔对标准石油的揭露引发轩然大波,尽管公司曾在1904年的总统大选期间慷慨出资,但新上任的西奥多·罗斯福(Theodore Roosevelt)政府最终还是决定按《谢尔曼反托拉斯法》对标准石油公司发起调查。

标准石油信托公司

要分析标准石油公司绝非易事。作为一家私营公司,外界无从获得其完整的财务报表,因此需要大量依赖二手资料。鉴于当时的经济形势以及对标准石油等托拉斯组织的抵触情绪,这家公司严格限制披露信息自然不足为奇。因此,公众获取信息的唯一渠道或许就是政府调查和诉讼。但由于当时的标准石油股票尚未公开交易,因此,公司的股价信息只能来自私人交易。尽管舆论纷纷,但人们只能得出某些相对简单的结论。

标准石油公司最显著的特点体现在其资产负债表——既没有债务,也没有除股票以外的付息证券。也就是说,公司扩张完全依赖于自有资金,股息支付也从利润的一半左右减少到约1/3。公司通常只披露扣除应付账款和应收账款的资产及负债,这就相当于减少了总资产(和总负债)。图5-3显示的资产数据已进行了调整,以此作为计算资产收益率的基础更符合实际情况。收益直接使用公司提供的净利润。尽管缺少数据导致营业利润率或净利润率无法计算,但有迹象表明,公司通过计提超额折旧减少了收益。标准石油采用的折旧率为资产总额的6%~10%,至少相当于优尼科等其他竞争对手的费用(2%)的三

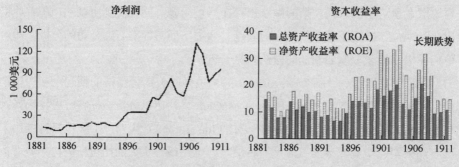

图5-3 名副其实的赚钱机器:标准石油信托公司

资料来源:R. W. Hidy and M. E. Hidy, *Pioneering in Big Business – History of the Standard Oil Company (New Jersey), 1882–1911*, New York: Harper & Brothers, 1955, pp.636–686. CRSP, Center for Research in Security Prices, Graduate School of Business, University of Chicago, 2000. (Used with permission. All rights reserved. www.crsp.uchicago.edu) *New York Times. Commercial and Financial Chronicle.*

倍。增加折旧费用相当于减少公司的利润，但对现金却无任何影响。对一家接受政府立法部门调查的公司来说，把利润数字降至最低水平无可挑剔。

这些基础数据表明，在公司业务增长的同时，资本收益率则逐渐从15%~20%的异常范围下降到10%。但考虑到公司的规模、竞争对手以及业内最优秀企业的收益率远低于此，因此，这已经是非常高的资产收益率了。强大的现金流创造能力表明，公司扩张主要依赖于自有资金，也就是说，公司无须股东提供额外资金。在股东股份不会受到稀释的情况下，公司可以确保股权收益率在高位持续增长。虽然包含留存利润的股权收益率数据不能直接体现这些，但是通过每股股东价值或是每股账面价值的增长，这一点是显而易见的。因此，股东可以通过高派息率和无稀释取得双重收益。尽管从严格意义上说，标准石油公司还算不上垄断者，因为它毕竟还要面对强大的竞争对手，但其业务收益能力表明，公司依然享有巨大的定价控制权。然而，标准石油公司也不可能不受市场环境的影响。公司盈利每年都在波动，而且在很大程度上显示出对经济状况的敏感性。国会专员詹姆斯·加菲尔德（James Garfield）的调查报告显示出，标准石油公司不仅在美国国内市场上拥有强大的定价权，在竞争更激烈的市场，尤其是美国海外市场中，公司同样拥有通过交叉补贴进行掠夺性定价的能力。

可以得到的有限股价数据只能反映公司的股权结构，而不是其真实的市场价值。进入20世纪伊始，标准石油公司的总市值约为40万~60万美元（现今约350亿美元），这个数字与账面资产价值基本相当。隐含市盈率为次年净利润的8~10倍。按非公开股票交易的成交价格计算，公司的股息收益率约为7%，盈利增长率接近10%。在整个行业竞争日益加剧的同时，汽车成为未来巨大需求来源的趋势已初见端倪。对标准石油公司的6 000名股东而言，股票的真实价值至少应该是非公开交易价格的2倍、甚至3倍。在按美国最高法院的反垄断裁定进行分拆时，他们对市场格局的控制力几乎毫发无损。而对行业走势而言，一个值得深思的问题是，以强制手段打破限制性垄断未必会有损于股东或整体经济。即便是在一个世纪之后，这次反垄断调查的影响依旧挥之不去。在由标准石油公司分拆形成的诸多公司中，至少有一家公司拒绝披露分拆之前的财务报表。在本书中提到的所有公司，均对那段历史讳莫如深。

托拉斯时代的终结：分崩离析的标准石油公司

在针对标准石油公司的反垄断诉讼案的一审中，似乎并未给标准石油公司足够的威慑。首先进入调查范围的是堪萨斯油田以及标准石油公司涉嫌滥用石油运输系统控制权的行为。之前针对其他行业展开的托拉斯调查并未发现它具有破坏性，这或许导致标准石油公司麻痹大意。而此次调查却直指标准石油公司长久以来的做法——赤裸裸地进行非法补贴（见图5-4）。从1904年到1906年，标准石油公司的官司已让他们应接不暇，实际上，在开展主要业务的每一个州，当地的经营公司都在面对诉讼。1906年5月，国会公司事务专员詹姆斯·加菲尔德（James Garfield）公布了第一批调查结果，官司随后便接踵而来。

> 在1904年大选期间，西奥多·罗斯福为笼络民心，曾乐此不疲地煽动民众对美国大公司的霸权行为发起攻击。当然，他更乐于接受这些大公司提供的竞选资金。实际上，在罗斯福的全部竞选资金中，近3/4来自大企业，这些商业巨头当然会慷慨解囊，出资从5万美元至15万美元不等，分别来自约翰·摩根和卡耐基·梅隆等名人，而共和党竞选财务主管也从标准石油公司募得10万美元。正是这些资金的来源，导致报纸指控罗斯福言辞虚伪，并推测罗斯福是否有动机对其公开谴责的托拉斯采取行动。对此，罗斯福建议归还标准石油公司提供竞选的资金。但这个建议是否诚心诚意显然值得怀疑，至少按威廉·塔夫脱（William Taft）后来的说法，罗斯福的回应是虚伪的：
>
> "[总检察长]诺克斯（Knox）说，他曾在1904年10月的某一天来到罗斯福的办公室，听他口述将10万美元还给标准石油公司的指示。诺克斯说对罗斯福说，'总统先生，钱已经花完了。他们没办法还钱了——因为他们根本没有这笔钱了。'总统说，'好吧，不管怎么说，把这件事写下来，会让这封信看起来有这么回事，'于是，他便没再做追究。"⊖
>
> 因此，罗斯福的竞选机构不仅留下了这笔捐款，而且他们的财务主管后来还再次开口向标准石油公司要了15万美元——但结果不出意外，这次被标准石油公司拒绝了。

图5-4 大石油公司与政治竞选：政治投机永远不是新鲜事

这些诉讼案件涵盖了标准石油公司的全部业务范围，不仅包括产品运输和储存，也涉及润滑油等附加产品的销售。其中一个案件是针对铁路购买润滑油操作流程的调查。这个案件似乎不会给标准石油公司带来什么特殊的威胁，毕竟，这对公司来说只是一个相对微不足道的细分市场，但它很快便让标准石油公司与铁路公司之间的特殊关系大白于天下。加菲尔德的调查报告指出，在竞争最激烈的宾夕法尼亚州以外地区，标准石油公司会利用与货运公司的特殊关系，确保订单流向子公

⊖ B. Bringhurst, *Antitrust and the oil monopoly*, Westport, Conn.: Greenwood Press, 1979, p.130.

司——加里纳—西格诺（Galena-Signal）石油公司。在调查中，有些人辩称他们不知道加里纳是标准石油公司的子公司，只知道它的油品更优；当然，也有人承认这种关系，但以油品至上为由。在调查报告发布后的 1906 年 11 月，联邦政府对标准石油新泽西公司及其七名董事提起诉讼，并裁定该公司为垄断企业，并涉嫌串谋实施《谢尔曼反托拉斯法》认定的限制自由贸易行为。对此，标准石油公司可以采取的补救措施，就是放弃新泽西公司对经营子公司持有的股份，而子公司会因此而成为完全独立的公司。

除联邦政府的起诉全部胜诉外，最后一项重大突破就是凯纳索·兰迪斯（Kenesaw Landis）法官在 1907 年 8 月对俄亥俄标准石油公司做出的判决——裁定公司承担总计超过 2 900 万美元（相当于今天的 17 亿美元）的赔偿。在做出此次裁定后不久，联邦企业管理署报告的"价格和利润"部分便公之于众。这份报告再次对标准石油公司做出声讨，尤其提到加里纳石油公司，并导致公众舆论再次发酵（见图 5-5）。此时，标准石油公司为反击负面宣传做出的努力全部付之东流。

图 5-5　标准石油公司的听证会：貌似微不足道的事情实则至关重要

资料来源：*Wall Street Journal*，1908 年 6 月 8 日。

负面舆论的高涨促使政府再下决心，对标准石油发起更猛烈的法律打击。原本就厌恶托拉斯的罗斯福总统首当其冲，牵头对标准石油公司提起指控，而且把这轮打击一直维持到总统任期结束之后。1909 年，联邦法院做出不利于标准石油公司的裁定，并下令对公司进行分拆。标准石油公司当然不会善罢甘休，遂提出上诉，试图继续在法律和公共关系层面展开反击。尽管标准石油公司为反驳定价和不合理收益指控而据理力争，但最高法院最终维持原判，并最终裁定解散标准石油公司的托拉斯联盟。从 1911 年 6 月 21 日起，标准石油公司在 6 个月内完成了分拆程序（见图 5-6）。

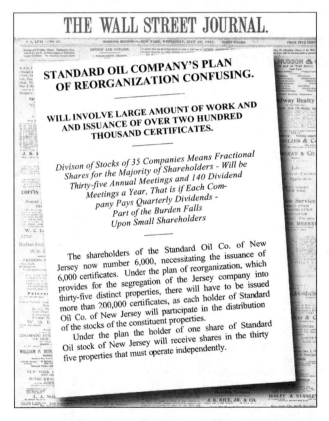

图 5-6　标准石油公司的分拆：突如其来的解体

资料来源：*Wall Street Journal*，1911 年 7 月 26 日。

公司分拆的主要依据是经营实体所属的地域。最初的控股公司变成新泽西标准石油公司（后改名为埃克森美孚，Exxon），从诸多指标衡量，该公司是标准石油拆分后最大的单一实体，拥有原信托公司 40% 以上的资产总额。规模紧随其后的是纽约标准石油公司（后改名为美孚石油，Mobil），资产约占原信托公司的 10%。其他公司包括：加利福尼亚标准石油（后改名为雪佛龙石油，Chevron）、俄亥俄标准石油（后成为英国石油公司 BP 的一个部门，而后成为阿莫科石油，BP Amoco）、印第安纳标准石油（后改名为阿莫科石油，Amoco）、大陆石油公司（Conoco）和大西洋石油公司（AREO）。这些公司直到第一次世界大战结束才进入股票市场公开交易（见图 5-7）。

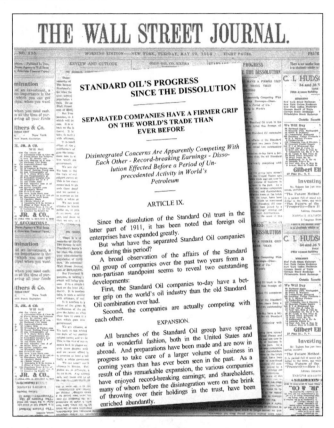

图 5-7　再度降临的垄断阴云

资料来源：*Wall Street Journal*，1914 年 5 月 19 日。

当时，市场对标准石油分拆后各家子公司的价值存在分歧。很多人认为，子公司的价值总额会因分拆而减少。就总体而言，坊间对分拆的反应分为两大阵营，双方观点均不容忽视。一种观点认为，由于小股东将获得不同的股份数量，而且他们对 35 个独立运营实体相对缺乏了解，因而会处于不利地位。而另一种观点则主要关注于分拆给行业结构带来的影响。有人担心，由于从事相同业务的公司数量开始增加，因而会导致价格更加不稳定，并最终危及独立生产商的生存。但也有人表示，分拆必然会导致提高各家公司的经营成本，进而提高最终产品的价格。具有讽刺意味的是，纵然是同一家媒体，几年前还在横眉冷对标准石油公司的垄断与妨碍公平贸易行为，如今，分拆带来的市场波动和价格上涨又让他们唉声叹气。不过，这种对分拆经济效应的担忧并不全面，它们显然没有考虑到汽车及燃油独立航运领域，尤其军事领域的需求特征变化。于是，新闻界不久便调转枪口，转向反垄断阵营。

加州两大石油巨头——联合石油与标准石油

尽管联合石油公司（优尼科）在加州与标准石油公司展开了长时期的对峙，但直到标准石油公司被分拆，外界才最终取得加州公司的年度报告。因此，两家公司的比较期间实际是分拆后的十年。1911年，两家公司的净收入均为350万美元左右（相当于今天的1.9亿美元）。两家公司的资产收益率也大致相当，其中，优尼科的净收益为5 900万美元，标准石油公司为4 900万美元。在股权收益率方面，优尼科的数据似乎更胜一筹——其中，标准石油的资产负债表几乎没有债务，优尼科的财务杠杆水平适中。因为标准石油对资产采用了较高的折旧率，因此，人们原本以为它会有更高的利润。换句话说，通过对比两家公司的资产账面价值，会低估标准石油的优势（见图5-8）。

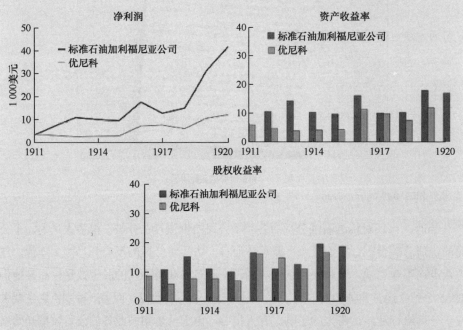

图 5-8 分拆后的比较：优尼科与标准石油

资料来源：Union Oil of California annual reports. Standard Oil of California annual reports. CRSP, Center for Research in Security Prices, Graduate School of Business, University of Chicago, 2000. (Used with permission. All rights reserved. www.crsp.uchicago.edu.) *New York Times. Commercial and Financial Chronicle.*

但是从 1911 年起，情况开始发生巨大变化。不同于优尼科，标准石油公司持续增加提炼产品的产量和发货量。与相对较高的资产折旧率相结合，标准石油公司的利润大幅增长。即便在 1912 年至 1914 年价格趋于不利的背景下，其资产收益率依旧有所提高；而后，随着价格向着有利方向变动，利润出现大幅增加。与之相比，优尼科的净利润仍然停滞不前，仅在价格上调时才会有所增加。因此，在价格疲软的环境下，优尼科根本无力维持股息，而且只能依赖现金偿付来维持合理的债务水平。对投资者而言，优尼科在 1920 年之前十年间的表现是合理的。在不断增长的市场中，它始终是一家处于优势地位的企业。但标准石油公司的加州业务则与优尼科形成了鲜明对比：在作为标准石油子公司和通过分拆成为独立公司这两种情况下，这家公司的经营业绩出现了惊人差异。在作为独立企业的情况下，标准石油加利福尼亚公司在 1920 年实现的净利润足足相当于 1911 年子公司的 10 倍；这个数字确实高得不可思议，但即使按年均增长率计算，净利润也不会低于 30%。更重要的是，标准石油公司取得的净利润增长，并没有牺牲公司的财务状况或是稀释股东的持股。在此期间，标准石油公司始终维持着较高的现金股息水平，并频繁取得股票分红。因此，在比较期末，标准石油公司的净资产已超过优尼科的两倍半。尽管两家公司的发展道路各不相同，但有一点是可以肯定的：他们为股东创造的收益相距甚远。有些人认为，走出托拉斯保护伞的标准石油子公司或将难以维持成长，甚至会丧失生存能力，但事实证明，这些人大错特错。

对新公司而言，经营环境已经和 21 世纪初的主流环境大相径庭。在比较期之前，使用原油提炼出来的主要产品就是煤油。作为高挥发性的轻质最终产品，汽油的产出率不足 20%，而且主要作为废物被扔掉。但是进入 20 世纪之交，市场对炼油业务的需求出现了天壤之别，此时，煤油灯开始让位于电灯，汽车产量也呈现指数形态的爆发性增长。此时，对润滑油和煤油的需求量已排在汽油之后。全球产量不再依赖于单一地区，而是形成一种由诸多产油国和地区共同主导的多边格局。最终，全球石油行业也不再受制于任何一家公司，新的、更强大的竞争者将应运而生。

在当时，大多数人包括经营者本身，都尚未意识到汽车这个新行业的巨大潜力。第一次世界大战之前，这些公司最关心的产品仍是煤油。尽管运输被视为重要的增长点，但很少有人会将汽车看作基本的经济动力。相反，人们更强调的是以重油为大型机械提供动力，并成为替代煤炭的基本燃料。因此，石油行业的目标消费者是火车及航运,尤其是海军装备。在 1911 年的年报中,加利福尼亚联合石油公司就曾提到以石油为机车和船只提供燃料的增长前景,但直到第一次世界大战结束后,他们才提到汽油的市场需求。即便如此,通过比较加州市场的两大运营商,我们依旧可以对石油公司的盈利状况略见一斑。

本章小结

尽管有很多相似之处,但是从白炽灯或机车发动机的意义上说,石油还算不上一项"新技术"。煤油的用途广为人知,其提炼过程本身也并无新奇之处。但人们对岩石油化学性质的认识显然是从无到有的过程,而这个过程的终点就是造就了一个全新的行业。最初,这个行业几乎是在不受任何监管的条件下野蛮成长,并在相当长的时间内体现出价格震荡和供应过剩的特征。尽管暂时性的垄断缓解了价格波动,但是就总体而言,在随后的一个世纪中,石油行业几乎对价格彻底丧失了敏感性。尽管资本成本已大幅上涨,但勘探和开采成本在产品价格上涨时仍会相应提高,并最终导致供应过剩和价格下跌。

波动性状况的消除,与一家新公司的成立及其强制推行的行业秩序休戚相关。标准石油托拉斯的目的,就在于创造和维持垄断定价带来的收益。托拉斯的优势并非来自对生产的控制,而是源于它在与分销商尤其是铁路公司谈判中掌握的筹码。铁路需要为建造基础设施投入高昂的固定资本投资,需要通过足够的吞吐量维持盈利能力。由于行业竞争非常激烈,供给严重过剩,因此,一旦某个客户能借机渔翁得利,即有可能主宰这个行业。凭借强大的资金实力以及敢于为运费提供担保的冒险意识,标准石油公司异军突起,将其在炼油业务中积累的局部优势转化为无与伦比的统治者地位。

随着标准石油公司的成功几近成型,海外竞争对手也开始在各自政府的支持下迅速成长,尤其是石油作为军用燃料的前景日渐显现时,全球市场也呈现出风起云涌的态势。尽管标准石油公司仍是行业主导者,但其不再是不可一世的绝对垄断者。有趣的是,刺激石油勘探热潮的动力是来自煤油,而不是汽车燃料的需求。对发动机燃料的需求始于大规模发电,而且主要需求方是海军部门,但是在石油生产进入到第 30 个年头时,随着汽车作为基本运输方式的可行性被最终验证,汽车燃料的需求开始飞速增加。然而,在汽车燃料需求最终主导石油行业之时,面对反垄断法和负面舆论的双重夹击,标准石油公司已经在分崩离析的道路上不可逆转。

从标准石油公司的经营层面上看，托拉斯对市场的最大影响，或许就是它给主要产品带来的价格稳定机制。图 5-9 详细描绘了 1890 年到 1917 年间的煤油价格走势。显而易见，在每次价格上涨后，都会稳定在这个变动后的新价格水平上。在此期间，尽管需求还在继续增加，但如果没有某种程度的串谋或控制，就不可能出现清晰的定价行为模式。结合标准石油公司的收益，可以清晰地看到垄断地位给它们带来的好处。但具有讽刺意味的是，这些反托拉斯案本身很少关注宏观层面的垄断证据，而是更强调执法者描绘的个别滥用和操纵事件。实际上，如果从历史角度孤立地审视这项事件，它们或许会显得微不足道。

图 5-9　美国煤油的批发价，宾夕法尼亚州煤油价格：真的是市场力量吗
资料来源：NBER Macro History Database. US Bureau of Labor Statistics. *Oil, Paint and Drug Reporter*.

因此，对未来拥有类似市场地位的组织来说，标准石油公司的经历显然可以为它们提供有借鉴价值的经验和教训。最明显的是，只要掌握足够多涉嫌滥用市场控制权的证据，那么，任何基于宏观层面的反驳都将变得软弱无力。历史表明，尽管并非所有接受反垄断调查的公司都会汲取以往教训，但对拥有市场主导地位的公司来说，只要面对多宗不利起诉，最终命运几乎可以注定。例如，在 20 世纪 90 年代末和 21 世纪初的反垄断调查中，微软采取的对策足以见得，公司与政府据理力争会带来怎样的后果，他们对类似的历史事件几乎一无所知。相比之下，作为单一实体，AT&T 的长期生存恰恰是因为他们很清楚，企业的未来取决于能否与政府达成和解。

标准石油公司的分拆仍留下一批超大型企业。当时，整个石油行业正处于快速增长阶段，早已超越依赖最初主要产品（煤油）所能达到的水平。但这个行业依旧用了很长时间，才最终认识到汽车所带来的衍生需求的巨大潜力。最初，无论是在美国还是全世界，石油公司都未看好汽车的前景。标准石油公司不仅是石油行业的巨无霸，强大的盈利能力也让他们造就了世界上最大的金融垄断集团——不仅拥有了强大的银行业务（后来演化为花旗银行），并最终让银行业务达成更高层面的金融联盟（见图 5-10）。

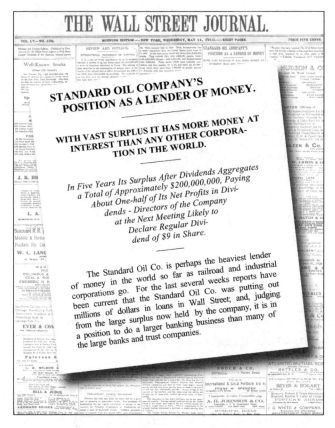

图 5-10　标准石油的利润造就了一家金融机构

资料来源：*Wall Street Journal*，1910 年 5 月 11 日。

── 第六章 ──

驶向未来
汽车的历史

平淡无奇的"无马马车"如今已成为富人的奢侈品;虽然未来它的价格可能会下降,但它肯定永远不会像自行车这么普及。

——《文学文摘》(*The Literary Digest*),1899年10月14日

马肯定会留下来,但汽车只是一种新奇的玩物,或者说,一种时尚。㊀

——针对福特汽车公司的潜在投资向亨利·福特的律师提供的建议

㊀ S.T.Bushnell, *The Truth About Henry Ford*, Chicago: Reilly&Lee, 1922, pp.56–57. Quoted in C. Cerf and N.S.Navasky, *The Experts Speak: The Definitive Compendium of Authoritative Misinformation*, New York: Villard, 1998, p.249.

寻找"无马马车"之旅

汽车对20世纪运输业的改造,和铁路对19世纪经济与社会的改造一样,都给人类社会带来了深刻和剧烈的影响。其实,汽车诞生与发展的里程可以归结为三个大事件。第一,在三种相互竞争的关键性技术中,哪项技术将最终成为自行式车辆的基本动力。在这场对峙中,尽管汽油驱动的内燃机摆脱了蒸汽和电力的挑战,并最终成为这场竞赛的赢家,但问题的解决却经历了相当长的时间。第二,在数百家着手制造和销售汽车的公司中,谁会成功地生存下去,并成为行业领导者。第三,或许最为关键,汽车行业的领导地位到底属于美国还是欧洲。在当时,每一个涉足汽车行业的投资者都要权衡这三个问题。

尽管19世纪人类历史的印痕主要来自于铁路的发展和影响,但它并未彻底改变和塑造运输领域的每一个方面。在美国,短途旅行仍是马车的天下——包括四轮马车、马匹或是安装在铁轨上的马拉车。不计其数的资金被投入到铁路开发建设中,以至于可发展公路运输的资金已寥寥无几,这就形成了一个并存的双重系统——适用于长距离运输或重型货物运输的铁路和用于短途旅行的马。在欧洲,城市居住区和市场之间的距离相对靠近,因此,在整个19世纪,面对日益增长的运输需求,铁路与公路呈现出并行发展的态势。

尽管蒸汽机是为铁路运输提供动力的技术,却始终未能兑现很多人寄予它的厚望,那就是,为可独立运行的运输工具提供动力,而不是必须依附于铁轨的车辆。此时,在人类探索自驱动车辆或"无马马车"的过程中,蒸汽动力只是众多可选方案之一。从本质上说,这些车辆都是为使用天然气、松节油和酒精等燃料而设计制造的。对汽油而言,最大的问题就是行驶单位距离需要携带的燃料体积太大。早期迹象令人鼓舞;随着煤气的出现,人们似乎找到了可以替代蒸汽的燃料。燃气发动机的早期成功出自比利时人让-约瑟夫·勒努瓦(Jean-Joseph Lenoir)之手,他的设计在法国取得专利权。尽管这项成果博得媒体一片喝彩,但体积与功率问题依旧没有得到解决。出于这个原因,勒努瓦的成功再次被证明,煤油的未来只是一场虚幻。采用酒精和松节油燃料的发动机同样未能取得任何进展,原因是这些燃料的供给受到限制,导致成本过于高昂。

在开发机动车(自备动力车辆)的这场竞赛中,以汽油为动力的内燃机将成为最终的赢家。但这场竞赛必将是一场旷日持久的拉锯战。在竞赛的早期阶段,谁胜谁负远未明朗——汽油、蒸汽和电动汽车都在争夺有限的开发资金和市场份额。尽管让-约瑟夫·勒努瓦的发动机没有成功，但这项发明意义非凡，因为他激起了人们对机动车的巨大关注，其中，就包括来自德国南部乌登堡（Wurtemburg）的戈特利布·戴姆勒（Gottlieb Daimler），这位雄心勃勃的工程师拉开了这场竞赛的大幕。

欧洲的先驱者

戴姆勒出身于面包师世家，后来改行从事工程学，在一家卡宾枪制造工厂做学徒，然后，他又来到斯特拉斯堡附近的一家公司学习机械学，并从事铁路车辆和桥梁的建造。但戴姆勒并不认同勒努瓦设计的机器，于是，他来到英国，在这里研究"工业革命"的最新成果。1863 年，戴姆勒回到德国乌登堡，负责斯图加特附近一家工程集团的经营事务。但这家集团更像是一个慈善组织，而非营利机构；到 1870 年，挫败感促使戴姆勒开始寻求新的职业方向。以往的职业背景让戴姆勒的努力得到回报——此时的戴姆勒不仅拥有娴熟的技术，还是一位经验丰富的经营管理者，在当时绝对是难得一见的复合型人才。最初，戴姆勒进入卡尔斯鲁厄机械制造有限公司，成为公司的总经理。巧合的是，这家公司的绘图部门刚刚聘用了一位名叫卡尔·本茨（Carl Benz）的绅士。戴姆勒负责公司的全部事务——从桥梁工程到发动机和机车的制造。

在 1867 年的巴黎博览会期间，新型"奥托与兰根"大气蒸汽机让勒努瓦的展品黯然失色。他们的发明不仅给戴姆勒留下了深刻印象，博览会的评委也毫不吝惜地为两位德国发明家及其发动机颁发了金奖。这次积极宣传让尼古拉斯·奥托（Nicolaus Otto）和欧根·兰根（Eugen Langen）名声大噪，也给他们的新公司德国燃气发动机工厂（Gasmotoren-Fabrik Deutz）带来了 500 多份订单，以及 2 000 份意向采购订单。为了建造我们今天所说的"概念车"，兰根和奥托需要一个负责筹建和管理商业化生产过程的管理者。

戴姆勒接受邀请填补了这一空白，和他一起到来的还有一位名叫威廉·迈巴赫（Wilhelm Maybach）的同事。基于戴姆勒在英国从事精密工程制造时掌握的技术，结合他拥有的流程管理知识，他们共同把生产工艺和产品质量提升到商业化水平。巴黎博览会上展出的二冲程发动机很快便让位于奥托公司开发的新型四冲程发动机。戴姆勒认为，四冲程发动机的专利权应附上他的名字，但遭到兰根的拒绝。

随后，奥托和戴姆勒之间的矛盾也不断升级，以至于兰根不得不屈服于奥托，开除了戴姆勒。但戴姆勒觉得，这种以天然气为燃料的机器大大限制了它的实用性。埃德温·德雷克在宾夕法尼亚州发现的可燃性物质给他带来了启发，并对使用这种新燃料的可能性产生了浓厚兴趣。但他在这个方向上的探索始终遭到奥托的反对。因此，在帮助奥托创建道依茨公司（Deutz Company）十年后，戴姆勒终于发现，要继续追求自己的梦想，就需要另立门户。

戴姆勒显然并不是唯一意识到石油蒸馏产品潜力的人。卡尔·本茨也在沿着这个思路进行探索。和戴姆勒一样，本茨也出生在德国南部，在他年幼时，担任铁路工程师的父亲就因肺炎去世，这就迫使母亲收留寄宿学校的学生，以支付本茨的学费和他对工程技术的迷恋。和戴姆勒相似的是，本茨也在年轻时掌握了机车发动机和桥梁建设工程方面的实践经验。当然，两个人还有另一个相同之处，本茨同样是一个坚持主张、轻易不言放弃的人，这也导致他和原来的商业伙伴各奔东西。而在本茨的经历中，他亲手协助创建的公司董事会，也拒绝在运输车辆中使用他设计的发动机。事实上，本茨的抗议确实让董事会感到极度不安，以至于他们甚至怀疑本茨的理智。因此，本茨的辞职，或许是他们求之不得的事情。⊖

1883年，本茨成立了自己的莱茵本茨煤气发动机公司（Benz & Co.Rheinische Gasmotoren-Fabrik）。这家公司专门从事燃气发动机的设计与制造，在资金充裕的情况下，本茨也会涉足自备动力汽车领域的研究。本茨开发的固定式煤气二冲程发动机颇受市场青睐，也为公司赚到了足够的收入，更为满足他对运输工具的兴趣提供了资金支持。在这方面，他采取了与戴姆勒相同的思路，开始尝试设计改进型四冲程发动机。和戴姆勒相似的是，他也曾猜测，来自宾夕法尼亚州和巴库油田的废品或将价值连城。

通过蒸馏或提炼，来自这些油田的原油被加工为两种主要产品。第一种也是当时最重要的产品是煤油。第二种产品是重油，主要用于工程润滑剂。提炼后剩下的废料是轻质的高度易燃物。由于易燃带来的高危险性，因此，妥善处理这些废物对石油行业来说并非易事。但戴姆勒和本茨等工程师却在思考，它能否成为他们的内燃机所需要的燃料呢？这种废物有很多名字，在德国被称为"挥发油"（benzin）；在法国被称为"加汽物质"（essence de petrol）；而在英语中的名称则是"燃气油"（petrol，英式英语的说法）或"汽油"（gasoline，美式英语的说法）。

戴姆勒在当时需要解决的问题是，四冲程发动机的专利权属于奥托。因此，

⊖ B. R. Kimes, *The Star and the Laurel: The Centennial History of Daimler, Mercedes, and Benz, 1886–1986*, Mercedes Benz of North America, 1986, p.30.

这必然会妨碍他和迈巴赫对在四冲程发动机方面取得的成果进行商业化。当然，这也是当时所有四冲程发动机设计者共同面对的问题，本茨也不例外。不过到了1886 年 1 月下旬，考虑到奥托在申请专利之前，这些发明已在法国先行出现——早在 1873 年，法国人就已经制造出可以自动行驶的车辆模型，据此，德国法院宣布奥托享有的专利无效，而戴姆勒和本茨等人面对的问题也迎刃而解。因此，所有开发者现在都可以自由采用四冲程发动机技术。

实际上，在诉讼进行的过程中，戴姆勒始终没有停止对发动机的研制工作。因此，在法院做出判决时，他的发明几乎已经成型。按照和道依茨公司签署的非竞争条款，戴姆勒此前曾提出把发动机专利交给这家公司，但公司却不予理睬。可以想象，道依茨公司的老板肯定会对自己的清高后悔不已。在此期间，本茨同样没有坐享其成，而是始终把研究车辆当作自己的副业。无论是戴姆勒还是本茨，都试图在不被人关注的情况下开展工作——这当然有商业机密方面的原因，但更重要的是，他们都很清楚自己的试验对象非常危险，而且这种挥发性燃料的危险性已众所周知。戴姆勒以向女儿赠送礼物为幌子，订购了一辆传统马车，并把这辆马车用作发动机的底盘。本茨也是在自己的私人庄园的秘密场所试验自制汽车。

1886 年，本茨和戴姆勒各自独立制造了第一辆以汽油为动力的汽车。最初，公众对他们的作品几乎毫无兴趣。此外，两个人的试验资金也都来自销售原有固定式发动机的收入。直到 1888 年的柏林工程博览会，人们的看法才发生变化，本茨的展品一举获得金奖。此时，媒体也开始对他的新车如痴如醉，观摩他展品的人群前呼后拥。遗憾的是，这次成功的展览并未带来订单。本茨后来曾回忆说，他唯一的潜在客户在尚未掏腰包之前便被送到疯人院。⊖但本茨也并非一无所获，他公司的法国代表埃米尔·罗杰（Emile Roger）向本茨购买了一辆汽车，这也让他成为世界上第一位拥有汽车的人。

戴姆勒获得的成果丝毫不亚于本茨。和本茨一样，他不仅与法国的发动机经销商建立了业务联系，还与长岛的钢琴制造商威廉·施坦威（William Steinway）开展了合作，在美国销售自己的产品。施坦威（或称施泰因格）是移民美国之前在德国使用的姓氏，他成为戴姆勒在美国开发市场的关键人物。不过，和当时几乎所有的商业客户、合作伙伴或金融家一样，施坦威也不看好这种自备动力车辆的可行性或市场前景。但发动机本身的成功引人关注，并最终促成戴姆勒汽车公司（Daimler Motor Company）在 1889 年成立于纽约。戴姆勒并没有把发动机的用途

⊖ B. R. Kimes, *The Star and the Laurel: The Centennial History of Daimler, Mercedes, and Benz, 1886–1986*, Mercedes Benz of North America, 1986, p.43.

局限于车辆，还用于船只和气球等更多场合，而对气球的潜在价值给费迪南德·冯·齐柏林（Ferdinand von Zeppelin）带来了试验灵感。

但机动车在德国并没有引发更多的关注。相反，真正刺激自动力车辆增长的源泉是巴黎。1889 年，为纪念法国大革命一百周年而举办的巴黎博览会吸引了超过 2 500 万游客，展会中最引人瞩目的，当属战神广场上由亚历山大·古斯塔夫·埃菲尔（Alexandre Gustave Eiffel）设计的一座金属塔。就是在这次博览会上，戴姆勒和本茨展出了各自制造的车辆，尽管凭借发动机的创新和改进，让戴姆勒赢得了专业人士的一致好评，但公众对他的车辆显然兴趣不大。历史悠久的标致钢铁产品公司（Peugeot）也带来自己的蒸汽动力车辆，但同样没有给人留下多深的印象——甚至连阿尔芒·标致（Armand Peugeot）本人都不以为然。相反，他对戴姆勒带来的发动机更感兴趣，以至于在博览会闭幕不久，他就购买了戴姆勒制造的发动机。标致对机动车的未来潜力深信不疑，为启动动力车辆的设计和制造计划，标致迫切需要一款合适的发动机。发动机产品的成功既给戴姆勒带来了希望，也为其带来了压力，显然，为进一步扩大成功，戴姆勒仍需筹集更多的资金。1890 年，他个人出资 60 万马克（相当于今天的 1 100 万美元）创建了戴姆勒汽车公司（Daimler Motoren Gesellschaft mbH）。随后，由于更多外部资金的注入，戴姆勒对这家公司持有的股份被稀释到 1/3，这也让他失去了对公司的控制权。

没过多久，戴姆勒和其他股东在公司的未来发展方向上出现分歧。戴姆勒希望开发使用自己发动机的车辆，而其他股东则希望继续以固定式发动机为中心，毕竟，这款发动机不仅很赚钱，而且已被市场广泛接受。此时，标致已开始设计配备戴姆勒发动机的汽车，而本茨不知何故也开始通过代理人埃米尔·罗杰出售汽车，这些消息让戴姆勒感到更加焦躁不安。到 1893 年，本茨已改进了他本人最早的三轮汽车，并推出了一款被命名为"维多利亚"的四轮汽车。本茨先后制造了 45 辆"维多利亚"牌汽车，其中大部分被销往法国。

博取眼球之争

如果说汽油动力汽车在欧洲只建立了一个微不足道的滩头阵地，那么，它在美国基本上还不存在。但是通过与威廉·施坦威合作创建的企业，戴姆勒在美国总算有所收获。戴姆勒的发动机在美国有很好的销量，而且已经有客户对他的"戴姆勒"船跃跃欲试，这款 50 英尺动力船的零售价在 815 美元到 7 000 美元

（相当于今天的 6 万美元到 50 万美元）之间。但运抵美国的两辆汽车始终没有售出。1893 年，在为纪念发现美洲大陆而在芝加哥举办的世界哥伦比亚博览会上，戴姆勒的汽车几乎没有引起任何关注。和之前的巴黎博览会一样，芝加哥市政府也决定兴建一座大型工程中心。为此，他们委托一位名叫乔治·费里斯（George Ferris）的伊利诺伊州工程师建造了一个摩天轮，转动的轮子可以把游客带到高空，俯瞰整个展览区的壮观景色。戴姆勒在这次博览会上展示了自己的车辆。据史料记载，当时有一名参观者对戴姆勒的展台表现出浓厚兴趣，这个人是底特律爱迪生照明公司的一名员工，这个人就是亨利·福特（Henry Ford）。总体而言，这次展出并未唤起足够的关注，唯有汽油动力汽车在法国销量增长的消息引起了美国人的兴趣。

为增加发行量，各大报纸纷纷组织和赞助了一系列的汽车拉力赛，这些比赛进一步点燃了人们对汽车的热情。第一次公路汽车拉力赛于 1893 年 7 月在巴黎和鲁昂之间进行，参赛车辆为蒸汽及汽油发动机驱动的汽车。据记载，比赛奖金由两辆使用戴姆勒发动机的汽车获得，其中的一辆汽车由法国标致公司制造。这一赛事引发的热潮在美国被广泛报道，在 1895 年的感恩节当天，《芝加哥时代先驱报》（*Chicago Times-Herald*）出资 5 000 美元（相当于今天的 35 万美元），举办了美国第一场汽车比赛。此外，他们还资助举办了一场为新型车辆命名的比赛。最终获胜的词汇为"motorcycle"，但这个词并没有流行起来。最后，英语中的"汽车"一词采用了法语中的词汇"automobile"。

在美国和法国已经举办汽车拉力赛的情况下，英国也决定开始效仿。在获得戴姆勒授权的英国公司的支持下，1896 年，汽车迷们在伦敦到布莱顿之间组织了一场名为"解放跑"的汽车赛，以庆祝限制汽车速度的《红旗法案》被废止（见图 6-1）。当初制定这项法案的部分原因出于对道路安全的担忧，但更主要的推动力来自那些因汽车而受到影响的运输企业。1896 年之前的英国法律规定，每辆汽车至少需要三人驾驶，行驶速度不得超过 3 英里/小时，并且还应由一名举着红旗的人跑在汽车的前面。在 1896 年废除这项法律的时候，很多运输公司也加快了追赶的步伐；也有很多公司已开始生产汽车。

汽车越来越流行，并开始赢得更多的支持。尽管全球汽车销量的绝对数字仍然很有限，但不可否认的是，汽车时代即将到来。正如当时媒体所报道的那样，汽车流行的关键就是一系列的汽车拉力赛（见图 6-2）。大型博览会和行业展销会无疑为这个新兴行业的发展提供了一个良好的展示机会，但是和汽车拉力赛专栏的影响力相比，对这些展览的泛泛报道几乎可以忽略不计。

在英国，机动车辆早已受到《红旗法案》（redflag legislation，旨在对危险行为加以限制的一项道路交通法规）的限制，按照该法案，车辆前方必须由一名手持红旗的男子开路，以提醒路人。而德国对动力运输的限制略为宽松。1893年11月，德国巴登州内政部也对本茨的汽车发布公告，对车辆在公共道路上的运行速度做出限制。这则公告的意思大概是：汽车在农村地区的速度不得超过12公里/小时，在市区或急转弯附近的速度不得超过6公里/小时。此外，该公告还规定，驾驶许可不仅适用于规定期限，而且随时需要接受新的限制。对巴登州的少数意向购买者来说，这则公告无异于告诉他们：不要购买本茨的汽车。

立法规定迫使本茨抛出一个精心设计的骗局，以缓解甚至完全逃过新规的限制。首先，他用钱买通当地的送奶工，在负责新道路法规的内政部长访问巴登州期间，配合本茨上演一出戏。本茨邀请部长乘坐自己的汽车进行视察，部长接受了邀请。随后，本茨专门派车到铁路车站迎接部长，后者稳稳当当地坐上汽车，然后，汽车沿着限速道路开往与本茨会面的地点。随后便发生了本茨精心策划的这场戏。就在车辆沿着上坡路段缓慢行驶时，送奶工赶着马车从后面超过汽车，并听从本茨事先叮嘱的话，肆无忌惮地对他们大加嘲讽。可以想象，这位部长大人当然不会觉得好笑。他要求司机加速超过这辆让自己蒙羞的马车。司机最初拒绝了，并听从提到部长本人制定的限速规则。愤怒的部长口头宣布取消新规，告诉司机把规定扔到一边，以便于让汽车超过牛奶车，并要求司机对送奶工进行报复。这或许是历史上持续时间最短的限速规定吧。

图6-1 第一辆汽车：第一个限速法案

资料来源：B. R. Kimes, *The Star and the Laurel: The Centennial History of Daimler, Mercedes, and Benz, 1886–1986*, Mercedes Benz of North America, 1986, p.56.

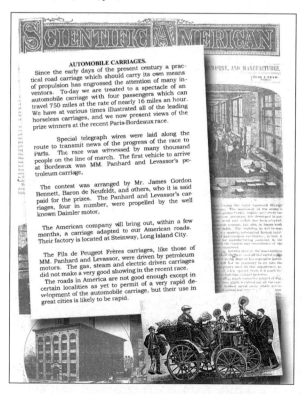

图6-2 早期的汽车拉力赛：耐力测试比大奖赛更多

资料来源：*Scientific American*，1895年7月20日和1895年6月22日。

实际上,"梅赛德斯"(Mercedes)是一个以某种非正统方式出现在戴姆勒公司的品牌。埃米尔·耶利内克(Emil Jellinek)是维也纳的商界富豪,也是戴姆勒在当地的汽车经销商,按照双方约定,只要销量足够大,买家就可以对产品提出定制要求。耶利内克订购了四辆戴姆勒汽车,条件是确保驾驶速度超过 22 英里/小时。尽管最初有所顾虑,但戴姆勒还是无法拒绝这么诱人的订单,四辆汽车按时交付给耶利内克,而且直接送到他在法国里维埃拉的冬季度假村。随后,耶利内克将其中的两辆车卖给亨利·罗斯柴尔德男爵(Henri de Rothschild)。在尼斯拉力赛上,耶利内克在自尊心和财富上的双重超越彻底刺激了男爵。当时,车手以假名参赛的情况很常见,耶利内克也采取了这种做法,使用了自己女儿的名字:梅赛德斯。尽管按耶利内克要求定制的一辆"快速"汽车导致戴姆勒的一名工头丧生,但对速度的渴求还是让耶利内克说服戴姆勒为自己建造一辆新车,并把这辆车命名为"梅赛德斯"。

但最有说服力的还是金钱。进入 20 世纪初,耶利内克向戴姆勒提供了一份 36 辆汽车的订单,估计价值为 13 万美元(相当于今天的 1 000 万美元)。他的全部要求就是为这些汽车命名,并取得在美国和西欧大部分地区的独家销售权。这批汽车堪称杰作,最高时速达到 55 英里/小时,速度足足比之前的汽车高出 50%。在所有汽车赛中,这批梅赛德斯汽车都会让所有对手望其项背,尤其是早期的小型奔驰汽车,更是只能望车兴叹。尽管汽车在不限制其使用的法国取得成功,但整个欧洲汽车市场最终还是被来自美国的大潮所湮没。

美国的汽车业革命

在美国,汽车确实经历了相当长时间才引起人们的关注,直到 19 世纪 90 年代中期,情况才开始发生变化。欧洲汽车赛事的报道以及戴姆勒和奔驰在汽车领域的发展,开始让美国舆论躁动不安,随后,美国也开始出现自己的汽车。巴黎—波尔多—巴黎拉力赛的报道彻底激发了美国人的好奇心,到 1895 年 9 月,美国专利局已收到 500 多项与汽车有关的申请。随着这些专利的前景得到更多人的认可,一位名叫乔治·塞尔登(George Selden)的纽约专利律师以"压缩式液体碳氢化合物引擎"驱动的"改进型道路发动机"申请专利。这项专利在 1895 年 11 月获得批准,此时距离他最初提交申请时已经过去了 15 年。从汽车本身上看,塞尔登的专利显然并不代表技术前沿,但他无疑是最早认识到欧洲汽车发展重要性的先见者之一。

其他人也拥有和他一样的梦想，并且在制造技术上已远远超过塞尔登提出的理论结构。尤其是在 1895 年之前的这段时间，美国的汽车技术呈现出令人振奋的进步，在美国，人们制造并测试了一系列汽车。在 19 世纪 80 年代末到 90 年代初，密歇根州的机械师兰塞姆·奥尔兹（Ransom Olds）率先制造出蒸汽动力汽车。爱荷华州的威廉·莫里森（William Morrison）设计并制造了一辆电动汽车，并于 1892 年在芝加哥公开展出；1894 年，费城的亨利·莫里斯（Henry Morris）制造了一辆名为"电动蝙蝠"（Electrobat）的电动汽车。至于以汽油发动机提供动力的汽车，查尔斯·杜里埃（Charles Duryea）和弗兰克·杜里埃（Frank Duryea）兄弟在 1893 年推出了他们的第一个成功车型，1895 年，这款汽车在《芝加哥时代先驱报》汽车拉力赛中一举击败更重的奔驰汽车（见图 6-3）。有趣的是，决定比赛胜败的重要因素是汽车设计本身：奔驰汽车的设计是针对欧洲相对较好的路况，而杜里埃兄弟不得不考虑美国最常见的砂石劣质道路。比赛气候条件恶劣，而且道路泥泞，奔驰汽车实在是太重了，以至于根本就不是对手。

图 6-3　嗅觉敏锐的媒体：《芝加哥时代先驱报》汽车拉力赛

资料来源：*Scientific American*，1895 年 8 月 3 日。

就总体而言，早期"汽车赛"比拼的是耐力，而不是速度，当然，尽管随着时间的推移，汽车稳定性的提高，速度才成为重要因素。1904 年，在威利·K.范德比尔特（Willie K.Vanderbilt）的赞助下，美国汽车协会主办的"范德比尔特挑战"杯汽车赛在长岛举办，最后，一辆平均时速超过 50 英里的汽车获得冠军。这已经比早期的比赛精彩得多；在那时，对汽车还没有什么好印象的观众经常会喝倒彩——"找一匹马来吧！"引入欧洲盛行的汽车赛，对汽车产业的发展至关重要，因为它已成为吸引公众注意力的主要手段，尤其是从吸引未来研发资金的角度看，举办这些赛事绝对必要。美国对汽车工业的迫切需求，首先得到了媒体的明确认可，这显然有助于企业家们加速制造自己的汽车。可以说，新闻与汽车行业之间具有共生性关系。铁路、电力和电话的出现刺激了诸多报刊杂志的诞生，反过来，它们又以新闻报道的形式反哺这些行业的进一步增长，汽车也不例外。譬如，美国《无马时代》杂志（*The Horseless Age*）和英国《汽车》（*Autocar*）等出版物在 1895 年的问世，完全是为了迎合人们对新型交通工具日益增长的兴趣（见图 6-4、图 6-5）。

图 6-4　意外收获：被范德比尔特汽车撞上的比赛

资料来源：*Horseless Age*，1901 年 1 月 2 日。

> 威廉·K.范德比尔特曾经从德国康施塔特运来一辆戴姆勒汽车，绰号为"白色幽灵"。当时的人们把威廉·K.范德比尔特称作"威利·K"。威利·K 经常架着这辆汽车在长岛高速行驶，在此过程中，难免要经常遇到当地的警察和放牧的牲畜。在撞到牲畜的时候，威利只需向受害者支付赔偿金即可解决问题。这逐渐也成为当地很多人的生财之道。于是，只要在曼哈顿的渡轮上看到他的"白色幽灵"，长岛的当地人就会把年迈乏力的牲畜赶到道路中间，然后想方设法让这些倒霉的牲口与这辆汽车发生"接触"。有些农民甚至刻意购买有残疾的马匹。"农民们发现，一匹马的价格最多不超过 6 美元，但如果被范德比尔特的汽车撞死，可以得到 65~100 美元的赔偿金……可以想象，这些可怜的动物会经常被推到他的汽车上。而后还会爆发一场混战：到底哪匹马是第一个被撞到的幸运者……据报道称，在长岛，威利·K 需要为 1 英里的快乐之旅付出 47.23 美元的代价。不过，几个视力不佳的投机者误把别人的汽车当成范德比尔特的汽车，终于为这场大屠杀画上了句号。因为这让威利·K 心生狐疑，并宣布准备'聘请索赔代理人进行损失评估'。"

图 6-5　范德比尔特的汽车来了……损失评估员也随之而来

资料来源：B. R. Kimes, *The Star and the Laurel: The Centennial History of Daimler, Mercedes, and Benz, 1886–1986*, Mercedes Benz of North America, 1986, p.95.

在 19 世纪 90 年代中期，欧洲在汽车设计和制造方面仍处于领先优势。但就在十年之后，这种优势便被北美地区的新制造商完全超越。在欧洲，每一辆汽车都是单独制造的，因此，汽车的运行和维护成本非常高；由于欧洲的道路大多为柏油路，因此，汽车自重很大；此外，美国对进口汽车征收关税。在这种情况下，欧洲汽车对美国市场的渗透程度非常有限。

展示技术的有效性固然重要，但更重要的是，市场需要的是能以合理成本取代马车的汽车。缺乏可以驾驶汽车的道路是美国在这方面落后于欧洲的一个重要原因，美国非城市地区的硬面道路总长只有 200 英里。但不管出于何种原因，快速增长的经济及其创造的财富还是让美国迅速成为世界上最大的市场。在英国，现有运输企业，尤其是驿站马车和铁路必然会不遗余力地阻碍新竞争对手的进步，并形成了《红旗法案》这种实质性障碍。在欧洲大陆，人们越来越关注制造更大、更昂贵的车辆。因此，当时的市场缺口就是以成本合理的新运输方式取代原有的马拉车。这恰恰是美国发明家试图填补的市场空白。

杜里埃兄弟登堂入室

1895 年，主要由弗兰克·杜里埃制造的汽车赢得《芝加哥时代先驱报》汽车赛的冠军。这辆车是杜里埃兄弟多年工作的产物，之前多次尝试的失败，让心灰意冷的两人几乎放弃这个项目。但《科学美国人》杂志对欧洲奔驰汽车的报道，激发了美国人对汽车的兴趣。查尔斯·杜里埃和弗兰克·杜里埃兄弟坚信，凭借之前在自行车行业摸爬滚打积累起来的经验，再加上在工程和机械加工方面的知识，他们应该能制造出性能更优良的汽车。1892年，他们设法说服了来自马萨诸塞州斯普林菲尔德的埃尔文·马尔卡姆（Erwin Markham），将他的部分积蓄投资于这个项目。最初的尝试并不顺利，于是，查尔斯·杜里埃回到伊利诺伊州重拾旧业，和其他人一起从事自行车业务。面对忧心忡忡的马尔卡姆，弗兰克·杜里埃不仅需要修复和维护这位投资者的信心，还要想办法克服迄今为止尚无法逾越的技术障碍。

第一个需要解决的问题是实现受控燃烧，这也是内燃机工作的前提。1893年，通过对现有发动机进行重大改进，杜里埃顺利实现了打火点燃过程。但杜里埃取得这次成功的过程远非顺利：当时的经济和金融形势极为严峻，所有旁观者都在以近乎嘲讽的态度怀疑他。面对这种情况，实现对马尔卡姆的承诺和工程问题一样至关重要。虽然第一台发动机既没有强大的动力，效率也不高，但它在心理上带来的安慰非常重要，毕竟，杜里埃可以据此说服马尔卡姆，继续支持自己的探索。1893年9月，杜里埃制造出运转性能更优越的新发动机，并对安装这台发动机的车辆进行道路测试。根据发给报社的说明，杜里埃打算凭这辆汽车组建一家股份公司，按这份说明的"估计"，可以按400美元（相当于今天的近3万美元）的价格出售这辆车，利润相当丰厚。道路测试取得了成功，这辆车可以完全依靠自身动力实现运行。但该车的发动机功率并不高，再加上传动机构不尽如人意，这意味着，它不可能达到较快的行驶速度，甚至无法开上平缓的斜坡。

为解决传动问题，弗兰克·杜里埃参观了1893年的芝加哥博览会，在这里，他有机会见到通过威廉·施坦威进口的戴姆勒汽车。在展会上，他亲自驾驶了安装"奥托"四冲程发动机的汽车，并认真查看了离合器和齿轮传动机构。回到斯普林菲尔德之后，他开始说服马尔卡姆拿出更多的资金。他的努力得到了回报。但马尔卡姆毕竟资源有限，因此，杜里埃只能依靠口口相传去争取更多人的支持。1894年1月，经过数月废寝忘食、分文不取的工作，杜里埃终于向人们展示出一款能独立爬坡的汽车。尽管在进入商业化开发阶段之前，他还需对刹车等装置做进一步改进。但无论如何，弗兰克·杜里埃已拥有了一款成功的工作原型。

遗憾的是，下一开发阶段所需要的投入已远远超过马尔卡姆的能力和耐心，毫无疑问，他们需要引入其他人的资金。马尔卡姆已为此投入近3 000美元（现今超过20万美元），但项目还需要新的资金。1895年9月，他们以正在开发的汽车为依托，成立了一家股份公司。杜里埃汽车公司（Duryea Motor Wagon Company）

成为美国第一家完全从事汽车制造的企业。新募集到的资金确保新车得以完工，这辆车在面世后，便适时参加了芝加哥感恩节汽车赛，并一举拿下了 2 000 美元奖金。

弗兰克·杜里埃的这辆汽车或许是美国历史上的第一辆汽车，但不可否认的是，在美国，还有很多发明家和弗兰克一样，痴迷于实现这个目标。当然，汽车行业的市场进入壁垒，也是大多数新兴行业在形成阶段不得不面对的屏障。最初，公众对汽车持有怀疑态度，这会让银行将其当作高度投机性业务。这自然让银行认为，投资避开汽车行业绝对是明智之举。当然，19 世纪 90 年代初期的整体性经济衰退和拙劣的股市形势，也助长了这种怀疑态度。尽管缺乏银行资金支持并没有明显遏制汽车的早期开发，但这确实有助于将早期的努力集中在高档汽车上，以便尽快收回成本（前提是富人对价格相对不敏感）。对尚处于"手工作坊"阶段的汽车制造商而言，他们只需具备机械知识或者至少假设具备这方面的知识，但更重要的是说服供应商允许赊购材料的能力。很多已成立和新成立的公司都试图染指新型汽车。据估计，在杜里埃那辆勉强跑起来的汽车面世后的 20 年里，美国出现了超过 1 000 家、甚至多达 1 500 家汽车制造商。

尽管杜里埃汽车也曾取得成功，但兄弟俩创建的公司却没有生存下来，成了兄弟之争的牺牲品。1898 年，杜里埃汽车公司被出售给国家汽车公司（National Motor Company），但是在生产了 13 辆汽车后，这家公司实际上便已经停业。查尔斯·杜里埃继续经营着自己的杜里埃制造公司。这家公司成立于 1898 年，注册资本总额为 5 万美元（相当于今天的 375 万美元），但实际筹集的资金仅有 3 400 美元（相当于今天的 25 万美元）。杜里埃持有剩余的全部未售出股份。查尔斯·杜里埃还在继续制造汽车，但没有成功，他最终成为《汽车贸易杂志》（*Automobile Trade Journal*）的编辑。

而弗兰克·杜里埃的努力则取得了更大的成功，他与史蒂文斯·阿姆斯兵器公司（Stevens Arms and Tool Company）合作创建了史蒂文斯—杜里埃公司（Stevens-Duryea），从事高端汽车的生产制造，在取得一定的成功之后，在 1916 年被西屋公司收购。对弗兰克·杜里埃来说，至少他还取得了一些资金回报——西屋公司以 50 万美元（相当于今天的 2 200 万美元）的价格买下他持有的股份。在交易完成后，汽车生产延续了一段时间，尽管股权结构屡次变化，但最终无疾而终。到 1924 年，公司把工厂和房产卖给斯普林菲尔德车身公司（Springfield Body Company）。尽管杜里埃兄弟创建了美国的第一家汽车公司，而且对美国汽车行业的兴起功不可没，但这些成就还不足以让他们成为市场的主要参与者。他们的故事也很快被各种花边新闻所覆盖。可以说，杜里埃的汽车也造成了有史以来第一场被记录在案的交通事故。这次事故发生在 1896 年的纽约市,汽车司机遭到拘捕和监禁。

在无马马车的发展进程中,每取得一次令人振奋的突破,几乎都会不可避免地吸引到一批试图把振奋转化为金钱的人。有些人历尽艰辛,饱尝挫败之苦,只为能造出性能更优越、价格更便宜的汽车。但有些人只想挣快钱,他们把对未来需求的预期当作筹集资金的筹码,但丝毫没有去满足这种需求的意图。爱德华·J.潘宁顿(Edward J. Pennington)就属于后者,他声称自己拥有发动机技术领域的专业知识、价值连城的专利以及能迅速抢占市场份额的汽车生产能力,然后便依靠这些噱头成立多家公司。和所有股票销售员一样,他确实在这些方面掌握了足够的技术知识,说服财经媒体对他的愿景笃信不疑,并在人们对自己心悦诚服的情况下拿到了资金。潘宁顿让自己的汽车照片和商业计划出现在各大财经贸易媒体上,这也帮助他筹集到大量资金。尽管潘宁顿的主张缺乏实质性内容,几乎就是虚张声势,但他用事实表明,如果环境足够乐观,只需要稍微改变一下说法或是换个地点,他的筹资计划几乎总是屡试不爽(见图 6-6)。

1895 年 11 月,新创办的《无马时代》出版了创刊号。这份杂志致力于宣传新兴的汽车产业。创刊号展示了很多具有不同推进形式的车辆。首先是"弹簧机动四轮车",这是一种由螺旋形弹簧驱动的车辆,原本希望在没有坡度的情况下能按 20 英里/小时的速度行驶 3 英里。这本杂志对即将参加《芝加哥时代先驱报》拉力赛的"杜里埃机动汽车"给予了更多关注——这项赛事本身已成为当时多家报纸争先报道的新闻。尽管杂志也提到"电动蝙蝠"等一系列电动汽车,但篇幅最大的一篇文章当属"凯恩—潘宁顿热气发动机与赛车汽车公司"。这篇文章详细介绍了潘宁顿的发动机和使用该发动机的汽车,并对很多环节提供了技术性说明——其中既有四轮汽车,也有动力自行车,并配有插图和照片加以说明,其中就包括如下图所示的这款最新车辆。实际上,这辆车不过是一辆以风扇提供动力的自行车而已,但却被当作最新车辆技术加以宣传:"最近,在威斯康星州密尔沃基举办的博览会上,潘宁顿先生使用这辆机动车在 58 秒内行驶了 1 英里"(超过 60 英里/小时)。此外,这篇文章还指出,"很多大型自行车制造商正在考虑把'凯恩—潘宁顿'发动机安装在他们的机器上,到 1896 年底之前,这款摩托车或将风靡各地。"

图 6-6　人如其名:"热气"发动机公司

考虑到这份杂志的目的就是推广这个新产业，因此，他们对机动车的追捧也就不足为奇。另外，在一个蓄势待发的萌芽行业中，厂商和新公司的放肆主张都无从验证。但是，在这个日新月异的行业中，任何热潮都难以持久，曾经让潘宁顿大放异彩的热情很快便被另一种热情所湮没。在 1896 年 6 月出版的《无马时代》，人们就看到一篇标题为《魔鬼别西卜》的文章：

"这位以前的美国红人爱德华·潘宁顿尽显虚张声势的浮夸和不着边际的谎言，他的无稽之谈甚至已充斥英国和欧洲大陆的报刊杂志，这只会让那些对大西洋彼岸充满向往的人茫然不知所措。实际上，这些感受从来就没有终止过，让人们在无数次的惊奇和愤慨中煎熬，最终也让我们陷入深深的厌烦情绪中，以至于我们甚至不得不怀疑，我们的英国朋友——这些经常让他们引以为荣的成就，真的给他们带来了幸福吗？

"蹦蹦跳跳的自行车、战争中使用的可怕飞行器、机动马车和速度惊人的自行车，充斥于这些外国期刊的页面，其中还夹杂着对发明者本人的采访和吹捧，甚至大言不惭地谈及'谦逊乃人生之本'。他们毫无廉耻地把自己和拿破仑相提并论——似乎他们也不乏独步一方的天分；至于他们对个人魅力的吹嘘，更是展现得淋漓尽致，以至于让人们仿佛看到天神降临人间的一瞬。

"与此同时，所有享受这些赞美的阴谋家，却在伦敦顶级酒店的高档套房中尽情享受，肆意挥霍，思考如何为这个盲目轻浮的世界设计新的阴谋，编造新的惊喜……

"托马斯·凯恩公司和爱德华·潘宁顿之间的关系毫无清白可言，他们之间或许只有龌龊的勾当。托马斯·凯恩曾告诉《无马时代》的编辑，潘宁顿和他没有任何商业往来。他只是为潘宁顿或是他的赛车汽车公司制造了发动机，其实，这只是潘宁顿掩人耳目的做法，因为这个名字不过是他为自己公司杜撰的诸多假名之一。

"他所说的很多发动机，实际上只是以不同名义制造和销售的同一个东西——无论是热气发动机还是电动油发动机等，皆不例外。至于双火花和制冷气缸的神奇效果，更是被他玩弄得淋漓尽致，以至于很多原本思维正常的人，也会对他顶礼膜拜，慷慨大方地为他出钱。

"但针对这款发动机的抱怨已从四面八方传到编辑的耳朵里。总的结论是，它没有任何价值。在对这个人和他的汽车做出充分判断之后，编辑马上告诉他的芝加哥同仁，不要接受任何人为潘宁顿或是他的汽车做宣传的广告。

"……在意识到待在美国已不再会有好日子的情况下，潘宁顿离开了美国，动身前往英格兰这片尚不了解自己的新天地，并在那里重新开始自己的表演。从他登陆英伦半岛的那一刻起，英国媒体便开始了一波吹嘘和误导性宣传。

"那么，这家英国的凯恩—潘宁顿公司的主人到底是谁呢？是谁让它合法存在？托马斯·凯恩是否在英国建立了一个未曾在美国出现的新联盟呢？

"令人难以置信的是，这位冒险家已经赢得英国汽车行业推动者的信任。潘宁顿在那里的所作所为，绝不值得他们给予如此厚重的美誉。"

考虑到之前为潘宁顿汽车前景设置的专栏文章，编辑发表的这篇社论显然有道貌岸然之嫌，但也形象生动地反映了当时投资者面临的困境。投资者不仅要确定其他可替代技术的胜算，在锁定自己看好的技术之后，还要区分应该投资于哪一家公司。有些公司不过是彻头彻尾的骗子公司而已，他们的唯一目标就是向投资者圈钱。对某些发起人来说，这原本就是他们的目标，因此，他们很清楚，必须哄骗几家甘愿为他们摇旗呐喊的媒体，给他们打造声势。至于他们为投资者提供的答案，只有未来的交易记录、实际利润和审计报表。但是在投资只能依赖新概念未来前景的大背景下，这实际上就意味着，远离那些把自己描述成风险投资家的人。

图 6-6 人如其名："热气"发动机公司（续）

资料来源：*Horseless Age* 第 1 期（总第 1 卷），1895 年 11 月。

技术领导者地位之争

大多数汽车制造商来自工业和手工业，他们要么是汽车的竞争对手，要么与汽车有关联。不同交通方式的主导性取决于距离。对长距离运输而言，蒸汽动力铁路是人员和货物的主要运输工具。但短距离的交通可以有多种不同选择：有蒸汽或电力发动机推动的城市客运铁路，马车，以及新开发的自行车。尽管每种运输方式都有各自的比较优势，但无一对其他方式拥有压倒性优势。因此，各种运输方式共存，并满足略有相同的需求，具体取决于被运送的物品、对灵活性的要求以及预算限制等因素。

自行车在 19 世纪 80 年代得到普及。作为机动车发展历程中的副产品，自行车同样增加了对改善美国道路系统的需求，毕竟，当时美国的铺设路面还非常有限。与此同时，对运输方式的需求也在升级：人们开始需要比铁路更灵活、承载能力比自行车更大、成本比马车更便宜的运输方式。面对新的需求，当时很多企业纷纷开始尝试开发能满足这些需求的车辆。

至于为新型运输工具提供动力的发动机，当时已形成三种主要流派。首先是对现有蒸汽机进行改造。当时的蒸汽机体积和重量太大，无法为独立运行的车辆提供动力，这种功率—重量比的运输工具在很大程度上是为轨道车辆提供最佳牵引力的产物。因此，很多发明者试图对蒸汽机进行改造，使之适用于汽车。其次是为爱迪生的新光源提供电源的电动机。最后是由欧洲发明家设计的汽油发动机，并最终引起美国人的兴趣。而走在这个趋势前面的先驱者，显然是前文所述的杜里埃兄弟设计的汽车。

早期阶段，上述三种不同发动机驱动的车辆相互竞争，都希望能成为行业标准的代言者。尽管汽油机在这场发动机标准之战中成为最终的胜利者，但电动机和蒸汽机技术毕竟已发展多年，使得汽油机的赶超之路相当漫长。

蒸汽汽车

为铁路提供动力的蒸汽机已发展 100 多年，它的技术特性已为人们所熟知。因此，可以想象的是，早期的很多汽车驱动均采用这种类型的蒸汽机。在波士顿，乔治·惠特尼（George Whitney）设计制造了"蒸汽汽车"，并随后在 1898 年成立了惠特尼汽车公司（Whitney Motor Wagon Company）。活跃在波士顿地区的还有双胞胎斯坦利兄弟，他们也成立了一家蒸汽车制造公司。双胞胎兄弟把摄影专利出售给乔治·伊士曼（George Eastman），筹集到一笔创业资金。但是在很短时间内，这家公司便显示出让投资者难以抗拒的商业利益，于是，斯坦利兄弟把公司卖给了两位当地的著名商人，向他们收取了 25 万美元（相当于今天的 1 800 万美元）。但由于无法维持业务关系，这两位买家随后把公司分拆为两家新公司：莫比公司（Mobile Company）和洛克莫比公司（Locomobile Company）。而斯坦利兄弟很快便重操旧业，1899 年，他们收购了惠特尼汽车公司，到 1901 年，他们又以 2 万美元（相当于今天的 130 万美元）的价格从洛克莫比公司买回了蒸汽车生产设施，而汽车公司当时的发展趋势已转向汽油发动机。

蒸汽车最初不仅没有被完全抛弃，而且还曾有过一段风光的时期。它有自己的优势——拥有比电动汽车更经济，比汽油车更可靠、更平稳的发动机，而且它不会熄火，这些优势有助于大大简化传动机构，进而大幅降低了制造的复杂性。至于最主要的缺陷——形成蒸汽需要较长时间，似乎也因快热锅炉的出现而得到解决。正如煤气灯通过改进燃气罩应对白炽灯带来的威胁一样，面对汽油发动机带来的技术威胁，蒸汽汽车也提高了效率。因此，蒸汽汽车成为当时美国销量最大的汽车类型，1900 年生产了 1 681 辆，而电动汽车和汽油汽车的生产量分别为 1 575 辆和 936 辆。㊀事实上，美国在 1902 年之前的三年生产的全部汽车中，近 1/4 是洛克莫比公司制造的蒸汽汽车。但这也是蒸汽发动汽车最后的疯狂，此后，这种车型的生产量便出现急剧跌落。

衰落完全是这种技术走进死胡同带来的必然结果。由于锅炉对汽油的消耗量与内燃机相差无几，因此，蒸汽机的运行成本基本等同于汽油机。但蒸汽机需要使用大量的水，这就导致它不适用于水源不足的地区。如果蒸汽机拥有更好的发电性能，那么，它至少还有自己的可取之处。遗憾的是，随着内燃机的不断完善，事实已经显而易见——蒸汽机在功率—重量比方面已完全落后于竞争对手。

但这并不是说，蒸汽汽车制造商已束手就擒。很多人依旧在坚持开发蒸汽汽车，试图找回昔日的市场地位，但这些努力是徒劳的。比如说，在 1906 年的佛罗里达州奥蒙德海滩速度试验中，斯坦利的蒸汽汽车达到 120 英里/小时的平均速度。相比之下，在十年前的罗德岛汽车赛中，冠军的车速也只有 58 英里/小时。但最高速度的提高并无助于解决问题，因为汽油发动机的最快速度也在大幅提高，而且相对蒸汽汽车的优势继续扩大。四年之后，汽油发动机汽车成为美国最受欢迎的交通工具，而蒸汽汽车则沦为可有可无的陪伴者。结果，制造蒸汽汽车的公司只有

㊀ J. J. Flink, *America Adopts the Automobile, 1895–1910*, Cambridge: The MIT Press, 1970, p.235.

两种选择：要么转型做汽油动力车，要么退出这个行业。但有必要强调的是，在福特汽车公司成立之前的 1903 年，斯坦利汽车制造厂仍雇用了 140 多名员工。换句话说，事后看来，汽油发动机最终的优势或许显而易见，但是当时那个时代，无论是在消费者还是媒体的眼中，这种优势似乎没有那么明显（见图 6-7）。

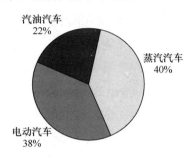

图 6-7　难分伯仲：1900 年的美国汽车市场份额

资料来源：J. J. Flink, *America Adopts the Automobile, 1895–1910*, Cambridge: The MIT Press, 1970.

电动汽车

与蒸汽机一样，电动汽车最初也曾大发异彩。这种汽车有很多大卖点，包括行驶安静、无异味排放物而且易于驾驶。最初，电动汽车与汽油和蒸汽汽车的竞争对手不相上下。比如 1896 年在美国举行的第一届汽车拉力赛中，电动汽车赢得了全部五场比赛。在这五场比赛中杜里埃的汽车也五次参赛，但均败给电动汽车。遗憾的是，在罗德岛比赛中电动汽车因速度缓慢而并未引起公众关注，"找一匹马来吧！"的倒彩声再次响起。即便是倾情吹捧汽车行业的《无马时代》也不得不无可奈何地承认，纳拉甘西特公园的这场比赛"在某些方面确实令人失望"。不过，这份杂志还是把问题归结于客观原因，赛事组织混乱，天气情况恶劣，这些都导致观众看不到新车，比赛场数不得不减少，以至于最后一天的比赛真的变成马车赛。《无马时代》将这最后一场比赛归咎于谣言："骑手们对汽车赛提供的奖金数量早已心生妒意，拿到这么多钱是他们从未体验过的事情，因此，博览会的组织者也希望把最后的比赛变成跑马大赛。"㊀

电动汽车的主要制造商是亨利·莫里斯（Henry Morris）和佩德罗·萨勒姆（Pedro Salom）创办的电动四轮车公司（Electric Carriage and Wagon Company）和阿尔伯特·A. 波普（Albert A. Pope）创建的波普制造公司（Pope Manufacturing Company）。电动四轮车公司最初在纽约市拥有十几辆出租车，后来被新泽西的电

㊀ *Horseless Age*, vol. 1, no. 11, September 1896.

动汽车公司（Electric Vehicle Company）收购。波普制造公司曾是美国最大的自行车制造商，之后将主业转型为汽车。由希拉姆·马克西姆（Hiram Maxim）负责的汽车部门于1895年投入运行，到1897年，他们生产的"哥伦比亚"牌电动汽车已获得相当的认可度。此外，这家公司还生产了少量汽油动力车，但电动汽车显然是他们的最爱，到1898年底，公司已生产了近500辆电动汽车，而汽油动力车只生产了40辆。阿尔伯特·A.波普认为，电动汽车注定将占据上风，按照他的说法："你不能让人们坐在炸弹上。"在这方面，他与马克西姆略有不同。1899年，波普解散了自己的公司，并创建了美国自行车公司（American Bicycle Company），在更名为哥伦比亚汽车公司（Columbia Automobile Company）后，与电动汽车公司进行了合并。

但波普并没有放弃对汽车的兴趣。通过制造电动汽车的威弗利公司（Waverley Company）和俄亥俄州制造蒸汽机和汽油机器的制造商洛泽尔公司（H. A. Lozier），他延续了汽车致富之路。后来，这两家公司合并为国际汽车公司（International Motor Company），新公司通过出售股票筹集到420万美元（相当于今天的3亿美元）资金。在当时一篇介绍现金筹集活动的文章中，就曾提到投资者需要关注的潜在陷阱，比如说，一位公司创始人谈到，有必要开发价格低于1 000美元的汽车。换句话说，他们在为制造汽车筹集资金时，宣传的噱头只有预期需求，而他们是否有能力制造汽车不得而知。如果这还不足以让投资者提高警惕，那么，在另一篇文章中，有关范德比尔特准将的女儿及其汽车投资的法庭判例，或许应该让所有人心有余悸。

与蒸汽动力汽车一样，电动汽车在成本上相对汽油动力汽车没有什么优势。事实上，电动汽车的购买成本估计要高出汽油汽车的20%～50%，而运行成本则高出2～3倍。如果这还算不上障碍，那么，行驶里程、速度和牵引力上的制约足以让人望而生畏。制约的根源完全在于为车辆提供电能的电池。车辆的最大续航里程距充电站约20英里，充电站主要由当地的电灯公司提供。电灯公司认识到，为电动汽车提供服务符合他们的最大利益，于是，爱迪生电灯公司等企业也开始大量安装充电站。因此，在进入20世纪的时候，人们完全可以驾驶电动汽车从纽约市到达费城。但电动汽车仍是一种仅适用于城市的车辆，除非电池的容量提高几个数量级，否则，它只能停留在这个层次。

作为电力行业的先驱，托马斯·爱迪生为达成这项任务下定决心。考虑到他之前在与学者批评和传统观点的较量中始终占据上风，因此，认为爱迪生可能会解决电池问题是可以理解的。我们必须记住，在当时，汽油发动机还是一项不够完善的新发明，相比之下，电力至少已拥有一段相当成功的历史。爱迪生很早就预见到，汽车将会取代马车，而且也曾忐忑不安地认为，电池驱动的车辆比汽油动力的车辆更经济。这在一定程度上有悖于他之前的观点，即，蓄电池实验只是"股份公司花里胡哨、博取眼球的敛财手段"。

1899 年，爱迪生开始研究汽车电池，两年后，他自认为已经取得了足够进展，并成立了爱迪生蓄电池公司（Edison Storage Battery Company）。在经过无数次挫折之后，他的新电池公司开始投产。按照爱迪生的惯例，他对蓄电池的营销一如既往地借助于媒体采访形式，对其新技术的优势和实用价值大吹大擂。遗憾的是，蓄电池的历史发展进程几乎与白炽灯如出一辙。也就是说，无论怎样看，问题并没有完全得到解决，电池的性能和成本均远远不及预期。与电灯不同的是，电池从根本上说并不优于其他竞争对手，虽然爱迪生的电池确实好于以前的产品，但仍不及处在不断进步中的汽油发动机。对爱迪生来说，这次探索只是为了证明电池的商业价值，毕竟，他开发的新型碱性电池已在很多领域实现了应用，而不只是汽车。但是就汽车而言，这种新电池并未能拯救电动汽车行业；就像蒸汽动力汽车一样，电动汽车最终也败给了汽油动力车（见图 6-8）。

图 6-8　电动汽车处于劣势：被视为只适合富贵女士的交通工具

资料来源：*Horseless Age*，1899 年 9 月 27 日。

里德出租车信托

对于不同类型车辆之间竞争结果的不确定性,电动汽车的推动者并非视而不见。毕竟,电动汽车公司是汽车公司和电池公司共同造就的产物,也得到了一大批华尔街金融家的青睐,他们希望使用电动汽车在美国各主要城市开展出租车业务。他们筹集到大量资金,并创建了里德出租车信托公司(Lead Cab Trust),但这项业务不仅不赚钱,而且短寿。这个信托的经营方案如下:所有从事电动汽车制造和维护的公司形成一个联盟,并把这些企业活动全部纳入同一个管理体系中。组成这个联盟的企业包括哥伦比亚汽车公司、蓄电池公司、纽黑文运输公司和西门子—哈斯克(Siemens&Halske)的美国子公司。

电动汽车公司的财务报表看上去似乎光鲜亮丽,毕竟,公司的净利润超过50万美元(相当于今天的3 600万美元)、股息达到32.5万美元(相当于今天的2 400万美元),还坐拥500万美元(相当于今天的3.6亿美元)的现金和有价证券。为出售自己生产的车辆,公司已签订了包销协议并设立了运营公司,向电动汽车公司付费取得独家购买和运营其电动汽车的专营权。因此,电动汽车公司的收入在很大程度上体现为向这些运营公司出售特许经营权取得的现金或股票。运营公司已向公众筹集到未来经营所需要的资金。而电动汽车公司获得的利润,实际上只是通过内部转移,把运营公司向公众筹集的资金交给他们。因此,电动汽车公司的财务业绩取决于筹资活动的成功,与未来经营无关(见图6-9)。

尽管如此,董事们仍乐此不疲地支付大笔股息。要确保整个项目的成功,首先需要运营公司实现盈利。如果运营公司没有利润,那么,项目中唯一的赢家就是发起人,他们通过出售股票或收取股息的收益早已超过需要偿还的本金。对这些发起人来说,成功的关键在于运营的成功,至少要给外界造成一种运营成功的幻觉。只要有足够现金弥补业务损失,经营实体就可以维持所谓的经营,只要它还在经营、至少貌似还在经营,而且公众又愿意接受,那么,成功的幻觉就可以维系下去。由于车辆电池的寿命太短,而且由此带来的运营成本太高,因此,这些运营公司最终难以维系。此外,该合资企业还曾因违规使用300万美元(相当于今天的2.2亿美元)资金而受到谴责,据称其中包括由一名高管授权提供的200万美元贷款。财经媒体对这家公司的态度也褒贬不一;有文章指出,除非为了操纵股票,否则,以持续亏损方式经营一家缺乏竞争力的企业,完全是不符合基本逻辑的。即便如此，公司在 1900 年的市值仍成功地达到 2 000 万美元（相当于今天的 14 亿美元）。但是在 7 年后，这家公司还是被接管了。通过哥伦比亚汽车公司前业务负责人希拉姆·马克西姆的回忆，我们可以对很多汽车企业的基本性质略见一斑："这个经营方案的涉及范围很广，尽管它承诺了各种可能性，但归根结底就是在操纵股票。至于他们到底是打算以收取股息来增加利润，还是通过向公众出售股票而获得收入，我无从揣测。在那个疯狂的金融时代，向公众出售股票是非常时髦的事情。"⊖

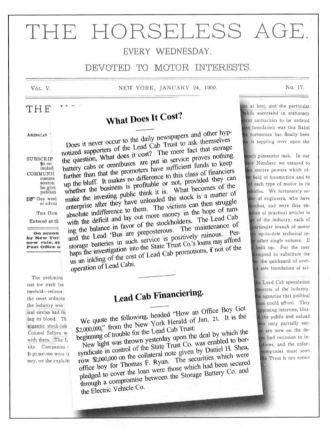

图 6-9　如果确实无计可施，只需求助垄断：里德出租车信托
资料来源：*Horseless Age*，1900 年 1 月 24 日。

必须承认的是，在这段时期，很多发起人在退出时确实取得了丰厚的利润，但同样可以肯定的是，这些公司非理性支付股息的行为必然会招致法律干预。但这是否能给失去投资的公众带来一丝安慰，就不得而知了。

⊖　H. Maxim, *Horseless Carriage Days*, New York: Harper & Bros, 1937, p.165.

1899 年，电动汽车公司买下乔治·塞尔登（George Selden）在美国申请的汽车专利权。尽管塞尔登从未生产过一辆真正的汽车，但随着欧洲汽车行业日新月异的发展，塞尔登也在不断更新自己的专利。此时，他拥有的专利权已涵盖了内燃机汽车的主要部件。虽然塞尔登从未动手开发过任何一辆名副其实的汽车，但他最早认识到欧洲汽车行业发展的潜在意义，并成为在美国为这些发明获得专利保护权的先驱者之一。在主要发起人之一威廉·惠特尼的怂恿下，电动汽车公司购买了塞尔登的专利权。惠特尼曾打听过"可能会引起麻烦"的专利问题，究竟他是想给他自己或竞争对手带来麻烦，还不得而知。凭借拥有的专利权，乔治·塞尔登向惠特尼收取了 1 万美元（现今近 75 万美元），并对使用专利权未来所得收入收取 20%的使用费。考虑到电动汽车公司始终处于亏损状态，因此，对电动汽车公司的未来收入享有分配权非常重要。

汽油汽车

早期汽油动力汽车制造商全部发迹于同时代的电动及蒸汽动力车辆制造商，包括铁路行业（威廉·克莱斯勒）、自行车行业（亚历山大·温顿、杜里埃兄弟）、发电行业（亨利·福特）、电子零件行业（詹姆斯·帕卡德）、机械行业（兰瑟姆·奥尔兹）以及马车行业（斯蒂庞克）。美国汽车行业的先驱是少数从欧洲汲取先进技术的个人，面对这个由外力推动的新兴行业，上述这些传统行业只能选择在较量中共存。作为传统行业的领军者，这些名字至今仍为人津津乐道，毕竟，他们都曾拥有足够长的成长史，并在历史中写下浓墨重彩的一笔，以至于在产业发展进程中足以占据一席之地。但在汽油动力汽车的历史中，他们只能扮演配角。虽然行业增长迅速，但最初的进入门槛也相对较低。

早些年，生产汽车的公司通常只是组装商，而不是从零开始制造。在汽车需求接近顶峰时，卖家自然可以享有最有利的销售条款，通常是货到即付款，并且通常需要支付 20%或更多的定金。对生产商来说，只要完成产品的设计和测试，剩下的主要任务就是把来自不同供应商的标准化零件组装为整车。供应商提供给汽车制造商的信用期通常为 30～90 天，如果制造商能在这段时间内完成组装并顺利销售，那么，制造商实际承担的资本成本几乎可以忽略不计。

在这样的市场环境下，自然会有更多新的厂商被吸引。1900～1908 年间，便出现了近 500 家新的汽车制造企业，与此同时，也有 250 多家退出。在这段时间里，每年都有近百家公司进入和退出该行业。这应该不难理解：汽车制造是一个全新的行业，行业进入能力主要取决于终端客户的信誉度，而终端客户显然对这种全新的产品几乎没有任何经验。对汽油动力汽车的信任基本源于欧洲的报道，并通过美国人的展示和试验而得到强化。在这方面，出现了两个重要的标志性事件：首先是在1897年和1899年，著名汽车制造商、优秀赛车手亚历山大·温顿（Alexander Winton）驾车完成了从克利夫兰到纽约的800英里长途拉力赛；其次是4年后，他再次驾驶流线型"奥兹莫比尔"汽车，完成从底特律到纽约的旅行。

由于这些长途旅行带来的宣传效应，亚历山大·温顿和兰瑟姆·奥尔兹（Ransom Olds）的汽车均迎来销售收入的大幅增长。换句话说，这些营销活动是向潜在客户展示汽车可持续运行能力的关键。这也从另一个层面表明，要博取公众的眼球，就必须在速度赛和耐力赛中均有良好表现。1903年，亚历山大·温顿继续书写自己的辉煌，他驾驶自己的一辆汽车，用63天的时间完成了从旧金山到纽约的穿越。随后，不甘示弱的对手则驾驶一辆"帕卡德"汽车发起挑战，并在不到10天的时间内跑完相同的路线。

最终的决战如期而至，查尔斯·格利登（Charles Glidden）和"范德比尔特挑战杯"开始赞助一系列以可靠性为目标的赛事。尽管人们仍对汽车的安全性心有余悸，但这些耐力赛和速度赛显然已不再是人们嘲讽的笑料。到1905年，配备汽油发动机的汽车已彻底站稳脚跟，尽管蒸汽汽车和电动汽车尚未全部俯首称臣，但汽油动力汽车的成长速度很快便让其他类型的汽车成为可有可无的旁观者。此时的话题已不再是是否应该选择汽油动力汽车的问题了，而是真正的汽车市场最终会变成什么样，以及最终会呈现出怎样的结构。

市场初现

对任何行业而言，早期阶段的结构都具有天然的不稳定性。对汽车行业而言，进入门槛相对较低。唯一称得上技术障碍的就是利用外购零件独立设计和生产汽车整车的能力。虽然这还算不上简单至极，但的确在很多人的能力范围之内。汽车生产技术仍处于起步阶段，而且制造过程实际上就是对分包零件进行组装。在经济环境相对有利的时期，公司不会出现严重的资本缺口问题。只要生产的产品能实现预售，而且供应商愿意提供一定的信用期，企业取得创业资金和后续流动资金就不会出现大的问题。因此，新进入者的风险相对较低，而且身处这样一个成长迅速并被资本所关注的行业中，未来结果几乎是可预期的。

此外，按照《佩恩—奥尔德里奇关税法》（Payne-Aldrich Tariff），需对欧洲进口商品征收45%的从价税，这项贸易保护政策让美国工业受益匪浅。在这种环境下，仅用了不到10年时间，美国汽车行业就吸引了500多家新制造商蜂拥而至。

在他们当中，很多企业根本就没有生产出几辆汽车。按照更严格的定义，可能只有200家公司认真地尝试过在美国开展业务。有趣的是，尽管大批企业进进出出，但是从一开始，美国的汽车产量就集中于排名前20%的生产商手中。由图6-10中可以看出，比例约占20%的前18家公司，为美国贡献了80%的汽车总产量。实际上，这种集中度仅出于两个要素才出现变化——首先，制造商的总数因整合和失败而减少；其次，早期排在前20%的很多公司已被其他公司所取代。只有随着未来10年需求的增长，"领头羊"的位置才逐渐变得相对稳固。

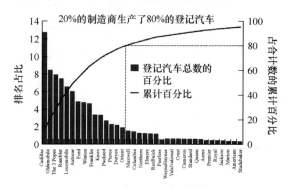

图6-10　现实中的80:20法则：美国东部十个州的汽车销售情况（1905年）

资料来源：US Department of Commerce, *Historical Statistics of the United States*, Series P318–374. US auto production: data for 1895–1939, US Bureau of Public Roads; data for 1933, National Automobile Chamber of Commerce, *Facts and Figures of the Automobile Industry*, p. 10.

虽然这些要素刺激了新厂商的涌入，但显然无助于实现行业的稳定。如果没有现金流稳定的母公司以牺牲其他业务作为支持，大多数公司的财务状况禁不起任何震荡。这些把命运寄托于供应商信用期和客户付款期孰长孰短的公司，无异于行走在钢丝绳上，任何经济衰退或金融体系的风吹草动，都可能给他们带来灾难性后果。

尽管危机重重，但是在汽车行业进入20世纪的第一个10年里，还是引来了大批参与者。虽然图6-10并不是当时美国全部汽车生产商的清单，但它足以反映出这个市场的高度分散性。整个市场汇聚了80多家公司，但年均销售汽车的数量只勉强超过100辆。

后发制人的亨利·福特

早期竞争聚焦于两个主战场——首先要开发产品，其次还要上市销售。营销主要借助于媒体对速度赛和耐力赛的宣传。这或许可以解释，在刚刚入行时，亨利·福特为什么要在生产赛车和开发可供商业销售的车辆之间忙忙碌碌。福特最初曾在西屋发动机公司工作，这为他提供了良好的工程背景；之后进入爱迪生照明公司（后来更名为底特律爱迪生公司）担任首席工程师一职。在与托马斯·爱迪生的交往中，他开始迷恋汽车，并深受后者的鼓舞，促使他把大部分业余时间花在汽车上。

最终，爱迪生照明公司的经理准备提拔福特担任总管，但条件是他必须放弃对汽车的误导性实验。此时，福特已独立开发出可以工作的汽车原型，而且已经有人对他的工作成果产生兴趣，凭借这些人的支持，他离开爱迪生的公司，并在1899年创建了自己的底特律汽车公司（Detroit Automobile Company）。尽管支持者投入了15 000美元（现今超过100万美元），但归根到底，仍需福特一个人去承担风险——他需要为这些投资者留出足够的补偿金（按今天的价格计算，这笔钱远超过10万美元）。但遗憾的是，创业的支持者希望马上看到回报，而福特则希望留出充足的时间进行实验。价值取向的分歧，导致企业很快便陷入困境。12个月之后，福特拂袖而去，公司随即倒闭。

没有了支持者，福特就必须展示自己的实力。他选择的策略是从开发赛车入手。当时行业的一大热点，就是亚历山大·温顿和兰瑟姆·奥尔兹所生产汽车的耐力大比拼。从1899年末至1901年，福特和父亲住在一起，以便于节约开支，努力制造出自己的赛车。1901年10月，福特开着自己的赛车进入赛道，而对手就是彼时当之无愧的世界速度纪录保持者亚历山大·温顿。在高速驾驶25英里之后，福特率先超过终点线，获得了"水晶球"奖杯，但更重要的是，他取得了1 000美元（相当于今天的7万美元）比赛奖金。

这场战胜苏格兰传奇赛车手的比赛确实产生了预想效果，它不仅为福特吸引到更多的支持者，还给他带来3万美元（相当于今天的200万美元）资金，帮助他创建了自己的亨利·福特汽车公司（Henry Ford Company）。遗憾的是，出现在上一次创业中的分歧再次发生。控制公司的投资者需要的是一款可向公众出售的量产车，但福特则希望制造出一台高性能的赛车。于是，公司老板请来一位名叫亨利·利兰德（Henry Leland）的绅士，确保公司运营符合他们的意愿，结果照旧，福特再次离开。利兰德是一位来自底特律的知名工程师，他控制了这家公司，并开始生产一款名为"凯迪拉克"的汽车。而亨利·福特则再次选择单打独斗，沿着以前的道路继续前行。他制造了另一辆名为"999"的赛车，并驾驶这辆车再次击败亚历山大·温顿。这次胜利的背景是名气最大的1903年"范德比尔特挑战杯"。

这场新胜利的结果再次为福特带来一次充分宣传自己的机会，让潜在投资者看到新的希望。一位名叫亚历山大·马科姆森（Alexander Malcomson）的苏格兰人找到福特，这位来自底特律的煤炭商人实力强大，财力充足。借助马科姆森筹集到的资金，福特汽车公司（Ford Motor Company）正式成立。约翰·道奇（John Dodge）和霍利斯·道奇（Horace Dodge）同意通过接受股票以换取组件，来协助福特创建这家公司。道奇兄弟公司（Dodge Brothers）是著名的底盘、发动机和变速箱供应商。为此，福特不得不把 10%的公司股份交给道奇兄弟，并最终引发相互指责甚至诉诸法律，但最初如果没有他们的支持，福特或许永远都不会成功。事实上，通过放弃部分股权，福特以零部件方式向马科姆森及道奇兄弟筹集到 28 000 美元（相当于今天的 170 万美元）的资金。

虽然最终的结果与福特要求的 10 万美元和完全控制权相去甚远，但新的福特汽车公司毕竟再次启动，这意味着，福特第三次尝试创建汽车业务的努力重新开始。除资金以外，马科姆森还把自己的首席法律顾问詹姆斯·卡鲁斯（James Couzens）介绍给福特，后者为福特提供了很多支持。卡鲁斯帮助福特与供应商进行谈判，其中包括最难对付而且经常出口伤人的道奇兄弟。卡鲁斯本人非常看好公司的前景，他甚至借钱向公司投资 2 500 美元（相当于今天的 16 万美元）。

一开始，公司的整体运行相对粗犷，但行之有效——使用一辆马车到道奇兄弟的工厂装上发动机，然后拉到福特公司的装配现场。第一辆 A 型车的零售价为 850 美元（相当于今天的 55 000 美元），一出厂便大受欢迎，这就可以确保工厂开足马力全负荷运行。一年后，价格为每辆 800 美元的 C 型车面世。尽管公司取得了开门红——在成立的 6 个月后便可支付 10%的股息，但福特再次感到不满。这一次让他烦恼的是公司推出的车型系列。福特的车型既有低成本、低毛利的低档车型，也有价格更高、更赚钱的高档车型。例如，B 型车的零售价为每辆 1 000 美元（现今超过 10 万美元）。尽管很多制造商致力于高端市场，但福特的目标则是开发经济实惠的车型。

为维持公司的市场地位，马科姆森继续敦促福特开展速度试验，包括在圣克莱尔湖进行的一场史诗级试验。在这场试验中，福特创造了人类在陆地上的最快运动记录，而福特在测试中所面对的巨大危险，更是让马科姆森获得梦寐以求的宣传效果——1905 年 6 月，公司的销售收入达到 365 000 美元（相当于今天的 2 200 万美元）。遗憾的是，马科姆森所需要的速度试验也成为压倒福特的最后一根稻草，他决心掌握自己的命运。马科姆森希望开发高价位的高档汽车，而福特的想法却恰恰相反——他说过的一句话最能概括自己的观点："汽车的气缸不应该比母牛的奶头还多。"㊀在经历了相当长时间的对峙之后,这场关于产品战略与控制权之争终于在 1906 年尘埃落幕,马科姆森以 175 000 美元(现今超过 1 000 万美元)的价格将自己持有的股份出售给福特。

正是凭借早期车型的成功,福特最终才得以推出在汽车历史上具有里程碑意义的新型汽车：T 型车(Model T)。在 1908 年推出 T 型车之前,由于汽车生产商数量众多,整个行业在很大程度上仍处于分散状态。虽然处于头部的几家生产商占据总产量的绝大部分,但是如果不能借助某种外力推动行业整合,他们的"头部"位置就在所难保,至于行业稳定就更无从谈起了。从这个角度说,可以采用两种传统策略。首次是使用专利权保护,其次是通过收购。专利保护路径主要涉及电动汽车公司,这家公司发现,虽然公司的业务长期萎靡不振,但它拥有一项价值连城的资产：塞尔登的专利。

早期的行业整合

1900 年,电动汽车公司试图凭借购买的专利权一展威风,开始对当时最大的汽油动力车制造商温顿汽车公司(Winton Motor Carriage Company)提起诉讼。他们的专利权在地方法院得到支持,但这次判决似乎明显缺乏力度和可执行性。当时的财经媒体迅速发出反击：早在塞尔登申请专利的很久之前,这些技术已经存在于欧洲国家；而温顿在辩护中也引用了一长串先于塞尔登的证据,包括比利时工程师让·约瑟夫·勒努瓦的内燃机专利。

不过,双方最终还是选择握手言和。对电动汽车公司而言,由于基础运营业务的现金正在大量流失,因此,他们显然不希望进行一场旷日持久的诉讼,况且诉讼的结果存在高度不确定性。而在温顿和其他制造商看来,协商解决方案的做法同样不乏吸引力。于是,温顿从大局出发,指出他希望创建一个商会组织,提高整个行业的信誉,压制股票操纵行为。但这样的组织无异于同床异梦。还有另一种解释认为,这个组织的目标只是创建一种新的托拉斯,以便在这个动荡的行业中对定价实施一定程度的控制。

双方最终于 1903 年达成和解,并创建了一个共同拥有专利权的协会——特许汽车制造商协会(the Association of Licensed Automobile Manufactures,ALAM),

---

㊀ P. Collier and D. Horowitz, *The Fords: An American Epic*, New York: Summit Books, 1987, p.49.

并按车辆购买成本的 1.25% 收取许可使用费。在收取的全部特许权使用费中，40% 归属于电动汽车公司，20% 分配给塞尔登，其余的 40% 用作 ALAM 的行业推广。对这个协会的参与者来说，谈判可以让他们不至于面对任何不利于自己的结果，与此同时，ALAM 被视为一个可以稳定该行业的民间机构。但并非所有制造商都加入了 ALAM。其中最引人注目的缺席者，当属亨利·福特的新公司，该公司因最初尚未生产可供出售的汽车而被拒绝入会。

ALAM 在《协会章程》中明确规定，董事会有权决定任何生产商的准入及其在其他方面的操作。实际上，ALAM 的本质就是发挥行业进入壁垒的作用。福特随后主动拒绝加入 ALAM，面对 ALAM 对非特许生产商发出的指责，福特发布声明指出，塞尔登的专利权不可能永远得到法律的保护。随着 A 型车销量的增加，该协会对福特旗下的一家经销商发出诉讼。对福特来说，这反倒变成一个机遇：在这场商战中，他有幸得到贵人支持，这个人就是德高望重的富豪约翰·沃纳梅克（John Wanamaker）。沃纳梅克全力支持福特对 ALAM 的反击，并对所有福特汽车购买者因诉讼遭受的损失予以赔偿。就像人们对标准石油等垄断企业做出的反应那样，福特与 ALAM 的这场抗争，再次引发公众想象。在 1904 年，福特仍需以实力说服和吸引公众的注意力，为此，他精心设计了一次冒险行动：在麦迪逊广场花园汽车展览会开幕的四天前，他准备打破在圣克莱尔湖创下的汽车时速纪录。

ALAM 试图通过这场博览会阻止福特进入市场；但由于沃纳梅克施加影响，福特还是得到了抛头露面的机会。但福特不得不在多条战线上与 ALAM 进行对峙。首先，在诉讼接踵而来的大背景下，舆论战也在持续发酵。对此，福特的策略一方面是利用先于塞尔登的其他公开成果制造汽车；另一方面，对塞尔登专利权持有人按该专利制作的工作原型提出质疑。通过这两种途径，福特试图告诉人们，塞尔登专利所体现的技术早已存在，因而并非神圣不可侵犯。其次是市场份额之争，这场对峙不仅充分体现在公众的舆论导向上，在生产和研究领域更是展现得淋漓尽致。

市场份额争夺战并没有因为 A 型车的到来而取得实质性进展。虽然 A 型车确实很成功，但出现在麦迪逊广场花园汽车博览会的欧洲产品表明，欧洲制造商在技术上仍拥有明显优势，这也让福特再次认识到改进轿车制造技术的必要性——并以此实现技术赶超和降低生产成本的双重目标。与此同时，福特还要抵御 ALAM 的舆论攻势，至于 ALAM 对福特与非协会会员进行汽车交易可能会招致官司的警告，福特同样不能坐以待毙。从一开始，福特便通过媒体进行了迎头痛击。而且福特的反击丝毫不逊色——针对 ALAM 的威胁，福特为自己的所有经销商、进口商代理或用户提供了针锋相对的保证（见图 6-11）。

第六章　驶向未来　195

图 6-11　对诉讼的还击：威胁与保证并行

资料来源：Horseless Age，1903 年 10 月 7 日。

在车型问题上，福特需要的不只是营销，更重要的是，他必须对技术进行实质性改进。这些改进充分体现于 T 型车。1908 年，当 T 型车刚刚亮相时，美国的汽车总产量约为 65 000 辆。1907 年，福特的产量首次突破 8 000 辆，而在推出新车型的过渡时期，这个数字下降了约 25% 左右。但随着 T 型车的横空出世以及高地公园（Highland Park）工厂的投产，1909 年的汽车产量整整翻了一番，1910 年又再次增加 50%。这样的增长速度确实令人咂舌，但这只是当时美国汽车总产量的增长速度。真正的飞跃式增长尚未到来。

与此同时，福特与 ALAM 的对抗仍在继续。1909 年，福特遭遇挫折，纽约南区联邦法院裁定，支持 ALAM 对他的索赔要求。这次判决起到了立竿见影的示范效应，大多数之前拒绝加入协会的制造商立即转换阵营，签署了加入 ALAM 的协议。ALAM 会员企业的市场份额大幅增加，在美国汽车总产量中的比例从略低于一半增加到近 85%。福特也曾考虑加入协会，但最终因 ALAM 拒绝向他支付约 20 万美元（现今远超过 1 000 万美元）的律师费而选择了放弃。1911 年 1 月，巡回上诉法院维持对塞尔登专利的保护权，但该专利权的有效范围仅限于使用布雷顿二冲程循环的车辆。由于大多数汽车使用奥托四冲程循环，因此，这项专利基本相当于失效。这次判决让福特在这场专利权之战中笑到最后，不仅在专利问题上大获全胜，而且以 T 型车迅速抢占大量市场份额，上演了一场以弱胜强的大戏，让 ALAM 这个"巨人"俯首称臣（见图 6-12）。

但整个汽车行业都要接受一个全新的现实。此时，行业结构不再是大量小规模厂商并存的高度分散格局。福特已率先推出低成本、可以推广的可靠型汽车。而新型汽车的成功带来一轮又一轮良性循环的上涨。产量大幅增加，单位成本开始下降，这样，生产成本即可按不断增加的产量进行摊销，使得单车价格持续下跌，这无疑为竞争对手施加了越来越大的压力。在这 10 年的后半段，大量汽车制造商陆续被淘汰出局，而且可以预见的是，这种趋势还将延续下去。原来的行业领头羊早已风光不再，1907 年的金融市场危机迫使电动汽车公司和波普制造公司宣布破产。

电动汽车公司被接管时的资产负债表显示，其资产总额为 1 400 万美元（相当于今天的 8 亿美元）。在全部资产中，包括 12 000 美元左右的现金，而最主要的资产就是塞尔登的专利权，约为 1 150 万美元（相当于今天的 6.6 亿美元）。㊀在这个 10 年即将结束时，该公司脱离破产保护，成为市值 200 万美元的哥伦比亚汽车公

㊀ B. Rae, 'The Electric Vehicle Company: A Monopoly that Missed', *Business History Review*, vol.29, no.4, Cambridge: Harvard University Press, December 1955, pp.298–311.

司。事实证明，它给投资者带来的回报并不比它的前身更高。尽管它成为美国汽车公司（US Motors）的一部分，顺应了以更大规模制造业集团为主导的行业发展趋势。而美国汽车公司随后则落败于另一家未来之星、当时正在冉冉升起的通用汽车公司（General Motors）。

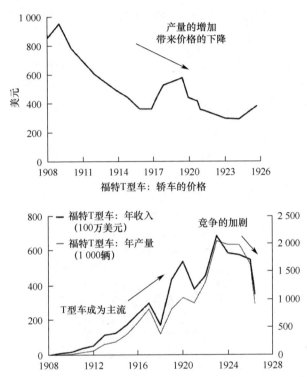

图 6-12　T 型车的影响：批量生产与成本曲线的进入壁垒效应

资料来源：P. V. D. Stern, *Tin Lizzie*, New York: Simon and Schuster, 1955.

福特汽车公司

分析福特汽车公司相对较为简单。作为第一家生产高品质、低成本汽车的公司，福特汽车公司几乎在一夜之间便成为行业巨人，拥有了近乎无懈可击的市场地位。这是一种名副其实的先发优势。因为率先进入市场，销售收入实现了快速攀升，这就降低了产品单位成本，使公司得以不断下调价格，从而以更强大的竞争实力持续碾压其他参与者。只要汽车采用的技术处于领先地位，成本优势就会给其他竞争对手带来无法逾越的障碍。

从图 6-13 可以看出，尽管价格持续下降，但是在 1914 年之前，福特汽车公司的资产收益率始终高于 60%，稳定的利润率使得同期销售收入和净利润实现了超过 65% 的年复合增长率。凭借巨大的潜在盈利能力，福特完全可以在不借助外部股权或债务资金的情况下，以自有资金实现扩大业务规模。但如此之高的利润率迟早会回落，原因很简单，这家公司的赚钱能力实在有点"过分"，而且技术上的优势又没那么遥不可及。

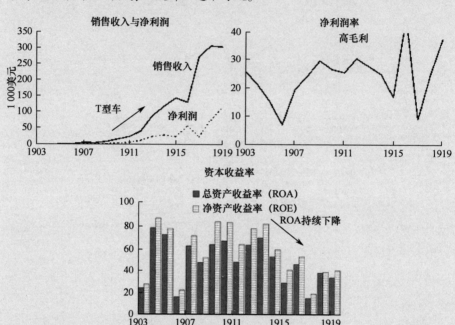

图 6-13　福特汽车公司：1903～1919

资料来源：Ford annual reports. CRSP, Center for Research in Security Prices, Graduate School of Business, University of Chicago, 2000. (Used with permission. All rights reserved. www.crsp.uchicago.edu.) *New York Times*. *Commercial and Financial Chronicle*.

直到 20 世纪 20 年代中期，才出现可以挑战福特的大型生产商，他们不仅拥有更高的效率，而且拥有强大的技术优势。T 型车的巨大成功不可避免地会带来另一种风险——让福特公司成为只拥有单一产品的企业。但具有讽刺意味的是，尽管福特的成功带来了非凡的回报，却很少有外部投资者能与之分享成功的果实。在和福特闹翻之后，马科姆森和道奇兄弟均把自己持有的公司股份卖给福特。1906 年，马科姆森在退出股份后取得 17.5 万美元。1914 年，亨利·福特在与道奇兄弟的诉讼中败北，不得不按裁定向他们支付了 1 930 万美元（现今近 9 亿英镑）的股息。此外，在经过与道奇兄弟的谈判后，福特以

> 2 500 万美元（相当于今天的 11 亿美元）的价格回购了他们持有的 10%股份。为达成和解，美国国税局（IRS）在 1919 年将福特汽车公司的价值认定为 2.5 亿美元（相当于今天的 110 亿美元）。对原始投资者来说，这个数字意味着，他们在 1903 年投入的 100 美元投资已变成了 355 000 美元。毫无疑问，如果福特汽车公司已经上市，股票的累计收益率至少比留存利润与股息形式的收益总额超出 50%。但对有野心的投资者或许尚存遗憾，公司成立时筹集到的 28 000 美元原始资本始终没有增加，期间，福特汽车公司没有出现过任何增资。正是这家公司的极度成功，让股权投资者彻底失去了参与财富分配的机会。

对福特而言，T 型车的生产推动了公司的不断壮大。1907 年的金融危机曾让少数早期支持者心生退意，但这恰恰也成全了福特，让他能按原始价格买回马科姆森持有的股份。因此，在近十年的时间里，福特汽车公司的股权结构始终保持不变，直到福特与道奇兄弟分道扬镳。道奇兄弟在 T 型车的开发及投产方面发挥了重要作用，但是在 1914 年，他们决定辞去福特公司的董事职务，并创建了一家以自己名字命名的汽车及零部件公司。道奇兄弟相信，他们可以生产出比 T 型车更出色的汽车，毕竟，自推出以来，T 型车几乎没有任何技术改进。在这一点上，道奇兄弟的预言最终也得到了证实。

道奇兄弟离职后的法庭纠纷源自福特的一个决定：他计划建造一个规模宏大的新工厂，并准备限制股息支付，以维持公司的资金实力。至少福特是这么说的。但道奇兄弟并不这么认为，在他们看来，这完全是福特的伎俩，其真实意图即是切断他们发展自己新业务所需要的资金来源。法院最终裁定道奇兄弟胜诉，要求福特汽车公司向他们支付 1 930 万美元（现今近 9 亿英镑）的股息。随后，经过一番讨价还价，福特最终以 2 500 万美元（相当于今天的 11 亿美元）的价格回购道奇兄弟持有的 10%的公司股份，与此同时，福特借此机会一举买回其他全部原始股东的出资，让福特家族成为公司的唯一股东，这就使得公司无须对外部披露任何信息。

就道奇兄弟而言，他们确实如愿以偿地制造出了性能优于 T 型车的新产品，但他们并没有等来产品价值的全部兑现，兄弟两人在 1920 年先后去世。最终，在 1926 年，他们的遗孀以 1.46 亿美元（相当于今天的 35 亿美元）的价格将道奇兄弟创建的公司卖给了德威投资银行（Dillon Read），仅在一年后，德威银行便再次转移公司股权，以 1.7 亿美元（相当于今天的 40 亿美元）的价格将公司转于卖给克莱斯勒（Chrysler）。

杜兰特卷土重来

在福特推出 T 型车的同一年,威廉·杜兰特(William Durant)也开始尝试通过收购整合汽车行业。他的目标是创建一个拥有多品牌和多车型组合的集团共同体,以避免市场变化带来的波动,并通过必要的规模效应,将零部件生产纳入集团内部,以减少对供应商的依赖。托拉斯模式的盛行对当时主要生产商创建企业共同体的思路起到推波助澜的作用,标准石油公司为维持价格和利润所采取的策略就是最好的例证。为此,杜兰特在密歇根州建立了杜兰特—多特马车公司(Durant-Dort Carriage Company),这也是当地规模最大的马车生产商之一。通过这家公司,杜兰特把个人的有限财富实现了巨大的增值。对马车行业的了解使杜兰特对汽车的未来笃信不疑,当别克汽车公司(Buick Motor Car Company)为生存而需要引入外来资金时,杜兰特毫不犹豫地接管了这家公司。

在带领别克实现复苏的计划初步成功之后,杜兰特便开始与各方谈判,推动创建业内最大公司的事宜。1907 年,为促成别克、马克斯韦尔—布里斯科(Maxwell-Briscoe)、里奥(Reo)和福特这四家最大汽车生产商实现合并的努力似乎已看到曙光。亨利·福特同意以 300 万美元(相当于今天的 1.7 亿美元)的价格出售自己的公司,但必须以现金支付,杜兰特的财团原本可以筹集到这笔现金,但里奥的兰索姆·E.奥兹(Ransom E. Olds)随即也提出按相同待遇进行交易,这显然已超出杜兰特的承受能力。交易最终破裂,随后,杜兰特在 1908 年创建了通用汽车公司(General Motors Company)。以新成立的通用公司为载体,杜兰特发起了一轮收购狂潮,陆续买下凯迪拉克(Cadillac)、奥兹莫比尔(Oldsmobile)和奥克兰(Oakland,后来的庞蒂亚克)等公司。

这些收购使用的资金全部源自发行股票和债券,基本无须考虑公司的盈利能力。(这或许是以后见之明做出的判断;公平地说,在行业发展还处于较早阶段的时候,分析未来盈利能力显然是危险的。)回顾过去,当时的一些评论家认为,合并往往是资金短缺的结果,因为这表明大多数制造商可以轻而易举地销售产品。但考虑到早期筹集资金的巨大规模以及汽车制造公司的大量激增,资本短缺论似乎并未得到验证。(当然,这并不是说,对个别公司来说,特定某个时期的资金短缺问题并不重要,但对美国汽车公司而言的确如此。)

在相对很短的时间内,通用汽车公司便陷入严重的财务危机,以至于到 1910

年的时候，公司只能依赖金融财团提供的资金维持生存。当时，通用汽车公司的财务状况已危在旦夕，亟须注资 1 500 万美元（现今超过 8 亿美元）；但是和所有陷入财务困境的资本需求者（如通用电气或 AT&T）一样，在这种情况下，企业或许已不再是自己命运的主宰者，金融财团会按自己的意愿去书写出资条款。此时，他们提出的条件是，罢免杜兰特，公司在前别克公司负责人查尔斯·纳什（Charles Nash）的领导下进行重组，并由沃尔特·克莱斯勒（Walter Chrysler）接替纳什在别克的领导职位。

但杜兰特并没有气馁，而是决定东山再起，他找到新的合作伙伴路易斯·雪佛兰（Louis Chevrolet），后者是从瑞士移民到美国的著名赛车手，也是别克公司以前的雇员，他们共同开发了一款新的赛车，试图挑战几乎已经不可战胜的 T 型车。凭借新车型带来的些许光芒，杜兰特得以争取到杜邦家族成员的支持，并从 1913 年开始，启动他的重返通用汽车之旅。首先，杜兰特提出以雪佛兰公司的股票置换通用汽车的股票，尽管两家公司在规模上相去甚远，但投资者还是马上接受了这一提议。当时，杜邦家族也开始寻求投资于正在大发战争财的通用汽车；到 1915 年，杜兰特重新控制了通用汽车公司，而皮埃尔·杜邦（Pierre du Pont）则成为公司的新一任董事长。

在杜兰特重掌大权之后，部分高层管理人员打算离开公司，其中最有名的当属亨利·利兰德，他曾取代福特创建了成功的凯迪拉克公司。最终，利兰德在 1917 年离开通用汽车，创建了一家从事飞机发动机制造的公司，公司在第一次世界大战结束时转型生产豪华型轿车，也就是后来的林肯汽车公司（Lincoln Motor Company）。1920 年，市场低迷导致公司陷入资金短缺的危机，亨利·福特出资 800 万美元（现今超过 2 亿美元）买下这家公司。通用汽车也未能幸免于这场危机。杜兰特延续了自己的收购政策，陆续买下多家零部件制造企业，包括 AC 德科零部件公司（AC Delco）以及阿尔弗雷德·斯隆（Alfred Sloan）领导的海厄特轴承公司（Hyatt Roller Bearing Company）。随后，杜兰特又陆续完成了多次收购，其中甚至包括与汽车业务毫无关系的加迪安制冷公司（Guardian Frigerator Company，后来的 Fridgidaire）。杜兰特总能另辟蹊径地给自己找到理由：冰箱和汽车其实都是内部装着发动机的箱体。⊖

最终，这些诞生于乐观时代的行动让杜兰特和他的通用汽车公司都陷入了困境。杜兰特不仅把通用汽车公司变成收购工具，还利用股票市场交易以及自己对通

⊖ J. B. Rae, *The American Automobile: A brief history*, Chicago: University of Chicago Press, 1965, p.76.

用汽车持有的股份，进行了一系列以个人收益为目的的投机交易。但最大的问题在于，汽车行业的快速增长导致库存控制和现金管理松懈失效。面对经济形势恶化、股市崩盘以及通用汽车公司股价下跌 70%的现实，杜兰特发现，无论是他的个人财富还是他管理的公司，都处于风雨飘摇的危机之中。为避免杜兰特个人破产可能引发的恐慌，杜邦和摩根银行集团联合出资 3 000 万美元（相当于今天的 4.75 亿美元），以这笔钱偿还了杜兰特的个人债务，而对价就是取得他对通用汽车持有的 250 万股股票。此外，通用汽车的总裁职位也由皮埃尔·杜邦（实际上只是杜兰特的傀儡）变更为阿尔弗雷德·斯隆（Alfred Sloan）。于是，1920 年，也就是在重掌公司大权的五年之后，杜兰特再次被罢免。

彼时，沃尔特·克莱斯勒（Walter Chrysler）已离开通用汽车公司，加入了当时正处于危机中的威利斯—欧弗兰特公司（Willys-Overland），和所有同行一样，在 1920～1921 年的大萧条中，这家公司同样未能幸免于难。克莱斯勒对这家濒临破产企业的救赎让他名声大噪；随后，他再次接受邀请，接管同样陷入困境的麦克斯韦汽车公司（Maxwell Motor Car Company）。1910 年，杜兰特的一位前合伙人曾尝试创建另一个汽车控股集团——美国汽车公司（US Motor Company），但这项雄心勃勃的计划以失败而告终，而麦克斯韦则是美国汽车公司留下的幸存者之一。在美国汽车公司破产之后，唯有麦克斯韦生存下来。在经过新一轮重组并成功地开发出新车型之后，这家公司终于成为沃尔特·克莱斯勒的企业，成为新的克莱斯勒公司（Chrysler Company）。

通用汽车

根据史料记载，通用汽车公司有两次曾濒临破产边缘，但均因为外部注资纾困而脱离险境。两次危机的原因如出一辙：收购政策既没有考虑到交易前的资本结构，收购本身又缺少合理的战略依据，至于交易后的整合更无从谈起。而杜兰特的逻辑似乎非常简单：只要手头上有钱，就可以收购任何企业。在他的收购标准中，根本就没有股东价值这个选项。

在这种情况下，投资者对公司的现金流几乎一无所知，因而也就无法感知公司破产危机的蛛丝马迹。比如说，控股公司层面报告的债务往往无法反映公司真实的财务状况。从理论上说，合并账户应该是这些数字的汇总，但如果期间发生过很多收购，而且财务控制又不够严格甚至被人为操纵，那么，就会导致财务报告中的数字缺乏准确性，或是对不同科目的会计处理方式缺乏一致性。

1909年，通用汽车公司以汇总方式发布了财务报表。但是在资产负债表的负债一侧，没有提供任何关于子公司债务的信息，只有股本权益和应付款合计数。因此，投资者只能假设，负债与总资产之间的差额就是公司的盈利（或损益）。

譬如，按照通用汽车公布的净资产数字，《金融纪事报》（The Financial Chronicle）认为别克公司的盈余（或损益）约为900万美元，这个数字与应付账款和股本金加起来，差不多就是总资产的数字。

但是按照1910年的数据，这个假设是错误的，因为别克当时背负的债务接近800万美元。此外，通用汽车在1909年的年报中还显示出，公司的净利润为860万美元，利润率超过30%。考虑到当时的市场极为活跃而且业务具有超强盈利能力的情况下，没有理由预期债务水平会继续上升，因此，这些数字显然缺乏一致性。

实际情况是，在整个组织的运行中，对成本或运营几乎不存在任何有意义的集中控制。比如说，在收购西尼灯具公司（Heany Lamp Company）这样的公司时，明显没有考虑到现金流问题的严峻性。为收购西尼灯具，通用汽车合计支付了8 290股优先股和74 775股普通股，这个价格甚至比收购别克和凯迪拉克的总成本还高。而这次收购的最终结果是，为避免落入觊觎已久的潜在收购者之手，通用汽车不得不接受1 500万美元的注资（见图6-14）。

通用汽车的全部救援成本为225万美元的承销费，外加按面值向承销商发行的股票，其中包括416.9万美元的优先股和200万美元的普通股。考虑到债务成本和利息以及增发的股票，导致通用汽车股东的收益被稀释。由这次再融资带来的管理层变动，也从另一个侧面验证了公司付出的高昂代价——在1915年偿还到期贷款之前，债权人暂时接管公司的实际控制权。别克停产"Model 10"小型汽车的做法更是雪上加霜，导致公司利润急剧下降。毕竟，这款汽车此前为公司贡献了一半的利润。融资和车型产品的双重变化，导致公司的利润出现断崖式下跌。

杜兰特的第二个任期几乎是前一任期的翻版。通用汽车公司再次走上大举收购之路。而最终结果也和1910年的经历惊人的相似。在战后繁荣消退、经济形势转为低迷的大背景下，拙劣的管理和信息体系与非理性的收购政策相互叠加，结果可想而知。而这一次，投资者应该会预料到即将发生的事情。

自从杜兰特重返通用之后，公司的资产收益率便一路下滑。虽然净利润确实有所改善，但这种复苏或许只能归功于整体经济的繁荣，且大量发行股票和稀释效应显然让公司付出了沉重代价。在经济低迷期到来时，通用汽车的库存大量积压，随之而来的损失自然不可避免。杜邦强势介入新股票的发行，并确立了对公司的控股权。杜兰特的位置也随即被阿尔弗雷德·斯隆取代。之后，通用汽车走上了一条与之前截然不同的发展路径，对福特发起挑战，并最终超越福特成为行业的新领军者（见图6-15）。

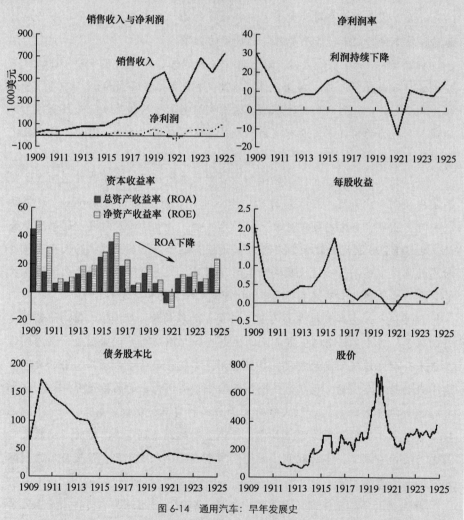

图6-14　通用汽车：早年发展史

资料来源：General Motors annual reports. CRSP, Center for Research in Security Prices, Graduate School of Business, University of Chicago, 2000. (Used with permission. All rights reserved. www.crsp.uchicago. edu.) *New York Times. Commercial and Financial Chronicle.*

对投资者来说，他们的教训恐怕再深刻不过了。有远见的人未必、甚至根本就没有能力管好自己创造的愿景。对杜兰特来说，无论是个人的财务问题还是他所领导的企业,同样没有章法,缺乏审慎与克制。尽管并非当时所有的股票经纪人都能意识到公司的真实财务状况,但是按照杜兰特的管理风格,他在第二个任期的结果应该是可预料的,尤其是在公司利润率下降和股权被稀释的情况下,失败的命运显而易见。

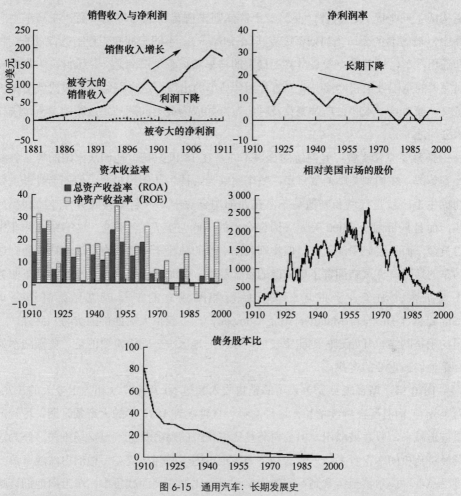

图6-15 通用汽车:长期发展史

资料来源:General Motors annual reports. CRSP, Center for Research in Security Prices, Graduate School of Business, University of Chicago, 2000. (Used with permission. All rights reserved. www.crsp.uchicago.edu.) *New York Times. Commercial and Financial Chronicle.*

斯蒂庞克的故事

在汽车动力源之争尘埃落定后,问题也随之发生变化:哪一家汽油动力汽车制造商会成为他们当中的佼佼者。对此，投资者有很长的名单可供选择，其中既有虚张声势、利用股市坑蒙拐骗的公司，也有不乏希望却没有经营能力的企业，还有一大批在汽车生产各细分领域拥有优势的公司。对最后一类公司来说，他们需要调整自身业务，应对新运输形式日益增长的威胁。在他们当中，自行车制造商构成了一个庞大的群体，而另一个群体则来自昔日的马车生产商。在马车生产商中，最著名的公司当属斯蒂庞克（Studebaker）。不同于拥有工程制造背景的福特和通用汽车，斯蒂庞克曾是世界上最大的马车和货车生产商之一。因此，它拥有相对完善的全国性销售网络——但随着无马马车的出现，这个网络或许很快就会失去意义。面对这一威胁，斯蒂庞克及时应对，并成为最早向新技术过渡的主流传统技术公司之一。

斯蒂庞克家族曾经是熟练的金属工匠，在 18 世纪初，他们从德国的鲁尔谷移民到美国。在初到美国的岁月里，整个家庭为维持生计历经艰辛，他们当时最主要的谋生手段就是打铁和制造马车。在西部淘金热中，一名家族成员奔赴加利福尼亚，而且真带回了 8 000 美元（约合今天的 100 万美元），不过，这笔钱却并非来自黄金，而是貌似平淡无奇、但实则利润丰厚的独轮车制造。有了这笔钱，让制造马车的斯蒂庞克家族拥有了更稳健的资金基础，此时又恰值内战，他们的马车业务飞速扩张。马车业务的增长又开始反哺刚成立的斯蒂庞克兄弟制造公司（Studebaker Brothers Manufacturing Company），不断扩大对西部的贸易。此外，公司的销售网络也开始延伸到印第安纳州以外的地区——同样重要的是，美国陆军始终是他们最重要的客户。

1870 年，斯蒂庞克兄弟公司的销售收入超过 50 万美元（相当于今天的 3 700 万美元），而且还在继续增长，这种态势一直延续到 1873 年的大萧条时期。尽管产量被迫减半，股息被取消，但公司还是凭借稳健的财务基础度过这场难关。作为这场经济危机的幸存者之一，随着经济形势走出困境并强势复苏，他们自然成了第一批受益者，偶尔甚至会拿到军方的采购订单，比如在美西战争中，军方向他们订购了大量的篷车。时间来到世纪之交，公司的销售收入已接近 400 万美元（相当于今天的 3 亿美元）。除传统的马车制造业务之外，斯蒂庞克兄弟公司也一直在试验新型无马马车。起因是后来臭名昭著的里德出租车信托公司，当时，他们与其中的一家成员公司签订包销协议，由斯蒂庞克负责制造电动出租车的车身。利用从这项业务中获得的知识和经验，他们在 1902 年推出了第一款斯蒂庞克电动汽车，名为"Electric Runaround"。但这些汽车当时只占全部业务的一小部分。

在斯蒂庞克内部，越来越多的人认识到，汽油动力汽车才是未来，而不是电动汽车。于是，他们与加福德汽车公司（Garford Motor Company）合作推出"斯蒂庞克—加福德"汽油动力汽车，之前，加福德曾为斯蒂庞克的电动汽车提供底盘。这次尝试取得了立竿见影的成果，到 1907 年，公司的订单达到近 800 万美元（相当于今天的 4.6 亿美元）。后来，斯蒂庞克控股加福德，并着手实施进一步的扩张计划。但斯蒂庞克的真正大手笔收购对象是埃弗里特—梅茨格—佛兰德斯公司（Everett-Metzger-Flanders Company，E-M-F）。在与斯蒂庞克建立合资公司的初期，E-M-F 主要是利用斯蒂庞克的全国性市场网络销售他们的中价位汽车。但合资企业的成功不止于此，E-M-F 和加福德汽车的销量均实现了快速增长。然而，要维持这种关系显然并非易事。E-M-F 逐渐把斯蒂庞克视为敌人，认为斯蒂庞克想要获得公司控制权——这当然并非空穴来风。到 1910 年 12 月，斯蒂庞克已彻底取得对 E-M-F 的控制权，并成立了新的斯蒂庞克集团公司（Studebaker Corporation）。新公司于 1911 年 2 月在新泽西正式落成，在高盛和雷曼的帮助下，公司发行了 1 350 万美元（现今超过 7 亿美元）可转换股票和 3 000 万美元（相当于今天的 15 亿美元）的普通股。

随着公司重心逐渐转移到汽车业务中，汽车产量开始加速增长。与此同时，传统的马车业务也呈现出井喷局面，在第一次世界大战爆发时，斯蒂庞克从英国政府处接到有史以来最大的一批军火订单，其中包括 3 000 辆马车、20 000 套六马拖动火炮套具以及 60 000 部火炮鞍座，而且交货期只有 16 周！随着时间的推移，汽车业务逐渐成为斯蒂庞克的支柱产业，也让斯蒂庞克成为少数从根植于传统运输方式成功过渡到新技术的企业之一。

斯蒂庞克是一家以生产高端豪华品牌汽车为主的汽车制造商，因此，他们并没有享受到以 T 型车成功为代表的那段高速成长期。1927 年，公司也曾试图凭借"厄斯金"小型汽车进入低价位市场，这款新车的名称源自公司总裁阿尔伯特·厄斯金（Albert Erskine）。但由于缺乏竞争力，"厄斯金"汽车在三年后便宣告停产。但和其他产品的成功相比，这款平民车的失败似乎微不足道，斯蒂庞克公司至少在表面上维持着盈利性和稳健性。

但是在 1929 年的"华尔街股灾"中，斯蒂庞克内部的管理和运营问题暴露无遗。公司以往屡经危机，这或许给现有管理层带来了盲目自信。此外，来自经销商的报告也是好消息不断，这无形之中为厄斯金继续支付高股息提供了信心。在支付股息造成现金亏空的同时，进入低端汽车市场的尝试无异于雪上加霜，这次探索的效果甚至还不及上一次。与斯蒂庞克兄弟公司针对 1873 年"大萧条"采取的措施相比，这次的做法几乎截然相反——当时的对策是通过取消股利和削减产量来节约资金。随着公司的财务状况已危如累卵，公司试图通过与怀特汽车公司（White Motor Company）进行合并而退出市场，但合并计划因怀特公司股东的阻挠而胎死腹中。最终，斯蒂庞克还是在 1933 年初落入接管者的手中，几个月之后，厄斯金自杀身亡。但是，通过接管人的不懈努力，斯蒂庞克还是走出破产阴影，重新恢复盈利。之后，随着"冠军"（Champion）车型的推出，斯蒂庞克在很短时间内便在低端产品领域打开局面，获得相当数量的市场份额。公司的经营贯穿了整个二战期间；而后再度陷入危机，不得不与帕卡德汽车公司（Packard）合并，但这次合并并没有扭转颓势，1963 年底，斯蒂庞克关闭了美国业务。

在刚刚涉足汽车业务的一段时期，斯蒂庞克几乎取得了无与伦比的成功。他们充分利用固有的销售和配送网络，并迅速打造出坚实的技术能力，一跃成为顶级汽车生产商。但量产压力越来越大，问题也随之而来，毕竟，斯蒂庞克唯有通过进入低端汽车市场才能实现量产。公司曾多次尝试实现这一目标，均以失败而告终，加之拙劣的财务决策，最终导致公司陷入破产。尽管斯蒂庞克最终因收购者妙手回春，但根本问题并未得到解决——他们始终未能成功进入需求最大的市场地带。

斯蒂庞克

在转型进入汽车行业的马车生产商中，最有代表性、也是最成功的范例无疑是斯蒂庞克，它曾是世界上最大的马车及车厢生产商——在进入 20 世纪之时，斯蒂庞克的销售收入即已接近 400 万美元。公司拥有极其完备的分销网络，而且事实也证明，它是少数成功转型为新技术企业的传统技术公司之一。

斯蒂庞克曾先后控制过两家汽车公司，首先是收购加福德汽车公司，而后是在 1910 年与埃弗里特—梅茨格—佛兰德斯公司（E-M-F）合并。由此创建的新公司更名为斯蒂庞克集团公司，新公司于 1911 年 2 月注册成立，以可转换股票和普通股形式公开募集到约 4 300 万美元资金。对投资者而言，当新成立的斯蒂庞克公司在 1911 年进入股票市场筹集资金时，它原本应是一家值得认真研究的公司。诸多因素会成就一笔好投资，使他们受益。

首先，斯蒂庞克以往的经营记录是无与伦比的，销售收入的增长几乎维持了 40 年。在这期间，为数不多的瑕疵均出现 1873 年、1893 年和 1907 年的经济危机时期，相比之下，其他公司未能熬过危机，陷入清算。面对危机，斯蒂庞克的对策是收缩业务，并在 1873 年和 1893 年取消股息支付。在形势好转之后，股息马上得以恢复。其次，虽然家族产业始终维系着巨大的影响力，但敏锐的管理团队还是找到进入新市场的机会，并通过自身能力的继续，成功完成了向无马马车时代的过渡。再次，总体销售的增长清晰揭示出新产业的成长路径及其巨大的潜在收益能力，汽油汽车的美好发展前景更是在福特的成功中展现得淋漓尽致。最后，公司成功取得当时两家最大金融机构的支持：雷曼兄弟和高盛。

1905年，斯蒂庞克还只有微不足道的市场地位，但由此开始，公司汽车业务的市场份额几乎与日俱增；1911年，通过依靠新公司筹集的资金收购 E-M-F，斯蒂庞克跻身行业头部，成为当时最大的汽车公司之一。凭借新工厂的设立，斯蒂庞克在1911年一举放大了汽油动力汽车的产量，当年的产量几乎相当于公司此前生产的汽车总量。新的斯蒂庞克集团公司首次亮相就一鸣惊人，公司当年的销售收入增加两倍；市值也翻了一番（见图6-16）。

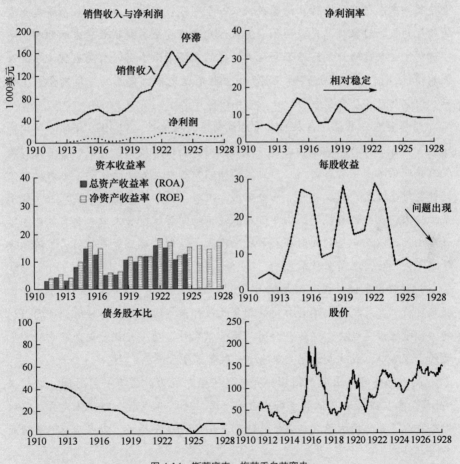

图6-16　斯蒂庞克：梅花香自苦寒来

资料来源：Studebaker annual reports. CRSP, Center for Research in Security Prices, Graduate School of Business, University of Chicago, 2000. (Used with permission. All rights reserved. www.crsp.uchicago.edu.) *New York Times. Commercial and Financial Chronicle.*

尽管平均价格不断下降，但产量的增长还是导致盈利能力持续上升，资产收益率提高就是最好的验证。由于公司几乎没有任何债务，因此，股权收益率与资产收益率基本相近。按大多数标准看，在美国加入第一次世界大战之前，公司的表现相当出色。不过，这也意味着公司正在进入衰退期，由此开始的命运往往是破产，并最终消失。早期的成功掩盖了它落后于主要竞争对手的事实。1911年，斯蒂庞克的利润约为通用汽车公司的一半左右，但是到1916年，通用汽车的利润已相当于斯蒂庞克的三倍半，到1919年，两者相差更是高达六倍。这一点在福特公司身上同样显露无疑。

增长滞后的根本原因就是斯蒂庞克对低端汽车市场的视而不见，毕竟，这也是整个汽车行业迄今为止增长最快的一个部分。不过，这并未让斯蒂庞克成为糟糕的投资对象，只是让他们没有机会充分享受全行业增长带来的红利。事实证明，这个危险点最终给斯蒂庞克选择的市场带来威胁。公司也曾试图进入低端市场，但以失败而告终。1927年，斯蒂庞克推出自己的"厄斯金"小型车。但这款产品全无竞争力，并在三年后停产。

斯蒂庞克公司至少在表面上维持盈利性和稳健性。但1929年的"华尔街股灾"暴露出公司在管理和运营方面的问题。公司曾屡次经历危机，这或许给现有管理层带来了盲目自信。来自经销商的报告也是好消息不断，也为厄斯金继续支付高股息提供了信心。而公司第二次进入低端汽车市场的尝试甚至还不及上一次。在大萧条期间，由于进入低端市场的尝试宣告失败、盲目收购豪华汽车生产商以及一系列的财务和管理失误，导致斯蒂庞克资不抵债，被破产接管。不久之后，厄斯金自杀。

对投资者来说，在进入大众化市场的尝试失败后，斯蒂庞克的败落几乎已指日可待。在此之前，尽管公司的销售收入并未实现增长，但传统业务的盈利能力似乎还说得过去。显然，公司必须采取某种行动，也就是说，它正处于命运的十字路口，成败或许完全取决于一款新车型。

最终，公司走出破产阴影，并恢复了盈利能力。曾有一段时间，它凭借"冠军"车型成功地在低端市场中占有一席之地。二战后，斯蒂庞克再度陷入财务危机，并与帕卡德汽车公司进行了合并。1963年年底，斯蒂庞克的美国业务全部停产。

美国汽车工业的演进之路

从世纪之交开始的 15 年里,一个新行业诞生并逐渐走向成熟。早期发展阶段的问题主要集中于技术——何种形式的动力将主宰这个行业?在美国和欧洲,汽油动力汽车仍处于起步阶段,远未展现出优于蒸汽和电力驱动汽车的优势。显然,作为一项已存在并改进 100 多年的技术,蒸汽动力的可能性必将得到全面检验。一方面,有关蒸汽机的知识已基本形成体系,毫无疑问,资本当然更青睐于已被证实的科学;另一方面,电动汽车的诱惑力则源自当时的大环境——包括爱迪生电灯的成功以及电力给工作场所和家庭带来的革命。实际上,在照明领域,电力也正在取代汽油发动机所寻求使用的燃料的近亲。很多人会再次自然而然地相信,电力不过是一种更强大的技术而已。归根到底,无马马车的三种动力源是相互竞争的。在这个阶段,各种耐力赛和速度赛成为关键;而所有类型的汽车赛事,都无一例外地展示出汽油动力汽车的优越性。

美国汽车工业的演变,可以追溯为三家成功的企业——福特、通用汽车和斯蒂庞克,当然还有当时采集的诸多行业统计数据。上述三家公司分别来自不同的背景,并以不同方式进入这个行业。亨利·福特相对较早地定位于低端市场,而他所生产的汽车的销量也实现了爆炸性增长,并占据了市场的主导地位。通用汽车后起直追,试图通过收购取得市场份额。斯蒂庞克则专注于通过新技术再造自我,但其始终定位于高价位的高端市场。

汽车市场虽在快速成长,但发展极不平衡。高端汽车市场持续增长,但是在低档汽车需求暴增的情况下,依旧显得微不足道,可见,汽车本身固然重要,但生产的经济性同样重要。相比之下,高端市场的标准化程度较低,而且吸引了过多的制造商。很多新进入者尚未来得及建立市场,便已深陷财务危机,因此,公司"死亡率"居高不下。随着行业的成长和价格的下跌,融资的重要性陡然增加,问题也日渐加剧。

在美国,关于汽车制造企业的数量存在很多估计。如果采用相对严格的定义——存在真实生产数据的公司大约有 200 家。如果考虑只存在概念或"样本"汽车的造势企业和投机性制造商,那么很可能是这个数字的若干倍。遗憾的是,除当代文献提供的只言片语之外,鲜有重现行业早期发展史的记载。本书提及的数据均指按"严格"定义的数字。汽车行业的公司破产情况如图 6-17 所示,企业的低生存率体现为：50%的公司存活时间不到 6 年，超过 1/4 的公司不足 3 年。

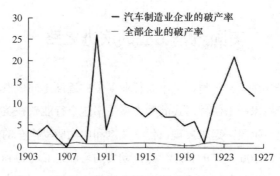

图 6-17　高风险行业：汽车行业的破产率（1903~1927 年）

资料来源：R. C. Epstein, *The Automobile Industry: Its Economic and Commercial Development* , Chicago and New York: A. W. Shaw Company, 1928, pp.176–177.

破产率与整个商业环境密切相关。在经历 1907 年经济危机后的复苏过程中，受到福特和其他公司超强盈利能力的启发，大批新公司成立。在 1910 年之前的两年间，汽车制造商的数量增加了 600 多家。而原有制造商的产能也出现了大幅增加。新进入者的数量必然对应于高破产率。仅在 1910 年，就有超过 1/4 的汽车公司销声匿迹。但纵观总体经济，企业倒闭现象正在减少。然而，这并不能阻止其他公司前赴后继地进入这个行业，在随后的四年中，汽车制造商的数量再次暴增 80%左右。随着战后繁荣时期的结束，经济陷入低迷，由此也再次掀起一轮大清洗。从 1922 年到 1926 年，每年倒闭的公司比例始终不低于 10%，平均比例接近 15%。图 6-17 清楚地展示出破产率的两次高峰——第一次洗牌是针对前两年新公司快速增长做出的反应，而第二次洗牌则是总体经济形势变化带来的必然结果。

新经营逻辑源于规模和标准化需求的不断升级。低成本汽车领域的市场扩张仍在继续，在这个市场上，规模经济至关重要。此外，规模经济不仅存在于生产领域。信贷工具的出现大大提高了销量，但只有大公司才能获得所需要的资金。在分销和售后服务方面，大型制造商同样优势明显。降低汽车价格和增加产量的趋势已日渐清晰，要适应这种变化，公司都在想方设法地削减成本、降低售价。但价格下调的空间毕竟有限，只有少数规模足够大的公司才能凭借减价获得成功。

图 6-18 即显示出价格变动的轨迹，在这个图中，可以看到在三个不同时间段内，按不同价格销售汽车的公司数量。这些数字揭示出两个现象。首先是机动车辆的绝对成本，1907 年，每辆汽车的中位数价格为 3 700 美元，换算成今天的购买力，相当于购买一辆价格为 212 000 美元的汽车。这显然不是一般家庭使用的代步工具。可见，那时购买汽车无异于购买豪华游艇。即使在 T 型车面世以及"低

端"市场实现大幅增长之后，按目前的购买力，当时的汽车价格依旧非常高昂。到1916年，每辆汽车的中位数价格为1 000美元，相当于今天的45 000美元，即便是最便宜的车型也会达到这个价格的一半左右。（因此，所谓的"低档"和"中档"车辆也只是相对最初作为奢侈品的汽车而言，而且在经过相当长时间之后，才最终被大量中产阶级家庭所接受。）其次，随着时间的推移，价格分布发生了显而易见的变化。到1916年，在较低价位上的集中分布足以表明，低端市场的竞争尤为惨烈。

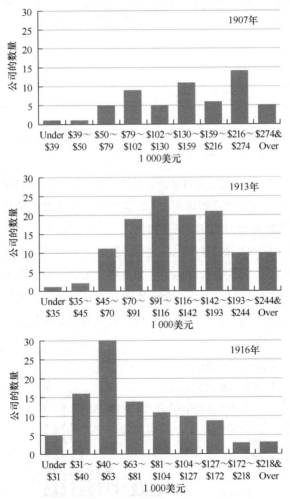

代表1907年、1913年和1916年汽车价格竖线均与当年价格成正比，但所有数字均按美元平均购买力转换为2000年的价格水平。

图6-18 竞争加剧带来新的定价结构

资料来源：R. C. Epstein, *The Automobile Industry: Its Economic and Commercial Development*, Chicago and New York: A. W. Shaw Company, 1928, pp.186–187.

至此，在行业的长期历史中，谁是赢家，谁是输家，基本已划分清晰。在 1915 年的前十大汽车公司中，只有 3 家退出了 10 年后的榜单。由于前 1/10 的公司始终占行业总产值的 80%以上，市场并没有出现进一步的集中。相反，破产率始终居高不下，以至于行业内的企业总数不断下降，而成为行业翘楚的门槛则大幅提高。投资失败的代价是显而易见的。通常，这些经营失败的公司会被清算，股东和优先股的持有者会血本无归。但投资成功的公司带来的回报同样清晰可鉴，从图 6-19 中足以看到这一点。

1926 年，以 100 美元投资购买股票				
公司成立的年份		1926 年的股权价值（1 000 美元）	投资时间（年）	复合收益率（%）
REO	1904	20 000	22	27
哈德逊	1909	45 000	17	43
通用汽车	1908	6 500	18	26
斯蒂庞克	1911	500	15	12
福特	1903	2 750 000	23	56

图 6-19　投资收益率：投资于顶级汽车公司的回报

资料来源：R. C. Epstein, *The Automobile Industry: Its Economic and Commercial Development*, Chicago and New York: A. W. Shaw Company, 1928, pp.250–252. 各公司的年报。

作为投资者，要想获得如此高的复合收益率，就必须找到始终能维持 5%利润率的公司。他们不但要准确地找到这些公司，还要及时买进并在适当的时候卖出。比如说，投资者必须持有通用汽车公司的股票，熬过困难时期，并在 20 世纪 20 年代中期公司再次陷入困境之前及时卖出。这个行业的成长是不可否认的，它超越马车行业的速度令人咋舌，但随着技术的进步和价格的下降，随之而来的增长速度更加令人惊讶（见图 6-20）。尽管这是一个活力四射而且收益丰厚的行业，但是要把整体增长转化为投资者的收益，显然还需要投资者具备十足的毅力、渊博的知识和睿智的远见（见图 6-21）。

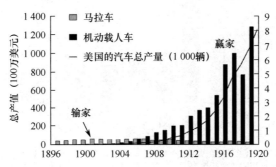

图 6-20　输家已定的比赛：汽车和马车的年产量（1896～1920 年）

资料来源：US Department of Commerce, *Historical Statistics of the United States*, Series P318–374. US auto production, data for 1895–1939, US Bureau of Public Roads. Data for 1933, National Automobile Chamber of Commerce, *Facts and Figures of the Automobile Industry*, p. 10.

《无马时代》的谴责并没有让爱德华·潘宁顿收手，在偃旗息鼓一段时间之后，他又策划了一个更大规模的股票融资计划。这一次的冒险远非前次可比，甚至融入了全球元素，声称将会把英国及欧洲的汽车专利权与美国汽车产业联系起来。潘宁顿将这项计划的载体命名为英美快车公司（Anglo-American Rapid Vehicle），启动资金为 7 500 万美元（相当于今天的 50 亿美元）。这个合作项目的很多发起人还曾参与过里德出租车信托公司项目。《无马时代》社论中越来越沮丧的语气表明，潘宁顿新公司的融资情况非常顺利；实际上，《无马时代》此前曾极力提醒投资者，这项投资项目几乎没有任何实质性业务，但他们的努力徒劳无果。

随着潘宁顿等人宣布建立英美快车公司的计划，一场具有传奇色彩的闹剧再次拉开大幕，他们声称，这家公司将持有某些"重要专利"，为生产廉价轻型车辆提供技术基础（巧合甚至具有讽刺意味的是，他们设计的价位和亨利·福特若干年后推出的 T 型车几乎如出一辙）。

数字游戏的开启

"末日就在眼前。'上帝欲使其灭亡，必先使其疯狂'。"这些发起人出身于金融企业，而且曾被屡次戳穿其欺骗贪婪的丑恶嘴脸，这一次，他们摇身一变，给自己披上新的伪装，试图再次榨取公众的钱包。最初，他们还有所收敛，把目标公司的规模锁定在 1 000 万美元到 2 500 万美元之间。但他们很快便觉得，如此不起眼的小公司显然不足以实现他们的雄心壮志（实际上，他们已开始出现入不敷出的状态）；于是，他们再次祭出资金高达 7 500 万元甚至 2 亿美元的联合体融资计划，贪婪已经让他们无边无际的想象力陷入沸腾。疯子正在涌入汽车市场。

"上周，人们终于等来汽车史上最浪漫的篇章拉开帷幕，现在，报纸杂志连篇累牍的报道，正在不断刺激公众对这轮热潮的胃口：英美快车公司即将在特拉华州宣告成立，筹集股本资金 7 500 万美元。据说，这次在美国投资大众中为项目摇旗呐喊的绅士来自费城，这位著名发起人曾热心于蓄电池，而且也是里德出租车信托项目的原始发起人之一，看来他已经清空了里德的股票，摇身一变，似乎成为汽油发动机的坚定拥护者；贵格城的另外两名发起人同样声名显赫；当然，这里不能不提英国昔日的两位知名发起人——爱德华·潘宁顿和亨利·劳森（H.J. Lawson），他们也是几年前英国汽车辛迪加协会可疑交易中的主角。

"这两名善于煽风点火、以造势而著称的'股票贩子'不希望自己的名字出现在任何与特拉华州企业相关的公开文件，至于背后的原因，他们自己最清楚不过。

"公司的招股说明书声称，新的联合体组织拥有约 200 项专利，涵盖石油发动机和汽车制造，并致力于推动英国与美国主要汽油及煤油汽车制造商联手合作，实现公司对整个产业的控制等，细品味，这无一不是这些股票贩子的传统套路。

"这个英美汽车联合体中，英国一方拥有形形色色、各种各样的机动车辆专利，但可以看到的是，很多专利根本不适用于汽车行业，大部分专利徒有虚名，只有名义价值，毫无真正意义，最重要的是，只有少数专利权受法律保护；但他们居然声称，这些专利是英国、德国或法国企业产业的盈利基础。

"至于这些发起人声称拥有的美国专利，我们尚未注意到详细的清单，但实际上，即便是具体清单也不足以说明，他们这次卖出的股票比前一次好多少。

"对这些股票操纵者来说，他们当然希望给毫无戒心的人留下这样的印象——我手里可是有'好东西'啊；于是，这些狡猾的先生们宣布，这 7 500 万美元的股票全部是非卖品。但所有熟悉他们品质德行和行事方法的人，都不会有任何片刻的失忆，天真地以为他们真的打算去制造某种意想不到的新汽车，而不会像以往那样毫无羞耻地招摇撞骗。制造显然不是他们的强项；他们更喜欢用文字做生意。但是用纸做成的汽车毕竟不能长久，大街上已不缺少空洞无物的口号，纸汽车终究要被水淹没，公众也不太可能被这些先生们的花言巧语所折服。"

——《无马时代》，1899 年 11 月 15 日

图 6-21 "热气"再度吹来：贪得无厌的爱德华·潘宁顿再次归来

随后一期《卫报》杂志的报道足以见得，《无马时代》的抨击甚至没有激起一片涟漪。

英美公司

"经费城消息灵通人士获悉，最近在特拉华州注册成立的英美快车公司，资本为 7 500 万美元，公司拟出资 4 000 万美元收购几家意向标的汽车厂，与此同时，向公众发行价值 2 000 万美元的股票，并预留价值 1 500 万美元的库存股。目前，该公司已在纽约布罗德街 20 号开设办事处。"

——《无马时代》，1900 年 11 月 29 日

在新世纪到来之际，这份杂志继续提醒读者，要高度关注里德出租车信托公司的不当融资行为，并指出，该事件的部分发起人与潘宁顿和亨利·劳森先生所创建之英美快车公司存在关联：

昔日噩梦

"金融界和政界的上流人士，如同吸血鬼一般，试图紧紧抓住投资者，吸干他们的最后一滴血。于是，他们组织了华尔街历史上最庞大的股票出售计划。

"里德出租车必将成为家庭生活之必需。总资本近 1.5 亿美元的公司即将面世——但实际上只是一场空手套白狼的游戏。至于这项恢宏计划所依赖的蓄电池，充其量也只能在机动车辆身上发挥有限作用……在里德出租车这场投机游戏中，发起人已成为行业利益最大的破坏者。他们将政治势力、资金优势和社会资源集于一身，几乎有一步登天之势。他们用金钱买通媒体，打击排斥对立势力，鼓吹梦想，歪曲事实，以此欺骗和诱惑公众，向他们兜售毫无价值的股票。好在他们的计划并非全部得逞。阴谋终被揭露，如今，他们已四面楚歌。州银行机构已找到证据，准备对他们的部分可疑交易展开调查，所有持有这些骗子公司的倒霉股东，都应马上提出调查要求。"

——《无马时代》，1900 年 1 月 24 日

"这些发起人上演的长篇喜剧终以歇斯底里的闹剧而收场。这场悲喜剧的主角就是刚刚面世的英美快车公司，这就不能不提臭名昭著的里德出租车，当然还有这场剧的幕后操纵者——'瘫痪'吉布斯、'小矮子'劳森和'乐善好施'潘宁顿，通过这场闹剧，他们把信口开河、张冠李戴、夸夸其谈、忽悠恫吓之类的偏门艺术演绎得淋漓尽致。但最有趣的是，这些姗姗来迟的入侵者完全没有意识到，他们的花招早已败露。实际上，他们完全是在自欺欺人，殊不知，美国投资者早已看透他们的把戏，也厌倦了他们肤浅的伎俩。

"希望他们自己也能睁开眼睛，认清事实，只要仍站在欺骗与谎言的一边，我们就应坚定不移地反对他们，这也是我们引以为荣的骄傲。从现在开始，股票贩子和汽车制造商势不两立。一定要坚持这条分界线。"

到底花了多少钱？

"这些日报和其他被里德出租车信托公司催眠的支持者是否从未想过这个问题——它到底花了多少？仅凭蓄电池出租车或公共汽车投入使用这一事实，根本不能说明任何问题，相反，这只能证明，发起人的资金也仅够维持虚张声势而已。对这样的金融家来说，企业是否真的赚钱并不重要，重要的是让投资公众认为他们在赚钱。只要卖掉股票，他们根本就不会再关心企业会如何。受害者不得不面对他们留下的烂摊子，近乎绝望地继续掏腰包，希望能让企业起死回生。里德的出租车和公交车项目无异于荒谬的天方夜谭。在这种情况下，蓄电池业务几乎是无法维护的。尽管里德出租车信托的运营情况无从知晓，但是通过对国家信托公司贷款的调查，或许可以对里德出租车信托的发行成本略知一二。"

里德出租车的融资

"如下这段文字摘自《纽约先驱报》在 1 月 21 日发表的一篇报道：'一名政府雇员如何能拿到 200 万美元？'但对里德出租车信托来说，这只是麻烦的开始：

图 6-21 "热气"再度吹来：贪得无厌的爱德华·潘宁顿再次归来（续）

'昨天，这笔交易的内幕终被揭开。根据丹尼尔·谢伊提供的抵押票据，控制国家信托公司的这家机构（里德出租车）居然拿到200万美元的贷款，而丹尼尔·谢伊只是托马斯·瑞恩手下的一个小职员。作为这笔贷款抵押品的股票，是根据蓄电池公司和电动汽车公司之间协议取得的。'

——《无马时代》，1900 年 1 月 24 日

进入 2 月份，《无马时代》再次发难指出，此次股票发行计划的策略纯属别有用心，就是为了让投资者可以轻而易举地做比较。报道几乎没有纳入任何新的内容，这本身就表明，他们的揭露似乎对投资者没有任何影响。

划清界限

"如果听到我们拒绝了英美快车公司的广告，读者肯定不会感到惊讶。我们之所以采取这一立场，不仅是基于公共政策，也是为了防止这家公司发起人采取不当行为。他们试图凭借对外国专利拥有的所有权成立新公司，而且计划在美国公开融资 7 500 万美元，建立一个包含英国及美国所谓强大型汽车制造商的联合体。不过，他们已经被纳入'造假者'的行列，而且在美国各大城市的警事档案中，都记载有他们不光彩的历史。

"对所有研究过人性的学者或是了解新产业发展的评论家来说，这些人的方法再熟悉不过。他们首先会花钱买通一个没有主见、贪婪腐败的报刊，这份报刊再通过各种题材的报道或广告为'辛迪加'做虚假宣传，营造声势。他们会绞尽脑汁、不择手段让自己始终处于公众视线的焦点。他们会在公共场所、时尚酒店和街道上刻意营造氛围，哗众取宠，制造轰动效应。他们乔装打扮，和所有狂妄自大的人一样，招摇过市，毫不收敛地吹嘘他们的企业如何赚到数百万美元，试图激起庸俗者与贪婪者的财富欲望。这些人貌似温文尔雅，含蓄收敛，有时甚至会卑躬屈膝，但实则阴险狡诈。他们或许是真正的策划者，小心翼翼地用浮夸和吹嘘隐藏其真实企图；他们也可能只是充当执行者，受命于一个更狡猾的阴谋家。在这些大型骗术中，当然少不了为进行大规模造势所需要的各类人才。

"每个功能齐全的股票出售机构通常都会配备形形色色的金融人才——骗子、受贿者、谎言家、打手和阴谋家——在这场'虚张声势'的超豪华游戏中，他们各司其职，扮演着属于自己的特殊角色。演出已经开始。主谋和追随者以精彩的演技和充沛的激情，尽情演绎自己所扮演的角色。'辛迪加'以步步紧逼的洗脑和斩钉截铁的断言让犹豫不决者变得深信不疑。"

——《无马时代》，1900 年 2 月 7 日

最后，《无马时代》提到，在杂志揭露这个项目缺乏实质性内容以及对投资者的欺诈行为后，主要发起人发现，他们的后续道路已被堵死，于是，他们只能灰溜溜地返回英国。但最重要的一点在于，这些股票发行人只凭借一个概念和一点技术知识，便可以筹集到大量资金，尽管他们不得不面对这份业内顶级期刊的持续谩骂。但具有讽刺意味的是，大规模量产低价位汽车这个概念本身绝对正确，只是这些人没有打算或是没有能力去实现这个目标，相反，他们唯一的企图，就是诱惑投资者把钱交给他们。

图 6-21 "热气"再度吹来：贪得无厌的爱德华·潘宁顿再次归来（续）

资料来源：*Horseless Age*，1899 年 11 月 15 日，1900 年 1 月 24 日，1900 年 2 月 7 日，1899 年 11 月 29 日。

欧洲的汽车产业

汽车起源于欧洲，而后进入美国，并在这里迅速成为基础产业。为什么会呈现出这样的成长路径呢？这与技术无关；在早期的大部分时间内——可能到 1910 年之前，欧洲汽车始终占有明显技术优势。

英国的汽车发展历程与美国极为相似，早期开拓者均来自相关行业。格罗斯比兄弟公司（Crossley Brothers）曾是英国的老牌石油发动机企业，他们最早开始生产汽车，并逐渐演化为同名汽车制造企业。丹尼斯（Dennis）、霍博（Humber）和路虎（Rover）公司发迹于自行车行业；至于由赫伯特·奥斯汀（Herbert Austin）创建的沃尔斯利（Wolseley）公司以及美国工程师威尔伯·冈恩（Wilbur Gunn）创建的拉贡达（Lagonda）汽车，前身甚至是羊毛修剪企业。而劳斯莱斯（Rolls-Royce）则出自才华横溢的电气起重机工程师与贵族赛车手。英国戴姆勒公司（British Daimler）似乎可以视为英国工程师弗雷德里克·理查德·西姆斯（Frederick Richard Simms）与戈特利布·戴姆勒之间友谊的结晶，经戴姆勒的授权，西姆斯取得戴姆勒公司在英国使用戴姆勒这一品牌及专利权的资格。

最终，英国戴姆勒汽车公司（Daimler Motor Company in Britain）成为汽车行业的佼佼者，但马上便被卷入由金融家亨利·劳森（H.J.Lawson）设计的控制英国汽车工业的计划。劳森的第一桶金来自自行车行业，但他很早便认识到汽车行业的未来。1895 年，他成立了英国汽车辛迪加公司（British Motor Syndicate），股本为 15 万英镑（相当于今天的 5 500 万美元），他率先购买英国戴姆勒持有的专利权，随后又陆续将其他所有适用专利权收入囊中。辛迪加的主要业务就是专利权租赁，在某些方面，可以把它视为电动汽车公司的前身。公司的危机源于向芝加哥的爱德华·潘宁顿购买了 10 万英镑的专利权，这位绅士多次拥有多项工程技术专利，却从未向人们真正展示过他设计的任何一辆汽车。1901 年，英国汽车辛迪加公司在法庭上败诉，随后宣告破产。最终，这家公司在 1907 年以 1 000 英镑（现今不到 300 000 美元）的价格被收购。

辛迪加公司并不是劳森唯一一次让投资者赔钱的生意。1896 年，他出资 100 万英镑（现今超过 3.7 亿美元）创建格雷特无马马车公司（Great Horseless Carriage Company）。这家公司曾尝试设计和生产汽车，但因缺乏必要的工程制造能力，因此耗尽了全部资金。1899 年，劳森与潘宁顿合作创建了英美快车公司。尽管这家公司曾拥有所有专利权，筹集资本达到 7 500 万美元（相当于今天的 54 亿美元），但最终误入歧途，让之前期待满满的投资者懊恼不已。然而，考虑到这个项目的牵头人是劳森和潘宁顿这种劣迹斑斑的阴谋家，里德出租车信托公司丑闻中的主要人物尽数加盟，因此，面对这样的结局，投资者完全不应感到意外。尽管如此，无论这些涉事者的声誉多么卑劣阴险，也不管《无马时代》等行业期刊怎样大声疾呼，大西洋两岸的投资者还是慷慨解囊，让这些金融巨骗的阴谋得逞。

在欧洲大陆，戴姆勒、奔驰和潘哈德—莱瓦索尔（Panhard Levassor）等汽车公司继续繁荣发展，法国标致也通过与戴姆勒合作涉足汽车领域。和美国及英国一样，欧洲大陆也迎来了汽车制造企业的大爆发，尤其是在法国，这也反映出整个行业在世纪之交的重心转移。阿米迪·博利（Amédée Bollée）曾是一家铸造工程企业，19 世纪 70 年代，公司开始制造蒸汽动力汽车，而后小批量生产高档汽油动力汽车。与此同时，通过取得博利对汽车制造技术的许可授权，其他很多法国公司也开始生产汽车。在巴黎，路易斯·雷诺（Louis Renault）将一辆迪里恩（De Dion）机动三轮车改装成四轮车。凭借这次改进，雷诺获得了专利权；由于这款小型车辆取得的成功，也让他的小作坊发展成为一家重要的汽车生产基地。意大利同样见证了汽车行业的兴起，先驱者中包括为巴黎—马德里汽车拉力赛设计赛车的埃托雷·布加迪（Ettore Bugatti）；当然，不能不提的还有两位骑兵军官——乔瓦尼·阿涅利（Giovanni Agnelli）和格罗佩罗（Gropello），他们的实验最终促成了意大利都灵汽车制造厂（Fabbrica Italiana Automobili Torino，即菲亚特汽车，FIAT）。

在这段时期生产汽车的企业几乎不计其数，很难将它们一一列出，1904 年的英国《汽车》杂志曾刊登了 300 多个不同型号的汽车。汽车行业在欧洲和美国一样具有高度分散性，甚至有过之而无不及。但是在美国，汽车行业的整合动力更为强大，并更早地出现了行业领袖。

本章小结

虽然汽车行业始终呈现出集中性特征，甚至在其爆发式增长之前，就已出现这种趋势，但真正意义上的整合则出现在行业形成后的 10 到 15 年左右，毕竟，只有名列前茅的龙头公司才能获得相当程度的安全性。处于领先地位的公司确实展示出明显的相对稳定性，但是在任何经济动荡中，它们不可能完全超然物外。整个行业虽表现出强劲的长期增长态势，但也存在明显的周期性特征。一旦经济衰退降临，如果企业没有做出响应，那么，它们很快就要面对所有资本密集型企业都无法规避的境况——产品滞销，现金流不足以覆盖融资成本和运营成本。最初，汽车行业似乎只服务于富人阶层。这是一个拥有诸多细分领域生产商和至少存在三种可选择技术的行业。从诞生之日起，它就向世人展现出一种不可逆转的趋势：现有的马车技术将被它所取代，当然，自行车行业也将受到冲击。面对威胁，在这些传统行业中，很多制造商开始尝试转型，通过进入汽车行业来对冲行业风险，而斯蒂庞克成为他们当中为数不多实现传统转型的制造商之一。

因此，传统技术的"失败者"自然不难识别，但是要预测谁将成为新技术的成功者，似乎就没有那么显而易见了。数以百计的公司如雨后春笋般涌现，其中固然不乏名副其实的竞争对手，但实际上也出现过无数的股市骗局。对局外人来说，真假之间几乎无从分辨，至于哪家有真功夫的企业会成为最终的胜利者，自然更是无从知晓。

即使是那些最终取得成功的公司，也是在风雨后方见彩虹。亨利·福特在第三次创业中取得成功，经历了与合作伙伴在战略上发生分歧并分道扬镳之后，福特不为所动，最终取得成功。通用汽车曾两次濒临破产境地并最终走出危机，而克莱斯勒甚至发迹于破产重整后的企业。实际上，直到福特 T 型车的推出以及汽车被富裕中产阶级所接受之后，这个市场才展现出强大的增长态势。也正是从这一刻起，汽车开始成为一个容量不断扩大、价格持续降低的市场。有些缺乏竞争力的公司不得不退出——在很多情况下，公司从盈利到稳定期并最终陷入清算，或许只是弹指一挥间。

尽管需求和生产都在持续增长，但汽车行业的真正形成与巩固，则是 20 世纪初的事情。推动行业加速稳固的动因不计其数，但其中最重要的一个原因在于，大多数公司在成立初期资金实力有限，而增加产量和销售则需要更多资金的注入。虽然早期生产集中于高成本、高利润的豪华汽车，但技术进步逐渐让汽车成为中产阶级的基本消费品，于是，生产过程本身的重要性日渐凸显。大规模生产带来的规模经济效应，让大量厂商成为落败者，于是，整个行业开启了一轮不可逆转的整合。从那时起，整合成为行业的常态和特征。少数幸运者最初享受的先发者红利开始被吞噬。从 20 世纪 20 年代到 20 世纪 70 年代，尽管汽车行业经历了重重整合，但净利润增长率几乎呈现出不可阻挡的下降趋势——在此期间，如按真实价值计算，利润走势基本遵循了资本密集型和竞争性行业的古典周期特征。

在行业初期，美国制造商反倒成为恶劣道路条件的受益者——虽然他们的欧洲同行在技术上更先进，但糟糕的路况迫使他们不得不生产出更轻巧、更标准化的汽车。在这段时期，借助国内经济强势增长的助推和关税保护的庇佑，美国生产商得以成为世界工业的主要参与者。

但具有讽刺意味的是，正是迫使他们开发特定类型汽车的外部条件，在几十年后居然为非美国汽车生产商带来了红利。在美国以外，大多数消费者支付的汽油价格远高于美国。因此，在美国以外的市场，燃油效率成为汽车设计中最重要的因素之一。而20世纪70年代爆发的石油危机，更是让美国汽车企业突然意识到，与外国更注重效率的同行相比，他们已经全面落后。首先是在大西洋两岸（欧洲）、而后是在太平洋（日本），投资者都开始面对同样一个问题：随着竞争的加剧，市场开始从早期的大批竞争对手中选择少数幸存者。仅靠成长本身已不足以维系投资。以往的收益或许确实非常可观，但下行趋势已不可避免。在仅靠收入增长已无法保证收益增加的背景下，投资者自然需要密切关注行业的盈利能力。在制造技术尚未被充分理解、知识尚未普及的行业初期，贪婪引发的罪恶自然在所难免，譬如说，很多公司和个人以不良手段诱使投资者盲目出资，类似传闻不绝于耳。

第七章

掀起波澜
无线时代的故事——从马可尼到贝尔德

> 德弗雷斯特先生,你可以把美国需要的全部无线电话设备放在这个屋子里。
> ——迪恩电话公司(Dean Telephone Company)总裁迪恩(W. W. Dean)在1907年与德弗雷斯特(Lee de Forest)针对音频设备前景进行的讨论

> 看在上帝的份上,下楼去接待处,干掉楼下的那个疯子。他居然说自己有一台可以以无线方式看东西的机器!当心这家伙——他身上可能带着剃须刀。[⊖]
> ——《每日快报》(*Daily Express*)编辑于1925年接受约翰·洛吉·贝尔德(John Logie Baird)拜访中的谈话

[⊖] C.Cerf and N.S.Navasky, *The Experts Speak: The Definitive Compendium of Authoritative Misinformation*, New York: Villard, 1998, p.229.

马可尼与无线电的起源

在进入20世纪之交时,信息传输主要借助于两种媒介——电报和电话。在美国这个当今世界上最大的经济强国,这两种媒体均被一家公司所主宰。电报方面,西联汇款在经过南北战争后脱颖而出。在电线网络不断扩大的同时,借助收购和技术改进以及与托马斯·爱迪生等人的合作,西联汇款进一步强化了自己的主导地位。电话起源于亚历山大·格雷厄姆·贝尔的发明成果,因而受到发明者所持有的专利权保护。凭借这些专利提供的庇护,贝尔公司逐渐形成对电话的垄断,而在专利权到期时,公司依旧能凭借电话网络维系业已形成的控制地位。

在早年与行业巨头西联汇款的对抗中,贝尔公司确实赢得了公众支持,但随着贝尔逐渐发展到已接近于垄断的地步,这种支持也开始逐渐减弱。在这个阶段,很多大公司纷纷浮出水面,而公众则开始把这些大型企业集团视为敌人,这也促使人们越来越多地运用反垄断法抵制已经出现的价格垄断行为。随着经济增长,媒体也在随之成长,用户群体出现了爆发性扩大。在19世纪的最后30年中,全美国发行的日报数量翻了两番,销售量则翻了六倍。⊖

和电话及电灯一样,收音机同样是诞生于19世纪物理学进步的另一重大发明。1865年,在开创性成果"电磁场动力学原理"(A Dynamical Theory of the Electromagnetic Field)一文中,苏格兰物理学家詹姆斯·克拉克·麦克斯韦尔(James Clerk Maxwell)率先系统性提出电磁波理论。这项研究试图以统一理论解释电波的传输,这篇论文在科学界引起极大反响。但直到25年之后,海因里希·赫兹(Heinrich Hertz)才为这一理论找到确凿证据。期间,欧洲的很多大学都进行过电波实验,但基本仍处于抽象水平。最终,一位拥有爱尔兰和意大利血统的年轻人为这一理论找到了基本用途。

意大利发明家和工程师古格利尔莫·马可尼(Guglielmo Marconi)出生于1874年,他早年生活在父亲在博洛尼亚附近拥有的一座庄园里。母亲来自富裕的詹姆森家族,这个家族在意大利拥有最大的炼油企业,其父更是在意大利拥有豪华

⊖ S. J. Douglas, *Inventing American Broadcasting 1899–1922*, Baltimore: Johns Hopkins University Press, 1950, p.xxiii.

大型庄园。家族的从商经历无疑对他产生了巨大影响。母亲很快就发现马可尼在物理学方面的天赋和兴趣，于是，她把马可尼托付给博洛尼亚大学的物理学教授奥古斯托·里奇（Augusto Righi）。里奇教授曾研究过一种能让电波发射器和接收器按相同频率工作的设备。在里奇教授的悉心指导下，马可尼掌握了必要的物理学和数学背景知识，当然，最重要的是进行科学试验所需要的严谨作风，这对他日后在声波领域进行的探索至关重要。

带着重现和改进里奇教授与海因里希·赫兹研究成果的梦想，马可尼回到父亲的庄园。他设想的目标是，利用电话及电磁波领域的知识，探索信息是否能以波的形式在大气中传输，就像电流可以通过导线实现传输那样。第一个初步性实验是马可尼在家中的阁楼上进行的。1895年12月，实验取得成功，当时，他向距离近10码的接收器发出信号，接收器在接收到信号后，敲响一个铃铛。（但父亲觉得，虽然这个实验很有趣，但完全可以用更简单的方法弄响这个铃铛。）

第二年，马可尼在相距1英里多的接收器和发射器之间进行了信息传输，父亲的质疑自然不及之前。在这场成功的试验中，马可尼借鉴了里奇教授和利物浦大学奥利弗·洛奇（Oliver Lodge）的成果。在这个过程中，他持续关注世界各地正在进行的实验。1894年，在牛津举办的英国学术协会的会议上，奥利弗·洛奇演示了无线电报的工作原理。与马可尼相比，洛奇更关心理论，而不是成果的实践转化，以至于他甚至懒得为自己发明的设备申请专利。⊖

然而，马可尼清楚地看到了这项技术的商业价值。在母亲的支持下，他前往伦敦，拜见英国邮政总局（GPO）总工程师威廉·普里斯（William Preece）。GPO已对英国的电报系统形成垄断，他对马可尼演示的无线电报表现出浓厚兴趣。意犹未尽的普里斯为马可尼选派了一个助手，协助他继续开展研究。从此开始，这位助理乔治·坎普（George Kemp）的终身事业就是追随马可尼。

在这次成功试验的推动下，马可尼于1896年申请了一项专利，并在1897年回到意大利，向意大利海军展示自己开发的设备。同年晚些时候，他的堂兄亨利·詹姆森·戴维斯（Henry Jameson Davis）帮助他创建了无线电报和信号公司（Wireless Telegraph and Signal Company），公司拥有马可尼的专利，目标就是开发和销售这款无线电报设备。公司注册资本为10万英镑（相当于今天的3 700万美元），作为放弃专利权的对价，马可尼取得15 000英镑（相当于今天的550万美元）现金和6万英镑（相当于今天的2 200万美元）的股份。1900年，这家公司更

⊖ B.Winston, *Media, Technology and Society: A History from the Telegraph to the Internet*, London and New York: Routledge, 1998, p.70.

名为马可尼无线电报公司（Mareoni Wireless Telegraph Company）。随后的几个事件促使马可尼加快了研究速度。除了自身能力之外，马可尼的成功离不开家人的支持。马可尼不仅在资金上没有后顾之忧，还得以利用家族拥有的商业关系。但同样重要的，或许是其母亲永不放弃的鼓励。

从有线到无线的技术演变

在过去的 50 年中，信息传输取得了巨大飞跃。在美国内战之后，电报已迅速成为重要的通信手段。它催生出一家拥有近乎垄断权力的行业巨头——西联汇款。与此同时，贝尔公司也凭借它们的新设备——电话，大举进军传统电报业务，并创造了一个全新市场，将企业与越来越多的家庭联系起来。但这两种媒介都要面对一个无法逾越的约束，它们都需要通过有线网络链路连接用户。这显然不适合那些追求信息传输与沟通快捷化的用户群体。

凭借其在海上的卓越地位，英国海军成为无线电的最大潜在客户。当时，英国拥有世界上最大的海军舰队，却受制于造船业发展带来的通信问题，因此，信号成为他们迫切需要解决的问题。在铁甲舰出现之前，舰队船只之间的信号传输依赖于安装在海军上将所在船只上的信号灯。但作为铁甲战列舰的"无畏"级战舰体型过于庞大，马力巨大，以至于相互之间至少需要相隔半英里才能安全航行。因此，一支由 12 艘战舰组成的舰队可轻而易举地覆盖 6 英里以上的水域，这可能会使信号难以发挥作用。通信问题的日渐严重化也为海事技术市场创造了千载难逢的机遇。在当时一触即发的政治形势下，欧洲各国的军备竞赛丝毫没有缓和的迹象。而海军舰队的规模和作战能力显然是欧洲列强关注的核心问题。

考虑到潜在规模最大、同时也是最重要的客户显然在英国，因此，在 1898 年的大部分时间里，马可尼都在与英国皇家海军共同开展海上试验。在无线通信技术试验方面，正在加速推进的不只有英国。譬如，沙皇俄国海军正在尝试类似的方法。通过与英国皇家海军的联合，为马可尼的研究提供了巨大的助推力，但海军并不是他眼中的唯一政府部门。垄断英国有线信息传输业务的邮政总局，同样是他觊觎已久的目标。马可尼相信，他与首席工程师普里斯的关系已密不可分。但直到很久之后，马可尼才终于意识到，普里斯的兴趣其实是醉翁之意不在酒——不只是在帮助他，更是在帮助自己，因为普里斯最关注的领域是放射学。

但不管出于何种关系，随后的事实表明，老朽的英国政府尽显迟钝和顽固的作风，于是，马可尼不得不放开眼界，主动挖掘美国市场的商业潜力。在马可尼面向的市场上，不得不受当时最明显的需求所制约。这些需求主要来自海上运输——船只之间的相互通信以及与陆地的通信。另一个重要市场则是长途通信市场，尤其是利润丰厚的跨大西洋线路，这个市场已被少数电报公司主宰，它们基本已成为这些市场上的卡特尔。但两个目标市场有一个共同特征：都是从一个点到另一个点的信息传递。

马可尼向媒体频送秋波

在英国的这段令人沮丧的时期，以及随后试图向政府取得资金支持的努力遭遇失败，让马可尼不得不改换门庭，他开始尝试以公开测试激发人们对这项研究的兴趣和支持。他的目标就是最大程度地扩大项目的曝光度。和之前爱迪生和贝尔为吸引公众关注而讨好媒体一样，马可尼也走上了这条道路。在这些为吸引眼球而进行的试验中，包括为皇家游艇与维多利亚女王的怀特岛住所建立无线通信连接；以及1899年，从英国向英吉利海峡对岸30英里之外的法国发送信息。但最重要的宣传对象还是美国以及美洲杯帆船赛。美洲杯帆船赛是美国最受欢迎的运动赛事。成千上万的人在关注比赛的每一个消息。马可尼与《纽约先驱报》通过无线电为听众提供近乎实时的赛事报道。对《纽约先驱报》来说，独家使用无线电技术报道这项美国最重要的比赛，这几乎和比赛本身一样引人关注（见图7-1）。

马可尼意识到，自己就是一个新闻焦点，而且事实也证明，在处理与当时主要报纸期刊的关系这方面，马可尼确实是个天才。新闻界对电报公司尤其是西联汇款公司的敌视态度无形中成全了马可尼。在那个时代，美国的大公司经常因为他们的托拉斯行为而饱受媒体的诽谤与攻击。对报纸来说，考虑到它们需要依赖电报公司实现快速通信，因此，这无疑是个敏感点。而且这种依赖性对跨大西洋的信息传输尤为突出，通过对电缆和电报价格的控制，这些公司实际上已实现了垄断。

但不管人们对这些电报公司及其跨大西洋收费的反对出于何等原因，媒体的谴责以及对马可尼的公开支持，显然存在自利因素。对无线电广播的热情不仅为新闻界提供了动力，也大大提高了人们对这项技术的期望。这就产生两个自然而然的反应。首先，科学界开始感觉到，有必要对无线电的局限性，尤其是马可尼的工作提出警告。其次，在股市一片繁荣的背景下，股票发行人当然乐意顺应媒体潮流，尝试去满足新闻报道所报道的市场需求。

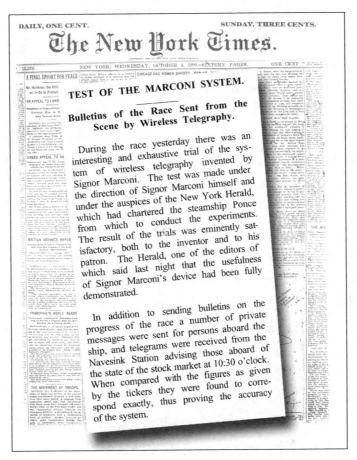

图 7-1　首次独家报道：通过无线电进行的 1899 年美洲杯报道

资料来源：*New York Times*，1899 年 10 月 4 日。

科学界的质疑

马可尼已沉浸在美国媒体的崇拜中，在媒体的种种要求面前从容不迫，长袖善舞，以至于他的名声已和流行趋势融为一体。在这种情况下，他当然不会成为学术科技界的宠儿。和爱迪生一样，面对他的名气，那些处于传统教育中的大学同行只会发出批评，而不是赞誉。在马可尼的批评者的心目中，值得抨击的漏洞和理由似乎不计其数。最早的批评者怀疑他是否确实取得过名副其实的成就，并指出他的"全部成果"不过是现有仪器的拼凑而已。而第二波攻击似乎有点自相矛盾，他们认为，马可尼的发明既不成熟，也不切实际。这就难免得出这样的结论：这些负面批评在很大程度上是由于学术上的隔阂——当一个非理论学者涉足自己并不擅长的领域时，就是对这个领域的不敬，甚至是玷污。

在 1899 年的时候，无线电距离真正的商业化似乎还遥遥无期。当时，马可尼的无线电还不能在超过 35 英里的距离内实现可靠传输。此外，无线电必须采用同一频率发送全部消息。因此，要避免不同信号相互干扰，在任何特定时点，给定的半径范围内只能运行一台无线电设备。此外，由于任何既定范围内的接收器都能接收这台无线发射器发出的电波。考虑到潜在客户群体的很大一部分是军队，尤其是海军，因此，这个问题几乎是致命的。设备本身只能低速运行，而且易受到外部干扰的影响。相比之下，电报传送莫尔斯电码的速度则快出 20 倍。最后一点，同时也是科学界的一个共识——即，传输范围归根到底要受到可建造天线尺寸的限制。基于这些制约因素，通过无线电实现跨大西洋通信几乎是不可能的。

可以想象，马可尼的主要批评者应该是他的科学界同行。1899 年底，雷吉诺德·费森登（Reginald Fessenden）教授向美国电气工程师协会（AIEE）提交了一篇论文。费森登在文中指出，他拒绝了《纽约先驱报》参与美洲杯帆船赛报道的邀请，于是，后者转而求助于马可尼。在担任托马斯·爱迪生的助手时，费森登开始对赫兹电波（电磁波）产生兴趣，在以后的学术研究中，他始终没有放弃对电磁波的关注。针对马可尼制造的设备以及他采用的试验方法，他在论文中罗列了马可尼设备的种种缺点和罪状。他说，产生电磁波的方法非常拙劣，因为这种方法会产生不必要的信号，而且会削弱主信号的强度。对接收方而言，尚没有已知方法将接收器调谐到正确的频率，在接收主信号的同时消除非相关信号。最后，费森登声称，马可尼的研究方法完全是随意的，他的工作很少甚至根本就没有留下任何可供参考的标准和记载。在没有任何参照系的情况下，任何试图构建真正实用无线电报模型的人，都无异于在黑暗中乱摸乱撞。

不管是出于什么动机，费森登的大部分观点最终都得到了验证。只不过马可尼是否担心是另一个问题。他的观点很可能与境遇相同的爱迪生如出一辙。马可尼的目标是开发一种具有商业可行性的方法——无须电缆即可完成电报所做的事情。这样，就可以在电缆无法到达的位置完成信息传输。马可尼采用的方法是对当时已知技术进行试验，在出现问题时，调整试验方法，而不是针对问题进行理论分析，换句话说，就是不断地试错、摸索解决问题的方法。他并不在意这些试验的学术价值，只关心这些成果是否可用于商业环境。

从演示到实用

但马可尼并非对问题视而不见,相反,他的策略是聘请相关专业人士帮自己解决这些问题。他请来了约翰·安布罗斯·弗莱明(John Ambrose Fleming),最初是给自己做顾问,而后成为员工。弗莱明曾是麦克斯韦的同事,后来进入伦敦大学担任电气工程教授。此外,他之前还是爱迪生和英国斯旺电气公司的顾问,协助过他们进行碳丝白炽灯的实验。弗莱明最早阐述了无线传输的电磁波理论特性,这也为马可尼的现实工作提供了坚实的理论基础。弗莱明的理论知识及其在碳丝灯方面的实践经验,对马可尼而言显然是无价之宝。

除聘请弗莱明之外,马可尼本人也在致力于解决信号的传输和接收问题。在信号发送方面,他拓展了奥利弗·洛奇已经完成的工作,在发射器和接收器中使用相互匹配的电感,从而有效构建出能正常工作的调谐器。这就消除了对天线尺寸的依赖。

在获得这项技术之后,他申请了专利并取得编号为"7777"的专利权,后来的事实证明,这项专利技术至关重要,因而也成为众矢之的,随后的官司接踵而来。接收问题的解决有赖于卢瑟福勋爵(Lord Rutherford)之前的研究成果,马可尼使用自己设计的接收器取代"相干器"的设备,后者不仅运行缓慢,而且性能缺乏可靠性。马可尼利用卢瑟福发现的电磁波消磁特性制造出新的接收器,在接收到信号时,接收器可生成能通过耳机听到的声音。现在,在接收到信号时,不再是直接在纸条上记录信息,而是依赖经过训练的接线员对不同音调的声音进行分辨。

与此同时,马可尼也开始着手解决第三个重要问题,即远距离传输。他的目标就是通过跨大西洋的传输信号来回应自己的批评者。很多著名科学家均对这项任务的理论可行性存在质疑。当时人们对远距离信号传输这个概念的总体观点是,由于地球外表存在曲率,因此,无法在超过地平线距离之外的位置接收无线电信号。按照这个逻辑,实现横跨大西洋进行无线电信号传输的唯一方法,是建造足够高度的信号发射机,但这个高度在现实中显然是无法实现的。这种观点也代表了当时学术界的共识。和其他当代科学家一样,马可尼无法在理论上解决这个命题。为此,他采取了和爱迪生如出一辙的方法。他干脆刻意忽略这些难以逾越的理论。考虑到电离层具有发射高频波的效应,因此,他随后在实务方面取得的成功其实并不缺乏理论支持。马可尼不断延长试验的距离，直到信号传输达到足够长的距离，他最终提出，在两大洲之间进行一次全面性试验是完全可行的。

市场开始蹒跚起步

马可尼虽不是唯一在探索无线电报技术的人，但或许是最关心将这种技术投入商业开发的人。他的第一批竞争对手是科学家，而后面的对手则是商人。毫无疑问的是，面对西联汇款以及 AT&T 和通用电气的成功创造的财富效应，所有人都不可能不为所动。毕竟，这些企业为投资者提供了一种新的投资类型。投资者通常把铁路股票和债券视为"可靠"的投资，而把工业企业视为高风险的投机工具。考虑到铁路公司引发的一系列丑闻，这种思维或许有点讽刺意味。但 19 世纪 90 年代暴风雨般的经济和市场形势，让很多投资者对这种新型工业企业的长期生存能力笃信不疑。一旦坚信，便会带来无止境的追逐。这种观念变化带来的乐观情绪，也让人们对这种令人振奋的新式无线电信号载体如痴如醉。受财富或是其他方面的潜在收益所驱使，一批美国科学家向马可尼发起挑战。在马可尼的竞争对手中，雷吉诺德·费森登教授可能是最敬业的，但也不乏很多先驱式的知名人士，其中就包括曾在贝尔研究实验室工作的约翰·斯通·斯通（John Stone Stone）教授和来自西部电气公司（Western Electric）实验室的德弗雷斯特。他们之间为争夺有限资金而展开的竞争尤为激烈，在几年后发表的一篇报道中，一位名叫弗兰克·法扬特（Frank Fayant）的记者详细揭开了这引人入胜的一幕。

雷吉诺德·费森登教授

费森登教授的职业生涯起点是一名学者，但最终他还是如愿以偿地成为爱迪生旗下公司的一员。为此，费森登来到在西奥兰治（West Orange）新成立的研究实验室，并成为爱迪生的首席化学家。在与爱迪生和公司首席电气工程师亚瑟·肯内利（Arthur Kennelly）合作三年之后，费森登取得研究赫兹电波的许可。遗憾的是，此时恰逢爱迪生遭遇现金流问题，迫使爱迪生电灯公司不得不与旗下公司合并，组建了新的爱迪生通用电气公司，新公司由德意志银行和西门子—哈尔斯克（Siemens-Halsk）持有多数股权，后者也是亨利·维拉德的支持者。⊖后来，由

⊖ H.G.J.Aitken, *The Continuous Wave Technology and American Radio, 1900–1932*, Princeton: Princeton University Press, 1985, p.46.

于维拉德本人因参与北太平洋铁路公司而遭受财务危机，因此，到1892年，在J. P.摩根的资金支持下，爱迪生通用电气公司再次与汤姆逊—豪斯顿公司合并，成为新的通用电气公司。

第一次合并后，爱迪生通用电气公司采取了削减成本计划，导致费森堡被迫离开。随后，他加入西屋电气的一家子公司，在那里，他参与了正在进行的交流电机研究工作。虽然这份工作的持续时间很短暂，但是，凭借在交流电方面掌握的技能，他很快便在一家发电厂找到工作，这家发电厂将他派到英国，负责监督查尔斯·帕森斯（Charles Parsons）和塞巴斯蒂安·德费兰蒂（Sebastian de Ferranti）的发电项目。在经过数次变更之后，在乔治·威斯汀豪斯的帮助下，费森登后来成为匹兹堡大学的电气工程教授。在匹兹堡大学任职期间，费森登继续进行赫兹电报方面的研究，他采取了完全不同于马可尼的方法。

马可尼使用火花产生信号，而费森登在交流发电方面拥有的知识，最终促使他形成了把赫兹电波视为高频交流电的观点。对费森登来说，最大的挑战就是如何找到一种能产生和监测高频连续波的方法。就像电报与电话的未来一样，火花波和连续波技术之间的差异同样是根本性的。为应对这一挑战并最终找到答案，费森登接受了美国气象局的职位，以便进一步推进在无线网络方面的研究。

气象局的这份工作对费森登而言似乎再理想不过，因为气象局需要传送天气预告的要求与他的目标不谋而合——即，为揭露马可尼工作中的理论和实践缺陷提供现实证据。费森登坚信，马可尼产生信号的火花法在根本上是错误的；要发送和接收到清晰的信号，唯一的方法就是使用连续波。在这一点上，他的观点得到了验证。连续波注定将成为未来使用无线电传输声音的重要因素。相比之下，莫尔斯电码只能通过间歇信号传输。这并不是说费森登已经预见到这种用途。与所有科技先锋一样，费森登关注的重点是取代电报以及急需进行无线信息传输的海军市场。为证明他的连续波假设，费森登联系到通用电气公司，委托对方生产开展实用检验所需要的设备。他需要一台能产生高达10万次循环频率的发电机。这是一项前所未有的极其艰巨的任务。尽管如此，通用电气公司还是同意尝试制造这个样品。在经历五年艰苦卓绝的开发之后，这个目标最终得以实现。

与此同时，费森登早已开始对气象局的体制感到厌烦。1902年，由于在研究成果的商业化方面发生分歧，他决定与气象局分道扬镳。局长辩称，费森登违反了气象局的一项规定，在仍受雇于气象局期间，试图创建自己的私人无线电公司。而费森登则反唇相讥，这位局长试图迫使他交出一半的专利权份额，并威胁自己——如拒绝这个要求,他将改用马可尼的设备。㊀不管真相如何,最终的结果是费森登离开了气象局,并在专利律师的协助下,筹集私人资本创建了国家电力信号公司(NESCO)。律师为他找到两位投资人——托马斯·吉文(Thomas Given)和海·沃克尔(Hay Walker),他们愿意投资支持这家合资企业,作为报酬,两个人取得费森登所拥有专利权55%的股份。这两位成功的商人或许是被一夜暴富的前景所诱惑,而且恰逢当时股市弥漫于上涨的乐观情绪中,更是让他们对这笔投资迫不及待。他们不仅对被投资的媒介一无所知,也没有能力提供任何有价值的管理建议。因此,除了要接受两位投资者的定期询问之外,费森登完全是在独自经营这家公司。

这次创业的失败似乎不可避免,毕竟,费森登最初对技术的商业用途完全缺乏清晰的愿景认识。这毫不奇怪,根据费森登的背景,这家创业公司是把技术放在第一位,其次才是商业运营。随后,费森登采取了一系列举措,尝试向美国海军出售设备,建立陆上收发站,为跨越大西洋进行信号传输建设基站。但这些努力并未取得预期收效。1904年,通用电气为 NESCO 提供了一份建造陆上基站的合同。由于吉文和沃克尔的投入已超过10万美元(相当于今天的800万美元),而且没有取得任何回报,因此,这家声誉良好的大公司愿意出手相帮,绝对是喜从天降。费森登向通用电气提供了一份报价单,但马上遭到拒绝。最后商定的价格只有第一次报价的一半。然而,最终合同的真正风险不是价格,而是损失赔偿条款——如果无法成功达成传输目标,费森登需偿还通用电气的全部出资。这个赔偿条款后来确实让 NESCO 头疼,1906年6月,通用电气取消合同。此时,吉文和沃克尔已投资超过50万美元(相当于今天的3 000万美元),但依然没有得到任何回报。他们开始变得越来越焦虑。资源的消耗不仅来自于技术和资金问题,费森登还要经常和他的一个对手对簿公堂,这个对手就是李·德弗雷斯特公司,后者认为他侵犯了自己的专利。面对竞争,合伙人决定改换思路,另辟蹊径。如果能让自己的公司对现有龙头公司构成潜在威胁,那么,这家公司就有可能以收购作为对策。

他们选择的目标是贝尔公司。NESCO 能给贝尔带来的最大威胁就是实现跨大西洋通信。为此,NESCO 在马萨诸塞州的布兰特·洛克(Brant Rock)和苏格兰西海岸的马赫里哈尼什(Machrihanish)分别设立了信号站。这既是一场技术赌博,也是一场金融赌博,因为在那个时候,即便马可尼已倾尽全力,也只取得了有限的成功。在资金方面,费森登的支持者当然会担心收回投资的前景,当然,他们

㊀ Douglas (1950), p.80.

更期待能取得可观的回报。

经营的技术层面不仅取决于费森登的理论工作和两个信号站的建设，还取决于通用电气是否有能力供应 10 万次循环频率的发电机。在通用电气内部，他们把这项任务委托给瑞典工程师恩斯特·亚历山德森（Ernst Alexanderson）。这绝对是当时电力行业最前沿的工作。后来证明，这是无线电行业的重要基石，而且也成为通用电气长期成功的重要法宝之一。亚历山德森设计的早期模型完全不出所料：成本高昂，体积笨重，而且极不稳定。但不管怎样，这个模型毕竟还可以使用，至少可以让费森登继续攻克实现欧美大陆信号传输这一难关。在发电机交付之前的几个月，费森登就已经向人们表明，他完全可以跨越大西洋进行无线电信号传输，只不过传输信息的质量参差不齐。他希望利用通用电气的新设备获得一致、可靠的信号。遗憾的是，1906 年 12 月上旬，在一场席卷苏格兰西海岸的灾难性海洋风暴中，马赫里哈尼什信号站被夷为平地。而 NESCO 已经捉襟见肘的财务状况则表明，他们已无力重建这个苏格兰信号站，因此，他们的关注点也从跨大西洋进行信号传输转移到无线电话。

费森登曾试验过使用交流发电机生成可携带人类发声的连续信号。1905 年 9 月，在马赫里哈尼什信号台偶然接收到美国电台发出的语音信息时，激发费森登产生这一灵感。尽管这种信号传输是偶然发生的，但确实准确无误。在圣诞节前夕，费森登特意安排了一场活动，向业内媒体和行业资深人士安排了一场声音信号传输能力的演示，其中就包括通用电气的伊莱休·汤姆森（Elihu Thomson）和亚瑟·肯内利（Arthur Kennelly）以及 AT&T 实验室的电机发明家格林里夫·惠特勒·皮卡德（Greenleaf Whittier Pickard）。第二天，费森登再次进行了声音信号传输实验。可以说，在 1906 年的圣诞节，人类第一次进行了无线电广播。根据资料记载，这次广播的内容包含著名科学家的歌唱、小提琴和演讲等声音。可以想象，这次演示引发了一轮宣传热潮，也为将公司出售给 AT&T 的目标带来了希望。

对费森登来说，自己的信念最终似乎得到了验证。在提交给 AT&T 总部的报告中，皮卡德做出了积极的评价，并着重强调了如何实现满足商业质量要求的传输，以及一旦达成这个目标，将对现有的长途电话系统构成严重威胁。由于 1 700 英里以上传输距离的信号质量存在严重问题，因此，这也是长途电话最有可能被突破的薄弱环节。但人们的关注点仍是一对一通信，无线广播的潜力仍未得到认可。AT&T 此前也经常对外购买专利，因此，收购 NESCO 符合公司的既定策略。AT&T 听从了皮卡德的建议，后者为公司提供了一份来自西部电气顶级工程师的报告。结论是相同的：收购费森登的成果并与之合并，符合 AT&T 的利益。最终，

AT&T 的首席工程师把这项收购计划提交给公司总裁。

这对费森登来说显然还不值得庆幸，因为他们都是 1907 年金融危机的受害者。当时，AT&T 的新总裁立即推出一项财务紧缩计划。尽管拥有相当可观的现金流和利润，但迅速扩大规模、不断建立新业务还是让公司负债累累。因此，公司严重依赖银行提供的资金。由于所需资金数额巨大，于是，在 20 世纪初，AT&T 的主要融资人从基德银行（Kidder）转为摩根银行。为削减开支，超过 1 万名员工被解雇。所有非必要研究及支出项目均被停止。费森登的研究恰恰就属于被裁减的一类。

尽管费森登继续求助于 AT&T，但没有结果。AT&T 逐渐开始认为，这项技术距离实现商业化还遥遥无期，这意味着，在它可能成为真正的威胁时，专利可能已经过期。这样，AT&T 完全有可能以微不足道的成本获得这项技术。费森登的独断和傲慢态度也是一个重要原因。有人推测，1910 年，费森登提议将 NESCO 出售给 AT&T，并发出威胁，除非在短时间内被收购，否则，NESCO 只能与这家巨头展开硬碰硬的对抗，这可能激怒了 AT&T 总裁西奥多·韦尔（Theodore Vail）。但是根据 AT&T 工程师针对无线电技术现状发布的报告，费森登的威胁几乎没有任何意义。在这一点上，AT&T 的判断是正确的：无线电还只能对有线电话构成一定的威胁。他们完全忽略了无线电作为广播媒介的可能性。

这对费森登来说是最后一次赌注。不久之后，费森登与投资者的脆弱关系终于达到无法维系的地步。费森登与 NESCO 发生严重分歧，诉讼也导致公司长期处于被接管状态，最终，费森登退出了无线电开发。1917 年，国际无线电报公司（International Radio Telegraph Company）购买了代表公司核心资产的主要专利权。随后，到 1920 年，这些专利再次被西屋电气收购。专利问题很重要，因为每家大型工业公司都只能控制部分专利，但没有一家公司拥有开发项目所需要的全部专利权。

李·德弗雷斯特

和费森登一样，受到马可尼早期成功的激励，以及对成为"无线电之父"（公众送给马可尼的赞誉）的梦想，李·德弗雷斯特（Lee de Forest）同样在奋起直追。爱迪生的成功让德弗雷斯特受到了启发。此外，德弗雷斯特从本科到博士阶段一直在接受相关领域的正规教育。在此期间，德弗雷斯特曾明确表示，他渴望自己取得的成果能得到公众的认可。紧随其后的或许才是利用自己的科学知识赚取财富。在 1899 年完成博士学位后，德弗雷斯特先后受雇于尼古拉·特斯拉（Nikola Tesla）和马可尼，但都没有取得什么成果。失去这些就业机会之后，他反倒可以专注于改善无线接收技术。他和西部电气公司的一位同事（他在这里的薪酬是每周 8 美元）开始合作，但他们的工作与费森登及其他人取得的成果非常相似，充其量也只是有所改进而已。如此相近的技术，加上德弗雷斯特还在继续和费森登此前的一名助手进行合作，这就招来费森登的起诉。德弗雷斯特打输了官司，并被禁止使用接收器。

离开西部电气公司之后，德弗雷斯特并没有中断自己的研究，在走马观花般游历了一圈之后，他得到耶鲁大学同学的支持，成立了一家名为美国无线电报公司（Wireless Telegraph Company of America）的小公司。德弗雷斯特希望利用 1901 年美洲杯帆船赛的机会，大张旗鼓地为自己宣传一下，这完全是马可尼在两年前采取的策略。美联社（Associated Press）委托马可尼负责此次赛事的报道，而其主要竞争对手美国出版商新闻协会（Publisher's Press Association）则找到德弗雷斯特。遗憾的是，由于马可尼和德弗雷斯特都无法对信号进行筛选和辨识，以至于他们的设备相互干扰。

但这还不是最糟糕的，第三个经营者也加入竞争，而且这家公司的唯一目的就是破坏前两家公司的信号。这个侵入者是美国无线电话电报公司（American Wireless Telephone and Telegraph Company），它的主要业务就是向公众出售股票。⊖ 公司购买了最初由阿莫斯·多贝尔教授取得的旧无线专利，但借助马可尼带动的一波热潮，他们筹集到 500 万美元（相当于今天的 3.45 亿美元）。广播公司之间这场竞争的结果注定是两败俱伤，几乎没有给产业界带来任何信心。但这并未减弱公众的热情，因此，马可尼觉得有必要重返英国，开展新一轮公关活动，这或许有助于提高他在公众心目中的领导地位。而对德弗雷斯特来说，当务之急就是增加公司资本，无论是出于个人原因还是职业原因，资金都是不可或缺的。随着形形色色的空壳公司被注入其他公司中，而后再进行资本重组，这些无线电公司的历史自然会变得错综复杂。下面列出了一些公司，但不能不提到的是，美国无线电报公司及其大部分子公司的结局是被德弗雷斯特公司所收购，而德弗雷斯特公司最终则并入联合无线公司（United Wireless）。

⊖ Douglas (1950), p.56.

德弗雷斯特式的股票融资

德弗雷斯特无线电报公司（De Forest Wireless Telegraph Company）成立于 1902 年，资本金约为 300 万英镑（相当于今天的 2 亿美元）。这笔巨款足以资助公司早期的运营，但真正的扩张则来自德弗雷斯特与亚伯拉罕·怀特（Abraham White）的合作。尽管马可尼的跨洋技术给人们带来无暇遐想，引发一片喝彩，但德弗雷斯特却始终无法筹集到更多资金。怀特很清楚，公众的迷恋足以弥补在专业上受到的怀疑，随后，他在 1902 年将公司更名为美国德弗雷斯特无线电报公司（American De Forest Wireless Telegraph Company）。最初，公司筹集到 500 万美元资本金，1904 年的筹资增加了两倍，达到 1 500 万美元（相当于今天的 10 亿美元）。从一开始，这些股东似乎就已经笃定，企业的维系不是靠创造收入，而是出售股份。

因此，重要的是要让公司在公众心目中始终处于最前沿。这就需要向公众进行形象有趣的演示，而不是通过以研究为基础的纯技术进展。德弗雷斯特在日记中经常引用的一段话，深刻诠释了这种做法的目标：

"我们相信，这些猎物很快就会咬钩了。确实是个适合钓鱼的好天气，现在，油田的故事已经结束。'无线'是眼下可以使用的诱饵。希望在风向变化把鱼竿卷进大海之前，我们能准备好装上诱饵的钓钩。"⊖

为激活这些"猎物"的胃口，怀特需要在任何能找到潜在投资者的地方大张旗鼓地宣传。纽约当然至关重要，于是，他们在曼哈顿建造了一个豪华的阁楼式实验室，在乔治亚州建造了一个信号站，并计划在乔治亚州进行股票销售。

最具想象力的宣传噱头或许就是无线技术与汽车的结合，1903 年，他们把一辆装有无线电台的汽车开到了华尔街。尽管他们的宣传不断翻新花样，但新闻报道永远是最重要的手段。他们的策略是独立发布新闻稿，或是向报纸媒体吹风，在被媒体报道时（通常不会核实这些消息的真实性），公司就会把报道放进销售股票的广告中。在他们大张旗鼓宣传的消息中，包括收购马可尼的美国公司，和另一家声称已被指定为美国海军官方供应商的公司。⊜如果说这样的宣传还不够有力度，不妨看

⊖ De Forest's diary, 9 February 1902.
⊜ Douglas (1950), p.93.

看贝尔公司，它在最初饱受质疑之后经历的成功，足以让任何怀疑者哑口无言。

德弗雷斯特不只是操纵者。尽管德弗雷斯特研究的真实进展远远落后于股票市场的操作，但他确实建立了无线系统。在最初阶段，他的大部分工作充其量只能描述为改进，甚至可以看作简单的抄袭。他的方法就是详细调查是否有可以借鉴的专利成果。如果有，他就会复制并改进这种技术。尽管这种方法迟早会招致诉讼，但在这段时间里，他的公司还是以低成本换来了可观的销售量。部分原因在于，公司并没有把收入当作首选要素，因此，公司收取的价格永远不会带来可观的利润，但这样的价格无疑会刺激销售。

通过高媒体曝光度和低成本销售的结合，德弗雷斯特成功地向人们展示出公司作为美国市场领导者的形象。在这方面，美国海军的支持非常重要，他们似乎对德弗雷斯特的专利侵权行为熟视无睹；另外，坊间对费森登的评价越来越刺耳，也变相帮助了德弗雷斯特。德弗雷斯特以低于 NESCO 大约 80%的报价赢得了美国海军的订单，这或许可以解释后者为什么会对专利侵权行为视而不见。尽管法院一再做出有利于费森登的判断，但直到 1906 年，德弗雷斯特才最终被禁止销售涉及侵权的设备。事实上，德弗雷斯特的处境已经非常危险，1906 年 4 月，为逃避纽约警察局发出的逮捕令，他被迫离开美国。随后，他一直滞留在加拿大，直到他在股票市场的合作伙伴亚伯拉罕·怀特筹集到 5 000 美元的债券，凭着这笔钱，他回到美国，但发现他不得不离开这家以自己名字命名的公司。怀特已经预见到公司即将面临的危机，因此，他创建了一家新公司——名为联合无线电报公司（United Wireless Telegraph），并把原公司的资产注入新公司。这样，美国德弗雷斯特无线电报公司实际上已变成一个空壳，但却不得不承担对费森登败诉的赔偿。德弗雷斯特也意识到继续持有公司股票的危险，于是，他退回股份，避免个人对债权人承担赔偿责任。随后，他试图在费森登的公司谋一份职务，果不其然，他的提议遭到拒绝。随即，被冷落的德弗雷斯特成立了德弗雷斯特无线电电话公司（De Forest Radio Telephone Company），不久之后更名为无线电电话公司。

而联合无线电报公司实际上一直在照常营业。公司还在继续向公众出售股票，虽然销售收入也在持续增长，但并不赚钱——不过，不断通过出售股票筹集的现金弥补了销售造成的亏空。只要公众愿意认购股份，而且不考虑公司的盈利能力，那么，这种运作模式就可以持续下去。但是在联邦政府调查和马可尼专利侵权诉讼的双重压力下，联合无线电报公司还是屈服了，被出售给马可尼。回顾 1907 年发表的一系列文章，可以对当时发生的情况有所感悟（见图 7-2）。

马可尼的研究成果引发了一股热潮，而他在美国轻而易举地筹集到资金，更是让一众投机者跃跃欲试。在1907年的《成功》杂志上，记者弗兰克·法扬特发表了一系列文章，讨论了市场环境过度活跃造成的供大于求，并关注到无线广播的总体态势，尤其是德弗雷斯特的合伙人采取的举动。实际上，这些发起人的策略非常简单。首先组建一家公司，并虚张声势地宣称拥有无线电技术，发起人之间对公司股份进行分配。然后，吸引公众眼球，引诱他们关注公司及其貌似光明的前景。最后，不惜一切代价向公众出售股票，最理想的情况是股价不断上涨，这样，他们就可以吸引到更多的投资者，卖出更多的股票。

完成公司组建的第一步相对简单。至于公司拥有的无线电技术，并不需要它一定是专利权，相反，可以是任何能在科学或商业上说得过去的东西，只要可以推销给公众并让他们相信这些东西有价值即可。实际上，既然马可尼本人也遭到方方面面的攻击，那么，怎么能期待其他公司完美无瑕呢？第二步则需要宣传。马可尼通过公开演示让他和自己的发明受到关注，同样，他在股票市场上的竞争对手也如法炮制。在这些对手中，德弗雷斯特公司显然应该是最有实力的，但不同之处在于，他们的做法更直接、也更快——迅速创建一个以筹集资金为主要目的的载体，而不考虑这个载体是否拥有可行的业务。

至于这段历史的开端，就是德弗雷斯特最初的筹款活动以及美国无线电话电报公司的筹资活动。这家公司与大多数无线电公司一样，凭借贝尔公司成功带来的热潮，他们不遗余力地进行了一番大力推广。美国无线电话电报的子公司之一就是联邦无线公司，后者业务覆盖美国东部各州。这家公司深得 L. E. 派克（L. E. Pike）先生的恩宠，派克的声望和财富来自石油及矿业行业最火爆的时期。联邦无线很快便以换股方式被整合无线公司（Consolidated Wireless）吸收合并。在经过一轮减资之后，整合无线又收购了国际无线公司（International Wireless），随后，整合无线本身也被美国德弗雷斯特无线电报公司收购。针对这一系列复杂交易对财务的影响，弗兰克·法扬特给出了详细解释：

"50美元（真实货币），向派克购买价值为50美元的无线设备，1902年1月

=10美元（股票），稀释后的联邦无线公司股票，1902年2月；

=10美元（股票），未稀释的联邦无线公司股票，1902年10月；

=10美元（股票），国际无线公司的股票，1903年2月；

=10美元（股票），美国德弗雷斯特无线电报公司的股票，1904年1月；

=7.50美元（公司资金），德弗雷斯特公司的股票认购价格，圣路易斯办事处，1906年10月；

图7-2 傻瓜及其财富：一段值得深思的传奇

=6.00美元（公司资金），德弗雷斯特公司的股票认购价格，纽约办事处，1906年10月。

=0.85美元（真实货币），现金的市场价值。"

对于最后三个价格，法扬特是这样解释的：

"德弗雷斯特公司的这些股票目前的价值还是一个未知数。德弗雷斯特公司的总部在圣路易斯，总部办公室最近告诉我，公司普通股的价格已上涨到7.50美元。但是在两周后，纽约办事处经理却否认德弗雷斯特公司曾按这个价格出售过股票，他们仍继续按6美元的价格出售公司股票。与此同时，纽约和费城的几家经纪人则始终按每股85美分的价格出售德弗雷斯特公司的股票……此外，我还收到美国德弗雷斯特公司发起人做出的声明：

"'目前已没有足够的库存股可供出售。一定要仔细考虑这个问题。现在还有机会。你（现在）还可以赶上这股'浪潮'，在一望无际的海岸线上尽情地驰骋，飞跃让头脑老化者难以逃脱的逆境，到达我们心中梦想的领地。在那里，有无尽的财富在等着你收获；在那里，你的每个愿望都能梦想成真；在那里，你可以尽情享受幸福、财富以及人世间所有的爱，你在等什么呢？或许你还会怀疑和犹豫，但这只会让机会稍纵即逝，剩下的就只有继续依赖他人的恩惠？想想！该是你下定决心的时候了！好好想想吧！买我们的股票！现在就买，机不可失，时不再来！'"

其实，美国德弗雷斯特公司对投资机会的声明完全是老生常谈，与之前的宣传版本几乎没有任何差异。看看国际无线电报公司（International Wireless Telegraph Company）招股说明书中的部分摘要，或许可以让人们豁然顿悟。无论是发起人的营销还是投资者的看法，似乎都没有考虑商业现实的影响：

国际无线电报公司的招股说明书

如何在使用电力的行业中挖掘财富

"几年前，通用电气公司的资本金为330万美元，并创建了制造电气设备的工厂。它的失败完全在预料之中，公司的经营理念也成为令众人嘲讽的笑柄，在相当长的一段时间内，股票的价格徘徊在每股28美元到34美元之间，但其面值则是100美元。在不到五年的时间里，公司向股东支付了无比丰厚的红利，最高曾达到每股270美元，以至于人们经常会如痴如醉地幻想，它会在几年后超过标准石油公司的股价——850美元。

"贝尔电话公司的股票价格史，几乎已成为家喻户晓的故事。起初每股15美分的价格，无异于在向投资者乞讨，后来，股价又进一步下跌；但是今天，同样这只股票却以每股4 000美元的价格出售。

"国际无线电报公司的股票没有理由不会实现更惊人的成长；因为它既不需要架设成本昂贵的线路，也不需要铺设昂贵的管道，更不需要以畸高价格去购买特许经营权。公众正热切期待它能尽早投入使用。万事俱备只欠东风——现在，只需要制造出仪器，安装电台，信息就会如闪电一般，传遍专利权和特许经营权所覆盖的每个区域，而且远比现有电线或电缆更可靠——倒下的树木不会干扰电波的运行，暴风雪或者洪水不会破坏它的通信路径，也不会因粗心的接线员而让数英里线路陷入瘫痪，甚至大自然的雷电也不会对它构成任何干扰；不仅如此，它让信息传输的稳定性和确定性超过有史以来最好的电线或电缆。既然如此，未来会给股东带来巨大价值空间的假设难道不合理吗？对生活在这个广袤土地上的千百万人来说，他们获得更便宜电报和电缆价格的唯一希望，都寄托于无线通信这种形式上，毕竟，有线电报早已达到经济的上限，因此，在不久的将来，无线电台必然会大量出现。

"与现行每个字收取25美分的费率相比，如果能下调到10美分的收费水平，那么，这家公司不仅能接收预设电台之间现有的全部电报和电缆业务，而且还会因较低成本而创造或取得很多新业务。

图7-2　傻瓜及其财富：一段值得深思的传奇（续）

"在无线电报中，预计可以达到每分钟发送 20~30 个单词的平均速度（不使用代码），而且最高传送速度已经达到 45 个词。如果按每分钟 30 个词的平均速度，即，每 10 个词的成本为 10 美分，那么，能连续工作 24 小时的电台每天可实现 432 美元的收入，但由于传输信号中至少一半的内容为地址和签名，这部分字符不收取任何费用，因此，合理的估计值可能还不到这个总额的 1/10，也就是说，每个电台每天可实现收入约为 20 美元。

"按这个标准，500 个类似电台每天可实现的平均收入为 10 000 美元。如果以此为收入实现标准，那么，每个电台连续工作一年就意味着，仅仅依靠运营就可以获得相当可观的收入。我们授权的每个电台在一天内可发送 200 多条消息。这个数字貌似惊人，但我们坚信，它肯定低估了公司在全面投入运营后的真实盈利能力，因为公司经营地域内的电台数量已达到这个数字的 10 倍。即使考虑到降低收费给电报业务的巨大刺激效应，也不能说全部产能会得到充分利用，但我们的确可以相信，这家公司的股息收益能力至少不低于其他任何工业企业。"

遗憾的是，对投资者来说，上述一系列事件只是他们尝试筹款活动的起点。轻易筹得资金的诱惑吸引了越来越多的投机者。在德弗雷斯特公司的故事中，主角是一个叫亚伯拉罕·怀特的人。从获得控制权开始，怀特屡次对德弗雷斯特公司进行股权调整。在每一次变更中，怀特都是采用类似策略达到同一个目的：向公众出售股票。这些操作的唯一主题，就是利用甚至操纵媒体为自己的股票摇旗呐喊——要么借助于虚张声势的展示，要么是编造新闻事件或者虚构财务数据。在德弗雷斯特离开之后，这家公司最终更名为联合无线公司，并自诩为集马可尼和德弗雷斯特成果于一身的载体。公司甚至声称，马可尼非常关注针对该计划的报道，以至于他们不得不在年报中明确提及此事，但这个说法显然没有事实支持。

那么，对投资者会有何影响呢？对股权投资者或者普通股的持有人而言，他们有权把原本不值钱的美国德弗雷斯特公司的股票转换为联合无线公司的股票。对通过投资债券而非股权来取得额外保障的投资者而言，他们对资产和利润享有的优先求偿权同样毫无意义，因为换股的实际折扣率达到了 90%，而且转换后的股票并不具备类似信用工具的等级。此外，所有换股投资者都必须把转换后的新股票存入托管账户，两年内不得变现。人们可能会设想，一次次的价值稀释肯定会让新投资者放弃认购，但事实恰恰相反。这就是人们对当时"新技术"的超级乐观态度——只要有新技术的招牌，投资者就会乐此不疲地埋单。直到主要参与者被解雇而且公司在官司中输给美国马可尼公司的时候，人们才如梦方醒，项目终止。此时，这场大戏的主角早已逃之夭夭。换句话说，1907 年投资在无线设备公司的 50 美元，此时只剩下 85 美分，到了 1911 年，干脆直接归零。

图 7-2 傻瓜及其财富：一段值得深思的传奇（续）

资料来源：International Wireless Telegraph Company prospectus. Frank Fayant, 'Fools and Their Money', *Success Magazine*, vol. 10, no. 155, April 1907.

德弗雷斯特还在继续经营自己新创建的无线电电话公司，而且还为这家公司带来一项后来成为收音机业务基石的新发明。和他的其他所有成果一样，这项发明同样可视为对现有成果的改进，但它注定会成为一个惊天之举。1907 年，德弗雷斯特获得了"真空三极管"的专利权。

在英国，约翰·安布罗斯·弗莱明也一直致力于改善接收效果，并借鉴了之前在爱迪生公司担任顾问时进行的实验工作。那段时间，他一直在钻研白炽灯和真空管问题。他最终取得的成果被称为"弗莱明阀"（也被称弗莱明真空二极管），并于 1904 年及 1905 年分别在英国和美国获得专利权。这种真空管具有接收人类语言的能力。实际上，德弗雷斯特的贡献相当于为弗莱明真空管添加了第三个要素，它让真空管能接收并放大语音信号。此后，科学界一直在争论他们之间到底是谁影响了谁，或者说，到底谁应该被视为真空管的真正发明者。从商业角度看，两个人都因自己的成果获得了专利。但由此引发的矛盾最终让这种真空管的使用陷入僵局。

但德弗雷斯特绝不会止步不前，他再次开启一轮股票营销活动。不过，他的这次创业采取了一个全新的概念，即，使用无线电向公众进行广播，以换取许可费。由于马可尼及其主要竞争对手仍在主攻点对点信息传输问题，这就为德弗雷斯特留下了几乎没有竞争的开放空间。于是，德弗雷斯特再次开启打造更强的演示活动，并为这些活动冠以前程远大的主题。1908 年，德弗雷斯特从埃菲尔铁塔发出一条信息，并成功地在近 600 英里外的马赛沿海港口接收到这条消息。由于德弗雷斯特以及詹姆斯·邓洛普·史密斯（James Dunlop Smith）领导的销售团队已盯准了潜在投资者，因此，随后的股票销售自然大获成功。但这家公司的寿命还不及他的上一次创业，筹集到的资金很快便被消耗一空。1909 年底，新公司便宣告破产。

德弗雷斯特和他的股票销售员不为所动，随后便创建了另一家公司——北美无线公司（North American Wireless Company），并再次组织了一场宣传性演示。这一次，他们试图以无线电广播播放男高音歌唱家恩里科·卡鲁索（Enrico Caruso）在大都会歌剧院的演出。但这次广播几乎没有取得任何收效。更重要的是，之前的过度股票推销活动已引起政府关注，并最终促使政府采取行动，这至少让德弗雷斯特暂时难有作为。但不管德弗雷斯特处于何种动机，有一点是可以肯定的——他最早认识到，无线电将成为广播的主要载体。这对随后与 AT&T 进行的专利权谈判意义重大，毕竟，德弗雷斯特拥有的真空三极管专利也是未来实现语音广播的重要技术基础。

马可尼的公司

马可尼是第一个让人们看到赫兹电波实际价值的人，而且从一开始，他就专注于将这项技术投入商业应用。他采用的设备相当简陋，这也引发了科学界的广泛批评，对于马可尼因成功而得到的关注，他们愤愤不平，在他们看来，这不仅不是发明，而是技术倒退。但这些批评显然没有给马可尼带来任何影响。他的对策就是寻找现有的可能解决方案，然后逐一试验。如果依旧未能奏效，那么，他就会聘请相应的人才，尤其是弗莱明，没有他，或许就没有马可尼后来的成功。对商业价值的关注促使马可尼开始在英国进行谈判，并试图获得世界上最有实力的海上客户——英国皇家海军。但他很快便对英国政府控制的陆路通信垄断企业感到沮丧和失望，这也促使他将关注点西移——到美国去追求自己的事业。

　　马可尼面临的问题一方面是必须改进设备的技术性能，也就是让科学界批评家们"喜闻乐见"的那些缺陷；另一方面，他还要保证足够的市场声势，通过造势维持投资者的信心。实际上，他的商业模式与德弗雷斯特可能只存在程度上的差异，唯一的不同之处、但同时也是最重要的不同点在于，马可尼始终避免浮夸的主张，严格控制资金支出，并把这个原则作为一项不可逾越的政策。话虽如此，但是从图 7-3 中的股票销售广告可以看到，马可尼提供的财务预测同样没有丝毫保留。据记载，美国马可尼公司到 1913 年才开始盈利，而且直到 1910 年，利润水平才达到这个预测值。

图 7-3　完美得近乎难以置信：马可尼公司股票的营销

图 7-3　完美得近乎难以置信：马可尼公司股票的营销（续）

资料来源：*New York Times*，1904 年 5 月 8 日。*Commercial and Financial Chronicle*，1903 年 6 月 13 日。

宣传先于盈利

尽管马可尼在美国成立了一家子公司，而且在英国遭遇挫折，但这家公司在早期运营中仍以欧洲为中心。尽管马可尼开始刻意亲近美国媒体，并把报道美洲杯的展示活动当作一次重要的营销活动，但他的主要商业设施依旧集中在英国。马可尼在英国的挫败感直接来自英国邮局（GPO）的态度。通过马可尼母亲的介绍认识普里斯，对马可尼来说是一件喜忧参半的事情。到 1900 年，GPO 系统承载的信息数量已出现了大幅增长，从 1870 年的约 1 000 万条增加到 1900 年的 9 000 万条。但这并没有扭转 GPO 的颓势，在业务量一路增加的同时，损失也在不断积累。GPO 的财务状况表明，它已无力承担任何创新风险。比如说，在 1877 年的时候，GPO 就曾拒绝接受贝尔电话提供的独家使用权。⊖当然，这其中也有来自普里

⊖ R. F. Pocock, *The Early British Radio Industry*, Manchester and New York: Manchester University Press, 1988, p.51.

斯的潜在阻挠，他本人也一直在进行无线信息传输方面的研究。

最初，GPO选择与马可尼合作既是为了监督他的工作，也是为了兑现全力支持马可尼的公开诺言。后来，普里斯提出购买马可尼拥有的无线电专利，但这一次，马可尼已对这种合作关系不抱任何幻想，并最终坚信，他已不能再信任GPO这个合作伙伴了。这种隔阂在很大程度上源自1897年的一系列试验；当时，应德国皇帝要求，普里斯希望马可尼允许德国物理学家阿道夫·斯莱比（Adolf Slaby）使用他的无线电设备。这让斯莱比有机会返回德国，重复马可尼的试验，这些尝试不仅推动德国通用电力公司（AEG）创建了无线电业务，也直接带来了德律风根公司（Telefunken）的诞生。⊖也正是在这样的背景下，马可尼才决定接受家族内部人士为新公司出资。在GPO看来，尽管难免有些许失望，但是，由于自身的垄断地位，而且他们觉得完全不必考虑专利权即可尽情复制马可尼成果的想法，这种失望有所缓和。

在成立之初，马可尼的公司就曾试图通过出售设备创造收入。当时，他的主要潜在客户仍是英国皇家海军，后者使用马可尼的设备进行了大量试验。但随着时局进一步恶化——在南非侵略战争中遭到的抵抗以及中国的义和团运动，英国海军终于不再犹豫并决定与马可尼合作。虽然最初订单的金额不大，但意义重大。到1899年，马可尼为英国及意大利海军提供服务。第一笔订单给马可尼带来6 000美元（相当于今天的200万美元）的收入，此后的年收入超过3 000英镑（相当于今天的100万美元）。⊖财务上的激励固然重要，但更重要的，是争取让世界上最大的海军成为自己的客户，这无疑是对产品威信力的背书。但事实证明，最初销售设备的策略并不恰当。因为这依赖于潜在客户是否愿意为采购设备和支持基础设施的资本性支出提供资金，在当时的背景下，这套系统还基本限于军事用途，其可靠性和商业价值还远未得到证实。

在经历了相对不太成功的两年后，马可尼终于认清现实，并将销售策略从直销调整为租赁。为此，他专门成立一家提供收费服务的子公司。这样，希望享受无线通信的客户就可以与马可尼国际船舶通信公司（Mareoni International Marine Communications Company）签订协议。作为回报，马可尼将为客户提供包括设备和操作员在内的全套服务。由于协议按租赁约定期间收费，不限制协议期内收发消息的数量，这就给双方带来一个好处——可以规避英国政府采取的某些垄断限制规定。但最重要的是，由于设备掌握在马可尼的操作员手中，这样，马可尼就可以强

⊖ R. F. Pocock, *The Early British Radio Industry*, Manchester and New York: Manchester University Press, 1988, p.122.

⊜ 同上，p.159.

制执行一条规则，即，所有客户只能与马可尼的其他用户进行通信。

这种做法的商业逻辑直接明了——沿着这条路径走下去，即可创造出垄断或是取得统治性市场份额。但要将这种策略运用到实践中显然绝非易事，这需要马可尼拥有一个具有锚定效应的客户，通过这个客户，迫使其他用户加入到自己的通信网络中。在 20 世纪初期，这个客户是伦敦劳埃德船舶保险公司（Lloyd's of London），它是全球海上保险业务的核心。当时，英国商船的运量占全球总运输吨位的一半，而作为与它们最接近的竞争对手，美国商船的运量仅有其 1/5 到 1/6。1901 年，劳埃德船舶保险公司与马可尼签订了为期 14 年的独家供应协议。有了这份协议，马可尼的公司就可以有条不紊地开始设立必要的沿海广播电台。

马可尼无线电报公司

马可尼在英国创建的公司，即马可尼无线电报公司（Mareoni Wireless Telegraph Company），最初以无线电报和信号有限公司（Wireless Telegraph and Signal Company Ltd）的名义取得第一批客户资源。这家公司的名称与目标休戚相关，即，以无线通信方式取代电报。与美国子公司不同的是，这家英国公司在相对较短的时间内便获得足够强大的市场地位，为实现盈利奠定了基础。在实现这一重大成果的过程中，它们向公司客户最重要的宣传点，就是与伦敦劳埃德船舶保险公司达成的协议，按这项协议，所有接受劳埃德公司承保的船舶必须携带马可尼的设备。

这是马可尼走上商业成功之路的第一阶段。对于设在英国的母公司而言，收入主要来源于大英帝国势力范围内的海事业务。尽管投资回报足以维持公司运营，但最多只能算是不错而已——股权收益率很少会超过 10%，而资产收益率更是只有 5% 左右。前十年的收入增长充其量算过得去，此外，由于公司把多数利润用于扩张，而且经常要求股东继续补充资金，公司的资产负债表上几乎未留下什么利润。因此，收益几乎始终落后于扩张的成本（见图 7-4）。

随着海外业务开始盈利，马可尼的传奇也进入了第二阶段。最重要的海外业务当属美国马可尼公司（American Mareoni Company），实际上，在合并联合无线之前，这家公司几乎没有取得任何可观的回报。但收购联合无线让美国马可尼公司在美国市场上占据了主导地位。如果没有第一次世界大战的破坏，英国母公司无疑会得益于汇出收入和股息。就在开战前，公司收入出现增长，而且也取得适当收益。由于大部分设备成本已摊销完毕，因此，公司迎来了正现金流，扩张也无须再借助于外部融资。

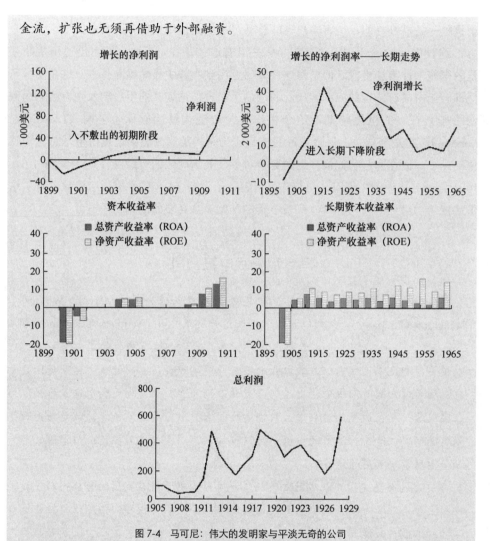

图7-4 马可尼：伟大的发明家与平淡无奇的公司

资料来源：英国马可尼公司的年度报告。*Stock Exchanges London and Provincial Ten-Year Record of Prices and Dividends*, Fredc. C. Mathieson & Sons，发行于1897~1931年。

英国马可尼公司的问题是，战争结束后，美国政府强迫该公司将在美国子公司拥有的股权卖给通用电气，规避英国对美国子公司运营可能带来的任何影响。于是，就在无线广播即将迎来需求大爆发之际，英国马可尼公司的股东们却等来了投资收益的大滑坡。如果马可尼也能效仿美国无线电公司（RCA）的美国开发策略，在英国去开拓无线电市场，或许还不至于损失惨重。遗憾的是，它在英国既不享有专利权保护，也没有机会像 RCA 那样进军新兴的无线广播市场——在英国，政府已经把针对邮政和电报网络的控制权延伸到无线电领域。

> 考虑到这家公司处于创造新行业的最前沿，因此，马可尼无线电报公司的长期收益率自然相对较低。如果把历史收益转换为今天的数字，那么，我们会看到一番完全不同于历史数字所展示的情境。由此可见，公司的盈利高峰恰逢马可尼美国子公司收购联合无线公司。之后，公司盈利便进入缓慢下跌的通道，对投资者来说，这样的结果无疑让他们大跌眼镜。因为他们曾笃信不疑——自己不仅在技术上下对了赌注，而且还巧妙避开了行业中无处不在的股市骗局和无底线炒作。
>
> 结论是显而易见的：如果不能取得完全的垄断，点对点无线电绝对不会成为一种高盈利的持续成长性业务。事实证明，无线广播才是真正的高成长业务。遗憾的是，英国对无线电的国有化政策基本已经剥夺了马可尼的参与权，而在大西洋的另一侧，由 RCA 协助的政府监管政策相当于对马可尼发出了禁令。因此，马可尼的投资者是不幸的，在这个由他的公司参与打造的行业中，他的投资者却被排除在外。最终，马可尼的公司被收购，并进入一家成长中的大型电气集团——这家公司后来成为英国通用电气公司（GEC）；直到历史再次轮回，马可尼的名字又一次出现在一家英国上市公司中，这家上市公司后来又出售给英国航空航天公司（British Aerospace）。

1901 年，马可尼在报道美洲杯时遭遇惨败。于是，他返回英格兰，继续对康沃尔发射站进行改造。马可尼迫切需要一个机会，以期打消公众因这些灾难性事件产生的怀疑。这个答案就是大西洋。多年来，跨大西洋电缆的拥有者已控制了这条线路上的全部电报传输。大用户早已对拥有者的定价权深恶痛绝。最大的用户无疑是新闻媒体。在马可尼证明可以实现跨大西洋的无线通信时，他们几乎欣喜若狂，尤其是他的长期支持者《纽约时报》。尽管康沃尔电台只能把字母"s"发送到纽芬兰电台的行为几乎没有任何意义，这却给马可尼带来了他最期待的结果：来自媒体热情洋溢的赞美声（见图 7-5）。

这一次，科学界依旧一贯地表现出批评的态度，甚至已近乎蔑视，但这并没有动摇马可尼的信念。在美国，马可尼面对的问题与其说是缺乏宣传或科学界的任何怀疑，不如说是经济民族主义招来的祸水。马可尼始终试图创建一个盈利性企业，这也是促使他排斥竞争对手的原因。租赁设备以及禁止与对手设备进行通信的政策与贝尔公司针对电话业务采取的策略如出一辙。排斥竞争对手，实际上就相当于把马可尼的设备打造为行业规范。但是对美国海军来说，垄断政策与租赁成本都是有问题的。从战略角度看,把通信控制权交给来自主要对手国的一家新垄断企业,显然不是一个明智的选择。签订长期租赁合同也存在问题,因为按规定,海军的资金只能来自年度拨款。但这其中也存在偏见的成分,经常有人把马可尼称为"犹太阴谋集团"的成员(尽管马可尼是爱尔兰—意大利裔的天主教徒)。⊖

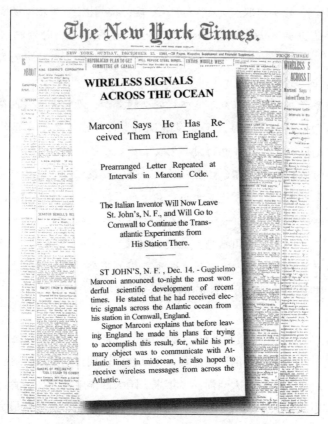

图 7-5　保持宣传势头:马可尼首次完成跨大西洋信号传输的演示
资料来源:*New York Times*,1901 年 12 月 15 日。

尽管马可尼的成功有目共睹,但他的商业前景并不明朗,这就为费森登和德弗雷斯特等对手提供了夺取最大市场份额的机会。德弗雷斯特的成功源于打折定价政策和不断发行股票。在英国和意大利以外的其他欧洲国家,马可尼的处境同样艰难。尤其是德国,由于认识到发展国内无线电业务的战略重要性,开始寻求废除非马可尼设备不得参与通信的政策。英国和意大利反对这一举措,而美国则倾向于支持。但针对此事召开的会议并未达成一致结论,毕竟,强令马可尼的设备与其他运

⊖ Douglas (1950), p.114.

营商设备进行通信缺乏法律支持，于是，马可尼的现有客户继续维持现状。1903年国际无线会议（International Wireless Conference）的召开在表面上是为了推进"世界和平"，但真实意图则是维护德国无线电行业的利益，而德律风根公司就是这种利益的代言人，这是一家以斯莱比—阿莱奥、博朗—西门子&哈尔斯克等公司拥有的无线电业务为基础而创建的新公司（见图7-6）。

尽管1903年的会议实际上未达成任何结论，但随着马可尼公司的影响力不断增加，取消"不得通信"政策所形成垄断的呼声也不断升级。有人说这会对航运安全带来重大影响。但即便如此，在第二次国际无线会议（1906年召开）上，与会者依旧将批评目标直指商业和国别问题。这一次，美国代表措辞强烈，巨大的压力足以让马可尼退出，让英国政府做出让步，并最终通过了允许相互通信的法律。但英国政府为变更合同而提供的补贴，在一定程度上缓解了马可尼受到的影响。他的经营目标维持不变——不断改善无线电设备的可靠性和通信能力。在这一轮改进中，马可尼使用了弗莱明发明的真空二极管，而后是德弗雷斯特发明的三极管，后来，马可尼直接买下奥利弗·洛奇的专利，避免因为之前使用洛奇原理取得的成果而招致官司。

图 7-6　令人恐怖的无线通信：市场对马可尼公司进展状况的反应

图 7-6　令人恐怖的无线通信：市场对马可尼公司进展状况的反应（续）

资料来源：*New York Times*，1901 年 12 月 22 日及 1907 年 9 月 26 日。

在美国，马可尼购买了有可能限制其商业开发的专利。1885 年，托马斯·爱迪生进行了太空电报测试，并在 1891 年对这项成果获得专利权，专利名为"用电传输信号的装置"。要么是因为其他工作的紧迫性，抑或是因为不相信这项技术的商业或技术潜力，爱迪生并没有继续推进这项研究。因此，尽管马可尼在横跨英吉利海峡和大西洋的信号传输领域取得令人瞩目的成功，但他还是愿意把自己的专利转让给马可尼，毕竟，这笔交易能给爱迪生带来收入。为此，美国马可尼无线电报公司向爱迪生支付了 6 万美元（相当于今天的 400 万美元），取得了爱迪生拥有的无线电专利权。

在废除"非通信政策"后的五年中，马可尼的公司深陷财务危机。为开发跨大西洋通信服务，他们不得不自筹资金。但马可尼的公司很快便出现资金缺口，因此，要守护好极其紧俏的现金资源，他们不得不实施财务紧缩措施。为此，研究与开发项目被压缩到最低限度。在此阶段，仅有的开发不过是对现有服务进行小幅改良而已。1908 年，马可尼与费迪南德·布劳恩（Ferdinand Braun）共同获得诺贝尔物理学奖，但 8 000 英镑（相当于今天的 230 万美元）的奖金只是杯水车薪。此时，马可尼公司面临的最大任务就是盈利。实现这个目标的途径分为两个层面。第一个层面是在 1910 年初，马可尼与德律风根在德国创建一家新合资公司，以便于更好地为两家公司的德国商船客户提供服务，并避免未来可能出现的专利纠纷。第二个层面则是为了实现自我保护，尤其是打击专利侵权。费森登的发明足以说明问题——即使最终取得成功，但诉讼也会是一个耗费时间和资源的过程。直到 1910 年，马可尼公司始终不情愿在这方面投入资源。但随着新一个十年的开始，马可尼的策略发生了变化，马可尼的公司开始大举进攻，寻找专利侵权行为。新的策略带来真正的成功，进而大大缓解了竞争。

其他公司的行动似乎也在助力马可尼的成功。由于媒体不断曝光联合无线电报公司的股票销售行为，并引发人们对这家公司的信息可信度和财务可行性发出质疑，因此，其声誉也江河日下。作为主要供应商，联合无线电报公司可能给美国海军的影响，最终促使司法部介入调查。大规模的欺诈行为随之被揭露，1911 年 5 月，该公司的主要官员因此而锒铛入狱。这让联合无线电报公司成为马可尼的猎物，于是，马可尼公司发起专利侵权诉讼。面对既没有高层管理人员又极有可能输掉官司的局面，此时的联合无线电报公司已无力自保。1912 年，通过一笔被包装成合并的收购，这家陷入危机的公司最终被马可尼所控制。至此，凭借在英国和北美大陆拥有的压倒性市场份额，马可尼的公司最终实现了预期的竞争地位。而公司也第一次真正实现了盈利（见图 7-7、图 7-8）。

图 7-7　传统技术的反击：有线公司击退无线公司的威胁

资料来源：*New York Times*，1907 年 9 月 27 日。

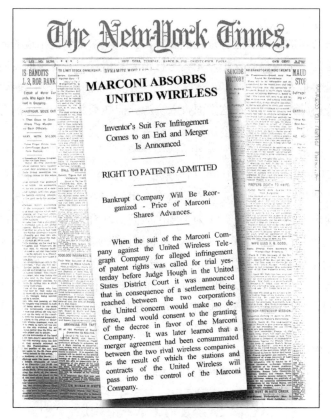

图 7-8 代价高昂的判决：美国马可尼公司收购联合无线电报公司

资料来源：*New York Times*，1912 年 3 月 26 日。

政府的介入

无线电作为军事通信手段的战略重要性，在日俄战争中得到了充分体现，也成为随后一系列国际会议的推动力。尽管现有通信公司及其供应商均对这种通信载体表现出兴趣，但也仅此而已——或许是因为他们受限于资金约束而无法继续开发，抑或是认为无线电的威胁尚未真正到来，因而可以暂时置之不理。但无论是哪一种情况，都会迎来一系列引发行业结构发生剧烈变化的事件。

但在此之前，这个无序竞争的行业必将丧失某些要素，并最终成为政府监管的对象。导致这一转型的重大因素，就是"泰坦尼克"号的沉没。这艘世界上最大的豪华邮轮在处女航（马可尼最初曾预订了这次航行的船票）中便撞上冰山，并立即通过无线电进行了求助。但是距离"泰坦尼克"号最近的两艘船，一艘没有安装无线电设备，另一艘关闭了发动机（无线电也随之关闭）。结果，两艘船均未收到"泰坦尼克"号发出的求救信号。但即便是发出了求救信号，竟然也因无线电操作员的不专业而被无意扭曲，结果，来自不同船只的两条信息被合并为一条信息，意思是"泰坦尼克号全部乘客安全，正在被拖往哈利法克斯"。⊖

无线电报确实挽救了很多在冰冻海水中漂泊的生命，因此，媒体对马可尼的无线电报员及其公司的努力大加称赞。但无线电波的无序性和不稳定性表明，原本可以有更多的生命获得拯救。对此，公众反应极其强烈，并促使政府监管迅速跟进。对无线电波的监管成为推动行业变革的重要力量，但两大要素依旧在主导这个行业的战略导向，并吸引现有行业参与者给予越来越多的关注（见图 7-9、图 7-10）。

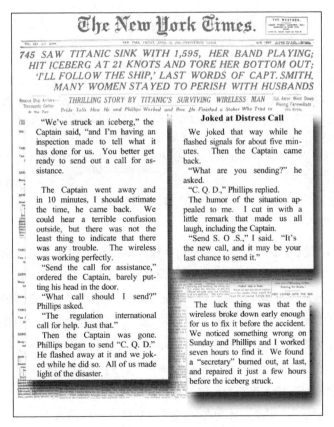

图 7-9　逆风……泰坦尼克号为马可尼提供了最有说服力的宣传

资料来源：New York Times，1912 年 4 月 19 日。

⊖ Douglas (1950), p.227.

> 泰坦尼克号的沉没以及造成的重大伤亡，让整个世界为之震惊。这也是人类历史上第一个通过无线电报进行报道的事件。毫无疑问，无线电报发出的求救信息挽救了很多生命。同样无可置疑的是，因为信号冲突、缺乏无线电设备和统一的信号传输协议，原本有机会生存下来的人丢失了这个机会。这次事故加快了无线电领域的进步，进而推动了海上无线电设备的发展。与此同时，它也带来一个副产品：对信息的无限需求以及愿意花钱满足这些需求的报社老板。灾难发生后不久，一则针对此类事件的报道引发广泛关注：⊖
>
> "闭上你的嘴，给你一笔大钱。"——隐藏事实的信号
>
> 遇难人数达到四位数——马可尼的手下也向卡帕西亚号（Carpathia）接线员发出信号，但全世界都在期待灾难的细节。
>
> "在这三天时间里，尽管全世界都在急切等待有关泰坦尼克号命运的任何信息，但至少在这段时间内，按照美国马可尼无线电报公司总工程师萨米斯的指令，卡帕西亚号邮轮的无线电操作员隐瞒了有关这场灾难的很多详细信息。这家公司利用了这场灾难，把它变成了自己的故事。"
>
> ——《纽约先驱报》，1912年4月21日
>
> 这篇报道所说的故事在某种意义上准确无误，卡帕西亚号无线电操作员确实是在上司的指示下讲述故事，但如果说全世界都在"急切"盼望事情的真相，这显然是不准确的。泰坦尼克号的求救信号确实是在卡帕西亚号即将停靠时发出的，考虑到公众关心的问题，这也是美国马可尼公司急于强调的一点。在同一报纸上发表的驳斥中，这家公司详细陈述了具体的时间线，并辩称他们只是想让无线电运营商赚取一些额外收入。在这点上，公司基本是成功的，因为后续报道主要集中于泰坦尼克号船员、乘客和救援人员的英勇行为，尤其是无线电和信号操作员发挥的作用。但是在花费500美元（相当于今天的26 000美元）之后，《纽约时报》从泰坦尼克号幸存的无线电报务员哈罗德·布莱德（Harold Bride）的嘴里，却听到了一个令人无比心碎的故事，这无疑会刺激竞争对手爆发出更激烈的围攻。

图7-10　泰坦尼克号：买断独家采访权的最早示例

资料来源：*New York Herald*，1912年4月21日。

泰坦尼克号沉没带来的轰动性影响，极大地推动了对无线电实施某种形式监管的紧迫性。到此时为止，无线电、更准确地说是无线电报行业，还只是针对有线电报系统无法触及的市场。也就是说，它还远未如某些倡导者所希望的那样，真正对电报及电话公司构成强大威胁，更没有勾勒出足够曼妙的前景去迫使这些公司关注自己。AT&T并非对无线电视而不见听而不闻，只是完全没有感受到任何威胁。当然，人们也没有从中发现任何新的机会——当时的主流思维依旧是信息传输的现有方法和用途。但在接下来的十年中，这一切都发生了翻天覆地的变化。但变化并非因为新的"愿景"，相反，体现在无线电中的技术引申出很多衍生产品，事实证明，这些衍生品对现有公司至关重要。很快，第一次世界大战爆发，无线电的战略重要性要求政府对该行业采取新的监管方法。这将从根本上改变马可尼公司的市场

⊖ 本文转载于Thomas White的网站（earlyradiohistory.us）。

环境，到1912年，马可尼已成为行业主导者。

虽然马可尼公司在大西洋两岸均占据了主导地位，但公司的技术很快便需要大幅升级。费森登的努力并没有带来一家赚钱的公司。NESCO已被接管，费森登在这个行业中留下的唯一足迹，就是拥有其专利权的国际无线电电报公司。德弗雷斯特创建的一系列公司则更关心兜售股票，而不是开发可持续经营的企业。

但是，费森登和德弗雷斯特采用的技术在很多方面领先于马可尼公司的技术。对于费森登，这种优势来源于连续波的使用，而德弗雷斯特的优势则来自真空二极管——即弗莱明二极管的改进版。尽管马可尼公司也提高了设备的信号接收能力，但这些设备最明显的缺陷就是依赖火花技术产生信号。到一战即将开始之际，三种技术之间的差异已显而易见——连续波技术既能产生可靠的信号，又具有语音传输的能力。马可尼公司也意识到这一点，并采取措施缩小这种技术差距。

遗憾的是，第一次世界大战导致全部实验工作被迫停止，英国政府对通信网络实施全面控制。所有实验性工作均以满足军事需要为目的。因此，当时的开发重点是便携式无线、信息拦截功能以及追踪敌方信号测向仪等实用设备。但这些技术投入使用的核心，依旧是大量增加信号站点和训练有素的信号员。在这种环境下，根本没有机会去研究连续波生成的信号。因此，在大西洋的一侧，无线电的研发工作实际已陷入停滞，而另一侧的情况则恰恰相反。

无线电技术的商业衍生品

在收音机发展的初期阶段，最重要的商业衍生品就是德弗雷斯特发明的三极管或三极检波管。和所有重大发明一样，三极管同样充满争议，而且注定会因为"谁是真正的发明者"的争执而招惹永无休止的猜测和官司。在这个话题上，基本得到公认的结论是：利用自己提出的原理以及跟随爱迪生工作的背景和经验，弗莱明发明了二极管。二极管明显改善了信号接收效果，随后，出于为达到相同目的而进行的渐进式改良，德弗雷斯特发明了三极管，或者说三极检波管。

但三极管的特殊性能已让它不仅仅是对接收器的渐进式改进，否则，问题或许也就到此为止了。德弗雷斯特的发明并没有带来一锤定音的效应。据史料记载，他确实意识到了三极管的特殊放大特性，但却没有意识到继续开发和利用这种特性的潜在用途。和德弗雷斯特及其财富历程一样，其申请三极管专利权的过程同样充满曲折与艰辛。

因此,这些技术最终归属于马可尼公司收购的联合无线公司,而不是已陷入财务困境的无线电话公司(Radio Telephone Company)。这家公司还持有贝尔公司前科学家约翰·斯通·斯通的专利,这些专利是德弗雷斯特代表公司向朋友买入的。

两个方面的原因使得公司与斯通的关系异常重要。首先,电话行业的背景让斯通敏锐地意识到放大长途电话信号强度的紧迫性。其次,尽管斯通在 1899 年被 AT&T 解雇,但他在公司内的地位几乎未受任何影响,而且仍对公司高层有足够的影响力。三极管的特性让斯通马上认识到,它极有可能成为攻克电话行业主要技术问题的解决方案。通过与德弗雷斯特的讨论,最终促使斯通再次联系到 AT&T,并通过试验确定是否可使用三极管增强长距离信号强度,并把三极管当作"中继器"。尽管试验最初并未取得圆满成果,但足以推动 AT&T 开始寻求向德弗雷斯特购买三极管的专利。AT&T 购买该项专利是分阶段进行的,在这个过程中,使用三极管改进设备的前景也开始变得更加明朗。第一阶段发生在 1913 年,AT&T 花费 5 万美元(相当于今天的 250 万美元),获得了三极管针对无线电报用途的独家使用权。随后,AT&T 扩大了三极管的使用范围,以 9 万美元(相当于今天的 370 万美元)的价格取得三极管在无线领域的非独家使用权。最后,AT&T 在 1917 年再次以 25 万美元(相当于今天的 1 000 万美元)的价格取得该专利权的独家使用权。尽管此时的德弗雷斯特已四面楚歌——破产诉讼和欺诈指控等一系列危机,已让其焦头烂额,但凭借自己的专利权,德弗雷斯特再次收获财富。

对 AT&T 而言,这笔交易将为公司创建至关重要的"中继器"奠定基础。利用体现在三极管中的技术以及连续波技术,AT&T 在 1915 年成为第一家实现跨大西洋语音传输的公司。也就是在这个时刻,弗莱明的二极管专利与德弗雷斯特的三极管技术再度爆发冲突。马可尼公司发起的专利侵权诉讼最终也陷入僵局。按照当时的主流观点,三极管技术确实侵犯了弗莱明的专利,但弗莱明的专利并未预见到三极管的出现。换句话说,任何一方都不能在未经对方授权的情况下生产三极管。要走出这个两难困境,只有通过同时拥有这两项专利技术的新公司,并最终造就出一个新的行业。

虽然三极管已成为电话业务中极其重要的要素之一,但因为弗莱明专利权带来的限制,使得 AT&T 的研发并未给马可尼公司构成太大威胁。事实证明,真正造成破坏的,是公司迟迟没有开展连续波信号方面的研究。尽管费森登已通过实验展示出连续波的优势,却始终未能把这种优势转化为实用商业项目。最终的成功转换出自移民到加利福尼亚的斯坦福毕业生、澳大利亚人西里尔·埃尔韦尔(Cyril

Elwell）之手。在斯坦福大学学习期间，埃尔韦尔开始探索无线系统的潜力。这些研究促使他相信，费森登对火花技术问题的观点是正确的。

　　凭借高频振荡器方面的经验以及对电晶体的理论研究，埃尔韦尔相信，自己已经找到一种实用的解决方案。但要实现这个方案，首先就需要筹集资金，以购买由丹麦工程师瓦尔德玛·波尔森（Valdemar Poulsen）在北美地区拥有的"振荡电弧"技术专利权。电弧技术的发展与命运多舛的电灯相伴相随。电灯的发明催生了波尔森的研究，并最终获得一个能传输人类声音的小型无线电工作模型。为获得波尔森振荡电弧技术的使用权，埃尔韦尔不得不采取分阶段付款，向对方支付45万美元（相当于今天的2 500万美元）的总额，通过求助于斯坦福大学校长以及向公众出售部分公司股票，埃尔韦尔筹集到这笔款项。

　　在回到加利福尼亚之后，埃尔韦尔便成立了波尔森无线电话电报公司（Poulsen Wireless Telegraph Company）。公司在最初几年的运营还算成功——设法维持了业务的稳定性，唯一的遗憾就是只能通过出售足够的股份支付波尔森的专利费。但是要实现利润及商业可行性，公司显然还需要足够的资金扩大业务规模，达到盈亏临界点。

　　随着一位名叫比奇·汤普森（Beach Thompson）的旧金山银行家的加入，埃尔韦尔的命运发生了改变。汤普森通过进一步注资，将埃尔韦尔的波尔森无线电话电报公司重组为两家新的公司：波尔森无线电话电报公司和无线开发公司（Wireless Development），后来成为联邦电报公司（Federal Telegraph Company）。联邦电报公司很快便与美国马可尼公司正面交锋。由于在公司战略方面出现分歧，埃尔韦尔很快便与汤普森分道扬镳，离开他的公司，但是凭借连续波技术，联邦电报公司还是给马可尼公司的设备造成严重威胁。在埃尔韦尔离职后，在联邦电报公司的研究人员中，还有为避免受之前活动影响而来到美国的德弗雷斯特，以及之前就职于NESCO的伦纳德·富勒（Leonard Fuller）。凭借他们的努力，联邦电报公司得以迅速进入不断增长的无线电通信市场。在他们的成功过程中，技术固然重要，但欧洲地区的技术冲突以及美国海军完全控制海上通信网络的需求，同样功不可没。

　　美国海军的基本策略与所有国家军事部门并无不同——即，通信不能落在第三方国的手中。通过对新加坡和马来西亚的殖民统治，英国控制了古塔胶的供应，这种胶是当时电缆实现绝缘的基本材料。雪上加霜的是，在通过子公司收购联合无线公司的资产后，美国马可尼公司在商船无线电通信领域几乎形成统治地位。向总部位于美国的联邦电报公司采购设备，自然更有可能获得良好的传输能力，这显然符合美国的国家利益。于是，从 1913 年开始，联合无线公司开始陆续接到美国海军的一系列订单。在最早试图创建合资企业并随后收购联邦电报公司时，马可尼公司受到的威胁是显而易见的。为此，美国政府强势插手，代表海军收购了联邦电报公司，避免后者落入马可尼公司的手中，政府的介入最终让马可尼的收购企图受挫。（后来发现，在 160 万美元的全部收购价款中，1/4 以上部分直接进入新上任董事长及其同事的口袋，而联邦电报公司的董事会成员几乎一无所知。）

尽管马可尼对联邦电报公司的示好并未得到回应，但这并不妨碍他忙于其他事情。此时，通用电气已开始对瑞典科学家恩斯特·亚历山德森为费森登制造的高频交流发电机进行改造。到 1915 年，马可尼公司迫切需要连续波技术，并开始与通用电气研究部门探讨交流发电机的供应问题。谈判过程非常艰难。当时，受战争影响，马可尼公司出现了严重的资金问题，与此同时，公司还在试图以独家经销方式维护市场地位。在谈判中，马可尼公司要求通用电气制造的交流发电机已远非以往设备所能及，而且还要求后者对其正在生产的产品放弃控制权。谈判过程冗长而周折，不仅表明这是势均力敌的两家公司之间的博弈，更凸显出相关产品的重要性。

这场谈判历经数年，但就在双方即将达成一致时，美国政府火速介入。美国马可尼公司的历史及其在谈判中采取的排他权立场，不仅给美国海军造成了问题，如果通用电气与马可尼公司签署独家供应协议，其他国家也会因无法从通用电气获得供给而发声。面对各方压力，美国政府和海军采取了更激进的措施：取消海外持有的全部股权，并创建一家新的美国无线电企业。

RCA——美国无线电行业的代言人

美国无线电公司（RCA）的创建并非一蹴而就。多年来，美国海军一直试图扩大对无线电通信的统治，但让他们感到沮丧的是，竟然没有一家美国公司在这个行业占据主导地位。在第一次世界大战爆发后，美国政府曾力保自身在欧洲国家的中立立场，因此，始终坚持不通过马可尼的电台或德律风根的子公司——大西洋通信公司发送任何军事信息。但事实证明，这种审查制度很难执行。1915 年，德国 U 型潜艇击沉英国"卢西塔尼亚"号邮船，造成 1 200 人伤亡，这在美国引发轩然大波。最终，随着局势进一步加剧，美国在 1917 年宣布参战。

马可尼公司和大西洋通信的信号站随即被美国海军接管。之后，美国海军开始对接管的设备和信号站进行标准化改造，并提高信号收发质量。这就需要强化思想的交叉融合，并暂时搁置商业机密和专利的重要性。美国海军最关心的是如何终结马可尼公司对美国通信市场的主导地位，这促使他们选择收购联邦电报公司，随后又以 160 万美元（相当于今天的 6 500 万美元）的价格买下美国马可尼公司拥有的无线电台。通过这一系列举措，到战争结束时，美国海军实际已有效控制了美国无线行业的主导权。但还存在部分不受美国海军控制的领域，譬如马可尼公司拥有的远程无线电台，因此，它们也成为美国海军的下一个猎物。

不过，到这一时期，公众对政府直接参与商业的态度也在悄然发生变化。战争期间，国有企业的经营业绩拙劣不堪。尽管抬高价格，但这些公司依旧亏损累累，这引发了公众的强烈不满。因此，当海军试图进一步加强对无线电市场的控制时，他们发现，公众已不再忍气吞声地接受，而是更主动、更激烈地反抗。很多公司要求国家把战争期间接管的资产归还给原始拥有者。面对如此强烈的反对声，政府唯有一个选择：创建一家完全由美国拥有的国有企业，合法接收这些资产。而且这件事宜早不宜迟；如果让美国马可尼公司与通用电气签署交流发电机的独家供应协议，那么，这家公司不可避免地会重新成为美国无线电行业的领导者。如何避免这样的结局确实让政府高层煞费苦心，其中就包括代理海军部长富兰克林·罗斯福和总统伍德罗·威尔逊。

尽管私有化计划得到最高层的支持，但依旧经过了数月的谈判和审查，才提交了一份可行的文件。最重要的在于，一方面，海军坚持为通用电气提供潜在业务；另一方面，马可尼公司要求美国政府归还资产的态度异常强硬。在多次谈判失败之后，各方终于达成一项协议，即，以美国马可尼公司为基础创立新的美国无线电公司。在原美国马可尼公司的股权中，外国股东（英国马可尼公司）持有的部分将由通用电气接管，后者向外国股东支付了近 300 万美元（相当于今天的 9 000 万美元）的对价，成为新公司的股东。按照这项安排，全球无线电市场将被英国马可尼公司和 RCA 一分为二。对英国马可尼公司来说，虽然放弃了对美国市场的参与，但获得一笔与之前的交易股价相比存在大幅溢价的收入，同时又保住了使用通用电气交流发电机的机会。对于被收购的美国马可尼公司，在迎来通用电气这个新股东之后，它们将有机会接触到通用电气的开发工作。更重要的是，在 RCA 这个新幌子下，美国马可尼公司无须提防最大潜在客户的恶意打压。

RCA 的成立也为解决无线电发展的基本瓶颈铺平了道路。弗莱明的二极管和德弗雷斯特的三极管之间长期存在冲突。现在，RCA 已拥有了二极管在美国享有的专利权，这样，它就可以和德弗雷斯特的专利权使用者进行平起平坐的谈判。因此，当 AT&T 开始与通用电气针对交叉许可协议展开谈判时，它很容易便找到一个乐于接受的支持者。随着西屋电气的加入，一个由美国人建立的产业联盟就此宣告完成。通过收购国际无线电报公司（International Radio Telegraph Company），西屋电气获得费森登拥有的其他专利权，与 RCA 相互联合，美国便拥有了一个从连续波传输到放大接收在内的完整系统。在很大程度上这个无线电"托拉斯"是在美国政府的怂恿（也有同谋）下形成的。政府的理由主要是对国家安全方面的考虑以及美国对无线电技术的控制，还有一部分原因是马可尼公司的长期经营模式——即，通过租赁服务来控制销售市场，而不是以销售设备来创造收入。从商业利益出发，这种方式消除了以往技术开发局部化和专利权分散化带来的制约。

但不管怎样，有一点是恒久不变的：无线技术商业化应用的核心在于实现点对点通信，这也是所有开发所依赖的基本观念。不久之后，原本被忽视而且只蕴藏在少数痴情业余爱好者手中的巨大商机，如暴风骤雨般在市场上掀起狂澜。不妨设想当下的情形：如果政府认定某个特定行业事关国家利益，并采取有效措施接管外国投资者的资产，将企业控制权移交给国内领头羊，由此引发的结果注定会有异曲同工之处。那么，外国投资者会作何反应呢？

广播的诞生

第一次世界大战的一项重要副产品，就是创建了一家处于无线电业务前沿的美国公司。如果没有政府的干预，美国马可尼公司的优势地位或许很难撼动，更不用说被轻而易举地取代。AT&T 拥有巨大的业务网络，并由此形成了庞大的用户群体，因此，即便是在专利权到期后，他们依旧能有效抵御独立公司的威胁，走出困境，重振雄风；同样，马可尼公司也网络对手设置了一座高不可攀的进入壁垒。但是进入战后时期，国家利益不再屈服于商业利益。这正是 RCA 诞生的根源与背景。

此外，战争还以另一种方式推动了无线电技术的发展。战争对无线电通信员的需求几乎已经达到永无止境的地步。很多填补这些空缺的人均来自业余无线电社团，他们平时就已经开始利用这种载体向其他爱好者发布信息"广播"，战争进一步激发了他们对无线电的热爱。因此，在他们离开战场之后，自然会重新捡起这种爱好。战时广播禁令维持了相当长一段时间，但最终还是在 1919 年被取消，无线电在兴趣层面的使用重新开始增加。但对公司来说，他们并没有马上意识到一对多广播的重要性，而是一如既往地关注一对一通信市场。当然，还是有很多人不愿在思想上受到约束。之前已在商业领域取得一定成功的德弗雷斯特当然很清楚，作为报纸和剧院的替代形式，广播在传送信息、发送体育和娱乐节目等方面潜力无限。因此，在与 AT&T 签署的协议中，德弗雷斯特保留了使用真空三极管进行广播的权利。

AT&T 当然也需要三极管改进自己的主流电话业务，但对三极管其他可能的用途似乎显得不屑一顾。"对 AT&T 来说，这种广播无聊至极，充其量只是一种爱好，完全是一种与公司目标不相干的消遣。"⊖ 这种情绪在当时司空见惯，似曾相识的是，在大约 35 年之前，西联汇款也曾拒绝接受电话。因此，AT&T 摒弃了无线电的专利权。但不同于西联汇款的是，AT&T 还有机会——但他们失去的并不是对现有业务的控制，而是对一个全新行业的主导权。

信号员的回归呈现报复性增长，大量业务人士者重拾昔日的爱好。在战争结束后的两年内，取得电台登记执照的业余广播员超过 12 000 名。实际上，这些"业余爱好者"只是没有把广播作为谋生职业而已；他们的知识水平绝不业余，而且大多数人都希望使用电子管，这可以让他们采用连续波进行广播，而不是利用火花技术产生的间歇性信号。这两者的技术差异可以比作电报和电话之间的区别：火花技术只能传输信号，就像电报一样；而连续波技术可以像电话那样传输人的语音。另一个示例距离当时还很遥远，但似乎更有说服力——在个人计算机行业刚刚出现的时候，大公司基本会向所谓的"业余爱好者"开放这个领域，却迟迟未意识到个人计算机的巨大商业潜力。

但我们还是要审慎面对历史比较的影响力，切不可夸大其词。毕竟，无线电广播发展的最大动力或许只是来自某家大公司的一名员工。这个人就是西屋电气的员工弗兰克·康拉德（Frank Conrad），在战争期间，康拉德曾为军队管理由西屋电气制造的便携式无线设备。战后，康拉德重新返回业余广播圈，这一次，他发现自己的音乐广播非常受欢迎。很快，便携式无线设备（无线电收音机）的需求便开始大幅增加，而西屋电气也意识到这种新型销售渠道的巨大潜力。为了进一步刺激需求，康拉德受命为西屋公司创建一个广播电台。1920 年 11 月，西屋公司自己的匹兹堡商业广播电台正式开播，呼号为 KDKA，这也是世界上第一个无线电广播电台。

无线电广播犹如导火索点燃了对收音机的需求，并如同野火一般迅速蔓延到全世界。最初，大多数报纸基本不在意这一现象，在他们看来，广播不过是一种不

⊖ Douglas (1950), p.293.

同于报纸的信息和娱乐传播形式,于是,他们选择了视而不见听而不闻的鸵鸟策略。但参与无线电设备零部件制造的公司显然不会忽视这个商机——通用电气、RCA 和 AT&T 纷纷创建了自己的广播业务。尽管对这项业务的最终目的尚未达成统一认识,但有一点是可以肯定的:广播业业已形成。在设备销售方面,凭借自身拥有的专利权、业务网络以及与通用电气和西屋电气签署的代理销售协议,RCA 成为该领域最大的受益者。在本章后续介绍美国马可尼公司/RCA 的部分中,将详细介绍无线电发展带来的影响以及与马可尼公司早期的时代差异。

广播业的发展

作为一种媒体方式,针对广播主要存在三种思想流派。第一种思维来自设备制造商视角,他们把广播视为刺激自身产品需求的机制。第二种思维源自于业余广播员的视角,他们把广播当作给自己带来快乐和享受的爱好。而第三种思维植根于把广播本身视为经营性行业的广义性视野。最后一种思想流派的根源,在于更富裕和教育程度更高的群体对信息及娱乐需求的日益增长。报纸的快速增长已经证明了这种需求,因此,广播业的发展似乎已成为这种趋势的自然延续——但唯一需要厘清的问题是,如何通过广播创造收入。

答案是显而易见的——通过广告,在 1922 年的首次尝试中,这种广告媒介便取得了立竿见影的成功。不妨看看相关受众的增长情况:在大萧条之前的几年里,广播业务销售收入的年均增长率为 100%。收音机本身的价格并不便宜,1921 年,西屋公司生产的"高档"收音机的零售价格为 60 美元(相当于今天的 1 600 美元),低端收音机的零售价约为 10 美元(相当于今天的 270 美元)。在 RCA,新的总经理大卫·萨诺夫(David Sarnoff)极力推动广播业务本身的商业价值,而不只是把它简单视为销售设备的方法。通过无线电广播发布的首个广告,是一段推荐某住房开发项目的演说,但这段 10 分钟的广告马上便引来其他大公司的效仿,其中就包括潮水石油(Tidewater Oil)和美国运通。20 世纪 20 年代初,AT&T 的 WEAF 电台播放了第一份商业广告,实际上,AT&T 最初曾对无线电广播的前景不屑一顾。

但广播业务显然不会展现出立竿见影的盈利性,而且在很多人的心目中,它根本就不具备盈利性实体的基本特征——有些组织可以通过设计创造利润,有些实体则天然具有赚钱能力。广播业务的经济特征尚不明朗,而且服务的提供受制于所使用频率的无序性。归根到底，它需要通过政府监管，防止相互竞争的广播公司使用同一频率，并以相互干扰妨碍接收效果而进行恶性竞争。随着商业原则的确立，各大阵营均开始认真应对。AT&T 的对策是在纽约创建呼号为 WEAF 的商业电台，试图通过拒绝竞争对手使用其线路进行远距离信号传输，达到限制竞争的目的。凭借由此形成的地位，任何使用 AT&T 信号发射装置的公司，要么必须播放 AT&T 的商业广告，要么需要支付更高的使用费（甚至需要同时接受这两个条件）。

这不仅让 AT&T 与小型广播公司为敌，也让他们与昔日的专利合作伙伴发生冲突。面对 AT&T 设置的重重障碍，这个被称为"无线电"的群体开始呼吁变革，并要求相关仲裁机构取消这些条款。最终，仲裁机构做出有利于"无线电"群体的裁定，也为创建自由竞争、具有盈利能力的无线通话业务奠定了基础。面对这一商机，在 RCA 总经理大卫·萨诺夫的推动下，通用电气和西屋电气在 1926 年创建了一家新的合资企业。这个新公司租用 AT&T 的电话线，这样，他们就可以独立制作广播节目，并发送到由多个电台构成的广播网络中；与此同时，他们还以 100 万美元（相当于今天的 2 300 万美元）的价格购买了 AT&T 拥有的 WEAF 电台，并将该电台作为自己的大本营。这个新公司被命名为美国广播公司（National Broadcasting Company，NBC），可以说，NBC 的出现标志着广播时代已正式开启。网络广播的经济学基础体现于在整个系统中分发相同的内容，从而实现规模经济效应。NBC 的扩张模式也非常成功，并最终形成了两个网络——播出娱乐和音乐节目的 NBC 红网和播出新闻和文化节目的 NBC 蓝网。后期，这两个网络彻底分立。

不久，NBC 便迎来一个新的竞争对手——联合独立广播公司（United Independent Broadcasters，UIB）。尽管存在严重的财务问题，但是通过与 RCA 的竞争对手——哥伦比亚留声机唱片公司（Columbia Phonograph Company）进行合作，公司实力大增。而哥伦比亚留声机唱片公司则有机会进入无线广播领域，并因此而成为新的哥伦比亚广播公司（CBS），但新公司的财务状况并未立即好转，仍需要由主要客户注入资金才能维持生存。因此，在相当长一段时间内，哥伦比亚广播公司被费城国会雪茄公司（Congress Cigar Company）所控制。与此同时，收音机的销售量则继续快速增长（见图 7-11），对此，RCA 曾尝试向多家公司提供制造收音机的授权，以缓解日益激烈的竞争，其中就包括一家名为齐尼思（Zenith）的公司。

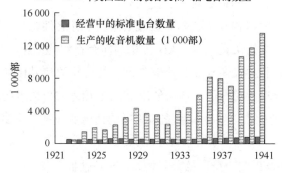

图 7-11 突然之间，每个人都想拥有自己的收音机

资料来源：US Department of Commerce，*Historical Statistics of the United States, Colonial Times to 1970*，Bureau of the Census，1975. pp.775–830。

美国马可尼公司与 RCA

在美国马可尼公司成立的前十个年头里，公司股东似乎丝毫没有地位：他们既没有机会拿到详细的年度报告，更谈不上收获利润。年度报告通常只包括致股东信和资产负债表。早期的致股东信只是一味畅想无线传输的曼妙前景。直到 1911 年到 1912 年度第一次实现盈利，公司才为股东提供利润表。在此之前，任何利润或损失仅体现为资产负债表中资产中的一个项目。直到净利润弥补以前年度的全部累计亏损之后，公司才开始在资产负债表中的负债侧设置损益科目（净利润）。前十年的公司年报中还有一个特点——针对专利侵权的诉讼前仆后继，这些诉讼中最常见的名字就是费森登、德弗雷斯特以及他们所拥有的公司。在很多诉讼案件中，措辞极为强硬并充满敌意，比如说，1907 年报中就曾提及对德弗雷斯特发起的诉讼，称对方为散布美国德弗雷斯特公司与美国马可尼公司合并的虚假信息，曾诱使美国马可尼公司股东将股票置换为联合无线公司的股票。最有趣的披露出现在 1912 年的报告中，公司对股东做出如下建议："对本公司以及所有马可尼关联公司至关重要的重大事项目前尚未解决；故在此尚无法做出全面讨论。"而这些讨论的最终结果，就是诉讼获得裁定，并完成对联合无线公司的收购，这就让美国马可尼公司接近于对美国沿海海上无线电形成垄断。

截至 1912 年的财务报表显示，公司尚处于技术和商业发展的早期阶段。尽管公司依旧处于亏损状态，但是从现金流角度看，亏损并非不可接受。回报或许没有兑现早期所宣传的宏伟前景，但公司并未经常出现资金赤字并不断对外筹集新资金的情况。除技术本身尚不成熟之外，早期问题主要体现在两个方面：首先是市场的无序竞争；其次，虽然竞争对手在经营中始终面对巨额亏损，但依旧能通过发行股票筹集资金。这个阶段最后以收购联合无线公司而告终，由此，美国马可尼公司立即扭转亏损局面。这样的收益很难令人满意，到战争结束时，公司的资产收益率几乎不超过 5%。考虑到公司之前从未实现利润，十年后达到这个水平显然算不上称心如意。在这种情况下，股东的唯一生财之道，就是把握投机性的股价波动赚取差价。总之，对这家公司而言，始终不存在维持长期收益所需要的基本市场要素。

不过，在股东还没有机会赚到这笔钱时，美国马可尼公司已变成 RCA。相比之下，作为 RCA 的股东似乎要幸运得多，实现盈利的旅程几乎只有一夜之间。当然，这要归功于美国马可尼公司已经打造的业务网络，由主要股东持有全部相关专利权意味着，政府实际上也在全力支持垄断组织的形成。

即便是在 RCA 的早期，其盈利能力也是可圈可点的。将 AT&T、GE、RCA 和西屋电气拥有的专利权集于一身，形成了不可动摇的竞争优势，并有效阻止了其他竞争对手进入市场。于是，RCA 的销售收入和利润都迎来了爆炸式增长。对投资者来说，企业的不同发展阶段需要他们做出不同的决策。最初，行业的主要问题是技术可行性。因此，投资者需要清楚的是，马可尼公司是否选择了正确的轨道？如果是，它是否拥有足够的专利保护？在收购联合无线公司之后，这些问题基本得到解决。随后，问题转化为服务的有效商业交付和利润。在战争期间，这确实很难分析，毕竟，政府会把国有化资产返还私营部门的不确定性大幅增加。当政府返还私人资产并以此为基础创建新的 RCA 时，股东们发现，他们在不经意之间获得了准信托结构的保护，而且这个体系覆盖了业内的所有美国大公司。而这场活动的输家则是英国马可尼公司的股东，尽管他们按远高于现行市价的溢价放弃股权，但如果考虑到后期的企业成长，他们在当时取得的回报几乎不值一提。换句话说，RCA 继承的是一个完整的业务体系，这个体系已经拥有了成长所需要的全部要素，大部分制造基础和技术基础均已准备就绪，而且成本已摊销完毕，只等收获季节的到来（见图 7-12）。

事实是最好的答案，RCA 成立的十年间，无线电行业经历了爆炸性增长，RCA 在截至 20 世纪 20 年代后期实现的回报，就是对这个黄金时期的最佳印证。RCA 在很多方面都是当时股市的写照，公司的销售收入和净利润呈现井喷式增长。在 1929 年股票崩盘之前的繁荣时期，公司的股价扶摇直上。令人难以置信的销售增长显然是不可持续的，在达到市场饱和点后，唯一的结局就是以同样的速度大幅下降。加之"大萧条"的影响和大盘的下跌,重返销售收入或净利润巅峰的道路注定漫长而艰巨。对投资者来说,这其中的教训就是,在推断新产品从推出到进入成熟阶段的增长率时,务必要谨小慎微。

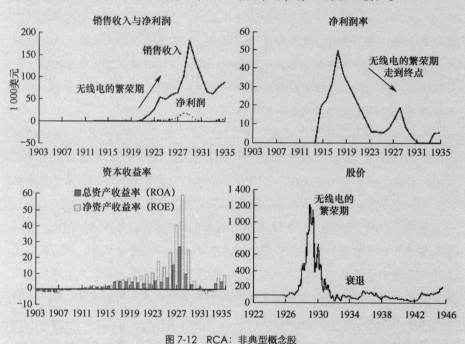

图 7-12 RCA:非典型概念股

资料来源:American Marconi annual reports. RCA annual reports. CRSP, Center for Research in Security Prices, Graduate School of Business, University of Chicago, 2000. (Used with permission. All rights reserved. www.crsp.uchicago.edu.) *New York Times. Commercial and Financial Chronicle.*

广播的最大竞争对手就是报纸——对于这种新型媒体,他们先是无情地鞭挞,而后是高高在上地鄙视。当这些策略不起作用时,他们干脆开始拒绝刊登广播节目时间表。但归根结底,当人们真正认识这种新技术不仅具有可持续性而且还会继续发展时,他们开始寻求成为所有者,即使做不到这一点,也要争取成为内容提供者。最终,在美国政府一手操办下建立的无线电制造业,反倒成为政府的眼中钉,1930 年,联邦政府对美国广播公司提起反垄断诉讼。在当局压力下,垄断最终被打破,NBC 成为 RCA 的子公司。

同样,到 1940 年左右,NBC 的广播权也受到调查,最终被要求剥离"蓝色"广播网络,这套网络后来成为美国广播公司(ABC)。但就总体而言,报纸并未改变人们对广播的立场,在他们看来,广播或许只是信息传播从新闻纸到语音的自然延伸,并最终变成一个自食其力的独立行业,或者说,广播的根源不过是盒子(收音机）生产商，而不是内容的制造者。

如果说无线电给报纸造成的威胁还不够剧烈，那么，在20世纪20年代，另一种功能更强大的潜在威胁也在悄然无息地演化。1925年，约翰·洛吉·贝尔德（John Logie Baird）验证了图像传输的可行性。尽管与我们今天所说的电视机技术相比，贝尔德在演示中采用的机械技术有点不足挂齿，但在当时的条件下，他所实现的图像信息清晰度已难能可贵。这意味着，一种可以通过有线网络和无线电波传输动态图像和声音的媒体，已横空出世。人们或许会猜想，对当时的从业者来说，这种新技术的重要性注定应引发一场轰动。但现实却是历史的再度重演。

电视：超越时代的创意

约翰·洛吉·贝尔德的发明依赖于使用所谓的"尼普科"圆盘。这项技术是德国科学家保罗·尼普科（Paul Nipkow）在19世纪80年代发明的，他采用的方法可以把图像分解为电子信号，传输到接收器，然后在接收端通过机械扫描重新将这些电子信号组合起来，还原最初的图像。而洛吉·贝尔德的成功在于，他把演示原理转化为实用技术。和其他所有发明一样，他的发明之路同样并不孤单，当时，这项研究的开展在德国、俄罗斯和美国已如火如荼。对洛吉·贝尔德来说，电视的发明绝非一帆风顺，他常面临融资不畅、嘲讽不断的情形。当时，他曾登门求助于马可尼公司的总经理安德鲁·格雷（Andrew Gray），并发生了以下这段对话（由洛吉·贝尔德提供）：

我说："早上好。"
格雷先生回答："早上好。"
我说："您对电视感兴趣吗？"。
格雷先生回答："一点也没有。我对这东西没有任何兴趣。"
我说："很抱歉耽误您的时间。再次祝您工作顺利。"说完，我就马上离开了。⊖

《每日快报》（*Daily Express*）编辑对待洛吉·贝尔德的态度也没好多少，他甚至怀疑贝尔德的精神是否正常，并勒令他马上离开自己的办公室。人们可能会认

⊖ D.E.Fisher and M.J.Fisher, *The Tube: The Invention of Television*, New York: Harcourt Brace, 1997, p.48.

为，按照报业自身的发展历程，它应该很快便意识到这种新媒体形态的潜力。长期以来，新闻业一直鼓励以视觉效果增加发行量。越是强调视觉效果的报纸，发行量就最大。《伦敦新闻画报》（Illustrated London News）的创刊号于 1842 年 5 月首次出版，价格为 6 便士，其中收录了 32 幅木刻图像，内容从阿富汗战争到法国火车相撞事故，甚至还有白金汉宫的化装舞会。这份报纸一炮打响，每周发行量很快就攀升至超过 30 万份，受欢迎程度几乎相当于《纽约时报》的 6 倍。

经过反复论证，洛吉·贝尔德最终如愿以偿地筹集到资金，并在 1927 年年初成立了一家公开发行股票的公司。这提升了贝尔德的生活品味，却引来董事会主席的干预，后者也是戴姆勒汽车公司的董事长。为了讨好这位严重肥胖的董事长，贝尔德不得不加宽实验室入口的宽度，以便于董事长进出实验室。但是，贝尔德面临的问题远非公司的董事长。在 1927 年的晚些时候，AT&T 宣布，他们采用类似于洛吉·贝尔德的技术成功实现了图像传输。考虑到 AT&T 拥有的资源，这项技术突破似乎对贝尔德威胁巨大，不过，这种威胁始终未能转化为现实。AT&T 始终不看好广播业务，于是，他们随后终止了研究，因为他们认为，这项技术不会带来能赚钱的声像电话。对于这个决策，AT&T 既有所得也有所失。AT&T 的正确之处在于，他们认识到圆盘成像技术的局限性，但没有预见到图像传输的前景，显然是缺乏远见之举。AT&T 并不是唯一从事图像传输的公司，专利联盟的其他成员企业也遵循了相同路径。最终，通用电气、西屋电气和 RCA 将各自的成果注入一家新公司——胜利唱片公司（RCA Victor），这家公司的掌门人是一位名叫弗拉基米尔·兹沃雷金（Vladimir Zworykin）的俄罗斯移民，与此同时，在美国的西海岸，年轻的科学家费罗·法恩斯沃斯（Philo Farnsworth）也在开发一种解决机械扫描问题的电视系统。

兹沃雷金及其同事以及法恩斯沃斯等人的研究成果引发的故事，在很多方面与无线电初期经历的曲折与磨难如出一辙。RCA 拜访了法恩斯沃斯，对这项发明的价值进行了评估，这些发明给萨诺夫留下了深刻印象，他提出买断法恩斯沃斯的专利，但对于这样一种前途可期的技术而言，萨诺夫的报价显然还无法打动法恩斯沃斯。此外，法恩斯沃斯更希望保留专利权，并依靠授权方式取得专利使用费——因此，他拒绝了萨诺夫给出的 10 万美元报价。但 RCA 当然不会同意支付使用费：据媒体报道，萨诺夫经常表示，RCA 的业务是收取使用费，而不是支付使用费。RCA 坚持立场的根源与其说是出于科学的考虑，还不如说是对商业利益的关注。当时，如果没有取得 RCA 授予的许可证，无线电制造商就无法继续经营，对于一家资金不足且新技术未经证实的新公司来说，谁愿意拿自己的未来财富做赌注呢？更何况，这么做还会导致制造许可证被吊销。因此，RCA 信心满满地认为，通过诉讼打压与市场压制，完全可以让法恩斯沃斯的企业走进死胡同。

可以想象，当法恩斯沃斯与纽约 WMCA 电台就广播条款达成协议，并获得华盛顿无线委员会的批准后，萨诺夫和 RCA 的第一反应就是提起上诉，要求法院禁止外国人持有美国广播公司的股权。面对 RCA 的施压，法恩斯沃斯难以招架，具有讽刺意味的是，他此时唯一能选择的，似乎就是尝试进入英国市场——毕竟，英国广播公司 BBC 早已开始在英国播放电视节目，只是受累于洛吉·贝尔德的机械扫描成像系统，让他们迟迟打不开局面。而后来的事实则证明，法恩斯沃斯的英国之行是成功的，在资金问题得到暂时缓解的情况下，也让他得以在 RCA 的诉讼中坚持到最后。

法院最终做出有利于法恩斯沃斯的裁定，按照判决，在法恩斯沃斯的专利权剩余有效期内，败诉的 RCA 需为他的技术发放使用许可证。但与此同时，无线电托拉斯对市场的垄断也引发越来越多的不安，最终，联盟中的所有公司（通用电气、西屋电气和 AT&T）被强行分拆。不过，RCA 很快便走出困境，公司对广播业务的实际垄断地位几乎毫发无损，而且萨诺夫的地位也因部分有影响力股东的退出而得到加强。可以说，在大部分的对抗中，萨诺夫都证明了自己的胜利者地位，当然也包括与通用电气和西屋电气等昔日盟友的对决。但此时，他再也无法绕过法恩斯沃斯持有的专利，在 RCA 近乎疯狂的打压下，法恩斯沃斯已经坚持了十多年，而且最终在 1939 年与其他意志同样坚决的专利持有人达成协议。RCA 的设想是凭借在电视领域掌握的优势，巩固自身在无线电广播行业的主导地位，毕竟，他们已掌握了一个完整图像广播系统所需要的全部专利技术。

对法恩斯沃斯来说，未来并不那么光明。事实证明，面对在这个市场中浸淫已久的巨头 RCA 及其他对手，他的电视公司根本就无法进行平等的竞争，加之专利权到期，他的公司最终被 ITT 接管，随后，法恩斯沃斯也逐渐淡出人们的视线。

本章小结

在开始进入市场并筹集资金时，无线电技术的发展水平还远不及电话技术。即便如此，广播公司在筹集资金时几乎一帆风顺。造成这种乐观局面的主要原因，既有当时整体经济的繁荣，还有一些新兴工业公司之前在股市上取得的成功。但是电话技术似乎没有这么好的运气——19 世纪 70 年代的大萧条，以及大批铁路公司随后纷纷破产，在公众的脑海中依旧记忆犹新；相比之下，在进入世纪相交之际，这些工业企业在1893年经济衰退后展现出的韧性和成长性，导致市场对投资的态度发生转变。而随后6~7年的利润稳定增长期和股价上涨期，同样在投资者脑海中打下了美好烙印。

此外，还有很多令人叹为观止的新技术，确实给投资者带来了不菲的利润。贝尔公司在专利保护伞下实现的快速成长，以及后来成功地转型为AT&T，都让当初没有及时出手的很多投资者后悔不已。与此同时，通用电气、西屋电气等公司则以专业化管理和日益增长的市场影响力，构造了一种新型的企业潜力。投资者对未来充满信心，满怀期待地寻找"新贝尔"时，他们或许还无法意识到，即使是强大无比的AT&T，其实也只是凭借垄断优势实现利润。它的利润已经达到不可逾越的巅峰。尽管整个行业还将继续成长，但随着竞争的加剧，每股收益必将下降。

无线电技术在正确的时刻姗姗而至，而且恰恰落在一片市场沃土上，因此，随后的发展路径让所有针对其长期生存能力的预言都得到验证。但就长期趋势而言，长达20多年的成功显然是人们在当时所无法预见的。此外，从投资者的角度看，选择投资标的确实让他们绞尽脑汁。对了解这项技术的人来说，合乎逻辑的选择或许是投资费森登领导的NESCO，在他们看来，费森登的技术领先于马可尼——但结果却出乎意料，费森登的公司以破产告终。此外，如果投资者了解真空三极管的潜在价值，而且对最有可能代表行业未来技术前景的先驱者顶礼膜拜，那么，他们会选择德弗雷斯特公司。然而，与德弗雷斯特有关的一系列股票操纵阴谋及其随后遭到的处罚，会让这些投资者血本无归。

在这场无线电技术之争中，最终的冠军是美国马可尼公司（见图7-13），这家公司的股权结构实际上是由美国政府决定的。但正是这种股权结构成为公司最终成功的保证，因为政府在竭力创造这个国家"冠军"的过程中，恰恰也造就了它在其他情况下会竭力摧毁的东西——即，垄断托拉斯。这种垄断出现在一个需求最终迎来爆炸性增长的行业，尽管这场爆发到20世纪20年代才姗姗来迟，而且还发生在一个当时鲜被关注的技术领域——广播，至于能做出反应的人，自然就更寥寥无几了。如果把这段经历置于现代背景中，我们肯定会设想：如果按司法部的意愿创建一个专利垄断机构，把所有新竞争对手排除在外，并保持这个机构的垄断利润，以便于为发展广播业提供资金，那么，个人计算机行业会如何发展呢？⊖

⊖ 美国司法部在20世纪50年代正式做出判决：RCA从20世纪20年代开始采用专利捆绑转让的销售模式违反了《反托拉斯法》。在这种销售模式下，用户必须购买生产某一产品的全部专利，而不能单独购买任何专利。——译者注

图 7-13 内幕信息的无限诱惑

资料来源：*Punch*, vol. 144, 1913 年 6 月 18 日。

针对投资者在技术形成阶段的经验教训，弗兰克·法扬特在当时就已经做出了精辟解读（见图 7-14）。他指出，如果一家公司必须依靠不断发行新股而维持生存，而且无法取得足够的利润支付股息，那么，唯一的潜在赢家可能就是股票发起人自己。其实，这样的教训是永恒的，回顾 20 世纪 90 年代后期让整个投资界如痴如醉的互联网热潮，两者几乎如出一辙。在所有对股票市场回报的长期研究中，股息为股权持有者创造价值的作用都是显而易见的。因此，要想形象地说明股息对投资者而言的重要性，只需把英国马可尼公司的股价收益率与包括股息在内的总收益率比较一下，结果应该不言而喻。此外，法扬特还指出，如果一家公司不能创造足够的现金流用于支付股息，将生存能力寄托于持续性的外部资金，那么，就可以认为，这家公司具有较高的脆弱性和风险性。当然，投资者同样需要关注的另一个教训，就是专利保护的重要性和局限性。对电子技术的投资者来说，这个教训似乎更加显而易见，因为它也是电报、电话和电灯发展过程中的一个基本特征。尽管专利权对无线电行业的发展至关重要，但并非成功的唯一要素；充分的资金支持和坚定的创业意志同样不可或缺。对行业中的现有公司而言，即便要冒着突破法律界限的风险，他们也会动用诉讼等手段，不遗余力地花费大量成本和时间去维护既有的市场地位。因此，任何缺乏必要支持的新进入者，都有可能面对费森登或是法恩斯沃斯的尴尬境地：他们会发现，技术优势并没有带来很多人所预期的经济回报。

> 这一时期的牛市以及由此引发的投资热情，马上就让投机者意识到这个领域的潜在收益能力。在1907年的《成功杂志》上，弗兰克·法扬特发表了名为"傻瓜及其财富"的系列报道，在这些文章中，他生动形象地解释了股票市场的过热行为。事实证明，这些文章所解释的很多命题几乎已成为市场的规律，因此，任何对股市投机史感兴趣的人都应该看看这些文章。下面的摘录描述了市场的基本态势，但也提到一些具体示例。
>
> "如果一个人用手里的钱投资股票，那么，他理所当然要求这笔投资能带来比银行储蓄更高的回报；而且他当然很想知道，这些使用所有报纸、铺天盖地推销自己股票的公司，到底能给他们的股票投资者带来怎样的回报……
>
> "尽管他们在广告中毫不掩饰地将英语的语言精华发挥到极致，但在这些公司当中，有多少公司真的打算活下去并继续支付股息呢？五年前，也有人问过相同的问题，因为无数新公司都曾在其广告中肆无忌惮地夸大其词，不计后果地把所有形容词变成最高级。在1900年到1901年的那个冬天，全美国的投资者都在因为股票投机而癫狂发疯。这个国家正在全面步入一场前所未有的大繁荣时代。大手笔的工业和铁路合并，衍生出不计其数的新股票，让公众如痴如醉。于是，人们义无反顾地涌入华尔街，开启了一场投机大潮；就在不久之前，一家铁路公司的股票还因分文不值而让北太平洋公司一度陷入恐慌，但几乎一夜之间，这只股票便上涨到每股1 000美元，这一事件也把这场狂欢推向高潮。通过股票投机一夜暴富的风潮，开始席卷全国。可耻的是，这场闹剧的始作俑者无一不是位高权重者，他们痴迷于对财富的贪婪，毫无理性，无所顾忌……但这些数百家凭空而出的新公司，到底能给市场带来什么呢？
>
> "为解答这个问题，我查阅了1901年在《纽约先驱报》周日版刊登股票销售广告的每一家公司……在我审查的14个月期间，《纽约先驱报》通过这些广告取得的收入约为175 000美元……但是在1901~1902年发布广告的这150家公司中，还有几家公司如今还在赚钱而且还能向股东分红呢？一家公司，只有一家公司！在向公众出售数百万股票的这150家公司中，只有一家公司如今还在支付股息。至少，这家公司已按1%的比例支付了两次股息，每年一次，但该股票的市场价格还不到投资者在五年前买入价格的一半。不过，即便是这家公司的发起人也不无困惑地称，'在口头上承诺这么宏大的未来，现实中却只有这么少的支出，在这种情况下，公司到底能为认购股票的公众带来怎样的回报，确实让人难以揣摩。'"
>
> 实际上，大多数投资的归宿是破产，只有极少数幸存者有机会活下来。确实有一些大型工业公司熬过19世纪90年代初的经济寒冬，并在随后取得了更大的成功，它们也就此成为后期股票骗局的素材。成功营造的激情，再加上通用电气和贝尔公司提供的实证依据，无疑为后来的其他公司筹集资金奠定了基础。更重要的是，它降低了投资者的风险意识，让那些过度乐观的发起人得以利用被收益预期所激发的需求。实际上，很多投资者把有限的积蓄投资于概念，而不是业务或企业。以无线电为例，面对相互竞争的公司及其各不相同的竞争主张，投资者根本就无从厘清其中的差异：哪些公司只是为了筹集资金，哪些公司是新技术的真正追求者？投资者完全无从知晓。对很多人来说，在极度乐观活跃的市场环境下，这个问题似乎已无足轻重，在他们看来，收益与业务的基本面已毫不相干。正如法扬特在附言中所称，尽管经济现实可以暂时性地被隐藏起来，但任何人都不可能无限期地对它们视而不见。

图 7-14 概念股投资的风险：回顾历史，反思当下

资料来源：Frank Fayant, 'Fools and Their Money', *Success Magazine*, vol.10, no.158, June 1907 and vol. 10, no. 157, July 1907.

第八章

追求更准确的计算
从加法器到大型主机的演变

我认为全球市场可能只需要 5 台电脑。[1]

——托马斯·沃森（Thomas J. Watson），IBM 董事会主席，1943 年

ENIAC 上的计算器配备了 18 000 个真空管，合计重达 30 吨，而未来的计算机可能只有 1 000 个真空管，但重量或许只有 1.5 吨。[2]

——《大众力学》（*Popular Mechanics*），1949 年 3 月

我几乎已经走遍了这个国家的每个角落，与最优秀的工商管理人士进行了交流。我可以百分之百地保证，数据处理不过是一股时尚而已，绝对不会超过一年。[3]

——Prentice-Hall 出版社商业主编，1957 年

---

[1] C. Cerf and N. S. Navasky, *The Experts Speak: The Definitive Compendium of Authoritative Misinformation*, New York: Villard, 1998, p.230.

[2] 同上。

[3] 同上。

数据计算业务

在16世纪之前，数字系统和计算领域均进展有限。理论数学和物理学不断进步，但算术计算的实务过程依旧耗时耗力。事实上，从圣经时代的算盘起，人类在这方面几乎没有任何进展。

在这个领域，第一个重大进步体现为计算尺，而计算尺的理论基础则是对数计算原理。1614年，约翰·奈皮尔（John Napier）在爱丁堡首次阐述了这些原理。奈皮尔设计了一个对数计算系统，使用幂运算，把乘法和除法分别转换为更简单的加法和减法，从而简化了乘法和除法的任务。亨利·布里格斯（Henry Briggs）继续这项工作并对其进行了改进，他还编写了一本详尽描述对数计算表的专著，但最终发明计算尺的人却是英国牧师威廉·奥特雷德（William Oughtred），计算尺让对数发挥了现实作用。作为人类最主要的计算工具，计算尺已出现了300多年。

但这并不是说，科学家们没有探索过更复杂的机械装置。法国的布莱士·帕斯卡（Blaise Pascal）和威廉·莱布尼茨（Baron Wilhelm von Leibniz）等著名科学家曾多次尝试制作更复杂的加法机，以期减少数字计算所消耗的时间。尽管他们绞尽脑汁，但以实证方式检验理论命题的能力依旧受到严重制约。在这个过程中，最得力的工具就是对数表和三角函数表，使用这些经过验证的标准关系对照表，可以避免大量的简单数字计算。但结果依旧不尽如人意，随着18世纪即将逝去，如火如荼的"工业革命"以及科学的快速发展，开始越来越强调快速、准确的大规模数字计算。但最初数字计算的发展动力则是政府及其长期关注的两个核心问题：税收与国防。

第一个具体示例出现在18世纪后期，也就是拿破仑在法国大革命后推行的改革。这场改革的一个主要目的，就是彻底摒弃陈旧的政府结构与实践方法，并以"现代"政府体系取而代之。在此期间，法国引入新的十进制计量系统，并聘请制图师重新绘制了法国地图，为实行更公平的新不动产税奠定基础，这也是法国当时最主要的收入来源。这是一个点燃"工业革命"之火并催生出早期专业化的时代，实际上，亚当·斯密在刚刚出版的《国富论》中也着重强调了劳动分工概念。为获得以十进制表示的对数表，人们把全部计算工作划分为若干分块，并按照工厂生产线的概念把它们组织起来。遗憾的是，在经过近十年的工作且对数表也几近完成之时，拿破仑政府陷入严重的财政问题，这项工作也胎死腹中，相关信息未能得以印刷和出版。但是，将全部计算工作分割为若干项任务，并使用差异法减少算术工作的基本想法，却从法国跨越英吉利海峡传到英国。

推行这些观念的人也逐渐被人们称为计算机的发明者。查尔斯·巴贝奇（Charles Babbage）出生于德文郡一个相对富裕的家庭，在那里，他对数学产生了浓厚兴趣。1810年，他进入剑桥大学三一学院，专攻数学专业。在剑桥学习期间，他亲身感受了现有知识体系的差距。在检查天文学会使用的计算表时，巴贝奇很快便发现，在这些计算表中，因计算、复制或打印等手工误差造成的计算错误比比皆是。随着时间的推移，由于当期工作均以前期工作成果为起点，错误也开始变得五花八门，千奇百怪。

巴贝奇和他的差分机

巴贝奇相信，当务之急是设计出一台能执行计算并打印结果的机器，以消除不可避免的各种人为失误。按照巴贝奇的设想，这种机器可以依靠一群人的合作，执行在法国由人工完成的任务。巴贝奇制造这台"差分机"（difference engine）背后的想法，就是以机器代替费力且容易出错的人工计算。"差分机"的功能就是以机械方式再现数字的已知属性，尤其是数字乘方或幂之间的关系。通过这些关系，数字使用者可以利用简单的验算机制执行复杂计算。设计的关键就是建造一台能执行计算任务的机器。为获得资金支持，巴贝奇首先构建了一台小型计算器模型，并在（他参与创建的）天文学会的协助下进行市场推广。在该学会的支持下，巴贝奇请求英国财政部提供资金援助。但这次请愿完全是有备而来的，因为他很清楚英国政府对商船和皇家海军的依赖，比如说，运送时必要的地图和导航表。这些仪器仪表的准确性完全有赖于计算是否正确。政府听取了巴贝奇的建议，并通过财政部提供1 500英镑（相当于今天的100万美元）资金用于开发差分机。

有趣的是，就在英国财政部同意提供这笔资金的同时，使用电子信号（电报）改善海军部与朴次茅斯之间通信系统的提议却惨遭封杀。巴贝奇很快发现，他最初对差分机开发成本的估计明显偏低，这并不意外，事实证明，这也是科学发明商业化转化过程中的特有规律。他不仅需要设计有效的工作机制，还需要能确保设备达到必要制造精度的熟练操作员。

巴贝奇取得的第一笔拨款为1 500英镑，但他建造的这台差分机的总成本为

5 000英镑（相当于今天的400万美元），这显然是完全不匹配的。在科学界，很多知名人士公开嘲笑他的研究。此时，巴贝奇需要一场宣传活动，让那些提供资金支持自己的人找到信心，在当时，唯一的支持者就是英国政府。他几乎没有赢得公众或科学舆论的任何支持。

上述负面评论开始影响到巴贝奇获得的经济支持。由于资金不足，巴贝奇不得不把他个人继承的约10万英镑（相当于今天的近7 000万美元）投入研究。在花费了6 000英镑的个人资金后，他才说服英国首相威灵顿公爵，后者同意再次提供1 500英镑。随后的游说再次为他拿到两笔3 000英镑的拨款。但是在花费了个人以及政府拿出的3万多英镑（相当于今天的2 000万美元）资金后，巴贝奇依旧没有得到这台机器的最终版本。由于在资金问题上出现分歧，巴贝奇聘请的总工程师愤然而去，而且还带走了机器的部分设备和部件。

因此，直到1833年的时候，巴贝奇才只设计出一台小型工作原型，当然，还有多年探索积累起来的专业知识。此后，他不仅失去了政府的支持，而且在很多方面也丧失了继续探索计算引擎的热情。至于是否能完成既定任务的问题，巴贝奇和瑞典科学家耶奥里·舒尔茨（Georg Scheutz）的工作就是最好答案。根据他从英国得到的一份报告，舒尔茨制造了一台微缩版差分机。在这台机器显示出计算功能之后，巴贝奇的压力也大为缓解。1834年，巴贝奇基本停止了对大型差分机的研制。尽管差分机的理想最终夭折，但巴贝奇又提出了另一个设想——一种具有更强大的计算功能的通用性计算机。他把这种机器称为"分析机"（analytical engine）。惠灵顿公爵拒绝了由政府提供资金的提议，因此，巴贝奇只能自己解决资金问题，期间，他也得到很多人的自愿捐款。其中一个重要的捐助者就是著名诗人拜伦勋爵的独生女奥古斯塔·艾达（Augusta Ada）。后来的事实也证明，艾达不仅是一位优秀的数学天才，而且对巴贝奇的分析机情有独钟。在巴贝奇设计分析机的过程中，她提供的不只有资金，还有心理和科学研究等方面的支持。艾达的丈夫是威廉·金（William King），后来成为洛甫雷斯伯爵，伯爵也是巴贝奇的坚定支持者。

巴贝奇拟定了制造分析机的计划。这台分析机将由执行不同任务的很多部件构成。其中包括一个仓库（store），用于储存需要进行运算的变量以及运算产生的结果；所谓的"磨坊"（mill）用于输入待执行运算所需要的变量；最后是一套根据既定任务所预设的计算公式。尽管这套设计方案整整比现代计算机提前了一百多年，但上述三个部件其实就相当于我们现在所说的内存、中央处理器和算法（计算语言）。此外，巴贝奇还建议使用打孔卡控制系统的基本操作和变量的定义（相当于现代计算机的输入/输出）。

但分析机同样没有脱逃差分机的命运。后来的实践表明，这两台机器原本都是可以运行的，但遗憾的是它们都半路夭折。两者都是充满想象力和科学探索精神的发明，但都未能吸引到足够的开发资金。在巴贝奇停止研究后的相当长一段时间内，数字计算基本处于停滞状态。为什么没能更进一步呢？或许是巴贝奇的个人财富让他迷失了方向，因而觉得没有必要为维持他人的资助而卑躬屈膝；或许也因为缺乏时代紧迫感，导致他没有野心去继续探索，直至为使用者创造出可以真正使用的工作原型。但不管出于什么原因，对自己的研究无法保持信心和耐心，让巴贝奇成为某些人眼中被嘲讽的悲剧式人物，但是在另一些人的心中，他始终是一位值得尊重、拥有不凡才华和视角的科学家。直到他去世后很久，他的研究成果才得到广泛认可。他在讣告中将自己的差分机和分析机描述为"高贵失败"的范例。

收银机响起来

如果说巴贝奇的机器胎死腹中，那么，他的后继机器——收银机则有着截然不同的命运。收银机最早是由詹姆斯·利蒂（James Ritty）在1879年发明的。利蒂是俄亥俄州一家酒店的老板，他发明收银机的初衷，只是因为他对餐厅员工偷窃钱物行为的不满，因此，这台机器也得到了一个不太优雅的称号："利蒂的廉洁收款员"。他的新机器几乎没有卖出几台，但就是其中的一位客户，一位生意艰难、名叫约翰·帕特森（John Patterson）的煤炭商人，即将在收银机的推广中扮演重要角色。帕特森对收银机业务的潜在经济价值深信不疑，于是，他卖掉全部煤炭生意，筹措资金，开始经营这种能显示和记录销售收入的新设备。

利蒂缺少对销售的理解和热爱，而这恰恰是帕特森的特长。1884年，帕特森收购了利蒂的公司，并将其更名为国家收银公司（National Cash Register Company，NCR）。他迅速为公司的销售团队引入各种创新和激励措施，引用并改进当时的"最佳"销售实践。高额的佣金让销售人员倍感鼓舞；此外，帕特森还积极开展培训，编制销售资料，通过对潜在客户进行直接营销提升产品的市场关注度。除专业主动的销售队伍之外，NCR还尝试通过建立零售分销连锁机制为客户提供支持。此外，帕特森还意识到，技术不能停滞不前。于是，他专门成立一个部门，负责对收银机进行技术改进。在创建后的前40年时间里，NCR在收银机的制造和销售方面均取得了惊人的成功。在此期间，公司不断巩固其市场主导地位，为防止出现从事二手收银机业务的公司，他们甚至专门成立了一家子公司。

1903年，一位业绩突出的年轻推销员被召到NCR总部，他就是托马斯·约翰·沃森（Thomas Watson）。在这里，帕特森告诉沃森，他将成为NCR二手收银机业务的负责人。这家公司的主要目标是削弱竞争对手的实力，并最终迫使他们停业。事实证明，沃森在这个岗位上同样取得了不凡的成功，他的职位也迅速提高，到1910年，沃森已成为帕特森手下的二号人物。但遗憾的是，正是帕特森和沃森用于保卫市场地位的策略，却成为主要竞争对手之一、美国收银机公司（American Cash Register Company）发起反垄断调查的目标。1910年，随着反垄断情绪达到巅峰，帕特森和沃森被判有罪，被罚款5 000美元，并被判处一年监禁。⊖随后，他们上诉推翻原判。与此同时，由于公司在当地的自然灾害中采取的一系列人道主义行为，公众舆论也开始倒向这家公司。

但对沃森来说，这次逆转带来的缓解非常短暂——和帕特森手下的很多员工一样，沃森也没有逃过他的刁难。于是，沃森选择离开，并将自己的销售培训和专业知识带到了新公司——计算制表记录公司（Computing-Tabulating-Recording Company，CTR），在这里，他准备开发一项足以和NCR相抗衡的业务。NCR的客户群始终以商业企业为主，沃森加入的这家新公司起源于政府部门，主要从事人口普查，这是一项枯燥乏味但利润丰厚的业务。与此同时，NCR也在不断发展壮大，并在1924年实施了一次大规模IPO，最终的实际认购金额达到预计认购的5倍，总计筹集到超过2.5亿美元（相当于今天的60亿美元）资金。这也让这家公司实现了当时历史上最大的新股发行。

查人头背后隐藏的大生意

巴贝奇毕生都在不断寻求如何提高计算能力，实际上，这种需求是真实存在的。无论是航海表、"工业革命"对分析需求的增加，抑或是来自政府的计算需求，降低成本和提高数据处理速度的压力都是显而易见的。在英国，企业部门更希望通过改进现有核算方法以提高效率。而美国的情况则不同于英国。大多数公司在运营方面没有历史包袱，按照今天的话说，他们完全不存在"遗留系统"带来的问题。在这种情况下，按美国政府的要求，企业开始在数字计算和制表中大规模使用机械辅助工具。因此，就像一百年前法国总统拿破仑所采取的措施，技术需求的根

⊖ J. Shurkin, *Engines of the Mind: The Evolution of the Computer from Mainframes to Microprocessors*, New York: W. W. Norton & Company, 1996, p.273.

源在于政府对收入的渴望。

政府的出发点就是要精确了解被统治者的情况，这意味着，有必要进行定期性的人口普查。人口普查往往需要持续多年，需要进行大规模的数据收集和处理工作，这往往意味着，当人们看到以表格形式呈现的现有信息时，这些信息很可能已经过时。在工业化引发人口快速增长的情况下，如果不借助某种机械辅助工具加快这个过程，有效的人口普查显然是不可行的。以人口增长情况为例，美国在 1840 年人口普查记录的人口数量略高于 1 700 万人，此次人口普查由 28 名政府职员完成；到 1860 年，美国的人口数量达到 3 100 万人，有 184 名政府职员参与人口普查；十年后的 1870 年，这个数字为 3 800 万人和 438 名；到 1880 年，美国人口已达到 5 000 万，人口普查则动用了 1 495 名政府员工，而且耗时 7 年时间才最终完成。㊀

正是在这样的背景下，由罗伯特·波特（Robert Porter）负责的美国人口普查局组织了一项有奖征集活动，针对之前人口普查采用的高投入人工统计方法，对潜在的替代方案进行评估。最终认定过程在圣路易斯进行。被评价的对象是两个大体相似的系统：第一种方法是以颜色编码系统来加快手动过程；第二种方案采用由机械完成制表的穿孔卡片系统。事实证明，评价的关键要素，就是完成卡片后取得数字表格的速度。采用打孔卡片的系统在这场比赛中大获全胜。于是，霍尔瑞斯电子制表系统公司（Hollerith Electric Tabulating System）也就此取得 1890 年人口普查的合同，随后，这家公司把设备的生产分包给贝尔旗下的子公司西部电气（Western Electric）。事实再次证明，1890 年的人口普查非常成功。据估计，由于采用了新机器，此次人口普查的成本不到 1 200 万美元（相当于今天的 8.65 亿美元），较以前年度减少了大约 1/3。此外，这次人口普查结果的发布时间为两年半，比 1880 年耗用的时间整整缩短了近 2/3。

完工时间的缩短显然毋庸置疑，但成本节约的数字后来却遭到质疑。由于估计值全部由罗伯特·波特提供，因此，很难保证这个结果不存在任何偏见。事实是，尽管假设要节省开支，1890 年人口普查的成本仍然相当于十年前的两倍。但不管成本估算的真实性如何，霍尔瑞斯电子制表系统公司对大规模数据收集和制表的革命性改造是不可否认的。从今以后，数据处理已不再受制于手工制表效率的束缚（见图 8-1）。他们的成功在全世界得到了认可，名声甚至远扬至斯堪的纳维亚、中欧和东欧等国家，那里的很多客户给他们发来询价函和合同。

㊀ M. Campell-Kelly and W. Aspray, *Computer: A History of the Information Machine*, New York: Basic Books, 1996, p.23.

> **乔治城的新店**
>
> "人类健康的威胁……"
>
> "绝对是一场灾难,尤其是那些在工作中懒惰懈怠的工人。听说有一名员工在厕所里花过多时间阅读报纸,于是,霍尔瑞斯设计了一套解决方案。他将钉子自下而上刺透马桶座圈,把露出的钉尖部分打磨光滑。然后把连接到下面钉头突出部分的电线拉到最近的办公室,连接到办公桌上的磁电机。这样,发明者就可以通过办公室的窥视孔进行监视——在这些行为不端者偷看报纸的时候,突然转动磁电机曲柄,给马桶座圈通电。"

图 8-1 提高生产力的方法五花八门

资料来源:G. D. Austrian, *Herman Hollerith: Forgotten Giant of Information Processing*, New York: Columbia University Press, 1982.

寻找其他用途之争

但霍尔瑞斯面临的最大问题是,尽管他的设备在人口普查中取得成功,但是在拿到下一份新合同之前,他不得不等上 10 年时间,而设备在这段时间里只能闲置不用,这显然是无法维持下去的。来自外国政府的订单只是杯水车薪,完全不足以维持生计,因此,如果要经营下去,他就必须对设备进行改造,并为它们找到其他用途。另外,当时的经济背景也不乐观。19 世纪 90 年代初期,经济一蹶不振,企业大面积倒闭。正是在这样的背景下,霍尔瑞斯不得不说服公司,要开发一款有助于制作数据表格的设备,可能需要公司投入大笔资金,但这款设备的效能尚未得到证实。

霍尔瑞斯把眼光放在当时的主流行业——铁路。铁路公司在货物运输、收发单据和时间表等方面,都需要进行大量的数据管理。因此,他们对提供数据处理和分析能力的需求不言而喻。而霍尔瑞斯要做的,就是说服他们——自己的设备就是解决这些问题的答案。但是在完成这些任务之前,他首先需要改进自己的设备,使之更适合商业活动。在霍尔瑞斯设计的制表系统中,首先使用一台机器进行打卡,另一台机器用于处理结果并制作表格,第三台机器则用于对卡片进行分类。这些机器以电力驱动,但以机械方式进行操作。这套系统在很大程度上依赖于所采用的卡片系统。因此,霍尔瑞斯对打孔卡进行了大幅调整,便于操作人员识别和理解,在必要的情况下,还可使用一种易于解释的逻辑存储介质。最后,通过采用按类型划分的不同数据字段完成这项任务。

有了原型机,霍尔瑞斯还要说服铁路部门采纳自己的设备。可以想象,由于这套设备的性能尚未得到实践经验,再考虑到当时全面紧缩的经济形势,他最初的尝试颗粒无收。但是，他最终还是设法说服纽约中央车站试用这些设备，但州政府提出的要求是，必须让铁路公司免费提供这些设备。遗憾的是，由于早期设备存在的各种问题，在试用了很短时间后，铁路公司便放弃了霍尔瑞斯的设备。当时的霍尔瑞斯还在欧洲，与俄国政府就出售人口普查设备进行谈判。在回到美国之后，霍尔瑞斯便迫不及待地重新调整机器，他深知解决问题和重拾信心的必要性。

在处理了技术问题后，霍尔瑞斯再次回到纽约。纽约中央车站同意免费安装并使用霍尔瑞斯的设备，期限为 15 个月，期间，霍尔瑞斯无须承担任何义务。考虑到公司的财务状况已岌岌可危，只能靠出售资产和借款维持生计，因此，这无疑代表着霍尔瑞斯的最后一次赌注。但就在不久之后，波士顿图书馆局找到霍尔瑞斯，主动提出担任他的非图书馆客户代理人。图书馆需要更严谨的书目管理技术，因而也更有可能展示出这些设备的潜力。

这就免除了资金需求以及持续服务带来的义务，使得霍尔瑞斯能继续拓展业务。很快，霍尔瑞斯便证明了这些设备对铁路的价值，并为他带来一份利润丰厚的订单。在接近 1896 年底的时候，他开拓海外市场的努力也得到回报。经多次游说，俄国和霍尔瑞斯签署了价值 67 000 美元（相当于今天的 500 万美元）的设备订单。对于这笔生意，霍尔瑞斯表现得格外精明，他坚持要求对方预付全部款项，而不是像在美国那样，以租赁方式提供设备的使用权。因此，在俄国人开始拖欠债务时，霍尔瑞斯立即规避了主权债务风险。此外，霍尔瑞斯还敏锐地认识到控制数据卡供应带来的好处。在很多方面，这种做法类似于马可尼向运营商租赁设备的策略。通过提供卡片，公司可以与客户维持长期业务关系，并通过后续服务获得利润，而且这些服务带来的利润通常超过销售设备所带来的利润。

与纽约中央车站合作的成功，再加上即将收到的俄国大额订单，这一系列利好事件的鼓舞，让霍尔瑞斯在 1896 年 12 月创建了制表机公司（Tabulating Machine Company），也为多年后诞生的行业巨头（IBM）奠定了基础。新公司拥有良好的财务状况。与此同时，通过终止与图书馆局的代理合同，再把设备制造转移给自己的子公司，他们开始把握自己的命运，独立寻求发展之路。在新任负责人威廉·梅里亚姆（William Merriam）的领导下，人口普查局把 1900 年的普查合同交给制表机公司，他的前任波特已返回英国，采用霍尔瑞斯的技术，他创建了自己的公司——英国制表机公司（British Tabulating Machine Company），也就是后来的国际计算机公司（International Computers）。

遗憾的是，从此之后，霍尔瑞斯与人口普查局的关系开始交恶；离开人口普查局的梅里亚姆成为制表机公司的总裁，在他和继任者就未来合作进行谈判时，环境已发生了巨大变化。在世纪之交，整个社会对"大"企业的看法已出现了翻天覆地的变更。此时，托拉斯被视为人民的敌人——滥用垄断地位，以牺牲国家利益为代价谋取自身利益。这种情绪不仅仅存在于标准石油和铁路这样的传统行业。所有成功的大公司都被视为一路货色，霍尔瑞斯的制表机公司也不例外。

人口普查局的新负责人认为，人口普查的成本太高，霍尔瑞斯完全可以给他们提供更优惠的价格。但困难在于，霍尔瑞斯的业务几乎没有竞争对手，而且人口普查局在谈判中几乎完全处于弱势。人口普查局的对策就是为霍尔瑞斯创造一个竞争对手。人口普查局共筹集到 4 万美元（相当于今天的 240 万美元）资金，在机构内部创建了一个研究部，独立开发替代设备。此外，人口普查局还更改了保护霍尔瑞斯设备享有的专利。在随后引发的专利侵权诉讼中，制表机公司发现自己的处境很尴尬，因为当时还没有针对政府提起诉讼的法律规定。但无论如何，起诉自己最大的客户，显然不是谨慎之举。诉讼不了了之，因为在法院做出最终裁决时，人口普查局已经为 1910 年的人口普查准备好了全部设备。

对人口普查局来说，先发制人的最终结果，就是创造了一个竞争对手，但这并非没有代价——设备不合格，而且大幅抬高了短期成本。部门创始人是一名叫诺斯的俄裔移民，其英文名字为詹姆斯·鲍尔斯（James Powers）。诺斯在离开人口普查局后成立了自己的公司，随后，该研究部门也转型为私人机构。对制表机公司来说，尽管其设备已屡次经历验证而被认可，但它们现在要面对的，是鲍尔斯的新公司带来的威胁，而且是名副其实的竞争威胁。对霍尔瑞斯个人而言，与政府的对立，加之每况愈下的健康状况，把公司控制权移交给另一位企业家——查尔斯·弗林特（Charles Flint），或许才是更明智的选择。

弗林特以前就有过从商经验。像很多商人一样，他也始终希望为自己的产品争取到最好的价格。但他也意识到，如果收购霍尔瑞斯的公司，必将打造一个更强大、可以主导整个行业的企业集团。在随后的交易中，廉颇老矣的霍尔瑞斯卖掉制表机公司，换回 120 万美元（相当于今天的 6 500 万美元）的收入，这笔巨资足以让他衣食无忧。弗林特的新集团公司名为 CTR，托马斯·沃森在离开 NCR 之后便加入该公司，担任总经理。沃森在 NCR 的背景也让他成为推动新公司良性发展的最佳人选。他曾亲眼见证商用机器市场的增长，也亲身体会到强化销售技术和售后服务的重要性。在意识到 CTR 的巨大商业潜力后，他小心翼翼地为自己起草了一份聘用合同，按照这份合同，沃森有权参与公司利润分配，也就是说，公司业绩与他的报酬相挂钩。

鲍尔斯创建的斯隆—切斯公司（Sloan & Chase）最终也出售给雷明顿·兰德公

司公司（Remington Rand）。后来，雷明顿·兰德又成为斯佩里·兰德公司（Sperry Rand）旗下的一家子公司，并最终成为今天的优利系统公司（Unisys）。这个变迁过程中的最大教训是，就像大自然可能讨厌真空一样，消费者也会厌恶垄断，即使垄断往往能带来最好的产品。政府往往是垄断的始作俑者，但最终也是反垄断战役中最勇敢的斗士。其实，霍尔瑞斯与人口普查局合作的例子并不是个例。当垄断符合政府利益时，他们会成为垄断的帮凶，但是当现有法规和专利保护与他们希望达成的理想不相吻合时，政府就会把他们视为障碍。

CTR 公司（后来的 IBM）

在 IBM 的发展过程中，最引人注目的一个特征并非是早期的稳定成长，而是在二战后大型计算机主机成为主流后，IBM 所经历的黯然失色。在公司成立初期，收入增长非常强劲，年均增长率为 15%～20%，而且这种成长完全是在资产负债不断强化以及资产收益率和股权收益率上升背景下实现的。这确实是一幅令人期待的图景，但它与 1950 年至 1970 年间发生的事情毫不相干，当时，公司的收入增长曾一度由直线式转换为接近于指数式。在引入个人电脑的初期，IBM 的增长速度略有放缓，但仍保持两位数的投资收益率（见图 8-2）。

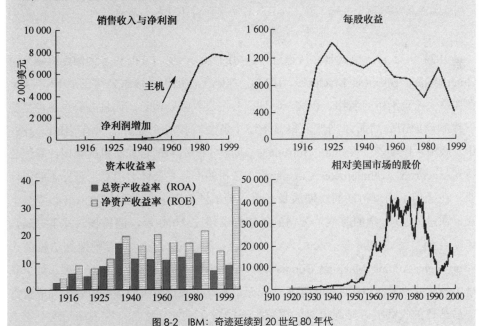

图 8-2　IBM：奇迹延续到 20 世纪 80 年代

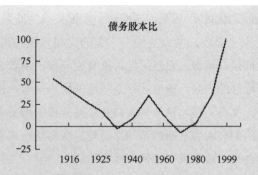

图 8-2　IBM：奇迹延续到 20 世纪 80 年代（续）

资料来源：IBM annual reports. CRSP, Center for Research in Security Prices, Graduate School of Business, University of Chicago, 2000. (Used with permission. All rights reserved. www.crsp.uchicago.edu.) *Commercial and Financial Chronicle. New York Times.*

从 IBM 在历史上的收益角度看，最有趣的一面就体现于资产收益率的下降，这一趋势直到 20 世纪 90 年代末才所改善。另一方面，股权收益率却呈现明显的快速上升趋势，并最终达到公司在最辉煌时期都未曾达到过的高水平。这些收益不只源自于净利润的快速增加，资本重组带来的贡献同样功不可没，使得债务股本比一度曾达到 100% 以上。从 2000 年开始，公司的财务杠杆持续提高，股权收益率也随之增长。但资产收益率并未显示出相同的成长轨迹，这表明，公司的盈利能力越来越依赖于金融工程，而且很容易受到债务成本上涨的影响。

1924 年 2 月，也就是在沃森进入公司的 10 年后，CTR 更名为国际机器公司（International Business Machines，IBM），实际上，这也是这家公司在 1917 年以来在加拿大一直沿用的名称。在这个时期，公司收入强劲增长，而且办公设备也呈现一片欣欣向荣的局面。当然，得益于这个黄金时代的企业并非只有 IBM。1886 年，威廉·巴勒斯（William Burroughs）创建了制造和销售加法机的美国计算器公司（American Arithmometer Company），公司的产品主要针对巴勒斯最熟悉的银行业。在经历了创建初期的缓慢成长之后，美国计算器公司的销售收入开始强势上涨，在进入 20 世纪的时候，公司的年销售已超过 4 000 台，销售收入几乎每隔几年便会翻一番。1906 年，公司为凸显创始人的地位而更名为巴勒斯加法机公司（Burroughs Adding Machine Company）。加法机公司的业务也代表着一项正处于高度成长期的业务，但实际影响最大、因而销售收入增长最快的加法机就是完成日常交易结算的收银机。显而易见，国家收银公司（NCR）就是一家为满足这一需求而发展起来的公司，并最终成为美国工业巨头，它们所推行的一系列销售实务，对塑造行业发展格局产生了重大影响。

美国计算器公司（巴勒斯）

向巴勒斯出售加法机的美国计算器公司后来更名为巴勒斯加法机公司，该公司的财务报表清晰显示出所在行业的早期增长趋势。产品本身属于精密工程机器，并属于市场领先产品。公司销售的增长态势极为强劲，资产负债表显示，初期资金充裕，表明公司无须借助外部融资实现进一步成长。强劲的增长态势和产品的领先优势意味着，公司可以对产品设定较高价格，因此，其净利润率从期初的 20% 以上持续提高，峰值时接近 50%。从长远看，由于关键技术不受专利保护，因此，如此高的利润率是不可持续的（见图 8-3）。

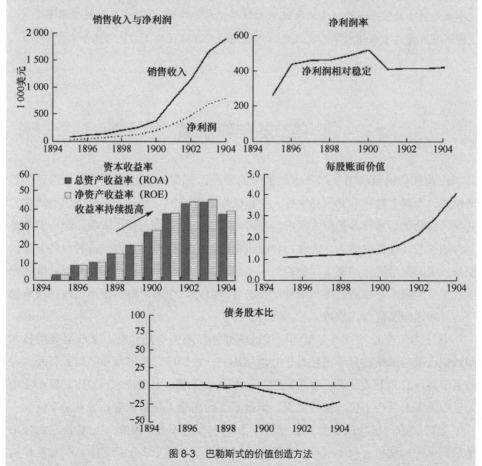

图 8-3 巴勒斯式的价值创造方法

资料来源：American Arithmometer annual reports. Burroughs annual reports. *Commercial and Financial Chronicle. New York Times.*

尽管如此，公司还是以足够的保护性手段，在如此高的盈利能力水平上维持了 10 年。在这种情况下，其现金流水平不仅为扩张提供了充足的资金来源，而且能以较高水平维持股息支付的持续增长。即使公司支付了股息，资产负债表上依旧积累了充裕的现金，确保公司的净现金头寸始终维持着极为可观的正数水平。这一优势充分体现为股权收益率和资产收益率之间的高度正相关性。股权价值几乎就等于资产总额，这表明，资产负债表上的利润持续累积，不存在任何稀释；因此，就像标准石油公司那样，股东价值的增加与公司资产账面价值的增长保持同步——在 10 年期间增长了 4 倍多。因此，投资这家公司的预期总收益率应该在 30%～40%之间。此外，美国计算器公司的年报还显示，创造如此高收益率的有利环境已开始消退。销售收入的增长速度正在放缓，毛利率开始收缩，因此，资产收益率和股权收益率也开始随之下降。如果采取新的技术或是创建新的业务线，未来收益率的预期必然会低于过去 10 年的收益水平。考虑到股价是对未来增长率和收益率的预期，因此，从股价上看很可能令人失望。

第二轮创新浪潮

工业社会的经济增长以及由此带来的利润，都需要企业采用不同于以往的管理模式。而对金融和商业信息进行大规模操作和处理的必要性，则催生出对简单、高效、自动化运算设备的巨大需求。当时，尽管电力已进入稳定阶段，但毕竟只是为自动加法设备提供动力。因此，和巴贝奇所处的时代一样，限制这种设备发展的根源，依旧在于进行精密工程的能力。当然，两个时代也存在根本性差异：此时已出现了一个需求旺盛而且还在继续增长的客户群，这个客户群的范围已超越政府部门，并加速向私营部门渗透。

从技术角度看，以电力驱动取代机械部件已成为必然趋势。某些必要的技术和知识已准备就绪，只不过还处于分散状态——它们已在诸多行业中得到普及，并被用于各种既相互关联又各有差异的用途上。从广播、电视技术到发电和照明，电力已成为人类社会不可或缺的要素，但最重要的用途无疑是政府，尤其是军队。

当时制造和出售的计算设备在性能上基本保持不变。从根本上看，它们依旧是最简单的加法机，只不过运行速度更快，而且能处理更多的信息。这些加法机的成长前景和预期盈利潜力吸引了很多企业，他们希望能在这个新兴行业中抢先占据一席之地，但是与钢铁、化工以及汽车等行业相比，这依旧是个规模相对有限的行业。作为一个新业务板块，与他们争夺资金的对手不只有广播电视业务——人们当时已开始意识到广播业务的巨大商机，还要面对点对点信息传递业务（电话和电报）的竞争。此外，在过去几十年中迅速发展的一些大公司——譬如AT&T和通用电气，也意识到这项新兴业务的潜力不容忽视。比如说，电力新技术的应用需要进行大量的数学建模工作，以便于对若干事件的结果进行预测。这些建模通常采取两种基本形式：模拟建模和数字建模。在最简单的模拟建模中，首先需要构建抽象的微缩模型，模拟各种有可能出现的条件，并据此推断所有可能出现的结果。例如，开尔文勋爵（Lord Kelvin，19世纪最著名的科学发明家之一）就曾通过创建模拟模型来预测潮汐发生的模式。该模型通过模拟重力对潮水带来的影响，以预测不同时点的潮位，从而绘制出港口的潮汐图。同样，在安装新的输电线路时，通用电气或西屋电气等公司也需要计算不同连接方式的效果。为此，他们大规模地采用模拟技术，得出潜在结果的预期范围。这些模拟模型的一个共同点在于，它们都是针对具体目标而设计的，而且最终用途受初始定义所限制。

　　某些模拟模型方式在设计时已考虑到它可能解决的特定类型问题，不过，即便是这样的模型也会在常规使用中受到限制。此外，模拟设备的计算精度受模型精度的限制，而模型所能达到的计算精度又取决于机器本身的设计精度。比如说，在第二次世界大战后，造波机继续被广泛使用，这就为它在建造过程中采用的科学知识和专业知识提供了最好印证。

　　因此，关键之处在于区分这些分析方法及其数值或数字模型。数值计算的不同之处在于，它无须以具体表达式表现模型反映的问题。也就是说，如果可对一个问题进行数学建模，那么，这个问题即可以数字予以解答——假设资源充分，就可以进行必要的计算解决问题。在20世纪30年代，计算过程仍基本以人工为主，尽管"人计算机"已开始使用新的加法机，而不是20世纪的计数器。正如一个世纪之前，拿破仑政府通过调整组织结构来提高政府效率，在20世纪30年代，英国的莱斯利·科姆里（Leslie Comrie）等人也以同样的模式彻底改变了天文研究的数字化分析。但科姆里取得的成果很快便被用于其他方向，尤其是弹道学设计。

　　对计算能力的兴趣呈现出遍地开花的格局。推动这轮传播的动力主要来自三个方面。首先，生产办公设备的公司逐渐认识到拓展加法机使用方向的潜力，因此，它们不断开展新的研究项目。其次，科学界也在致力于寻找更实用的解决方案，以便于创建更有效的工作模型，为他们提供推进理论研究所需要的计算能力。最后，在进入20世纪30年代之后，战争威胁正在逼近，政府开始把眼光越来越多地转向商业和科学界，希望在弹道学和密码破译等与数学相关的领域有所突破。换句话说，科学探索精神与私营及公共部门的可支配资金不期而遇。这种结合一旦被冠以国家利益的头衔，必将形成不可逾越的洪流，此前所有以商业机密名义的技术壁垒或信息隔阂，都将在这股洪流中不复存在——广播在第一次世界大战期间所经历的飞跃，足以说明这一点。

布莱切利公园的遗产

在英国，数据研究工作主要是在布莱切利公园（Bletchley Park）进行的，这里名义上是英国邮局研究局，但实际上是由数学家艾伦·图灵（Alan Turing）负责的密码破译基地。图灵执行的是一项绝密任务，即制造一台专门破译德国恩尼格玛密码机（Enigma）发送消息的解码机。图灵掌握的有关"恩尼格玛"密码机的基本信息全部来自一名犹太裔波兰工程师，这个人曾在一家恩尼格玛编码机装配厂工作，后在法国情报部门的护送下逃离华沙。尽管图灵大致了解"恩尼格玛"密码机的工作原理，但他必须想办法破译出"密钥"，以便将加密消息转换为德语。

为此，图灵开发出人工智能的基本算法——利用最简洁的算法，把数十亿可能的结果压缩到有限数量的结果，然后对这个最小范围内的结果进行对比检验，从而找到密钥。有了恩尼格玛密码机的模型、人工智能技术和一套庞大的机电处理设备，布莱切利公园的团队最终破译了德国的恩尼格玛电报。但技术永远都不会停滞不前，很快，图灵团队便不得不面对改进版的德国加密系统——其数据规模和复杂度足以达到初始版本的 3 倍。为此，英方的第一反应就是推出"巨人"破译机（Colossus），这台设备足足包含近 2 000 个真空阀。使用"巨人"机的目的是建立各种潜在结果的集合，然后，通过进一步处理和分析这些结果，从中提取有价值的信息。可以说，尽管英国官方的《保密法案》导致这台机器最初不为人所知，但一个普遍接受的观点是，"巨人"电脑代表了世界上第一台电子计算机。

正如英国致力于为夺取情报优势而提高计算能力，在德国，也有很多像图灵一样的人，在做着相同的事情。德国工程师康拉德·楚泽（Konrad Zuse）使用继电器和真空管建造了一台计算设备。但他没有图灵那样的运气，楚泽的成果因 1944 年盟军轰炸德国而化为灰烬。在美国，科研人员不仅模拟出英国在战争时期取得的成果，并最终超越英国。这背后的一个重要原因，或许是温斯顿·丘吉尔在战后对计算设备采取的保密措施，正如一位小说家事后所披露的那样，他的错误认识导致布莱切利公园的大部分密码破译设备遭到破坏，被拆解成"不超过手掌大

小的碎片"。⊖

因此，英国在这个领域的发展因政府的错误导向而受到阻碍；而美国则恰恰相反，甚至在丘吉尔采取错误政策之前，科学界就已开始加速开展对计算领域的探索。在战争期间，英国特勤局将两台"巨人"电脑转让给美国，用于偿还美方提供军事设施的费用，这两台设备对美国在该领域发展的推动效应不可否认。实际上，莱斯利·约翰·科姆里（Leslie John Comrie⊖）对打孔卡的使用以及在计算天文学方面的研究，早已经被哈佛大学著名天文学家亨利·布朗（H. Brown）教授所注意到，随后又引起另一位哈佛天文学家华莱士·约翰·埃克特（Wallace Eckert）的注意。埃克特后来进入哥伦比亚大学，当时，通过托马斯·沃森的捐赠，使得该校和 IBM 形成了良好的合作关系。正是凭借这层关系，哥伦比亚大学在战后得以通过与 IBM 的合作，在计算专业领域成果累累。但在二战之前，公司的学术研究还主要集中于哈佛大学，尤其是后来被称为"哈佛马克 1 号"（Harvard Mark Ⅰ）计算机的构建。这台被称为"IBM 自动序列控制计算器"（Automatic Sequence Controlled Calculator，ASCC）的设备在 1936 年投入制造，最终于 1943 年完工。

哈佛大学的团队由霍华德·艾肯（Howard Aiken）负责，按照艾肯的观点，数字机器只是现有高精密模拟设备的替代品，但这些设备在当时的用途还非常有限。在尝试解决这些问题的过程中，艾肯偶然关注到巴贝奇的工作，并深受启发，因此，沿袭巴贝奇的思路，他得出了自己的合乎逻辑的结论。随后，他说服 IBM 为自己的研究项目提供 15 000 美元（相当于今天的 33 万美元）的启动资金，并很快筹集到 10 万美元（相当于今天的 200 万美元）。哈佛大学一方由艾肯主导设计，但 IBM 的参与同样至关重要，他们派出经验丰富的顶级研究人员参与项目，其中，主管为 IBM 在 1919 年推出的第一台印刷制表机项目负责人克莱尔·莱克（Clair Lake），根据双方签署的协议，项目成果归哈佛大学。项目于 1943 年完工，最终的成果被 IBM 命名为 ASCC，也就是"哈佛马克 1 号"计算机。1944 年 8 月 7 日，双方举行了隆重的发布仪式。尽管就运行速度而言，这台机器只能代表一次渐进式改良，绝对算不上一次革命性飞跃，但蔚为壮观的庞大外形和新奇的全自动化概念还是给公众带来无暇遐想，可以说，这台机器的成功之处体现为组件的排列结构，而最显著的特征当属继电器的使用。它的划时代意义就在于放弃运行缓慢的机械式继电器，转而采用真空管。

另一个值得注意的问题是，在项目取得成功后，艾肯刻意贬低 IBM 在过程中

⊖ C. Fletcher, *Double the Treachery*, 2006, p.9.

⊖ 1893—1950 年，被视为英国计算机事业的开拓者。——译者注

做出的巨大贡献——IBM 公司不仅是资金的支持者，更重要的是，他们的科学家在尝试将理论转化为一台可以真正工作的有形设备。显然，双方的分歧源于沃森和艾肯对机器"外观"的不同看法，沃森希望最终的成果是一台让人赏心悦目、适合营销的产品，而不是一台庞大笨拙的电动机。从这个角度说，沃森占了上风，机器被封装在金属外壳内，显得大气整洁，但艾肯似乎不愿把一点点成就归功于IBM。从技术角度说，"哈佛马克 1 号"绝对称得上具有里程碑意义的发明，它不仅仅标志着一个旧时代的结束，也是一个新时代开启的象征。

改写历史的真空管

开启新时代的重要标志之一，就是由继电器向真空管的过渡，新旧时期的过渡恰好与"哈佛马克 1 号"的开发相伴而行。值得关注的是，很多研究群体不约而同地走上这条发展路径。1937 年，在自己的研究生克利福德·贝里（Clifford Berry）的协助下，爱荷华州立大学的数学家约翰·阿塔纳索夫（John Atanasoff）开始着手构建一台新的计算机。利用无线电制造方面的经验，阿塔纳索夫采用真空管为基本组件，以期让这台计算机实现电子计算，而不再是机械计算。此外，根据数理系统方面的知识和经验，阿塔纳索夫得出结论，只有二进制法才是有效的。将这两种思路结合起来，阿塔纳索夫和贝里共同开发出一台小型原型机，并在 1939 年初宣告完工。但美国忙于战争带来的压力，导致这项工作在 1942 年夭折，当时，阿塔纳索夫进入美国海军军械部华盛顿实验室担任要职。

但全面完工的"阿塔纳索夫—贝里计算机"（Atanasoff Berry Computer，ABC）依然在科学界引发了一轮关注，尤其是来自宾夕法尼亚大学摩尔电气工程学院（Moore School of Engineering）的教师约翰·莫奇利（John Mauchly）。当时，摩尔学院正在弹道学的相关数学计算领域与美国军方密切合作。1941 年，在美国科学促进会组织的一场会议上，莫奇利的演讲引起了阿塔纳索夫的关注，并找到莫奇利进行了一次谈话，两个人的话题很快就转到他们共同感兴趣的话题上——使用真空管制造计算机。随后，莫奇利亲自来到荷华州拜会阿塔纳索夫，并对这台 ABC 计算机的特性展开讨论。多年之后，这次会谈以及随后形成的信件网络，成为引发计算机发展历史中最重要的一场专利诉讼的导火索。

莫奇利的科学之路始于对分子运动的研究，和当时的很多科学家一样，他也曾因为缺乏计算能力而感到沮丧。他曾尝试过以霓虹灯和真空管以及二进制计数器制造的计算机模型解决这个问题。随后，他转而开始研究气候现象，但很快又发现，他所在的乌尔西纳斯学院（Ursinus College）根本无力为他的研究提供预算。1911年，他离开乌尔西纳斯学院，进入摩尔工程学院。此时，富兰克林·罗斯福总统已宣布国家进入紧急战争状态，并成立了国家防务研究委员会（NDRC），以推动学术界和商业界为战争出力。当时最紧迫的数学问题之一，就是需要改进弹道数据的计算方法。这项计划涉及阿伯丁弹道学研究实验室（Aberdeen Ballistics Research Laboratory）、麻省理工学院以及摩尔工程学院之间的合作。当时，弹道数据的计算还在使用模拟微分分析仪，利用数值积分计算出弹道轨迹等数据，并最终形成弹表，为炮手提供不同射击条件下的弹道轨迹等必要信息。

但随着对高精度和信息量的需要不断提升，现有方法已成为研究工作的严重瓶颈。模拟机器的准确性归根到底要受到制造精度的限制，而制造过程依旧是一个需要大量"人类计算机"参与的人工密集型过程。这就迫切需要一台可自动生成信息的机器。因此，在当时的背景下，莫奇利建议的新计算机器模型更容易被接受。在摩尔工程学院，莫奇利和一位名叫约翰·埃克特（John Eckert）的年轻教师合作，对他提出的方案展开讨论。两位科学家共同合作，莫奇利的设计方案与埃克特的逻辑数理知识相结合，为项目成功奠定了坚实基础。经过多次讨论，莫奇利提交了一份题为"使用高速真空管设备进行计算"的备忘录，并在该备忘录中提出了最终的设计方案。虽然这份备忘录曾一度丢失，但它为美国陆军在1943年批准的一个新项目奠定了基础。该项目的目标就是建造一台通用性电子计算机。

虽然得到了军方的支持，但不等于说人们对项目的其他方面没有异议。麻省理工学院的研究倾向于采用模拟系统，因而完全反对该项目。在国家防务研究委员会，该项目也因为相同理由而遭到反对。该委员会由著名模拟技术专家、被称为"信息教父"的范内瓦·布什（Vannevar Bush）领导，委员会成员中不仅有来自麻省理工学院的两名教授，还有来自贝尔实验室、长期从事机电设备研究的乔治·斯蒂比兹（George Stibitz）。最终，该项目于1943年5月获得陆军批准，启动资金为67 500美元（相当于今天的100万美元）。项目目标是一台被称为"埃尼亚克"（ENIAC）的设备，全名为"电子数字积分计算机"（Electronic Numerical Integrator and Computer），因此，这个项目也被命名为ENIAC。建造"埃尼亚克"是一项异常艰巨的任务，它需要埃克特将大批顶级科学家集中起来，分工合作。ENIAC由一系列专门用来完成特定任务的交互模块构建而成。因此，采取一套所有专业团队共同遵循的标准至关重要。到1944年5月，这台机器已开始试运行，并能求解二阶微分方程。（见图8-4）⊖

⊖ Shurkin (1996), p.165.

图 8-4 "出自电气天才之手的奇迹":ENIAC 计算机的面世

资料来源:*New York Times*,1946 年 2 月 15 日。

ENIAC 与 EDVAC

但构建 ENIAC 的过程并非一帆风顺。莫奇利和埃克特的自负，再加上 ENIAC 项目运行所耗费的时间，因此，不难预料，项目参与者之间很快便爆发冲突。尽管 ENIAC 项目还是取得了巨大成功，但这台机器在设计上并非完美无瑕，最大的问题就是它不能存储程序。这意味着，每次在为新任务设置参数时，都必须重新输入指令。对此，莫奇利和埃克特采取了务实的手段，他们决定，不能因这些缺陷而延缓 ENIAC 的进度，可以把这些问题留给新项目。此外，他们也意识到，必须避免重蹈巴贝奇式的覆辙，不断延迟和成本超支只会加快耗尽资助者的耐心。

当然，他们还得到了另一股力量的支持。就在 ENIAC 紧锣密鼓进行的时候，普林斯顿高等研究院（Institute of Advanced Study at Princeton）著名数学家约翰·冯·诺依曼（John von Neumann）同时也在洛斯阿拉莫斯（Los Alamos）国家实验室从事另一项绝密研究——"曼哈顿项目"（Manhattan Project）。自 1943 年底以来，他就在为解决内爆问题的数学计算而殚精竭虑，这是开发原子弹受控爆炸的重要环节。要解决这个问题，就需要解答一个庞大的偏微分方程组，以传统方法解答该方程组需要耗费巨大的时间和人力。当时，作为 ENIAC 项目的成员，芝加哥大学数学教授赫尔曼·戈德斯坦（Herman Goldstine）负责弹道研究实验室与摩尔学院之间的联络。当冯·诺依曼和戈德斯坦在摩尔学院相遇时，戈德斯坦还不知道曼哈顿计划的存在，当然，冯·诺依曼也没有听说过 ENIAC。但是，考虑到自己正在面对的难题，这台新机器的预期未来用途以及进一步普及运用的前景，无疑会让冯·诺依曼眼前一亮。他对 ENIAC 表现出浓厚兴趣。随后，他主动担任 ENIAC 的顾问，并参与了消除初始缺陷、制定新机器版本设计的提案工作。与此同时，迫在眉睫的洛斯阿拉莫斯项目，也为冯·诺依曼使用 ENIAC 协助解决原子弹触发的可行性创造了机遇。考虑到机器本身存在的缺陷，以及需要 IBM 提供超过 100 万张打孔卡，使得这个测算过程极为繁重，但 ENIAC 所提供的帮助无疑是价值连城的。

冯·诺依曼的参与在很多方面发挥了积极作用。作为学术界备受尊敬的顶级人物，他对 ENIAC 的认可，无疑是对项目最有力的背书，也帮助莫奇利和埃克特战胜了很多怀疑者。在开发新升级版设计方案时，冯·诺依曼的逻辑数理能力确实让莫奇利和埃克特受益匪浅。但是，与冯·诺依曼的合作也为他们之间留下一系列后患。1945年6月，针对ENIAC的后继方案，即所谓的"离散变量自动电子计算机"（EDVAC），冯·诺依曼以单独署名的方式发表了一篇名为"EDVAC报告书的第一份草案"（First Draft of a Report on the EDVAC）的论文，这一事件导致双方关系基本破裂。尽管ENIAC的开发最终花费了近50万美元（相当于今天的700万美元），但它的命运归宿却显然不同于与100年前的巴贝奇——巴贝奇曾试图在旧机器依然有效的情况下开发出新机器，但久未出台的新机器最终耗尽了威灵顿公爵的耐心和信任，而摩尔学院始终没有让给自己出钱的美国陆军失去信心。结果，在1944年末，军方再次为创建新型EDVAC机器拨款105 600美元（相当于今天的150万美元）。

对莫奇利和埃克特而言，ENIAC在1946年2月的公开亮相原本应该代表一场胜利，但是在现实中，虽然他们在公开媒体上得到的喝彩不绝于耳，但是在学术层面，却被冯·诺依曼就EDVAC抢先发表的论文占得先机。到底谁是EDVAC概念的鼻祖，以及ENIAC项目所涉及的专利问题，也逐渐变成一个没有定论的敏感话题。莫奇利和埃克特希望获得这个项目的专利权，因为他们相信这项技术的商业价值，一旦战争结束，或将成为有利可图的大生意。作为赞助机构，美国军方也对缺乏专利保护以及被他人抢先申请专利的危险忧心忡忡。这就需要达成一项协议——专利归发明者所有，相关权利由发明者、政府和大学分享。但是在摩尔学院内部，尽管他们不完全反对申请专利，但对其兴趣不大。直到计算机的商业潜力已趋于明朗的时候，他们才意识到专利权的重要性，但为时已晚。在当时的环境下，除军方以外，科学家或商界还无法断定这项技术的未来用途。

最终，在1947年，莫奇利和埃克特针对ENIAC提交了相关的专利申请。之所以推迟这么长时间，有多方面的原因：比如说，他们希望把尽可能多的内容包含在申请中，最大限度推迟专利权的到期时间，当然，也有相关各方缺乏经验的原因。当这些因素叠加在一起的时候，自然让莫奇利和埃克特感到困扰无限。对任何技术进行商业开发的关键问题之一，就是为竞争对手设置进入壁垒。绝大多数技术的领先程度尚不足以成为行业壁垒。因此，在没有专利保护的情况下，唯一有效的进入壁垒就是经济壁垒——体现为对销售渠道的控制、生产的规模经济效应或是政府从"国家利益"出发采取的保护措施。

对EDVAC项目而言，虽然成功地取得了政府资助，但来自摩尔学院的团队在开发过程中已开始分崩离析。1946年，在公开展示ENIAC计算机之后，这些研究人员便开始在摩尔学院举办各种讲座，向蜂拥而至的来访学者公开介绍项目特性。讲座结束时，有关EDVAC项目的信息还被提供给几位计算机专家。在英国的布莱切利公园,参与计算机密码破译研究项目的科学家备受鼓舞,剑桥大学数学实验室以 EDVAC 为基础,设计并建造了一台带有存储功能的数字计算机,他们把这台设备命名为"电子延迟存储自动计算机"(EDSAC)。因此,在二战结束后,只有英国和美国仍在积极推进计算机研究的前沿。

实际上,莫奇利和埃克特最终也因为专利纠纷而与摩尔学院彻底决裂。作为新上任的摩尔学院研究主管,埃尔文·特拉维斯(Irven Travis)制定了新的专利政策。新政策对学术研究项目采取了极为严格的限制,并直接影响到之前对 ENIAC 以及未来对 EDVAC 签署的专利协议。按照新政策,如果莫奇利和埃克特继续在摩尔学院任职,他们就必须放弃对专利的所有权。特拉维斯的新政遭到莫奇利和埃克特的拒绝。在别无选择的情况下,他们离开摩尔学院,另行寻求资金支持。当两人离开这所学院的校门时,这所大学在计算领域享有的声誉也随之而去。

但专利问题并未就此结束。莫奇利和埃克特原本希望就 EDVAC 的专利问题与冯·诺依曼进行协商,但是,当冯·诺依曼试图根据以个人名义发表的论文为由申请专利时,他们的希望彻底破灭。作为资助这项研究的机构,美国陆军曾试图协调三位昔日合作者之间日益激烈的矛盾。最终的解决方案不尽如人意,因为随后的事实表明,让他们在 EDVAC 的问题上达成妥协是不可能的。最终的结论是,由于冯·诺依曼发表的论文属于公开出版物,而且自论文发表以来的时间已超过 15 个月,因此,相关信息在技术层面属于公开信息,不符合申请专利保护的前提。

碰壁资金瓶颈

两位从摩尔学院出走的科学家最终还是获得了工作机会——其中之一来自 IBM,但是对经营独立性的担忧最终促使他们组建了自己的公司。尽管有很多公司对这两位科学家兴趣浓厚,但无一意识到计算机的潜在市场。据称,到 20 世纪 40 年代后期的时候,托马斯·沃森仍坚信,整个计算机的市场容量不会超过 12 台机器。当时,大多数人的共识仍然是——从根本上说,计算机属于价格昂贵的大型专用机器,除了由政府主导的个别领域之外,它们几乎没有任何实用价值。在决定独立创业之后,莫奇利和埃克特创建了一家合伙公司,并很快成为一家有限责任公司。他们的首要任务是寻找资金,建造与 EDVAC 方案具有相似属性的计算机。他们把这个最新版本命名为"通用自动计算机",简称为 UNIVAC(Universal Automatic Computer)。两位创始人必须说服潜在出资者——他们的技术是可靠的,这项技术注定会带来产品，而且拥有现成的客户群体。此外，在有人愿意出资并把自己和这个新项目绑定之前，莫奇利和埃克特还要让这些潜在客户相信，他们具备财务偿付能力。

这是一个典型的"先有鸡还是先有蛋"的话题：客户希望看到公司拥有值得信赖的财务资源，而财务资源的提供者则希望看到公司拥有忠诚的客户。因此，无论是资本提供者还是客户，他们首先要相信创始者的承诺——资金一定会到位。如果出资人以前有过商业成功的记录，融资过程肯定会顺利得多。如果他们始终在学术研究或政府中任职，那么，说服他们当然不易。莫奇利和埃克特最终还是为他们的新企业筹集到了足够的资金。最初的 2 万美元（相当于今天的 215 000 美元）启动资金来自埃克特的父亲，随后两人又向费城地区的其他熟人筹集到 20 万美元（相当于今天的 250 万美元）。1946 年 3 月，莫奇利和埃克特共同创建的电子控制公司（Electronic Control Company，ECC）正式成立。效仿霍尔瑞斯在 50 年前的创业经历，两位创始人首先找到和平时期计算设备的最大潜在用户——人口普查局。但联邦法律已禁止人口普查局直接资助项目研究，因此，他们决定通过国家标准局（NBS）资助 UNIVAC 机器的研究。

经过与人口普查局的谈判，ECC 最终与国家标准局签订了一笔价值为 30 万美元的合同，其中还包括需要返还给 NBS 的 15%。由于莫奇利和埃克特的项目预算费用为 40 万美元，因此，从一开始，项目预计就会损失 12.5 万美元（现今超过 150 万美元）。但事实未必如此，因为预算成本中包括可以在公司未来销售收入中摊销的研发成本。项目成功的关键仍然是观念。也就是说，潜在客户必须相信公司的偿付能力，相信公司能在维持财务状况健康的条件下按时交付指定产品。因此，初始成本预算是否准确，以及是否考虑为成本超支提供必要的应急资金储备，才是项目能否走到最后并取得成功的关键。遗憾的是，客户对 UNIVAC 的前景普遍持怀疑态度，这表明，ECC 几乎毫无讨价还价的能力。只要能拿到订单，它就必须无条件接受。或许 ECC 可以通过谈判签订成本加成合同，但这种合同通常会要求公司放弃所有专利权，因此，这实际上相当于把 ECC 拉低到项目分包商的地位。

这些对 UNIVAC 的怀疑，其实与莫奇利和埃克特在 ENIAC 项目中遭受的怀疑如出一辙。国家标准局的负责人将项目提交国家科学研究委员会（NRC）进行审核，但遭到后者的否决。背后的原因说法不一，有可能是审核机构本身参与了与 UNIVAC 存在竞争关系的工作，抑或是他们确实有重组理由推翻项目。⊖虽然国家

⊖ Shurkin (1996), p.227.

标准局依旧对该项目情有独钟，但却被国家科学研究委员会的报告彻底推翻。最终的结果是，项目在资本不足的情况下贸然启动，而后续现金流也不足以维持项目的延续。为了让项目能生存下去，莫奇利和埃克特不得不多方求助，不断寻找新的资金来源。最终，两位创始人放弃了对公司的控制权。

莫奇利的第一次妥协，就是同意建造一种小型计算机，为诺斯罗普（Northrop）公司正在研制的新型军用飞机提供飞行制导系统。根据该项目制造的计算机 BINAC（二进制自动计算机）确实为公司带来了额外的资金，但也给从事 ECC 项目的团队增添了额外压力。更糟糕的是，完成合同的最终实际成本居然超过 10 万美元收入的两倍半多。更让他们雪上加霜的是，在公司把开发重心转回 UNIVAC 项目，BINAC 却并没有形成后续订单，也就是说，对 BINAC 投入的开发成本无法继续分摊，只能一次性计入成本。但 BINAC 项目也并非一无是处，至少相当于给公司进行了一次宣传。但这次宣传的效果确实非常有限，而且也仅限于对产品本身的只言片语，丝毫没有谈及产品、更不用说公司的商业前景。

结果，BINAC 既没有给公司带来现金流，更没有带来希望。资金需求依旧紧迫，但天无绝人之路，此时，公司更名为埃克特—莫奇利计算公司（Eckert-Mauchly Computing Corporation，EMCC），美国赌金计算器公司（American Totalisator Company）为新公司注入 50 万美元，这家公司几乎已对美国的赛马场博彩业务构成垄断，他们对计算能力的需求显而易见。作为投资回报，赌金计算器公司在新公司中取得 40%的股权。新注入的资金为 EMCC 带来了喘息的机会；新客户以预付款形式为公司带来源源不断的资金，这些客户包括 AC 尼尔森市场研究公司（A.C.Neilsen）和保诚保险（Prudential Insurance）。但由于研发消耗的资金量太大，公司的财务状况仍然捉襟见肘。这些新客户的资金需求同样迫切，宁愿接受不利于自己的条款，他们也希望签订固定价格合同。EMCC 的经营状况始终岌岌可危，但厄运最终还是不期而遇——赌金计算器公司的副总裁亨利·斯特劳斯（Henry Strauss）、也是埃克特和莫奇利最主要的支持者，在一场飞机事故中不幸遇难。此时，作为大股东的美国赌金计算器公司开始发难——要么继续进行外部再融资，要么干脆卖掉公司。

在屡次筹资无果的情况下，莫奇利和埃克特也变得越来越绝望，最终，他们只好尝试为公司寻找买家。走投无路的两人找到 IBM，但两人与托马斯·沃森的会面无疾而终，IBM 拒绝接手 EMCC 的原因是多方面的：首先，IBM 担心会受到反垄断调查，另外，他们相信自己有能力通过内部开发建立这项业务。尽管 NCR 和雷明顿·兰德公司（Remington Rand）都有意成为 EMCC 的下家，但后者出手更快。雷明顿·兰德公司的执行总裁是莱斯利·理查德·格罗夫斯（Leslie Groves）将军，在二战期间，他就已经听说过 ENIAC 在原子弹项目中扮演的角色，因而也非常熟悉这两位科学家的工作。1950 年，雷明顿·兰德公司以不到 50 万美元（相当于今天的 500 万美元）的价格收购 EMCC，不仅取得后者已经取得的全部专利权，还有未来有可能获得专利权的所有成果。随即，公司的新当家人便开始不遗余力地为 UNIVAC 机器寻找卖家，并对所有未完成的合同重新启动谈判。1951 年 3 月，UNIVAC 项目终于告成，并顺利通过美国人口普查局的验收测试。

大功告成的 UNIVAC

事实证明，UNIVAC 是一次无与伦比的成功，哥伦比亚广播公司使用这台机器对 1952 年美国总统大选进行预测，按莫奇利编写的预测程序，UNIVAC 准确预测到艾森豪威尔将会取得一边倒的胜利，这无疑是一次非常有效的广告宣传。此外，雷明顿·兰德公司还在 1952 年收购工程研究联合公司（Engineering Research Associates Company，ERA），进一步强化自己的计算机业务。成立于战后的 ERA 由两位海军工程师创建——威廉·诺里斯（William Norris）和霍华德·恩斯特罗姆（Howard Engstrom），最初从事电子加密设备的开发制造，随后进入通用计算设备领域。突然之间，在这个开始迅速扩张的市场中，雷明顿·兰德不知不觉地成为领导者。

竞争当然不可避免。IBM 认识到这个新技术领域已成为他们的薄弱环节，他们开始投入大部分研发预算来解决这个问题。尽管如此，他们针对 UNIVAC 推出的第一款产品还是比第一台 UNIVAC 机器迟到了 4 年。UNIVAC 继续在技术上维持领先地位。作为 UNIVAC 对手的第一代商用科学计算机，IBM 的"701"和"702"机器之所以能幸存下来，完全有赖于市场增长的速度确实出乎意料，以及雷明顿·兰德根本就无法满足市场对 UNIVAC 的需求。可见，IBM 的计算机只是削弱 UNIVAC 主导地位的权宜之计。随着更多型号的计算机迅速推向市场，IBM 开始不断缩小技术差距。

持续成长的市场让很多潜在的竞争对手跃跃欲试。其中就包括已经在相关领域开展业务的知名公司，如 RCA、通用电气和霍尼韦尔等，还有由原国防企业分拆后形成的公司，譬如从诺斯罗普公司剥离出来的计算机研究公司（Computer Research Company）以及霍尼韦尔与雷神公司（Raytheon）合资创建的

Datamatic。此外，大集团内部员工单飞后独立创建的公司，也成为推进这波涨势的一股重要力量。

随着 IBM 的实力与日俱增，也让雷明顿·兰德感受到真真切切的威胁，1955 年，他们与斯佩里（Sperry）公司合并后变成新的斯佩里—兰德公司（Sperry-Rand）。合并新公司不得不面对更大的问题——其竞争地位受到的威胁不只来源于技术层面。首先，"旧"打孔卡技术设备的销售没有与"新"的 UNIVAC 机器实现整合。其次，他们缺少足够的资金为已收购的各项业务提供后续支持，而且对各项业务的资金需求缺乏统一规划。除此之外，不同公司的文化差异并没有因合并而得到整合。1957 年，原 ERA 负责人威廉·诺里斯离开雷明顿·兰德公司后自立门户，创建了控制数据公司（Control Data Corporation，CDC）。1959 年，莫奇利也选择了再次创业。

技术带来的经济利益取决于专利保护程度。以电话技术为例，贝尔始终在为维护自身利益而据理力争。在这些专利纠纷中，贝尔与专利律师的私人关系及其严谨的记录发挥了重要作用。

遗憾的是，埃克特和莫奇利从未听到过这样的建议，因此，他们最终失去了专利保护。第一次逆转发生在 1952 年，当时，雷明顿·兰德公司与 IBM 签署了一项技术交叉许可协议，如果雷明顿·兰德的 ENIAC 和 UNIVAC 实用成果获得专利，IBM 需支付费用，但 IBM 在这笔交易中是最大的受益者。不过，在 1972 年，在斯佩里·兰德与霍尼韦尔公司的专利侵权官司中，斯佩里·兰德享有的专利权被判无效，阿塔纳索夫正式赢得世界上第一台电子计算机发明者的荣誉。如果埃克特和莫奇利当初更关注专利程序，并在提交文件时取得更专业的指导，那么，他们或许也会像贝尔公司那样，从一开始便获得专利权的庇佑。和电话这个话题一样，关于到底谁是第一台电子计算机发明者的争论，至今仍无定论。到底是阿塔纳索夫，还是布莱切利公园的科学家，抑或是埃克特和莫奇利，从投资角度看都无关紧要，因为关键在于，随着新行业的出现，最初进入者不可能永远依靠专利维持运营。因此，这场战斗的胜负最终归结于技术、客户服务和资金等硬实力。

第二次世界大战推动新计算机技术迎来大规模的加速增长期。英国的布莱切利公园见证了人类历史上第一台大型计算机——"巨人"计算机的面世。在美国，电子数字计算机 ENIAC 横空出世，而后又进化为离散变量自动电子计算机 EDVAC，并最终升级到通用计算机 UNIVAC。很多学术机构在政府的赞助下，成为战争中的一股重要力量。在麻省理工，美国航空局特种设备部于 1943 年启动"旋风计划"，该计划最初的目标是设计和制造飞行模拟器，但后期则全面升级为以提供实时计算能力为目标的研究。在"旋风计划"中，最初估计的成本及持续时间分别为 20 万美元和 2 年，后来随着项目目标的修订，成本增加到 800 万美元（现今超过 1 亿美元），持续时间达到 8 年。冷战局势不断因苏联核武器能力的突破而加剧，使得该项目被保留下来。出于国家防空系统的需求，催生了 SAGE 项目——半自动地面防空系统（Semi-Automatic Ground Environment，SAGE），而在这个项目中，通过"旋风计划"项目开发的计算机是一个重要元素。

该项目的商业价值是显而易见的——IBM 接受了委托，直接为美国军方制造由麻省理工学院开发的计算机。这给公司带来了未来发展所必需的技术和资金，两者同等重要。据估计，在 20 世纪 50 年代，IBM 在该项目上实现的总收入超过 5 亿美元（现今近 40 亿美元），而且公司近 20%的员工都服务于该项目。[⊖]最重要的是，通过这个项目，IBM 得以在实时计算技术领域走在最前沿，也为美国航空公司成功开发航空公司订票系统提供了最直接的技术基础。

晶体管时代的到来

制约模拟计算机的瓶颈因素始终未发生变化：模型的物理精度决定了计算结果的精度。尽管电子数字计算机可以规避这个问题，但其也受自身的现实制约因素。使用继电器开关制造的计算机已完全被真空管制造的计算机全面超越，后者的运行速度已非前者所能及。20 世纪 50 年代计算机所采用的技术，从根本上说可以追溯到爱迪生发明的白炽灯，并因弗莱明和德弗雷斯特而得到升级。和以往模型受到的限制一样，使用真空管的计算机同样要受限于真空管本身的特性。由于胆管尺寸较大且散热效果不佳，这意味着对计算能力的需求越大，所需要的真空管就越大，相应的，消耗的电能也越多，因此就需要更好的散热功能。

至于这些计算机的市场容量到底会有多大，主流观点是基于对这些制约因素的认知。机器的成本和最大功率是可估算的，据此，可以进一步估算出潜在市场规模。在这种情况下，计算机似乎有利可图，但在当时的条件下，计算机的应用还仅限于大型私人及公共部门用户。所有这一切都绝对正确，但这些预测无不依赖于同一个假设——技术保持静态不变。如果能把真空管替换为更先进的部件，那么，所有这些假设将无一成立——而这恰恰就是随后发生的事情。真空管源于照明技术，

⊖ Campell-Kelly and Aspray (1996), p.169.

并在经过升级改造之后成为无线电行业的技术基础。三极管放大信号的能力引起AT&T的强烈关注，对其特性进行深入研究也是贝尔实验室研发工作中的一项重要议题。在对潜在替代性介质开展研究时，一个关键性问题就是在执行相同任务时，如何避免真空管带来的可靠性和散热性问题。贝尔实验室的研究带来一项更伟大的发明——晶体管转换装置。

晶体管的发明并用于计算机行业并非一夜之间的事情。首先，与现有真空管技术相比，晶体管技术必须更可靠，而且经济实惠。1947年，威廉·肖克利（William Shockley）、沃尔特·布拉顿（Walter Brattain）和约翰·巴丁（John Bardeen）在贝尔实验室发明了晶体管。这项研究最早始于20世纪30年代，初始目标是为可靠性较差的真空阀及物理开关寻找替代方案，两者均为电话交换机中不可缺少的组件。在此期间，贝尔实验室始终致力于硅提纯的研究，而肖克利也在研究使用氧化铜作为整流器的可能性。他们的研究直接催生了半导体材料的面世。这是一种仅有一个方向可传导电流的材料。这项研究在二战期间被暂时搁置，但雷达技术的发展，不仅增加了对半导体材料供应和使用的需求，也进一步充实了该领域的知识体系。

战后，贝尔实验室的科研小组再度集结，重新启动半导体放大器的研究项目。经过三年努力，"晶体管"最终公开发布，但并未引起外界轰动，人们的反应似乎极为冷淡。最初，人们认为，他们的发明不过是真空阀的固态替代品而已。虽然这个替代品的体积小、不存在真空阀的散热差和功率消耗大的问题，但可靠性太差，而且制造难度高。因此，晶体管并未立即取代真空阀，在大型机的早期发展阶段，真空阀始终是制造计算机最重要的部件。肖克利等三位科学家因发明晶体管而荣获1956年的诺贝尔物理学奖，不过，当时的肖克利已离开贝尔实验室，成立了自己的公司，以肖克利半导体实验室（Shockley Semiconductor Laboratory）为主体继续从事这项研究。

肖克利半导体实验室由洛克菲勒出资设立，于1954年成立于肖克利的家乡——加利福尼亚州的帕洛阿尔托（Palo Alto）。实验室由肖克利牵头，主要成员均来自贝尔实验室，这些科学家一路追随肖克利，成为这项研究的主力军。这个团队的唯一研究对象就是晶体管，他们的目标是改进晶体管的制造工艺，从而提高晶体管的使用可靠性，并降低成本，但这个目标经常会因肖克利探索更多发明的愿望而受到干扰。肖克利的团队并未维持很久，由于公司策略及成员个性等方面的原因，导致肖克利与其他人的分歧不断加剧，最终，这家公司在1957年宣告解体。其中，8名主要研究人员集体辞职，在仙童摄影器材公司（Fairchild Camera and

Instrument)的资助下,另外成立了一家新公司,名为仙童半导体公司(Fairchild Semiconductor)。历史最终见证,这家公司在计算机行业发展中扮演了举足轻重的地位,甚至可以说,加州硅谷的诞生在很大程度源于这家公司。

在成立伊始,仙童半导体致力于克服硬布线设备在制造及可靠性方面的缺陷,实际上,他们唯一关注的目标就是与德州仪器公司(Texas Instruments,TI)在该领域的技术竞赛。他们的解决方案是调整制造工艺,缩小电子电路的尺寸,以便将电路设置在一小块半导体材料上。德州仪器公司率先实现了这个目标,并在1959年对其半导体"芯片"申请专利。但这种芯片仍需采用硬接线,因此,当罗伯特·诺伊斯(Robert Noyce)设计出所谓的"平面工艺"制造法时,德州仪器才发现,他们已被仙童半导体落在后面。这种方法实际上就是把接线嵌入硅片中。这两项新技术相互结合,彻底确立了晶体管的地位,也最终把真空阀打入冷宫。晶体管正在成为主流,全面渗入计算机业务的方方面面;面对不可逆转的形势,IBM不得不为以真空阀为基础的800和650型号计算机开发后继产品。作为IBM的第二代产品,1401计算机的目标就是成为这个替代品;通过加入晶体管而非阀门进行的技术整合,是人类向提升计算能力方面迈出的一大步。

电脑大战

对IBM来说,当务之急就是帮助企业降低以新计算机取代旧记账设备的成本。最初,采用自动计算设备意味着企业需要编程资源,并对实践方法进行重大调整。对此,IBM的对策是为客户提供一整套解决方案。换句话说,它既需要为客户提供硬件,还要提供相应的应用软件(如会计或工资软件包);或是提供一种简单、易学的功能,允许客户利用这些功能自行编程。IBM不仅拥有庞大的客户群,可以为其充分摊销编写这些应用程序的成本;还有与客户开展合作、引导客户参与开发的长期实践经验。因此,这对IBM而言并非难事。此外,新的1401计算机还配备了经大幅改进的打印机,比其之前的运行速度快了整整近4倍。这些功能对客户而言显然是无法拒绝的,于是,1401计算机似乎在一夜之间一炮打响。此时,行业结构已在参与者的数量和身份及其定位的细分市场等方面出现分化。不过,也可以把这个行业简单描述为两个竞争对手:一方是IBM,另一方是IBM的对手,包括形形色色的初创企业、大公司的相关业务部门以及某些技术过时但仍在为生存而奋斗的公司。

在这方面，真正有竞争力的只有两类公司——计算机的制造商和计算机部件的供应商。但软件依旧是设备制造商或其客户的专属领地。由于 IBM 已对行业形成绝对统治，因此，竞争对手必须决定他们需对此采用何种竞争策略。考虑到软件对大多数客户的重要性，因此，要说服潜在买家承担放弃 IBM 设备的风险，几乎是不现实的。对其他公司来说，它们只有两种选择：要么只涉足软件本身对客户不重要的专业细分领域业务，在这个领域生产与 IBM 兼容的设备；要么全面接受 IBM 的标准。控制数据公司（Control Data Company，CDC）以及后来的克雷研究（Cray Research，CR）等公司采取了细分市场路线，为复杂技术型客户提供功能强大的高端计算机，但无论如何，它们都需要具有独立开发自有软件的能力。霍尼韦尔等其他公司选择了与 IBM 兼容的发展路径；1963 年底，霍尼韦尔推出"200"计算机，在价格完全相同的情况下，这款机器的计算能力几乎相当于 IBM 1401 的 4 倍。此外，RCA 也采用了类似策略，它的方法是先等待 IBM 发布新型号机器，然后，再尝试以更低成本制造具有相同性能的产品。而巴勒斯加法机公司和 NCR 等公司依旧延续自己的系统，它们利用对特定客户群的具体专业能力——尤其是在银行和零售等领域的客户，通过个性化产品和服务维护自己的客户群。

但是在 20 世纪 60 年代初期，正当 IBM 雄心勃勃地为统一产品线而采取必要措施时，风险却陡然增加。当时，IBM 不同型号计算机之间的兼容性还很有限。按这个策略，IBM 的目标就是采用单一操作系统的同一系列产品，而不是为每个型号产品机量身定做不同的操作系统。按以往的情况，如果客户希望对计算机进行升级，就有可能需要进行大量的重新编程和重新培训，在很大程度上，这无异于更换供应商。显然，这不仅会让 IBM 在维持客户方面承受巨大风险，而且在以有限资源满足不同型号产品需求的时候，必然会带来巨大的额外成本。经过多番辩论，IBM 决定采取全系列产品兼容性策略。鉴于"Honeywell 200"对抗 IBM 主要产品取得的成功，这无疑是一项不得已而为之的艰巨任务。1964 年，IBM 在美国各大城市同时发起一场大规模媒体宣传活动，隆重推出 System 360 产品（见图 8-5）。

System 360 型计算机的面世一鸣惊人，取得空前成功，也进一步巩固了 IBM 的市场领导地位。由于兼容性计划的成功几乎改变了整个行业，因此，也让 IBM 成为监管机构的重点关注对象，其试图在滥用市场、实施垄断行为和反垄断法案等方面找到 IBM 的"罪证"。尽管 IBM 赢得了大多数诉讼，但这一番狂轰滥炸无疑给公司带来了心理阴影。似乎 IBM 的每一个举动都需要经过最严厉的法律审查，对一个充满生机活力而且正处于高速发展中的朝阳产业来说，这绝非理想中的情境，而且这只会让一家原本已步履沉重的大公司难以招架（见图 8-6）。

图 8-5 旗开得胜：一鸣惊人的 IBM "System 360" 大型计算机

图 8-5 旗开得胜:一鸣惊人的 IBM "System 360" 大型计算机(续)

图 8-5　旗开得胜：一鸣惊人的 IBM "System 360" 大型计算机（续）

资料来源：*New York Times*，1966 年 1 月 21 日、1969 年 8 月 21 日和 1964 年 4 月 8 日。

第八章 追求更准确的计算 307

U.S. ACCUSES I.B.M. OF MONOPOLIZING COMPUTER MARKET	**BREAKUP OF I.B.M. IS ANTITRUST GOAL** Justice Agency, Disclosing Aim of 3½-Year-Old Suit, Asks Separate Entities *New York Times* *17 October 1972*	A Giant Under Government Scrutiny *New York Times* *26 January 1969*	**Suits Cloud Outlook For I.B.M.** *New York Times* *26 January 1969*
Suit Charges Company With Preventing Competition In Digital Equipment Field		**I.B.M. Faces Fine Of $150,000 A Day In Contempt Case** Refusal to Give Documents In U.S. Antitrust Action Prompts Penalty COMPANY FILES APPEAL A Privileged Lawyer-Client Role Cited – Ruling Here Effective Tomorrow *New York Times* *2 August 1973*	
BREAKUP MAY BE ASKED Action is 3d Major Antitrust Move in Final Days of the Johnson Administration *New York Times* *18 January 1969*	**U.S. Seeks To Fine I.B.M. $1-Million** Department of Justice Cites Failure to Yield Data *New York Times* *21 June 1973*		**Size of I.B.M. Raises Problems For Trust Busters** *New York Times* *13 February 1972*
Order Against I.B.M. Upheld On Appeal	*I.B.M. Assails U.S. On F.B.I. Use In Suit* New York Times *7 May 1976*		*I.B.M. Files Motion In Antitrust Case Opposing U.S. Move* *New York Times* *12 November 1974*
I.B.M. Resists U.S. Court Move Disputes Motion For Plans Data *New York Times* *22 February 1979*	*I.B.M. Antitrust Suit Opens With U.S. Seeking Break-Up* Justice Department to Use Company's Files in Evidence *New York Times* *20 May 1975*	U.S. Is Set To Discuss I.B.M. Suit *New York Times* *11 March 1980*	**I.B.M. Told to Yield Papers U.S. Seeks** High Court Backs Justice Department's Request in Antitrust Prosecution - Validity of Fine Is Upheld *New York Times* *14 May 1974*
I.B.M. Case Also Many Years Old *17 January 1981* *End of Action on I.B.M. Follows Erosion of Its Dominant Position* *New York Times* *9 January 1982*		**Judge Sets June Deadline In I.B.M. Antitrust Trial** *New York Times* *18 April 1981*	**I.B.M., Government Rest in Antitrust Suit** *New York Times* *2 June 1981*
Antitrust Case Against I.B.M. Dropped *New York Times* *9 January 1982*			**Why Baxter Dropped the I.B.M. Suit** *New York Times* *9 January 1982*

图 8-6　四面受敌的"深蓝"：对 IBM 长达 13 年的监管审查
资料来源：根据史料编辑整理。

分时操作：超前时代的思维

用户始终要面对的一个问题就是成本。大型计算机的采购价格和维护成本都很高，因此，提高效能的关键在于增加用户数量。要扩大用户数量，就需要实现机器的共享：换句话说，这就是分时操作（timeshare）的概念。最初，分时采用的是对计算机任务进行分批处理的方式。用户可以在卡片上输入自己的程序，然后将程序提交给处理中心。由处理中心对这些任务进行汇总并统一分配，以确保充分利用机器的计算能力。这种模式对机器而言是有效的，但对用户来说并非如此，因为用户程序需要经过长时间延迟后才会执行。这就需要一种新的操作系统，能允许多用户在同一计算机上同时执行各自的任务，而且不会干扰彼此的进度。

开发分时操作模式的理论基础在于计算能力的规模经济效应观点，"格劳希法则"（Grosch's Law）将这种观点总结为："计算机的性能随计算机价格的平方而变化。"尽管计算能力与价格平方之间的关系缺少科学的严格证明，但它至少可以反映一种基本逻辑，即，在计算机上多花 1 美元所带来的计算能力远远不止 1 美元。如果真是这样的话，这个逻辑实际上就是推荐采取类似发电的操作模式——由中央发电机把电力分配给最终用户。计算机效用程序框架就此诞生。因此，当时商业开发的重点是"效用计算"（utility computing），这个概念在金融市场上体现得尤为明显。这种计算网络可以实现的潜在市场与随后出现的互联网市场如出一辙。尽管这项技术本身最后无疾而终，但分时计算的基本思想在多年后提起来，依旧令人如痴如醉。

对计算能力和全球信息系统实现通用存取访问的宏伟愿景在金融市场得到了验证，事实证明，当金融市场的胃口受到技术领域的飞跃性成长刺激时，这种诱惑力显然不可抗拒。让所有人分享技术商品的情景不仅让人心旷神怡，而且注定会带来不可思议的利润。由于当时的整体经济形势趋于活跃，因此，以此为目标的创业企业不难找到资金。一夜之间，几乎所有被视为与分时操作有瓜葛的公司，都会发现手里的股票越来越值钱。位于得克萨斯州达拉斯的大学计算公司（University Computing Company，UCC）就是从事计算分时操作系统的企业。它们同样迎来了令人兴奋的时刻，公司的股价从每股 1.50 美元径直上涨到 155 美元以上，但好景不长，股价在高位短暂停留之后便跌入红尘。和所有其他从事分时业务的公司一样，UCC 的问题也在于，实现集中计算需要极其复杂的软件，这就会导致成本大幅增加，但是在处理能力成本的下降，致命地破坏了该业务的商业前提。因此，在这个被金融市场热切期待的概念被彻底证伪时，带来的打击可想而知（见图 8-7）。

在分时计算方面，美国军方与商业部门有着相同的愿景。但问题同样不少。其中最主要的问题是核攻击给中央通信构成的威胁。与神经中枢会因一次攻击而瘫痪的系统相比，分时操作系统的优势是显而易见的，它能把分布在不同地理位置的设施连接为一体，而且在一部分程序被禁用时，该系统可以继续运行。因此，开发复杂通信和分时网络不仅有盈利性的商业逻辑,更有军事安全方面的原因。至于这个愿景为何要经过 20 到 30 年才成为现实,是因为分时概念所依据的商业逻辑存在先天性缺陷。事实证明,假定计算机的性能与计算机价格的平方成正比的格劳希法则很快便成为过气的理论,因为几乎就在它被广为传颂时,计算技术已发生了翻天覆地的变化——首先是小型计算机的面世,而后是个人计算机的出现,可见,格劳希法则赖以生存的土壤已不复存在(见图 8-8)。

图 8-7　大学计算公司

资料来源:根据史料编辑整理。

大学计算公司相对于美国股票市场的相对价格

图 8-8 分时操作业务的现实：超前时代的思维

资料来源：CRSP, Center for Research in Security Prices, Graduate School of Business, University of Chicago, 2000. (Used with permission. All rights reserved. www.crsp.uchicago.edu.)

尽管如此，在大型机占主导地位的背景下，集中处理仍是重中之重。冷战以及苏联在火箭和太空技术等方面取得的优势，加剧了西方对遭遇潜在核攻击的担忧。这就为他们创建一个以推进军事与国防研究为主导的机构提供了动力。在苏联率先成功试验人造卫星的冲击下，美国国防部高级研究计划局（ARPA）于 1958 年正式成立，3 年后，在把太空业务转移给美国国家航空航天局（NASA）之后，ARPA 开始专门从事国防项目研究。从那时起，ARPA 的资金在引导美国前沿性技术研究中开始扮演举足轻重的角色。而该机构研发分时操作技术的主要目标，就是创建单一的网络。在创建 7 年之后，以攻克不同分时系统之间缺乏互动性问题为目标的项目成为 ARPA 的主要资助对象。

到 20 世纪 60 年代中期，ARPA 已开始对多个网络进行连接，并最终构建起所谓的 ARPANET（阿帕网），正是以该网络为基础，后来才逐渐演变出今天的互联网（Internet）。但当时的计算领域研究由大型机主导。不过，随着计算机技术的持续进步，这个世界终将被毫不留情地彻底摧毁。尽管这些技术进步与大型机的发展进程保持同步，但真正有商业价值的技术突破还远未到来。

从大型机到小型机

市场的分裂和 IBM 的主导地位得益于进入壁垒——要为客户提供从软件到外围设备的完整解决方案，显然是大多数厂商无法企及的任务。即便新进入者在技术上可以满足这些要求，但成本之高也会让他们望而却步。因此，他们的切入点往往在于为不需要"完整解决方案"的高端客户提供专有解决方案。而这种类型的两大客户群就是学术界和军方。因此，新进入者大多与这两类客户群体存在关联。例如，与哈兰·安德森（Harlan Anderson）共同创立数字设备公司的肯·奥尔森

（Ken Olsen），曾参与过麻省理工学院组织的"旋风计划"项目。怀抱把理论演示转化实际应用成果的愿望，奥尔森在 1957 年创建了数据设备公司（Digital Equipment Corporation，DEC）。作为风险投资行业的先驱之一，美国研究与发展公司（American Research and Development，ARD）为奥尔森出资 7 万美元，希望能够利用战争时期的技术进步。在当时的形势下，DEC 还无法与 IBM 面对面地战略竞争；相反，根据 ARM 的建议，他们采取的策略是针对高端复杂用户建立桥头堡。事实表明，这个选择是无比正确的。

最初，DEC 把自己的主要业务定位于为其他制造商提供数字电路板，但在 1960 年，公司向市场推出自己的第一台计算机，为了不引起 IBM 的关注，他们把这台计算机称为程控数据处理机（PDP-1）。由于只关注处理器而不考虑外围设备，因此，DEC 为 PDP-1 制定的价格只有 12.5 万美元（相当于今天的 80 万美元），与当时大型机动辄 100 万美元甚至更高的价格相比，这样的价位显然是极富竞争力的。唯一的不足之处，就是这款计算机仅适用于规模相对较小的细分市场。DEC 的重大突破来自于 PDP-8 计算机，这也是第一台使用集成电路的计算机。PDP-8 解决了所有计算机设备用户不得不面对的瓶颈问题。在 PDP-8 之前，用户往往需要在 IBM 的大型机上争夺有限的访问权限和使用时间。由于这些权限全部掌握在大型机管理员的手中，就会导致某些用户难免受到歧视。在这种情况下，对大批潜在客户而言，PDP-8 的上市无异于一种救赎。

无论是出于刻意的设计，还是不经意而为之，DEC 确实填补了计算机市场的一个未来空白，打造出小型机这个潜力无穷的细分市场。DEC 的客户主要是研究机构和中型企业。不久之后，大批定制性软件的面世，让用户形形色色的需求得到了满足。尽管 IBM 在大型机领域依旧拥有压倒性优势，并从中收获不菲利润，但它们仍对 DEC 这个对手的突兀而至感到措手不及。在很短时间内，DEC 便迅速成长为全球第二大计算机生产商。DEC 的简单策略很快吸引了其他竞争对手的跟进，但是，当它们还处于起步阶段时，DEC 已公开上市，一举融资 825 万美元（现今超过 5 000 万美元），与此同时，它们开始效仿 IBM，在自己的细分市场构建进入壁垒，将可能遭受的直接威胁拒之门外。它们为此采取的措施包括开发外围设备、软件以及销售/顾客支持服务。它们唯一的问题就是客户已把贝尔实验室开发的 UNIX 操作系统作为首选。此时，计算机市场已开始分化，若干细分市场正在形成。大型主机仍有市场，但小型计算机已开始赢得更多顾客。小型机不仅仅是低成本的精简版大型机，更重要的是，它们在扩大整个市场边界的同时，已开始悄然无息地侵蚀大型机市场（见图 8-9）。显而易见，计算机获取处理能力的成本已进入加速下降轨道。

> "IBM 目前拥有全美国在用的所有电子制表机，这些机器相当于美国目前全部制表机总量的 90%。剩余 10%则是由雷明顿·兰德公司制造的机械式制表机，而且这些机器要么以出租形式在用，要么归用户所有……与此同时，在美国政府使用的全部制表机中，95%以上归 IBM 所有。"
>
> ——美国司法部，1952 年
>
> "……微型芯片的引入……让 IBM 兼容计算机的设计成为易于管理和控制的标准化任务。尽管 IBM 拥有全球 70%的计算机市场份额，但它的地位已不再稳固。"
>
> ——《经济学人》，1982 年 7 月 24 日
>
> "IBM 在全球计算机市场中占有的份额从 1967 年令人瞠目结舌 60%，下滑到 1980 年的 40%左右。"
>
> ——《财富》，1983 年 6 月 13 日
>
> "IBM 的市场份额已大大缩水……尽管 IBM 占据全球大型机市场的一半，但是在小型计算机方面，它仅占有 15%左右的市场份额。在个人电脑中，它的市场份额更是只有 10%。"
>
> ——《经济学人》，1990 年 11 月 17 日
>
> "20 世纪 80 年代初，在市场份额达到近 70%的巅峰之后，IBM 目前在 PC 市场上的份额还不到 10%。"
>
> ——《经济学人》，1996 年 7 月 29 日

图 8-9 缩水的巨人：IBM 的市场份额持续下降（1952～1996）

资料来源：根据史料编辑整理。

本章小结

计算机技术的出现不同于其他很多技术，因为它的最大金主是政府。当然，其他行业也会得益于政府的资金以及强化军事实力的需求，但无论在和平时期还是战时，提高计算能力的背后都有政府的身影。从税收和开支两个方面出发，政府都需要更强大的数据收集与分析能力。在军事领域，弹道学领域始终饱受实用计算能力的制约。与此同时，企业和政府对计算能力的需求也在迅速增长。因此，尽管巴贝奇的理论研究并未转化为实用的商业产品，但正是在他的启蒙和鼓舞下，很多人走上了这条改变人类社会未来的探索道路。

巴贝奇的经历表明，政府也和其他客户一样，随时会产生形形色色、五花八门的意见、看法和需求。但是在不得不面对战争时，这些需求便成为发明创造的源泉。在和平时期，技术发展的脚步可能会显得更加四平八稳。在美国，霍尔瑞斯公司率先拿到人口普查局的重大合同，这让人们看到计算能力的商机，而美国计算器公司和国民收银机公司等企业也开始涉足面向商业领域的计算产品。但是，这些公司享有的先发优势，结合它们所采取的某些不当商业行为，最终导致他们与担心垄断和妨碍充分竞争的政府当局发生冲突。在进入 20 世纪伊始，全球经济陷入危

机,但这些公司所代表的业务板块依旧维持盈利和成长;股票市场则呈现出冰火两重天的格局——电话和无线电等其他行业被极度兴奋和火热炒作所笼罩,而计算市场却丝毫不为所动。市场的冷漠或许是因为这项业务的规模还很有限,或是因为计算市场进入的资本门槛过高。当然,也可能是因为需求相对较为清晰,而且产品在总体上需要更高精密度的工艺流程,两者相互叠加,让这场竞争变成不成功便成仁的单行道,扼杀了市场对产品需求的想象空间。

在第二次世界大战期间,尽管计算市场延续稳步增长态势,但计算机技术本身却实现了巨大飞跃,模拟机器被更新的数字机器所取代。战争消除了对研究投入和开支的限制,同时也汇集了当时所有最优秀的科学家。而且研究不只在大学和政府研究机构层面进行,也成为当时很多大公司的任务。最终的结果不难想象:到战争结束时,基础研究为这项技术和行业奠定了更坚实的基础,但更重要的是,研究的重点也转移到设计和制造更有实用价值的机器。战后,大型机成为和平时期的市场宠儿。

因此,在行业发展的早期阶段,根本就不需要以无休止的宣传去维系私营部门的投资,也就是说,既不需要去证明理论的正确性,也无须向外界展示某种形式的商业可行性。这并不是说这些任务完全没有必要,而是因为出资者基本上只有政府,而且出资行为是在战时特殊条件下发生的。在战时成果基础上创造出具有商业价值的机器,不可能是一夜之间发生的事情,而且金融市场或媒体最初似乎也没有意识到这种转化的重大意义。首先,在行业起步阶段,发明者始终在迎合政府需求,而不是私营部门。其次,一项技术从出现到进入成本下降且处理能力提高的阶段,需要经历相当长的时间。实际上,直到用晶体管取代真空管时,这个阶段才终于到来,并随着半导体的使用而开始加速。可以说,晶体管成为计算技术实现飞跃的节点——突然之间,市场规模不再受资本支出水平的限制,而是取决于生产商为增加客户群规模而降低机器成本的能力。这种能力扩张带来的影响在行业巨头IBM的身上体现得淋漓尽致。

对 IBM 来说,扩张给他们带来了极为丰厚的回报,以至于它们甚至忽略了给自己带来利润的趋势。这就给 DEC 等公司提供了机会,使其得以造就并填补那些不为 IBM 关注的细分市场,并实现了同样可观的回报。但具有讽刺意味的是,尽管 DEC 以尺寸更小、功能更强大的机器创造出一个更赚钱、更有前途的新业务,但并未马上形成一种趋势。相反,直到个人计算机出现之后,人们才认识到这种理念和技术的重要性,并由此演化为趋势。同样,只有当增长前景趋于明朗时,对新技术的冷漠才会被狂喜所取代。在趋势明朗之时,股市就会像决堤的大坝一样势不可挡——股价将扶摇直上，远远超过正常收益或合理预期所能达到的水平。

战后 20 年见证了一个全新产业的诞生。沉重缓慢的计算器已变成轻巧快捷的计算机。真空管、晶体管被随后出现的半导体所取代。以开发计算技术为目标的新公司如雨后春笋般出现。即便在现有的大型机市场中，竞争对手也开始浮出水面——尽管这个市场依旧是 IBM 的天下。而 DEC 则缔造出一个全新的小型机市场。最后，还有些公司加入到组件、外围设备和软件供应商的行列。其中最引人注目的当属英特尔，和大多数半导体专业企业一样，它同样来自仙童半导体公司。

兼容性已成为整个行业的竞争焦点。新的小规模生产商唯有掌握现有的知识和产品基础，才有希望进入这个市场。既然客户不愿承担更换供应商的成本，因此，他们的唯一希望就是提供兼容性产品。这就让处于统治地位的供应商成为巨无霸级别的存在，也成为行业标准的缔造者。但是，由此产生的虚幻的安全感，却有可能让这些霸主级企业错失新机遇，以至于在不知不觉之间落后于行业发展。但兼容性也带来了另一个悖论：尽管微处理器的设计和生产已成为专业性公司的专属领地，但顶级公司依旧是行业发展头部的操纵者。

── 第九章 ──

大众化处理能力
PC 机的兴起

它到底有什么用啊？㊀

——罗伯特·劳埃德（Robert Lloyd），IBM 高级计算系统部门工程师，在谈到微处理器实用价值时的说法，1968 年

任何个人都没有理由拥有自己的计算机。㊁

——肯·奥尔森（Ken Olsen），数字设备公司（DEC）总裁，波士顿全球未来协会 1977 年会议

812k 内存的计算机对任何人来说都足够用。㊂

——比尔·盖茨，微软创始人兼 CEO，1981 年

㊀ C. Cerf and N. S. Navasky, *The Experts Speak: The Definitive Compendium of Authoritative Misinformation*, New York: Villard, 1998, p.231.
㊁ 同上。
㊂ 同上。

PC 的起源

DEC 以集成电路技术为基础开发出 PDP-8。凭借这款新产品，它们为所有类别用户提供了通用性解决方案。实际上，它所填补的市场空白也恰恰是行业本身的缺陷。在经济学层面，市场对计算能力的需求具有高度弹性——也就是说，需求对价格高度敏感。此外，尽管需求也会受使用的简洁性和产品的便携性所影响，但最直接、同时也最明显的反应还是价格，尤其是允许以分时方式访问大型机的价格点。这始终是 DEC 的成功秘诀，但无论是 DEC、IBM 还是其主要竞争对手，都没有深入挖掘这种成功的内在逻辑。在这个逻辑的背后，暗示着一个以更低价格推出新产品的潜在巨大市场，但它们尚未意识到这个市场的存在。

由此可见，个人计算机（PC）市场的形成可以归结为偶然——在漫无目的的探索过程中，有人偶然间发现了它的存在。不同于某些以取代现有方法为目的因而具有明显商业标准的技术创新，个人计算机的经历更接近于无线电的副产品——广播。马可尼及其他早期先驱者的初衷，是取代基于有线模式的一对一通信。最初，仅有"业余爱好者"认识到无线电作为广播媒体的可能性，并致力于这方面的探索，但在此之前，无线电完全没有显示出商业价值属性，更不用说吸引现有媒体企业进入这个市场。

就无线电而言，业余爱好者需要的是提高制造效率，于是，他们通过降低真空管的成本来满足个人的爱好。对个人电脑而言，市场的形成依赖于诸多要素。首先，必须提高计算机的处理能力和内存容量，以进一步降低成本。其次，必须开发出适用于计算机的相应软件。再次，必须以合理成本提供相应的外围设备。这与 20 世纪五六十年代生产商面对的要求非常接近，但不同之处在于，不再需要它们完全来自一家公司。这意味着行业的巨变，因为资本来源（无论是来自企业融资还是政府合同）不再是进入市场的先决条件。资本固然重要，但所需要的金额已大大减少。

在个人计算技术的发展历程中，英特尔公司（Intel）及其同名的半导体或"芯片"产品扮演着关键角色。它起源于另外两家具有先驱色彩的半导体企业——肖克利半导体实验室和仙童半导体公司。1957 年，这家半导体行业的"航空母舰"成立于加利福尼亚州的山景城，究其根源，是因为罗伯特·诺伊斯和戈登·摩尔（Gordon Moore）一直对威廉·肖克利的领导心存不满。在肖克利任职期间，他们始终无法让坊间知名金融家接受自己的未来愿景。因此，他们认为，唯一可行的方案就是自立门户。当初从贝尔实验室出走的这些精英创建了肖克利半导体实验室，如今，所有人"背叛"了肖克利，准备另起炉灶。

在第一次尝试筹集资金时，他们拟出一份名单，列出他们认为有可能希望进入半导体领域的潜在公司。在投资人亚瑟·洛克（Arthur Rock）的带领下，他们开始联系名单上的每一家公司。但成功率很低，不仅没有人为他们出资，甚至没有一家公司愿意听听他们的想法。于是，他们开始加大搜索范围，最终，被后人称为"肖克利八杰"的这批科学家如愿以偿，凭借工业家谢尔曼·费尔柴尔德（Sherman Fairchild）及其摄影器材公司的出资，他们创建了仙童半导体公司（Fairchild Semiconductor Corp）。正是凭借这个新的半导体部门，费尔柴尔德在商界和股票市场上大获成功，并续写了一段不朽的传奇。事实证明，这家半导体公司一经成立便打开局面，迎来成功，这也促使仙童摄影器材公司在1959年底行使当初设定的期权，取得新公司100%的控制权。那一年，仙童半导体公司的半导体销售收入整整增长了10倍。在随后的几年中，公司对研发及生产设施再次进行大手笔投资，让仙童半导体继续维持全球最大硅晶体管生产商的领先地位。在这个新兴高成长领域中，仙童半导体也迎来了爆发期，此时，公司股票在股票市场上的表现已不只是业务兴衰的象征，更反映出市场对公司的殷切期待。

公司最初的经营状况基本再现了其他计算机企业的模式：依赖于政府采购。可以说，仙童半导体公司是冷战的直接受益者，它们的一项重要业务就是为美国洲际弹道导弹的电子设备提供集成电路。公司的第一份大订单就是"民兵"项目。仙童半导体的业务代表了当时半导体设计和制造技术的最前沿；因此，它们在实际上也扮演了打造半导体工程师和企业家的行业培训基地，这些人在成为仙童半导体的竞争对手之前，几乎都会在这里锤炼技能、磨炼意志。随着公司的发展，最初创业的"肖克利八杰"再次分崩离析，先后进入后来的"硅谷"创立了自己的公司，其中包括国家半导体公司（National Semiconductor）、创超微科技（AMS，后来的AMD）、泰瑞达电子（Teledyne）、瑞姆半导体（Rheem）和西格尼蒂克（Signetics）等半导体企业。

在它们当中，很多公司都曾有过自己的辉煌，但决定性时刻出现在1968年，罗伯特·诺伊斯和戈登·摩尔在离开仙童半导体之后，组建了英特尔公司。对诺伊斯和摩尔来说，仙童半导体已成为一个令人沮丧的地方。一系列的人事变动，已让他们觉得无力控制自己的命运，也让公司丧失了技术进步的动力。仙童半导体已成为其作茧自缚的受害者。尽管它或许是一个行业的缔造者和原动力，但最终命运却令人唏嘘不已——1979 年，公司以非常低的价格出售给从事石油服务和设备业务的斯伦贝谢（Schlumberger），但随着业绩的进一步下滑，1987 年，公司又被转售卖给美国国家半导体公司。仙童半导体的股票曾是当时最让投资者魂牵梦绕的绩优股；后期股价的衰落也是反映公司命运的真实写照（见图 9-1、图 9-2）。

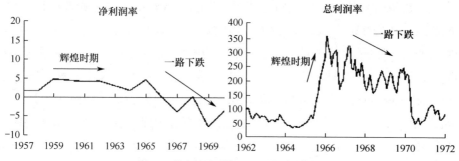

图 9-1 仙童摄影器材公司：从辉煌到绝望

资料来源：CRSP, Center for Research in Security Prices, Graduate School of Business, University of Chicago, 2000. (Used with permission. All rights reserved. www.crsp.uchicago.edu.)

FAIRCHILD CAMERA SEES A PROFIT RISE

Forecasts at Annual Meeting Include a Sales Gain

Sales of the Fairchild Camera and Instrument Corporation should rise 20 per cent this year over the $181,115,000 of 1965…

7 May 1966

Executives' Shift to Fairchild Brings U.S. Suit by Motorola

Motorla, Inc., went to court yesterday to retaliate against the Fairchild Camera and Instrument Corporation, which had lured away eight Motorola executives earlier this month

5 September 1968

CHAIRMAN LEAVES FAIRCHILD CAMERA

Chief Stockholder Assumes Top Post – Earnings Fall

The Fairchild Camera and Instrument Corporation announced yesterday the resignation of John Carter, its chairman. It also reported a sharp decline in third-quarter profits and predicted that earnings in 1967 would be "well below last year."

20 October 1967

Fairchild Camera Cutting Back Costs

The Fairchild Camera and Instrument Corporation announced yesterday cost-reduction measures including executive salary cuts and a 9 per cent reduction in the work force.

6 August 1970

Fairchild Camera Sees Improvement

Stockholders of the Fairchild Camera and Instrument Corporation were told yesterday not to expect a "sudden recovery" of the company to its past profitability level.

17 June 1969

R & D spending

THE GRANDFATHER of silicon valley, Fairchild, was the spawning ground for today's industry leaders. Charles Sporck, president of National Semiconductor, Jerry Sanders, president of Advanced Micro Devices, and Robert Noyce, vice-chairman of Intel, are all Fairchild alumni.

While companies started by ex-Fairchild employees grew to become industry leaders, Fairchild itself fell pitifully behind in semiconductor technology through the 1970s.

Gould Offers $300 Million for Fairchild

Gould Inc., one of the nation's leading producers of electrical parts and auto batteries, offered yesterday to pay nearly $300 million in cash and stock for the Fairchild Camera and Instrument Corporation.

27 April 1979

Schlumberger Reports a Plan to Acquire Fairchild

Schlumberger Ltd., a leading provider of services to oilfield companies worldwide, said yesterday that it had entered into an agreement providing for the acquisition of the Fairchild Camera and Instrument Corporation.

20 May 1979

Fairchild Camera's New Suitor

Schlumberger Ltd. plans to acquire the Fairchild Camera and Instrument Corporation for $363 million in cash. Fairchild has been fighting to stave off a takeover bid by Gould Inc.

Under terms of the deal announced over the weekend by Schlumberger, a major international supplier of services for oil producing and exploring, holders of Fairchild Camera would receive $66 for each of the 5.5 million shares outstanding.

21 May 1979

Schlumberger Gets 97% of Fairchild

About 97 percent of the outstanding common stock of the Fairchild Camera and Instrument Corporation has been tendered to Schlumberger Ltd. under a takeover offer of $66 a share that expired yesterday, Schlumberger reported.

20 June 1979

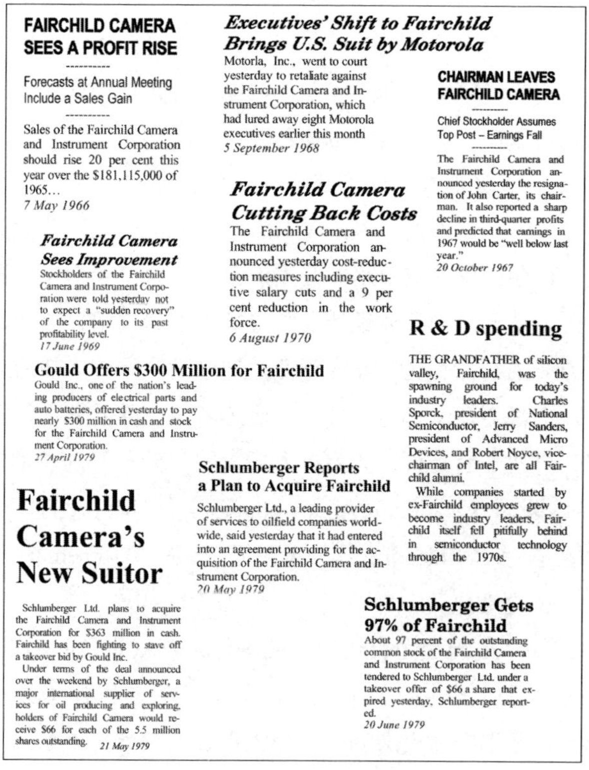

图 9-2 仙童半导体的兴衰

资料来源：*New York Times*（日期如图片中所示）。

英特尔的诞生

从肖克利时代，摩尔和诺伊斯就一直是相伴而行的同事，他们离开仙童半导体公司，是为了把握自己的前进方向。在创建新公司时，他们并没有使用"摩尔—诺伊斯电子"这样的名称。两位合作伙伴将自己的新产品定名为英特尔（Intel）——这个词也是"集成电子"（Integrated Electronics）的缩写。英特尔成立于1968年，种子资金约为25万美元（相当于今天的120万美元），由摩尔和诺伊斯提供；随后，亚瑟·洛克又为公司增资250万美元（相当于今天的1 200万美元）。洛克曾参与过很多新兴行业的初创企业，其中就包括仙童半导体，而且也是一位充满激情、能力超群的公司推广者。从一开始，洛克就对公司的未来坚信不疑。

长期的合作已让摩尔和诺伊斯知己知彼，因此，两个人之间几乎不存在任何障碍，毕竟，他们的能力早已得到了验证。但更重要的或许是，他们提出的商业模式已得到金融市场的认可，这种认可充分体现在仙童半导体的股价中。此外，他们还有洛克的支持，凭借以往的投资业绩和口碑，只需给洛克两天的时间，他就可以找到新的合作方，为新企业筹集到足够的资金。

创建英特尔的初衷是研发和制造内存芯片，但这份只有一页纸的"商业计划书"不过是他们的意向声明，根本算不上精心设计的完整文件。实际上，英特尔所出售的，只是创始人生产复杂新型集成电路的能力。尽管存储芯片可以体现这种能力，但推动他们探索的最大动力则是为集成电路探索新的用途。希望以开发集成电路新用途来增加产量并提高生产效率的公司并非只有英特尔。当然，也并不是只有英特尔才认识到这一点，充分发挥芯片的功能和用途，也为他们下一步的开发提供了强大的营销工具。

英特尔真正需要的，是对其所设想产品的巨大需求。这个巨大需求的源泉，实际上也是最初推动查尔斯·巴贝奇探索研究的目标——精确计算。随着技术模型由模拟计算转为数字计算，加法机的规模和复杂性也在不断增加。大型机以及随后的小型机以前所未有的精度和速度进行复杂计算。这为政府在国防及人口研究等领域的大规模数据处理提供了极大支持。但对其他人来说，计算能力的价值是有限的。当时已经出现的电子加法机只具备最基本的功能，如果作为精密设备，其生产和采购的成本将令人望而生畏。因此，如果能让加法机或计算器的成本下降到合理水平，无疑将造就一个无比巨大的潜在市场。

计算器——意外而来的大众商品

在很多方面，都可以把计算器视为以往世代科学家研究成果的自然结晶。政府需要依赖数学计算完成其两大任务——公共财政和国防，无论是拿破仑时期的税收计算，还是丘吉尔时期的密码破译，归根到底，都取决于计算能力。因此，各国政府对资助和刺激计算能力的发展有着浓厚兴趣。在二战期间及之后的一段时期内，弹道科学将这种需求提升到了新高度，而且要求计算的复杂程度也大幅提高。于是，研究人员制造出外形庞大、成本高昂的大型计算机，并以此为基础不断改进。计算机的使用开始从政府、军事和学术部门对外蔓延，并逐渐开始在私营部门发挥作用，譬如加法机在20世纪五六十年代之前的发展情况，就是这种趋势的完美体现。

晶体管和半导体的出现为缩小计算机的外形尺寸提供了基础。DEC首先推出小型机，与IBM在大型机领域的主导地位形成抗衡。实际上，半导体研究本身就已成为一个产业。"格劳希法则"因小型计算机的出现而受到挑战，随后因微处理器的诞生而彻底被否定。另外，科学的进步又引申出一个全新定律，而且恰好与"格劳希法则"形成对立。科学家把技术进步的速度巧妙地归结为摩尔定律（Moore's law），该定律最早出现在1965年《电子》（*Electronics*）杂志的周年纪念版中。摩尔定律的大致含义是，计算机芯片的复杂性程度每年约增加一倍左右。戈登·摩尔不仅是定律的提出者，作为英特尔的创始人之一，他也用个人的探索和实践验证了该定律，但归根到底，对计算能力的潜在需求才是实现摩尔定律的决定性要素。

电子计算器就是一个技术进步的典型例子——它始于纯科学研究，然后，不得不寻找之前尚未明显存在的商业渠道。在计算器出现之前，计算尺是进行小规模计算的主要工具。虽然计算尺在当时条件下发挥了巨大作用，但使用起来并不方便。最早的电子计算器使用了复杂的齿轮及传动系统，属于典型的精密制造产品；而且主要制造商均来自拥有先进技术和设备的发达经济体——如美国、德国、意大利和英国。在樫尾家族（Kashio）尝试把原有业务转移到这个被他们视为新的增长领域之前，日本还不存在名副其实的电子行业。此外，他们的唯一发明就是香烟指环，一种装有香烟并戴在手指上的金属戒指。使用香烟指环，吸烟者就可以一边吸烟一边工作。这款产品的一个关键卖点是，由于战后日本的烟草极为匮乏，香烟价格畸高，因此，有了香烟指环，吸烟者就可以最大限度地将香烟抽到头而不至于烫伤手指！尽管后期他们采取了镀铬和改进外形等措施，但这款奇特产品的需求最终还是悄然消失。

1950 年，樫尾俊雄（Toshio Kashio）设计出一种使用螺线管的电子计算器，但马上便进行了改进，转而采用继电器，这就避免了现有机电控制机器带来的噪音问题。经过七年的坚持，他的产品模型最终告成。新计算器的尺寸约为 3 平方英尺，重量与一名相扑选手差不多。这款计算器的价格明显低于进口产品，而且随着价格不断下调，再加上日本经济的快速复苏，销量开始飞速增长。在继续快速增长的过程中，公司扩大了产品范围，纳入科学计算器。更名后的卡西欧公司（Casio）业务兴旺，未来似乎一片光明。

直到 1964 年中旬，夏普推出日本的第一款电子计算器，田园诗般的格局被彻底打破。一夜之间，卡西欧的继电器式计算器在技术上便彻底过气。如果他们能紧跟美国技术的发展，就不会发生这种情况。即便是卡西欧公司的董事长后来也有所承认，初期的成功和由此带来的利润必然招致一定程度的自满，以至于全家人每周都会在当地的高尔夫球场举办三场家庭性的四球比赛，尽管公司的工程师也提醒过领导者这个新兴电子行业快速增长带来的威胁，但他们无动于衷。为此，公司不得不通过大幅裁员来度过危机。事实证明，卡西欧的很多竞争对手因为无法适应这种快速增长而销声匿迹。1967 年，卡西欧生产了台式电子计算器。新产品已经从相当于相扑手的重量减到一个小孩的重量。

实际上，夏普推出的新产品也可以追溯到二战期间盟军与轴心国开发的技术。二战期间，神户兵库飞机制造公司（Kawanishi Kobe）聘请了一位名叫佐佐木正（Tadashi Sasaki）的工程师，从事反雷达设备的研发工作。战后，这家公司与其他公司合并成立了神户工业株式会社（Kobe Kogyo）。这家公司在 20 世纪 60 年代初被富士通收购。佐佐木正是日本半导体产业发展历史中的关键人物。他曾造访过贝尔实验室，并与晶体管发明者之一的约翰·巴丁经常保持通信。佐佐木正很快便意识到晶体管的重要性，并在神户工业株式会社制订了相应的研究计划。

神户工业株式会社也是夏普的电子元器件供应商，当时的夏普还是一家家用电器制造商。在佐佐木正的提议下，夏普选派部分员工重新接受培训，这也是他们筹备计算器业务的一部分内容。1964 年，在神户工业株式会社被富士通吸收合并后，佐佐木正也正式成为夏普公司的高管，在那里，他负责公司计算器业务的筹备工作，并制造出第一台晶体管计算器。尽管佐佐木正始终在密切关注美国半导体行业的发展进程，却无法撼动夏普内部已有的共识——即主张对现有电路进行渐进式的改造，而不是试图把所有必备功能微缩到一张小小的芯片上。此外，对于佐佐木正开发这种芯片的主张，夏普的芯片供应商罗克韦尔自动化公司（Rockwell）同样予以拒绝，它们的理由是，这会抢占公司用于现有半导体业务线的宝贵资源，而且这项业务当时的盈利非常可观。㊀

1968 年，英特尔的罗伯特·诺伊斯曾访问过夏普公司。考虑到诺伊斯在仙童半导体公司的强大背景，佐佐木正有了新的设想：英特尔是否有意通过承包方式开发罗克韦尔不感兴趣的技术。佐佐木正提出这个建议，但拥有独家合作权的罗克韦尔拒绝了夏普的要求。㊁由于无法在夏普内部继续推进自己的开发路线，这让佐佐木正心灰意冷。于是，他决定单独为一家小型企业 Busicom 提供资金支持，此前，他曾为这家公司提供过技术。Busicom 的总裁与佐佐木正是大学校友。佐佐木正为 Busicom 提供资金 4 000 万日元（当时约合 12 万美元，相当于现在的 50 万美元），然后由 Busicom 与英特尔签订合同，开发佐佐木正未能在夏普推广的芯片产品。

在整个 20 世纪 60 年代，台式电子计算器始终属于美国公司的领地，但美国公司的制造成本太高，这意味着，它们的产品仅适用于科研及高端商业用途。由贝里·怀特公司（Barry Wright Corporation）下属部门生产的一款可编程台式电子计算器 Mathetron，也是美国最早的型号之一。1964 年，这款计算机的售价近 6 000 美元（相当于今天的 33 000 美元）。夏普专为科研和工程设计量身打造的"9 100B"计算机在 1968 年的市场价格为 4 900 美元（相当于今天的 23 000 美元），在此基础上，夏普随后又推出"Compet 361R"机型。这些机器对科学和商业界来说价值连城，它们大幅提高了计算能力，但也极大限制了计算机的使用范围。和当时市场上的大多数计算机一样，这些新设备只针对那些在日常工作中涉及大量计算的特定客户群体。

经济动机

想通过大众化市场扩张来巩固手持式计算器已经取得的成功，不仅是因为这个市场所拥有的潜在吸引力，也是为了通过创造批量市场来提高芯片生产的经济效益。1965 年，杰克·基尔比（Jack Kilby）和罗伯特·诺伊斯共同发明了集成电

㊀ W. Aspray, 'The Intel 4004 Microprocessor: What Constituted Invention?', *IEEE Annals of the History of Computing*, vol. 19, no. 3, 1997, pp.4–15.

㊁ 同上。

路。1958 年，任职德州仪器公司的基尔比和其两位同事提出生产手持式计算器的建议。他们的理由是，这种设备不仅会扩大产品自身的吸引力，也会增加集成电路的需求。1967 年 8 月，可在热敏纸上显示结果的电池供电"Cal-Tech"计算器问世。这标志着一个全新行业的开启。它的最初动力主要源自整个行业对低成本生产复杂电路的追求。

德州仪器并不是唯一选择这条发展路径的人。1968 年，公司创始人比尔·休利特（Bill Hewlett）曾要求研究人员设计一款袖珍计算器，拥有计算尺所具有的全部功能。这款计算器于 1971 年初完工，随后，公司又在 1972 年推出新型科学计算器 HP-35，当时的定价为 395 美元（相当于今天的 1 400 美元）。与此同时，德州仪器也在日本与佳能展开谈判，计划对基尔比设计的"Cal-Tech"原型进行商业化量产。1971 年，以这款原型为基础的 Pocketronic 袖珍计算器正式推出，售价为 345 美元（相当于今天的 1 300 美元）。计算器革命由此到来，一场似乎以旋风般速度进行的技术革命拉开帷幕。先发优势带来的盈利以及大众市场所隐含的无限魅力，吸引了数百家竞争对手加入这场取代传统手动计算设备的商战（见图 9-3）。

图 9-3 价格不菲的科学仪器：早期的计算器广告（Sinclair 与 HP35）

资料来源：G. Ball and B. Flamm, *The Complete Collector's Guide to Pocket Calculators*, California: Wilson1Barnett Publishing, 1997.

对英特尔来说，市场的诱惑力显然是无法抵御的。它的当务之急就是投资复杂芯片的开发，以确保实现批量生产与销售。新的计算器市场不仅是一个持续增长的大规模市场，还是一个成功依赖于芯片设计的高科技技术市场。对英特尔而言似乎有点遗憾，计算器的主要生产商要么已实现芯片的自给自足，要么已经与其他芯片供应商建立了稳定的合作关系。结果，英特尔最终与日本计算器公司（Nippon Calculating Machine Company）签署合作协议，这家公司是 Busicom 设在大阪的生产工厂。Busicom 拥有诸多业务分支：一方面，它们把计算机和软件从法国进口到日本；另一方面，还使用 NCR 品牌按原始设备制造商（OEM，代工生产）模式向美国出售 Busicom 的计算器。

当时，尚未与计算机生产商完全捆绑的美国半导体制造商寥寥无几，但在佐佐木正的督促和暗中资助下，Busicom 还是找到了这样的美国公司，试图通过与之合作共同开发一款新型计算器，进入新兴的小型计算器市场。经过讨价还价之后，双方最终在 1970 年 2 月达成协议。Busicom 向英特尔公司提供开发资金以及产量保证，作为对价，英特尔将对芯片享有的知识产权授予 Busicom 使用。协议的第一条界定了芯片的最低性能要求，第二条则规定了日本计算机公司（NCM）或 Busicom（1967 年，NCM 更名为 busicom）对该芯片享有专供权。获得处理芯片的合同后，英特尔唯一要做的事情就是按约定设计和制造这款芯片。

开发过程绝非轻松。英特尔的芯片设计师泰德·霍夫（Ted Hoff）并未完全遵照 Busicom 的详细设计计划。他觉得这些计划已经过时，体现的技术水平已完全被新技术所取代，很多技术环节甚至可以追溯到他为 DEC 开发的 PDP-8。他认为，Busicom 的计划会导致产品不仅非常复杂，而且代价不菲，根本就无法为计算机提供有竞争力的核心部件。他的判断显然是有道理的，Busicom 的代表慷慨地承认这一事实。

然而，正确识别现有设计的缺陷与生产出更好的替代品，完全是两件不同的事情。最终，以费德里科·法金（Federico Faggin）为主导、在 Busicom 代表志麻正敏（Masatoshi Shima）的协助下，一款名为 4004 的改进型芯片正式诞生。4004 微处理器包含 2 000 多个晶体管，每秒可执行超过 60 000 次运算。尽管来自 Busicom 的资金对英特尔公司至关重要，但是在公司内部，这款新芯片仍没有被视为主流产品。英特尔的资源仍然集中在存储芯片方面。

和 Busicom 签订的独家供货协议是否降低了芯片的商业价值，这在英特尔内部是个有争议的话题。至少当时，内存业务被认为是公司未来的主要利润中心。微处理器不过是副业而已，是一种辅助存储芯片销售的手段。但是在随后的 30 年中,微处理器将成为整个行业的中流砥柱,因此,在 4004 微处理器开发项目的早期参与者中,大多数人不愿承认自己曾反对公司发展这项业务。显然,微处理器在当时的商业价值并不明朗,在销售环境极为恶劣的情况下,人们对缺乏清晰市场前景的产品投入大量资源感到不安,这也是情理中的事情。

至于到底该如何确定合理的执行方案,整个英特尔公司都不确定,甚至董事会也不例外。即便是在 Busicom 遭遇财务问题并被迫放弃对新芯片的独家采购权时,英特尔的董事会也没有对产品的开发和推广达成一致。一部分人希望继续存储芯片业务,还有一部分则希望扩大微处理器业务,双方分歧严重。最终,另一种声音让支持微处理器的一方占据上风:如果微处理器的销量增加,那么,不可避免地会给作为主要产品的存储芯片带来更大需求。但收获还不止这些,在 Busicom 主动退出之后,英特尔独家取得全部 4004 芯片所有权的成本只有 10 000 美元(相当于今天的 40 000 美元)。这只能说明,无论是英特尔还是 Busicom,均对微处理器的市场潜力缺乏了解。但这种误解并未持续很久。英特尔在 1971 年底开始销售这种新型微处理器,到 1972 年时,微处理器的市场潜能已彰显无遗,以技术为主体的媒体和客户均对此表现出浓厚兴趣。随着市场潜力的大爆发,国家半导体和罗克韦尔等竞争对手也开始走上这条道路。

在英特尔内部,对 4004 芯片市场的担忧主要体现在:微处理器潜在市场的规模是否值得投入这样大的成本和努力。在这方面,英特尔所头疼的问题是如何开发应用程序,以及如何培训潜在客户在微处理器上为这些程序编程。此时,英特尔还可以考虑另一款同样功能强大的微处理器 8008。这款微处理器由美国计算机终端公司(Computer Terminal Corporation,CTC)开发,但是在合同转让给德州仪器后便成了无人认领的孤儿。

在微处理器的开发中,最需要的元素就是把指令转换为芯片本身可识别、可执行信号的语言。1972 年,加利福尼亚海军研究生院的加里·基尔代尔(Gary Kildall)教授编写了一种机器语言,它可以通过 IBM 360 接收指令,并把指令转换为适用于 4004 芯片的命令。随后,基尔代尔又接受委托,开发了一种更高级的编程语言——PL/M,这种语言不仅可用于已有的 4004 和 8008 微处理器,也适用于未来出现的英特尔处理器系列。随着时间的推移,基尔代尔通过努力最终开发出一套名为 CP/M 的操作系统。在英特尔内部,对微处理器未来的认识依旧含混不清。这也成就了基尔代尔,他向公司提出出售 CP/M 的请求,且没有遇到任何阻力,因为在当时的英特尔看来,这套语言几乎没有任何商业价值,这件事足以表明英特尔对微处理器的看法。[1]即便是那些因看好这项业务而创建新公司和新产品的先驱，也无法预见领域到底会如何发展。基尔代尔当然也没有意识到，该领域未来会以怎样的速度实现爆炸式增长。进入 20 世纪 70 年代后期，经营商业活动公司的压力让基尔代尔感到心烦气躁，于是，他以 70 000 美元的价格将持有数据研究公司（Digital Research）的股权卖给合作伙伴。但就在出售这笔股权的几年之后，数据研究公司就已为超过 20 万台计算机安装了 CP/M 操作系统，收入超过 600 万美元。[2]

英特尔

对新产品的需求让英特尔在早期阶段的资本消耗极为巨大。以 1969 年为例，公司的研发费用与销售管理成本（SG&A）之和达到总收入的 5 倍多。1970 年，销售收入增长了 10 倍，尽管公司仍在亏损，但投资者的所有担忧马上都将烟消云散。在 20 世纪 70 年代的剩余时间里，公司迎来了脱缰野马般的增长。与此同时，收入的增长完全是在盈利的基础上实现的，公司的营业利润率始终超过 20%。此外，净利润也在快速增长（见图 9-4）。因此，在经过最初几年的煎熬之后，英特尔的资产负债表丝毫没有流露出高科技公司常见的弊端。

出现这种情况的一个原因就是，英特尔是从另一家成功企业（贝尔实验室）中分拆而来，而且它的创始人（罗伯特·诺伊斯）又是这个行业的先驱。因此，英特尔所面对的技术风险相对很小，更关键的问题反而在于商业开发以及把握新机遇。新的商机确实存在，公司也在尽力利用这些机会——包括存储芯片、数字手表以及用于计算器的微处理器等。但公司年报已经清清楚楚地显示出，微处理器并不是公司早期的开发重点。

最终，个人电脑的出现把英特尔推升到一个全新的增长水平。尽管公司在 20 世纪 70 年代增长迅速，但并不平稳，这也表明整个行业当时正在经历一场变迁，而且整体经济形势并不乐观。到 1980 年，公司的前景或许已不像前几年那么令人兴奋。随着行业竞争的加剧，英特尔的销售收入增长速度开始放缓，导致利润率下降，甚至利润开始减少。当时经济背景的特征是高通胀和利率波动相互叠加。而英特尔采取的对策是试图提高业务的进入壁垒。

---

[1] P. Freiberger and M. Swaine, *Fire in the Valley: The Making of the Personal Computer*, New York: McGraw-Hill, 2000, p.22.

[2] 同上。

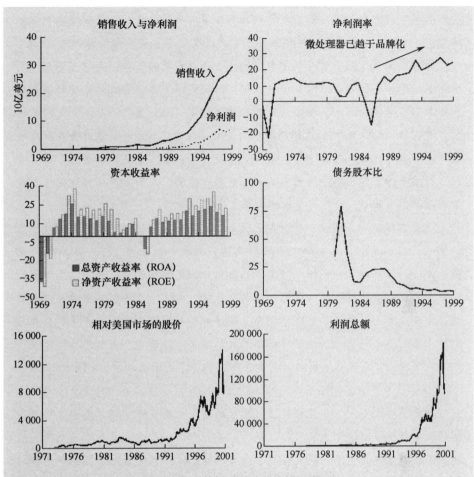

图 9-4　英特尔：摩尔定律带来的回报

资料来源：Intel annual reports. CRSP, Center for Research in Security Prices, Graduate School of Business, University of Chicago, 2000. (Used with permission. All rights reserved. www.crsp.uchicago.edu.)

公司战略在一定程度上基于及时交付产品的能力，但也会把诉讼作为应对专利权侵权的防御工具以及威慑潜在竞争对手的进攻工具，以达到强化这一战略的目的。对任何潜在的新进入者而言，这种威胁显然是不可以忽略不计的。其实，纯粹的技术优势显然还达不到让所有对手不可逾越的地步。英特尔自身的经历最有发言权，它们曾多次在没有优势产品的局势下保住市场领先地位，尤其是在和摩托罗拉的对决中。

就在内存芯片的竞争日趋白热化之际，个人计算机行业也即将因 IBM 推出的 PC 而发生翻天覆地的变革。尽管英特尔随后在微处理器领域出现不断加速的快速成长，但内存市场却在逐渐恶化。英特尔的霸主地位正在被亚洲尤其是日本制造商所蚕食，它们生产的内存芯片不仅质量更优，而且损耗率更低。此外，日本的货币贬值政策也营造出一种产能扩张不再受资金约束的气氛。

最终结果是，随着竞争的加剧以及内存芯片价格的下跌，英特尔的利润迅速缩水。尽管整个行业依旧处于成长期，但这并不意味着它可以免受经济周期和基本供需规律的影响。在微处理器领域，由于 IBM 需要两家供应商同时供货，这就让 AMD 有机会成为英特尔的替补供应商，这种安排最终导致双方投入代价高昂的诉讼。在 20 世纪 80 年代中期，日益激烈的竞争让英特尔陷入亏损。对投资者来说，形势似乎不尽如人意，一方面，大多数产品领域的竞争日趋激烈；另一方面，对资本支出的要求也在不断增加。

但是在现实中，这段艰难时期也预示着，英特尔即将书写另一段辉煌伟业的篇章，从个人电脑品牌转向由各种品牌产品组合的品牌盒子：微软操作系统、Windows 和英特尔的微处理器。正是这一决定性的转变，使 PC 生产成为一种商品业务、让微处理器成为一种品牌业务。因此，英特尔停止按编号标记芯片并开始给它们命名，这绝非巧合，而是一种有意而为之的业务转型。个人电脑市场的整体增长也带动了英特尔芯片的增长，随着生产成本的持续降低，以及互联网和家庭计算机最终的高度普及，英特尔的增长再次实现加速。

但这并不等于说，行业的周期性特征不复存在。事实上，对英特尔来说，周期性反而会被强化，如果来自最终用户的需求出现下降，那么，像英特尔这样的领导性供应商注定无处藏身。此外，英特尔不仅是个人电脑市场总体态势的晴雨表，生产的资本密集度也在继续大幅增加，这意味着，周期性敏感度与更高的经营杠杆相互叠加。在这种情况下，在低迷时期，市场周期性对公司盈利的影响非常接近传统的周期性企业。

英特尔的业务不仅受周期性影响加剧，也在很大程度上错过了移动业务这一新兴成长领域，这让 ARM 抓住机会，一举反超，成为新的市场领导者。此时，英特尔还要面对芯片设计进一步向专业化方向转换的趋势，而造就这种趋势的根源，则是互联网运用和数据收集带来的数据科学增长。越来越多的数据公司开始寻求定制性芯片设计，譬如谷歌和脸书等。由此可见，英特尔的业务核心最终会落脚于芯片制造——这种业务具有高度的资本密集型和充足的盈利空间，但也体现出更高的周期性。

从计算器到 PC

在早期阶段，英特尔的营销部门没有犯任何错误。当时，微处理芯片的主要用途在于竞争日益激烈的计算器市场。日本公司 Busicom、夏普、卡西欧和佳能等纷纷与美国的英特尔、罗克韦尔和德州仪器等公司合作生产或组装计算器。还有惠普、康懋达（Commodore）、鲍马尔仪器（Bowmar Instruments）和微型仪器遥感系统公司（Micro Instrumentation Telemetry Systems Company，MITS）等北美公司。此外，一些微处理器制造商如德州仪器也开始直接生产计算器整机。在欧洲，一家计算尺制造商 ADP 公司（Aristo-Dennert-Pape）宁愿彻底放弃传统业务，也要试图加入掌上计算器市场，以维护其百年历史遗产。它的第一台计算器采用了德州仪器的芯片，市场零售价为 480 德国马克（相当于当时的 200 美元，按今天的价格水平超过 600 美元）。

早期市场的需求非常火爆。惠普在推出第一款 HP-35 型科学计算器时，尽管市场零售价高达 395 美元（相当于今天的 1 500 美元），但仍出现 4~5 个月的订单积压情况。一台计算器的价格或许不及家用汽车，但仍相当于一名熟练收银工个人年收入的 10%。在处理能力方面，这段时期的芯片与 25 年前的大型计算机 ENIAC 基本相当。需求的迅速增长自然会引来新的竞争者，随着芯片设计技术的提高，制造商开始不断降低价格，于是，计算器市场的竞争也变得异常激烈。

问题的根源不仅来自于技术进步。芯片制造商已经意识到，出售计算器的公司是在利用一种产品赚钱，这种产品只是将他们的芯片装在一片小塑料包装里。可以想象，很多制造商决定独立生产这种一本万利的产品，然后用更有竞争力的价格争夺市场。于是，在这个产量至上的市场中，悲剧注定不可避免。最初被少数人分享的盛宴，最终只会引来如饥似渴的供应商。一台科学计算器的价格在不到 3 年时间内便拦腰折半，从 1971 年的近 400 美元降至 200 美元，而后又继续降至 100 美元，1974 年更是减至不到 50 美元。当按 99 美元的价格推出自己的组装产品时，微仪系统（MITS）惊讶地发现，市场上其他同等性能的产品的售价还不到自家产品的一半。新产品给公司造成的影响可想而知（见图 9-5）。

对微仪系统来说，要维持偿付能力，就必须寻找可行的替代产品。公司总裁爱德华·罗伯茨（Ed Roberts）认为，计算器的市场没有未来，因此，应该为已成为计算机核心部件的英特尔芯片寻找其他用武之地。罗伯茨的想法是开发一种完全不同于现有产品的新产品，并通过一定时期和一定程度的市场保护措施维持新产品的盈利能力。但罗伯茨并不看好早期英特尔芯片的设计，因为它无法提供必要的功能。不过，英特尔开发的 8080 芯片似乎让人眼前一亮，它克服了第一代产品的执行速度问题，因而有可能带来可编程计算器以外的扩展功能。就在芯片供过于求和计算器价格战已导致市场近乎灭绝的情况下，一种更有前瞻性和重要性的产品悄然而至，这就是个人电脑（PC）。

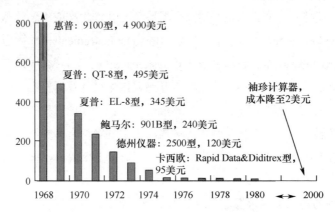

图 9-5　成本曲线说明一切：不断下降是计算器价格不可避免的趋势（1968～2000）

资料来源：G. Ball and B. Flamm, *The Complete Collector's Guide to Pocket Calculators*, California: Wilson1Barnett Publishing, 1997.

　　大型计算机制造商之间往往有很多共性。首先，在他们当中，大多数企业都有能力生产个人电脑。其次，大多数公司都有自己的主打产品，并在各自细分市场上扮演着领头羊的角色。另外，这些公司要么已制定出开发小型计算机的计划，要么已经取得基础型样机。在惠普，一位名叫斯蒂芬·沃兹尼亚克（Stephen Wozniak）的年轻工程师就提出了这样的设计。但他的方案遭到公司的拒绝，这倒不是因为产品的可行性问题，而是因为小型计算机的潜在市场并未显现。

　　在数据设备公司（Digital Equipment），教育产品业务前负责人大卫·艾尔（David Ahl）也曾提出建议——开发一款适用于学校及其他教育类用户的机器。艾尔已经开发出这款设备的原型，但由于缺乏高层支持而未果。当然，最主要的障碍仍是如何以经济合理的方式支持开发这种机器。在大公司或政府组织的内部，通常设有提供计算机编程和操作服务的专业部门。但这种情况显然不适合小公司，DEC、HP、IBM 和 CDC（控制数据公司）等公司几乎不可能去实践这种商业模式。因此，PC 的早期开发并没有出现在最适合进行商业推广的组织中。相反，这项任务被彻底抛给业务爱好者，他们以发展爱好的方式，让 PC 逐渐成为一项名副其实的业务。在这方面，PC 机与无线电的发展历程有异曲同工之处——在相当长一段时间内，无线电在非军事领域的发展完全属于业余爱好者的领地。

缔造一个产业

就市场影响而言，尽管爱德华·罗伯茨的 MITS 以失败而告终，但正是这家独立从事组装计算器的公司，点燃了 PC 机早期的发展热潮。当计算器价格战正在摧毁整个行业时，罗伯茨面临两种选择：要么眼睁睁地看着自己的公司被清算，要么转而开发一种新产品，逃离这场必输无疑的恶性价格战。他选择了后者。和所有新产品一样，成功只是在一定程度上取决于产品本身，营销同样至关重要。如果产品还无法被所有人认定为具有"开创性"——就像罗伯茨所预想的那样，那么，营销的意义就会从重要变成不可或缺。在 20 世纪 70 年代中期，很多杂志让计算机爱好者如痴如醉。它们中的佼佼者当属《无线电》（*Radio Electronics*）和《大众电子》（*Popular Electronics*）。1974 年 7 月，《无线电》杂志发表了一篇介绍所谓"Mark-8"计算机的专栏文章，这是一款以英特尔 8008 处理器为核心的计算机。爱德华·罗伯茨曾研究过使用 8008 处理器的可能性，但最终还是因为这款微处理器的局限性而放弃。尽管这些局限性并未削弱公众对 Mark-8 的接受度，但却让它的商业价值大打折扣。

不过，《无线电》这篇介绍 Mark-8 计算机的文章却带了一个副产品——它迫使竞争对手《大众电子》杂志不再跟踪类似计算机的潜在功能，转而关注罗伯茨提出的新型计算机概念。爱德华·罗伯茨对自己心目中向往的产品已经形成概念，但更重要的是，他已经和英特尔达成协议，按相当于当时"正常"价格 80%的折扣水平，获取功能更强大的 8080 芯片。这份协议的另一个关键点是，罗伯茨承诺，使用这款芯片的新产品必须达到一定量的销售，这和英特尔与 Busicom 的交易非常相似——只不过后者还涉及开发资金的投入。对罗伯茨而言，这无异于一场豪赌：他不仅要有独立生产整机的能力，还要保证这款机器能及时交工，并在市场上占据领先地位，从而以足够的销售量来证明，这份合同会让英特尔物有所值。可见，在新产品的开发过程中，出现了三个利益相关方：芯片供应商（英特尔）、计算机制造商（MITS）和营销商（大众电子）。但生产计算机的任务当然还是落在罗伯茨和其团队的身上。

按照罗伯茨设定的目标，在价格上，这是一款市场价格低于 500 美元的机器；在功能上，这款机器可以由用户自行扩展，即，允许使用者根据需要添加额外功能。但这款机器的开发过程受资金所困而进展缓慢。可以使用的预算资金非常紧张，完全以债务方式筹集，而且经常会出现朝不保夕的情况。开发进度主要按《大众电子》方面的要求确定，杂志社甚至为宣称成功的封面报道规定了截止日期。这台计算机后来被命名为"Altair 8800"，它成为世界上第一台个人电脑。这个名字出自电视剧《星际迷航》(*Star Trek*)，是片中"进取号"飞船的目标地之一，原因很简单，因为《大众电子》编辑的女儿非常喜欢这部电视剧。这款新产品就是在这种巨大的资金和时间压力下诞生的。不过，原始样机在运往杂志社的途中丢失，这让原本已准备发表专题报道的《大众电子》惊慌失措。由于当时已不可能重新组装另一个样机，因此，他们只好使用一个仿造的模型外壳蒙混过关。

1975 年 1 月，《大众电子》的封面报道堪称是世界上第一台个人电脑问世的公告，但这篇报道到底说了些什么呢？与爱德华·罗伯茨之前的产品一样，Altair 必须由购买者组装，因为这款产品本身并未配备键盘、显示器、打印机和永久存储空间。但关键是它的售价为只有 397 美元（相当于今天的 1 100 美元）。这是很多计算机爱好者可以负担得起的价位。Altair 的第一批买家都是计算机发烧友。它需要买家有足够的激情，因为任何人都不能保证组装起来的设备能运转起来；即使真的能工作，但由于 Altair 没有屏幕、键盘和打印机，因此，他们绞尽脑汁编写出来的程序，也只能通过拨动面板上的开关完成，并以面板上几排小灯泡的忽明忽灭表示结果。此外，这台设备没有进行程序存储的手段。这意味着，在关闭电源并重新启动计算机后，要再次感受灯光闪烁带来的兴奋，一切都需要他们从头再来。

尽管这台机器看起来非常不起眼，但它却满足了一种尚未被察觉到的需求，坊间对这篇 PE 报道一边倒的反应足以说明问题。MITS 原本以为，他们需要数百份订单才能摊平购买组件的成本，但此时却突然发现，他们需要为数千份订单提供产品。这让公司不堪重负。为满足还在继续蜂拥而至的订单，本来就为数不多的员工只能利用临时场所加班加点，因此，他们只好暂时搁置附加组件和外围设备的开发任务。为满足订单要求，罗伯茨尽可能地简化了生产流程，这也印证了亨利·福特的一句名言："顾客可以将这辆车漆成任何他想要的颜色，只要它是黑色。"Altair 的客户可以订购任意组合的产品配置，不过，MITS 只发送最基本的组件。只有在满足所有订单的基本需求之后，MITS 才会考虑开发外围或扩展设备。用户会收到基本组件，组装自己的计算机，然后再尝试如何使用这台机器。

尽管当时的客户还无法使用存储程序，但这个过程却需要创建可在机器上运行的软件。考虑到为客户提供软件、外围设备、售后服务及维护需要投入大量的资源，大型计算机制造商在这方面还犹豫不决。因为这需要他们投资于规模和潜力尚不得而知的市场，在当时环境下，要在竞争激烈的小型机和大型机市场占得一席之地，就已经非常不易了。显而易见，DEC 和 IBM 所能满足的需求，对 MITS 而言可能是无法承受的。

值得欣慰的是，通用性 PC 机所需要的技术支持是可以细分的。制造商必须提供一款能有效工作并在必要时可维修的产品。但任何一家公司都没有必要提供其他全部的服务。客户对这种基本产品表现出的兴趣说明，他们更喜欢开发自己的知识，探索这款基础产品可以发挥的作用。很快，使用者便开始按现有的编程语言，给这款机器编写软件程序。由于 MITS 无力满足客户对外围设备和扩展的需求，这反倒给他们留下探索和填补的空白。

在软件方面，有两个人注意到 Altair 的价值，保罗·艾伦（Paul Allen）和比尔·盖茨（Bill Gates）很早之前就已经创建了交通数据公司（Traf-O-Data），现在，他们可以使用 Altai 计算机对交通流量统计数据进行整理和分析。他们把大量业余时间都花在这台设备上。在此过程中，艾伦和盖茨的工具主要是英特尔的 8008 芯片和 BASIC 语言（适用于这种微处理器的编程语言）。这个项目及后续工作确实给两个人带来了一定程度的经济回报，但是和投入相比还远远不够。于是，他们转而寻求其他方案，在继续利用大部分业余时间进行编程的同时，他们开始尝试把交通数据公司变成一家真正意义上的商业企业。而 Altair 的出现，为他们实现这个目标开辟了一条全新的道路。

从神话到现实——两款新产品的面世

艾伦和盖茨联系到爱德华·罗伯茨，并为罗伯茨演示了他们开发的 BASIC 软件。罗伯茨同意，如果能证明可把 BASIC 软件用于 Altair 计算机，他就同意向两个人的公司购买这款软件，这家公司就是如今的微软（MicroSoft）。后来，艾伦接受罗伯茨的邀请，担任 MITS 的软件总监。而后，艾伦和盖茨的任务变成为 Altair 扩大内存，使得计算机在容纳 BASIC 软件的同时，还能为用户留出足够空间运用自己的语言。但要把这个目标转化为现实，就必须通过一种可靠的方式存储程序，避免每次开机时都需要输入这些程序。之前,罗伯茨已设计出 1k 的内存板(相当于早期机器 256 字节内存空间的 16 倍)。在程序存储方面,罗伯茨希望以更先进的方法代替打孔纸,譬如磁带盒或是成本更高但速度更快的磁盘驱动器。罗伯茨认定磁盘驱动器代表了未来的方向,并为此启动一个项目,由比尔·盖茨负责编写接口软件。尽管这两个方面的发展对 PC 的最终成功至关重要,但早期的尝试似乎与成功毫不相干。内存板始终未能正常运转,而且故障层出不穷。考虑到盖茨承担的其他诸多任务——包括针对 Altair 的一系列演示活动,因此,他根本就没有足够的时间可用于磁盘驱动器软件项目。

事实证明,这些缺陷对 MITS 主宰新市场的希望构成了致命打击,再加上它没有能力满足现有客户的需求。因此,这个市场相当于对竞争对手都是敞开的。除了凭借最早把产品推向市场而在这个领域拥有先发优势之外,Altair 唯有在价格上还有一比高低的能力,而且这还要取决于它和英特尔的交易。此外,为了维持这个价格,MITS 必须接受极低的利润率,这意味着,MITS 的盈利能力只能依赖于 Altair 的销售量以及利润率相对较高的外围设备。更糟糕的是,快速扩张已导致公司无力开发外围设备业务。因此,它们的劣势很快就被对手利用。比如说,当时出现的处理器技术公司(Processor Technology)即可生产性能更优越的 1k 内存板。为了排挤这些对手,MITS 试图将 BASIC 软件与可靠性较低的内存板进行捆绑销售,让单独购买软件变得不再划算。但结果不难想象,用户只会购买可以使用盗版软件运行的内存板。但 MITS 并未意识到设备缺陷以及无法搭载高附加值功能对其市场领先地位造成的威胁。它们依旧我行我素,甚至对已经不言而喻的缺陷视而不见。

公司在战略上采取防御和进攻并重的方式。在防御方面,它们开始恶意打击竞争对手及其产品;并与分销商签订只销售 MITS 产品的独家销售合同。在进攻方面,MITS 着力纠正现有质量问题,并敦促比尔·盖茨完成磁盘软件项目。

另一股力量也不得不提防。随着摩托罗拉 MC6800 处理器的出现及其可能给竞争对手带来的潜在优势,MITS 决定开发一款使用摩托罗拉芯片的新产品。这款机器被命名为 Altair 680b,零售价不到 300 美元。新产品与新的竞争对手西南技术产品公司(Southwest Technical Products)的同类产品几乎同时推出。从表面上看,Altair 680b 原本可以成为 MITS 维护领导地位的明智之举,因为这款有充分竞争力的新产品似乎有能力阻止新进入者。但问题在于,Altair 680b 不能运行为英特尔处理器开发的软件——这就相当于生产任务增加了一倍,编程任务也翻了一番。更何况，当时已有的修复和开发任务几乎已让员工难以招架。尽管盖茨在 1967 年初完成了磁盘驱动器的代码，但在此期间，他已开始把越来越多时间用于改进 BASIC，使之可用于其他计算机。

MITS 早期的优势因无法提供产品和售后支持而大打折扣，反过来，尝试生产非兼容替代品造成的精力消耗又进一步破坏了这种能力。由于 MITS 的产品依赖于第三方提供的处理器，因此，它们在技术上并没有形成领先优势。它们的基本优势在于通过开创性产品和低销售价格所带来的声誉。Altair 带来的巨大成功吸引了其他企业进入这个领域，并投入了更多的资源，这让 MITS 原本拥有的技术领先优势很快便被削弱。在新的竞争对手中，除了"业余"爱好者之外，还有很多有明显商业导向的企业。这与 20 世纪初的汽车工业有诸多相似之处。当时，数百家规模非常小的企业购置主要零部件，并利用自有技术组装汽车。随着竞争的加剧，在进入行业成熟期后，这些组装型制造商的生存不得不依赖供应商的信贷，但是在行业早期，由于汽车产品供不应求，使得购买者愿意进行独立维修，在这种情况下，这些制造商基本上有能力预付货款。

两个行业的主要差别在于，汽车属于小批量甚至是单件产品，而个人电脑则属于大批量产品。不过，尽管 PC 行业的发展与成熟的速度远比汽车行业快得多，但它们的发展路线如出一辙。事实证明，在这两个行业中取得成功的关键要素大同小异。首先，最基本、同时也是最简单的问题在于产品是否可靠，定价是否合理？其次，产品是否能满足使用者的需求，是否具有可互换性？换句话说，在一台 PC 上可以熟练操作的个人，能否同样熟练地使用另一台 PC？再次，是否具有通用性？最后，能否提供合理的分销及售后支持？

由于行业从出现到走向成熟的速度非常迅速，因此，对行业参与者来说，他们几乎没有出错的余地。真正的竞争威胁则来自伊姆赛公司（IMSAI）这样的组织，这是一家由 IBM 前销售员比尔·米勒德（Bill Millard）在 Altair 推出后不久创建的公司。米勒德坚信，在小型商业运用领域，计算机的潜在市场空间巨大无比。米勒德认为，只要计算机能完成简单的会计核算职能，它的市场销售潜力就将不可估量。但考虑到 MITS 当时的产能，因此，即使它有这个意愿，也没有能力向米勒德提供符合要求的组装型机器。

因此，米勒德只能自行生产替代品。为此，他们对 Altair 进行了拆分和重构，在硬件上几乎与 MITS 产品达到惟妙惟肖的高仿真水平。尽管伊姆赛公司有定位合理的目标市场，但也遇到很多 MITS 不得不面对的问题。在不断增长的市场环下，凭借销售团队的主动出击，伊姆赛公司迅速建立起强大的市场地位。在软件层面，伊姆赛以 25 000 美元的价格买下加里·基尔代尔开发的 CP/M 磁盘操作系统以及基尔代尔的学生戈登·尤班克斯（Gordon Eubanks）开发的 BASIC 软件。伊姆赛的计算机是否优于 Altair 并无定论，而且相关的使用和维护手册也很陈旧。可以说，在这款产品的使用当中，对用户几乎毫无友好性可言。MITS 在分销环节采取独家销售模式显然是严重的错误，而伊姆赛公司则从中汲取教训，并在现有业务的基础上，由伊姆赛的前销售总监埃德·费伯（Ed Faber）创建了一家名为计算机天地（ComputerLand）的连锁经销企业。尽管第一代产品缺乏技术支持以及随之而来的收入增长放缓，确实导致公司出现了很多问题，但凭借以销售为主导的企业文化依旧推动了新产品的开发——最新成果就有具有一体式屏幕的 VDP-80 计算机。按照最初的设想，这款新产品本应取代第一代计算机的部分收入，但由于 VDP-80 未经全面测试，导致产品质量问题层出不穷，大量已发出产品在保修期内即被退回。随着财务状况的恶化，现金大量流出，最终迫使公司不得不向债权人寻求破产保护。1979 年中旬，伊姆赛公司申请了破产重整。

在 MITS 退出竞争后不久，伊姆赛的经营之路也走到了尽头。但对 MITS 而言，爱德华·罗伯茨至少做到把仍处于持续经营状态的公司整体出售，而且公司的市场地位并未因此受到影响。当时，市场中出现了一家名为苹果（Apple）的新公司，再加上康懋达（Commodore）推出的新产品，让罗伯茨受到强烈震撼，于是，他将 MITS 作价 800 万美元，通过股票互换方式卖给佩特克计算机公司（Pertec）。作为对价，佩特克取得实际上已经完全过时的 Altair 计算机。但令罗伯茨愤愤不平的是，本来应作为交易的一部分内容的软件，却因此次收购而引发纠纷，盖茨和艾伦拒绝把他们的 BASIC 程序交给佩特克，最终，法院判定软件所有权属于微软，而非 MITS。但还算幸运的是，这件事并未影响佩特克履行收购计划。也许罗伯茨在计算机行业的悲催经历为他博得了一份同情，抑或是佩特克的管理层根本无法随着行业的发展而在开发方面与时俱进。但不管怎样，这一次，罗伯茨确实抓住机会促成了这笔交易；并且在非常短暂的时间内，他就让 MITS 在个人电脑市场上销声匿迹。

　　个人计算机的出现和微处理器的发展为未来开辟了一片全新领域。和其他竞争者相比，计算机行业的领先者更准确地预见到计算机对现实的影响以及未来的潜能。唯一严重的错误，就是那些基于人性会改变或是被新发展所改变的假设（见图 9-6）。

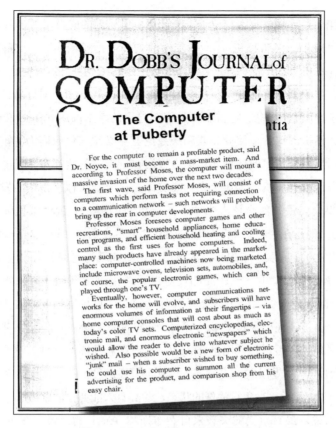

图 9-6　先知在世：摩西"教授"的预言

资料来源：*Dr Dobb's Journal of Computer Calisthenics and Orthodontia*，1976 年 10 月。

苹果及其探索用户友好型计算机的道路

在这个社区里，现在的"新"孩子变成了苹果和康懋达。前者是前 Atari 电脑游戏程序员史蒂夫·乔布斯（Steve Jobs）和惠普工程师斯蒂芬·沃兹尼亚克（Stephen Wozniak）合作的产物。在惠普任职期间，沃兹尼亚克曾亲身经历过，自己提议的小型计算机方案因潜在客户群的不确定性而遭到拒绝。乔布斯和沃兹尼亚克都是加利福尼亚州门洛帕克家酿计算机俱乐部（Homebrew Computer Club）的成员，都曾亲眼看见 Altair 带来的兴奋。形形色色的黑客、工程师以及其他对计算感兴趣的发烧友经常光顾该俱乐部。作为对 Altair 的改进，沃兹尼亚克自己也组装了一台工艺稍显粗糙的小型计算机。1975 年，对 Altair 需求的火爆让他们振奋不已，于是，乔布斯和沃兹尼亚克决定，聚合他们的智慧去开发自己的个人电脑。

他们的第一台计算机直接定位于家酿计算机俱乐部的成员。这台名为"Apple"的计算机以"Mostek 6502"芯片为基础，但制作工艺相当简陋。实际上，这个勉强称得上"计算机"的产品只是一个可以运行 BASIC 程序的电路板，没有键盘、屏幕或电源。家酿俱乐部的成员保罗·特雷尔（Paul Terrell）通过新开设的零售店向他们订购了 50 台计算机。特雷尔只是想在自己的字节商店（Byte Shop）中囤积一批纯组装计算机，这就迫使乔布斯和沃兹尼亚克必须在供应商为特雷尔订单提供的 30 天信用期内交货。但他们还是想方设法在规定时间内完成了任务。他们合计出售了 200 台这款计算机，零售价为 666 美元，这个定价似乎是两个发明者的黑色幽默。在苹果公司最初的合伙人当中，还有以前的 Atari 服务工程师罗恩·韦恩（Ron Wayne），但是在"苹果 I"型带来的狂热散尽之后，韦恩提出辞职。乔布斯和沃兹尼亚克用 800 美元买下韦恩持有的股份，也就此成为这家公司的全部合伙人。

开发"苹果 I"型下一代产品的任务也紧锣密鼓地开始了。与第一个版本不同的是，Apple II 包含的功能不只会吸引有经验的计算机发烧友。首先，它不再是一块电路板，而是装在一个盒子里。其次，新产品的功能一应俱全，包括全套的电源、键盘和屏幕。最后，它采用了 BASIC 语言和彩色图形软件。这个研发思路当然算不上革命性创造，因为这也是很多人遵循的开发路径，在 20 世纪 70 年代中期，整个行业还处于混乱无序、鱼目混珠的状态，却鲜有人能像他们做得这么成功。

对苹果来说，最有意义的突破来自乔布斯与 Atari 的结合。乔布斯找到 Atari 计算机的负责人，并与加利福尼亚的一家著名投资机构取得联系，而后者又把乔布斯推荐给了马克·马克库拉（Mark Markkula）。马克库拉曾持有英特尔的股票期权，因此，英特尔的成功自然也让他赚得盆满钵满，在变现股票期权之后，只有马克库拉在 30 多岁时便从英特尔退休。他曾与仙童半导体和英特尔有过合作，基于之前对研究工程的理解，他当然非常清楚微处理器的特性和潜力。但更重要的是他在英特尔从事营销业务的商业背景。在与乔布斯和沃兹尼亚克会面后，马克库拉决定投入部分时间和财力去支持这项新的事业。当时，尚处于萌芽状态的苹果电脑公司几乎没有分文的资本。马克库拉投入近 10 万美元（相当于今天的 29 万美元）并取得 1/3 的股权，此外他还承诺，随后会进一步注入资金，以满足 25 万美元（相当于今天的 73 万美元）投资总额的目标。但马克库拉马上就意识到，他还需要为公司引入专业的管理人员，辅佐性格怪异的沃兹尼亚克和喜欢传经布道的乔布斯。

与很多竞争对手不同的是，苹果面对的任务不仅是生存，还要跻身美国 500 强公司之列。而兑现未来成功的基础就是开发"苹果 II"型计算机。这台电脑有着完全不同于之前版本的特性——"苹果 I"计算机与其他独立组装的常见计算机几乎没有任何区别，只有凭借发烧友级别的强烈兴趣，购买者才有耐心付出完成组装所需要的辛苦，才会接受这台机器所能完成的有限任务。其次，早期的个人计算机甚至不能与计算器相提并论——毕竟，计算器还可以被视为更简单、更有效的计算尺替代品，而这些个人电脑没有替代任何东西。只有提高它们的可操作性，而且拥有可执行预期应用程序所需要的免费软件，计算机才会成为名副其实的实用工具。

因此，个人计算机成功的一个关键要素就是易用性。这意味着，它必须是预先组装完毕的可使用产品，要包含键盘和屏幕等各种基本实用元素。此外，它还需具备可使用的软件，这样，使用者就不只局限于把 PC 视为挑战的人（开发者和发烧友），还有可能把计算机当作实用工具的人。在发布新计算机之前以及发布的过程当中开展大规模营销活动，并着力突出产品的技术优势和美学价值，显然有助于扩大这两个群体的规模和深度。

"苹果Ⅱ"型于 1977 年在西海岸计算机博览会上首次面世。随着"苹果Ⅱ"型逐渐取得公众的认可，产品的销量开始持续增加，但这家新生公司仍面临严峻挑战。首先，新计算机的操作系统不同于 CP/M 计算机，而 CP/M 已成为名副其实的行业标准，因此，现有软件不能在"苹果Ⅱ"型计算机上运行。其次，它还要受到对应的输入问题的困扰。正如爱德华·罗伯茨曾认识到，必须转向以磁盘为基础的存储系统，Apple 的马克库拉也意识到改变在所难免。但不同于 MITS 的是，对"苹果Ⅱ"型而言，计算机所依赖的软件来自公司内部——是由沃兹尼亚克编写，而不是来自第三方。因此，Apple 比 MITS 更快地拥有了磁盘存储能力。

软件给苹果公司带来的收益完全出于偶然。之所以说这是一次偶然，是因为即将编写软件的人恰好喜欢 Apple 计算机的功能，于是，他们编写了可在 Apple 操作系统上运行的软件。这套软件出自哈佛商学院的两位校友之手，他们很早就看好财务预测软件的市场。当然，丹尼尔·费斯特拉（Daniel Fylstra）和电子表格之父丹·布里克林（Dan Bricklin）并不是最早意识到这一点的人，但他们是最早为个人计算机开发这种软件的人，而且他们的软件与实际计算方式高度匹配。在长期艰苦的计算过程中，兼具鼠标和屏幕特性的计算器概念逐渐成为丹·布里克林的设计构思。而他面对的挑战，就是如何把这个概念转化为可在现实中使用的样机。

布里克林向个人软件公司（Personal Software）的老板丹·费斯特拉（Dan Fylstra）借了一台苹果电脑。最终，布里克林和他的朋友鲍勃·弗兰克斯顿（Bob Frankston）把这个概念转化为一个基础的工作样本。在实现这个目标之后，他们与费斯特拉签订了一项协议。布里克林和弗兰克斯顿创建了软件艺术公司（Software Arts），按照约定，他们将获得总收入的 1/3；负责发行的个人软件公司取得剩余收入，并承担全部费用。这款软件将命名为"可视计算"的缩写名称，即"VisiCalc"，它也被视为世界上第一款电子表格软件。但在向马克库拉展示这款软件后，他们得到的反应冷若冰霜。尽管看好 Apple 的未来，但马克库拉显然低估了这款软件对 Apple 销售收入的重要性。而布里克林和弗兰克斯顿并没有气馁，1979 年，他们终于通过费斯特拉的个人软件公司推出 VisiCalc 软件。同年 5 月，VisiCalc 软件的第一份广告出现在《字节》（Byte）杂志上。除对个人软件公司持有的股份之外，费斯特拉还是《字节》杂志的创始人之一。与此同时，VisiCalc 在西海岸计算机博览会中首次对行业媒体曝光。一个月之后，他们在纽约市进行了软件演示。最初的展示没有掀起任何波澜；正如制作人后来所回忆的那样，现场观众只有 20 人左右，而且 90% 都是朋友或家人。至于剩下的 10%，在发现话题不合口味时，他们（两人）也早早离开。

即便如此，这次发表的效果还算不上一无所获。商界对这套软件表现出浓厚的兴趣，这给他们带来了希望。此外，在金融圈，至少有一个人认识到这款产品的价值。时任摩根士丹利分析师的本·罗森（Ben Rosen）对 VisiCalc 情有独钟。他对这款产品的功能和易用性大加赞扬，并在报道末尾指出："谁知道，VisiCalc 有朝一日会不会成为摇着尾巴、贩卖个人电脑的软件狗呢！"⊖事实验证了他的预言。在很多方面，VisiCalc 就是市场翘首以待的那款应用程序——它把个人计算机变成一种适用于整个企业和非专业领域的实用工具。

1980 年 12 月，苹果公司公开上市，与此同时，包括施乐公司和几家风险投资家在内的创始股东减持股份。在这次发行中，苹果公司按每股 22 美元的价格发行了 460 万股，部分市场评论员认为苹果的发行价格过高。事实上，在美国的某些州，苹果的股票价格由于超出了 IPO 指导价上限而被禁止发行（见图 9-7）。首发日当天的收盘价为 28.75 美元。随后，苹果公司的股价屡次创下新高。

据估计，在"苹果 II"的全部销售收入中，高达 20% 的部分实际上是来自对 VisiCalc 程序的需求。很快，电子表格程序又因米切尔·卡普尔（Mitch Kapor）开发的绘图及图形功能而得到强化，并以收取特许权使用费的方式，授权费斯特拉的个人软件公司进行独家销售。后来，卡普尔以 170 万美元的价格把这套软件的所有权卖给个人软件公司；但是在离开公司之后，他开发了一款与之构成全面竞争的产品。按照当时的主流观点，软件不能申请专利，因此，保护主导性商业产品价值的是特许经营权和版权，而不是专利权。这意味着，对竞争对手的产品在原理上进行模仿不受限制。因此，卡普尔可以完全自主地开发 VisiCalc 的升级版。

⊖ B. Rosen, *Morgan Stanley Electronics Letter*, 11 July 1979.

图 9-7 别碰：美国的部分州禁止投资者购买苹果公司的股票

资料来源：*New York Times*，1980 年 11 月 7 日，1980 年 11 月 12 日。

在当时的大环境下，计算机公司之间的局部竞争此起彼伏，但尚未出现全面对峙。现有公司，尤其是苹果和康懋达，已经向世人展示出个人电脑作为商业性产品的价值。但它们所揭示的市场显然不会逃过行业领导者的眼球，所有行业霸主都已驻足观望。

IBM 悄然而至

1980 年，IBM 决定进军个人电脑市场。此外，在认识到这项业务的动态特性之后，IBM 已决定采取对它们而言的激进措施。IBM 开始尝试进行自我改造，规避创建于组织内部的官僚风气，把自己打造成拥有新进入者风范的组织——这也让 IBM 成为世界上财力最雄厚的新进入者。为此，IBM 主动将组件生产和软件开发进行外包，旨在打造能与苹果比肩的产品。

世界上最强大的公司采取这样的措施，必将带来诸多方面的影响。首先，这是对个人电脑市场最有效的背书，让人们确信，这个市场不仅会继续存在，而且会成为趋势。其次，确保所有分包商都能分享 IBM 产品所拥有的成功。再次，它试图制定的行业标准，将会让所有能迅速推出兼容产品的人成为受益者。最后，即便在当时还无法预见，但 IBM 最终打造了个人计算领域的"克隆"趋势。它们把供应商提供的组件组装为整机，然后贴上自己的品牌标志。这种模式为组件供应商提供了合理的生存空间，并最终打造出一套完整的"克隆"范式。

苹果计算机

记载苹果公司历史的文字比比皆是，但大多都是感叹管理层的弱点和他们错失的机遇。这些历史大多出自内部人士之手，对公司内部决策与政策的描绘妙趣横生、引人入胜。除了充满个性色彩的讨论之外，两个经常出现的主题，就是公司在技术上的傲慢及其对个人计算机市场战略导向的漠视。苹果认为，在技术上，它们几乎没有需要向竞争对手学习的环节，这无疑已是一种病入膏肓的"内部发明"综合征。它一心渴望保住高端市场的利润，并因此而拒绝对外传授自己的技术秘密，但这又意味着，它错过了成为行业标准的机会。

至于这些描述是否只是出于事后之见，或者这些失误在当时是否被理解，仍是一个值得商榷的问题。公司股价既不能表明投资者理解这些问题，也未必是他们对这些问题做出的反应。不过，即使投资者在当时可能还无法理解正在发生的事情，不久之后，他们也会有所感悟。

进入20世纪80年代中期，苹果"Lisa"（世界首台图形界面计算机，这个名称是乔布斯长女的名字）的盈利性大幅下滑，而新品Mac（即Macintosh，是苹果公司在1984年推出的一款个人消费型计算机）却迟迟不能露面，股权收益率的持续下降足以表明当时的尴尬局面。同样，新生产线的成功也反映为这些数字的反弹，这种趋势延续到20世纪90年代。从1990年开始，财务数字开始越来越多地反映早期战略错误的影响。在资产收益率下降的同时，债务水平开始上升，反映出现金流不断恶化的状况。对投资者来说，这或许是他们应该卖出的信号。

在整个20世纪90年代，苹果公司的财务状况逐年恶化，利润率持续下降，直至转为绝对亏损。但直到债务快速增长并达到相当规模之后，股价才开始做出反应；幸运的是，就在公司披露亏损并在股价达到谷底时，转运时刻不期而遇——科技热潮已开始发酵。但市值的复苏研究只是相对而言，还远未回到公司在20世纪80年代的水平，债务规模也并未显著减少（见图9-8）。

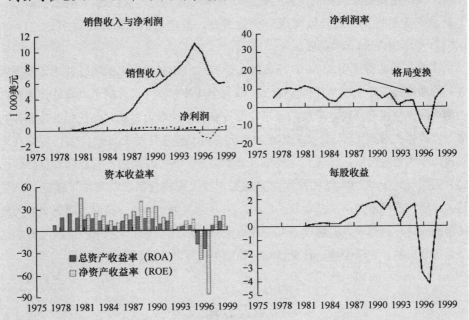

图9-8 苹果：与天为敌

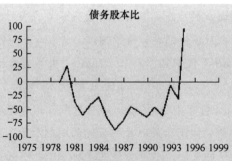

图 9-8　苹果：与天为敌（续）

资料来源：Apple annual reports. CRSP, Center for Research in Security Prices, Graduate School of Business, University of Chicago, 2000. (Used with permission. All rights reserved. www.crsp.uchicago.edu.)

在米切尔·卡普尔看来，即将拉开大幕的 IBM 个人电脑时代为他进军电子表格市场提供了天赐良机。他此时唯一需要做的事情，就是及时推出能在 IBM 机器上运行的产品。他将自己的新产品重新定位于可在 IBM-PC 上运行的程序。最初，卡普尔曾试图让这款产品融合电子表格、图形和文字处理器等诸多功能，但最后才发现，满足这些要求所需的资源已远远超过卡普尔新公司（Lotus）的承受能力。于是，卡普尔将文字处理器变成一个数据库，并把自己的新产品命名为"Lotus 1-2-3"，以突出它的三项功能。

卡普尔最初曾试图走 VisiTrend/Plot（一款在 IBM-PC 机上运行的统计图形软件）的路线，但他发现，凭借 VisiCalc 成为全球最大软件企业的个人软件公司对自己的产品完全没有兴趣。不过，最早发现 VisiCalc 的潜力、此时已任职美林证券的本·罗森再次看到 Lotus 1-2-3 的魅力。为支持卡普尔开发 Lotus 1-2-3，罗森在率先投入个人资金之后，又向其他投资者筹集资金。在短时间内，罗森便筹集到超过 500 万美元，为这个新兴软件行业见证第一次大规模营销活动奠定了基础。结果是，营销和产品本身均大获全胜。Lotus 1-2-3 在 1983 年刚一面世，便立即成为最畅销的软件，当年收入即超过 5 300 万美元。实际上，这对 VisiCalc 造成的影响完全是可预见的，它已经被一款更新潮、性能更优越的产品所取代。

莲花公司

莲花公司（Lotus Corporation）的财务收益足以表明，对投资者来说，一家把成功全部寄托于单一产品的公司无异于陷阱。他们凭借更优秀的集成产品占领了原本由 VisiCalc 开拓的市场。Lotus 1-2-3 的卓越性能给公司带来了快速增长的收入和不断增加的市场份额。但不可否认的是，这个市场的竞争正在日趋白热化。于是，公司的利润率很快便急转直下，这意味着，利润的增长已远远滞后于收入增长。在20世纪80年代的大部分时间里，莲花公司的资产收益率和股权收益率基本维持在合理水平，但是在接近20世纪80年代末的时候，微软已迎头跟进。

莲花公司的问题在于，它们并未给自己的细分市场设置进入障碍，直到危险已迫在眉睫，它们才如梦方醒；但为时已晚，而且它们的产品已被超越，这几乎与此前VisiCalc的命运如出一辙。用户开始有越来越多的选择，尤其是在微软的Windows成为真正意义上的用户友好性界面之后，莲花公司才意识到，它们已经无力招架蜂拥而至的攻击。当然，最大的打击无疑来自微软的Office系列软件，它把电子表格及文字处理等功能统一整合为一套在Windows环境下运行的软件。面对横空出世的Office系统，莲花公司的毛利率和净利润一路下跌，公司就此走下全球最大软件公司的宝座，从此一蹶不振（见图9-9）。

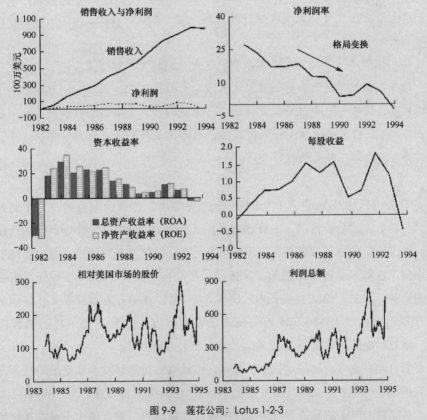

图9-9 莲花公司：Lotus 1-2-3

资料来源：Lotus annual reports. CRSP, Center for Research in Security Prices, Graduate School of Business, University of Chicago, 2000. (Used with permission. All rights reserved. www.crsp.uchicago.edu.)

在盈利下滑的情况下，这家公司最终被 IBM 收购。失败并不是因为莲花公司有意把全部鸡蛋放在一个篮子里——事实恰恰相反，而是它们利用 Lotus 1-2-3 创造利润的这个细分市场，使其很难在其他领域找到这样的市场，更不用说复制出这样的市场。但不管困难来自拙劣的战略导向还是因为管理或技术的执行问题，有一点毋庸置疑，它们始终未能找到可以弥补或替代 Lotus 1-2-3 的其他收入来源。对 IBM 来说，莲花公司显然是有吸引力的，因为在 IBM 的羽翼下，它们可以更好地发掘 Lotus Notes 等信息共享产品的市场价值。互联网和万维网时代的到来，将会带来全新的信息共享结构。因此，发掘成效取决于产品在这种新结构秩序下的持续生存能力。

对投资者来说，莲花公司所带来的经验教训或许都是老生常谈。软件公司能否拥有长期的盈利能力和生存能力，取决于两个要素。首先，它们必须不断改进产品，应对竞争带来的压力；其次，它们要么以某种方式让自己的产品和已成为行业标准的图形用户界面（GUI）结成联盟，要么取而代之。当 GUI 的真正所有者决定生产一款竞争性产品时——譬如微软的 Excel，它们的竞争对手几乎无还手力。

任何依赖单一产品的企业都很难打造出长期的可持续性业务。对失败者而言，拥有高成长历史的公司往往以成长预期为估值基础，因此，一旦这个预期不能兑现，股价无疑会做出报复性反应。幸运的话，失败企业往往会得到一张安全网——更强大的竞争对手或许以为，只要换了东家即可遇难成祥，于是，他们买下这些正在贬值的软件公司。

莲花公司只是 IBM 进入 PC 市场的间接受益者，但有两家公司却直接受到了更大影响。首先就是英特尔。IBM 选择采用英特尔的 8088 芯片作为自己的微处理器，这不仅让它们的计算机拥有远超过市场上其他任何产品的速度，也为英特尔的未来提供了保障。紧随其后的第二家公司，则是被 IBM 亲选的从事操作系统编写任务的企业。最初，IBM 找到业内的头牌人物、CP/M 的开发者加里·基尔代尔。基尔代尔没有接受 IBM 以 25 万美元直接收购的方案，但提出了自己的替代方案——就 CP/M 操作系统和 IBM 签署一份授权使用协议。

尽管 IBM 也考虑过基尔代尔的提议，但最终还是把开发操作系统的任务交给了微软的比尔·盖茨。盖茨认为，由于英特尔的新处理器较上一代产品更强大，因此，必须对 CP/M 的功能进行全面性增强，这意味着，没有理由不考虑其他替代方案。盖茨的观点最终占了上风，1980 年 11 月，IBM 最终与微软签署了操作系统开发协议。微软面临的开发时间无比紧张。IBM 最初的想法是在尽可能短的时间内将新产品推向市场,这样,微软必须在不到 6 个月的时间内开发出能满足预期要求的操作系统。而微软采取的解决方案就是对现有操作系统进行调整,这套作为基础的操作系统来自西雅图计算产品公司(Seattle Computing Products),原本是采用 8086 芯片的 SCP-DOS。最终,在巨大压力的推动下,微软推出一款改编版操作系统,并将其命名为 MS-DOS。

此外,还有两个关键因素是必须考虑的。首先,盖茨说服 IBM 接受对 PC 机重要部件进行外包的建议,这就相当于放弃了对产品关键要素的控制权。这也是走向开放式架构的第一步,尽管当时 IBM 尚未意识到这种做法的重要性。当然,这个决策也受到事实的影响:软件是销售 PC 的诱因;如果程序员理解操作系统的话,那么,软件不仅更易于开发,而且会拥有更远大的商业前景。其次,通过谈判,盖茨取得了向第三方出售 MS-DOS 的权利。这为微软后来在软件业务中取得主导地位奠定了基础。如果 IBM 成为行业标准,那么,所有竞争对手都必须购买微软的操作系统。考虑到基尔代尔声称 MS-DOS 参考了他的 CP/M,因此,为了避免与基尔代尔对簿公堂,IBM 允许客户为 PC 自由选择操作系统。但由于两种操作系统价格差异很大,因此,客户的唯一合理选择就是 MS-DOS(见图 9-10)。

图 9-10 排斥新进入者是在位者的恒久武器:CP/M 操作系统与 MS-DOS 操作系统

资料来源:*Financial Times*,1982 年 11 月 5 日。

CP/M 的退化最初并不明显。当时，CP/M 仍拥有主导性的市场份额，而且已得到大多数现有 PC 用户的支持。但接下来的关键在于，IBM 正在创建一个全新的用户社区，而且该社区需要一种对用户更友好的操作环境。微软已经以某种方式步入这个社区，而基尔代尔的研究导向型企业数据研究公司却渐行渐远。最终的结果可以想象：MS-DOS 逐渐取代最初作为行业标准的 CP/M。1991 年，数据研究公司被网威软件公司（Novell）收购（见图 9-10）。

山寨风潮

到 20 世纪 80 年代初，整个行业的新趋势已几近形成。来自 IBM 和 Apple 的压力迫使其竞争对手纷纷倒闭，行业参与者数量急剧减少。一方面，奥斯本计算机公司（Osborne Computer Corporation）等昔日的高成长公司陷入困境；另一方面，拥有完全不同商业模式的公司悄然而现。这些公司并不寻求开发自己的计算机，而是生产与行业标准（IBM-PC）大致相同的计算机，只是它们的产品拥有更便宜的价格和更优越的性能。实际上，这本身即已成为标准——伊姆赛是对 Altair 的效仿，IBM 的 PC 则是对伊姆赛产品的克隆。

在这个克隆时代出现的当家明星，是一家由三位德州仪器前员工组建的公司——康柏计算机公司（Compaq），公司的第一笔资金同样来自本·罗森。康柏从头开始制造了一台几乎与 PC 完全相同的个人电脑，并迅速收获大批的追随者，公司在成立后第一年的销售收入便突破 1 亿美元。但康柏并未完全抄袭 IBM；它只是重造，因而受专利权诉讼的影响相对较小。随后，其他公司纷纷开始效仿，而且它们很快即可通过购买或授权得到制造兼容 PC 机所需要的信息。这种趋势注定会改变行业特征——品牌重要性被不断削弱，而高效生产和快速采纳最新芯片技术成为竞争的核心要素。而且这还意味着，尽管售后服务依旧重要，尤其是对企业用户，但销售和分销几乎可以采取任何渠道。

虽然计算机行业显示出非常强劲的成长性，但这并不等于它不会受到经济周期或新竞争形态的影响（见图 9-11）。随着行业的发展，与个人电脑生产相关的资本需求也随之增长。正如汽车行业已进入大规模低成本生产模式的时代，个人计算机行业也需要效率更高但投资更大的基础设施，这已成为维系竞争优势的新模式。也就是说，在这个领域，规模经济同样正在变得越来越重要。

图 9-11　脆弱的成长型行业：计算机永远是经济周期变化的追随者
资料来源：根据史料编辑整理。

　　同样，在市场扩大的过程中，企业也展现出更强劲的成长态势，而市场扩张的一个关键特征就是产品价格的持续下跌。但这并不是整体价格水平下跌带来的行业紧缩，而是把技术进步转化为更低的单位生产成本，并通过竞争性产业结构把大部分成本转嫁给消费者。此外，这些技术进步也会缩短产品生命周期，并对那些跟不上前进步伐的企业予以惩罚。一旦产品过时，就很容易转化为财务危机（对拥有多品种产品组合的公司）甚至破产（对只拥有单一产品的公司）。造成这种行业动态的根源，就是个人计算机核心技术的非专有性。在整个20世纪90年代，个人计算机几乎都是一个特征繁杂的行业，既有高科技公司所特有的成长性，也有大宗商品所固有的周期性。换句话说，即使拥有强劲的潜在成长能力，它也绝不会像制药业那样，不为经济衰退所干扰。IBM 个人计算机很快就确立了"标准"硬件地位，此时，市场的基本差异化要素也聚焦于"软件"：计算机能做什么以及是否能轻松愉快地实现这些功能。尽管 MS-DOS 也同样成为这个行业的标准操作系统，但这并不意味着它是最好的系统。这份荣誉最终归属于苹果公司生产的 Macintosh 计算机，它的前身是苹果公司管理层全力打造但命运多舛的"Apple III"。Macintosh 在用户体验层面实现了重大升级，因而与 IBM 的产品及其他克隆产品彻底划清界限。Macintosh 源于史蒂夫·乔布斯参观施乐工厂的一次经历。

帕洛阿尔托研究中心（PARC）一直从事前沿性研究（如 GUI、面向对象编程、电子报纸等），道格·恩格尔巴特（Doug Engelbart）在此前 15 年进行的研究就是这一点最好的写照，但其很少涉足商业开发。该中心专门为从事研究而设立，尽管施乐在 20 世纪 80 年代初曾尝试进入个人计算机市场，但其设备却未能利用长期积累的知识体系。因此，它们既无法从苹果公司的手中夺取市场份额，更没有能力与 IBM 的产品展开竞争。PARC 带来的影响可谓喜忧参半：其理论和研究没有体现在施乐的产品上，而是体现在苹果和微软等竞争对手的产品上。作为允许施乐投资苹果公司的回报，乔布斯及其团队通过谈判获得访问 PARC 的机会，现场参观了该中心的运行情况。当时，PARC 不仅已开发出连接办公设备的以太网，而且正在开发使用鼠标进行导航以及在屏幕上移动文档和文本的计算机模型。此外，乔布斯还第一次看到图形用户界面——以重叠方式显示在屏幕上的文档以及以图标表示的程序。

1979 年这次对 PARC 的访问，让乔布斯看到了计算机世界的未来。于是，他改变了苹果公司的发展方向，为公司提出明确的目标——将他在该研究中心的所见所闻转换为商业现实。这个转型的成果就是 Macintosh 计算机。1984 年推出的苹果 Mac 计算机兑现了乔布斯提出的要求，并受到技术媒体的一致称赞。但这款计算机在面世初期并没有产生商业效应，而且由此造成的分歧和财务压力导致乔布斯与首席执行官约翰·斯卡利（John Sculley）势不两立，最终，这场内斗在乔布斯于 1985 年 5 月离开苹果而收场。

这也让苹果 Mac 计算机不得不面临早期个人电脑市场的两个典型性问题。首先，虽然它携带双倍"标准"内存，但事实证明，这台机器的运算能力明显不足。为达到满足计算机要求所需要的内存，公司对新产品进行了改进，但这段时间早已让人们失去最初的热情。其次，为新计算机编写软件难度较大。因此，与 IBM 的标准配置计算机相比，可供苹果 Mac 使用的应用程序少得多。好在这些问题得到了妥善解决，在公司出现首次亏损后不久，乔布斯的这款新产品便再次让公司回归高盈利阶段，只不过他本人此时已离开苹果公司。额外安装的图形及打印软件进一步增强了 Mac 的影响力，实际上，这也让苹果锁定了新兴的桌面出版（DTP）市场。

苹果 Mac 及其升级产品充分体现了恩格尔巴特在 20 世纪 60 年代末阐述的理论，这些特征显然也没有逃过其他厂商的眼睛。比尔·盖茨曾在 1981 年拜访苹果公司的乔布斯，并看到了 Macintosh 原型机。这不仅让微软掌握了 Mac 的先发技术优势，同时也意识到，作为微软现金牛的操作系统 MS-DOS 必将走向灭亡。基于这些认知，微软曾一度致力于开发自己的 GUI；实际上，微软在苹果 Mac 面世之前就曾发布了一款名为 Windows 的产品。不过，新产品在两年之后才姗姗入市。

微软的未来

考虑到与 Mac 的业务重叠，微软试图通过谈判取得 Mac 操作系统的特许使用权。为此，微软曾威胁要暂停重要 Mac 应用程序的开发。为取得 Macintosh 的可视化功能，微软在 1985 年 11 月与苹果公司签署特许使用协议。微软并不是唯一使用 GUI 的公司，但微软拥有的优势是显而易见的——它们是作为 MS-DOS 的开发者，因而也是除苹果公司之外最了解 Mac 操作系统的企业。

尽管 1985 年 10 月发布的第一个 Windows（版本 1）运行缓慢而笨拙，但仍优于其他公司（包括 IBM）开发的 GUI。尽管需要改进软件，但更重要的是需要采用更强大的内存和处理能力。以苹果 Mac 和 Windows 1 为代表的使用体验即将成为行业主流。也就是说，最初对内存和处理能力需求的估计所依赖的假设完全是错误的。PC 可以完成的任务正在迅速增加，更重要的是，由于当时编写的软件可以让用户专注于正在执行的任务，而不是计算机本身，所以，PC 的使用也变得越来越容易。这个过程要占用内存和处理能力，因此，随着英特尔及其竞争对手按摩尔定律不断推出新的处理器，软件开发人员开始争先恐后地利用额外资源。VisiCalc 已经让人们看到，对软件的需求最终会带来计算机的销售，而 Windows 与计算机硬件的高度捆绑，更是让这种模式更上一层楼。此时，代表行业标准的已不再是 IBM，而是微软。尽管 IBM 仍维持着较高的销售量，但仿造生产商已开始抢占市场份额，价格竞争也日趋激烈。但利润只属于微软。

由当时的新闻报道可以看出,微软的比尔·盖茨已在很大程度上预见到行业的发展方向,并通过对公司进行合理定位而把握趋势(见图9-12)。Windows以及后来的Office系列软件的发展相对简单,因为它们都是在确保兼容性和易用性的基础上,充分利用了现有产品的最佳功能。Windows只是IBM对苹果开发Mac做出的迅速反应,但Office从一开始就被设计为Windows的自然补充。微软的实力源自比尔·盖茨与IBM最初签署的特许使用权协议,通过这项协议,微软名正言顺地成为IBM兼容市场的平台供应商,盖茨对PC行业发展的愿景正是建立在这个基础上。盖茨为微软设计的愿景又进一步成为公司确定开发模式的基础,尤其是引领公司认识到满足产品集成需求的必要性。面对市场的发展,微软做出了快速反应,依赖MS-DOS这一强大后盾,它们得以再造竞争对手产品的最佳属性。正如苹果增强了施乐在PARC开发的图形用户界面(GUI),微软最终缔造了Windows。正如莲花公司在VisiCalc的基础上进行了改进,Office系列中的Excel则带来升级版的集成式替代方案。

图9-12　预言家的预言:比尔·盖茨的未来战略

图 9-12 预言家的预言：比尔·盖茨的未来战略（续）

资料来源：*Financial Times*，1983 年 8 月 12 日和 1983 年 5 月 13 日。

微软

1986 年 3 月 13 日，作为联合承销商的高盛和亚历克斯—布朗银行（Alex&Brown）共同发布了微软公司的招股说明书。此次 IPO 将筹集总资金 6 000 万美元，其中，2/3 的募集资金归属于公司资本，其余 1 500 万美元支付给出售股份的原股东。现有股东保留公司 90%以上的股权。本次 IPO 的发行价格为每股 21 美元，这使得这家原本无外债公司的估值达到账面价值的 6 倍多，相当于年销售收入的 4 倍、历史年均收益的 20 倍和预期年均收益的 14 倍左右。因此，此次上市的推定市值约为 5.2 亿美元。

招股说明书概述了当时的市场竞争环境，其中包括几个最显著的特征，如技术的快速发展、产品过时的风险以及竞争对手的大量存在——既有 AT&T、数据研究和施乐等大公司，也有苹果这样的专业 PC 生产商，还有莲花软件和宝蓝国际（Borland International）等软件集团。除竞争威胁之外，招股说明书还提到与西雅图计算机产品公司（SCP）之间的未决诉讼，MS-DOS 就是从由公司产品升级而来。SCP 要求就微软对违反在 1981 年签署的协议做出赔偿。微软在招股说明书中也提到之前协议解释有误的说法，并认为结果不会对业务构成实质性影响。尽管微软做出审慎保证，但考虑到 MS-DOS 对微软的重要性，这种法律威胁无疑会引起投资者的关注。

在产品开发方面，微软推出的开发成果主要体现为两种产品：用于苹果 Macintosh 计算机的集成电子表格软件 Excel；以 MS-DOS 为基础的图形用户接口——Windows 操作系统。招股说明书并没有特别强调这些产品，它们只是出现在一系列微软操作系统和应用程序的产品列表中，因而也并未引起人们的关注。譬如，电子表格软件包 Multiplan 明显比 Excel 赢得了更多关注；在讨论 Excel 时，只是把它作为苹果计算机的若干软件工具之一。

因此，在正处于不断发展而且远未体现出长期性特征的软件行业中，要不要接受这家拥有若干产品系列的公司，还需要投资者自己去琢磨度量。尽管公司的核心产品是一套已构成行业标准的操作系统，但其毕竟只是被 IBM 暂时采纳而已；不得不承认的是，IBM 始终是一家拥有超强适应能力的公司，它们迟早会以更富竞争力的产品碾压新进入者的领先地位，UNIVAC（通用自动电子计算机）以及后来的个人计算机就是例证。似乎历史不会青睐微软这种规模的公司，一旦显露出明显的战略重要性和盈利能力，IBM 就要重新夺回对操作系统的控制权。

但微软的财务业绩表明，它们会以最凶猛的方式维护自己的地位——法律诉讼和产品开发就是它们最强大的武器。销售收入快速增长，利润率持续提高，资本收益率和股权收益率也稳居高位。这些强劲的收益率指标丝毫不亚于那些通过专利或某种市场力量构筑起坚实进入壁垒的企业（见图 9-13）。

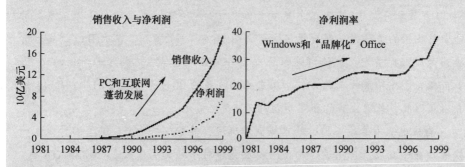

图 9-13　微软：真正的持久力

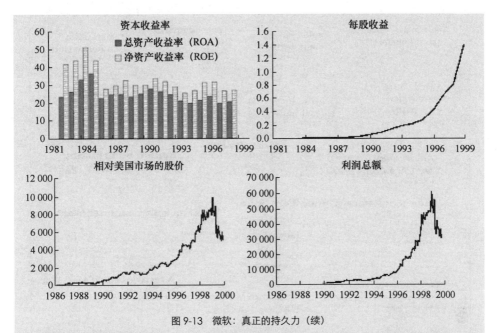

图 9-13 微软：真正的持久力（续）

资料来源：Microsoft annual reports. CRSP, Center for Research in Security Prices, Graduate School of Business, University of Chicago, 2000. (Used with permission. All rights reserved. www.crsp.uchicago.edu.)

苹果公司当然不会忽视微软的步步逼近，不久，Windows 的专利侵权问题便成为诉讼目标。这场官司的根本，不在于谁最早提出这个基于图标、用户界面友好的多媒体设备；多年以前，它的唯一所有者是恩格尔巴特。归根到底，这是一个商业问题，而非技术问题。苹果公司拥有的版权是否会让它们免受微软开发工作的影响呢？法律问题显然比技术问题更复杂，因为在苹果起诉微软的同时，施乐也在起诉苹果。最终的结果可谓聊胜于无：微软可以继续自由地开发 Windows GUI。

需要保护自身市场地位的不只有苹果。莲花公司也向竞争对手发起多项诉讼，包括 Paperback Software、Mosaic 和宝蓝国际。在诉讼活动日益激烈的计算机行业，一个共同的主题就是如何保护自己的市场份额和利润。技术进步的经历表明，它们可以轻而易举地被大批竞争者所复制，同样，个人计算机市场也正在成为一个进入门槛非常低的市场，尤其是在软件方面，它所需要的主要投入就是人的智力，而不是财务资源。和所有这类诉讼一样，在遭遇侵权问题时，受害方的第一反应是请求法院在知识产权保护方面提供帮助（见图 9-14）。

具有讽刺意味的是，几乎没有一家大公司会从头开始开发新产品。大多数公司只是采纳其他人的成果，然后将其改造为适合销售的商品。即便是所谓"发明家"也不会像爱迪生或贝尔那样去做基础研究。这并不是彻底否定他们的创新，这

Apple Starts Move Against Imitators *17 March 1982*	**Apple Charges Counterfeiting** *New York Times* *28 July 1982*	**Apple Computer Sues 4 Companies** *New York Times* *18 August 1982*	**Atari Gains In Patent Case** *9 November 1982*
I.B.M. Suit May Ask $2.5 Billion *New York Times* *16 November 1983*	**Order to Halt Apple 'Copies'** *3 May 1983*	**Suit by Compaq** *25 March 1983*	**I.B.M. Sues Competitor** *New York Times* *18 March 1983*
I.B.M. Sues Rivals On Chip Copyright *1 February 1984*	**Atari Distribution Plan is Blocked** *30 March 1983*		**Spinoff Suits Mount In Silicon Valley** *New York Times* *3 January 1984*
How a Software Winner Went Sour The egos and lessons in the bitter battle over Visicalc *26 February 1984*	**Visicalc Lawsuit Is Settled** *New York Times* *18 September 1984*	**This Season's Computer War** It's Atari vs. Commodore *New York Times* *16 December 1985*	
A Computer War Pits Commodore vs. Atari *New York Times* *16 December 1985*	**Quantum Is Suing NEC on Patents** *New York Times* *6 February 1986*	**A Divisive Lotus 'Clone' War** *New York Times* *5 February 1987*	
Xerox vs. Apple: Standard 'Dashboard' Is at Issue *New York Times* *20 December 1989*		**Code Stolen For Macintosh** *New York Times* *10 June 1989*	
Apple Suit Delay SAN FRANCISCO, Feb. 8 — The closely watched computer copyright lawsuit filed by Apple Computer Inc. against the Microsoft Corporation and the Hewlett-Packard Company may be delayed… *New York Times* *9 February 1990*	***Software Industry in Uproar Over Recent Rush of Patents*** *New York Times* *12 May 1989* **Apple Broadens Attack In Copyright Lawsuit** *New York Times* *24 May 1991*	**Judge Favors Apple Stand On Copyright** *New York Times* *7 March 1991*	
Suit By Apple Is Extended *New York Times* *24 August 1990*	**Most of Apple's Copyright Suit Is Dismissed** *New York Times* *15 April 1992*		
Microsoft Sues Apple Computer *New York Times* *27 March 1995*	**Apple's Copyright Suit Against Rivals Rejected** *20 September 1994*	**Court Denies Apple Appeal** *22 February 1995*	

图 9-14 软件行业的诉讼潮：律师的盛宴

资料来源：根据史料编辑整理。

毕竟只是他们在特定商业环境中不得已而为之的对策。在这些大公司当中，盖茨的愿景最为清晰，采取的对策也最为积极。此外，微软还拥有控制 MS-DOS 的优势，这是其他公司无法比拟的优势。最有可能的情况是这些要素全部发挥了作用，但结果是确定无疑的：微软成为当时的行业巨头，其利润率只有专攻细分市场的小规模专业型企业才能与之媲美。相比之下，该行业以往的领导者已退居为彻头彻尾的二流企业。例如，在被 IBM 收购之后，莲花公司这家昔日的行业巨头试图再现辉煌。微软不仅已成为软件行业的领头羊，还成功拆解了硬件与软件的捆绑。今天，只要拥有微软的软件系统，消费者几乎可以购买他们喜欢的任何一款个人电脑。当个人电脑行业的商业价值已显而易见时，在成本曲线规律的推动下，新公司的出现自然不可避免。在这轮大潮中，最引人注目的当属迈克尔·戴尔（Michael Dell）创立的公司，他让人们清晰地认识到 PC 机生产规律变化对公司财务的影响。

到 2000 年，个人计算机行业已呈现出全新的特征：高利润只属于那些拥有 PC 品牌化硬件的公司。总的来说，PC 整机已不再是品牌产品。作为芯片和软件的主要供应商，英特尔和微软最接近垄断地位，它们在各自的细分市场中拥有非常可观的市场份额。由于大多数行业的产品差异化源于功能、运行方式、外观、成本及售后服务等要素，因此，很难找到能与 PC 行业直接类比的行业。一方面，PC 机的外观风格已不再是产品的基本差异化因素；另一方面，随着运行可靠性的提高以及通用性硬件导致 PC 逐渐趋于同质化，售后服务的重要性也大大降低。在这种情况下，个人计算机生产商不得不依赖于价格战。当高增长已无法带来高利润率时，整个行业的结构也随之发生变化。所有变化与全球化和新经济无关；一切都可以归结于已发展成为行业"均衡器"的英特尔和微软。

可以从两个方面认识产业结构受到的影响。首先，就像康柏以低成本产品替代 IBM 一样，其次，它也受到另一家低成本制造商（戴尔）的威胁。不同的是，戴尔不仅是一家低成本生产商，更是一家低成本的供应商，它们已经把低成本逻辑从生产链延伸到分销渠道。在直销模式最鼎盛的时候，戴尔应运而生。在供应链采取电子形式并与生产实现高度集成的时代，大量成本元素一夜之间便消失得无影无踪。这种变化不仅带来了管理结构和行政层级的缩减，而且大大降低了（在产品和库存占用的）营运资金需求。由于 PC 生产在很大程度上已转化为组装过程，因此，如果能在"及时生产"（just in time，或称无库存生产方式）的基础上进行硬件的生产与供应，那么，与组件所对应的资本和成本必将大不相同。行业结构的变化以及成本曲线的重要性，在戴尔超越康柏的过程中体现得淋漓尽致（见图 9-15）。尽管戴尔充分利用了低生产成本的重要性，却无法摆脱随之而来的低利润逻辑。不管效率有多高，它始终是一家低利润和高产量的企业，因此，经济周期的任何风吹草动都有可能让它们难以承受。虽有可能继续维持强势增长，但永远无法摆脱周期性的侵扰；归根到底，利润只属于拥有自由产品的企业。

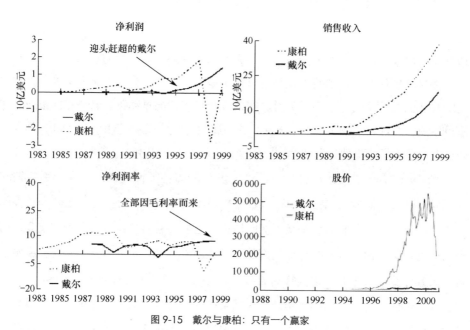

图 9-15 戴尔与康柏：只有一个赢家

资料来源：Compaq and Dell annual reports. CRSP, Center for Research in Security Prices, Graduate School of Business, University of Chicago, 2000. (Used with permission. All rights reserved. www.crsp.uchicago.edu.)

PC 业务的未来

个人计算机行业的组装驱动结构与汽车行业的早期特征非常相似——生产商实际上已沦为外购零部件的组装工厂，并通过供应商的信贷及客户的预付款为采购及生产提供资金。随着汽车成为大众化产品，大部分竞争参与者被经济衰退的大潮所湮没，于是，汽车行业逐渐转变为量产业务。而 PC 业务几乎从一开始便以产量为驱动力。硬件和软件的标准化逐渐消除了品牌忠诚度。轻微的生产或定价错误都有可能对利润表带来直接性的重大影响。和汽车行业一样，个人电脑业务也易受经济衰退的影响。在缺乏库存缓冲的情况下，任何经济衰退都会给供应商产生立竿见影的冲击，并最终放大整个供应链的波动性。因此，对 PC 行业而言，"冲击"因素无疑将比以往强烈得多。如果这种"冲击"又恰逢大规模裁员，必将对整体经济引发连锁反应。

软件行业已形成以微软这个巨无霸为核心的行业格局，而硬件行业则延续从生产驱动型向分销驱动型商业模式的演进。个人电脑的标准化以及"品牌化"组件（最关键的硬件当属微处理器）的简单组装化，意味着产品可靠性已不再是问题。因此，"PC"本身品牌名称的重要性已大大削弱，相反，无处不在的"Intel Inside"

（内置英特尔处理器）标志已成为产品的终极质量保证。而这些演化趋势带来的最终结果，就是让价格成为最重要的竞争要素，或者，PC 的交付价格成为消费者选择的首要指标。

新公司的出现也带来了新的运营模式——即，通过高效生产以及销售与售后服务的有效管理实现成本最小化。那些可以转移到成本曲线最低点的公司成为市场上的获利者，相反，如果公司无法让成本降低到这个最低水平，那么，它们要想在市场中继续生存下去，则只能接受微薄的利润，甚至要忍受亏损。个人计算机行业已成为一种大宗商品，在大多数方面，它们已经和传统的"旧"化工或钢铁行业有异曲同工之处。它曾经历过"周期性增长"，也就是说，这个市场曾以超过 GDP 增长的速度进行高速扩张。因此，虽然它的盈利能力和库存需求易出现剧烈波动，但它至少仍保持潜在增长的希望。这就造就了一种明显矛盾的行业格局——成长性特征与利润率下降并存。但移动设备的兴起已彻底带走这种增长优势，因此，今天的 PC 生产商实际上是一种"旧经济"。

软件行业在一定程度上推动了这种趋势，正如"Intel Inside"标志加剧了硬件的同质化，Windows 则加剧了软件的同质化，而且两种力量相互结合，实际上已真正实现了 PC 的商品化。应用程序也在发展，某些产品已逐渐被竞争对手开发的新产品所超越——最明显的例子，就是 VisiCalc 被 Lotus 1-2-3 所取代，而后者又被微软的 Office 所超越。不过，由于 Windows 已成为绝大多数硬件设备的标准配置，因此，它实际上已为自己创造出垄断性保护。这与贝尔、爱迪生和 RCA 所依赖的进入壁垒如出一辙。

在 VisiCalc 出现的时候，专利权及版权法对软件的保护作用还不明显。但开发者很快便意识到，要守住高利润，就必须想办法保护自己的产品。同样，尽管苹果公司已利用恩格尔巴特和其他人的成果在可视化显示及程序易用性方面实现升级换代，但它们却无法取得微软的优势——在克隆 IBM 产品市场上取得垄断地位。

苹果公司始终坚守自己的地位——在整个 PC 市场中，守住一个拥有绝对优势的细分领域；与此不同的是，克隆 IBM 的整机市场则是一个以规模决定高下的舞台，在这个市场上，微软是操作、界面和应用软件的头号供应商，而 IBM 则借助于这些软件程序坐享其成。这种地位带来的优势让微软成为行业的实际垄断者，就像电话行业早期发展阶段中的 AT&T 以及石油行业的标准石油公司。由此带来的权力引发了竞争管理机构对潜在的滥用及掠夺行为做出反应。尽管微软被迫在不同阶段允许访问第三方软件，但是就总体而言，它们对监管机构介入采取的方法是对抗。但历史注定会表明，如果垄断公司不能做出实质性让步，最终的结果必定是某种形式的强制性分拆。但市场力量或许比监管力量更强大。微软在操作系统领域的主导地位最终因一系列事件而遭到削弱。由于已安装规模已对微软的发展构成羁绊，因此，在面对互联网的威胁时，微软束手无策。在计算机行业的历史上，主角始终是 PC 机；但未来却属于移动设备。

考虑到客户已熟悉微软的操作系统，因此，人们可能认为微软具有先天性竞争优势。但随着竞争对手不断开发出新的专用操作系统，因此，这种先天优势最终反倒成为劣势。通过 iPhone 的推出，苹果公司创建了一个直观且易于使用的移动界面（iPhone 的 OS，后来更名为 iOS），并通过 iTunes 和 Apps Store 等封闭生态系统形成的内在链接，开启了系列产品的创建之路。另外，为守住固有的搜索业务，谷歌试图通过购买和开发嵌入搜索引擎的移动操作系统（Android），并以此与自有的软件生态系统及地图服务形成互补。

对微软来说，技术进步已让垄断问题不再紧迫，原本被抵在胸口的枪口已转移到新目标的身上。需要提醒的是，在面对反垄断指控时，标准石油公司的回应是依靠法律进行反击，拒绝政府的指责，并在州和联邦法庭上毫不退缩地面对攻击。最终的结果是这个托拉斯被拆分为若干公司。对投资者来说，这样的结局算不上灾难性后果，因为每个后续实体的规模依旧足够大，完全可以凭借自身力量成为持续增长的盈利公司。因此，这根本就算不上对洛克菲勒的经济处罚。真正决定行业盈利能力的核心要素是对分销和定价的控制权。尽管分拆在一定程度上削弱了这种控制，但考虑到分拆恰好出现在汽车行业进入快速增长的时期，使得控制权削弱带来的影响并不明显。

对 AT&T 而言，在 J. P. 摩根和西奥多·韦尔时代，政府反垄断机构采取的方法是和解。AT&T 默许联邦政府对公司实施一定程度的控制，但还是设法保住了本地和长途网络以及由此带来的事实垄断地位。作为一种惩罚，公司需要在相关领域审慎行事，收敛自己的所作所为。这就导致贝尔实验室的很多研究成果被其他公司利用。尽管 Windows 和 Office 得以存续下来，而且微软对行业的控制能力也大不如前，但需要提醒的是，直到 20 世纪 90 年代后期，微软依旧不得不面对整个市场乃至监管机构的敌视（见图 9-16）。

要总结本世纪初个人计算机行业的结构，最简单的方法是分析不同参与者的盈利水平。图 9-17 清楚揭示出微软和英特尔的主导地位，即使与最成功的新进入者戴尔相比，它们的优势依旧显而易见——在硬件方面，对硬件的定义在很大程度上依赖于英特尔微处理器；在软件方面，消费者认可的唯一标准就是微软的系列产品。

但如此明显的优势不可能无休止地持续下去。当时，英特尔已经有超微设备（AMD）这样的竞争对手，它们的产品频频对英特尔发起挑战。但事实证明，AMD 的挑战只是短暂的。由于智力和技术能力依旧是当时行业竞争的基本要素，因此，从 AMD 诞生之日起，进入壁垒便一直在持续加高。在最终产品具有较高复杂性和精确度的情况下，这些早期特征与工艺水平、产量和资本需求等要素相互叠加，注定会让新进入者举步维艰。此外，单个制造工厂的建设成本超过 10 亿美元，这对大多数潜在进入者来说都是无法逾越的障碍。他们不仅需要筹集到这么一大笔资金，面对已投入巨额成本的现有参与者，还需维持足够的产量。事实证明，向移动设备转型对微软是非常困难的，对英特尔同样如此。尽管屡经探索，英特尔还是发现，在一个由设计师主导设计和制造商控制生产的行业内，微软已经把移动芯片设计的领导权拱手让给 ARM。

图 9-16　成功也会带来问题：微软面对的垄断调查

资料来源：根据史料编辑整理。

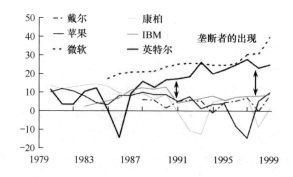

图 9-17 关于利润的问题：英特尔和微软成为市场的主宰者
资料来源：戴尔、康柏、苹果、IBM、微软及英特尔公司的年度报告。

与其他领域的技术进步相比，个人计算机行业源于由政府国防需求推动的主流开发工作，它只是从这个主流中引申而来的一个分支。这些开发工作带来的技术发明被寻找商业利益的个别群体所采纳，并最终转化为有价值的市场化产品。由此开始，这些产品进入从创新、宣传、紧缩、失败到最终成功的传统型成长周期。很多公司都曾有过短暂成功的经历，但最终只有少数参与者实现了长期成功。与之前的技术浪潮一样，在这一轮浪潮中，所有长期成功者的共同特征就是拥有创造进入壁垒的能力。

在个人计算机行业，以 IBM 为代表的企业打造出大众化市场，但是在成本要素的推动下，这个创造过程也让整个行业变成一项组装业务。这个发展阶段的一个重要元素，就是出现了以英特尔和微软为代表的所谓"集成商"，或者说质量控制检验。凭借卓越的技术和市场知识，英特尔和微软逐渐成为少数受进入壁垒庇佑的幸运儿，它们依旧可以坐拥令人垂涎的利润率。直至产品从台式计算机转为移动设备，新进入者才有机会绕过进入壁垒的阻碍。两家公司都未能合理应对这轮转型，并因此而失去市场领导地位。尽管它们的传统业务依旧相当稳健，但丝毫没有享受到新兴领域转型带来的成长机会。

PC 发展历程中另一个显而易见的特定表现为，在技术能力发生深刻变化的时代，预测未来发展非常困难。这些转变几乎不可预见，即使是那些通过科学研究催生这些转变的人，最初也可能有当局者迷的情况。因此，人们在讨论这些技术的商业影响时，很少会涉及财务分析和估值等方面的工作。然而，只要出现转型的蛛丝马迹，就会有个别既有清晰愿景又不乏超凡动力的人把握住这个机会——最典型的代表人物当属比尔·盖茨，他们会在迷雾中迅速找到一条致富之路。但生活依旧会继续，当另一个变革的"蛛丝马迹"再次浮出水面时，这些有远见、有动力而且不乏运气的人，会再次成为机会面前的幸运儿。

第十章

互 联 网

分时计算如何成为一种全球现象

我们都听说过这样的说法，如果几百万只猴子在几百万个键盘上胡乱敲打，假以时日，它们最终会敲出莎士比亚的所有作品。感谢互联网的存在，如今，我们都知道，事实并非如此。㊀

——罗伯特·威伦斯基（Robert Wilensky），
加州大学伯克利分校人工智能计算机科学家

互联网是一个肤浅且不可靠的电子存储库，肮脏的图片、不真实的谣言、拙劣的拼写和更糟糕的语法无处不在，里面充斥着缺少基本社交技能的人。㊁

——《高等教育纪事》（*Chronicle of Higher Education*），1997 年 4 月 11 日

截至 2005 年左右，互联网对经济的影响显然还没有超过传真机……十年之后，信息经济这个词或许只是愚蠢的代名词。㊂

——保罗·克鲁格曼（Paul Krugman），1998 年

㊀ 摘自 www.cyber.law.harvard.edu。

㊁ 同上。

㊂ 见《红鲱鱼杂志》（*Red Herring* Magazine），1998，web.archive.org/web/19980610100009/www.redherring.com/mag/issue55/economics.html。

本章分为四个部分，其中包括了最新的材料，以反映本书自第一版出版以来发生的变化。第一部分简单概述了互联网的起源和早期发展历程。第二部分介绍了互联网早期发展历史中的几家主要企业，讨论了互联网的商业化经历。第三部分描述了股票市场对互联网的反应以及随之而来的超常泡沫，并介绍了互联网泡沫破裂造成的后果。第四部分介绍了互联网的广泛影响及其未来的发展趋势。本书最后一章还进一步探讨了这个话题。

第一部分：计算机网络的诱惑

引发学术界轰动的新发现

出现第一台电子计算机的时候，科学家们就已经在猜测，如果把它们连接到一起，会带来怎样的潜在收益。对这个话题感兴趣的两个主要群体是国防部门和学术界。在国防方面，核时代不仅是大型机计算的发源地，更是把计算需求扩展到航运和弹道计算之外。计算机很快便成为核防御指挥控制系统的一个重要组成部分。这就需要创建一个计算机网络，在国防设施的专用主机与国防研究机构的主机之间建立链接。对学术界而言，访问大型机的需求已不只限于直接参与政府国防项目的组织。但兑现这些梦想的难点在于大型计算机的购买、安装和维护成本太高。因此，只有在能满足很多学术部门和用户集体需求的情况下，购置大型机才是合理的。因此，认为大型计算机应针对国防进行联网是出于战略方面的原因，而认为大型机对学术界实现联网则是出于经济上的考量。

但是从更富远见的视角出发，很多人或许已认识到计算机联网的潜力，以及由此可能带来的收益。在这个话题上，最早同时也是最重要的预言来自美国科学研究与发展办公室（Office of Scientific Research and Development）主任范内瓦·布什（Vannevar Bush）在二战结束时发表的声明。如前所述，在英国，温斯顿·丘吉尔遵循了英格兰人的一贯传统，对国防事务尽可能地采取保密政策，导致布莱切利公园等机构在二战期间取得的知识和能力未能得到应有的推广。而布什则采取了截然相反的做法。在布什的屡次催促下，富兰克林·罗斯福总统要求撰写一份关于未来军事与科学研究发展方向的报告。1945年7月，美国电器公司（American Appliance Company，后来的雷神公司）创始人范内瓦·布什（Vannevar Bush）向罗斯福总统提交了一份名为"科学：无尽的前沿"（Science: The Endless Frontier）的研究报告。可以说，这份报告定义了 20 世纪下半叶美国技术发展的基本框架。

布什认为，美国不能再继续依赖欧洲进行基础研究；政府必须主动协调并赞助研究活动，但也允许私人部门和学术界的参与；未来技术优势的实现不可能来自对信息普及的限制，而应依赖于通过信息的广泛传播；应由国会出资创建一所名为"国家研究基金会"的新型机构。该基金会将由民间机构控制，支持大学在医学和自然科学等方面开展基础性研究，并为军队开展先进武器研发。

事实证明，这是一份颇具远见卓识的报告。它不仅推动美国政府创建了一所在未来技术发展中扮演重要角色的研究机构，也为推广战争期间取得的研究成果提供了强大助力，为推动这些技术运用于民间创造了条件。美国在二战期间对研究成果的商业化开发明显有别于其他发达国家。尽管要实施布什畅想的愿景绝非平稳有序的过程，但这种公私合作并采取集中资助科学研究的概念注定有助于推动新信息时代的科技发展。1947 年，设立国家研究基金会的法案被杜鲁门总统否决。直到 1950 年，国家科学基金会（National Science Foundation，NSF）才通过特殊程序得以成立，但它与布什最初的构想略有不同。布什本人对国家科学基金会持反对意见。范内瓦·布什认为，这个机构的运行方式偏离了他的设想：并非由新基金会作为唯一主体对科学研究进行组织协调，也不涉及与军事相关的研究项目。此外，NSF 的职责范围和资金也非常有限。

当时，主要的研究资助机构是海军研究办公室和原子能委员会。尽管朝鲜战争爆发使得这些机构的作用越来越重要，但真正推动为军事领域计算机应用提供资金支持的要素，则是冷战的不断升级。虽然推动创建国家性科学资助机构确有布什的一份功劳，但当时的国际形势要求美国军方必须对可预见的未来保持控制。1945 年 7 月，布什在《大西洋月刊》（Atlantic Monthly）上发表了一篇题为"诚如所思"（As We May Think）的文章。在这篇极富远见性的文章中，作者用大量篇幅介绍了摄影学的进步及其在信息存储和检索中的潜在作用。随后，布什还提到零售及销售点的信息收集问题。尽管这些讨论很有趣，但依旧只停留在现有科学知识的潜在应用范畴；在技术快速进步的情况下，有些技术及其用途会丧失原有的意义。

但是在文章的最后、同时也是全文最具预言性的部分，范内瓦·布什描述了一种名为"麦克斯储存器"（memex）的设备，它可以以更符合人类需求的方式对信息进行存储。范内瓦·布什讨论的并不是分层索引系统，而是一种按关联性对数据或文本进行交叉索引的全新信息系统。他指出，这才是人类思维应有的运行方式。"这会造就一种全新形态的百科全书，相互关联的轨迹交互贯通，构造出一种网状结构。将这个网络输入 memex 中并进行放大，这样，律师就可以轻松查阅朋友及政府机构的全部相关信息，并据此发表自己的意见，做出自己的决定。专利律师可以随时了解数以百万计的已发布专利，借助于熟悉的轨迹找到客户重点关心的每一个问题……今天，已经出现了一种可以称之为'轨迹制作者'的新型职业，他们的任务就是通过庞大的共享记录创建有价值的轨迹，并在工作中找到乐趣，实现收益。"⊖

NSF 的出现曾历经多年波折，而且未能完全如范内瓦·布什所想，同样，memex 的诞生更是经历了几十年的探索。但它最终出现了，或者说，至少以互联网和万维网的形式得到了体现，并成为 21 世纪最受欢迎的大百科全书。不过，它的出现在很大程度上只能说是网络发展带来的一种副产品，而且更多的是出于当时的军事需求，而不是为了实现布什畅想的愿景而有意为之的探索。

分时计算：终极手段

作为推动互联网发展的原动力，对分时计算的探索在一定程度上源自计算经济学。对大多数用户来说，由于使用大型机的成本非常高昂，因此，只有采取共享使用的方式，他们才有可能以合理成本访问这些设施。对此，第一种解决方案就是采取分时访问方式。但随着小型计算机和微处理器的出现，计算机行业快速发展，使得大量用户可以轻松获取计算处理能力，因此，这个结论的合理性马上遭到了质疑。不过，分时计算只是链接大型计算机的原因之一。正如二战期间的军事需求加快了大型机的发展，同样，冷战时期的潜在威胁则导致资金源源不断地投入网络发展中。

回顾历史，1957 年，苏联成功发射人造卫星给美国人带来的心理影响，或许远远超过其真实科学能力带来的震慑。但这种影响在当时是立竿见影的，面对预感的威胁，美国政府迅速做出回应，成立了一家专门以维护美国科技优势为目标的机构，该机构被命名为高级研究计划署，简称 ARPA。尽管它最初的核心任务是空间技术，但是在几年后，这些项目被移交给 NASA，于是，高级研究计划署的主要任务转为国防技术。它的资金也在未来的网络技术发展中发挥了关键性作用。

对高级研究计划署而言，它的当务之急体现为两个主要技术目标。首先，必

⊖ V. Bush, 'As We May Think', *Atlantic*, July 1945.

须在计算机之间实现交互式通信，以便于进行信息共享。其次，计算机之间必须实现稳定可靠的链接，以确保不会因个别链接中断而导致整个系统失效。1962 年，高级研究计划署创建了一个新部门——信息处理技术办公室（IPTO），专门负责研究网络指令和控制问题。麻省理工学院行为心理学家约瑟夫·利克莱德（Joseph Licklider）被任命为该办公室第一任负责人。事实证明，这注定是一次重要的任命，因为利克莱德曾参与过大量计算机功能升级的研究，包括在 1960 年发表的开创性论著"人机共生"（Man-Computer Symbiosis）。在这篇文章中，他预见到图形用户界面的发展，从而让计算机更便于使用，此外，还需要键盘以外的工具为导航或其他任务提供便利——实际上，这就是现在的"鼠标"的概念。利克莱德逐渐将 IPTO 的研究核心从命令和控制技术转移到图形、通用语言、认证协议和分时计算。尽管利克莱德担任 IPTO 主任的时间相对较短，但即便在离职后，他的观点依旧在影响 ARPA，影响着继任者所资助项目的未来走向。在利克莱德上任初期，他撰写了一篇名为"星际计算机网络的成员和分支"（Members and Affliates of the Intergalactic Computer Network）的备忘录，讨论了多个分时计算机站点的链接问题以及为实现这一点所需要的通用协议。1963 年，在加州大学洛杉矶分校和加州大学伯克利分校接受委托进行网络创建研究时，利克莱德第一次给出了计算机网络的实用表达方式。

成长于军用需要

ARPA 出资创建了一个共同致力于打造计算网络的学术机构联盟。这个处于萌芽时期的阿帕网（ARPANET，美国高级研究计划署网）与今天的互联网还有相当的差距。利克莱德提到的通信问题依旧没有得到解决。这从根本上需要对分时概念和网络概念的差异做出实质性区分。分时概念的问题在于，它会导致所有用户极力维护在计算机上分配到的时间，对任何可能侵犯自身占有时间的事物，它们都会自然而然地采取抵制措施——譬如新的网络语言和协议。因此，解决方案就是创建一个实现链接的小型计算机网络，由这个网络处理所有这些任务，并把个别大型计算机与网络的接口机器连接起来。

因此，所有机构首先需要与这个网络的小型计算机实现通信，这里的小型计算机也就是所说的接口信号处理器（IMP）。这种方案采取了精巧和别致的组织层级结构，把分时和网络分开，这样，用户就可以使用更强大的计算能力与网络进行连接。到 20 世纪 60 年代后期，凭借美国国防部提供的资助，在兰德公司的工作以及英国国家物理实验室（National Physical Laboratory）并行开展的研究基础上，可以利用"分组交换"技术在无须保证全部计算机保持链接的状态下传递信息，也就是说，即便网络的部分链接因遭受攻击而失去工作能力，其他部分依旧可以维持正常的通信。1968 年，博尔特—贝纳克—纽曼计算机公司（Bolt, Beranek and Newman, BBN）取得了开发接口信号处理器的合同。BBN 曾参与过美国政府的大量国防研究开发项目，而且与利克莱德也有过一段渊源。在签订合同后不到 10 个月的时间内，BBN 便在加州大学洛杉矶分校安装了第一台 IMP，并在斯坦福研究所安装了第二台 IMP。随后，他们在 1986 年为网络添加了节点——或者说接入点。最初的阿帕网只设置了四个节点，设置在加州大学洛杉矶分校、加州大学圣巴巴拉分校、斯坦福大学、犹他大学四所大学的四台大型计算机，这四台相互链接的大型计算机构成了 ARPANET。可以说，阿帕网就是今天互联网的先驱，尽管在当时还鲜有人意识到，这种网络最终会被用于何种用途。

高级研究计划署的第二项关键工作，源自美国发明家道格拉斯·恩格尔巴特在斯坦福大学赞助的项目。恩格尔巴特曾参与过 ARPANET 项目，并致力于各种信息处理传输工具及技术的开发。最初，恩格尔巴特的研究得到美国空军科学研究办公室（Air Force Office of Scientific Research）的资助，并发表过一篇探讨交互式计算的论文。1963 年，恩格尔巴特发表了"增强人类智慧的理论框架"（A Conceptual Framework for the Augmentation of Man's Intellect），重点探讨了以计算机系统与工具的设计来弥补人类能力的必要性。在这篇论文中，他提出了一个所谓的 H-LAM/T（即"人类使用语言、人造工具以及接受训练的方法"）演示性基本系统。这个系统以范瓦尔·布什提出的设想为基础，并将人机界面的各种发展路径与"memex"提出的链接关联性文本概念综合起来。论文中所述的理论概念的开发资金均来自利克莱德领导下的高级研究计划署资助。

1968 年 12 月，恩格尔巴特在旧金山全国计算机会议上的演示成为登峰之作，这次演示后来也被称为"演示之母"。在演示过程中，恩格尔巴特使用鼠标在屏幕上进行导航，通过投影，观众可以观看到包括文本、图形和视频在内的每个细节。这实际上就是一次多媒体演示，它包含了与其他文档链接的可扩展性和嵌入式文本，而且所有被链接文件来自于不同地点的两个用户。在当时的情况下，这显然是一次令人震惊的演示，因为它向人们展示了在未来数十年后才真正出现的工具，全场观众无不为之目瞪口呆。这次演示还直接引申出一个被命名为"在线系统"（oNLine System, NLS）的项目，这是一个包含超链接和团队合作的系统。该项目一直持续到 1977 年，当时出于财务上的考虑，斯坦福大学取消了对该项目的资金支持。

随后，恩格尔巴特带着自己开发的系统来到泰姆谢尔公司（Tymshare），不过，他在斯坦福研究院的很多员工被施乐挖走，随后，施乐以这些研究人员为班底，在帕洛阿尔托设立了一家新的研究中心，也就是所谓的帕洛阿尔托研究中心（PARC）。尽管 PARC 开发的技术和概念最终得以重返主流计算范畴，但正如第六章所述，这条迂回的归途不得不借助一个全新的细分市场——个人计算机（PC）。PC 的发展路径最终与互联网分道扬镳；尽管随着价格的下降和功能的增加，PC 也逐渐演化为与手机电话等价的载体，而且可以直接连接电话线，但其目的已变成了数据传输。

恩格尔巴特并非唯一循着布什设想的愿景继续探索的人。早在 20 世纪 60 年代初，哈佛大学社会学研究生泰德·纳尔逊（Ted Nelson）已认识到计算在信息存储和检索方面的潜在能力。到 20 世纪 60 年代中期，纳尔逊首次提出了"超文本"（hypertext）一词，用来描述范内瓦·布什最早阐述的链接，但纳尔逊总结的概念早已超出布什或恩格尔巴特所定义的范畴。纳尔逊通过一个软件开发项目"世外桃源计划"（Project Xanadu，也被称为"上都计划"）、《梦想机器》（*Dream Machines*，1974）和《文学机器》（*Literary Machines*，1987）来实现这些想法。每一次，"上都"软件都被描述为"即将推出/近在眼前"，但是和第八章提到的查尔斯·巴贝奇一样，这个项目似乎一再被推迟或是搁置，以便让位于其他改进和开发项目。尽管这些设想未能得到完全实施，但人们没有降低对纳尔逊的赞誉。和范内瓦·布什以及恩格尔巴特一样，他对互联网做出的贡献值得后人铭记。追踪溯源，苹果公司的 Hypercard 软件、莲花公司的 Notes 以及 Mosaic Internet 图形界面产品无不植根于纳尔逊的出版物和演示文稿。他最早把超文本解释为双向链接的概念，或许也会像巴贝奇的思想那样，成为后人争论的话题。

推销梦想

尽管恩格尔巴特和纳尔逊的工作极富创新性，但它们显然还不足以吸引投资机构的关注，因为对后者而言，国防才是这个系统的核心功能。网络研究在向下开放的框架中进行，不同团队负责项目的不同部分。尽管有关网络的研究主要是在大学校园中进行，但发起人仍是美国国防部。在接下来的两三年里，更多的节点被添加到系统中，但由于鲜有直接使用的机会，因此，整个项目似乎已变得可有可无，或是在绝望的防御条件下才需要用到的备份，或者按照约瑟夫·利克莱德的说法，它已变成“难得一见的事情”。

为解决这个问题，这些研究机构组织了一次会议，试图激发人们的兴趣，为项目争取后续的资金支持。计算机通信国际会议（ICCC）于 1972 年 10 月在华盛顿举行。和所有出色的营销活动一样，这次会议也安排了一些吸引眼球的演示活动。例如，由 BBN 公司的模拟医生为假想的 UCLA 精神病患者编写治疗程序，举办远程国际象棋比赛和问答游戏。但更重要的是，这次会议首次启用一款新的应用程序，并在后来成为互联网发展的重要推动力。这就是电子邮件，尽管它出现在阿帕网之前，随后却发展成为推动用户实现交互沟通与协调的重要工具。本次会议第一次公开宣布了阿帕网的建成、实现国际信息交流的可能性以及正在不断发展中的电子邮件功能。但是在当时，人们还没有意识到，这项功能最终将带来今天的互联网。不过，关于这个新型网络的报道没有引发什么关注。尽管它也算得上是一次科学进步，但似乎与外部的广阔世界没有什么关系（见图 10-1）。

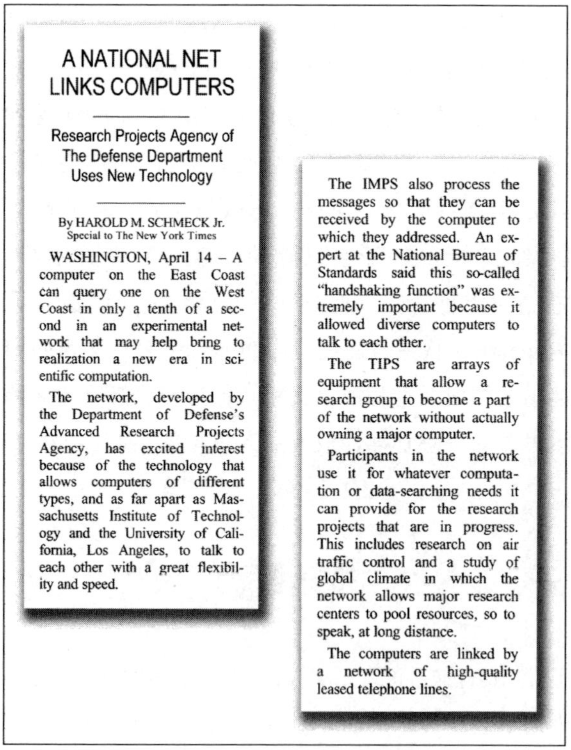

A NATIONAL NET LINKS COMPUTERS

Research Projects Agency of The Defense Department Uses New Technology

By HAROLD M. SCHMECK Jr.
Special to The New York Times

WASHINGTON, April 14 – A computer on the East Coast can query one on the West Coast in only a tenth of a second in an experimental network that may help bring to realization a new era in scientific computation.

The network, developed by the Department of Defense's Advanced Research Projects Agency, has excited interest because of the technology that allows computers of different types, and as far apart as Massachusetts Institute of Technology and the University of California, Los Angeles, to talk to each other with a great flexibility and speed.

The IMPS also process the messages so that they can be received by the computer to which they addressed. An expert at the National Bureau of Standards said this so-called "handshaking function" was extremely important because it allowed diverse computers to talk to each other.

The TIPS are arrays of equipment that allow a research group to become a part of the network without actually owning a major computer.

Participants in the network use it for whatever computation or data-searching needs it can provide for the research projects that are in progress. This includes research on air traffic control and a study of global climate in which the network allows major research centers to pool resources, so to speak, at long distance.

The computers are linked by a network of high-quality leased telephone lines.

图 10-1 媒体对新型网络的报道

资料来源：*New York Times*，1972 年 4 月 15 日。

这些演进有一个理论前提，即，ARPANET 将成为一个以开放架构为基础、以实现分组交换为目的的网络。在开放架构中，只要符合一组特定标准或者术语所说的"元级别互联网络架构"，那么，所有个别计算机网络均可链接到中央网络。这样，他们就可以按自己的具体目标对个别网络进行设计，而不必遵守更有限制性的结构。任何开放架构系统都需要满足一个关键性要求——具有稳定的"互联性"。这就形成一套名为"传输控制协议/因特网互联协议"（TCP/IP）的通信协议。TCP/IP 的版本之一由鲍勃·考恩（Bob Kahn）和温特·瑟夫（Vint Cerf）合作编写，于 1973 年 9 月推出。

　　这项研究得到了美国国防部高级研究计划局（DARPA，此前的 ARPA）的资助。在 1971～1979 年，总共出现过四个渐进升级的版本。这些版本均通过了相关测试，并将第四个版本确认为最终标准。TCP/IP 协议用于通过地面、无线电和卫星连接与阿帕网 ARPANET 实现链接。最初针对连接卫星设置的地面站位于美国和英国，但很快便在德国、挪威和意大利增添了更多的地面站。当时，个人计算机行业仍处于起步阶段，在大型科学机构之间建立基础联系的必要性毋庸置疑。

　　不过，当时阿帕网的主要用户仍是军队。截至 1979 年，阿帕网上的 46 个节点全部属于军事及工业机构，属于教学研究机构的节点仅有 18 个。[一]阿帕网的发展要求创建某种形式的协调性协议和网关配置（相当于我们现在所说的"路由器"）。为此，ARPA 创建了后来所说的互联网活动委员会（Internet Activities Board，IAB）。随着越来越多的非军事组织接入阿帕网，国防部认为，有必要将自身与其他用户的网络需求隔离开来。因此，在 20 世纪 80 年代初，国防部建立了自己的网络，但仍继续采用 TCP/IP 标准，并保留对阿帕网的访问权。之后，阿帕网也逐渐取得如今流行于世的名称——互联网（Internet）。

　　实际上，最初网络已停止运行，而后继网络的重要性则与日俱增。但互联网作为连接载体的重要性并未被忽略，美国国家科学基金会（NSF）已开始提供开发资金，也让越来越多的组织可以访问阿帕网。20 世纪 80 年代，联邦政府开始提供进一步支持。为此，联邦政府专门设立了国家科学基金网（NSFNET），创建了 5

[一] B. Winston, Media, *Technology and Society: A History from the Telegraph to the Internet*, London and New York: Routledge, 1998, p.333.

个针对科研教育服务的超级计算中心,并在此基础上建立了 NSFnet 广域网,为这些超级计算中心与分布在各地的局域网提供高速链接。实际上,连接这 5 个超级计算中心的原理与最初的大型计算机联网完全一致。超级计算机的成本极其昂贵,而且数量有限。如果需要提供更广泛的访问权限,就必须提供相应的网络;这就再次展示出分时概念的强大功能!通过与局域网进行链接,超级计算机的链接范围得到扩大,就可以让更多的教育机构接入 NSFNET。由于网络因流量的大幅增长可能危及系统安全,甚至可能导致系统陷入崩溃,因此,在 1987 年,NSF 委托包括 IBM 和 MCI 在内的公司负责超级计算机网络的升级和管理。造成流量大幅增加的主要原因,就是电子邮件的快速普及——如前文所述,电子邮件这个概念的出现,还要追溯到 15 年前在华盛顿召开的计算机通信国际会议。

接受 NSF 委托的几家公司以传输速度更高的链接替换了原有的线路,从而对网络进行了升级。而 NSFNET 则以更强大的功能和规范真正取代了最终在 1990 年退役的阿帕网。随后,国会参议员艾尔·戈尔(Al-Gore)提出的《高性能计算与通信法案》(《戈尔法案》)获得批准,由国会拨款,创建了另一个名为"国家研究和教育网络"(NREN)的网络,旨在把网络互联扩展到所有高等院校与科研机构,满足"低等"教育的需求,该网络最初以 NSFNET 为基础。至此,互联网时代已经到来。

在 20 世纪 70 年代初制定原始协议时,其愿景是为大型全国性网络创建链接。因为当时的预期完全以 ARPANET 模型为基础,因而只预见了用户的数量(对应于接入点的数量)。尽管当时施乐已在开发实现本地计算机联网的技术——以太网(ethernet),但所有直接参与者均没有预见到互联网的出现。因此,在确认定义地址的初始方法时,依据的预期就是使用被链接网络的用户数量不超过 256 个。由于以太网和个人计算机的发展会给工作模型带来重大调整,因此,这个假设不可能持久。此时,它已不只是少数几个大规模全国性网络,越来越多的区域网和爆炸性增长的局域网加入现有网络中。原本只能容纳 256 个网络的系统已远远不能满足要求,现在,这种高速增长需要一套全新的命名规则,于是,域名系统(DNS)也随之而来。早期开发者确实也预见到互联网的商业潜力,但他们的关注点仅限于知识与数据的共享,以及如何为相应的基础设施开发提供资金(见图 10-2)。

Creating a Giant Computer Highway

A national network - an information infrastructure, Dr. Kahn calls it, much like a national highway system for data - would make it possible to ship enormous amounts of information back and forth at what are called gigabit speeds (billions of bits of data per second), almost a thousand times faster than anyone using today's fastest electronic networks.

Its planners say that once the network is completed, scientists, scholars, students, economists and business executives will have instant access to computerized libraries the size of the Library of Congress. The potential for hundreds of new businesses will be created and old ones will be energized by the emergence of a vast coast-to-coast electronic marketplace.

In June, the National Science Foundation awarded Dr. Kahn's Corporation for National Research Initiatives $15.8 million to oversee the research on setting up five separate networks and experimenting with new hardware and software technologies.

Dr. Kahn and his partner computer scientist, Vinton G. Cerf, have explored a number of financial alternatives, including the possibility of taxing users or computer services. Dr. Cerf looks for parallels in the way in which the Government gave incentives to railroad builders, who received square-mile chunks of land where their lines ran. That might suggest, for example, that a communications company may be willing to lay out large sums of money to help build a high-speed information network - if, in return, it were to receive a franchise on some of the lucrative data services that would result.

A giant step towards Internet Commercialization?

ELMSFORD NY -- The Internet is a sprawling TCP/IP-based research and academic "network of networks" that spans the US and several other countries in a complex tangle of campus, regional, mid-level, and backbone networks. Linked together in a "grand collaboration", in the words of Vinton Cerf, one of the network's principal architects, Internet was originally sponsored and funded by the government when it was known as Arpanet, and is now going through yet another metamorphosis as it evolves into the National Research and Education Network (NREN). The backbone for a substantial portion of Internet has most recently been the responsibility of the National Science Foundation (NSF), which provided it as a service for the research and academic community. Under the aegis of NSF, this backbone is now operated by a nonprofit venture called Advanced Network and Services (ANS), a collaboration of IBM, MCI, and Merit. However, traditionally, under a long-standing NSF policy of "acceptable use," commercial traffic has been restricted from flowing across this nationwide backbone. Nevertheless, demand for the commercial use of Internet is increasing, and with it has come a push in some quarters towards further privatization of the Internet backbone. This would allow commercial traffic to flow unrestricted across it, giving users the access they need to make use of the service viable.

The availability of the ANS backbone for commercial traffic is likely to spur connecting regional networks (many of which were originally funded by NSF) to offer Internet access for commercial purposes.

The Internet/NREN announcement has a number of implications for corporate users that may wish to use it as a resource for such applications as E-mail and file transfer, with eventual migration to higher speed uses including video.

图 10-2　互联网的商业潜力开始悄然浮现

资料来源：*New York Times*，1990 年 2 月 9 日。*Telecommunications*，1991 年 6 月 1 日。

从象牙塔到市场

最初,大型计算机联网的使用者仅限于政府部门和学术界。相应的开发活动也完全由美国政府出资和主导,资金通过军事预算拨款,项目也基本只服务于军事目的。由于当时的网络建设成本非常高——主要包括基础研究成本以及构建物理网络和大规模计算设备成本两大部分,而且还看不到任何能带来显著收入的希望,因此,这类项目的研究几乎不可能由私营部门承担。即便是在20世纪60年代初建立高级研究计划署(ARPA)后,开发现在所称的互联网的成本仍主要来自政府公共资金。

在这段时期的大部分时间里,商业收益仅限于军事用途以及设备、专业知识和维护服务的供应。随着计算机网络的扩展,服务器、电缆及交换设备制造商也迎来不断增长的需求。但直到网络本身高速增长,而且有越来越多的局域网(LANs)通过互联网与外部网络链接,它才有可能实现真正意义上的商业价值。绝大多数的早期局域网属于大学科研机构,而且主要用途就是电子邮件。好在原本无法为远程链接筹集资金的企业,也逐渐开始利用这种新型载体。其中最有名的当属成立于1984年的思科系统公司(Cisco Systems),公司的创始人是来自斯坦福大学的一对教师夫妇,他们的目标就是把针对计算机系统链接进行的升级改造转化为商机。

在斯坦福大学,商学院计算机中心主任桑迪·勒纳(Sandy Lerner)与计算机系计算机中心主任莱昂纳德·波萨克(Leonard Bosack)一直因无法通过电子邮件进行沟通而感到头疼。为此,他们专门开设了一门课程,而这门课程最终也造就了世界上最大的公司之一。几年前,两个人因使用斯坦福大学计算机科学系的分时系统而相识。后来,作为同一结算中心的工作人员,双方都可以访问学校的计算机网络,但由于各自所在系连接到不同的网络,使得这对夫妇只能通过学校网络进行交流。这种情况实际上非常普遍。1982年,斯坦福拥有约5 000台计算机,但其中大多数计算机之间不能直接通信。

唯一可以实现的连接就是通过阿帕网。但这需要通过IMP终端把电子邮件发送给阿帕网,由阿帕网传输给指定收件人,然后再通过IMP终端接受对方按同样方式发送的邮件。这无疑是一种超级笨拙的通信方法,从理论上说,完全可以通过本地网络之间的链接直接完成同样的任务,根本就无须访问阿帕网。施乐已慷慨解囊在斯坦福大学安装了大量的以太网设备，因而已形成了很多局域网，因此，校园内根本不缺少这种可链接的站点。而勒纳和波萨克需要解决的任务，就是在确保阿帕网本身高度安全和运行独立性不受任何干扰的情况下，以某种方式把这些本地局域网链接起来，并在它们之间实现直接通信。

为此，他们请同事在工程设置方面提供帮助，并以 BBN 为阿帕网开发的 IMP 基础构建了一个升级版的 IMP。通过他们开发的"路由器"，即可在校内各网络之间实现电子邮件和信息的直接传送。由于电子邮件已成为当时互联网最重要的功能——以至于被人们称为"杀手级应用程序"，因此，开发有助于加快电子邮件传输的路由器自然成为 Web 未来发展的重要措施。由勒纳和波萨克领导的团队在这方面取得了巨大成功，也促使斯坦福大学最终将他们开发的系统正式引入校园网络。勒纳和波萨克发现，随着这项成果通过口口相传（或更准确地说是电子邮件）得到更多人的认可，其他大学对"路由器"设备的需求也开始大幅增长。于是，他们打算在继续进行学术研究的同时创办一家以此为业务的公司，不过，斯坦福大学拒绝为他们提供相应的资源和办公空间。于是，勒纳和波萨克离开了斯坦福大学，创建了自己的企业，并将这家新公司命名为"思科"（Cisco 取自旧金山的英文单词 San Francisco）。

进入思科系统

思科早期发展的资金全部来自这对夫妇的抵押贷款和信用卡，但由于潜在需求巨大无比，因此，公司的月销售收入很快就超过了 2 万美元。他们的开发活动也得到同事的鼎力支持，有些人为公司运营投入了大量精力，为满足客户需求，他们在狭窄恶劣的工作环境下加班加点，甚至废寝忘食。1986 年，公司终于有了专门的办公场所，但工作方式依旧略显业余。公司的营销方式基本以电子邮件或口口相传的方式为主。但公司运营还是因缺乏足够的资金和专业性管理而受到严重限制。于是，这对夫妇决定尝试向外界筹集资金。尽管他们的早期创业业绩斐然，但并没有愿意接盘的投资者。当时，风险投资界仍对 PC 行业情有独钟。因此，他们最初联系到的 75 家风险投资公司均表示拒绝加入。在屡战屡败之后，最终，红杉资本同意为思科注资 300 万美元，并以此取得公司 1/3 的股权。此外，红杉资本还派出约翰·莫里奇（John Morgridge）担任公司的 CEO。

这项投资似乎是天赐良机，因为市场对路由器产品的需求恰逢进入爆炸性上升时期。凭借已成型的产品，而且又没有任何真正意义上的竞争对手，于是，公司业务立即进入快速增长状态。快速增长的不只有业绩，创始人和新管理团队之间的个人冲突也迅速升级。但有一件事是公司各方都认同的，此时应是公司上市的最佳时机。1990 年，思科公开上市。但管理层与桑迪·勒纳之间的关系已不可调和，并最终以破裂而告终。公司最早的两位创始人被迫离开，但公司业务并未受影响，业绩依旧持续增长。桑迪·勒纳以 1.7 亿美元的价格卖掉他在思科持有的 2/3 股份，莱昂纳德·波萨克也决定同时离开。

尽管市场最初对思科 IPO 的反应不冷不热，但凭借对互联网基础设施的主导地位，思科的业绩还是一路向好。似乎任何人都无法阻挡思科的涨势，假如思科从事铁路业务，它注定会成为铁轨、信号设备和时刻表的供应商、安装商和维护商。毫无疑问，思科既是路由器等有形项目的供应商，也是这些设备所依赖的互联网操作系统（IOS）源代码的所有者，因此，它也成为网络成长的直接受益者。IOS 是确保不同产品之间实现兼容的基础软件，而且微软的经历也让思科认识到让这款代码成为行业标准的重要性。一旦发现其他公司正在开发与 IOS 存在互补关系的技术，思科就会想方设法对其进行收购，然后再把这些新业务流添加到自己的运营体系中。此时，股票市场也逐渐意识到思科不可估量的前景，频繁对公司给出更高的估值。股价的上涨，也让思科的对外收购之路变成一片坦途。思科的股价走势与互联网加速增长的趋势几乎完全吻合。与此同时，"泡沫"元素也在不断推高公司估值，并在 2000 年 TMT 泡沫破灭之前达到巅峰。

思科系统

回顾思科公司的财务业绩记录，会让人们联想到其他很多科技公司的历史，并发现它们之间的异曲同工之处。在创业早期，凭借技术上的领先优势或是有市场价值的专利保护权，公司的销售收入和利润实现了快速增长。股权收益率和资产收益率也相应增加。但是在发展到一定阶段后，他们会发现，随着竞争对手对市场渗透的增加，或是技术领先优势的削弱，定价开始变得越来越重要。于是，公司的销售收入增长放缓，利润率趋于平缓（见图 10-3）。在这种情况下，要保持以往的利润增长率，唯一的办法就是减少股本基础，或是增加负债进行收购，以此为公司提供外延式增长的机会。当一家公司拥有思科这样的市场份额时，它们的回旋空间就相对有限，此时，公司战略往往会转向防范外部威胁。

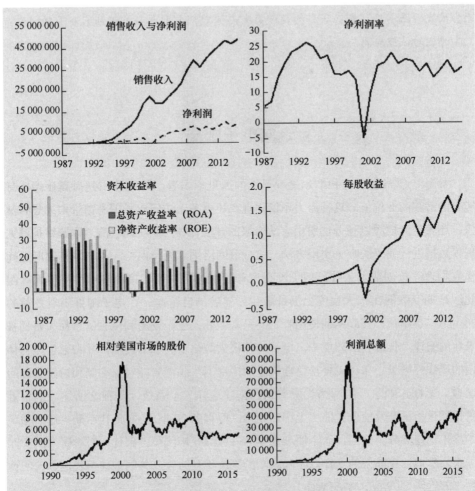

图 10-3 思科：增长放缓的成长股

资料来源：汤森路透数据库（Thomson Reuters Datastream）。思科公司年度报告。

  考虑到规模带来的束缚已不可避免，因此，公司不仅充分展示出久经考验的生存能力，更表现出严谨有序的管理能力。虽然资本收益率不可避免地会下降，但凭借有针对性的股份回购和对外收购，思科的每股收益依旧继续增加。显而易见，此时的思科更容易受到经济周期起伏的影响。即便如此，凭借成熟的业务体系，思科依旧让利润率维持在较高的水平。市场成熟或许并不是思考所面对的最大挑战。公司最大的风险在于，一旦新进入者在思科掌握的软件要素中实现突破，就会让它们面临硬件商品化的风险。云服务趋势让整个行业向客户方向倾斜，这些趋势不仅改变了市场的力量格局，也加剧了价格战的风险，在更严酷的新市场环境下，思科已不可能再独善其身。市场当然不会对这些挑战视而不见，而在思科的股价历史走势中，人们也会意识到它在互联网泡沫时期的估值虚高。

走向电子邮局

布什、恩格尔巴特和纳尔逊等早期的远见卓识者，都曾意识到提高存储信息能力的潜在商业价值。这种潜力不仅体现在让更多人访问电子图书馆带来的分时价值，还表现为摆脱以往分层引用方法带来的开放性——但在此之前，这始终是对大规模数据进行编码的唯一实用方法。将分散网络纳入统一网络，为信息存储库之间建立物理连接创造了条件，但仍没有充分利用这些物理连接的统一引用格式。因此，早期互联网在很大程度上仍是最初创建者的自留地。在电子邮件出现之前的20世纪70年代，互联网的使用者始终只有专业人士。发送和接收信息都需要具备专业的编译、传输和解码能力。电子邮件极大简化了信息的传输，并带来互联网使用的爆炸性增长。在可以轻松传输信息的情况下，还需要能轻松存储和访问信息的通道。泰德·纳尔逊等网络先驱曾试图创建这样一个系统（如前文所述，纳尔逊曾长期致力于开发他所说的"上都计划"），但直到20世纪80年代后期，这一领域始终未出现突破。然后，这个僵局直至20世纪90年代被打破化，科学研究的实践需求、本地计算能力的增加以及互联网的普及相互结合，共同创建了我们今天所说的"万维网"（World Wide Web）。

20世纪80年代初，蒂姆·伯纳斯-李（Tim Berners-Lee）还是日内瓦欧洲核子研究中心（CERN）的一名咨询软件工程师。他在工作中面临的最大问题之一，就是为海量信息感到不知所措。CERN的项目通常会涉及诸多个人和团体，而且经常需要与历史或同期其他项目相关联。为跟踪这些参与者和项目之间的相互关系，伯纳斯-李编写了一个名为 Enquire 的局部存取浏览器程序。在 Enquire 软件中，每个页面包含针对某个人、对象或目标的相关信息，这个页面会构成一个节点，而且只有链接另一个节点之后才能创建一个新的节点。因此，每个页面均包含一个引用脚注标识以及与其他节点的链接。

在合同期结束后，伯纳斯-李离开了欧洲核子研究中心，并留下了这套已经彻底成型的系统。1984年9月，在获得了数据获取和控制研究的专项资助后，伯纳斯-李再次回到欧洲核子研究中心。在这里，他开始尝试重新创建自己的 Enquire，但他很快就发现，要让这个程序能访问外部信息——而不只是按集中定义型分层分类系统中存储的信息），就必须摆脱这个系统。以前创建通用存储和检索系统的尝试都在这个问题上遭遇失败。因此，问题的关键在于，要让一个系统能正常运转，所有用户就必须遵守这个系统的统一规则，因此，就需要他们改变自己的某些工作方法。

解决方案在理论上已趋于成熟，尤其是在美国，但现实中却从未实现。由于多方面的原因，使得互联网在欧洲的发展方式不同于美国。伯纳斯-李发现，在美国，已经形成了拥有一套标准化分组交换协议（IP/TCP）的网络和一个极具包容性的系统，为基于 VAX 和 Unix 的用户提供访问权。为此，伯纳斯-李至少向欧洲核子研究中心提交了两项建议，并提出创建以超文本技术为基础的非分层系统。在两次遭到拒绝之后，伯纳斯-李决定独立开发这个项目。他把这个正在开发的系统命名为"万维网"。

他当时面临的挑战，就是说服科学界认可他提出的系统。这一步走得非常艰难。因为有些用户群体认为这个宽泛的背景无法体现他们的专业领域，而伯纳斯-李自己也发现，他必须要以必要的工具向人们展示这个方案的优势。在拿到史蒂夫·乔布斯刚刚赠送的新款 NeXT 计算机之后，伯纳斯-李利用这台计算机的固有功能，着手开发一套用于创建、浏览和编辑超文本页面的程序，包括编写传输超文本文件的协议——即超文本传输协议（HTTP）等。通过这套程序，计算机即可使用同时开发的寻址系统——通用资源指示符（URI）在 Web 上进行通信。下一项任务就是编写可使用超文本创建和编辑页面的语言（超文本标记语言，或 HTML）。此外，要获取信息，还需要一个能对地址和 URI 解码而且可以在网页上进行编辑的浏览器。凭借这一整套工具，就构成了一个标准的 Web 客户端。

解决访问难题

下一个步骤是创建 Web 服务器，也就是说，开发一个便于保存和访问页面的软件。到 1990 年圣诞节，伯纳斯-李已完成了一个原型版本，并在 CERN 正式运行。但要推广这个系统，伯纳斯-李还需创建一套标准，就像在互联网运行之前需要首先建立 TCP/IP 标准那样。然而，面对众多怀疑论者和一大批学术乃至商业竞争对手，要实现这个目标，显然需要他加大对万维网及其支持性协议的宣传力度。

不同于由资助者制订标准协议的互联网，万维网需要使用者默认并接受创建者设定的标准。但是，考虑到它无须用户修改自己的系统即可使用，因此，其非侵入性也成为它的一大卖点。但万维网的缺陷同样明显——当时既缺少成型的工具，也没有大量的成熟用户。为此，伯纳斯-李把这个过程描述为"推雪橇"——在雪橇不断加速并最终获得稳定的自身速度之前，你必须额外付出巨大的努力。⊖在接下来的两年中，他近乎疯狂地鼓励甚至哄骗其他人开发浏览器，并以 URL 定义的结构为基础创建通用标准。没有浏览器，用户就无法有效地获取信息，但没有一套通用标准，用户就没有信息可访问。这又是一个典型的先有鸡还是先有蛋的问题。在互联网还未实现互联互通的情况下，几乎没人愿意花时间去开发一种拥有超本地访问功能的浏览器，然后期望互联网有朝一日能让这种功能大展宏图。同样，使用者既没有实际需求，也没有紧迫性接受这些共同标准。不同于 TCP/IP 的实施过程，当时并不存在某个唯一或主导性投资主体，以自身权威推行强制性方案。

当时，浏览器已开始出现于各类教学科研机构，最常见的功能就是协助从机构网络上获取信息，但有时也用于独立的教学研究项目。随着网络流量的增长，浏览器在用户当中逐渐开始普及。和以往相比，尽管早期浏览器已实现了很大进步，但其依旧难以安装、使用和调试。这并不意外，毕竟，它们并不是专为使用互联网而设计的。如今所展现出的巨大商业价值在当时显然还未被广泛预见。不过，后来的事实证明，伊利诺伊大学厄巴纳-香槟分校的国家超级计算应用中心（NCSA）确实是个例外，当时，以马克·安德森（Marc Andreessen）和埃里克·比纳（Eric Bina）为首的研究小组正在开发一个名为 Mosaic 的浏览器程序。对客户需求的特殊关注，使得他们的产品明显有别于其他浏览器。此外，Mosaic 浏览器也是最早得益于 Web 的发展而开发形成的易用型工具之一。

从表面上看，Mosaic 项目似乎是 Web 的竞争对手；但对伯纳斯-李来说，它似乎又是在觊觎万维网的领导地位。此时，超文本信息访问和检索的概念尚未取代传统的分层索引技术。在明尼苏达大学，基于菜单的 gopher 信息检索系统已逐渐流行起来，并开始被大学以外的用户所采纳。1993 年，当明尼苏达大学宣布计划对 gopher 服务器软件的非学术用户收取许可费时，gopher 系统的流行也戛然而止。因知识产权侵权而被要挟支付使用金的威胁，导致很多用户停止了开发工作。但这一事件却让伯纳斯-李恍然大悟。他意识到，如果要让更多的使用者接受万维网，就必须消除这些悬而未决的威胁。在与欧洲核子研究中心协商后，他做出了一个惊人的声明——用户可免费访问 Web。到 1994 年初，Web 的使用情况已出现了

⊖ T. Berners-Lee, *Weaving the Web*, London: Texere, 2000.

明显改观，此时，它已拥有一大批好奇的用户，正是依赖于这批人，伯纳斯-李在麻省理工学院创建了一个非营利性互联网组织（World Wide Web Consortium，W3C），作为标准管理机构，它消除了因协议版权问题可能招致的遗留问题，并开发出越来越多用户友好型访问工具。

于是，最初由政府出资开发的互联网，又因范瓦尔·布什在 40 年前提出的某些愿景而得以丰富和强化。这个愿景的落脚点就是能帮助人类进行更有效思考的机器。而对这个愿景的践行，则创造出依赖互联网并利用互联网实现愿景的工具。这些工具的开发同样依赖于政府出资，只不过这个阶段的资助方式与以往有所不同，它采取的是一种更分散、更审时度势的方式。资助开发的对象以软件为主，或者说，是智力产品而非有形设备；更重要的是，这些产品很快便诉诸商业化，并充分体现出与 Web 迅速普及保持同步的成长潜力（见图 10-4）。

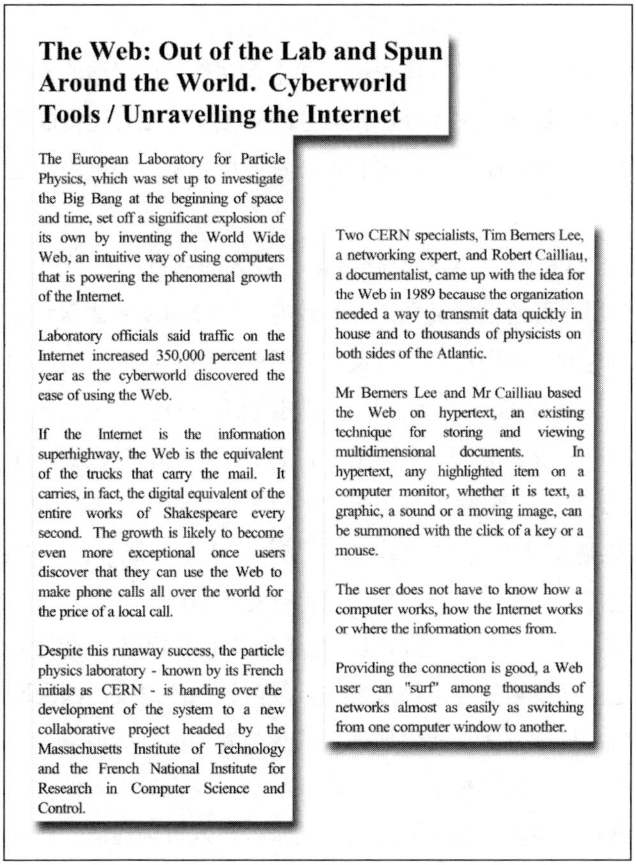

The Web: Out of the Lab and Spun Around the World. Cyberworld Tools / Unravelling the Internet

The European Laboratory for Particle Physics, which was set up to investigate the Big Bang at the beginning of space and time, set off a significant explosion of its own by inventing the World Wide Web, an intuitive way of using computers that is powering the phenomenal growth of the Internet.

Laboratory officials said traffic on the Internet increased 350,000 percent last year as the cyberworld discovered the ease of using the Web.

If the Internet is the information superhighway, the Web is the equivalent of the trucks that carry the mail. It carries, in fact, the digital equivalent of the entire works of Shakespeare every second. The growth is likely to become even more exceptional once users discover that they can use the Web to make phone calls all over the world for the price of a local call.

Despite this runaway success, the particle physics laboratory - known by its French initials as CERN - is handing over the development of the system to a new collaborative project headed by the Massachusetts Institute of Technology and the French National Institute for Research in Computer Science and Control.

Two CERN specialists, Tim Berners Lee, a networking expert, and Robert Cailliau, a documentalist, came up with the idea for the Web in 1989 because the organization needed a way to transmit data quickly in house and to thousands of physicists on both sides of the Atlantic.

Mr Berners Lee and Mr Cailliau based the Web on hypertext, an existing technique for storing and viewing multidimensional documents. In hypertext, any highlighted item on a computer monitor, whether it is text, a graphic, a sound or a moving image, can be summoned with the click of a key or a mouse.

The user does not have to know how a computer works, how the Internet works or where the information comes from.

Providing the connection is good, a Web user can "surf" among thousands of networks almost as easily as switching from one computer window to another.

图 10-4　万维网在美国受到关注

资料来源：*International Herald Tribune*，1995 年 3 月 20 日。

第二部分：互联网的商业化

私有化首当其冲

对技术的未来潜力实施商业化开发，这在美国有着悠久的历史。当然，网络也未能例外。当然，在这一轮转化过程中起决定性作用的，是美国国家科学基金会（NSF）决定放弃对国家研究和教育研究网络（NREN）的控制权。最初，该网络通过"信息安全可接受使用策略"，对除电子邮件以外的非商业用途的访问予以限制。1992年，一项影响深远的新法案让这种状况发生了改变。随后，在1994年，NSF宣布，对NREN进行私有化改造，并重新调整了该网络的定位，以鼓励商业行为和市场化竞争。最终，在1995年4月，NREN的私有化彻底完成。就此，这家已拥有近40年历史并始终借助政府资金实现自我发展的机构，已成为名副其实的私营组织。

在出现万维网以及互联网私有化之前，最大的商机不可避免地集中于现有用户群，而且这些用户群的主要资金来源是政府。软件和硬件都需要对他们有足够的吸引力。以思科为例，早期成功足以反映电子邮件的流量以及用户数量的增长，但最终取决于用户群性质及其规模的制约。在普通用户数量扩大之前，产品的增加依赖于学术界和政府需求的增长。实际上，直到20世纪90年代初，才开始出现全社会范围的成长要素。万维网为成长提供了框架，Mosaic则提供了切入点，而NREN的私有化则蕴含着巨大的商业价值潜力。于是，似乎在一夜之间，经历42年投研与摸索之后，一个全新产业轰然出世（见图10-5）。

在早期阶段，很少有几家公司具备挖掘利用互联网潜力的洞见或知识。一方面，少数拥有这两项要素的公司积极参与互联网领域的研发，因而取得开展商业性转化的先发优势；另一方面，业内最强大的参与者却尽可能地避开Internet及其应用程序，这要么是因为他们被禁止从事商业活动，要么是因为他们根本就没有预见到即将到来的增长。微软及其他大公司为新来者进入市场提供了充分的空间，而不是像那些既得利益者所期望的那样，对新进入者进行碾压，掀起惨烈的竞争。在这批最早的参与者当中，一家公司因提供访问互联网所必需的产品而傲居群雄之上：

浏览器。实际上，在浏览器出现之前，已经有很多公司提供访问 Web 的通道——这些公司后来被称为互联网服务提供商（ISP）。

> **At 25, Internet Readies Move Into Free Market Technology: Quasi-public computer Network to be privatized. Some are leery, other see opportunity.**
>
> For 25 years, from its founding by the Defense Department as a tool for the scientific elite to its recent astounding growth like some ferocious strain of fiber-optic ivy, the amorphous computer network known as the Internet has been anchored financially and technologically by the federal government.
>
> Not anymore.
>
> As the 'net celebrates its silvery anniversary this month, the National Science Foundation - which has been spending upward of $10 million a year administering the central "backbone" of the Internet is becoming strained by the influx of the curious and the commercial into what was once the preserve of researchers.
>
> But others fear that pieces of the Internet could split apart as profit replaces sharing as the motive linking it all together. As the network of networks becomes central to commerce and begins to touch the lives of ordinary citizens, the stakes in its responsible operation have grown exponentially.
>
> "It's going to be like the Copernican revolution, when people suddenly realized the universe did not have a center", said Bill Washburn, who heads a consortium of smaller networks that is one of many entities hoping to profit from the new Internet order.
>
> "This is an immense change affecting millions of people and tens of thousands of individual networks", says National Science Foundation networking Chief Stephen Wolff, who has spearheaded the move. "But the marketplace is there now, and there's no point in having the federal government competing with the private sector".
>
> Indeed, the foundation's withdrawal is in one sense symbolic, since the network has been de factor open to businesses for years. More than half of the Internet's rapid growth this year is accounted for by commercial traffic, much of which technically conflicts with the agency's rule that it be used for research only.

图 10-5　互联网的私有化

资料来源：*LA Times*，1994 年 9 月 5 日。

在出版于 2000 年的《编织网络》（*Weaving the Web*）一书中，伯纳斯-李记录了他是如何激励人们开发人性化浏览器的，并借此鼓励人们更多地使用 Web。但有其他学者提出异议，他们认为，伯纳斯-李的概念强调适用于研究者的个别浏览器，而非网景通信公司（Netscape）创始人马克·安德森所说的大众市场途径。[⊖] 无论历史如何演绎，有一点确定无疑——Web 使用的增加，带来了对人性化、易用浏览器的需求持续增长。如果没有"浏览"能力，就无法实现信息的有效检索、显示和浏览，那么，互联网依旧只能是传统邮政系统的替代品，恩格尔巴特或纳尔逊所描述的梦想依旧还是梦想。开发者当然没有疏忽这一点，随着 Web 的使用开始呈指数级增长，越来越多有商业头脑的人开始尝试把握这个机会。曾帮助开发 Mosaic 浏览器的马克·安德森离开了国家超级计算应用中心（NCSA），加入企业

⊖ C. H. Ferguson, *High Stakes, No Prisoners*, New York: Times Business, Random House Inc, 1999.

集成科技公司（Enterprise Integration Technology）。不久之后的 1994 年 4 月，他与吉姆·克拉克（Jim Clark）共同创建马赛克通信公司（Mosaic Communications Corporation），其前身为视算科技公司（Silicon Graphics）。Mosaic 浏览器对网络的价值，就如同 Apple Mac 之于个人计算的价值——它们的重要性不可估量。这是一种用户友好的图形用户界面，允许用户通过移动和点击鼠标来发送指令，进行浏览（见图 10-6）。

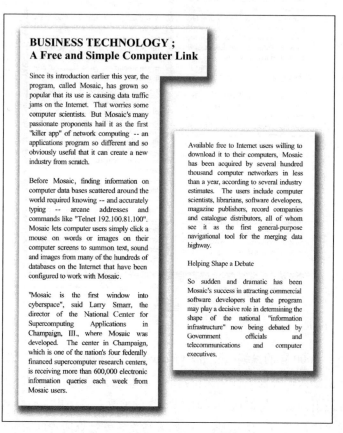

图 10-6　互联网的"苹果"：Mosaic 浏览器的诞生

资料来源：*New York Times*，1993 年 12 月 8 日。

网景的兴衰

网景（Netscape）的短暂历史始于 1994 年底，当时，马赛克通信与 NCSA 的法律纠纷终告解决，后者因违反代码和使用 Mosaic 的名称而支付赔偿金 230 万美元,随后,马赛克通信更名为网景通信公司(Netscape Communications Corporation)。此时,公司已筹集到近 1 200 万美元资金,但每月的现金消耗量却超过 100 万美元。尽管公司曾一度不得不勒紧腰带,但在发布"网景导航者"(Netscape Navigator)浏览器之后,这家公司便凭借对其他所有产品拥有的压倒性优势,创造了惊人的增长率。由于公司既需要收入,又需要达成实现快速市场渗透的目标——这就要求降低收费水平甚至不收费,因此,这就造成公司收入极不稳定。客户可以从 Web 直接下载这款软件,享受 30 天的免费试用期,试用期之后,如继续使用,则需要支付 49 美元的使用费。但是,为尽快将这款浏览器软件推向市场,公司忽略了对其他领域的开发工作。从短期效果看,这家公司确实取得了巨大成功,在美国这个最新潮、发展最迅猛的行业中,它显然已成为后来居上的佼佼者。网景的成功在 1995 年 8 月的首次公开募股中体现得淋漓尽致,这次公开募股的时间距离公司成立还不到一年。本次 IPO 为网景公开筹得 1.4 亿美元资金,而后市走势良好的股票本应为公司创造一种超级硬通货,网景完全可以使用股票去收购自己中意的其他新公司。

但实际上,网景几乎从成功那一刻起,便直接步入战略和商业性衰退。对于网景的衰落,网景公司此前的竞争对手、威猛技术公司(Vermeer)的查尔斯·弗格森(Charles Ferguson)做了详细描述。[1]虽然弗格森自己问题也颇多,但他对这段经历的描述还是令人信服的。他认为,网景最大的问题就是错失无数良机。在迎来辉煌的开端之后,幼稚、无能、任性和傲慢似乎就成为网景这个故事的主题。在公司发展过程中,几乎找不到任何商业模式和历史先例的影子。否则,公司就会意识到建立强大架构和提高软件性能的重要性,通过战略手段创建联盟,巩固首战大胜取得的市场份额。在横贯大陆铁路的竞赛中,这种对基础架构和战略视而不见的现象并不罕见,当时,很多创业者在疯狂抢占土地和快速铺设城市间铁轨的竞赛中,早已把建设质量抛在九霄云外。但他们最终还是会发现,那些注重质量的公司终将成为胜利者,并轻而易举地碾压其他公司。但是在铁路行业中,显然找不到微软这样的公司——在密切相关的业务中稳扎稳打,不动声色地成为垄断供应商。而网景的轻浮和幼稚则体现在诸多方面,尤其是在招聘方面缺乏长远考虑,对待微软的态度始终咄咄逼人,恶语相加。

---

[1] Ferguson (1999).

网景

网景短暂的辉煌足以说明，只通过财务数据总结公司价值是相当危险的。尽管网景的收入曾迅速增长，但收益却微乎其微，甚至在不断恶化（见图10-7）。即便如此，美国在线（AOL）在2002年收购网景的时候，价格仍超过10亿美元，这个数字相当于公司收入总额的8倍。如此高的收购价格唯有两种可能的解释——要么网景拥有强大的智力资本，而美国在线自认为有能力充分利用这些资本，要么，真实的收购价格并不是40亿美元。当时曾有各种理由对这次收购的合理性进行分析。比如说，有人提到网景旗下 Netcenter 网站的价值及由此吸引的"眼球"数量，以及有助于促进电子商务活动的软件业务。但有趣的是，浏览器只是解释这笔交易合理的部分原因。其实，美国在线很清楚，浏览器的未来属于微软的 Explorer。

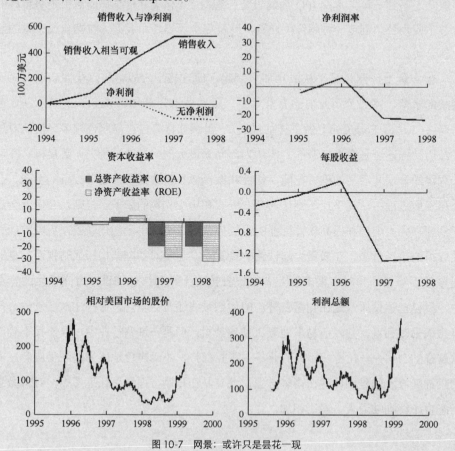

图10-7 网景：或许只是昙花一现

资料来源：Thomson Reuters Datastream. Netscape annual reports.

从基本安全分析角度看，几乎完全看不出网景有支持 40 亿美元收购价格的收入和盈利水平。幸运的是，对美国在线来说，这并不是它实际支付的价格。由于此次收购采取的换股方式，因此，美国在线的股东为此次收购付出的成本，只是因为发行新股票而导致原有股份被稀释。但利润的摊薄几乎微乎其微，因此，交易对市盈率等估值指标并未构成实质性影响。市盈率趋于无穷，或许只有在三年以后才有可能低于 100%。根据相关记载，在收购网景时，大多数华尔街分析师原本就已经对美国在线给出买入的投资推荐，而此次收购则被视为对这个建议的验证。对网景的股东而言，退出价格不仅代表公司的终结，更重要的是，如果将美国在线的股票货币化，那么，这个价格还带来了一笔巨额财务收益。毕竟，尽管网景曾经历过收入的快速增长，但是在它的整个生命周期中，却累积起同样可观的亏损。有人可能会辩解，在收购的时点，网景正在走向收支平衡点，但考虑到它已经在浏览器大战中完败给微软，因此，期待它再次实现爆发性增长的观点显然站不住脚。

回想网景的早期成功，在很大程度上源于商业战略中一个经常被误用的概念：先发优势。与早期的 PC 用户一样，互联网用户最初也受限于需要有足够的技术知识向系统发出指令。GUI 的概念从恩格尔巴特开始，延续到施乐，并最终成型于苹果和微软，在这个过程中，PC 行业的吸引力不断增强，市场得到了极大扩展；同样，当 GUI 已唾手可得时，互联网的访问范围也迅速扩大。与其说网景浏览器是一次技术突破，还不如说，它只是为开发快速易用工具而得到的结果。尽管产品本身存在技术缺陷，但仍优于其他浏览器，而且其中的大部分浏览器并非为商业化而设计。只不过网景浏览器的出现恰逢其时，影响互联网发展的其他障碍正在被消除。计算机行业的历史发展进程清楚地表明，要保持领先地位，网景就必须把自己的产品确定为行业标准，并免费提供给所有类别用户，当然，最重要的使用对象当属 IBM 兼容机（现在或许可以替换为微软类产品）。

但事实证明，网景并没有从历史中汲取任何教训（见图 10-8）。尽管首次亮相一鸣惊人，但它们并未在主要竞争对手做出反应之前，把自己的产品打造为行业标准，而是不识时务地与微软公开为敌。此外，尽管有些公司的应用程序有利于强化网景的行业地位，但网景并未主动寻求它们的支持，而是以一种高高在上的方式对待这些重要的潜在盟友。更重要的是，网景没有预料到微软的反应，而是不断以改进产品来加强防御，它们似乎对比尔·盖茨的公司不屑一顾。

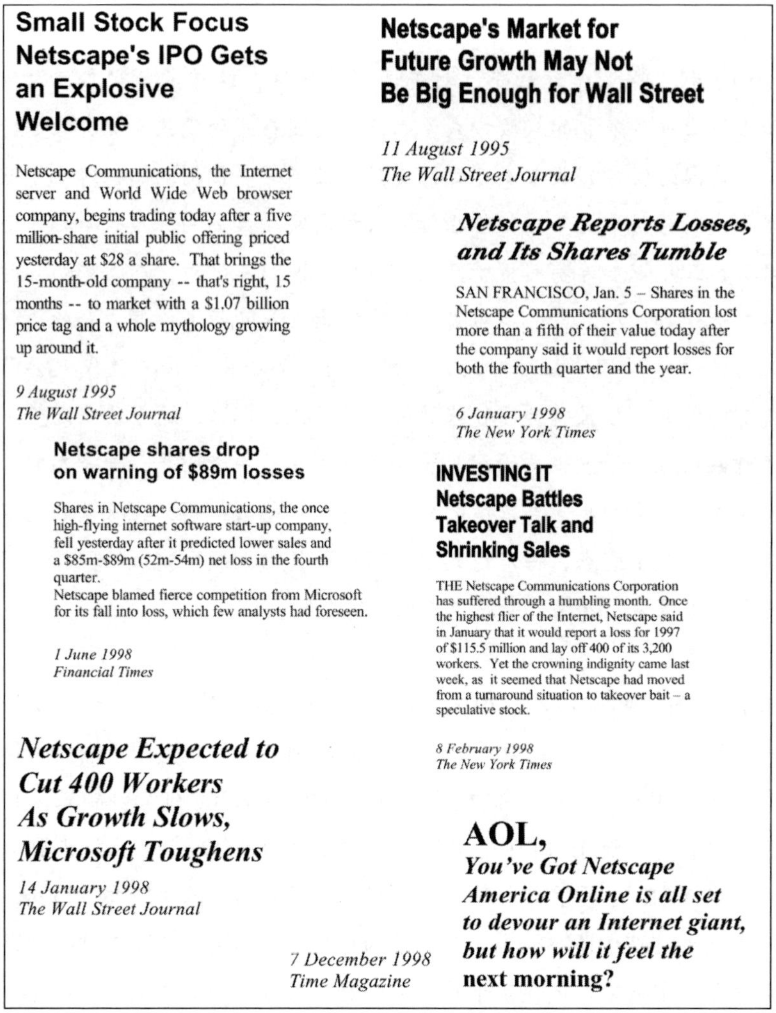

Small Stock Focus
Netscape's IPO Gets an Explosive Welcome

Netscape Communications, the Internet server and World Wide Web browser company, begins trading today after a five million-share initial public offering priced yesterday at $28 a share. That brings the 15-month-old company -- that's right, 15 months -- to market with a $1.07 billion price tag and a whole mythology growing up around it.

9 August 1995
The Wall Street Journal

Netscape's Market for Future Growth May Not Be Big Enough for Wall Street

11 August 1995
The Wall Street Journal

Netscape Reports Losses, and Its Shares Tumble

SAN FRANCISCO, Jan. 5 – Shares in the Netscape Communications Corporation lost more than a fifth of their value today after the company said it would report losses for both the fourth quarter and the year.

6 January 1998
The New York Times

Netscape Expected to Cut 400 Workers As Growth Slows, Microsoft Toughens

14 January 1998
The Wall Street Journal

INVESTING IT
Netscape Battles Takeover Talk and Shrinking Sales

THE Netscape Communications Corporation has suffered through a humbling month. Once the highest flier of the Internet, Netscape said in January that it would report a loss for 1997 of $115.5 million and lay off 400 of its 3,200 workers. Yet the crowning indignity came last week, as it seemed that Netscape had moved from a turnaround situation to takeover bait – a speculative stock.

8 February 1998
The New York Times

Netscape shares drop on warning of $89m losses

Shares in Netscape Communications, the once high-flying internet software start-up company, fell yesterday after it predicted lower sales and a $85m-$89m (52m-54m) net loss in the fourth quarter.
Netscape blamed fierce competition from Microsoft for its fall into loss, which few analysts had foreseen.

1 June 1998
Financial Times

AOL,
You've Got Netscape
America Online is all set to devour an Internet giant, but how will it feel the next morning?

7 December 1998
Time Magazine

图 10-8　网景的 IPO：大爆发式的终结

资料来源：根据史料编辑整理。

即便微软通过 1995 年内部备忘录公开宣布专注开发浏览器的意图之后，网景依旧不为所动。这份出自比尔・盖茨的著名备忘录名为《互联网浪潮》（被业内称为“史诗般的宣言”），发布时间仅仅是在网景成立的一年半之后。微软就此开启绞杀网景的竞争，而网景内部的一系列战术和战略错误，也给微软带来了可乘之机（见图 10-9、图 10-10）。1998 年，网景不得不委身于长期的追求者——美国在线。对网景来说，这确实是一次失败，但对网景的股东而言却是一次有利可图的失败。如果股东以当时的市场价格接受美国在线的股票，那么，网景的退出价值将超过 40 亿美元。

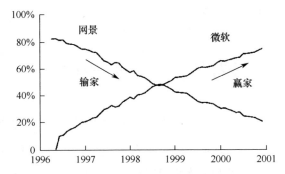

图 10-9　商场与战场：浏览器的市场份额分布

资料来源：Engineering Workstation Labs Browser Survey, University of Illinois. www.ews.uiuc.edu1bstats1months。

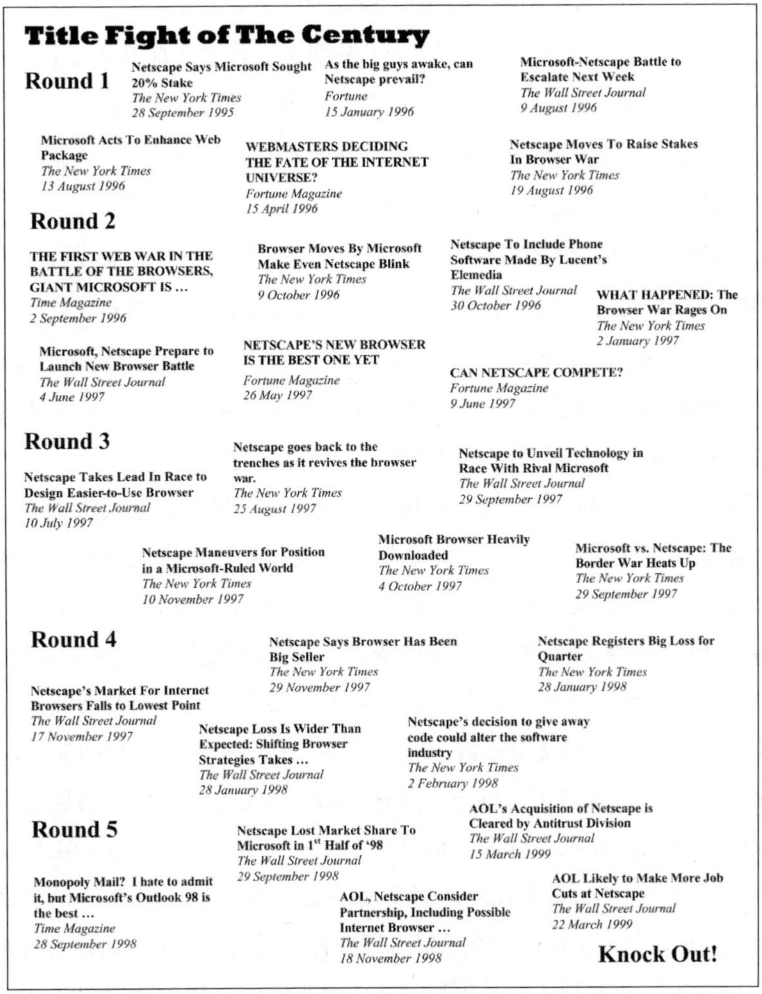

图 10-10　战场报道：网景与微软的浏览器大战

资料来源：根据史料编辑整理。

取得访问权：美国在线

随着越来越多的人有机会访问 Web，易用型浏览器也为互联网服务提供商（ISP）的成长铺平了道路。在此之前，服务提供商的历史始终充斥着失败和为生存而战，绝对不会有人想到此后的无极限增长。有人说，这种服务供应模式只是其他开发过程中通过反复失败得来的副产品。实际上，美国在线就是技术创业家比尔·冯·迈斯特（Bill von Meister）在一系列创业中的意外收获。冯·迈斯特有过无数次创业经历，而且经常为创建新企业筹集资金，其中既有用于安全保卫的光电辅助设备，也有 20 世纪 70 年代中期开发的低成本交换机通信系统。冯·迈斯特的头脑里似乎有取之不尽的创业构思，但成功案例却少之又少，以至于被戏称为"骗子冯·迈斯特"。不过，这些失败未必全部因为概念本身没有前途（当然，有些概念的确非常糟糕），而是他的做法存在问题。在冯·迈斯特的创业模式中，似乎只有两个步骤——筹集资金，然后在转向下一个概念之前花掉这些钱。比如以降低成本为目标的 TDX 电信公司，最终被大股东英国大东电报公司（Cable and Wireless）收购，但这家公司随后却走上康庄大道，成了一家非常成功的企业；冯·迈斯特创建的企业似乎只有在脱离他之后才有前途。

而冯·迈斯特创建的下一家公司所追求的愿景，就是把分散的家庭与中央计算机连接起来，然后由中央计算机提供服务。这已经是个被无数人幻想多年的愿景，并在分时计算研究的鼎盛时期得到发扬光大。不过，他在这个方向上的第一次创业结果依旧，最终以心怀不满的投资者买断冯·迈斯特的股份而告终。但冯·迈斯特的热情丝毫未减，他马上便开始新的尝试，这一次的创业概念是通过卫星和电缆把音乐发送到使用者的家里。当然，这也不是什么新的想法，因为在 32 年之前，就已经有人试图通过电话发送音乐。他把为此而成立的新公司称为家庭音乐商店（Home Music Store）。他甚至还聘请了一位具有 ARPANET 经验的程序员马克·舍里夫（Marc Seriff）。但不幸的是，此时恰逢唱片发行行业面临危机，大型唱片公司毫不留情地拒绝了冯·迈斯特，于是，这次创业再尝败果。

似乎不知失败为何物的冯·迈斯特并没有被吓倒，他旋即便转向下一个热门领域——电脑游戏。他的创业概念同样并无新意，其实就是以电子传输方式为家庭提供游戏。冯·迈斯特再次以无尽的激情开始为自己的新公司筹集资金，但此次融资对象主要是一些大型风险投资基金。最终，凯鹏华盈风险投资公司（Kleiner Perkins）和汉鼎投资公司（Hambrecht & Quist）均为冯·迈斯特新创建的视频控制游戏公司（Control Video Corporation，CVC）慷慨解囊。冯·迈斯特在弗吉尼亚州维也纳设立了办事处。最初，公司对支出控制相对严格——但这项纪律很快就被抛之脑后。随着投资协议的签署以及紧锣密鼓的 IPO 筹划，这家公司的前景似乎一片光明。但遗憾的是，原本利润丰厚的视频游戏市场很快便陷入恶性竞争，股东的兴奋也随之消失，这使得公司不得不一再推迟 IPO，直到最终放弃。但冯·迈斯特依旧没有丝毫的畏惧，继续按部就班走自己的路，这次创业的结局依旧如故——冯·迈斯特被公司解除职务。

接替冯·迈斯特的新人被寄予众望，希望他能带领 CVC 走出困境。这个人是吉姆·肯西（Jim Kimsey），他的朋友是这家公司最主要的投资者之一，而肯西本人则是西点军校的毕业生，还是一名越战老兵。这样，CVC 便形成了以肯西、丹·凯斯（Dan Case，汉鼎投资业务代表）的兄弟史蒂夫·凯斯（Steve Case）以及马可·舍里夫（Marc Seriff）为主的管理团队。此时，他们首先需要厘清如何从支离破碎的企业中挖掘出新的业务，之后还要为维持企业的偿付能力而持续拼争。后续业务涉及与贝尔南方公司（Bell South）、康懋达以及苹果公司的几笔交易。在商业需求的推动下，CVC 开始在在线市场中探索细分业务。这个久经沙场的团队经验丰富，他们充分认识到实现客户群体多样化的重要性，尤其是不要把业务局限在某一家 PC 制造商的身上。

在这个市场上，CVC 并不孤单。不仅有 IBM 和西尔斯（Sears）百货合资创建的 Prodigy 在线广告公司，还有布洛克税务公司（H&R Block Inc.）拥有的在线信息服务机构 CompuServe，更有来自电信公司的潜在威胁，它们也在考虑提供在线信息服务业务。到 1991 年，CVC 更名为昆腾计算机服务公司（Quantum Computer Services），公司的客户群已扩大到超过 10 万户。公司提供的在线服务则被称为美国在线（American Online，AOL）。此时，昆腾再次走到一个决定未来命运的决策时刻。在当时的环境下，他们要么出售公司，要么去股票市场上公开筹集新资金。当时的主要潜在买家是 CompuServe，该公司提出的报价为 5 000 万美元，整整比吉姆·肯西愿意接受的价格少 1 000 万美元。由于报价不高，再加上史蒂夫·凯斯反对出售公司的做法，于是，公司决定公开上市。

1992年3月，昆腾计算机更名为美国在线（AOL），并实施首次公开发行。当时，申购美国在线的投资者数量已达到155 000人。最终合计筹集资金2 300万美元，其中，1 100万美元支付给在本次发行中出售股票的老股东，1 000万美元用于公司运营，其余资金用于支付承销及中介机构佣金。这样，作为一家上市公司的美国在线正式诞生。此前，这家公司已经给人们带来了兴奋，而此后带来的则是加倍的兴奋。在20世纪90年代初期，万维网和浏览器尚未出现；因此，在线服务的诱惑力还非常有限。随着新互联网时代的到来，人们开始对在线服务产生更大的兴趣和更多的期待。到1992年，此前与比尔·盖茨共同创建微软的保罗·艾伦（Paul Allen）已开始对美国在线持股，而且试图取得控制权。但美国在线在最后一刻执行"毒丸"策略，致使艾伦的努力功亏一篑。

此外，盖茨也表示有兴趣与美国在线合作，为正在开发的Windows服务添加升级版在线工具。微软表示愿意以2.7亿美元的价格收购美国在线，甚至有可能增加到4亿美元，考虑到美国在线只有25万收费用户和公司一向捉襟见肘的财务状况，这显然是一个极为可观的数字。但美国在线的董事会还是决定保住自己的独立地位，不过，董事会内部对这个决定也存在分歧。由于美国在线与其他两个主要竞争对手Prodigy和CompuServe在收费用户群上存在差异，而且未来极有可能要面对微软的竞争，因此，拒绝微软的收购绝对是一次勇敢的决定。但也有人认为，这个决定无异于自取灭亡。实际上，从此时开始，美国在线已经完全采用了原始创始人冯·迈斯特始终奉行的战略——"不成功便成仁"。

1993年，美国在线再次做出惊人之举，公司制定了一项被后人称为地毯式轰炸的营销策略。从根本上说，这项策略的核心就是直接发送邮件——但发送的规模却是前所未有的，他们居然不可思议地向客户发送了2.5亿张光盘，允许客户在一定时间内免费使用该服务。此次营销活动空前成功，笼络到大批新订户，一举把美国在线推向市场的中央。但在提供的所有在线服务中，美国在线把以客户为中心的宗旨发扬到了极致。尽管用户激增带来了严重的技术问题，美国在线还是努力消除了潜在障碍。很快，在线服务业务也进入下一个阶段，标志是微软在线服务的到来以及万维网和浏览器的出现。来自微软的挑战再清晰不过。如果它们把在线服务和Windows操作系统捆绑在一起，再把将其他服务排除在外，那么，微软就有可能成为终极的市场主导者，让美国在线成为配角。此时，美国在线面对的威胁不只来自浏览器和互联网，也不仅仅是新服务商的出现，还有即将被分割的市场。一场残酷的价格战就此爆发（见图10-11）。

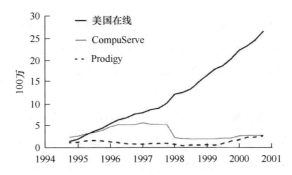

图 10-11　开辟第二战区：美国在线、CompuServe、Prodigy 的订阅者
资料来源：Telecommunications Reports International.

浏览器大战

为应对这些威胁，史蒂夫·凯斯首先想到的是法律武器，他提请司法部关注捆绑销售带来的垄断后果，而后通过投资金融媒体 The Motley Fool 和智慧高尔夫服务平台 iGolf 等内容提供商，加强美国在线的防御能力。在网景的 VC 轮融资中，美国在线就曾试图取得股份，但由于存在潜在利益冲突而被拒之门外。转而求其次的美国在线收购了 BookLink 浏览器和网络出版开发工具生产商 NaviSoft。这种策略相对较为简单：无论是独立创建，还是直接收购，都是宜早不宜迟。强势的股价为美国在线实施收购策略提供了资金基础，毕竟，高价股票本身就是最硬通的货币。与此同时，美国在线开始创建自己的网络，以减少对第三方的依赖。此外，美国在线还通过与德国贝塔斯曼出版集团（Bertelsmann）签署协议，旨在推动在线服务的国际化拓展。在如此狂热的气氛中，有些交易难免会出错，但如果一味地求稳而不敢冒险，就有可能被迫接受 CompuServe 那样任人宰割的命运。保守战略只会让公司举步维艰，成为行业中微不足道的参与者。

但事实证明，网景拒绝接受美国在线作为投资者，或许是因祸得福之举。尽管网景浏览器已成为显而易见的市场领导者，毫无疑问会让美国在线成为受益者，但失去它也不会显著地损害其增长。尽管美国在线正在与微软及其产品 MSN 展开一场厮杀，但对微软来说，在线服务之战的重要性显然不及浏览器之争。浏览器的地位直接威胁到微软盈利的核心产品——Windows 操作系统。如果网景浏览器成为行业标准，而互联网当真成为网络的未来，那么，Windows 将彻底丧失市场主导地位。当然，这是网景所宣传的未来。比尔·盖茨认为，这是对微软最严重的威胁。

因此，美国在线的地位让人想起铁路大战期间的洛克菲勒。美国在线随后与微软签署协议，规定由微软支付费用，美国在线将原来使用"网景导航者"浏览器的用户转换为 Windows Explorer 浏览器。可见，在这场浏览器之争中，双方都需要借助与美国在线的结盟来巩固自身的地位。不同之处在于，网景认为美国在线除与自己合作之外别无选择，而微软则认为与美国在线达成合作至关重要。1996 年，凯斯进行了一系列交易，让美国在线拥有了有可能主导互联网的地位。首先，当年 3 月份，凯斯与苹果公司宣布交易计划，将美国在线放在所有苹果的 Macintosh 上，并将自己的 eWorld 在线服务转移给美国在线。但此后不久，凯斯与网景的交易便被曝光，协议约定，美国在线将业务授权给"网景导航者"浏览器，作为回报，将取得 Netscape Web 分配的空间。此外，美国在线还在 3 月初与 AT&T 达成交易，但结局完全出乎意料。与网景不同，微软始终在不遗余力地争取美国在线。微软的浏览器是免费使用，而网景的浏览器则采取收费方式。此外，与网景不同，微软会给所有 ISP 提供一项奖励——为他们提供一个与 Windows 95 软件捆绑使用的免费信息文件夹。由于美国在线收购网景的交易未设置排他性条款，这就让凯斯可以不受限制地与微软签署第二份协议——而这份协议的终极效果，就是让网景作为主导浏览器企业的地位大打折扣。

从此刻开始，尽管美国在线的未来尚不完全确定，但其注定会遵循一条更传统的路径。这条路径更关注公司的财务状况以及不断变化的竞争格局。从财务状况方面看，当时的状况颇有讽刺意味——尽管美国在线拥有从事所有新经济业务的资质，却始终沿用"旧经济"公司和快速增长型企业集团所青睐的会计政策，即，提前确认收入以及对费用进行递延确认。美国在线始终强调在较长时期内摊销获取客户的初始成本。这种会计核算方法有助于增加快速增长时期的收入，但是在增长开始放缓时，则会减少收入。在竞争格局方面，长期以来，面对已进入衰退阶段的竞争对手，美国在线借助扩大市场实现了较长期的快速成长；但如今，美国在线不得不面临新进入者的快速涌入。随着股市对互联网公司青睐有加，这些进入者的融资也越来越宽松。因此，为尽快实现用户增长，他们往往会以超低价格出售软件包。最后，美国在线还面对着客户选择的问题，其收入在很大程度上依旧间接来自色情行业，但这个行业也很快便意识到新发布载体的优势，尤其是它们可以利用美国在线的非公开和非监管聊天室。

因此，尽管美国在线已成功地建立起市场主导地位，但也并非毫无挑战。所有这些因素相互叠加，必然会改写这家老牌在线服务供应商的收入轨迹，可以预料，未来的收入必将遭受威胁，而它所奉行的道德标准早已成为众矢之的。综上所述，美国在线面临的诸多挑战可以概括为——在以某种方式增加收入、降低价格、降低客户流失率并保持增长的同时,远离互联网对色情等暗黑现象的依赖性。事实也证明,1996 年成为美国在线最艰难的一年,在那个至暗时刻,它们几乎看不到任何好转的希望。

一种新的商业模式

随着统一费率和不限时使用方式的兴起,导致客户缴费显然已不太可能成为收入的主要来源。这就需要从其他渠道取得收入,主要是广告。最初,美国在线曾刻意回避广告。实际上,它们在宣传中的噱头之一,就是明确指出其服务中不添加广告。但随着商业模式的迅速变化,广告收入已成为在线服务的关键要素。由于在线广告业务还是一种新鲜事物,因此,收入尚未形成规模。但事实足以证明,美国在线本身已拥有足够深度和厚度的品牌影响力及用户群体,正因为如此,亚马逊和巴诺书店(Barnes&Noble)等零售商马上就与它们签署了合作协议(见图 10-12)。

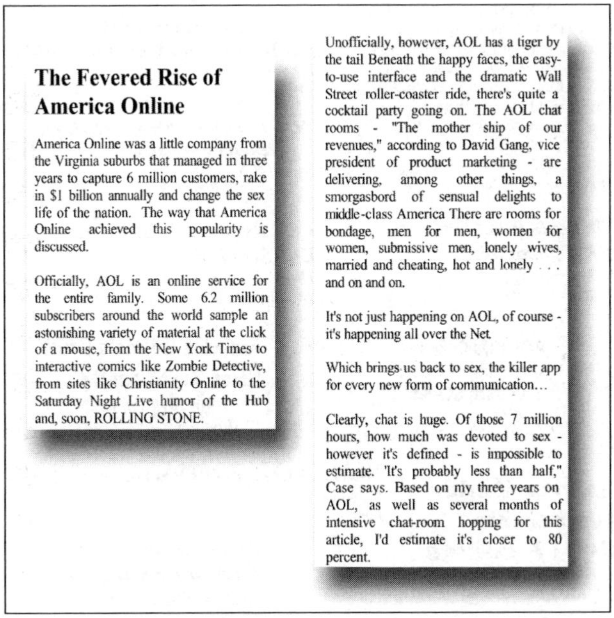

The Fevered Rise of America Online

America Online was a little company from the Virginia suburbs that managed in three years to capture 6 million customers, rake in $1 billion annually and change the sex life of the nation. The way that America Online achieved this popularity is discussed.

Officially, AOL is an online service for the entire family. Some 6.2 million subscribers around the world sample an astonishing variety of material at the click of a mouse, from the New York Times to interactive comics like Zombie Detective, from sites like Christianity Online to the Saturday Night Live humor of the Hub and, soon, ROLLING STONE.

Unofficially, however, AOL has a tiger by the tail Beneath the happy faces, the easy-to-use interface and the dramatic Wall Street roller-coaster ride, there's quite a cocktail party going on. The AOL chat rooms - "The mother ship of our revenues," according to David Gang, vice president of product marketing - are delivering, among other things, a smorgasbord of sensual delights to middle-class America There are rooms for bondage, men for men, women for women, submissive men, lonely wives, married and cheating, hot and lonely . . . and on and on.

It's not just happening on AOL, of course - it's happening all over the Net.

Which brings us back to sex, the killer app for every new form of communication…

Clearly, chat is huge. Of those 7 million hours, how much was devoted to sex - however it's defined - is impossible to estimate. 'It's probably less than half," Case says. Based on my three years on AOL, as well as several months of intensive chat-room hopping for this article, I'd estimate it's closer to 80 percent.

图 10-12　更性感的营销造就更强大的美国在线

资料来源:*Rolling Stone*,1996 年 10 月。

此外,内容提供商发现,新机制下的规则也发生了变化。尽管美国在线成功实现了转型,但转型之路并非一帆风顺。统一费率和无限时使用方式造成美国在线系统经常处于过载状态，以至于服务质量江河日下，已经严重威胁到公司的生存。为缓解消费者的怨气，防止他们诉诸法律，美国在线被迫对客户采取了报销费用和赔偿损失等政策，与此同时，它们还要忍气吞声，看着竞争对手把广告变成嘲笑美国在线服务质量的工具。尽管如此，它们最终还是想办法完成了系统升级，而且随着新收入模式的成型，美国在线开始抢占原本属于竞争对手的市场，通过与世通（WorldCom）和贝塔斯曼的一系列复杂交易，美国在线还直接取得对 CompuServe 的控制权。因此，到 1997 年 10 月，美国在线已彻底完成了从平民到英雄的蜕变（见图 10-13）。不过，美国在线的前进之路显然尚未走到终点。在收购 CompuServe 的交易尚未尘埃落定之时，它们就已经开始筹划另一项新的计划，而这一次的收购目标就是尽显疲态的网景。一年多之后，美国在线宣布与太阳微系统公司（Sun Microsystems）结成战略联盟，并以美国在线为主体对网景进行吸收合并。

America Online Stock Trading On Wall Street
VIENNA, VIRGINIA, U.S.A., 1992 MAR 20 (NB) -- Stock investors now can grab a piece of the online services business, as America Online held its initial public offering on the NASDAQ exchange at $11.50 per share. Shares are trading under the symbol AMER.
20 March 1992
by Newsbytes News Network

AOL Beats Profit Forecasts as Net Quadruples
The Wall Street Journal
28 January 1999

AOL KOs Coke in Changing of Guard in Growth Stocks
Barron's
5 April 1999

America Online Membership Hits 17 Million
The Wall Street Journal
15 April 1999

WILL AOL OWN EVERYTHING? AMERICA ONLINE COULD DO IN THE EARLY 21ST CENTURY ...
Time Magazine
19 June 2000

America Online Shares Climb by 11% to Record
The Wall Street Journal
25 March 1994

America Online's Profit Rises Significantly
The New York Times
28 January 1999

America Online Earnings Set Record in First Quarter
The New York Times
28 October 1998

AOL Net Soars To $68 Million, Beats Forecasts
The Wall Street Journal
28 October 1998

AOL Reports Profit Tripled, But Stock Falls
The Wall Street Journal
28 April 1999

America Online's Profit Rises Significantly
The New York Times
28 January 1999

Now, AOL Everywhere
The New York Times
4 July 1999

America Online Reports Its Best Earnings in Latest Quarter
The New York Times
19 April 2000

图 10-13　美国在线：从平民到英雄

资料来源：根据史料编辑整理。

互联网发展的先驱这个称号最应属于美国在线，其他任何公司都没有资格与之匹敌。美国在线从未得益于专利保护或许可协议的庇护。它唯有依靠自身的环境适应能力，而且在必要时从不畏惧承担风险。因此，在很多情况下，它只是因为迫不得已才去竭力争先。所幸，美国在线所生存的股票市场环境对它们青睐有加，也让它们受益匪浅。尽管市场从不姑息它们的任何负面消息，但是在更多的情况下，市场估值为美国在线提供了巨大的操作自由。最终，在 2000 年 10 月，美国在线与时代华纳完成了一场惊世骇俗的大合并。收购消息一经发布便引发轩然大波——这也成为来自"新"经济的企业对来自"旧"经济的企业完成的第一次重大收购；换句话说，一个没有盈利的公司以蛇吞象的方式收购了一个赚钱的企业。美国在线的优势就在于股票，凭借高位的股价和市值优势，它们得以获得原本遥不可及的优质资产。

但故事并未沿着这个美好的主题延续下去。从理论上说，美国在线与时代华纳这场世纪并购的逻辑无可挑剔。渠道和内容的结合不仅始终是珠联璧合的商业组合，而且是市场的热门主题。但实践最终给出的答案却恰恰相反——这笔交易演变成一场灾难，至少对时代华纳的股东而言是这样的。2009 年，美国在线与时代华纳再度分拆，时代华纳董事长兼首席执行官将此次合并称为"公司历史上最大的错误"。除收入虚增和股东诉讼之外，合并后实体面临的最大挑战，就是美国在线的服务正在被市场迅速抛弃。2000 年股市泡沫破灭带来的经济衰退，让广告业遭受重创；另外，越来越多的印刷媒体采取免费分发方式，让互联网的订阅模式走上衰亡之路；宽带服务增长创造的新环境让美国在线无计可施。电信公司也开始提供免费接入，搜索引擎公司几乎囊括广告市场，电子邮件也不再收费，在这种情况下，美国在线俨然已成为一只外强中干的恐龙。2002 年，公司不得不对合并形成的商誉计提减值 990 亿美元。分拆后，美国在线作为独立公司的第二次化身仅持续了 6 年。2015 年，威瑞森电信公司（Verizon）以 44 亿美元收购了这家昔日的市场领导者，但收购价格仅为公司最早宣布与时代华纳合并时企业价值的一小部分。

美国在线

美国在线的财务历史中充斥着曲折与动荡。公司成立初期，在分析财务报表时，需要在不同年度的数据之间反复切换，以便区分正常经营与收购、资产处置、融资或会计政策变更等非正常经营项目。因此，从很多角度看，对美国在线财务状况的分析与 20 世纪七八十年代收购企业集团的方法并无区别。这家公司似乎从未出现过"稳定状态",因此,很难估计公司未来的营业利润率以及付费用户的增长率。有些分析人士认为,业务性质的变化会导致这种分析毫无意义,但这种说法并不成立。不管投资者买的是什么,对这种"东西"了解得越多越好。可悲的是,时代华纳似乎并未遵循这个原则。

在与美国在线合并时,时代华纳的总收入增长率已超过50%,但销售成本的增长速度不低于收入增速。公司最大风险并不在于早期毛利率,而是定价模式的变化——从按使用情况收费的可变收费模式转为不限时访问的统一费率模式。也就是说,服务提供商陷入了收入受限、成本可变的商品经营模式。为解决这个问题,美国在线试图把自己定位为内容提供商,却发现自己正处于相互竞争的端口供应商与内容提供商的夹缝中间。

从财务角度看,美国在线绝对是互联网公司中的少数佼佼者之一,它们成功地用"泡沫"估值投资于另一家拥有传统收入和资产特征的公司。在合并时点,时代华纳的收入为320亿美元,相当于美国在线的四倍半,至于营业利润率,更是让美国在线遥不可及。考虑到美国在线的加速增长前景,这笔交易貌似合情合理。但事实终将证明,所谓前景不过是海市蜃楼。公平地说,被科技股泡沫推高的不只有美国在线的股价。时代华纳同样得益于科技股风格的评级。也就是说,交易双方的估值都明显虚高。美国在线成功取得时代华纳的内容和品牌,但更有价值的收获是财务,它得到了时代华纳的现金流和利润。这笔交易不仅与美国在线始终推崇的愿景高度吻合,也精确验证了它们的一贯风格——精致的利己主义行为风格和精明的机会主义管理模式。但最终只能由股市独自面对收益不足的冷酷现实。与同时代的其他很多公司相比,美国在线最大的不同在于,它们把神话演绎得惟妙惟肖,并以神话换取了可以实现的最美好的现实。它以合乎逻辑的方式,以价格虚高的股票买下有价值的优质资产,从而降低了被市场抛弃的负面风险。

但事实证明,实际结果远比预期更糟糕;不仅持续盈利是一场幻剧,而且基础核心业务的稳定性也逐渐被竞争压力和一系列管理失误所侵蚀。2009年,时代华纳完成了对美国在线的剥离,并再次作为独立上市公司重返股市。在经过八年时间乏善可陈的磨砺后(见图10-14),美国在线最终被威瑞森电信公司以44亿美元的价格收购。和美国在线在其科技股泡沫收购时刻的市值巅峰相比,收购价格整整缩水了98%。

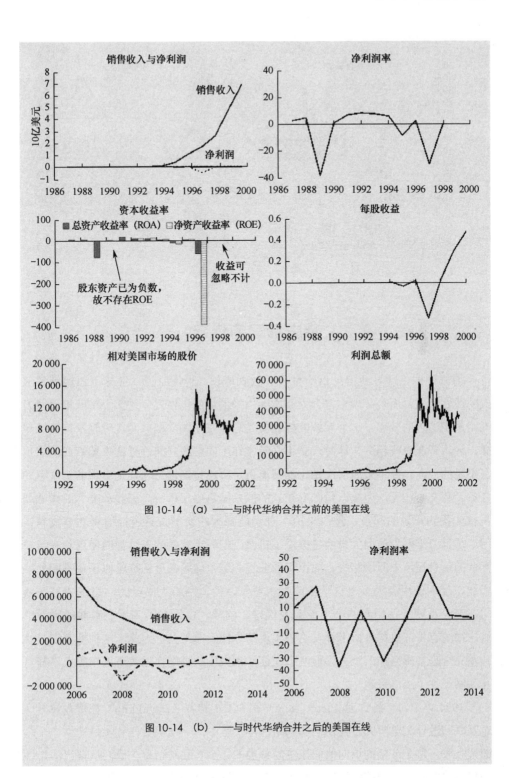

图 10-14 （a）——与时代华纳合并之前的美国在线

图 10-14 （b）——与时代华纳合并之后的美国在线

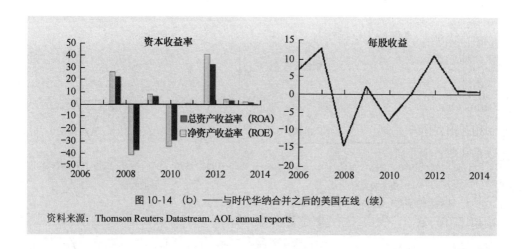

图 10-14 （b）——与时代华纳合并之后的美国在线（续）

资料来源：Thomson Reuters Datastream. AOL annual reports.

雅虎缔造的传奇

  万维网的出现导致信息供给呈现分散式增长，也就是说，链接不再遵循等级式的线性模式，而是寻求更符合人类本能思维的智能化模式。这至少是网络以及万维网最初追求的梦想。这个系统的好处就是它能在相关文档之间实现轻松切换。这样，使用者在查找相关文档时，就不必经常在不同层级之间进行往来搜索。但它也有不足的一面，在不采用层次结构的情况下，查找特定信息无疑是一项非常艰巨的任务。超文本还无法完全取代图书馆式的原始编目信息系统。因此，唯一的做法就是首先找到正确的起点，然后采用一种功能强大的新型工具进行信息的查找和访问。尽管万维网为访问大量信息提供了机会，但尚无有效的工具帮助使用者在日益繁杂的信息泥潭中厘清路径、取得有效信息。这个问题在最初阶段似乎还不明显，毕竟，早期使用者大多来自学术或技术背景，使得网络上提供的信息形式五花八门，充分反映了使用者的个人专业及偏好。同样，由于看不到近在眼前的商业价值，很少有外部机构钟情于开发这种实现信息检索的工具。因此，这种搜索工具的开发完全来自感兴趣的个人。但两个在斯坦福大学从事研究生教研工作的人，却对互联网产生了浓厚兴趣。

  1994 年中旬，杨致远（Jerry Yang）和大卫·费罗（David Filo）花费大量时间对互联网进行浏览研究。在他们的网络冲浪过程中，一项重要任务就是建立一个超链接列表，每个链接均指向他们按主题分类的某个互联网站点。他们从自己的个性和兴趣出发，采用传统的层次体系进行分类。这个链接系统有很多不同的名称，最初是"杰瑞对马赛克的快捷搜索",而后是"杰瑞和大卫的万维网指南索引"。最终,他们为这个系统确定的名称是"雅虎!"(Yahoo!),随后,他们又给这个名称做出了一个略显别扭的解释:"又一个等级森严的神谕"(Yet Another Hierarehical Offius Oracle)。随着分类系统的发展,他们很快就发现,即便只是为用户筛选和找到相关内容所进行的分类,几乎就是一项不可能完成的任务。为简化这个过程,杨致远和费罗为系统添加了关键字搜索功能,允许用户直接按关键字进行搜索,从而得到所有包含该关键词的超链接。于是,一个在蓬勃发展的网络上搜索信息的强大工具,在一夜之间登堂入室。1994 年,杨致远和费罗的网站每天接受的页面浏览量超过 10 万次。[⊖]与此同时,风险投资行业也开始意识到互联网的巨大发展潜力,而且已经有人对杨致远和费罗正在进行的工作表示出兴趣。网景和 AOL 等公司也纷纷与这两个创业者取得联系,当时这两家网络巨无霸均为该网站开出 100 万美元的收购报价。

  网景表达的意愿尤为强烈,以至于 1995 年马克·安德森(Marc Andreessen)甚至说服杨致远和费罗,将他们的网站直接转移到网景的设备平台上。这就让两个人面临着一场非此即彼的抉择:要么接受网景或是 AOL 的收购要约,要么接受红杉资本(Sequoia Capital)提供的风投资金。令安德森懊恼的是,杨致远和费罗最终接受了红杉的出资。结果,雅虎直接被逐出网景公司的视野。但网景依旧保留了与雅虎站点的链接,而且它们在很长时间之后才意识到这个链接本身的商业价值,因为它会把自己的客户免费带给雅虎。红杉资本对雅虎网站的初始估值为 400 万美元。

  随后,雅虎再次接受日本软银的出资,作为代价,雅虎将一部分股票转让给了对方。此时,雅虎已任命蒂姆·库格(Tim Koogle)对网站进行专业化管理,并成功提高了广告业务的收入。1996 年 4 月,雅虎股票公开上市,首发定价为每股 13 美元,募集资金超过 3 000 万美元。尽管雅虎的股票在 IPO 期间曾短暂大幅上涨,但很快便跌回首发价格,也因此被媒体戏称为"又一次虚高发行"的实锤。但事实证明,这确实是雅虎股票的底部。从此之后,股价不仅持续上涨,而且涨势似乎看不到尽头。因此,雅虎未来面对的唯一问题,就是让自己更强大,或者说,如何利用自己的专有信息、庞大的分类系统和卓越的管理能力,为自己构筑坚不可摧的进入壁垒,保护已成规模的广告收入流(见图 10-15)。

⊖ D. A. Kaplan, *The Silicon Boys*, New York: William Morrow and Co., 1999, p.306.

Yahoo! : Hype Builds for Wall Street Event

Yahoo is a popular Internet-directory company that shows all the signs of becoming a Wall Street "event" in coming weeks -- for better or worse. Investors are positively fixated on its initial public stock offering of 2.6 million shares, currently expected to be priced at $10 to $12 a share; analysts expect the offering to hit the market in a few weeks.

...Yahoo is generating some of the hottest buzz on Wall Street since that other hyper-hot newcomer, Netscape Communications Corp.

19 March 1996
The Wall Street Journal

Yahoo! Stock Soars in Its First Day, But History Says the Issue May Tumble

Yahoo's rise shows that investors are still gaga over virtually anything related to the Internet, even though there have been several recent instances of cyberstocks soaring early and then sliding rapidly.

Yahoo's lofty values may be short-lived, if the experience of other hot cyberspace companies is any indication.

15 April 1996
The Wall Street Journal

YAHOO! STILL SEARCHING FOR PROFITS ON THE INTERNET ONCE THE DARLINGS OF WALL STREET, YAHOO, INFOSEEK, LYCOS, AND EXCITE RAISED A TOTAL OF $170 MILLION THROUGH IPOS. NOW THEIR STOCKS ARE TROUBLED AND THEIR BUSINESS PLANS HAVE FALLEN APART. QUERY: HOW DO FOUR INTERNET SEARCH COMPANIES SURVIVE?

12/09/1996
Fortune Magazine

How Yahoo! Won The Search Wars Once upon a time, Yahoo! Was an Internet search site with mediocre technology. Now it has a market cap of $2.8 billion. Some people say it's the next America Online.

03/02/1998
Fortune Magazine

Do You Believe? How Yahoo! Became A Blue Chip: A tale of how Wall Street and the rest of us learned to stop worrying and love an insanely valued Internet stock.

7 June 1999
Fortune Magazine

Yahoo Plans To Remain Independent

12 January 2000
The New York Times

THE MARKETS: Rare for an Internet company, Yahoo reports actual earnings. Not that such things matter.

13 January 1999
The New York Times

Yahoo! Shares Fall on Analysts' Warning That Online-Ad Slump May Affect Sales

29 August 2000
The Wall Street Journal

Boom Town: 'Grumpy' Won't Say What's Next for Yahoo!, But Scenarios Abound

6 March 2000
The Wall Street Journal

Boom Town: Can This Rare Bird Fly in a Harsh Climate?
Even Web's Profitable Yahoo! Has To Adapt Its Strategy To the Market Downturn

16 October 2000
The Wall Street Journal

Slaughter Of Innocents

22 January 2001
Forbes

图 10-15 雅虎的 IPO：走上不归路

资料来源：根据史料编辑整理。

雅虎

在2001年本书第一版面世时，雅虎（Yahoo）的财务历史还非常短暂，以至于当时还无法判断它是否拥有早期科技公司的基本财务特征。马可尼创建的公司在成立很长时间内均处于亏损状态，但一旦转亏为盈，利润便会急剧上升——这反映出使用量快速增长对资产基础带来的快速摊薄效应，而且这类公司的资产成本在很大程度上属于沉没成本。与马可尼不同的是，雅虎根本就不存在大量的沉没成本，这意味着，它在创建初期便拥有相当可观的盈利能力。

但没有沉没成本也是缺陷,由于进入门槛低,使得如何保护和加强品牌成为企业可以利用的最重要的竞争武器。很明显,与所有品牌一样,雅虎也需要大量支出来维持其品牌价值,因为,资金充裕的老牌企业不会对这块肥肉视而不见,来自这些对手的竞争迟早会到来。但凭借强大而有韧性的资产负债表,任何对手都不可能在一夜之间夺走雅虎的市场地位,当然,这倒不是因为高新科技行业中很多先行者不得不面对的现金流压力。

对很多分析师来说,拥有现金流意味着可以采用现金流贴现技术对雅虎进行估值。但由于这种估值技术覆盖的时间跨度很大,因此,为验证股价的合理性,就必须延长现金流的贴现时间范围。尽管基本不切实际,但预测15年现金流并进行折现的做法几乎已司空见惯。问题在于,对于一家年销售收入不足10亿美元且最高市值超过1 000亿美元的公司,任何估值技术都很难做到自圆其说。这并不是说,雅虎是一家失败或是管理不善的公司。情况正好相反。毕竟,在科技股泡沫高峰时期,它是为数不多同时拥有正现金流和利润的公司之一。

毫无疑问,在一定程度上,这恰恰就是原因,从2002年到2005年,雅虎的股价上涨了300%,但这还是公司可以承受的市值。从此以后,雅虎的历史便演化为与新竞争对手谷歌(Google)之间展开的一场搜索引擎世纪大战。后者能够利用网络搜索还处于萌芽阶段时不存在的进入财务壁垒。谷歌的到来,不仅迅速侵蚀了雅虎固有的市场领导地位,也一举打碎了雅虎欲凭借规模效应创造进入壁垒的希望。至于谷歌为什么能在搜索引擎领域最终取代雅虎的原因,坊间观点不一。某些专业人士认为,这与雅虎的系统架构有关——这种架构确实为其早期的快速扩张提供了强大动力,但也缺乏弹性,以至于无法让公司与时俱进,充分适应不断变化的互联网现实。但也有人认为,成败的关键在于品牌管理。最有说服力的证据体现为,由于雅虎对搜索技术以及搜索广告的开发重视不足而失去了阵地;事实就是最好的证明,雅虎始终没有能力开发、购买或是整合出有竞争力的产品(见图10-16)。

并不是管理层没有意识到威胁,对Inktomi(搜索)和Overture(搜索广告)的收购就是雅虎对这些威胁的反应。但这些收购之后的整合耗费了太长时间,而且公司技术升级的用时也远远超过谷歌。其间,公司管理层也进行了一系列变动,但事实证明,每次人事更迭都无法让公司走出困境。2017年,雅虎的互联网业务被威瑞森电信收购,剩下的业务也是雅虎最有价值的资产——包括对阿里巴巴和雅虎日本持有的股权,由雅虎的后续公司Altaba继续保留。尽管这两项少数股权投资的价值明显缓解了估值的颓势,但是按同比价值计算,雅虎搜索引擎业务的价值依旧较泡沫时期最高点缩水了 95% 以上。

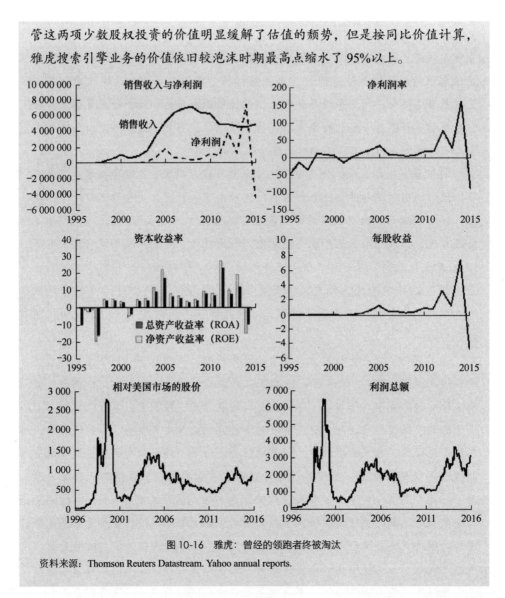

图 10-16 雅虎:曾经的领跑者终被淘汰

资料来源:Thomson Reuters Datastream. Yahoo annual reports.

但对雅虎而言,不幸的是,通过进入壁垒保护市场地位的观点并不成立。面对像谷歌这样更迅猛的新竞争对手,雅虎的市场优势正在慢慢被侵蚀,而且注定会把市场领导地位让位于一个更有决心的对手。不同背景的评论员会把雅虎的衰落归结于不同的原因。某些人把雅虎的失败归结于品牌建设的失败,他们认为"雅虎缺乏明确的品牌目标",而"谷歌已成为品牌战略和管理的大师"。⊖还有人认为,雅虎的症结在于基础架构的设计:雅虎通过直接添加 NetApp 存储设备而一次性增加

⊖ D. L. Yohn, "A Tale of Two Brands: Yahoo's Mistakes vs. Google's Mastery", Wharton School, 2016.

了容量，而谷歌则开发出"谷歌文件系统"（Google File System），从而"以商品化服务器创造出一种灵活而有弹性的架构，在解决容量可扩展性的同时，也加快了未来推出的一系列网络应用软件——包括地图和云存储等"。[⊖]

最可能的解释往往也是最简单的解释。从一开始，谷歌就完全专注于创建速度最快、精确度最高的搜索引擎。雅虎则不然。结果，谷歌最终得以超越雅虎，雅虎曾试图收购竞争对手，但 50 亿美元的市场估值还是让它们望而却步。于是，雅虎转而决定收购搜索引擎和搜索广告技术。从理论上看，收购搜索引擎 Inktomi（257 万美元）和搜索广告公司 Overture（14 亿美元）似乎是更明智的选择。但目标公司内部派系的存在以及外部客户关系，导致整合这两家被收购企业的过程无比艰难，尤其是微软的影响——此时的微软不仅已经意识到潜在引擎业务的潜在价值，更是 Overture 的重要客户。

谷歌——取之不尽的先发优势

考虑到创新的历史以及新兴技术所固有的竞争性，因此，可以想象的是，"搜索引擎"技术同样遵循此前诸多创新模式——激烈的竞争过程最终以主导者的出现而告终。在此期间，曾出现过很多黄页以及与搜索相关的应用程序或公司，譬如 Arehie、Veronica、Jughead、World Wide Wanderer、Aliweb、Excite、Galaxy、Dmoz、LookSmart、WebCrawler、Lycos、Infoseek、Inktomi、Ask Jeeves、alltheweb 和 Altavista。但它们均以失败而告终，它们或是被竞争对手所吞并，或是在谷歌所主导的搜索引擎行业下沉成为某个细分市场的参与者（见图 10-17）。

谷歌的历史几乎就是硅谷创业的再现。它的创业理念起源于学术界，在斯坦福大学得到孵化的机会，在某个车库中初步成型，早期创业的资金来自种子投资，虽然屡屡被潜在合作伙伴或收购者所拒绝，但经验丰富的科技风险投资家慧眼识珠，辅佐创业者一路跋涉，并最终找到清晰的收入模式。在搜索引擎领域，谷歌的崛起颇有迅雷不及掩耳之势，而它们看似不可抗拒的成功也是很多人研究的对象；虽然很多要素已成为众所周知的成功之道，但某些关键要素依旧不得不提。谷歌故事的开端，源自斯坦福大学计算机科学专业的两名研究生谢尔盖·布林（Sergey Brin）和拉里·佩奇（Larry Page）。两人均有数学和计算机科学的专业背

[⊖] M. Aron, "Why Google beat Yahoo in the war for the Internet", *Techcrunch*, 22 May 2016.

景，而且都来自于父母辈从事科学研究的家庭。有点讽刺意味的是，比尔·盖茨在斯坦福大学资助的研究机构，竟成为谷歌最早的试验场。这是一个专为鼓励创新与协作性思考而设计的机构，对布林和佩奇而言，最初推动思考的问题是研究，而不是赚钱。

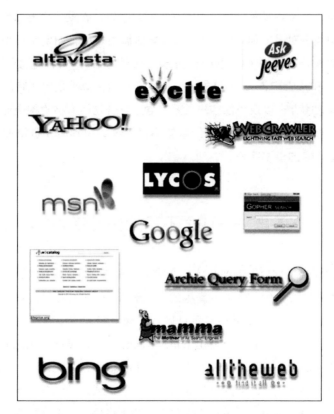

图 10-17　无处不在的搜索服务

对这两名研究生来说，攻读博士学位本身就要求他们开展原创性研究，而这项研究的起点必须是某个需要解决的任务或理论。考虑到互联网的出现及其信息存储量的增长，设计一种按既定标准查询相关信息的工具，既是一个合乎逻辑的研究方向，又代表了一个可能蕴藏巨大商业价值的主题。实际上，这个领域已吸引了大量学者驻足，但他们的目标只是为了便于研究。在谷歌的故事中，一个最引人注目的元素是，创始人在早期探索阶段关注的并不是商机，而是如何设计一款速度最快的搜索引擎。他们的设计始终基于这个目标，没有因为考虑增加收入等其他目的而受到丝毫的破坏或篡改。至少从外部人的视角去看，潜在收入对早期决策过程几乎没有任何影响。

谷歌对互联网进行搜索的方式归根到底源自学术体系——用一个经常使用的词就是"要么发表，要么灭亡"。学术界的进步在很大程度上取决于在推荐学术期刊上发表的论文数量。但同样重要的是，期刊（质量）本身也有等级之分，具体取决于所刊登论文被其他学术论文的引用次数（数量）。一份期刊的声望越高，被引用的次数就越多，它的学术价值就越大。如果一篇出版物被视为具有"开创性"，那么，它也就成为所在领域的巅峰之作。关键在于，学术界始终以引用次数的加权合计数作为衡量出版物价值的独立衡量标准。

这就是谷歌在设计搜索引擎时采用的方法，但其也采取了一项重要调整。正如布林和佩奇在他们的论文中所言，⊖"与经过严格审查的学术论文不同，Web 页面的激增完全是在没有质量控制或出版成本的情况下实现的"。此外，由于 Web 已成为商业载体，因此，发布者为增加网页浏览量，就有动力去欺骗搜索引擎。这就需要以另一种方式代替学术判断的质量控制功能。和所有名副其实的洞见一样，所有答案的理论基础都很简单：以引用质量作为权重计算加权引用数量。在这里，"引用质量"表示为与特定网站的链接数量。比如说，布林和佩奇指出，由于雅虎网站有很多反向链接（从其他网站指向雅虎的链接），这说明雅虎网站的重要性相对较高，因而应赋予该网站更高的权重。由于这个观点由拉里·佩奇提出，因而被命名为"PageRank"（佩奇排序法）。

这并不是说把理论转化为实际应用轻而易举。Web 内容呈指数级增长，与现实中的所有事实一样，数据自然会变得更加混乱、更加不完整，这就需要各种创新性解决方案和变通方法。但最重要的是，下载整个 Web 网页，并让这些网页服从他们的 Web 爬行和索引系统，显然是一项不可能完成的任务。由此需要的数据量促使佩奇和布林把他们的系统命名为"Google"，这个词源于一个被拼写错误的数学术语"googol"——意思是 1 后带 100 个零。尽管如此，正如他们在论文中所阐述的那样，即便在早期阶段，谷歌搜索引擎的准确性和速度也不尽如人意。他们的论文对 Google 与另一搜索引擎 Altavista 进行了详细比较，如人们所预期的那样，谷歌的优势显而易见。

随后发生的事情同样有先例可循，这个故事或许可以被称为"德卡效应"（Decca effect），源于同名唱片公司拒绝与披头士乐队签约的经历。当然，类似的先例不胜枚举，比如西联汇款曾拒绝了贝尔，马可尼则对洛吉·贝尔德发明的电视熟视无睹。为寻求继续发展，谷歌也开始到处融资，他们首先找到之前曾分析过的搜索公司，而后开始联系当时排名第二的搜索公司 Altavista，希望获得其技术使用

⊖ The PageRank Citation Ranking: Bringing Order to the Web, Stanford University, 29 January 1998.

权。或许是 Altavista 的控股股东数据设备公司（DEC）不愿使用外部技术，又或许是公司本身与康柏的合并尚未成交而导致他们无暇顾及，但无论怎样，谷歌得到的结果都是被拒绝。其他搜索引擎同样如此——雅虎也不例外。对这些搜索引擎来说，谷歌引擎原本可以为它们固有的目录结构提供强大支持。

发展路径的差异化

导致谷歌的新搜索引擎并未引发轰动的一个重要原因，就是最初商业化的希望似乎仅限于将技术许可他人使用。一种普遍看法是，只有把潜在客户留在自己的门户网站上，而不是把他们推送给其他网站，网站才能取得持续性收入。出于这个原因，公认的广告商业模式采取的是产品植入和付费广告方式。这种操作模式与搜索引擎恰好相悖，搜索的根本在于产品比较与价格发现。如果搜索过程本身并非不可或缺，那么，似乎也就没有必要把这项功能外包给第三方。事实上，互联网上曾兴起过一段时间的"迷你热"（mini mania），当时，房地产对门户网站至关重要，"黏性"（stickiness）也自然成为最有价值的客户属性。

谷歌创始人曾多次指出现有搜索模型中固有的利益冲突，付费广告可能会导致搜索结果优先考虑广告商。谷歌的优势显而易见——包括搜索引擎本身的优越属性及其通过用户和流量指数增长而产生的吸引力。这两个特点与创始人的强大个性相互叠加，最终说服一批有影响力的投资者慷慨解囊。通过斯坦福大学教员大卫·奇尔顿（David Chilton）的介绍，布林和佩奇结识了太阳微系统的联合创始人之一安迪·贝克托斯海姆（Andy Bechtolsheim）。作为腰缠万贯的成功者，贝克托斯海姆似乎对谷歌一见钟情，于是，这又引发了一系列连锁事件，吸引硅谷的其他知名人士接踵而来。最终，根据谷歌的 1 亿美元的估值，引来红杉资本和凯鹏华盈投资（Kleiner, Perkins, Caufield & Byers）2 500 万美元的联合投资。

Google 的最终定价模型方案已准备就绪。与此同时，连续创业者比尔·格罗斯也认识到，只有对互联网上的海量数据进行适当的过滤和限定，才能为广告商带来价值。此外，他进一步了解到，可以从广告网站或在线发布平台购买特定流量，然后以每次点击价格为基础向感兴趣的客户出售流量。潜在客户出价购买某个关键字，并取得与该关键字高度相关的流量，从而得到模型运行所需要的流量。这样，搜索引擎即可得到特定流量的搜索结果。按现有的常规性广告运营模式，广告商愿意为每次点击支付的价格越高，他们在搜索结果中的排名就越靠前。

对互联网的忠实信徒来说，搜索结果和广告付费之间的直接联系显然是无法接受的。但这并未阻止比尔·格罗斯的网站 GoTo.com 快速发展。该网站的成功之处在于，它可以利用自身的服务与其他公司进行合作，尤其是美国在线。这种服务联盟方式在创造流量和收入方面效果显著，以至于内部站点与联合站点之间的潜在冲突已成为众矢之的。正因为如此，GoTo.com 被重命名为 Overture，而且不再强调内部目标站点。

此外，谷歌则使用了搜索原理，并与广告逻辑相结合，在 2000 年 10 月推出 AdWords 项目。该项目包括"提供实时精细定位广告、即时发布新广告、监控广告统计数据以及跟踪库存及每日费用报告等能力。"⊖（在谷歌版广告服务中，弹出窗口与横幅广告不会导致页面布局混乱，并减慢计算机运行结果——但更重要的是，广告排名取决于相关性，而不是广告商的付费水平。）利用谷歌发布广告的主要缺陷在于，它考虑的是"印象"，而不是包含信息量更大的"点击率"——毕竟，后者才是观众实际采取的行为。于是，竞争演变为到底是更好用的搜索引擎还是更优秀的广告模式之争。

为了将两个方面合二为一，格罗斯找到布林和佩奇，但在此之前，双方已隔阂太深，谷歌对合作丝毫不感兴趣。不管是出于付费广告对搜索结果的不当影响，还是因为谷歌更喜欢开发自己的产品，或者两者兼而有之，此时都已不再重要。真正重要的在于，到 2002 年，AdWords 也采用了按点击次数付费的定价模式。这就导致 Overture 发起诉讼，这场纠纷直到 Overture 被雅虎收购时才终于得到解决。此时，谷歌已成为收入规模最大的搜索及搜索广告网站。

史无前例的 IPO

到 2004 年，谷歌的员工人数已达到非常大的规模，按社保法等方面的要求，公司需提交财务业绩报告。公司认为，既然要以这种方式公开披露财务业绩，还不如选择直接公开上市。当然，上市也有不利之处，它可能对公司员工的士气和创造性造成负面影响。为了给 IPO 做铺垫，布林和佩奇专门为 IPO 招股说明书编写了一封"创始人致辞"，在阐述他们对投资者风险看法的同时，还以极其非常规的方式说明了他们对公司未来运营方式的设计。这种反常做法同样适用于 IPO 流程本身。公司并未采取通过经纪人进行机构配售的传统途径，而是采取"荷兰式"拍卖——也称为减价拍卖，直到第一个竞买人达到或超过底价时成交）——在这种拍

⊖ 谷歌公司，2000 年 10 月 23 日新闻发布会。

卖中，投资者以竞价方式认购股票，竞价由高到低依次递减，直到竞买数量达到标的数量，最后出价或最低出价作为股票发售价格，这样，所有竞买人均按该最低价格买入股票。这种方法的公认目的之一，就是避免股价在 IPO 后出现大幅波动，这种波动通常有利于在招股过程中享有优先购买权的大型机构。此外，“荷兰式”拍卖还可以减少经纪商收取的高昂费用，限制配售银团通过向部分客户优先配售股票而取得的商誉。

某些愤世嫉俗的人或许已经猜到，这些受益者肯定不欢迎谷歌提议的发行模式。市场对此次 IPO 的反应注定只能是不温不火。但公平地讲，这样的结果在一定程度上也是之前科技股崩盘带来的必然后果。即便如此，当时仍只有 30%的华尔街分析师对谷歌股票做出的投资建议为“买入”，60%为“持有”，10%为“卖出”。对外行而言，这样的支持水平似乎还算合理，但对专业基金经理来说，这样的比例只能说明市场并不看好这只股票。实际上，有大量文章聚焦于“荷兰式”拍卖的负面影响及其不规范的操作过程。在当时的特殊情况下，科技股暴跌的经历依旧让投资者历历在目，这难免会在很大程度上影响投资者的情绪，这意味着，投资者不会重蹈覆辙。他们当然不愿再为一家过度炒作的公司多掏一分钱！但随着公司及其股票近乎漫长的牛市行情，这些投资者似乎有足够的时间为此悔恨交加（见图 10-18）。

Earlier in the day, the company slashed its planned IPO by nearly half, cutting the expected price to $85 to $95 a share from its original range of $108 to $135 a share. It later confirmed its initial going-public price would be $85 a share.

"To see a market capitalization valuing Google as a mature company is assuming a best-case scenario which isn't a for-sure outcome. It still has a long way to go to justify growing into that kind of market value," said Michael Cohen, director of research with Pacific American Securities.
In addition to Yahoo!, Cohen said, Google will face increased pressure from Microsoft, which has been stepping up its research and development efforts in its MSN Internet business.
"This long saga is about to come to a close, but in many ways it's the beginning of another saga, which is how will the company will do competitively?" said Cohen.

CNN August 19, 2004

In the second quarter, Google turned a profit of $79.1 million (30 cents per share), compared with $32.2 million (12 cents) in the same period last year. Revenue more than doubled to $700 million from $311 million in 2003.
Even with such stellar results, analysts said Google's estimated share price is expensive. Using Wall Street yardsticks such as the price-to-earnings ratio, Google is valued far above the typical company, but on par with Internet giants Yahoo and EBay.

San Francisco Chronicle June 29, 2004

Google's IPO rollercoaster - After a series of mistakes and unforeseen problems, Google got its widely watched share offering back on track this week. But it has had to cut the price sharply, lopping billions off the company's implied value. Were the internet-search firm's founders just a bit too greedy?

... the prospect of a battle with Microsoft is not enticing. The company behind Windows has long been adept at copying technologies and then crushing the companies that first developed them. It is also awash with cash. The $1.7 billion that Google has raised from selling a slice of itself on the stock market is small change compared with Microsoft's war chest.

The Economist August 20, 2004

Google yesterday slashed the price range of its initial public offering by more than a quarter and reduced the number of shares for sale - a sign that volatile market conditions and a stream of negative publicity have taken their toll on the most anticipated flotation in years.

The Guardian August 19, 2004

Google, in contrast, is a more typical tech company – one that must invest heavily to remain on the cutting edge or its customers will quickly and easily flock to competitors. Just as Google came out of nowhere to unseat Yahoo! as the leading search engine, so might another company do this to Google. I admire Google and what it has accomplished – and I'm a happy user – but I am quite certain that there is only a fairly shallow, narrow moat around its business.
Think about it. What are the odds that it is the leading search engine in five years (much less 20)? 50/50 at best, I suspect, and I'd wager that odds are at least 90% that its profit margins and growth rate will be materially lower five years from now. Yet investors appear ready to value this company at as much as $36 *billion*, nearly *200 times* trailing earnings! Google with the same market cap of McDonald's (a stock I own)?! HA! I believe that it is virtually certain that Google's stock will be highly disappointing to investors foolish enough to participate in its overhyped offering – you can hold me to that.

The Motley Fool July 30, 2004

图 10-18　谷歌 IPO：不知所措的投资者

资料来源：根据史料编辑整理。

字母表（谷歌）

在科技股经历繁荣与萧条期间，谷歌并未效仿其他公司的模式。当时，作为一家非上市公司，它并不像很多竞争对手那样面临严峻的融资问题。在成立后的最初几年，谷歌仍专注于搜索引擎的开发及持续发展，尽管业内很多人认为，搜索功能几乎没有什么内在价值。最初，谷歌曾试图对产品采取许可经营的方式，但反应相当冷淡。没有人愿意为它提供的功能付费。但随着互联网的发展，谷歌提供访问通道的数据价值日渐显现。谷歌意识到，搜索过程可以揭示消费者的偏好，于是，他们成功地利用这一点取得广告收入。卓越的产品质量巩固了谷歌作为搜索引擎领导者的地位；在广告业随互联网零售增长从线下模式转向在线模式的过程中，谷歌也凭借用户的指数级增长成为这轮转型的中心（见图10-19）。

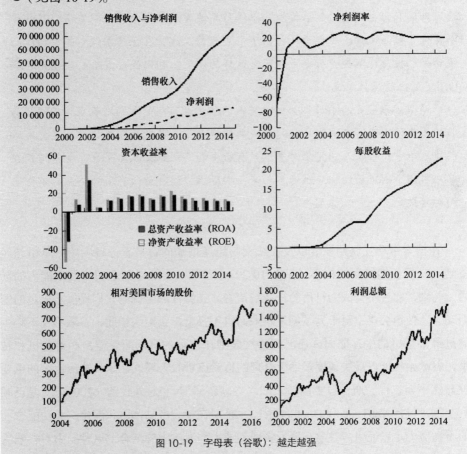

图10-19　字母表（谷歌）：越走越强

资料来源：Thomson Reuters Datastream. Alphabet annual reports.

依靠收入和利润的增长,谷歌在 2004 年开始启动 IPO。但由于股市低迷,而且市场对"荷兰式拍卖"方式本身争议不断,因此,显然不能把 IPO 描述为过度炒作,就像科技股泡沫时期的大多数新发行股票。很多证券公司对谷歌股票持中立甚至负面看法,这种态度在金融媒体中尽显无疑。在搜索领域,考虑到雅虎和微软等公司之间的惨烈竞争,这应该不难理解。谷歌在这种情况下仍能维持其技术领先地位,这对外界人士而言远非显而易见。

如史料记载,在完成 IPO 后,谷歌迅速取得在线搜索市场的主导地位,并通过控制性市场份额取得更多广告收入。尽管这个利润丰厚的市场依旧难免遇到竞争对手的攻击,但迄今为止,公司始终能合理预见潜在的威胁,并将风险和威胁拒之门外。例如,收购 YouTube 以及增加电子邮件和地图等免费服务,均有助于在维持客户参与度的同时,实现不断增加有价值信息的核心目标。从台式机到移动设备的转变,对公司在搜索领域的霸主地位构成了威胁。为此,通过外购和自主开发,然后再把安卓操作系统无偿赠送给手机制造商,谷歌成功保住了领导地位,但也为此付出了沉重代价。这种在操作系统中嵌入功能的策略早已被屡试不爽,历史上也不乏这样的示例,如内嵌 Internet Explorer 和 Office 的微软操作系统。

尽管谷歌股东自 IPO 以来收益惊人,但如此可观的利润增长显然不能轻易归结为股价上涨。在网络广告趋于成熟的情况下,谷歌的增长脚步注定会有所放缓。争夺广告收入的竞争对手不只有脸书和其他社交媒体平台,也包括正在寻求占据个别市场的细分市场参与者,实际上,这也是所有成功企业都不得不面对的挑战。

在搜索带动互联网发展以及在线交易迅速增加的背景下,谷歌始终是引领经济活动实现长期转型的核心(见图 10-20)。谷歌从不缺乏创造超级搜索能力的动力,否则,它也不会成为日后的行业统治者。支持性的出资为它们提供了充足的创新动力,使得公司不至于为了创造收入而饥不择食,正因为如此,谷歌不仅不缺少熬过经济危机的生存能力,还能因科技股泡沫崩盘的影响而受益。面对危机和转型,谷歌始终能以最快速度采纳更合理的搜索广告收入模式,这种响应速度的重要性显然不容忽视。通过自主创新(如"谷歌新闻")和对外收购(200 笔交易已顺利交割,包括 YouTube 和 DoubleClick),公司在扩大产品范围和深化产品功能方面的不懈努力足以证明,谷歌有能力实现创造力与专注力的结合,这种能力对谷歌这样的大型公司而言绝非易事。

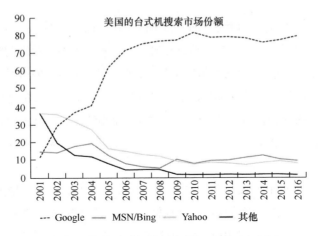

图 10-20　美国的台式机搜索市场份额：只有一个赢家！

资料来源：github.com、gs.statcounter.com。

亚马逊：购物天堂

美国在线提供了访问万维网的途径，网景则让访问万维网的体验变得更轻松，而雅虎（以及随后的谷歌）则帮助用户找到他们搜索的目标。这些早期公司取得主要收益的核心均与信息访问有关。而亚马逊的创建不仅让这个过程更上一层楼，也为在线商业化销售提供了一种范例。亚马逊的创始人是来自普林斯顿大学工程计算机科学专业的毕业生杰夫·贝索斯（Jeff Bezos）。贝索斯曾任职于一家名为 Fitel 的小型金融电信公司，并在 1988 年进入美国信孚银行（Bankers Trust）的信托服务部门，负责为信孚银行的客户安装通信网络。通过这个网络，银行客户可以借助电子方式查询账户，这在当时无疑算得上一项创举。尽管彼时的网络技术已发展到相当水平，但仍有很多银行并未提供这项服务。

几年后，贝索斯再次离开——这次的东家是一家名为德邵基金（D.E. Shaw）的华尔街量化对冲基金管理公司。1993 年，贝索斯受命负责调查新兴互联网中的投资机会。他在研究结果中提出一份最适合在网上销售和发放的产品清单。出现在这个列表中最前面的是书籍，对此，贝索斯给出了诸多有说服力的理由。与音乐不同的是，书籍的制作具有分散性，这意味着，主导这个市场的并不是数量相对有限的出版社。在美国，最大的两家书籍销售商的合计市场份额不超过 25%，此外，也不存在全球性图书品牌。尽管图书的生产和销售环节高度分散，但分销渠道相对集中，这就让少数公司控制了美国的大部分图书发行量。尽管全球每年出版的书籍不计其数，但它们均采用国际通行的书目编码系统。最后，不管一本书在哪家商店出售，对消费者的影响是一样的，这意味着，消费者基本不会考虑购买地点。所有要素综合起来表明，基于互联网的图书销售业务存在一个巨大的市场空间，因为它消除了对库存和出售地点的大部分需求，可以让业务在成本曲线的较低点运营。尽管这个商业模式的优势显而易见，但德邵基金还是拒绝了贝索斯的提议。而贝索斯认为，这个机会实在是千载难逢，且机不可失时不再来，于是，他决定辞职去尝试这个方案。

在选择公司地址的时候，贝索斯认为，新公司首先要临近大型图书分销中心附近，而且应该是人口相对较少的州（这样可以最大限度地扩大客户群，并减少销售税的影响）。最终，他认为华盛顿州最符合这些要求。考虑到互联网的查询以字母顺序排列，因此，公司名称中的首字母应尽可能排在字母表的开头；于是，贝索斯把自己的公司命名为"亚马逊"（Amazon），并在后面增加一个尾缀".com"，以表明这项业务的网络属性。在 1994 年 7 月成立之时，贝索斯为公司设计的第一个名字是"Cadabra"，但这个名称的读音过于接近"尸体"（cadaver），因而被抛弃——对一家成长型公司来说，这样的名字确实有点晦气。接下来的任务是招聘几位员工，创建支撑未来业务开发所需要的软件基础架构。1995 年 7 月，尽管个别系统尤其是支付收款系统还处于试用阶段，但公司已经开始销售图书。最初的业务开发模式几乎完全是教科书式的，按部就班，循序渐进——首先是分析和测试，而后再实施。考虑到支付工资和开发成本带来的现金流出，因此，公司吸收大量外来投资。公司早期的开发资金主要来自贝索斯及其家人，但是到 1995 年夏季，公司的可使用现金额度只能维持不到两个月。

于是，贝索斯开始寻找潜在投资者。这是一个漫长的过程，因为他必须说服持怀疑态度的投资者，让他们对亚马逊的潜力笃信不疑。到 1995 年底，亚马逊按 500 万美元的估值筹集到大约 100 万美元。随着互联网的发展以及其他互联网公司在股票市场上的成功，开始吸引更多资金进入这个领域，因此，早期筹集资金的问题基本不复存在。不久，贝索斯便开始迎来不请自来的专业投资者——最早对亚马逊感兴趣的公司是泛大西洋投资集团（General Atlantic Capital Partners），他们在 1996 年拜访了贝索斯。随后，亚马逊的曝光度也越来越高，再加上公司销售收入的增长以及互联网投资的新一轮热潮，这样，贝索斯可以按优于很多新企业的条款筹集资金。为取得投资资格，泛大西洋投资和凯鹏华盈投资实际展开了一场拍卖，最终，贝索斯按 6 000 万美元的企业估值取得了 800 万美元的资金。这个数字足足超过最初报价的 6 倍。

公开上市

凭借这笔外来资金，亚马逊开始加强业务活动，不久后，公司便计划进行IPO。到 1997 年初，公司开始向几家大型投资银行征集上市方案。1997 年 5 月 15 日，亚马逊按每股 18 美元的价格公开出售 10%的股份，并通过此举筹集到 5 000 万美元的资金。但形势似乎并不乐观。毕竟，这是一家当时尚未盈利而且在不久的将来也无法预期盈利的公司。此外，它还要面对一家传统知名企业的反击——巴诺书店（Barnes&Noble）不仅已开始采取新的网络经营模式，而且还在通过法院起诉亚马逊（见图 10-21）。即便存在诸多不利条件，但 IPO 依旧顺利进行，这或许是因为贝索斯的财运吧。在完成 IPO 之后，亚马逊又多次发行债券，为业务扩张提供资金支持。亚马逊的扩张既有在本土的地域性扩大，也有在德国和英国开展的海外拓展，更有对细分市场的渗透——总之，通过亚马逊网站销售的产品范围也在不断扩大。

Amazon Countersues Barnes & Noble, Says Rival Must Assess Tax

...Amazon claims Barnes & Noble should have to charge sales tax because, unlike Amazon, it has a physical presence in most states -- in the form of Barnes & Noble's 1,000-plus bookstores. Those stores do charge sales taxes, and constitutes the "nexus" of activity in each state that requires collecting sales tax on Internet sales under the law, Amazon said.

22 August 1997
The Wall Street Journal

Barnes & Noble Sues Amazon.com Over Rival's Book-Selling Claims

NEW YORK -- Barnes & Noble Inc., engaged in a bare-knuckles fight to be the dominant on-line bookseller, is suing competitor Amazon.com Inc., claiming the on-line book-selling pioneer is pawning itself off as the world's largest bookseller.

Barnes & Noble said in the suit that it wants Amazon.com to immediately stop running its ads and issue new "corrective" ads. Barnes & Noble is also seeking unspecified damages.

13 May 1997
The Wall Street Journal

College Textbook Stores Sue Internet Competitor

In 1997, the retail giant Barnes & Noble sued Amazon.com, then a fledgling online bookseller, accusing it of false advertising when Amazon.com used the words "world's largest bookstore" in its promotional material. Six months later, the lawsuit was settled, with both companies saying that "they would rather compete in the marketplace than in the courtroom". Barnesandnoble.com was born the same year.

4 November 1999
The New York Times

Amazon.com Files Suit Over Patent On 1-Click Against Barnesandnoble.com

Amazon.com Inc. filed a patent-infringement suit against Barnesandnoble.com Inc., in the latest sign that Internet companies are asking courts to prevent competitors from copying successful business methods.

25 October 1999
The Wall Street Journal

图 10-21　成功招致的诉讼：亚马逊与巴诺书店

资料来源：根据史料编辑整理。

回顾 2001 年以来的市场发展经历以及本书的第一版，无不强调塑造公司发展的几个关键要素。没有人知道杰夫·贝索斯到底算不算天才，但有一点毋庸置疑：他对市场环境变迁有着非凡的洞察力。这在由主导人物掌舵的新企业中并不少见。但不同寻常的是，贝索斯的观点是正确的，他不仅不会轻易偏离航向，而且拥有追逐理想的资本。以库存最小化在成本曲线上创造竞争优势的经济原则，也是亚马逊自从事图书销售业务以来始终坚持的原则。尽管事后看来，这一切似乎显而易见，但在当时却并非共识。回想福瑞斯特研究公司（Forrester Research）董事长兼首席执行官总裁乔治·克鲁尼（George Colony）当时的说法，现在听起来近乎荒谬：一旦巴诺书店决定进入在线图书销售市场，他就会把这家公司称作"亚马逊.倒霉蛋"（Amazon.toast）。随后，他还在一篇随笔中指出，在线品牌注定会转瞬即逝，因为客户信息无处不在，这个领域的技术既不具有专属性，又可以轻松复制。公平地说，这些说法在当时确有根据，而且很有可能就是现实。但亚马逊告诉他们，事实并非如此，这些观点完全错误。

对亚马逊的批评者来说，他们的错误或许在于把对互联网本身的认识与实施障碍混为一谈。人们看到的亚马逊网站，其实只是冰山一角，正如很多只见树木不见森林的潜在竞争对手，他们并未看到亚马逊取得成功的真谛——始终不渝地奉行不断降低成本、提高效率和产品扩张的企业文化。可以说，亚马逊的成功不仅源自最初的经营理念，更有一丝不苟的长期执行。

如果从经济学家的角度出发，亚马逊在现实生活中的作用，就是创造一个目前尚不存在的"完全竞争"市场。对消费者来说，这无疑是福音，但对亚马逊的批发商或供应商而言，前景似乎并不那么美好。亚马逊可以带来更大的销量，但利润也更透明，因此，通过对不同消费者群体采取差异化价格的盈利策略基本难以维系。亚马逊要想在互联网零售领域占据主导地位，首先需要的就是规模。消费者必须确信，通过亚马逊，他们可以期待获得更安全、更可靠和成本更低的交易。这也体现了亚马逊在刚刚成立时为自己设定的目标——成为"地球上最大的书店"。关于这种说法的合理性当时有很多争论，而且有些观点无不道理（譬如来自巴诺书店的诉讼，见图 10-21）。

同样重要的是，为达到这种商业模式所需要的规模，需要付出不断推迟盈利的代价，换句话说，就是以价格换数量。免费或补贴运费，配送中心的快速扩张，物流和数据的管理和分析，这些要素都是达到预期规模的必要手段。如果不能达到足够的规模，商业模式就丧失了存在和运行的基础。事实上，这也是 2000 年雷曼兄弟的债券分析师拉维·苏利亚（Ravi Suria）在一系列卖方报告强调的重点。在科技股泡沫相继破裂之后，他在看跌报告中似乎找到一个典型，但这个典型恰恰也是反映投资者短视性的最佳示例——他们似乎永远都无法识别长期赢家。但这份报告显然忽略了一个事实：亚马逊已筹集到足够的资金，帮助它们走过企业发展的瓶颈期，并显示出强大的现金流特征。简而言之，在高度成长、快速周转的行业中，如果从客户取得收入的时点先于向供应商付款的时点，且固定成本已趋于稳定，那么，绝不应低估它的现金流创造能力（见图 10-22）。

> **On-Line Book Retailer Amazon Sees Profit in Later Chapters, Files for IPO**
>
> Amazon.com Inc., the Seattle upstart that made a splashy business out of selling books over the Internet, filed for an initial public offering that values the company at almost $300 million.
>
> Not bad for a three-year-old company that says profit isn't yet in sight.
>
> The filing also discloses that Amazon has ambitions beyond books, with aspirations to become "the leading on-line retailer of information-based products and services". In an interview yesterday, Jeffrey P. Bezos, 33 years old, the company's founder and chief executive, said Amazon will eventually expand into videos and music.
>
> However, the rapid growth in sales has yet to turn into profit, in part because of Amazon's heavy investing in technology and marketing. The company had a loss of $5.8 million in 1996, widening from a loss of $303,000 the year earlier.
>
> *25 March 1997*
> *The Wall Street Journal*
>
> **Amazon.com, No Earnings in Sight and Competition Looming, Prepares Junk Offering**
>
> Amazon.com, an Internet company with one of the best performing stocks in the market, is about to let debt investors in on the ride. It plans to raise $275 million in the junk-bond market in the next week or so.
>
> Our suggestion: Let the roller coaster roll pass you by.
>
> *4 April 1998*
> *Barron's*
>
> Does Amazon.com really matter? The cyber bookstore may be a glowing beacon of the online revolution or just a freak of commerce. Either way, it's definitely not a role model for everybody.
>
> *6 April 1998*
> *Forbes*
>
> **Amazon.com Sales More than Quadruple**
>
> Amazon.com Inc., the Seattle on-line bookstore, reported that sales more than quadrupled in the second quarter, to $116 million, while the company incurred a $21.2 million net loss.
>
> During the quarter, Amazon.com began selling compact disks on-line. The company's chief executive offer, Jeff Bezos, declined to give specific data about music sales, but said the company is "super pleased" with results so far. Mr Bezos also confirmed that Amazon.com is considering an expansion into on-line video sales; he declined to comment on analysts' predictions that such a move could be about six months away.
>
> *23 July 1998*
> *The Wall Street Journal*
>
> **Amazon vs. Everybody Forget Amazon vs. Barnes & Noble, Amazon vs. eBay, even Amazon vs. Wal-Mart. This company has bigger plans. But when will it make money?**
>
> Amazon's four year rise from upstart online bookseller to one of the largest retailers on the Web is now legend. The company has defined e-commerce as we know it. One-click shopping, customers reviews, online gift wrapping: Amazon invented it all. Go anywhere else on the Web--toysrus.com, homedepot.com, macys.com--chances are you'll find something copied from Amazon.
>
> *8 November 1999*
> *Fortune Magazine*

图 10-22　亚马逊的 IPO：另一道障碍

资料来源：根据史料编辑整理。

在通过书籍验证这种商业模式的有效性之后，亚马逊开始大张旗鼓地拓宽产品范围，这轮扩张首先从 DVD 开始。DVD 是对书刊销售最简单、而且也是最合乎逻辑的扩展，随着发行架构的深化和拓展，亚马逊为越来越多的产品线提供了平台。这样的游戏一次次成功地重演,让越来越多的供应商心甘情愿地把产品交给亚马逊。随着这种模式的不断发展,第三方卖家也逐渐成为亚马逊收入中越来越重要的因素。这再次表明,网络平台需要继续为消费者提供更多的选择和最低的价格。尽管这会严重损害竞争对手的利润,却让消费者成为最大的受益者。

亚马逊

亚马逊的创始人是一个认识到新分销媒介潜在力量的创业者。按照这个认知,贝索斯在外部资金的帮助下创建了商业原型,并最终把这个原型转化为工作模型。公司在成立初期便迎来收入的快速增长,但为了打造维持未来增长所需要的基础架构,资金也被消耗一空。就在资产负债表迅速恶化时,亚马逊马上获得新的现金补给,并竭尽全力维系资本市场对自己的信心(进而保住未来的资本供给)。这就促使亚马逊牢牢坚守技术先驱者的传统——要想生存,唯有不惜一切代价维持令人信服的造福者姿态。贝索斯及其同事们始终以乐观态度看待互联网和电子商务的未来前景。

在本书第一版于2001年出版时,亚马逊股东面临的一个大问题是,公司能否把持续增长的收入转化为正利润流。尽管收入涨势稳定,但扩张资金主要还是来自债务或是其他债务工具。随着资产负债率不断恶化,公司不得不面对现金流紧缩的局面。如果当时的债权人要求提高债务等级,亚马逊或许只能压缩可变成本支出,也就是,不得不削减维持未来增长所需要的成长营销支出。当时,亚马逊的营业亏损已超过 5 亿美元,而公司净资产还不到这个数字的一半。在股市崩盘之后,股东们开始担心,如果债权人要求以股抵债,只会让原本已经缩水的股权被进一步稀释(见图 10-23)。

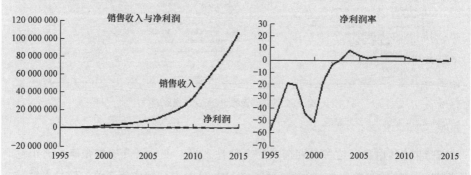

图 10-23 亚马逊:没有利润的野蛮成长

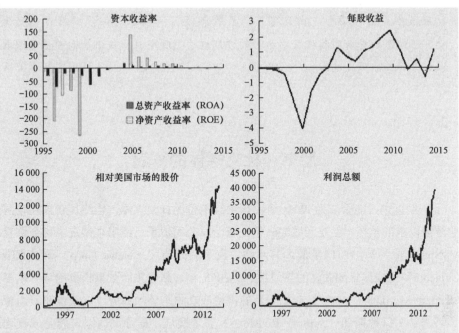

图 10-23　亚马逊：没有利润的野蛮成长（续）

资料来源：Thomson Reuters Datastream. Amazon annual reports.

事实证明，虽然亚马逊尚不能提供可观的利润，但收入确实还在持续快速增长，这足以维持股票市场的信心。正现金流和资产负债表上的强大负债能力相结合，可以让公司不必为融资而发行新股，这样，除员工持股造成的影响以外，不会导致股权被进一步稀释。此时，尽管股价已相对最高峰缩水 90% 以上，但公司还是生存了下来，而且避免了股东权益被摊薄。尽管资产负债表稍显脆弱，而且备受金融市场和媒体的诟病，但公司管理层还是成功守住了供应商和贷方的信心。

从 2001 年走出低谷以来，亚马逊再次重启令人瞠目结舌的收入增长态势，销售收入实现了 25% 左右的年复合增长率。随着云服务的增加以及内容的不断改进，亚马逊的业务也得到了进一步的扩展和深化。凭借库存及分销系统的高效，亚马逊已在网上零售领域掀起一轮经济革命。到 2015 年，公司的年销售收入首次超过 1 000 亿美元。但盈利能力略显滞后，而且营业利润率依旧很低。但公司估值始终居高不下这一事实足以证明，投资者认同对公司追求规模经济效应的长期战略。就业务性质而言，亚马逊的在线产品意味着，要保证始终为消费者提供"最低价格"的产品，就必须在一定程度上放弃提高定价的能力。因此，要提高盈利能力，就只能依赖于向第三方提供新内容、产品扩展和云服务等附加服务。由此可见，尽管营收有所增长，但依旧存在一种风险——就像投资者对科技股崩盘时的预期过于悲观一样，他们此时对亚马逊盈利潜力的预期明显过高。

脸书：社交媒体的兴起

长期以来，能否成为 Web 上占据主导地位的社交媒体，始终是新兴互联网企业梦寐以求的圣杯。但是到 2006 年，有一家公司似乎已经牢牢锁定了这个位置。MySpace 成为美国访问量最大的网站，也是新闻集团（News Corp）和维亚康姆（Viacom）等媒体集团关注的热门站点。2005 年，新闻集团董事长鲁珀特·默多克（Rupert Murdoch）以超过 5 亿美元的价格成功收购该项业务，这让维亚康姆董事长萨姆纳·雷德斯通（Sumner Redstone）非常懊恼，据称，他因未能完成收购而解雇了首席执行官。在媒体行业，整合内容与分销的观点由来已久，但在实务中效果却不尽如人意。而新闻集团此次通过收购 MySpace 进行的探索，最终也被证明是又一个伟大的失败，结局几乎可以和美国在线与时代华纳的那场世纪合并相提并论。MySpace 的兴衰起伏在诸多书籍和文章中均有记载。而且它的命运也并非独一无二——Friendster、Bebo 以及谷歌 Orkut 等社交媒体企业的结局与之大同小异。对于这些半途而废的社交媒体网站，坊间大多将它们的失败归结于在简洁性、速度或安全性等方面存在问题。尽管每个网站都会以不同的方式存在这样那样的缺陷，而且事后看来，这些缺陷也确实显而易见，但是在默多克宣布收购社交网络社区 MySpace 的交易时，这种怀疑显然还不被广泛认同。正如当时一位财经作家所指出的那样，"默多克仍一心向往着把互联网作为新闻集团未来的美好憧憬。他把 MySpace 称为新闻集团的'数字中心'，而且还大胆预测，如果此时此刻出售 MySpace，其市场价格将会超过 60 亿美元。他甚至预言，它将成为世界上最大的单一大众广告平台。"⊖

有趣的是，鲁珀特·默多克本人非常了解线下广告转向在线广告的大趋势，而且也很清楚，他的组织必须保住作为媒体行业领导者的地位。作为一名精明的投资者，他之所以心甘情愿地支付溢价，完全是为了赢得当时互联网上最有价值的这

⊖ Angwin, *Stealing MySpace: The battle to control the most popular website in America*, New York: Random House, 2009.

笔资产。然而，在完成收购之后，MySpace 的估值在短短几年内便下跌 90%以上。到底是因为对收购标的内在价值的分析有误，还是对市场看涨趋势做出的错判呢？最有可能的结论是，这只能再次说明，在高科技领域，投资者很难选择长期赢家，更不用说守住优势。在这个领域，死亡率畸高，而且缺乏竞争力的企业的衰退速度可能非常快。

按照如今的传统认知，似乎很容易解释脸书的竞争对手为什么会失败，但最初也没有人坚信脸书有朝一日会成为行业巨头。脸书起源于一个罕见的环境——全美国最负盛名的大学校园。哈佛大学的背景让它披上高不可攀的外衣，但也激发起人们的好奇心。事实上，最早访问脸书的用户恰恰也只有哈佛的学生，而后，也仅仅限于其他常春藤盟校的成员。不管这是否是有意而为之的经营策略，但独家专卖绝对是最古老的营销技巧之一。对这个一度拥有超过 10 亿用户的企业来说，现在回想当初，似乎颇具讽刺色彩。从此以后，脸书始终以中规中矩的方式经营这项业务。谷歌刻意为自己选择了一个极简主义风格的主页面，而脸书也明智地采取了相同策略。当其他社交媒体遭遇一系列与隐私以及用户受到欺凌或性剥削等相关的麻烦时，脸书则花费了大量时间和资源，以最大程度减少这些问题造成的潜在影响。

从商业角度看，尽管提供的服务不尽相同，但脸书无疑是谷歌最大的竞争对手。在理论上，脸书的商业模式类似于传统的市场研究公司。即，鼓励消费者提供与自己有关的详细信息，然后，利用这些信息为广告商/生产者筛选目标群体提供依据，帮助其更精确地接触这些自定义的目标受众。尽管主流媒体的消费者可直接通过补偿或是某种形式的媒体内容揭示自己的偏好，而谷歌和脸书则根据用户使用其产品的行为方式，通过定义他们的兴趣、喜好和厌恶而实现获利。对脸书而言，用户在与其他用户进行社交媒体互动时会透露出与自己有关的信息，包括用户的偏好和喜欢及其所在位置等。脸书的绝大部分收入来自使用该数据库信息的广告商。与谷歌一样，脸书也面临着同样的问题：在继续提供可创收服务的同时，避免在个人数据或广告等方面侵犯用户权益。

与谷歌一样，脸书同样非常清楚，必须对核心广告特许经营权予以保护；当然，它们也和谷歌一样，通过收购避免潜在流量流失造成的负面影响。例如，它在 2012 年曾以约 10 亿美元的现金加股票的方式收购照片墙网站（Instagram）。当时的 Instagram 尚未形成收入，而脸书已处于 IPO 筹备阶段。同样，它们还在 2014 年如法炮制，以 190 亿美元的价格收购了 WhatsApp。这再次表明及时查漏补缺的重要性——对产品系列中的任何潜在弱点，绝对不能姑息迁就，而是要迅速排查解决，不要等到客户转投不可控的其他独立应用程序，或是竞争对手已开始发起进攻。在互联网广告领域,这既代表优势也意味着缺陷。弱点体现为,主要参与者不仅要随时提防现有竞争对手的威胁,还要对新进入者时刻保持警惕。优势体现为,虽然新进入者可能会随时出现,但现有企业拥有强大的资本基础,因此,它们可以快速收购并吸收这些潜在对手——尽管收购本身的成本未必会给它们带来新收益。

脸书

植根于哈佛的脸书显然算不上出身卑微,但是从初创企业的角度看,它确实属于那种来自宿舍或车库的创业。脸书所依据的社交网络概念并不新鲜,在这个领域,已经成型的企业比比皆是,新生企业层出不穷。尽管如此,脸书从诞生的那一天起,就用惊人的用户增长数据告诉人们,它们已经找到了有效的商业成功法则。用户的快速增长为确保融资轮顺利进行奠定了基础,凭借充足的资金,公司不必在打造规模之前急于创造收入。随着功能的完善和数据的收集,网站对广告商的吸引力自然不断增加。在全球用户增长以及广告在线化趋势的推动下,脸书的收入大幅增长。尽管仍需追加投资为企业的继续成长提供后续资金,但考虑到业务本身不属于资本密集型,因此,收入的增长带动了利润的增加。

基于和谷歌相同的原因,以往的增长不会无限期延续下去。随着用户增长和广告收入这两个驱动力趋于平缓,收入和利润的增长也开始减速。尽管如此,脸书的商业模式依旧强大无比。由于互动能力依赖于用户数量,因此,新进入者不得不面对这个固有的进入壁垒。为数亿用户赋予互联互通的"网络"力量,往往会形成自然垄断。但不同于电话的是,互联网业务的进入壁垒取决于实体网络的规模和强度,以及对连接的垄断程度(这就为劣质服务和反竞争实践提供了生存空间)。但由于脸书不对服务直接收费,因此,外界很难借助反垄断法规打破其市场支配地位。因此,脸书面临的更大挑战,是缺乏用户群参与或是对网络资源的无效占用。而解决这个问题的出路,就是保持内容的新鲜度,并提供更多的附加服务。

在增长停滞时,公司需要对关键财务问题做出决策,确定是否接受比例法则(laws of proportionality)带来的自然结果——也就是说,是使用多余现金回购股份,通过减少股权基础来强化核心优势;还是把现金用于缺乏竞争优势的其他领域,多样化经营。近年来,亚马逊已完成了两次重要收购,借助收购WhatsApp(消息传递)和 Instagram(照片共享),它们不仅扩大了用户基础,也避免了拥有潜在功能的新型网络威胁到自身增长。核心业务的未来增速取决于两个要素：广告市场的整体增长；以及美元支出继续从在线转移到在线媒体的程度。

和谷歌一样，亚马逊也属于典型的轻资产业务，也就是说，即便增长放缓，也可以通过股权回购或股息等形式把通过业务经营创造的现金返还给股东，这也是微软在商业模式成型并取得市场主导地位以来的一贯做法。对亚马逊来说，一个始终要面对的风险，就是有可能会因垄断而与监管机构发生冲突，但需要强调的是，这种凭借网络实力取得的垄断地位，显然不同于昔日新闻大亨的权力。从历史上看，不管是有意而为之还是无意之滥用，任何在脸书上拥有发言权的公司都有可能对政治机构构成威胁。2016年，唐纳德·特朗普在美国大选举中赢得胜利，社交媒体发挥的作用极有可能引发立法机构进行更严格的审查（见图10-24）。

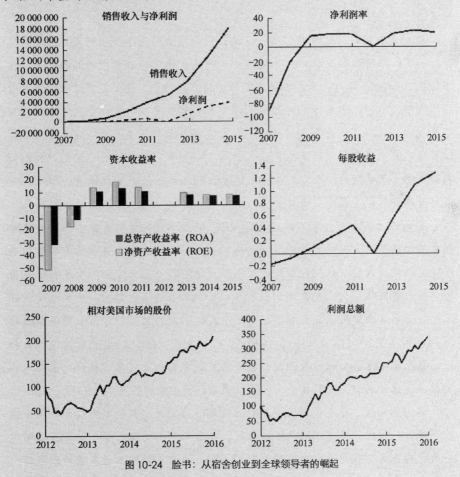

图10-24 脸书：从宿舍创业到全球领导者的崛起

资料来源：Thomson Reuters Datastream. Facebook annual reports.

Snapchat

色拉布（Snapchat）是另一个网络副产品公司的成功案例。这是一款深受年轻人喜爱的应用程序，用户可使用软件进行消息、照片和视频传输。如未使用屏幕截图，消息会在阅读后立即消失，这就让互动更富于人性化和现代感。Snapchat 程序用户的数量增长迅速；据 2013 年 11 月《华尔街日报》报道称，Snapchat 拒绝了脸书提出的 10 亿美元收购要约。2017 年，公司通过 IPO 融资近 250 亿美元，当时，Snapchat 每日用户数量已超过 1.5 亿；在撰写本文时，这个数字已接近 1.8 亿。从理论上说，这种商业模式可以说是脸书和谷歌的结合，即通过赠送产品或服务换取对用户信息的访问权，然后再通过广告对用户信息进行货币化。

网站获取用户的速度非常快，这就让它们很快实现了商业模式的第一个阶段。而第二个阶段的目标，则是把这些用户受众转化为来自广告商的收入。这不仅让 Snapchat 成为在线广告主要参与者的直接对手，还要与其他试图进入该领域的潜在新进入者展开面对面的竞争。与收集更多和更具相关性信息的应用程序相比，数据有限的 Snapchat 显然处于劣势。此外，其他竞争对手也开始尝试在自己的产品系列中创建与 Snapchat 类似的功能，以防止自己的用户转而使用新产品。最明显的例子，就是脸书通过收购 Instagram 与 Snapchat 为敌——最经典的效仿也是最虔诚的尊重。

任何人都不会百分之百地说 Snapchat 的股票发行价格太高，但即便是按照最有利的假设，有一点也是显而易见的：价格确实已充分体现所有预期，几乎没有给投资者留下任何想象空间。当然，这并没有阻止承销本次发行的证券公司提出更有吸引力、更乐观的目标价格。此外，IPO 也提出严重的公司治理问题。公司本次发行了三类股票——不享有投票权的 A 类股票，一股一票表决权的 B 类股票，由创始人持有、每股享有十票表决权的 C 类股票，这就可以让发起人牢牢把握公司的控制权。在公开发行之前，主要员工按优惠条款取得贷款，这就让他们能买到更多的股票，随后再按溢价将股票卖给公司。

从原则上说，这些关联交易不存在任何不妥之处，因为所有交易均按规定获得批准。但给外界留下的总体印象是，尽管公司面对激烈竞争，但这依旧是一次定价充分、股东被彻底剥夺权利的 IPO。因此，丝毫不让人意外的是，到年底，原定的"价格目标"便被下调 50%（见图 10-25）。

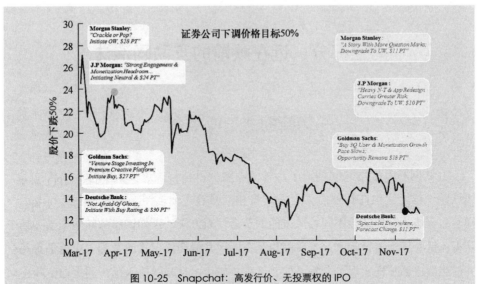

图 10-25 Snapchat：高发行价、无投票权的 IPO

资料来源：Thomson Reuters Datastream. Research reports from Deutsche Bank, Goldman Sachs, J.P. Morgan, Morgan Stanley.

第三部分：近在眼前的互联网泡沫

一场新的"工业革命"

互联网和万维网共同创造了一种清晰展现以往科技进步诸多特征的新技术：和铁路一样，它也在传输能力、发动机和信号等方面取得了显著改善；和电话一样，它也成为一种连接不同相关方面的革命性新方法。正如铁路从其他交通工具中获得流量并逐渐流行起来，互联网也是在取代其他通信形式的基础上实现了普及；并最终像电话那样实现了非常高的普及率。如今，互联网接入已在固定通信和移动通信中无处不在。

但互联网也有不同于铁路和电话之处。在前两种情况下，无论铁路还是电话，对网络使用权的分配由网络所有者控制。在垄断行业，控制权带来的经济收益必然会引发反垄断势力的崛起，正是这种势力造成标准石油公司和贝尔公司的解体。这段历史也是形成现代电信行业监管规则和"网络中立"原则的基础。一般情况下，电信运营商允许对网络接入收取费用，但通常要遵守以投入资本为基础的费用标准，并根据其他方的接入情况制定某种具体形式的定价规则。从广义上看，网络中立性的目的在于防止对互联网上不同形式的流量采取歧视性定价或提供不同水平的服务。这个在实践中表现为，所有数字内容的提供者都可以有效访问免费的分销渠道。反过来，它也为内容所有权赋予了更高的价值。至于这种价值是否可无限期存在，完全是另一个问题。

在新的网络世界中，龙头企业所面对的反垄断形势明显不同于标准石油和贝尔公司所处的时代。作为两种全新的商业模式，社交媒体和搜索引擎所覆盖的规模和深度表明，它们是潜在的自然垄断者。根据历史记载，垄断企业最终往往会滥用凭借市场地位获得的权力，因此，它们会在某些情况下成为监管行动的目标。作为当今时代的新型全球化商业巨头，很难相信亚马逊、谷歌和脸书会成为这些规则的例外。尽管如此，但是互联网作为一股全新产业力量的历史也提醒着我们，任何新技术的发展历程都不可能完全遵循预定的脚本。

互联网上最早的杀手级应用程序当属电子邮件。至今，电子邮件的地位仍然稳如磐石，但互联网的覆盖范围早已远远超出电子邮件。新的细分业务领域层出不穷：既有所谓的企业—消费者（B2C）市场、企业—企业（B2B）市场以及美国在线很早便发现的多媒体内容交付机制。互联网的商业化进程可以划分为若干阶段。它的初衷是创建一个全球性的互通互联性网络。随后网络业务开始转向广告和B2C型企业的早期商业模式。这些模式至今仍清晰地体现于很多新企业的创建过程中，并存在于各种行业和产品类型中。至于互联网对现有公司的影响程度，报业或消费电子产品零售商的经历就是最好的例证。

猛兽般的股市泡沫

在 20 世纪 90 年代后期，股票市场最初对互联网的反应与对其他技术进步的反应如出一辙，尤其是那些在低利率时期出现的技术进步。对网络的好奇心激发起市场的激情，而后，又通过一系列事件的不断发酵引发全面狂热。事实证明，免费接入的全新通信和分销渠道与廉价资金相结合，造就了一种强大的混合体，并最终演化为股票泡沫的基体。随着越来越多的早期参与者在股市上取得成功，逐渐汇聚成为一股不可逆转的潮流。很多早期参与者拥有互联网本身发展不可或缺的产品，其中既有硬件之类的有形产品，如路由器，也有浏览器和搜索引擎之类的支持性软件。由于这些公司的产品对互联网具有赋能性，因此，它们的营业额得以快速增长。

反过来，这些产品和企业的成长又推高了股市对"新经济"日益增长的激情——这种所谓的"新经济"貌似处于竞争性环境，因而几乎不受通胀影响。另外，它在很大程度上以知识为基础，因此又可以规避"旧"实体经济中的企业不得不面对的成本。由于新经济模式需要的资本投入非常有限，但收益预期却相当诱人，因此，它几乎就是为金融业繁荣而量身定做的产品。此外，创造财富的预期只属于新公司，而且从定义上看，新公司应该是尚未在股票市场上公开发行股票的公司。因此，它们需要借助金融界的服务去接触更广泛的投资群体。正如此前多次提到的那样，当投资者热情高涨时，金融体系自然会推波助澜，在创造新潮流和新产品方面加快脚步。

两种商业模式最为早期投资者所青睐——首先是由广告出资的业务，其次是对消费者的直销业务。但是在投资银行的股票推销员的眼中，这两种模式的创造性还远远不够。比如说，基于广告的商业模式仍需通过提供娱乐性或有价值的其他在线内容获取广告收入。实际上，这些创业企业只是传统媒体主张的在线复制版，在繁荣时期只会浑水摸鱼、提供劣质内容的业务。耐人寻味的是，有人在筹集资金创建网站和服务后，便开始大张旗鼓地通过广告开展自我宣传，以此吸引访问者，而后再寄希望于通过这些访问者取得更多的广告收入。这种通过广告获得更多广告的循环模式，显然缺乏可持续的长期成长前景。和泡沫环境一样，人们关心的只有股价的上涨，而不是业务的基本面；同样，在短期内预期未来增长时，人们往往也会忽略或是推迟确认切实可见的盈利迹象。

需要澄清的是，并不是基于广告的商业模式无法创造可持续收入，只是它在演进阶段还缺少与老牌平面广告企业一争高下的真正优势。在互联网的这场广告革命中，长期赢家的出现注定不是一朝一夕的事情，只有在股市泡沫的浪潮退却之后，这个胜利者才会浮出水面。到那时，可以使用更复杂的市场研究模型确定和发掘消费者的兴趣和行为。

投资者最初锁定的另一个主要商业模式，是有可能被互联网彻底改变的直销业务。凭借相对于实体零售商的绝对成本优势，这种模式有望吸引大批新供应商摆脱传统渠道，通过互联网向最终消费者直接推送商品。相比之下，现有企业不得不为维护和运营实物资产以及需（在美国）支付当地销售税的客户而苦苦挣扎，这让他们处于巨大的劣势。尽管亚马逊还是零售业的新军，而且在创业之初，其出于商业逻辑仅选择书刊作为主要初始产品，但它无疑是最有效的黑马。实际上，在当时的 B2C 领域，很多商业模式不太符合需求的公司同样被股票市场欣然接受。很多业务曾被亚马逊创始人杰夫·贝索斯认为缺乏可持续性，因而遭到他的抵制；但是在那个时期的狂热气氛中，这些企业都能找到乐此不疲的出资人。而这些新创企业获得资金的唯一前提，就是在股票市场公开上市的速度。

因此，从股票市场的角度看，虽然资本从投资者流向新进入者的走向基本符合逻辑，但大多缺乏明确目标。虽然市场正在酝酿某种变革，但互联网究竟会给对个别公司及行业带来哪些变化，显然还不得而知。不可否认的是，无论是从用户数量、域名数量还是新网站数量来衡量，互联网的使用均出现了显著而持续的增长。在用户数量呈现线性增长的同时，后两项指标已出现指数式增长，这无疑强化了投资者心目中的信念：他们正在见证一场名副其实的新型变革时代（见图 10-26、图 10-27）。

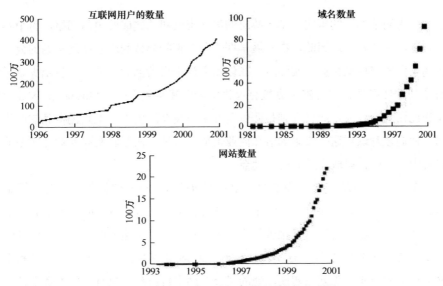

图 10-26 互联网用户、域名及网站数量的指数型增长

资料来源：Nua Internet Surveys, Internet Software Consortium: Internet Domain Survey, and Hobbes' Internet Timeline by Robert H. Zakon. www.zakon.org/robert/Internet/timeline.

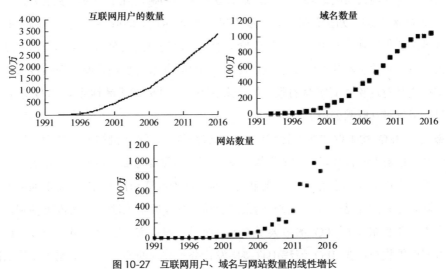

图 10-27 互联网用户、域名与网站数量的线性增长

资料来源：internetlivestats.com，ftp.isc.org。

不断膨胀的泡沫

在研究开发和测试以及互联网的建成过程中，投资者只发挥了很小的一部分作用。同样，在开发万维网关键基础设施的过程中，同样无须投资者的参与。这反映了一个再简单不过的事实：基于政府的早期资助和已建成的电信网络，整个实体系统几乎已完全就位。因此，在发展早期阶段，那些等待利用互联网资源的公司基本不属于资本密集型企业。实际上，在创始人尚未启动创业之前，思科至少就已经拥有了基础性产品。在吉姆·克拉克筹集资金创建网景之前，Mosaic 的大部分研发工作已在大学完成。而雅虎则是两位研究生在校期间出于个人兴趣得到的产物，而后，他们才意识到这个成果的潜在商业价值。可见，在互联网向商业化转型的早期进程中，这些公司成为重要的加速器。

当然，这绝不是贬低这些早期先驱者取得的成就——他们不得不筹集资金，废寝忘食地工作，为创建企业而做出个人牺牲。但是在筹集资金时，他们至少已拥有了一款基础产品，而且对外融资的规模也相对较少。在这方面，最大的例外就是亚马逊。杰夫·贝索斯从一开始就认识到互联网的潜力，并创建了一家以利用互联网为目的的企业。在创业初期，他的资金全部来自自筹。只有在个人资金被耗尽时，贝索斯才开始寻求外部融资。但是在他准备对外筹集资金时，互联网泡沫已开始因网景及其他公司的成功而膨胀，这就让贝索斯的融资几乎不费吹灰之力。

助力亚马逊成功融资的乐观环境不仅为亚马逊的早期成功奠定了基础，而且继续推高了其他互联网上市公司的股价。于是，市场对同类公司股票的胃口也越来越大。由于初始资本的融资成本相对较低，因此，新公司如雨后春笋般接踵而来。华尔街更是对这轮利润丰厚的赚钱机会来者不拒，并源源不断地启动 IPO 项目，满足投资者对互联网公司的股票需求。

这些 IPO 均采取传统发行路线——也就是说，以潜在机构投资者为主导，并仅向公众投资者发行数量有限的股票。这就可以确保发行后有足够的市场需求，保证股价在上市后立即上涨，这种立竿见影的利润为维持和推动 IPO 需求提供了动力。随之而来的，是一连串 IPO 的火爆启动，只要股价上涨，人人皆可获利。风险资本家和股东成为 IPO 的最大受益者。而投资银行家和经纪公司则通过三种不同方式取得收益：在 IPO 流程中直接向发行公司收取的佣金；利用配售权从如饥似渴的投资者身上间接赚取差价；通过与相关公司的后续银企业务关系收取咨询费或顾问费。机构投资者还可以利用在 IPO 中取得的股票获得收益，因为他们既持有公司发行的新股票，又知晓超额认购的水平，因而可以坐享价格差收益。

如果公众有幸获得股票，或者只要股价在上市后继续上涨，那么，他们即可直接从 IPO 中获益。此外，如果公众投资者购买了持有 IPO 或配售股票的共同基金，那么，他们也可能成为 IPO 的间接受益者。面对无法抗拒的诱惑，大量机构投资者蜂拥而至，大举买入 IPO 股票，试图以增加投资组合中的股票权重来"粉饰"基金业绩，进而吸引更多的资金。

和最初的技术繁荣时代相比，这个时期的一个重要特征，就是以集中投资为特征的基金成为主导性的投资力量，但这两个时期在本质上并无差异。在相对宽松的货币环境中，股市的丰厚收益很容易吸引到更多资金的加入。与此同时，和新媒体一同成长起来的专业媒体继续扮演着传道者角色，在市场风潮中煽风点火，尽管主流媒体对新趋势的评价略显公正，确保舆论媒体总体上尚未失守，但终究会在一定程度上受到新潮流的左右。和以往的繁荣时期一样，主流媒体既对新技术的潜力大加赞赏，也对不断膨胀的估值有效性发出质疑。随着过度投资行为的蔓延，有人开始以漫画形式描绘很多荒诞不经的事件（见图 10-28、图 10-29）。此外，在估值方面（与 20 世纪 80 年代日本不动产泡沫时期一样，很多公司的估值已明显超越常理所能解释的范畴），对市场脱节与资产泡沫进行详细剖析的专著比比皆是。

图 10-28　不可动摇的信念：笃信者依旧笃信不疑

资料来源：根据史料编辑整理。漫画经许可使用：Steve Breen，"dosh.com"，摘自 *Punch*。

图 10-29　有些信念不可动摇：怀疑论者依旧在怀疑

资料来源：根据史料编辑整理。漫画经许可使用：Steve Breen，Asbury Park Press。

估值问题

然而，所有关于泡沫的信号都无法阻止投资者的激情。科技股价格极速上涨，以至于投资者早已把原本的怀疑抛到九霄云外。不仅私人投资者难以按捺，即便专业投资者也不能超然物外,很多人要么相信市场的炒作,要么担心错过这轮狂潮会让他们的业绩落后于同行。在这些要素共同作用之下的股票市场,呈现出两极分化的态势:相对狭窄的细分板块创造出令人难以置信的回报,而大部分市场主体的收益却令人失望。但最终的结果是,正是凭借这些极少数主体不可思议的超高收益,便推动大盘的收益能力远超过历史平均水平。新经济似乎可以解释这轮市场狂潮的合理性,这种论点认为,互联网将对全球经济产生极其深远的影响,因而可以假设,可长期维持的非通胀增长水平会相应提高,在这样的环境中,投资者取得更高的收益率自然合情合理。换句话说,世界处于新"工业革命"的阵痛之中,任何暂时的不安都是不可避免的代价。

因此,投资者需要面对的一个问题是:互联网真的能改变纵横几十年的投资规则吗?与本书前面章节介绍的其他技术进步相比,它是否会带来不同数量级的变革?当然,我们都已经知道答案,但在当时,显然不会有人这么冷静。从理论上说,这些问题并不难解答。事实证明,互联网注定会对现有商业模式造成极大颠覆,而且未来的种种发展趋势也合乎逻辑——但是在实践中,它是否比以往的科技进步更有破坏性或是革命性呢?不妨以电灯为例,在最古老的照明系统中,人们需要用鱼叉捕猎鲸鱼,然后采集鲸鱼的油脂作为燃料,马车运输被取代带来的结果是街道上再无粪便,而技术进步带来的收获体现在人类健康以及对动物的保护方面;内燃机为运输和物资流通带来的革命性影响更显而易见。在大约30年的时间里,人类科技的进步带来电话、电灯和汽车的出现。在分析互联网带来的影响时,这同样是需要考虑的背景。但无论背景如何,所有公司的价值最终都取决于它们的利润创造能力。因此,尽管销售增长的轨迹对估值很重要,但前提是这个轨迹必须可持续并在某个时点实现盈利。

但随着20世纪90年代后期资产泡沫的出现,股价已开始不再依赖于理性分析。对所有基本面投资者而言,TMT行业的估值已经被毫无顾忌、不加选择地人为夸大,这已经成为显而易见的事实。在这轮科技股泡沫大潮中,尽管任何一家公司都可能求得生存并实现繁荣,但是就总体而言,绝大多数公司不可能拥有与股价相匹配的内在价值。和20世纪80年代的日本资产泡沫和20世纪60年代的"漂亮50"一样,此轮互联网泡沫同样是一个集体荒诞的例子。在大多数情况下,试图反驳泡沫论的人几乎不会抵制基本面分析,而是暗示任何批评都可以归结为缺乏对技术的认识或是缺少想象力。

只要条件允许,历史就会再现——似曾相识的资产泡沫再次浮出水面,逐渐发酵,而后再度破裂。但这个由盛而衰的周期可能会更漫长,甚至最顽固的怀疑论者也无法预见到它们的归宿，以至于他们自己都会因缺乏想象力而感到内疚。在接下来的几年里，各种与股票过度上涨相关的丑闻接二连三地曝光，而且这些丑闻大多是为了烘托之前的虚高股价。反思这个以互联网为代表的科技股泡沫时期，令传统观念无法解释的是，如此多的互联网公司如何筹集到风险资本，并在泡沫破灭之前为投资创造出巨大的股市收益。泡沫破裂之后，那些一手把毫无价值的公司推向公开市场的机构、它们的种种行为及其面对的诸多利益冲突，也不可避免成为人们关注的焦点。

在此期间曾出现过一个臭名昭著的案例：亨利·布罗吉特（Henry Blodget）是美林证券的互联网板块技术分析师，他曾因在公开场合表达与其私下完全不同的观点而受到处罚（比如说，他对 Excite 给予了第二高的投资评级，但在私人电子邮件中却称这是"一无是处的废话！"）。这次表里不如一的表态，不仅让他领到证交会 400 万美元的罚金，还被处以终生禁业。这或许是个令人不可思议的孤立事件，但类似事件绝不少见。这种不当行为以及玩世不恭和贪婪的表现，在历史上比比皆是。实际上，每一轮股市泡沫中都不乏这样的故事。而仅仅不到 10 年之后，金融部门也开始表现出这样的劣根性，并最终一手导演了 2000 年的全球金融危机。在这场危机中，始作俑者点亮"魔术粉粒"的秘诀，并不是老套的预期增长率，而是新型复杂金融工具可以让金融风险荡然无存的虚无假设。

网络 1.0 时代（1997—2003）：解读互联网热潮

在科技股泡沫的历史中，早期互联网企业的成功体现在两个方面。首先是以传统方式衡量公司的收益能力，即，估算公司实现的利润以及未来的潜在增长率。其次是衡量投资者赚取的股价收益，即，在股市做出有利于投资者的反应时，如果投资者及时入市，并在市场出现不可避免的反转之前及时退出，从而赚取股价变动的价差。尽管这两个理论相互关联，但是在现实中，只有少数公司才拥有与高峰期股价所对应的企业价值和盈利能力。更多的公司最终将会证明，高股价的唯一来源就是浮夸与欺骗。投资者心甘情愿地接受这些基于未来前景估计得到的估值，而且这些估计已开始越来越含混不清。在诸多非理性因素的推动下，公司成立和上市的步伐呈现出惊人的增长速度。在低利率金融环境和充满活力的股市氛围中，对新发行股票曾一度出现一股难求的局面。20 世纪 90 年代后期，大批"新经济"公司不仅在美国高科技股票市场、纳斯达克上市，甚至在欧洲、亚洲及拉丁美洲的股市同步上市。这在当时已成为全球现象。在很多情况下，这些股票在交易的第一天便会相对首日发行价出现大幅溢价，从而为认购股票的投资者带来直接的价差收益。由于超额认购的情况通常在 IPO 完成之前确定，属于需持续披露的重要信息，由此带来的利润基本上是无风险的。这些唾手可得的利润也是"博傻"理论的典型例子，当然，它也为 IPO 这台巨型发动机的持续运转提供了燃料。

那么，这轮以互联网为代表的科技股泡沫与之前的技术泡沫有何不同呢？答案似乎有点意外——没有任何区别。在 19 世纪 40 年代的铁路热潮中，大量显示股价如何上涨以及获取即时收益潜力的图表，吸引了大批投资者蜂拥而至，实际上，这些图表在互联网泡沫时期依旧存在。尽管历史环境和经济条件有所不同，但铁路和互联网泡沫时期的货币环境同样存在惊人的相似之处。在这一轮互联网泡沫中，一个显著特征就是公司从概念到公开上市所经历的时间大大缩短。由于公开交易股票的投资者已不再关心企业是否存在盈利的可能性，这就意味着，他们对资金配置几乎没有选择，或者说，他们只需投资上市公司即可，至于到底选择哪一家上市公司，已不重要。当天上已经满是即将落下的馅饼，没有哪一块馅饼比另一块馅饼更美味。

这些预期估值需要公司在未来创造出隐含利润，就总体而言，如此巨额的隐含利润是不可能实现的，于是，"泡沫"就此出现。在这个近乎疯狂的泡沫时代，即使投资者对互联网业务一无所知，也不会影响他们赚取互联网股票的增值。任何声称与新兴技术有关联的企业，即使还没有成型的业务，仍有可能获得更高的估值。在当时的环境下，即便是并不直接参与互联网业务的电信公司，也会取得从任何常规分析中无法得到的高估值。即使是即将成为新技术最大受害者的传统平面媒体出版公司，只要与新科技有丝毫的瓜葛，就会被纳入这个几乎无所不包的 TMT 门类下，随之而来的便是估值上涨。

早期泡沫的经历表明，随着估值日趋荒谬离谱，专业级分析标准也会不可避免地随之降级。通常情况下，股价越高，以利润表为基础的分析师便倾向于得出更高的估值。就互联网泡沫而言，估值基准逐渐从盈利能力上移至收入，然后从收入上移至网站"点击量"等概念，以及未来几年的收入前景。以股息和收入之外的因素作为价值指标，再把预测期延伸至四至五年之后，从理论上说并无不妥之处，但如果同时做这两项工作，几乎没有任何现实意义。尤其是对互联网泡沫而言，这两个方面均无法估算。当然也有思科这样的企业，在创建伊始，它们确实曾凭借传统方式创造出相当可观的收入和利润增长，但这个阶段几乎转瞬即逝。

当这场精彩纷呈的互联网大戏展现在面前时，大多数投资者当然不会无动于衷——即使看不到丝毫盈利的迹象，只要收入明显增长，他们就会心甘情愿地接受。最终，分析师开始利用他们所能找到的每一个能提高估值的指标，尽管很多指标看上去已难以置信。于是，浏览网站的“眼球”数量、网站访问次数以及访问者“黏性”等非财务标准，如今都成为证明投资合理性的依据。有些分析家甚至断言，在新经济范例中，“旧”的传统估值技术已失去存在意义，因而应被彻底撇弃。不幸的是，和以前技术泡沫时期股价飙升时的估值一样，事实终将证明，这些所谓的“新”指标完全站不住脚（见图10-30、图10-31）。

The Party's Over for Pixelon Founder; Fast-Talking Fenne Ends Up a Dot-Con

Beware of guys who throw big parties.

Last October, Michael Fenne, chairman and founder of Pixelon Inc., threw a huge bash in Las Vegas to celebrate raising $23 million for his closely held Internet company. The party reportedly cost $10 million and had a lineup of performers that included the Who, Kiss, Faith Hill and Tony Bennett.

These days, Mr Fenne is in a place that features a different sort of lineup : a Wise Country, Va., jail, where he is being held under his real name, David Stanley.

In 1989, Mr Stanley pleaded guilty in Virginia and Tennessee state courts to multiple counts of fraud for stealing about $1 million in a mutual-fund investment scheme, said Gregory Kallen, a special prosecutor on that case.

Mr Kallen described the 39-year-old Mr Stanley as one of the "smoothest talkers" he has ever encountered. The son of a Baptist minister, Mr Stanley targeted elderly people, including congregants of his father's church. Some of the approximately 20 victims lost their life savings, Mr Kallen said.

After pleading guilty, Mr Stanley persuaded the judge to let him remain free so he could repay his victims, Mr Kallen said. He said, Mr Stanley obtained jobs, including selling shower supplies to prisons, and repaid over $100,000.

Then, Mr Stanley disappeared

In 1996, he popped up ri San Juan Capistrano, California, where he founded a company that became Pixelon, a provider of technology to produce TV-quality video over the Internet.

In the ensuing dot-com-friendly years, Pixelon attracted investors, customers and media coverage -- especially for the Las Vegas bash. The man known as Mr Fenne defended the party's lab, saying that "doing things a little bit at a time is a recipe for failure in the Internet space".

However, about two weeks after the party, he left Pixelon. Pixelon's current chairman and chief executive, Paul Ward, said directors had differences with him about the direction of the company. They also weren't happy, Mr Ward added, about the amount spent on the party. In a statement issued Friday, the company said it would hire an outside accounting firm "to confirm the company's understanding that Mr Stanley didn't misappropriate any of the company's assets".

Mr Stanley turned himself in to Virginia authorities last week. His lawyer, Mr Collins, said he did so after learning that the man who had threatened him had died. Mr Kallen, the prosecutor, said the fugitive returned just before the Virginia state police tracked him down. Mr Stanley could be sentenced to more than 60 years in prison, his lawyer said.

图10-30　看看访问次数有多少

资料来源：*Wall Street Journal*，2000年4月17日。

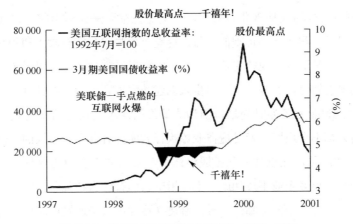

图 10-31 利率与互联网股价之间的联系，1997~2001

资料来源：Federal Reserve Board of Governors. Thomson Reuters Datastream.

此外，很多公司还提高了以股权形式支付给员工的薪酬比例。因此，投资者持有的股权必然要面对未来被稀释的风险，更重要的是，公司可以把宝贵的现金流用于回购股票，而不是为发展业务而进行再投资。通过回购自己发行的股票，公司即可坐享股价上涨的收益，而无须承受资本结构变化带来的影响。事后看来，这种新盈利模式显然会极大扭曲 CEO 的选择导向，让他们只关心股价，而忽视经营。而且这也再次说明，投资者始终未能从以往的科技泡沫中汲取最宝贵的教训。最后，不妨回想一下弗兰克·法扬特的观点，在回顾近百年前那场无线电股票的大牛市时，他曾指出，离开现金流，一切都毫无意义。任何金融工程都无法弥补利润和派息能力的缺失，而这种缺失，对投资者而言绝对是一个典型的危险信号。

走出废墟

在泡沫时代，大多数科技股公司的估值确实明显不符常理，但这并不等于说，所有新科技都没有创造出真正的价值。和以往一样，在股市崩盘留下的废墟中，有些幸存者成功地走出来，并重建辉煌。在危机的硝烟散尽之后，之前从未有人听说过的新公司脱颖而出，它们不仅创建了新的业务，在某些情况下——譬如谷歌和脸书，甚至会成为新的行业领头羊。自互联网泡沫破灭以来，诸多变革给行业带来了深远影响——到 2016 年底，仅谷歌、脸书和亚马逊这三家互联网公司的总市值，便已超过英国前一百家上市公司市值总额的一半。此外，这个数字还相当于道琼斯工业平均指数的 20%，该指数包括苹果、微软和思科等知名企业。

这些公司取得的成功既非转瞬即逝，更非凭空而来。前两家公司（谷歌和脸书）的股东已经取得了相当可观的收益，这充分反映出公司在收入和利润方面的基本增长趋势。亚马逊的情况略有不同。尽管它们已经完成了从图书经销网站到全球零售平台的华丽转身，并马不停蹄地步入创建数字内容和云服务领域，但是，要判断亚马逊的盈利能力还为时尚早，因为这最终取决于公司能否实现收入的快速成长。但任何人都不会质疑，亚马逊在业务执行方面拥有着不可思议的超强能力。

值得关注的是，在以往的科技股泡沫中，事后通常会得出这样的结论——互联网革命催生的很多企业不过如此，不能指望它们有什么超凡脱俗之处。皇家邮政在 1840 年推出"统一便士邮政"时，恰逢铁路业进入快速发展时期。这种千载难逢的结合，促使威尔士企业家普莱斯·普莱斯-琼斯（Pryce Pryce-Jones）在 1861 年推出了最早的现代邮购业务。在美国，蒂芙尼（Tiffany）在 1845 年推出"Blue Book 高级珠宝系列"，而后，蒙哥马利·沃德百货公司（Montgomery Ward）和西尔斯百货（Sears）分别在 1872 年和 1888 年也采取了相同路径。有关便士邮政、铁路和邮购的历史，互联网和亚马逊网站均有介绍。同样，早在谷歌和脸书诞生之前，企业便已经意识到，诱使消费者向广告商和生产商透露个人偏好，这本身就是一种商业价值。

广告：板块已发生漂移

此外，互联网的发展还以其他方式利用了早期的技术突破，并最终自成体系。技术进步所造就的这个全球性互通互联网络，实际上就是对电报、电话、广播和电视的自然沿袭——电报把简短的书面记录从一个人发送到另一个人；电话让一对一的远程口头交流成为现实；收音机把音频内容从一点传输给分布在多点的听众；而电视则把视觉内容从一点发送给分布在多点的观众。如今，互联网实现了这些媒体形式的交相结合，并实现多点对多点的双向传输。这给数据带来的巨大影响是无以复加的。如今，根据用户实时进行的实际活动，即可创建消费者的偏好记录。这样，公司就可以随时监测消费者对定价和产品变化做出的反应。

最基本的调整就是对传统市场研究模型进行更新。在按传统模式进行的消费者调查或街头采访中，通常是以代金券或礼品为受访者提供激励或回报，而如今的激励，则是为受访者提供"免费"使用其更复杂、功能更强大的工具——如搜索引擎、电子邮件和社交网络。在互联网已无处不在、无所不能的情况下，消费者已变成"贪得无厌"的用户，如果不能在"谷歌"提问或是在"脸书"上交友，很多人甚至会迷失自我。尽管这些网络工具已高度普及,但它们都显示出一个共性:任何人都无法说服消费者直接购买服务。从这个意义上,可以把供应商称为"副产品"公司;收入并不是来自它们所提供的服务,而是使用它们所创造的信息。

虽然用户可能不愿意直接为服务付费,但是在使用这些服务时,他们提供的信息或许价值连城,这就相当于间接支付了大量费用。广告商很快就意识到互联网的强大力量,而且收入也迅速转移给"新"媒体,以至于传统广告业的增长速度全面放缓。最早被淘汰的输家是传统平面广告商这样的"旧"媒体支持者,随后,电视也开始失去市场。在线广告业的收入还将继续增长,但随着推特(Twitter)和照片墙(Snapchat)等其他"副产品"公司也开始涉足在线广告业务,这个领域的竞争必将日趋激烈(见图10-32)。

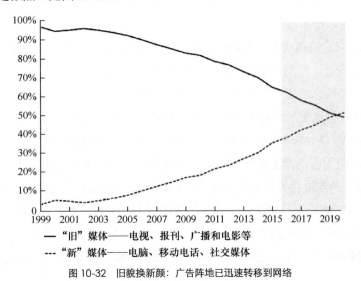

图10-32　旧貌换新颜:广告阵地已迅速转移到网络

资料来源:岩浆全球广告咨询公司(Magma Global Advertising)。

消费者是迄今为止的最大赢家

对消费者来说,互联网无疑是进行价格比较的最理想工具。它具有即时性和广泛性。于是,出现了形形色色、针对各类产品的价格比较网站。正是有了这些网站,使得生产者难以在不同消费群体之间实现歧视性价格,进而又威胁到低效零售商的生存。具有讽刺意味的是,打造品牌的过程,也为零售商创造价格歧视制造了最大的障碍。在产品性能界定清晰的情况下,只要消费者接受定义的真实性,关键问题便归结为价格。因此,产品同质性越高,就越有可能爆发价格战。定价信息的改善让消费者处于更有利的位置。

另外，对生产者而言，深入了解消费者行为有助于识别潜在的新客户，并确定实行价格歧视政策的有效性。一个明显的例子就是在供不应求的情况下采取溢价定价，比如说，优步已开始尝试在高峰期采取差异化定价。

迄今为止，对于这些竞争力量所造成的影响而言，消费者似乎比生产者受益更多。在这种情况下，消费者愿意支付的价格与其实际支付价格的差异——也就是经济学家所说的"消费者剩余"，正在朝着有利于消费者的方向发展。这种趋势具有降低价格的效果，却未必会引发通货紧缩。而造成这种价格趋势的唯一根源，就是高质量信息对低效分销系统的排挤。再加上流通和交付环节的技术改进，对那些依赖这些效率业务的企业来说，这无异于毁灭性打击。零售业各细分部类遭受的大规模破坏，足以证明这一点。

在互联网这场革命中，早期趋势主要体现为零售业从线下转向线上以及广告收入来源的变迁，而近期趋势的核心则是数字分销的兴起以及资产利用效率的提高。数字内容的分销是一个显而易见且直截了当的商业主张，它主要依赖于两个要素——提高数据压缩性，增加带宽。对访问能力永无止境的需求，推动了光纤电缆的普及以及 DOCSIS（电缆数据服务接口规范）等标准的出现，这就增加了可用于直接访问与移动设备访问的固定线路容量。另外，移动技术本身也在快速发展。2G 提供的连接已被视为史前时代，伴随 TMT 泡沫而破裂的 3G 梦想也迅速让位于 4G 和 5G。通过更复杂、基于位置的服务，语音、数据和视频内容也得到了增强。连接到互联网的设备数量正在急剧增加，与此同时，车内连接的广泛采用也即将得到普及。无论是移动网络还是固定网络，它们的发展步伐都不太可能放缓。

因此，无论路线怎样迂回曲折，范瓦尔·布什的愿景似乎都将变成现实。借助于网络链接、机器算法和人工智能，他所设想的"memex"存储器已成为现实，从而以更符合人类需求的方式进行信息存储。今天，我们可以用更直观的方式查询互联网，这就带来互联网使用的爆炸式增长，使之成为现代人类生活中不可或缺的一部分。与此同时，使用互联网又会创造出大量新的信息——也就是所谓的"大数据"。查询这些衍生信息本身，会加深对人类行为的认识，并提高决策质量。大数据蕴含的经济价值是巨大的，它已彻底改造了零售业，不断提高人们日常生活的丰富性和便利性。人工智能等分析技术也已从学术界的象牙塔进入日常生活，使得重复性数据模式更易于识别。"专业"领域自然会采用这些技术，简化和加强法律、金融和医学等领域的分析工作。因此，很多一向被视为高技能的工作，都将面临数字化和逻辑性应用程序的挑战，这些程序会以更低的成本和更高的质量完成任务。

尽管如此，仍有一些领域进展缓慢。自二战以来，金融服务业对 GDP 的贡献比例越来越大，而且这一趋势在 1980 年后开始加速。技术和通信的进步几乎没有带来任何降低最终用户使用成本的证据。事实上，根据某些估计，"当今金融中介的单位成本与 1900 年的时候几乎相差无几"。⊖当然，这并不是说技术进步没有让任何人受益。"1980 年，金融服务业员工的平均工资水平与其他行业大致相同；到 2006 年，金融服务业员工的收入已高出社会平均水平 70%。"⊖这个现象当然不会不为人所关注，譬如，英国金融服务管理局前局长特纳勋爵（Lord Turner）就曾表示，"他们只是在从实体经济中抽取租金，而不是在创造经济价值"。⊖因此，按照当下的格局，技术带来的威胁越来越大，传统客户已对公司失去信任，成本也在提升，而且监管机构开始不再相信市场主导者的道德水准。很难相信，这不会成为在位者和挑战者之间的下一个主要战场。在某种程度上，金融市场已经预料到这一点，以至于初创企业正在取得令人瞠目结舌的估值（见图 10-33）。

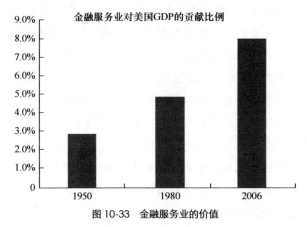

图 10-33　金融服务业的价值

资料来源：R. Greenwood and D. Scharfstein, "The Growth of Finance", *Journal of Economic Perspectives*, vol.27, Spring 2013.

⊖ T.Philippon, "Has the US Finance Industry Become Less Efficient? On the Theory and Measurement of Financial Intermediation", *American Economic Review*, vol.105, no.4, April 2015, pp.25–26.

⊖ R.Greenwood and D. Scharfstein, "The Growth of Finance", *Journal of Economic Perspectives*, vol.27, Spring 2013, pp.4–5.

⊖ A.Turner, "What do banks do? Why do credit booms and busts occur and what can public policy do about it?", presentation at The Future of Finance Conference, London School of Economics, 14 July 2010.

网络 2.0 时代（2008 年以后）：抑或是又一轮新的泡沫吗

互联网的从早期阶段，或者说现在所谓的"网络 1.0"时代，最终因股市泡沫的破灭而告一段落。这个泡沫既针对投资者的非理性过度行为，也包括互联网使用和普及的爆炸性增长所创造的工业及社会变革力量。这种潜力不仅始终未显示出衰减迹象，而且还引发了一个问题，即，技术对经济和股市的影响是否会再次让投资者产生过高预期。

股市泡沫通常会一次性"破裂"，而不是逐渐缩小，科技股泡沫当然也不例外。2000 年股市泡沫破裂的后果无疑是严重的，主要市场指数在 2000 年至 2003 年间下跌 50%甚至更多。由于流动性充裕，使得金融市场的风险偏好几乎在一夜之间消失殆尽。突然之间，公司的闲置资金已不再是累赘，转而成为优势。

在这个阶段，风险取代收益成为市场和投资的主要驱动力。无论是金融界自己，还是财经媒体，都不例外。对金融界而言，IPO 市场长期处于休眠状态。在股票公开上市交易之前，公司可以获得的资金相对有限，而公开上市则需要公司展示出经营成功和盈利能力的证明。初创企业的主要融资渠道再度收缩为个人出资和私募融资。随着竞争对手的消失，拥有可投资资金的私募股权公司似乎在一夜间进入投资黄金期。在媒体领域，经济持续低迷引发大量质疑声——投资者为什么会如此愚蠢。这也让大多数互联网出版物走进死胡同。数以百计的人曾一度因持有互联网股票而成为纸面上的百万富翁，但他们最终却发现，财富根本就不属于自己。⊖为避免发生破坏性的经济衰退，美联储和其他主要国家的中央银行已大幅下调利率，仅在几年之后，这些措施便带来经济紧缩的后果。

不过，股市崩盘引发的悲观情绪最终还是会散去，拥有成功商业模式的公司开始初显成果。早期以许可收费对搜索及社交媒体服务实施货币化的努力最终流产，因为用户大多不愿为这项服务支付高昂的费用。但随着时间的推移，人们逐渐意识到，使用这些服务生成的海量数据原本就是一座金矿，这些数据也加速了广告收入从线下向线上转移的趋势，并为谷歌和脸书创造出惊人的收入增长。同样显而易见的是，传统平面媒体的广告收入正在流失甚至枯竭。与此同时，在如今的零售

⊖ 在公司上市之后，高管持有的股票需要在几年时间内"限售"；但是到限售期结束时，他们持有的股票可能已一文不值。

业中，如果不掌握在线分销能力以及对定价的自我约束能力，企业的生存概率就会大大减小。那些拥有良好管理的企业自然会迎来新投资者的支持。而良好的在线销售策略，已被公认为有效的差异化因素。尽管这个过程花了十年时间，但是在近五年中，股票市场的科技板块已再次展现出强劲的增长趋势。

如今，互联网股票的估值与泡沫时期的过度估值几乎没有任何相似之处，而且仍存在窄幅波动。对比 2000 年和撰写本文时的科技股市场价格走势，会得出截然不同的结论。尽管美国互联网指数目前已超过 2000 年泡沫时期的峰值水平，但这是在收入和利润上升的背景下实现的，而不只是承诺和预期。尽管按市盈率或账面价值得到的估值在完整性方面难以确定，但波动范围不会超过大盘振幅。这与估值处于极端情况且无法验证的泡沫时期大不相同。兴奋很快便烟消云散，随之而来的痛苦以及由此产生的怀疑会持续相当长的时间。如果说互联网泡沫只是警告投资者不要被海市蜃楼冲昏头脑，那么，作为同样经历过泡沫时期的两个门类，金融和矿业板块就是最好的例证：这些教训很快便会成为过眼云烟。幸运的是，在科技板块，公开市场已不再像以前那样轻言信任（见图 10-34、图 10-35、图 10-36）。

图 10-34 利率与互联网股价之间的联系，2007~2017 年

资料来源：Thomson Reuters Datastream.

如今，企业保持非上市状态的时间远远超过以前，一部分原因是谷歌和脸书成功带来的启示，还有一部分原因则是 IPO 市场的活跃性已大不如前。因此，估值开始更多地取决于准 IPO（pre-IPO）市场的极少数投资者，而来自公开市场的影响则不断减少。2016 年初，170 多家所谓"独角兽"（估值超过 10 亿美元的私营科技公司）的总市值超过 5 000 亿美元。⊖尽管这个估值最终能否得到市场验证还

⊖ Fortune，2016 年 1 月。

有待商榷，但这绝不意味着，结果必定重复以前的科技股泡沫。

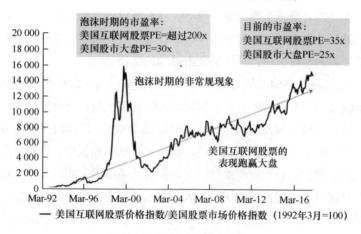

图 10-35　互联网股票的相对表现

资料来源：Thomson Reuters Datastream.

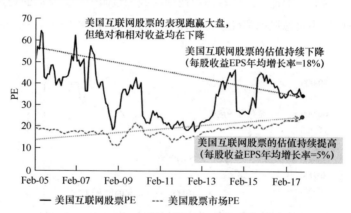

图 10-36　后泡沫时代的表现（2005～2017 年）：盈利增长代表一切

资料来源：Thomson Reuters Datastream.

诚然，谷歌和脸书的私募股权融资鼓励了其他很多创业者尝试并复制这样的成功。按照历史趋势，在这 170 多家独角兽企业中，原本死亡率就会非常高，因此，即便嵌入式技术确实能成功（这个假设本身就非常苛刻），要从极少数潜在成功者中找出最终赢家，概率之低可以想象。有趣的是，很多成功的专业基金经理原本只研究上市公司的股票，最近，他们也开始尝试挖掘私募股权投资的收益性。但他们面临的困难是，对非上市公司的投资受诸多估值因素影响，而且最终只有通过上市或是被竞争对手收购，投资者才能退出私募股权投资。那么，独角兽所享有的 0.5 万亿美元总价值真的会全部兑现吗？以历史为鉴，这似乎是无比艰巨的任务。而且历史还表明，即便最终得以变现，这笔价值也只能归属于少数投资，换句话说，绝大多数投资都将铩羽而归。

但这并不等于说，私营公司的未来注定就预示着新的科技泡沫。首先，流入美国科技板块的资金总量只相当于1999年到2000年科技股泡沫期间融资总额的一小部分。其次，这笔资金基本上只被优步等极少数私营公司所享有。最后但可能也最重要的是，科技股取得的绝大多数收益来自于上市之前的累积。尽管风险投资界对他们的投资风格赞不绝口，但更合理的解释或许在于，由于私募投资者已经收获了可观的回报，因此，他们或许没有多少动力为公开股权投资者创造有吸引力的IPO。因此，一种更可能的价值实现途径是，私募股权基金会鼓励上市股权投资者在IPO之前进行投资，这样，既可以为价格提供支撑，又可以让他们持有的股权部分兑现。在IPO中，股票在上市后通常会上涨，从而让这些新投资者取得名义利润，但是，为支持他们通过其他基金参与的股票发行，需要原始投资者推迟退出，从而为后市价格提供支撑。那么，这就会带来问题，在这个阶段，资本增值的潜力是否依旧存在？

这就会引出一个意料之中的结论。和科技股泡沫时期一样，我们已经历了长时期的低利率经济，而低利率必将推高所有资产类别的估值。在这种情况下，私募投资者更有可能推迟实施公开上市的脚步，相反，他们更希望通过引入私募股权来提高估值。这表明，即使这些公司最终成功上市，但持有这些公开发行股票的投资者也很难取得收益。泡沫的一个重要特征，就是它对公司不加识别；有时，如果公司恰好打算从事符合时尚潮流的某个细分业务，那么，只要有一个公司的名称，就足以给它们带来溢价估值。在独角兽的行列中，这样的公司比比皆是。很多独角兽或许永远都无法证明，它们当下的估值是合理的。此外，有些公司有可能甚至完全有理由取得更高的估值。这个结果必定完美再现历史轨迹。

第四部分：展望未来

勇敢迈向新世界

在经历繁荣和萧条之后，迎来了持续发展时期，在这个阶段，网络及其基础设施已初步达到成熟状态。尽管在稍偏远地区可能还存在网络链接不足的情况，但是在发达国家，基本已实现了互联互通。导航和信息访问技术简单易用，几乎不需要任何专业技术。在撰写本书第一版时，人们还在为这项新技术可能创造的无限潜力而欣喜若狂。此后，金融市场开始进入通常所说的"网络 2.0"时代，也就是 TMT 股泡沫之后的时期。实际上，出现在这个阶段的很多公司，至少在前一个时期就已经孕育萌芽，因此，决不能将两个时期断然分开。

变革的速度不断加快。尽管互联网在 30 年前才开始在公众意识中留下烙印，但是对很多人来说，早期的网络已成为遥远的记忆。即便是所谓"千禧一代"，也很难辨别网络出现之前的环境，在那个时代，信件和邮政服务依旧是人类社会的必需品，而笨重的"传真"机仍是当时最快捷的信息传输形式。随后，原本作为网络时代的第一款"杀手级应用软件"的电子邮件，已开始在一定程度上被社交媒体所取代。尽管网络世界正在发生一系列的变化，加之移动设备的快速普及以及互联网的无死角渗透，但是就总体影响而言，我们或许仍处于网络发展的早期阶段。

不妨回顾一下之前讨论的部分话题：广告业从线下向线上的变迁还将延续，只是速度正在减缓；在某个阶段，即便是作为行业领头羊的谷歌和脸书也会发现，增长已很难实现。今天，在线零售已开始相对成熟，未来增长的特征极有可能是渐进式，而非革命性。同样，数字媒体内容的交付已经普及，早已不再属于新兴领域。参与者将继续更多地关注内容创建。金融业或许是未来实现颠覆性变革的最大领域。毕竟，高昂的成本和繁杂冗余的体系结构已让金融业不堪重负。对新进入者而言，最有可能的选择是参与银行服务中的某个细分业务，并以更低的成本提供更高质量的产品。考虑到安全性与易用性之间的矛盾，这或许是个相对缓慢的发展过程，但它极有可能成为未来几年的主要投资主题。

银行——财富何在

如前所述，金融业在 GDP 蛋糕中所占的份额越来越大。这个结果完全是层级结构多、惰性与低效相结合的综合体，而不是创新和更优的客户体验带来的成果。数字革命在金融领域仍处于起步阶段，如今，改变这种境况的时机已经成熟。PayPal 和 Square 等支付平台已经出现，但迄今为止，无论是用于 PC 还是（越来越多的）移动设备，它们的主要作用，还只是作为现有支付处理系统的运营端。这些应用程序对支付系统的进一步渗透似乎在所难免。同样，对于英国的 Funding Circle 或美国的 Lending Club 等 P2P 借款平台，它们扮演的角色也不过是挑战传统银行业务的先驱者——通过斩断中间人链条，对银行贷款业务发起全面进攻。毫无疑问，在经济条件恶化时，信用质量问题会对这些新型贷款平台造成负面影响，但这只会延缓而不会阻止趋势的延续。这些灵活多变的新型企业已开始挖掘和利用现有银行在 IT 方面的缺陷及漏洞，在不久的未来，很多传统银行功能将不可避免地迁移至移动设备。此外，区块链技术的出现，不仅为比特币及其他数字货币提供了一套相互关联的分布式记账系统，而且很有可能彻底改变银行业的成本结构。

迄今为止，货币依旧是经济体系中规模最大的数字产品，因此，金融服务领域必将为互联网驱动型变革提供巨大的空间。长期以来，银行客户不得不忍受传统金融业的低效甚至无效体验，数据货币或许有望全面提高这种体验的效率和质量。全球金融危机再次强调了金融业对全球经济的重要性，这再次引发人们对监管制度的关注，以及对诸多参与者"大而不倒"的担忧。考虑到危机后时代出现的种种经营失误，银行公信力的普遍存在显然已成为伪命题。所有这些因素相互叠加，出现在其他行业的颠覆性力量和效率提升，就有可能给金融业带来震动，甚至引发金融业的变革。事实上，全球金融危机很有可能会演变为一个改变金融部门结构的历史性转折点。

近年来兴起的加密货币就是一个典型示例。加密货币是一种具有交换功能的虚拟数字资产。因为加密货币的价值依赖于使用者对发行者的信任，在这一点上，它非常类似现有的法定货币。两者的不同之处在于，法定货币依赖于发行政府的信用，而加密货币则依赖于对区块链所采用的会计记账系统的信任——这个系统包括货币交易所、持有货币的"钱包"以及发行新货币的过程（"挖矿"）。区块链负责为新发行货币提供权利证明，钱包负责加密货币的存储，而挖矿活动则是控制加密货币供给量的关键。加密货币基本不受政府的管制和监控。作为最主要的加密货币，比特币之所以能取得如此高度的认可，足以表明，人们已对传统银行系统失去最基本的信任。诚然，比特币的负面新闻近期有所抬头——比如，东京比特币交易平台（Mt.Gox）等一系列交易所倒闭，加密货币被用于协助贩毒；2017年，投机活动的盛行导致比特币价格大幅飙升。至于加密货币和其他非传统货币交易方式的未来命运，其实无须推测即可略见一斑。至于这些在政府控制半径之外运行的可比货币体系会迎来怎样的监管，同样不难想象。但这不应该让人们对相关技术的潜在用途熟视无睹，或是假定加密货币完全没有未来。

平台与网络：开启财富之门的钥匙

在鲜有进入壁垒的领域，公司维持盈利性的能力源于规模经济效应或是知识产权等传统手段。规模就是把自己变成某种制造成功的"平台"，其他供应商的成功都需要依赖于这个平台，以至于这个平台本身不可或缺。在移动领域，苹果公司创建了一套完整的生态系统——包括免费的数字媒体播放应用程序 iTunes 和苹果商店（App Store）等，借助这个系统，它们可以维持相对较高的价格。在向移动设备过渡的过程中，安卓系统（Android）成功守住了谷歌的市场份额。相比之下，曾在移动手机领域占据主导地位（曾一度达到 40%）的诺基亚，最终被微软收购并退出市场，成为移动设备历史中一颗消逝的孤星。

这对投资者来说是一个重要的教训。随着硬件已成为无差异性商品，软件则成为最基本的差异化要素，硬件公司会发现自身已很难进行转型，造成这种困难的部分原因在于企业文化，还有一部分原因则是过往历史的固有缺陷。以诺基亚为例，这家公司的主导者是熟练的工程师和科研人员。在这个依靠工程制造和技术开发的领域，诺基亚确实取得了非凡成功。但是在用户界面成为成功的关键要素时，市场主导者便直接落入苹果之手。由于在历史上一贯强调硬件制造，再加上过时的系统架构，于是，诺基亚只能跟在苹果的身后一路追赶，以至于很快便退出在几年前还被自己统治的市场。当建立在硬件专业知识上的行业领导者受到软件入侵者攻击时，投资者就需要格外保持警惕，这或许已成为一个永恒的投资主题。文化上的巨大差异，导致基于规则的在位者很难包容无政府状态的软件开发者，尤其是在追赶阶段。

内容为王

用户可使用带宽的普及，意味着内容的数字传输已无处不在。音乐服务平台

Spotify 和播放平台 Netflix 等流媒体业务迅速增长，让略显笨重的 CD 和 DVD 成为历史。实物交付对内容传输的限制已不复存在。以前，产品的分销要受到货架空间的限制。如果消费者需要播放时间表上没有的内容，就只能到附近的音像店购买或是租用 DVD。但是在音像店，他们可以找到的产品又要受店面货架空间的限制。这种情况也适用于音乐产品。消费者只能在这些限制条件下展示自己的偏好。为消除这些限制，就可以利用数字化、压缩和分销技术创造出几乎无限的可选范围。消费者的偏好显然比以往任何时候都更加多样化。在新技术的支持下，内容目录拥有了远远超过预期的价值。《连线》（Wired）杂志主编克里斯·安德森（Chris Anderson）把这种现象称为"长尾"（the long tail）现象。"长尾"现象带来的影响是深远的，而且不仅局限于音乐和视频。"长尾"并不意味着不再有"畅销商品"。相反，它只能说明，在消费者的偏好中，存在某些隐藏却更有价值的细分空间。这些细分市场以前并不为人们所关注，因此难以识别和满足。如今，企业不仅认识到这些细分空间的存在，还在以相应的产品和技术填补这些空间，从而把这些细分偏好转换为可货币化的业务。

关键在于，尽管分销渠道的创建需要嵌入技术专长，但创造收益的，归根结底还是内容或是内容控制权。如今，传统娱乐行业已从早期的个人游戏机时代转化为全新的形态。处理能力、内存及通信技术的改进已彻底改造了电子游戏业务，因此，它不仅迎来了用户数量的指数级增长，观赏性也出现了翻天覆地的变化，以至于成为和足球以及田径等运动一样受欢迎的竞技项目。如今，电子游戏已成为所谓高科技领域的重要成分之一。

当然，这并不是说所有内容都会带来价值。在某种程度上，内容驱动使用，从而获得数据，任何网站都没有动力去关注内容的真实性。由于网络发布已不再接受平面出版媒体面对的监管限制，因此，一种无法回避的现实危险，就是会出现未经证实的谣言网络，它们会严重破坏真实新闻的来源。2016 年美国总统大选期间发生的诸多丑闻，就是最好的例证。今天，"假新闻"这个标签似乎适用于任何不符合特定规则的新闻，未必是完全没有经验或事实基础的新闻。这就在一定程度上破坏了"假新闻"一词的原始内涵。假新闻肯定是客观存在的，但人们还是相信，虚假新闻驱赶真实新闻的做法终究会得到逆转，因为公众已厌倦了谎言，希望看到更多以真实事件和客观分析为基础的网站和文章。杰夫·贝索斯在 2013 年对《华盛顿邮报》的收购，或许并不是传闻中所说为了炫耀；这极有可能成为他拥有先见之明的又一个例证。随着纸质广告模式被互联网彻底摧毁，高质量新闻内容正濒临破产。网站以低成本抢购内容，再把它们嵌入互联网所创建的新型分销信息模式中。基于过往的记录，如果事实再次证明贝索斯确实善于发现互联网带来的商机，也不足为奇。

资产利用效率的提高

互联网带来了更有效的价格发现，不仅有利于消费者，还通过利用大规模资产而创建出高效运行的市场。对消费者而言，他们拥有两种显而易见却未被充分利用的资产——房产和汽车。房产为爱彼迎（Airbnb）提供了商机，作为最著名的市场新进入者，房主可以通过该网站向付费客户直接出租房间或是整套房产。不过，这个领域也出现了其他很多竞争者（见图 10-37）。在汽车方面，最有名的案例无疑是优步租车，但也出现了其他很多直接竞争对手或是打车软件（见图 10-38）。几乎可以肯定的结果是，未来的资产利用效率将优于以往任何时候。

图 10-37　多次入住：你的房子正在成为收益性资产

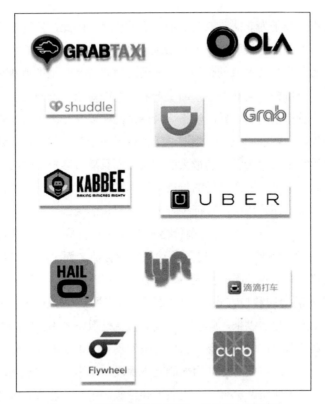

图 10-38　你等待的时刻终于到来：你的汽车也能赚钱

当心：监管机构和收税者不会置若罔闻

在企业拥有自然垄断性的领域，随着时间的推移，必然会出现利用进入壁垒创造垄断利润的趋势，并沉迷于唾手可得的盈利模式，而这种趋势不可避免地会招致监管机构的关注。当初，美国钢铁、铁路和标准石油都曾成为反垄断行动的目标，同样，那些演变为自然垄断的平台也将成为反垄断行动的对象。受到审查的不仅仅是他们的反竞争行为。互联网企业收集的敏感性个人或商业信息，也让它们始终是各路黑客袭击的目标——其中既有业余爱好者，还有犯罪分子，当然也不乏各国情报机构。因此，随着不法分子发现数字犯罪比传统方法更有效、更安全的时候，对网络安全的要求自然也需要魔高一尺道高一丈。身份盗窃和虚假陈述已成为当下欺诈犯罪的关键，今天，互联网词典中已充斥着"鱼叉式网络钓鱼"（spear phishing，针对特定目标进行攻击的欺诈性网络钓鱼行为）、"克隆网络钓鱼"（clone phishing，用恶意链接或附件替换电子邮件中的正常链接或附件，骗取接受者点击）和"捕鲸"（whaling，针对主要目标进行的网络钓鱼攻击）等术语，它们描述的全部是不法分子为非法获取资金而采取的伎俩。因此，监管机构极有可能对个人数据的保密性和保护采取更严厉的措施。这方面采取的反垄断主要针对互联网具有消除消费者和生产者剩余的作用——所谓的消费者剩余是指消费者愿意支付的价格与其实际支付价格之间的差异，而生产者剩余则是指生产商愿意销售产品的价格与其实际销售价格之间的差异。价格比较网站的重要功能之一就是消除生产者剩余，至于消除生产者剩余的程度，则取决于消费者在相关领域掌握的知识水平。迄今为止，价格始终是对消费者影响最大的因素；而且随着客户信息的不断积累，还可以让卖家随时了解客户愿意支付的价格，并据此进行定价。无论是优步对交通高峰时采取的高定价，还是按用户特征进行差异化定价的网站，都有可能采取歧视性定价。监管机构当然不太可能对下调价格采取行动，但是，在商家利用个人信息"人为"创造更高价格的情况下，监管行动往往就会随之而来，尤其是在信息提供者对数据访问权具有某种垄断的情况下，监管几乎在所难免。

政府对商业活动的参与方式不只局限于市场监管。军事需求往往是推动科技发展的最强大动力。自古以来，政府的首要职责就是保护本国公民的安全。因此，从弹道学到针对互联网的国防开支，已成为政府预算的重要组成部分。通过增加税收支付国防费用，是政府应对开支增加的基本手段。作为冷战的产物，互联网早期阶段的核心任务在于网络的部署、使用效率和带宽。今天，这些领域的开发仍在进行，但商业开发的重点已转移至应用程序和软件。而这个过程带来的一个重要副产品，就是通过转让定价以此前未曾经历过的方式降低有效税率。

在各国税收制度各不相同的背景下，依据现行会计制度，公司实际上可以把利润分配到酌量选择的税收管辖地域。因此，尽管收入可能来自于某个具体国家，但公司可以采用支付知识产权使用费的形式，把成本分配到另一个国家，这样，就可以让利润从真实税率较高的地域转移到税率较低的国家。而公司却可以合理合法地辩称，这种做法完全符合税法要求，不涉及任何违法行为。但个别政府并不认可这种灰色地带的存在。为维护"国家利益"，任何公司都需要将境内收入的"公允"份额作为纳税支付给政府。因此，合乎逻辑的结论是，如果现行税法无法弥补这个税收漏洞，那么，就只能修改税收法则。这种做法显然已被欧盟采纳，针对苹果、亚马逊和谷歌的案件均在审理当中。某些人可能认为这是经济民族主义的激进做法。这当然也是相关公司最希望听到的解释。造成这种认知差异的根本原因在于，针对有形资产和产品时代发布的公司税收管理制度，显然已不适合数字时代。但颇具讽刺意味的是，互联网基础设施原本就是由某个政府部门创建的，尤其是军事部门，但它却需要另一个政府部门进行监管干预。

所有权和控制权的分离

在互联网的早期阶段,开发新软件通常并不需要投入大量资本。开发成功的核心要素就是创始人的智力资本,此时,他们大多还身处学术研究或是接近于此的环境,而且这些人往往因为拥有超强的天赋而被称为"极客"。在涉及商业价值或是为维持市场领先地位而进行的下一阶段中,则需要投入大量资金,这也成为吸引私人投资者和风险资本家出资的入口。和其他科技投资周期一样,在这个阶段,如果公司不能持续取得商业开发所需要的资本,或是不能以足够快的速度达到可自我维持的现金流,那么,公司就会面临市场地位被迅速侵蚀的风险。事实证明,早期开拓者的所谓先发优势往往只是海市蜃楼。在科技股泡沫破裂之后,市场资金趋于枯竭,此时,重要的已不再是谁先谁后,而是谁拥有生存下去并成为"最后一个人"的资源。当前的低成本甚至是免费债务融资时代不可能永久延续,因此,一旦市场周期发生逆转,优胜劣汰的科技股危机必将再次重演,这绝非危言耸听。

对那些能成功驾驭繁荣与萧条交叠周期的公司而言,回报无疑是惊人的。历史已经见证了新一代超级富豪和强者的出现,他们足以与19世纪后期的强盗大亨相提并论。那个时代有范德比尔特、贝尔、洛克菲勒和福特,如今有贝索斯、布林/佩奇和扎克伯格。随着时间的推移,可以肯定,这些新"巨头"注定会得到那些前辈在历史中曾经享有的赞誉和曾经遭受的谴责。

值得注意的是,为分享这些新公司的成功果实,机构投资者早已不惜放弃标准的公司治理原则,其中就包括接受创始人拥有不平等投票权的股份类别。这些原始所有权人会辩称,以往的经营业绩就是证明这种投票结构合理的最好佐证,而且(更有说服力的是)没有任何人强迫投资者投资。即使管理层已经拥有骄人的业绩,但有些问题是未来依旧要面对的——如果管理层发生变化,这种结构是否能经得起时间的考验。历史表明,就算是拥有无比傲人的历史经营记录,也不至于让投资者心甘情愿地无限期放弃投票控制权。反倒是大量实例表明,形形色色的信号,会提醒投资者对公司治理事项和管理层的责任体系保持警惕。企业的所有者有义务让管理层对企业、对股东负责,而且这种责任只能在非常条件下被豁免。利用短期股价变动谋利,当然不是他们可以放弃责任的理由。

新兴职业

只有通过正确的分析,互联网创造的爆炸式数据增长和低存储成本才有可能体现出应有的商业价值。而市场满足这个要求的方式就是开发各种技术——从传统的统计和计量经济学方法，到人工智能之类的新兴工具。虽然这个以开发带动价值创造的过程已持续多时，但依旧处于初级阶段。到目前为止，这轮数字化变革给广告和零售业带来的影响最为显著。而后的主战场将是金融服务、健康产业和专业服务。在大量数据中识别规律是人类社会在很久之前就已经在做的事情，这项工作主要源于军事情报方面的需求，其中最有代表性的人物当属艾伦·图灵——二战期间，他在布莱切利公园领导的密码学取得了惊人成就。

这些技术必将渗透到方方面面，以更平凡、更有普遍意义的方式识别数据模式。通过开发算法与特定的处理器相结合，在提高搜索效率的同时，对迄今为止还难以识别的数据模式进行更快捷的分析。在医疗健康领域，在吸取历史医学知识的基础上，通过人工智能技术创建新的决策规则——既可以增强医生的诊断能力，又能开发出新的预防性措施。另一个有代表性的示例是法律职业，了解历史判例和现有判例法构成了这项职业的主要内容。这恰恰也是人工智能最擅长的分析。因此，一旦计算机可以搜索到全部相关案件，并对它们进行排序，那么，所有从事这项工作的律师都要不可避免地面对角色转变。正如伦敦的出租车司机会发现，如今，获取"知识"（通过伦敦城市街道的严格考试）的煎熬过程已不再是保住稳定收入的法宝，因为优步司机可以使用智能手机完成相同的工作。尽管这些技术没有让专业人员成为完全多余的人，但它们确实可以在大幅降低成本的情况下实现相同收入。其实，所有这些技术都似曾相识，因为它们无不在接近范瓦尔·布什在1945年提出的愿景。70多年已经过去，我们似乎已走到所有关键要素均已就位的节点。处理能力、云存储和万维网共同成为我们的工具，从而让人工智能等分析技术引领我们一步步走近布什的愿景。

和所有令人振奋的新兴领域一样，"大数据"的规模和影响似乎也存在被夸大其词的嫌疑。数据本身是无形的。这就需要对数据进行必要的整理，再把它们置于可查询的格式中，而后对结果做出解释。在这个过程中，价值判断无处不在，而不像很多人想象的那样枯燥和抽象。此外，这个过程还需要很多不同元素和技能的组合——譬如，擅长编写超快算法的专业程序员、数据库专家或神经网络专家。这似乎已成为一个呈现指数式增长的领域。

因此，尽管在经济上承受的潜在破坏力或许不及金融业，但这些新技术元素给专业服务造成的影响同样意义重大。对那些试图与职业人士抢夺生意的人来说，他们面对的主要障碍来自职业团体以及受法定保护的职业资格。颠覆企图者或许会认为，这是市场中最后一道、也是最顽固的进入壁垒。毋庸置疑，维护专业服务质量和信任的目标与降低成本之间的矛盾是显而易见的。但几乎可以肯定的是,在竞争对手试图篡夺当前市场领导者所享有的地位时,这些传统专业机构面对的唯一威胁将来自组织内部。

懒惰大意永远是优胜劣汰竞赛中的失败者

按照最初的设想,分时计算概念被视为处理能力成本过高的解决方案。随着成本开始快速下降,一种全新的商业环境也就此形成——其中,处理和存储能力已不再是首要制约因素。从此开始,科技世界在新的起点上再次前行,通信(带宽和访问)技术的进步营造出另一种新的动态。虽然"云计算"这个词比分时计算更温和、更易接受,但它同样需要服从经济学的基本原理。与云服务相关的卖方当然不会吝惜赞美之词:规模上的灵活性、更强大的灾难恢复能力、更低廉的硬件成本、更便宜的维护成本以及集中保存数据的安全性。实际上,只要能接入通信系统,就可以在任何位置以较低成本复制出一个具有相同功能的工作场所。

在规模已不再成为制约因素的条件下,去中介化无疑将成为不变的主题。这种转换或许会带来深远的影响。而达尔文式的进化过程或许很快也会成为迄今为止最遥不可及的目标。在信息技术方面,现有企业需要解决大量的信息冗余和遗留信息失效问题。此外,它们还会发现,接受和分享云技术及现代编程语言带来的诸多收益,似乎并不容易。毫无疑问,对很多企业而言,与客户的主要接口将是移动设备,而不再是以往的物理位置。无法适应这个新世界的企业必将陷入无以复加的困境。而对投资者而言,面对无处不在的变革,他们需要厘清的一个关键要素,就是老牌企业是否正在面对危及其生存能力的制度性障碍和结构性障碍。

可以肯定的是,和以往的科技产业泡沫一样,互联网的持续发展及其所释放的进化力量,必将引领诸多行业和专业踏上全新的轨道。

第十一章
解读技术投资的历史

在科学问题上，一千个人的权威也无法抵御一个人卑微的推理。

——伽利略·伽利雷（Galileo Galilei）

我们往往倾向于高估一项技术在短期内的影响，却低估它的长期影响。

——罗伊·阿马拉（Roy Amara）

永恒的变革主题

自18世纪后期以来,技术已成为现代工业社会的一个恒久特征。它始终是推动生产力的基本驱动力、新产品的缔造者以及为现有产品开辟新市场的先锋。这些影响无不是投资决策和组合管理的关键因素。通常而言,一定是先有成功的技术,而后才可能有成功的企业,但从技术成功到企业成功,往往要经历漫长的岁月。这意味着,只要了解技术的发展方向以及受技术运用影响的领域,即有可能更早地识别出"失败者"的轮廓。

在某些时期,技术变革在很大程度上是渐进式的,只是简单地扩展了之前的外延。在这种情况下,往往不会导致股市估值发生全面变化。但技术进步也有可能体现为变革性。这种情况往往对应于首次引入的全新技术。在这些时期,极有可能会引发估值的全面变化,而且很可能会彻底改变市场的根基。如果这种变化最终发酵为"泡沫期"——这样的事件已在历史中多次重演,那么,市场要么会做出错误反应,要么是过度反应,但最终还是要回归经济现实,再次被基于事实的理性估值所取代。但无论结果如何,投资者都需要尽可能了解正在发生的事情以及未来的潜在发展走势。

事后看来,这个向更快、更高效和更实用性方向发展的过程,似乎不费吹灰之力,而且势不可挡。但是根据笔者的研究,让历史学家感到诧异的第一件事,就是科技发展在时机和步伐上的随机性。此外,人们很快还会发现,融资过程以及企业家、创新者和金融市场之间的互动往往充满坎坷与曲折。在这方面,互联网作为当代全球性变革基本推动力的出现,与近期历史中的其他所谓重大技术变革并无实质性区别。当然,互联网泡沫也有某些独有的特征,使之呈现出有别于其他类似市场事件的细节。本书最后一章将以技术、变革与市场之间的互动模型为基础,总结近期市场经历带来的某些教训,及其对投资者和经济社会带来的影响。

事后诸葛比比皆是,事前诸葛寥寥无几

哲学家索伦·克尔凯郭尔(Søren Kierkegaard)曾说过一句传世名言:"虽说生活就是面向未来,但仍需理解过去。"在现实世界中,通常只有经历事后反思,

我们才会认识到,在如今所看到的大多数成功故事中,技术和企业是如何以及为什么成为历史钦点的长期赢家。基于同样的原因,在快速变化时期,投资者对新技术给予充分的信心或许不难理解,但研究过历史的人更有可能认识到,无论是对变革过程中的关键人物,还是对寻求从这些发明发现中发掘收益的投资者来说,技术进步转化为经济收益的确定性、可预测性或必然性均无比渺茫。

可以毫不夸张地说,企业在技术变革中的历史既是英雄遭遇失败的历史,也是他们赢取胜利与成功的历史。回头重看,尽管赢家的故事似乎清晰可鉴,但不可否认的是,数据中的幸存者偏差大量存在。在任何时点,投资者不仅要面对无法预测的未来,还要面对当下的不确定性。成功与失败只有一线之隔。认识到这一点当然不会让投资者的任务更容易,因为真正的技术变革或者说改变社会和经济行为的变革,不可能被人们所忽视。在发生变革时,整个行业或经营方式都有可能会成为累赘,那些不打算或是无法适应新环境的公司最终会被淘汰。

其实,这只是换一个角度说:在缺乏专利保护或其他垄断特征的情况下,任何开发和利用新技术的企业都会不可避免地成为高风险、高收益企业。在历史上,风险投资企业始终维持高位收益率的一个重要原因,就是投资新技术或不确定技术所承担的固有高风险。另外,大多数股市泡沫均有一个显著特征:从风险投资角度出发,对那些理应获得更高信用评级和风险溢价的企业来说,公开市场的投资者需在短期内为其支付更高、甚至近乎荒谬的高价格。在这种环境下,风险与收益之间的传统理论关系不仅会被忽视,甚至有可能被彻底颠覆。

如果技术进步有望带来巨额财富收益,那么,当企业试图顺势而为,在掀起深刻变革的浪潮中谋取超额收益,就很容易引发市场泡沫。在互联网泡沫达到顶峰时,投资者心甘情愿地为互联网公司和其他互联网相关企业的股票支付溢价,有些企业甚至还没有经营业绩,更不用说盈利,因此,投资者实际上就是在推断,它们的风险低于那些拥有强大特许经营权并多年维持盈利的老牌公司。显然,这种状况是不可持续的,而且只能用罕见的巧合条件组合来解释。

和以往的市场泡沫一样,这些条件包括:

- 出现一种具有潜在变革性质的新技术,因此,有些甚至貌似夸大其词的主张,也可以找到有说服力的理由
- 货币和信贷环境相对宽松
- 投资者和消费者大多对市场持乐观态度
- 新出版物大量出现,大张旗鼓地宣传新技术的优势
- 通过供给充足的机器,创建大量满足投资者需求的新公司

- 放弃正常估值及其他评估标准

此外，我们还可以观察到，这种时期往往很早就会被人们冠以某个有助于激发想象力的限定性名称或短语。

"漂亮50"（Nifty Fifty）就是一个典型例子，20世纪60年代后期，人们用这个词描述少数快速成长的公司。而"TMT"股票则是互联网热潮的标志。后来的示例则包括"金砖四国"（BRIC，巴西、俄罗斯、印度和中国四个新兴市场英文单词的首字母）和FAANG（互联网时代五大公司名称的首字母：脸书、亚马逊、苹果、奈飞和谷歌）。这类专用名词的出现往往表明，情绪已取代基本面分析成为估值的决定性要素，而对那些接受这些新鲜事物的人来说，往往也是让他们最终失望的先兆。

和早期技术一样，互联网的影响也需要若干年后才能真正显现。最初，很少有人会意识到，第一个杀手级的应用程序居然是电子邮件。在2000年，任何投资者都不会想到亚马逊会取得如此辉煌的成功，更不会想到，有两家公司会通过开拓互联网业务而打造一个全新的世界（脸书和谷歌），并最终跻身全球前五大公司的行列。而一众曾在泡沫高峰期拥有数十亿美元市值的公司，最终却成为鸡肋，甚至一文不值。尽管"互联互通世界"已成为现实，早期先驱者的设想已呈现在我们眼前，但是对绝大多数曾失足于泡沫的市场参与者来说，这个过程显然没有按他们所设想的蓝图展开。

技术周期

对本书所考察的各类技术进步，显然不能简单地假设它们完全服从某种可重复的模式。但是对大多数技术进步而言，确实存在由一系列典型"事件"构成的周期。为方便起见，我们可以把这个过程总结为一个包含五个阶段的模型（见图11-1）。

从创业初期到达到盈利点，通常是一场现金消耗与投资者信心此消彼长的斗争。在这个过程中，资金供给需要达到的速度在很大程度上依赖于市场对技术商业前景的信心。而这个预期不仅取决于对具体技术的理解，还有形成这些认识的总体经济及金融环境。其中，后者又是决定技术变革引发股市泡沫时点的关键要素。

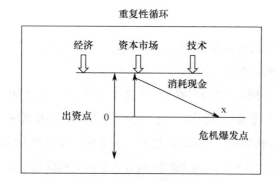

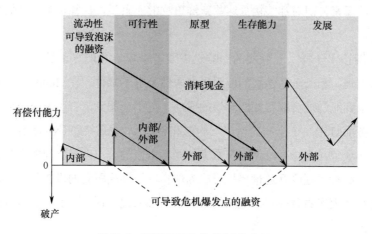

图 11-1　重复性循环与技术进步的动态

第一阶段：概念和可行性

技术早期发展阶段的一个重要特点是，大量分散性小规模群体在相近发展阶段上从事相似项目的研究。通常，他们需要了解竞争对手的活动，而且拥有在竞争中获胜的强烈动机。电话（贝尔、伊利沙·格雷、爱迪生、阿莫斯·多贝尔、菲利普·雷斯等）和收音机（马可尼、费森登和德弗雷斯特）技术的发展进程就是最佳例证。无论是电话还是收音机，终会有人在竞争中率先证明技术的商业价值，并以"发明者"的称号而被载入史册，但他们的优势可能微乎其微，而且很多"发明者"本身就存在巨大争议。这些针对开创性技术研究的资金来源多种多样，既有大公司、研究基金会和政府，也有与研究者存在个人联系的小规模支持性群体。在大多数情况下，技术开发过程表现为一个从概念到初始资金再到创业的事件链。而创业的初始动力就是技术本身的说服力以及发明者的远见。

第一阶段开发的主要目标，就是证明技术本身的可行性。在很多情况下，科研学术界可能对发明者的成果不屑一顾。这就需要发明者必须抵御传统观念带来的负面影响，以确保维持可持续的资金来源。如果仅从理论角度出发很难做到这一点，正因为如此，证明可行性对创造和维持投资者的信心而言至关重要。

总体经济环境始终是影响技术进步的关键变量。经济持续增长、低利率和活跃的金融市场为新技术的诞生提供了沃土，因而更有可能催生出令人振奋的新科技传奇。在这些要素中，资金供给能力和成本显然是迄今为止最关键的因素。如果不具备这些外部条件，那么，科学家或创新者往往只能依靠自身资源和人脉。但本书引用的历史示例也揭示出一个意外之处——仅仅拥有可行性本身，并不意味着据此可以预见哪些公司最终会取得成功。比如说，杜里亚兄弟或许是美国最早的汽油动力汽车发明者，但随着竞争的加剧以及行业的成熟，这种先发优势显然不足以维持公司的生存。

在实践中，技术可行性必须与一定程度的专利保护相结合，才能确保技术进步在商业上取得成功。但即便是在这个初期阶段，谁将成为输家往往就已经一目了然。技术正在落伍的公司会发现，如果不能适应变化，其股价的长期走势必将是下跌。但是能成功适应技术变化的行业寥寥无几，即使在有幸成功渡过难关的行业中，能成功采纳新技术的企业也是凤毛麟角。

互联网的早期历史极不寻常——早期的全部研发工作几乎均由政府资助，而最早的发起人就是美国国防部。因此，巴贝奇、马可尼和德弗雷斯特等很多技术先驱者不得不为筹集资金而讨好军方，而且对计算机进行网络化连接的始作俑者也是政府，而非先有技术后有政府的助力。由此可见，开发这些基础设施的公司首先需要找到为研发埋单的人。基础研究通常由学校或研究机构完成，资金主要来自政府拨款。虽然这些技术距离商业化应用还很遥远，但是在商业化时机成熟时，基础设施通常已准备就绪，这意味着，现有技术可以直接进入第二阶段，而不必向公众证明技术的商业可行性。

第二阶段：从可行性到原型

随着技术突破被公之于众，下个阶段的主要任务就是千方百计地强化已得到验证的技术。在这个阶段，仅仅拥有科学研究层面的可行性还远远不够，通常还需要创建一个稳定的实用性原型。此时，新闻界会发挥重大作用，它们通常会为新技术呐喊助威，并极力宣扬新技术的未来收益愿景，而学术界依旧会冷眼相待。

要把经过理论验证的新技术转化为得到技术验证的可靠模型，显然需要投入资金。同样，新技术本身的内在优点固然重要，但未来可以取得的资本在很大程度上仍取决于当时的经济条件。如果恰逢经济增长且市场利率处于低位，当然有利于提振投资者的出资热情。如果形势恰好相反，那么，发明者能否取得资金，在很大程度上只能来自于乞求、窃取或是举债。

活跃的金融市场通常不会放过任何技术进步带来的发展机遇。此时，探索新技术的人更容易筹集资金。廉价资本的存在很快就会吸引其他人的加入。进入繁荣期或许只是近在眼前的事情。在这个时点，技术投资的成功往往取决于股市的预期收益，而不是技术本身的优劣。在这段时期，市场的过度行为通常在投资质量上得到体现，而且开始招致媒体的猜疑，但随着股价持续上涨，质量已不再是问题，警告也会变成耳旁风。

在这个阶段，非理性超低成本的诱惑，让大批新公司蜂拥而至。尽管失败和破产率开始大幅增加，但光明无比的盈利前景会让投资者对眼前的亏损熟视无睹。接受"廉价"资本提携的新进入者，也让原有科技企业不得不面对更惨烈的竞争，于是，行业的整体盈利能力开始下滑。不过，此时的市场对进展步伐依旧保持乐观，它们更愿意畅想即将展现于眼前的美丽新世界。此外，在这个阶段，还会出现一个实力强大的"支持"性群体——媒体。技术本身引发的兴趣以及由此招致的市场反应，催生了一批专门介绍和宣传新技术及其实践应用的期刊，技术进步让这些媒体期刊在这个阶段迎来了快速增长（见图11-2）。可以想象，这些媒体几乎无一例外地成为新技术的福音传播者，因此，铺天盖地的宣传进一步激发了技术爱好者和市场的好奇心。

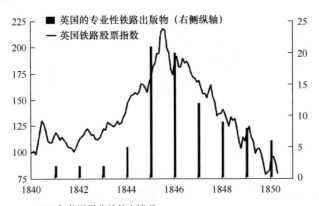

1846年英国报业的基本情况：
在铁路股票投机已成为公开市场的炒作热点时，以分析讨论铁路话题为主的报刊数量同步增长。随着专业期刊数量的激增，不期而遇的灾难性恐慌也随之降临；无数铁路投机项目由此遭到扼杀。

图11-2 潮涨潮落

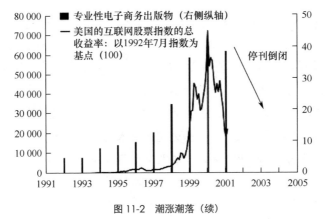

图 11-2 潮涨潮落（续）

资料来源：D. G. Gayer, W. W. Rostow and A. J. Schwartz, *The Growth and Fluctuation of the British Economy 1790–1850* (2 vols.), Oxford: Oxford University Press, 1953. K.C. Smith and G.F.Horne, An Index Number of Securities,1867–1911, London and Cambridge Economic Service Special Memorandum No.43. *Banker's Magazine*. *Railway Times*. Thomson Financial Securities Data, Datastream. British Newspaper Library, Electronic Catalogue. The Newspaper Press Directory 1846(UK).

第三阶段：资金与商业可行性

从历史上看，在可行性论证和原型开发阶段，市场兴奋的持续时间完全取决于资金的供求关系。也就是说，资本过剩或"机会"短缺会刺激投资者产生并始终维系一种幻觉——在某种程度上，他们已成为这场游戏中的领先者。在股市方面，价格同样受资金供求关系的影响——来自投资者的资本流入与新公司组建和扩张所吸收的资本之间此消彼长，最终得到平衡。只要资金流入大于资金消耗，市场就会在乐观中延续。

从可行性到原型的转变需要投入资本量，而且基本很少或是完全没有收入，这往往会给资本流的平衡造成压力。因此，在这个阶段，投资者的怀疑情绪会不断加重，这就需要对未来前景进行持续性的正面宣传，以缓解压力带来的负面情绪。此时，只要股市整体维持乐观，怀疑就不至于形成障碍。但是在形势发生变化时，投资者自然会越来越焦虑。在这个时点，公司基本面及其商业可行性的重要性不断凸显。而现金消耗率则越来越多地成为危险信号。信心的绝对权威开始遭遇现金的挑战。

在这种情况下，时间成为投资的最大敌人；当市场信心开始衰减时，筹集现金几乎已无可能。于是，企业的成功不仅需要时间，还需要资金。两个要素均对利率和经济形势异常敏感；因此，如果两者均发生不利于企业的变动，那么，很多参与者注定会在这场游戏中竹篮打水一场空。

第四阶段：合理化与再融资

进入这个阶段，大批希望利用相同技术获利的公司需要进行合理化调整。此时，它们都面临着同一个目标——把技术转化为可持续的实用性业务。这同样需要消耗资金。当然，信心也不可或缺；因此，必要的资本流入仍至关重要。有些企业会因为无法取得生存能力而失败。有些公司在技术层面取得成功，但对投资者而言则是失败。面对屡次因"接近"成功（失败）而引发的怀疑情绪、传统技术倡导者的公开质疑以及越来越不耐烦的普通民众，要维持投资者的信心，就需要加大营销力度，消除怀疑论和反对论加剧造成的负面影响。

事实证明，在达到这个阶段之前，很多最终取得成功的公司都需要取得注入资金。持续性注资会带来原始投资者群体的调整；这个过程可以采取多种形式——既有可能使原始股东持有的股份遭到大幅稀释，也可能导致他们彻底出局。只有那些通过知识产权而享受某种竞争保护的公司，才有可能规避这个阶段。这是幸存者需要进行再融资的阶段，此时，长期赢家已开始崭露头角。

难以理解的是，股市往往对这个阶段反应迟钝，这主要是由恶劣的金融和经济状况所致。实际上，很少有公司能坚持到这个阶段。而且即使已进入这个阶段的公司，还要面对一个生死攸关的敏感问题——与其说是为了生存而战，还不如说是为了维系市场估值所需要的盈利增长率。在股价下跌时，使用高信用等级债券为新收购融资的方案往往已行不通。通过妥善安排或是运气，有些公司拥有强大的资产负债表或融资渠道，这就让它们在竞争中占据优势，尤其是在市场由兴奋和宽松货币转向怀疑和厌恶风险时，这种优势更是弥足珍贵。亚马逊和谷歌这两家最成功的企业之所以能顺利渡过这个时期，绝非巧合。

第五阶段：成功抑或失败终将得到验证

技术变革的历史揭示出一个规律——长期商业成功远比在技术上取得胜利更难以实现。只要了解新技术，就很容易识别出那些未来注定会失败的企业。因为在商业周期尚处于相对较早的阶段时，这些明显缺乏竞争力的企业就已尽显无疑。此时，它们要么适应新技术，要么转型，要么自生自灭。但不管是哪一种情况，由于新技术已在市场份额、增长率和利润等方面全面占优，因此，这些公司的股价必然会落后于大盘指数。对投资者来说，避开这些收益低下的公司，显然要比识别哪些新技术公司会成为长期赢家更容易。

通常，在经历一段资金短缺期后，整个行业陷入困境，参与者数量大幅减少。经过一轮大浪淘沙式洗礼之后，长期赢家最终才会浮出水面。此外，只有经历这轮行业洗牌之后，再融资才能得到保障——运气不佳、能力不足的公司纷纷陷入破产，而掌握新技术的公司得以拿到再融资支持，于是，创业的"成功率"开始回升。最初，成功企业的数量屈指可数，但经过一段时间的沉淀后，市场迎来新的进入者，并开始对取得再融资的幸存者发起进攻，蚕食他们的利润和盈利能力。正是在这个阶段，市场结构最终变得相对清晰和稳定。

经验与教训

技术发展的路径受到诸多因素的影响，但最终可以归结为少数基本要素。成功或失败不仅依赖于技术本身的内在可行性，还要考虑技术开发的速度和成本、技术运用、融资渠道以及竞争对手的影响。从历史上看，对现金注入的持续性要求表明，公司始终在进行一场比赛——在资本耗尽之前，它们必须为投资者提供一个令人信服的理由。

对技术的认知和对商业盈利的追求永远是对立的。任何失败的暗示都会自我实现，因为任何失败的信号都会剥夺创业者取得资本的机会。因此，为了生存，公司需要始终对成功的愿景笃信不疑。资本市场会受到总体情绪的影响，新技术商业化的成功同样依赖于当前的经济与货币形势。

图11-1以图例方式简单概括了上述各发展阶段。在这个图中可以看到出现资金需求的节点。这些节点也代表了公司的潜在危机点，如果公司未能在此刻筹集到必要的资金，就意味着它们将退出市场。通常，随着技术从可行性论证阶段转入商业化部署阶段，资金需求水平会相应增加。

由于企业的发展需要吸引越来越多的外部投资者，这就需要提振信心，从历史上看，即便最终成功的公司也不例外——为赢取最终的盈利，在无法筹集到必要资金时，它们往往要在某个阶段被迫出售技术。例如，迫于资金压力，贝尔曾试图以10万美元的价格把自己的专利权出售给西联汇款，幸运的是，他的要求遭到西联汇款的拒绝。谷歌在历史上也曾遇到这样的时刻，由于迫切需要开发资金，公司险些放弃对未来发展的控制权。我们只能凭空猜测一下，在这些案例中，如果任何当事一方做出不同的选择，这些行业会走上怎样的路径呢？

此外，投资者取得的条款同样受所处阶段和整体市场状况的影响。投资阶段越早，投资者取得的股权比例通常越大；毕竟，在通往最终实现盈利的道路上，他们还需要克服更多的障碍。在某些情况下，投资过程缩短，以至于利润迅速出现，这就减少了必要的融资轮次。出现这种情况的一个重要原因就是公司成功取得技术专利保护，但这种保护未必能确保企业必然取得成功。在资本成本较高的情况下，融资渠道同样至关重要。爱迪生、AT&T 和计算机制造商都认识到这一点。而在互联网热潮中，情况却恰恰相反。由于融资环境相对宽松，而且可用资金非常充裕，因此，只要公司能验证技术的可行性，大规模筹集资金就不会遇到障碍。

尽管这种情况完全可能延续到传统开发周期第一阶段之后，但这并不足以确保企业最终会取得成功。这种其乐融融的局面迟早要走到终点。一旦再次面对危机，企业仍需想方设法维护投资者信心。

经济影响

技术变革带来的经济影响甚为复杂。在短期内，它会给经济带来正面影响，由于对技术投入的部分资本会转化为消费，因此，技术进步通常会推高经济增长率。与活跃的资本市场相结合，新技术会让投资者感受到一种欣欣向荣的未来景象。但加速增长需要以大量的资本支出为基础，当现金消耗率难以维持、新资本尚无从获取的时候，新企业自然也走到另一个关键性的临界点。资金的低效使用、资金成本以及维持必要宣传所付出的成本，往往会让新企业的经营性资金存量捉襟见肘。

在中期内，技术进步更有可能对经济造成负面影响。在经历过度投资之后，由于资本市场遭到破坏，为恢复未来融资的资金源泉，就需要降低消费，提高储蓄率。此时，幸存下来的公司开始重新融资，进行自我修复。此时，由于技术对现存企业的遏制抵消了对总体经济增长的贡献，因此，技术对经济增长的总体影响可以忽略不计。

融资趋紧带来的另一个效应就是通胀率往往处于低位，但最终的结果到底是通货膨胀还是通货紧缩，取决于货币管理当局的反应。在大多数情况下，产能过剩源自对新建基础设施的投资，而且在最终考量经济总体指标之前，需要减记或注销这些过剩产能。与此同时，就业模式也必须改变，这就需要就业市场中受影响最大的部分进行调整。

但是在长期内，这个过程给经济带来的影响通常是积极的。新技术会带来更快捷的生产和销售，提高经济增长率并改善社会生活水平。在 60 多年前，约瑟夫·熊彼特就曾对这一过程做出了描述，他认为，正是凭借这个"创造性破坏"的过程，让经济体系得以实现周期性的自我再生。技术变革是这个过程的产物，按以往历史事件的进程，技术进步的影响既不可能预先设计，更无法预先确定。

互联网和技术周期

回顾第十章描述的互联网发展历史，我们可以发现互联网在其整个技术周期中呈现出的若干特征。在个人计算机投资热潮的余温中，第一阶段的发展极为缓慢，而且由于基础研究以及随后的大部分基础设施均由政府出资，使得这个阶段略显不同寻常。但正是这个阶段打下的基础，推动互联网链接和访问技术出现缓慢但却不断加速的增长。政府为大规模创建网络提供的资金，首先在学术研究领域培育出"最终用户"需求。但是在技术向商业化转型之前，首先需要解决一系列的技术问题。不过，随着网络链接和访问的普及，进入这个市场的私人企业开始利用互联网提供的商机创造利润。最早吸引他们的，当属市场进入成本非常低的软件开发业务。而后，互联网技术进入漫长的可行性研究和原型设计阶段。

在这个相对漫长的阶段，众多个体和组织开发出有潜在商业价值的解决方案。于是，更有远见的风险投资家开始以小额投资方式资助和培育大批创业公司。但成功并非一帆风顺，更不可能一蹴而就——很多创业以失败而告终。就如同用零散的拼图拼凑出一幅壮丽的画卷，无数貌似微不足道的成果汇聚到一起，最终创造出一个具有全球商业开发价值的互联网。流量和用户随之快速增长。得益于低利率的货币环境，再加上短期收益的"确定性"让投资者对未来笃信不疑，因此，这些利好消息一经被公开市场放大，蜂拥而至的风险资本融资和 IPO 热潮便会随之而来。当然，我们如今都知道，随着利率上调，梦想在现实面前不断破灭，第二阶段在 2000 年初戛然而止。

良性的经济环境为第五阶段的持续时间和强度提供了有力支持。和历史中的很多先例相比，科技股和互联网泡沫的不同寻常之处在于，即使没有经历标准技术周期的早期阶段，很多公司依旧可以筹集到资金。更极端的情况是，投资者对公司坚信不疑，以至于没有看到任何原型、可行性成果或方案，更无视是否有盈利或稳定的现金流，他们也会心甘情愿地自掏腰包。在很多情况下，他们甚至不进行合理时间范围内的基本预测。

于是，原本会出现在技术循环不同阶段的周期性"现金紧缩"被一再推迟。如第十章所述，在没有传统现金紧缩测试的情况下，估值指标更容易偏离历史参数。在正常情况下，投资者至少希望大部分投资拥有实现预期股息的能力。现金返还能力始终是衡量公司健康状况的一个重要指标。但即便是在产生互联网泡沫之前，这种情况就已发生改变，主要原因在于税收。股票回购在投资者和公司中已趋于普遍化，它们有可能会进一步取代股息，成为向股东分配收益的首选形式。公司激励计划的变化，尤其是股票期权在管理层激励机制中的普遍采用，进一步推动了这种变化。

互联网泡沫的重要特点之一，就是它把放弃股息和现金流作为衡量公司业绩指标的做法推向极端。如果跟踪技术变革期间发布的股票投资建议，往往可以观察到估值参数的变化趋势。只要估值按某个基准无法维持，分析师就会转向其他更"好接受"的基准。这反映了他们天然乐观的倾向性——基于经验事实，在所有资产类别中，股票市场的长期收益能力最强。互联网泡沫无疑是这个过程的典型示例（见图11-3）。

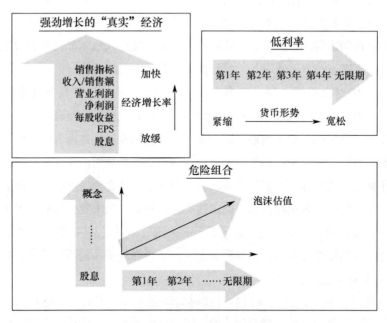

图11-3 互联网泡沫估值的内在逻辑：从基本面到概念

实际上，估值技术的这种变迁表明，在公司创造现金流和利润的前景日渐渺茫时，投资风险自然会不断上升。因此，投资沿着这条路径走得越远，就越接近于赌博。和所有赌博一样，这场游戏中的唯一赢家就是"赌场"——在投资市场中，这个赌场的代表首先是投资银行，它们似乎可以提供无穷无尽的新股票来满足投资者的需求；还有经纪公司，它们的唯一目标就是把股票推销给客户并赚取经纪费。所有试图把新兴互联网泡沫视为赚快钱机会的人，务必要掌握这个永恒的投资哲理。

互联网泡沫对市场的影响

在 2001 年本书第一版面世之时，我们已明显进入了技术周期的第三阶段，在这个时期，投资者的怀疑情绪正在上升，并对很多尚未遭遇融资障碍企业的生存能力发出质疑。随着资金来源的枯竭，此前始终被视而不见的诸多传统估值指标再度引发关注，真正的市场地位再度回归已筹集到资金或是拥有真正资金创造能力的公司。随着资本成本的上涨和投资者不安情绪的骚动，估值大厦的倒塌已近在眼前。

历史的教训最有说服力，尽管股票市场的过度膨胀以及 1998 年到 2000 年的估值泡沫需要多年沉淀才能平息，但事实终归会证明自己。在股市泡沫破裂之后，大多数主要股票市场的下跌幅度达到 50%左右，市场在随后三年内始终一蹶不振。标普 500 指数在 2007 年短暂触及 2000 年的峰值之后，直到 2013 年才最终稳定地超过历史最高水平。直到 2015 年，包含众多新经济股票的纳斯达克指数才重新达到 2000 年的峰值。在按真实通胀率调整后，大多数股票市场至少耗尽十年光景才走出昔日损失（见图 11-4）。

图 11-4　宿醉难醒

资料来源：Thomson Reuters Datastream.

诚然，我们不能把所有这些表现全部归罪于互联网泡沫的影响。2007～2008年全球金融危机扼杀了始于2004年的新一轮牛市，并在股市即将重达此前高点时引发了第二次大熊市。尽管这场危机有诸多根源，但美联储及其他国家中央银行的宽松货币政策难逃其责，至少是造成早期互联网泡沫的诱因之一。

在债券市场，长期收益率在2000年后持续下降。某些人认为，造成这种局面的原因，是诸多导致全球通货紧缩的力量给固定利率市场带来的压力。如前所述，其中的一种力量就是技术进步对现有商业模式带来的破坏性副作用，这在互联网和电信及社会行为的同步变化中得到了充分体现，而且完全在意料之中。互联网的发展，让很多商品和服务的价格大幅降低，更是在这十年间消耗了巨额资本。推动2007～2008年银行危机的信贷异常增长曾一度掩盖了这种影响。

"9·11"恐怖袭击事件确实给全球大部分地区带来创伤，但也改变了经济政策的路径。从加息到温和型经济增长，银行部门和非银行部门无一例外地大开货币闸门，导致证券化债务呈现爆炸式增长态势。由此带来的经济后果先是通货膨胀，并最终招致通货紧缩的反作用。不过，互联网带来的效率提升以及中国和印度重新融入全球市场带来的增量供给大增，导致通胀迹象并不明显。因此，上述效应造成的综合结果是，资产价格的通胀温和且尚具可持续性，而债务规模则呈现加速膨胀趋势，并接近不可持续的高位。

电信行业投资的错配

不同于早期泡沫的经历，互联网本身并未带来真正意义上的过剩产能。基于完全不同的历史发展进程——尤其是主要由美国政府财政提供资金的早期发展历史，因此，它并未出现铁路大发展时代那样的非理性疯狂，大批投机性企业大举筹集资金，铺设线路，以期抢占未来回报。在这方面，互联网的早期阶段与电话有更多相似之处——当时，贝尔公司保住了垄断地位，因此，无须通过预先铺设大量线路来排挤竞争对手和阻止新进入者。互联网行业吸引的投资为大批新进入者提供了充足的资金，足以为他们支付多年的运营成本，更远远超过以往创新者经常要面对的现金流短缺期。相反，投资踊跃反倒引发了一场以争夺先发优势为目标的激烈竞争，这就有效地把资本转化为当前消费，而不是成为未来长期增长的资金储备。事实证明，其中的大多数公司寿命很短。

尽管不完全相同，但电信行业的经历与互联网行业确有异曲同工之处——大量资金投入光纤和无线网络的建设中，以期为"互联互通世界"的预期增长奠定基础，而这也是互联网技术试图打造的未来。在这种情况下，大部分资金以无线许可证拍卖收入形式转移到政府手中。在英国和欧洲，通过对第三代（3G）手机牌照的拍卖，为欧洲各国政府创造了 1 500 亿美元的拍卖收入，而且这笔费用仅仅是为了取得运营权。在使用牌照和实现收入之前，这些企业还筹集了差不多相同的资金用于创建 3G 通信的基础设施。仅在 2000 年，全球电信行业的资本支出总额即达到 2 430 亿美元，这个数字足足相当于五年前投资的两倍半。在这个数字中，最大的一笔支出与互联网有关——包括宽带接入、光网络以及无线通信基础设施等。

但有人可能会辩解称，这绝不是为"新"经济进行凯恩斯式的造势——花钱雇人在地上挖坑，然后再填平。很多选择以 IPO 形式上市的电信公司在生产力或产品创新方面几乎一无是处。耗资巨大的通信基础设施长期得不到充分利用，而且很多电信公司始终无法实现真正的收益率。正是这个原因，很多曾拥有天价估值的企业（例如 Global Crossing）最终以破产而告终。

和我们对历史上其他示例进行的分析相比，这样的筹资和资本支出水平有什么与众不同之处吗？以今天的货币价值计算，铁路行业在巅峰时期筹集到大约 2 500 亿美元的资本金（而且只有一部分资金被用于基础设施）。可见，这与目前电信行业的投资支出规模基本相当。或者换个角度看，铁路行业的年度投资额为 2 500 亿美元，这个数字相当于俄罗斯的 GDP！针对互联网和通信基础设施开发的巨额投资是否明智呢？它需要多长时间才能取得证明投资合理性的收入和收益呢？这些投资在什么时候会转化为正的经济增长呢？这些都是投资时需要回答的问题。

在过去 15 年中，人们终于意识到，这些问题的答案是痛苦的，而且当初完全可预见。凭借这个新互联互通世界的未来财富前景，让电信行业吸引了无数投资者，但是在他们当中，很多人的结局是悲惨的。整个板块的股价已从峰值下跌近 82%，尽管此后出现了缓慢而漫长的复苏，但直到 2017 年，股价总体水平依旧低于最高点 40%左右。诚然，在行业利润下降的背后，超支现象的普遍存在和竞争的日趋激烈难辞其咎，但深层次的原因是投资者的预期过高，而不是利润增长本身的问题。与之前所有的泡沫时期一样，狂热阶段的非理性估值已完全脱离了现实。

当下的处境

从历史上看，在技术发展周期中，合理化和再融资过程一直是第四阶段的核心特征，对很多行业而言，这个过程已持续了十多年，至今仍在延续；而互联网时代已进入最后的整合阶段。在这个过程中,很多公司已成为长期赢家——包括新技术的第二代采用者,但更多企业要么依旧艰难度日,要么已被接管,甚至已彻底失败。苹果和亚马逊等公司成功生存了下来,并通过颠覆性新技术的二阶效应实现巨额利润,让它们至少在目前的智能手机和在线零售等领域实现了全球市场主导地位。谷歌和脸书同样属于成功者的行列,它们以服务取得关键性消费者信息,然后再利用这些信息帮助广告商和零售商进行客户定位,从而获得主要收入来源。

与以往历史时期一样,很多投资者试图从芸芸众生中挑出赢家但未果,还有很多投资者在估值高峰过后依旧紧握曾经扶摇直上的股票,但他们最终不得不接受惨重的亏损。TMT板块的股价花了大约十年时间,才走出2000年泡沫破裂后的低谷。随着竞争格局再次趋于稳定,投资者开始猜测下一轮技术革命将发生在哪个领域,以及在太阳能、电动汽车和生物技术等新兴领域,赢家和输家将会是谁。与此同时,互联网以及移动电话和社交媒体等相关技术的发展,已成为当下社会日常生活中不可或缺的一部分。

回首过去,股票市场对互联网成为商业现实做出的最初反应,其实完全可在早期技术的发展史中略见一斑。投资者试图买入潜在的赢家,并避开输家。但问题是这种反应被过度简化和夸大。挑选"赢家",其实就是人为推高被解读为所谓"新经济"的公司估值,不管它们到底有何优势,估值都可以被夸大到无以复加的地步。在股票市场的科技股板块中,几乎所有公司都可能会在眨眼间拥有天价估值。以至于那些声称能以某种方式触及新数字领域的公司,也会享受"一人得道鸡犬升天"的待遇。有些精明的律师和会计师也会被炒作冲昏头脑,提出以股票而非现金的方式取得为互联网初创公司服务的报酬。不过,事实可能很快就会证明,大多数被奉为"赢家"的公司并不是名副其实的赢家。

市场最初对"失败者"的待遇同样可以归结为不分青红皂白。其产品不能被轻易贴上"新经济"标签的公司,清一色地成为遭殃者。就算它们的业务基本不会受到互联网的负面影响,也难逃"落伍"的命运。只要市场认为它们算不上新"工业革命"的一部分,股价就会遭到无情的打压——这不免让人联想到关联犯罪的味道。市场上只有两类公司——所有通过旁征博引让自己和"新经济"沾边的公司,都会得到竞相吹捧,其他无论如何都无法和"新经济"沾亲带故的公司,则沦为这场大潮的旁观者。具有讽刺意味的是,这些股价低廉的公司往往会在成功时期为股东和支持者献出丰厚的回报,相反,很多号称拥有新技术的公司,带给股东的似乎唯有兴奋以及梦想破灭后的失望。

本书的一系列研究足以表明,赢家的出现往往需要多年的锤炼和磨砺,但只有少数投资者拥有在技术周期早期阶段识别出这些赢家的火眼金睛。这个规律已在很大程度上经历了时间的检验，在市场估值处于高峰的时刻，即便是脸书这样的长期赢家也没有出现，相反，直到技术周期已接近尾声时，它们才异军突起。此外，历史同样强有力地证明，某些失败者在相对较早阶段便已露出端倪。在现实中，人们终将发现，市场总会错误地定义赢家和输家。在以往的技术变革中，人们看到的是铁路取代运河，电话取代电报；但是在这一轮技术进步中，没有哪个单一行业被明显取代，因此，分清输家和赢家确实并非易事。

最明显、最直接的威胁是，产品的在线交付极有可能在不远的将来取代实物交付，但这一变化适用于诸多行业门类，而不仅仅是某个板块。事实证明，在有形产品市场上，仅仅拥有低成本优势的新竞争者给现有竞争者造成的威胁是有限的。当初，很少有人会预测到，亚马逊将成为重塑零售分销业性质和物流技术的主导者。不过，亚马逊的示例同样表明，尽管它显著改变了零售业的某些方面，但并未像很多人预期的那样，彻底摧毁传统商业模式。最优秀的零售商已成功地将新技术为我所用，在以新技术降低自身存储及分销成本的同时，也开始探索增加在线销售收入的途径。另外，未能跟上技术前进步伐的零售商要么已退出市场，要么破产倒闭，或是被它试图挑战的公司所吞并。在线上业务层面，纯粹依靠降低成本但鲜有或完全没有零售经验的初创公司，很难有效地筹集资金，因而幸存的概率自然大打折扣。

早期过度投机的一个典型示例，就是英国的在线时装零售平台 Boo.com。在筹集到 1.35 亿美元资金并一举花掉这笔钱之后，这家公司仅用了 10 个月的时间便宣告破产。Boo.com 不仅没有为客户提供任何价格优惠，而且只有一个过度吹嘘却设计拙劣的网站。事实证明，它根本就无法履行接到的订单。它的失败完全是意料之中的事情。即便如此，在当时狂热的市场氛围中，它还是得到伯纳德·阿诺特（Bernard Arnault）（LVMH 奢侈品牌业务负责人）、高盛和摩根大通等名人的支持。从本质上看，在面对互联网的威胁时，最成功的公司只是在现有的实体业务中添加数字业务。与此同时，从事有形产品业务的 B2B 企业既保留了很多传统模式的固有特征，也开始借力新技术的使用，增加了在线搜索、订购、数字库存监控以及电子支付系统等新功能，并逐渐把这些新功能打造为跨界标准。消费者往往是价格发现的最大受益者，因为这会让生产者难以通过价格实现差异化竞争。

正如模型预测的那样，很多互联网公司迎来关键大考，只有实现再融资，它们才有可能生存下去。但某些公司还没有来得及等到再融资，便不得不关门大吉。有些公司为获得进一步融资所付出的代价，则是失去独立性。和进入 20 世纪初一样,一旦出现经济增长放缓甚至经济衰退的迹象,往往就会掀起一轮救助浪潮——这也是 AT&T 和通用汽车等企业在付出惨痛代价后得出的教训,期间,拥有强大资产负债表的公司借机吞并那些为拼命寻求融资而挣扎的企业。对经营良好的公司来说,这无疑是千载难逢的大好时机,它们可以乘机买入凭借自身努力无法得到的新技术。

此外,现金流短缺或是把新孵化公司创造的资本转化为收益的意图,也有利于着眼长远的公司走出困境,通过丰富和拓展现有业务而实现进一步发展。这样的示例在最近的历史中似乎并不少见——譬如,谷歌收购 YouTube,以及脸书对 WhatsApp 和 Instagram 的收购。在成功购买新技术的同时,更多的收购要么因无法实现有效整合而陷入困境,要么因未能带来预期效果而宣告失败。惠普在收购 Autonomy 之后,便陷入难以自拔的诉讼,诺基亚在被微软收购之后,实际上便彻底退出市场。而新闻集团对 MySpace 的收购,最终沦为 20 世纪代价最高昂的失败交易之一,这场并购和之前美国在线与时代华纳的合并有异曲同工之处。

"互联网时代"这个词或许已成为科技股泡沫及其后续影响的统称,但它所隐藏的含义远比人们从表面上看到的更多。互联网的技术发展及其初始的商业化进程确实令人振奋,让人遐想无限,但它给商业及社会结构带来的影响远不止于此。把它的影响与"工业革命"相提并论可能有些牵强,但其重要性显然不容低估。

总体影响与未来趋势

虽然互联网技术确实改变了很多商业活动的运行方式,足以媲美 19 世纪的铁路,但这些影响直到多年后才逐渐成形并得以显现。最具可比性的历史或许就是早于广播技术仅几年之久的无线电行业。每个人都知道,未来注定会因无线电技术的出现而有所不同,但最初没有人能断定它究竟会带来怎样的变化,或是会给哪个行业带来最显著的影响。对互联网的投资者而言,这个过程让他们等待了几年时间,而且屡屡因为虚幻的曙光而忘乎所以。如今的某些最大赢家在 2000 年甚至还不存在,譬如脸书。而有些让投资者寄予厚望的公司,却随着时间的推移摇摇欲坠或彻底销声匿迹,譬如美国在线和 MySpace。

互联网已催生出数十位全球级富豪,但考虑到为推动技术和业务发展而投入的资金数量,因此,在总体上还无法断定,投资者是否真的从这项技术进步中收获了财富。从铁路、汽车和飞机等行业以往的经历来看,技术进步最终让投资者成为受益者。但随着过度投资造成竞争加剧，新技术的很多潜在收益开始流向消费者，让投资者成为牺牲者。在采用新技术的公司创立初期，技术成功和公司失败往往相伴而行。在造就富豪的同时，互联网的一个副产品就是创造出大量低能、低薪的岗位，进而扩大了公司所有者与底层员工之间的财富差距。在这方面，新经济与"工业革命"的相似之处或许是很多人不愿意接受的。可以设想，这种由社会秩序巨变产生的政治后果还在继续发酵。

当下或许已进入技术周期的最后阶段，而早期进入者的最终命运已显露无遗。但这并不等于说，这个阶段缺乏创新。例如，消费者可以在家里直接获取自己喜欢的音乐、电影和新闻——这个过程最初需要借助个人电脑，而现在已成为智能手机的必备功能，这彻底改变了媒体行业的格局。对媒体行业中的现有企业来说，这是一个不成功便成仁的选择。Netflix、Sky 和 Spotify 的经历表明，新的进入者已经到来，而且正在或多或少地从头开始创建自己的特许经营权。而电影院已经完整地度过一个周期，实体观看最初似乎已进入垂危的衰退期，但是，当连锁影院意识到必须强化外出观看体验的丰富性和享受性的必要性之后，这种趋势开始发生扭转。

受新通信技术影响最深刻的行业，或许就是金融服务业，更重要的是，它也是当今全球经济中规模和影响力最大的行业之一。如今的银行业已和 20 年前截然不同。数百家传统银行分行的消失，只是这场变革中的一个写照。随着在线业务和手机银行的普及，新技术让实体银行业务丧失了必要性。这导致消费者的行为方式发生了明显变化，但也带来了副作用，在线欺诈事件的爆炸性增长就是最好的例子。在本书的第一版中，笔者曾斗胆推测，互联网将会推动大量成本结构截然不同的新公司进入市场，并严重削弱现有公司的实力，实际上，被移动技术取代之前，迈克尔·戴尔在个人计算机领域的经历就是最佳例证。计算机系统的过时和不完善等问题——也就是存在于很多金融服务公司的所谓"遗留问题"，严重妨碍了他们面对新世界的反应能力。在金融业，很多细分业务都会遭到新进入者的攻击，他们对原本属于银行和保险公司的丰厚利润虎视眈眈。

虽然金融领域确实出现了一批新进入者，但迄今为止，银行业和保险业的变化程度和速度远不及笔者的预期。在经历 2007～2008 年的全球金融危机之后，监管压力不断加码，再加上客户对变革的抵制，因此，面对依旧占据行业主导地位的大型银行和保险公司，新进入者夺取市场份额的能力必然会受到限制。但技术已经从根本上改变了这两个行业的运行方式。随着抵押贷款、养老金、保险和其他金融产品的价格比较网站不断出现，价格透明度有所提高。互联网加速了金融中介化的进程。信贷决策已基本外包给第三方供应商。无论是共同基金还是保单，金融产品的供应商需要越来越多地利用第三方网络进行分销，自身的直销能力不再是产品供给的主要渠道。正如所料，更新和维护客户群信息始终是很多大型金融企业的一项重要任务，而互联网技术让这些驻留在计算机系统中的客户群显得臃肿冗余。

尽管新的竞争对手如雨后春笋般涌现，但绝对不能指望新一轮数字银行一夜之间便取代传统银行。相反，我们更有可能看到一个渐进式过程——更灵活、更有适应能力的竞争对手以个别服务为突破口，错落有致地进入市场。任何因移动技术而被简化的服务都有可能成为被攻击的对象。显然，这些服务目前所达到的利润率越高，它们对竞争对手的吸引力就越大。比如说，我们几乎不可能想象，针对旅游外汇交易收取的利差十年后还将继续存在。之所以还要为实际上无风险的交易支付10%的保证金，只是因为没有其他选择。很多初创公司开始以更接近历史上仅有大型机构客户才能享受的即期汇率提供这种服务。新型专业参与者的示例不胜枚举——既有P2P贷款机构，也有"机器人"资产管理公司。规模已不再像以前那样成为有实际意义的进入壁垒。关键在于，传统商业模式正在遭到破坏，随着数据库不断扩大并为目标客户提供更精确的洞见，这种替代还会进一步加速。此外，金融危机让很多大型金融机构名声扫地，这也从另一个侧面降低了进入壁垒。实际上，在理解依靠分布式记账技术的加密货币时，必须考虑这个背景。其实，比特币的价格表现已经体现出历史上每一轮贵金属泡沫的全部特征，但比特币之所以这么受欢迎，而且支持者大有人在，显然与金融业在全球危机后遭到的名誉损失有关。

技术的意义在于创造新事物，并让旧事物更好、更便宜。从定义上说，如果旧商品更优质、更便宜，必然会对现有生产商产生影响。除了对实物产品的影响之外，技术也是买家进行选择的重要动力。譬如说，互联网已成为一种强大的、具有变革性的价格发现机制。因此，以往因距离或可获得性而导致信息不完整或是不得不接受价格条件的消费者，如今突然有了更多的选择。价格比较网站就是这种机制的一种直观表达方式，实际形态还远不止于此。今天，消费者不仅有机会取得更优惠的价格，而且搜索过程本身也会反映消费者的偏好。由此显示的偏好对生产者的定价决策至关重要，因此，作为一种有价值的商品，"数据"本身也开始出现大规模扩张。

此外，这些数据还被应用于采购、制造、物流及分销等供应链全流程，以降低成本并扩大商品覆盖范围。数据对数字化以及实物存储需求的影响，已经引来有形产品分销领域的变革。亚马逊始终是开发优质高速配送能力的领跑者，配送技术的改善大幅缩短了从客户发出订单到最终产品交付的时间。这种能力是客户订单处理和理解模式、机器人/识别技术以及 GPS 和地图系统等若干技术共同带来的结果。正因为这样，我们如今才拥有了大量可短时间交付的产品，这在 20 年前完全是不可想象的。在消费者层面，尽管交付能力的改善对现有经济统计数据似乎没有明显影响，但这种进步是显而易见的。和"工业革命"期间一样，技术进步对劳动力市场的影响是客观存在的。

在"工业革命"以及随后出现的大规模生产中，一个不可或缺的组成部分就是专业化分工。按产出量获得报酬的所谓"计件制"模式的历史要远远早于"工业革命"。例如，在英国的服装行业，曾经出现过所谓的"血汗制度"（sweating system），其中，"发汗者"的任务就是监督生产。恶劣的工作条件最终促成劳动立法，以保护被称为血汗工厂中的工人。在弗雷德里克·温斯洛·泰勒（Frederick Winslow Taylor）提出"科学管理"等更准确的生产力衡量方法之后，自动化技术把计件工作提升到了新的水平。由此产生的计时计件制度创造了一种全新的工作环境——即，如果未能达到产出目标，员工就会遭到惩罚或是被解雇。正如"血汗制度"容易被滥用一样，计件工作方法也是如此，这促使大多数发达国家制定了最低工资法案，以保障员工的基本权利。

那么，这与当下有什么关系呢？答案很简单，在计件原则基础上，"零工经济"（gig economy）正在创造出大量的工作岗位。这种模式不仅可以有效衡量员工的产出，甚至还可以利用 GPS 技术测量身体运动。正是在此基础上，公司才能把这些任务有效地分包给个人，这些个人以自由职业者的身份完成这些任务。互联网及其相关技术的进步，为这种工作模式提供了便利。按照人性保持不变的假设，雇主很可能会不断加大对员工或"分包商"的授权力度，以至于最终会达到让他们无法接受的地步。但更有可能的情况是，技术劳动力和非技术劳动力在工资谈判能力方面的差距继续扩大，以至于带来社会和政治问题。一旦社会结构发生这种变化，随之而来的，恐怕就是无法忽略的社会与政治动荡。

关于技术投资的永恒教训

作为本书分析的出发点和基础，上述十类技术变革历史充分强调了某些共性话题。每一项技术的投资发展史当然有其独有特点，可以说，没有任何两项技术的发展路径是完全相同的。但这些历史也无一不在强调，投资者很难对一项新技术做出理性、有效的决策。太多的变量不可确定或无法预测。过度投机时期往往也是赚取短期收益的大好时机。这种一夜暴富的收益如同蜜饯一样，诱使投资者争先恐后地跳入高风险的陷阱，试图从新技术的热潮中找到最终的赢家。但这毕竟是一场只有超级天才才有希望获胜的游戏。

对长期投资者来说，问题似乎并不清晰。在很多历史案例中，虽然有可能在技术周期的早期以较低价格投资赢家，但最终兑现成功预期的概率依旧很低。譬如说，假设当初有人预见到铁路在未来会取得成功。那么，他们能否合理认识到，在某个时点，转移到这个行业的资本已明显过剩呢？或者说，大部分投入资金被浪费在修建质量低劣或是不合理的线路，甚至被人以欺诈手段卷跑了呢？

为了投资电话行业，人们需要拥有超前的远见卓识，至少要领先于当时主导这个市场的通信公司——西联汇款。要投资电灯行业，投资者要：①敢于离经叛道，背离主流观点，放弃弧光灯；②还要勇于挑战公众舆论的压力，果敢地选择白炽灯；③必须是已完成合理化改造并走上正轨的公司。这是一个需要勇气和理性的决策，毕竟，哪种技术会取得胜利在此时仍悬而未决。

汽车的历史就是一个极其微妙的示例。即使投资者在技术发展的早期阶段偶然发现亨利·福特这样的天才，但更重要的是，他们是否有耐心等待福特经历两次破产，而后再投资他的第三家企业——福特汽车公司。对通用汽车而言，投资者需要两次躲过杜兰特进行过度收购带来的灾难。按同样的逻辑，投资者必须认识到，作为当时的两种现有技术，电力和蒸汽已无法继续发展，并最终被内燃机所超越。在个人计算时代，投资者不仅要等到苹果的出现，而且还要记得在微软进攻之前及时退出；他们要随时跟踪 IBM 的起落沉浮和康柏的横空出世，但也要为戴尔的到来做好准备！这就意味着，他们需要躲过此前占据新闻头条和市场份额的其他数百家企业。以苹果为例，按照 iPhone 将会取得无比成功的预期，投资者随后还要决定，何时以及如何买回这家公司的股票。基于这些假设和思考，我们从以往历史示例的分析中，得出某些具有普遍性的基本准则（见图 11-5）。

很多新技术的重大突破在最初都曾遭遇嘲讽

在过去的 200 年里，很多伟大的技术突破最初均没有被视为经济或社会生活的基本变革力量，相反，它们遭遇的要么是敌视，要么是轻蔑，即便是本应最了解技术行情的专家也不例外。之所以会出现这种情况，是因为新技术会从根本上威胁到现有的稳定秩序，因此，它们的出现会引发现有企业做出防御性反应。

图 11-5 殊途同归

资料来源：根据史料编辑整理。

下面这些摘自当时媒体的说法，只是诸多类似例子中的几个典型而已：

铁路

火车的行驶速度有望比马车快两倍！还有什么比这更荒诞不经的预言？

——《评论季刊》（*The Quarterly Review*），1825 年 3 月

高速运行的轨道运输是不可能的，因为乘客会因缺氧而窒息死亡。

——狄奥尼修斯·兰德纳（Dionysius Lardner，1793—1859）博士，
伦敦大学学院（University College）自然哲学与天文学教授

电话

稍有常识的人都知道，通过电线传输语音是不可能的；即使有可能这样做，也没有任何实用价值。

——《波士顿邮报》（*Boston Post*）社论，1865 年

他和蔼地说："这家公司制作的电动玩具有什么用？"

——西联汇款的威廉·奥顿（William Orton）
拒绝贝尔以 10 万美元出售电话专利权的提议

汽车

平淡无奇的"无马马车"如今已成为富人的奢侈品；虽然未来它的价格可能会下降，但它肯定永远不会像自行车这么普及。

——《文学文摘》（*The Literary Digest*），1899 年 10 月 14 日

广播和电视

德弗雷斯特先生，你可以把美国需要的全部无线电话设备放在这个屋子里。

——迪恩电话公司（Dean Telephone Company）总裁迪恩（W. W. Dean）
在 1907 年与德弗雷斯特（Lee de Forest）针对音频设备前景进行的讨论

看在上帝的份上，下楼去接待处，干掉楼下的那个疯子。他居然说自己有一台可以以无线方式看东西的机器！当心这家伙——他身上可能带着剃须刀。

——《每日快报》（*Daily Express*）编辑于 1925 年接受
约翰·洛吉·贝尔德（John Logie Baird）拜访中的谈话

互联网

截至 2005 年左右，互联网对经济的影响显然还没有超过传真机……十年之后，信息经济这个词或许只是愚蠢的代名词。

——保罗·克鲁格曼（Paul Krugman），1998 年

很多新技术的先驱者不得不为他们的发明或突破获得认可而饱受煎熬

这样的例子同样不胜枚举。托马斯·爱迪生花费数年时间才最终让满是怀疑的世界接受白炽灯的优点。意大利发明家古格利尔莫·马可尼在早期的无线技术研究中同样饱受诟病。在所有这些情况下，由于缺乏有利的经济条件，这些开拓新技术的先驱者往往需要以极大的毅力和坚韧，才能最终打消怀疑，成为最终的成功者。任何阅读过发明家詹姆斯·戴森（James Dyson）自传的人都会意识到，这种

现象至今仍未彻底改变，唯一的福音就是风险投资和其他资金来源的兴起。只有在特殊情况下，资金短缺和怀疑主义才会出人意料地不再成为技术进步的障碍。但这毕竟只是例外，而非常态。

新技术的发明者和先驱者未必总能预见到未来即将发生的事情

很多新技术的发明者和开拓者固然不缺少毅力和坚韧，但他们却未必能认识到这些发明的真正意义；即使他们确实深谙其中的奥妙，也未必会成为最终的受益者，造成这种矛盾的最大障碍往往是财务压力。历史上，这段例子比比皆是，很多发明者往往不得不卖掉自己辛辛苦苦得到的发明专利，而得到的收入与这些发明的未来市场价值相比，最多只能算得上赠品。在新技术的故事中，英雄式失败司空见惯。在无线电首次出现时，人们普遍认为，它的主要用途是人际交流，因而只是扮演电话的竞争对手而已，但是在实践中，直到广播技术得到发展和普及之后，电话的真正意义才显现出来。很多互联网公司也犯过类似错误，曾有几时，他们认为互联网的最大用途就是针对实体产品的 B2C 应用软件。

新技术与过度宣传总是相伴相随

怀疑论和资金短缺的制约，要求行业先驱者需要永远充满信心，因为只有凭借自信，他们才有机会找到亟须的风险资本。夸大新技术突破的潜力往往已成为新技术开发领域的必备技巧。当一个被过度夸大的技术概念进入股票市场时，如果恰逢有利的市场和流动性条件，这个概念就很容易被转化为泡沫。互联网股票就是这种情况，当然，之前的铁路股票（19 世纪 40 年代）、无线电股票（20 世纪 20 年代）和电子股票（20 世纪 60 年代）也不例外。面对"新技术即将拯救地球"的壮丽前景，投资者务必要采取理性的怀疑态度，而且要提防"这次会有所不同"的说法——约翰·邓普顿爵士（Sir John Templeton）称之为投资中最危险的一句话。当分析师为证明无法以任何方式验证的价格而放弃传统估值标准时，这就是投资者需要当心的理由。

成功的技术未必会带来成功的企业，最好的技术也未必会成为最后的赢家

在很多情况下，一旦某个新技术被证明有效，就会引来数十家对手的激烈争

抢，它们都无比希望率先把新技术投入商业生产并转化为利润。这不可避免地会降低投资者挑选出最终赢家的概率；即使他们有幸选中最好的技术，但由此带来的预期回报也会大打折扣。此外，这场竞赛的赢家未必总是拥有最优技术的参与者，而是那些能清楚辨识行业或市场未来发展趋势的企业。尽管无法确定亚马逊是否拥有最优秀的技术，但决不能说它没有远见。杰夫·贝索斯以清晰可鉴、确定无误的方式为亚马逊厘清了这条发展路径，而且当代所有针对亚马逊的描述无不指向他所追求的目标——即引领公司成为高度可靠的低成本分销平台。

凭借正确的市场战略，公司就有可能弥补技术未必优越的缺陷。微软或许是这方面最有代表性的当代示例，但同样的例子不计其数。尽管微软始终坚持以基本准确的未来愿景为出发点，但只要最初的想法被事实所否定，它们就会迅速做出反应，及时进行调整。然而，微软依旧未能成功实现向移动平台的转型，以至于不得不接受把移动市场主导权拱手交给谷歌安卓操作系统的羞辱。

内部人士往往是新技术投资的最大受益者

过去，很多新技术确实为内部人士带来了巨额财富，但外部投资者的收益却不尽如人意。在某种程度上，这或许只是时间和投资周期的问题。有时，造成这个结果的原因可能是创业企业采取了虚假或是带有误导性的会计方法，或许是面对不同类别投资者时采取的歧视性做法，但有时也可能是创业者采取了彻头彻尾的欺诈手法。实际上，这种现象在以往的投资历史中并不罕见；在立法和监管机构为投资者提供更有效的保护措施之前，欺诈和误导性会计实践不可避免地已成为普遍现象。在经历了 19 世纪 40 年代的铁路热潮之后，《公司法》开始不断完善，这绝非偶然。在投资者为追逐短期投机收益而心甘情愿地放弃理性估值时，市场必然会被操纵。对不择手段的经营者来说，愿意放弃现实的投资者，永远是他们最容易诱惑的埋单者。比如，早期铁路公司的惯用伎俩，就是以承诺支付高额股息来吸引投资者的资金。由于公司无法以内部创造的现金流支付这些股息，所以只能通过大量举债或直接使用资本金进行支付。这场游戏一经曝光，铁路公司的股价也就此崩盘，而后再没有恢复的机会。

尽管属于同一种现象，但福特汽车公司却展现了另一个方面。它无疑是早期汽车公司中最成功的代表。凭借 T 型车的成功，在近 20 年的时间里，福特始终为投资者提供超过 50%的年复合收益率。遗憾的是，这家公司在财务上过于成功，以至于在此期间完全无须借助外部筹资。只有在进入 20 世纪初期时，第一批参与福特汽车公司首次对外融资的投资者，才有机会分享公司的收益（但需要提醒的是，这家公司已经是亨利·福特创办的第三家公司，此前两次创业均以失败而告终）。从理论上说，不需要借助外部资本的公司，当然也没有必要引入新的股权投资者。但这样的公司毕竟屈指可数。

在互联网领域，创业公司的一个突出特点是，公司因多轮融资而维持非上市状态的时间相对较长。当然，能在这个阶段实现融资，还要归功于谷歌和脸书等先驱者的成功上市，它们不仅可以享受先驱者为新经济公司创造的良好声誉，还可以规避公开上市带来的财务披露及审核义务。在投资者做选择的时候，如果公司还处于私有化的后期，那么，看看这些投资者在退出时凭借"私募股权"取得的收益率，肯定会非常有趣。

造就金融市场的泡沫不只有新技术

如前所述，形成泡沫的其他必要因素还包括：宽松的货币条件（通常是低利率）；此前时期的相对繁荣与平静；煽风点火的财经媒体大量出现；普遍乐观及过度自信的市场氛围。19 世纪 40 年代、20 世纪初、20 世纪 20 年代、20 世纪 60 年代以及 20 世纪 90 年代的泡沫，无不依赖于当时有利的经济条件。泡沫出现的时机更多地源自外部环境，至于作为泡沫主题的技术当时处于何种发展状态，似乎并不重要。具有讽刺意味的是，历史一再揭示出一个显而易见的教训——几乎在所有情况下，有责任感的媒体都会对当时出现的市场泡沫风险发出警告。但这些警告往往被熟视无睹。

近年来，利率制度已成为世界各国调节本国经济的利器，按照这种模式，各国银行会刻意公开调低资金成本，从而提高资产价格。因此，期望这种政策不会刺激资金流向私营公司，显然有悖常理。

垄断是长期维持新技术盈利能力的唯一可靠方法

即使拥有最成功的发明，商业成功也可能只是昙花一现。除非公司对其产品拥有专利保护，或者凭借其他强大的进入壁垒（譬如可持续的成本优越曲线）免受竞争威胁，否则，有效竞争的程度或许是决定新技术投资预期盈利能力的唯一关键要素。任何高于平均水平的收益率都会因为竞争而被吞噬。在某些情况下，公司也有可能会被政府征用（在第一次世界大战后，马可尼在美国的公司就遭受了这样的命运）或是被竞争对手收购。而在其他情况下，可能只是新技术被更新、被更卓越的升级版技术所取代,比如铁路对运河以及电话对电报的取代。但不管出于什么原因,如果一家科技公司没有垄断保护,那么,考虑到各种各样的风险,只有不断进行自我改造,它们才能保住超额收益。即便是在当今市值表上名列前茅的公司,这些问题也是显而易见的:苹果能否不断推出吸引全球大众市场眼球的创新型产品?在监管机构对其天然垄断地位咄咄逼人的威胁下,谷歌还能坚持多久?

所有新技术都生存于资本饥渴—资本过剩—再次饥渴—再次过剩的往复循环中

无论什么行业,但凡经历过快速而深刻的技术变革,繁荣与资本充裕期过后,几乎总要面对资金紧缩、行业整合和资本重组等阶段。对投资者而言,投资新技术的最差时机往往是需求最旺盛的时候,因为其他时刻的价格通常会更低,而且有可能取得更优惠的条款。基于同样的逻辑,资本盈余时期往往也是最严重的过剩时期。高风险企业所对应的高投资价格以及媒体的广泛关注,都会让投资者欲罢不能,导致被投资者争相抢购的商品供过于求。但物极必反,钟摆最终将会摆向相反方向,而且融资将再次陷入困境。

理解技术是创造超额收益的重要元素——但投资处于早期阶段的科技公司往往是失败者的游戏

需要强调的是,大多数新技术公司注定都会是输家。这是一场高风险游戏,参与者前仆后继,但成功者寥寥无几。在技术领域,新公司的一个重要特点,就是死亡率高和市场主导者频繁更替。尽管最终总会有成功的公司,但它们很少是最早展现成功迹象的公司。相反,笑到最后的公司往往是最早貌似无望并已进行资本重组以求东山再起的公司。在这个过程中,经济衰退成为功能强大的过滤器。因此,投资者需要选择那些已成功运用新技术的企业,规避尚未把技术成功投入运用的公司。但这显然需要时间。

即便是在很多年甚至几十年里取得过巨大成功的新技术公司,迟早也会成为时代的落伍者,并被拥有更新、更先进技术的竞争对手所取代。一旦成为失败者,就很少有机会死而复生。这条规则的例外者如凤毛麟角般稀缺,实例之一就是通用电气,在一百多年的经营历史中,它们屡次成功地完成了自我再造。遗憾的是,最后一次转世似乎让他们染上银行的通病——这让它在全球金融危机期间尤为被动。

新技术投资是一种高风险业务

所有这些要素共同指向一个核心问题——针对大多数新技术公司的长期股权投资都存在、而且也确实应该存在可观的风险溢价。但具有讽刺意味的是，在市场投机活动高度活跃时，股权风险溢价反而会下降，甚至不复存在。在这种情况下，很多公司得以进入正常状态下无法涉足的股票市场。

在这些公司进入股票市场的前后，很多组织和个人均借助技术繁荣大发横财。而最直接、同时也最确定的受益者来自供应方，包括股票的发行机构和交易机构。不过，只要投资者甘愿接受他们所面对的真实风险，投机者赚取投机收益便理所应当。投资者只能自吞苦果，错就错在他们曾满怀希望地坚信，对这场盛宴的大多数参与者来说，收益绝非昙花一现。

因此，那些对投资对象缺乏专业知识的人，在此时尤其需要格外谨慎。投资新技术不仅需要深刻理解它带来的影响，还要耐心观察事态的发展，选择合理的投资机会。最佳的投资时机应该是风险/收益的最佳匹配点，而不是其他所有人都在随波逐流的时候。

总而言之，无数证据都清晰表明，成败的关键在于技术的用途——我们使用这项技术做什么，而不是它可能有多好或是有多差。但这往往需要时间的检验才能得以确定。历史表明，行业的主导权很少归属于所谓的"先行者"，而且即便如此，忽视合理估值参数的投资者也要不可避免地承担风险。忽略投资产品价格的最常见结果是，即使选择了最后的技术赢家，投资者也未必会收获真正的投资收益。

输家往往比赢家更易识别

在技术变革中，输家比赢家更容易被发现。在遭遇新竞争对手的挑战时，失败的技术往往会面临无法克服的障碍。比如说，运河体系永远无法达到铁路所具有的吞吐速度。电话可以实现语音传输，电报却永远做不到这一点。汽车让马车成为完全没有意义的交通工具。数字计算机可以带来模拟技术无法比拟的精度和速度。品牌产品的在线零售以及比价网站的出现，充分诠释了零售商和服务提供商进行市场细分并通过差异定价赚取超额利益的能力。于是，客户纷纷涌上在线销售平台，而线下供应商只能接受价格暴跌的事实。这对传统零售商造成了颠覆性破坏——从书籍、电子消费产品到旅行和保险代理人，几乎无一幸免。搜索引擎和在线销售为广告商创造出价值连城的数据宝库，并由此引发互联网的使用量出现指数级增长。这种精确定位潜在客户的能力，让原本属于纸质报刊广告等线下媒体的收入不断转向在线平台，并最终让前者沦为媒体历史中的失败者。

　　一旦被输家说服，投资者往往就需要撤资了。这是因为，新技术的失败者通常要面对相当一段时间的股价低迷期，即使不是绝对下跌，至少也要忍受相对低潮。面对威胁其生存的新技术，现有企业几乎找不到任何调整和适应手段。最典型的例子，莫过于西联汇款拒绝购买亚历山大·格雷厄姆·贝尔的电话专利。在公开市场上，只要避开新技术变革中的长期输家，便足以为投资组合带来超额回报，而试图发现赢家则是一项高回报但概率极低的工作，或者说，这完全是一件可遇而不可求的事情。即使"失败者"最终适应新技术并生存下来，这场历练依旧会让他们丧失大部分价值。

　　在投资中，无论怎样夸大这个方面的重要性都不为过。任何技术或经营方式迟早都会让位于更先进、更有效的技术和方法，因此，只要认识到这一点，就足以激励专业投资者去关注那些最有可能遭受不利影响的公司。试图从新技术竞争中找出赢家无异于赌博或是买彩票，而发现输家相对而言更容易，关键在于，发现输家和找到赢家有着完全相同的重要性。诚然，寻找输家的任务似乎没那么令人振奋，但它对维持和创造财富的能力同样至关重要。而且这同样需要想象力和敏锐的分析。即便是在当下，伊士曼·柯达这样的公司也难免厄运——不管它曾拥有多么辉煌的历史，但是在数码摄影成为市场宠儿后，它就会分崩离析。

　　对互联网业务而言，第一桶金出自金融业。按照传统经营模式，银行的实力取决于分支机构网络吸收存款的能力，而在如今的数字世界中，这种扮演进入壁垒角色的资产（分行）实际上已成为名副其实的负债。尽管我们依旧处于互联网发展的早期阶段，但可以预见的是，未来十年，整个金融业的现有商业模式将会遭遇重大打击，尽管原因来自多方面，但至少包括被金融危机屡屡摧残的另一种进入壁垒——信任。除了要亲自到银行开立账户之外，千禧一代人还有什么理由一定要走进银行的大门呢？金融业的诸多要素都在经历颠覆时期，无论是保险、银行还是资产管理业务，都将面临史无前例的威胁。

　　托马斯·爱迪生未能制造出寿命足够维持机动车辆运行的电池，以至于让内燃机取得一百多年的统治地位。电动汽车或许拥有更高的效率，但缺陷是续航里程不够。现实中的证据足以表明，如今的科学已精确把握住这个死穴，使得电动汽车将再次达到20世纪初曾经拥有的市场份额——30%，并进而超越这个极限。这不仅会对汽车制造商带来深远影响，而且注定会让整个工业供应链为之所动。此外，电池的影响还会波及电网体系的设置和运行及其他可替代能源的经济性。技术变革的周期还在持续演进，并不断推动投资者去理解和适应新的颠覆性力量。

金多多金融投资译丛

序号	中文书名	英文书名	作者	定价	出版时间
1	公司估值（原书第2版）	The Financial Times Guide to Corporate Valuation, 2nd Edition	David Frykman, Jakob Tolleiyd	59.00	2017年10月
2	并购、剥离与资产重组：投资银行和私募股权实践指南	Mergers, Acquisitions, Divestitures, and Other Restructurings	Paul Pignataro	69.00	2018年1月
3	杠杆收购：投资银行和私募股权实践指南	Leveraged Buyouts, + Website: A Practical Guide to Investment Banking and Private Equity	Paul Pignataro	79.00	2018年4月
4	财务模型：公司估值、兼并与收购、项目融资	Corporate and Project Finance Modeling: Theory and Practice	Edward Bodmer	109.00	2018年3月
5	私募帝国：全球PE巨头统治世界的真相（经典版）	The New Tycoons: Inside the Trillion Dollar Private Equity Industry that Owns Everything	Jason Kelly	69.90	2018年6月
6	证券分析师实践指南（经典版）	Best Practices for Equity Research Analysts: Essentials for Buy-Side and Sell-Side Analysts	James J. Valentine	79.00	2018年6月
7	证券分析师进阶指南	Pitch the Perfect Investment: The Essential Guide to Winning on Wall Street	Paul D. Sonkin, Paul Johnson	139.00	2018年9月
8	天使投资实录	Starup Wealth: How the Best Angel Investors Make Money in Startups	Josh Maher	69.00	2020年5月
9	财务建模：设计、构建及应用的完整指南（原书第3版）	Building Financial Models, 3rd Edition	John S. Tjia	89.00	2019年12月
10	7个财务模型：写给分析师、投资者和金融专业人士	7 Financial Models for Analysts, Investors and Finance Professionals	Paul Lower	69.00	2020年5月
11	财务模型实践指南（原书第3版）	Using Excel for Business and Financial Modeling, 3rd Edition	Danielle Stein Fairhurst	99.00	2020年5月
12	风险投资交易：创业融资及条款清单大揭秘（原书第4版）	Venture Deals: Be Smarter than Your Lawyer and Venture Capitalist, 4th Edition	Brad Feld, Jason Mendelson	79.00	2020年8月

(续)

序号	中文书名	英文书名	作者	定价	出版时间
13	资本的秩序	The Dao of Capital: Austrian Investing in a Distorted World	Mark Spitznagel	99.00	2020年12月
14	公司金融：金融工具、财务政策和估值方法的案例实践（原书第2版）	Lessons in Corporate Finance: A Case Studies Approach to Financial Tools, Financial Policies, and Valuation, 2nd Edition	Paul Asquith, Lawrence A. Weiss	119.00	2021年10月
15	投资银行：估值、杠杆收购、兼并与收购、IPO（原书第3版）	Investment Banking: Valuation, LBOs, M&A, and IPOs, 3rd Edition	Joshua Rosenbaum Joshua Pearl	199.00	2022年8月
16	亚洲财务黑洞（珍藏版）	Asian Financial Statement Analysis: Detecting Financial Irregularities	ChinHwee Tan, Thomas R. Robinson	88.00	2022年9月
17	投行人生：摩根士丹利副主席的40年职业洞见（珍藏版）	Unequaled: Tips for Building a Successful Career through Emotional Intelligence	James A. Runde	68.00	2022年9月
18	并购之王：投行老狐狸深度披露企业并购内幕（珍藏版）	Mergers & Acquisitions: An Insider's Guide to the Purchase and Sale of Middle Market Business Interests	Dennis J. Roberts	99.00	2022年9月
19	投资银行练习手册（原书第2版）	Investment Banking: Workbook, 2nd Edition	Joshua Rosenbaum Joshua Pearl	59.00	2023年7月
20	证券分析师生存指南	Survival Kit for an Equity Analyst: The Essentials You Must Know	Shin Horie	58.00	2023年9月
21	泡沫逃生：技术进步与科技投资简史（原书第2版）	Engines That Move Markets: Technology Investing from Railroads to the Internet and Beyond, 2nd Edition	Alisdair Nairn	158.00	2023年10月
22	财务模型与估值：投行与私募股权实践指南（原书第2版）	Financial Modeling and Valuation: A Practical Guide to Investment Banking and Private Equity, 2nd Edition	Paul Pignataro	99.00	2023年10月